Die große farbige Enzyklopädie Urania Pflanzenreich in vier Bänden

Viren · Bakterien · Algen · Pilze

Moose · Farne · Nacktsamer

Blütenpflanzen 1

Blütenpflanzen 2

URANIA PFLANZENREICH

in vier Bänden

Moose · Farne · Nacktsamer

Urania-Verlag Leipzig · Jena · Berlin

Autoren des Bandes:
Prof. Dr. rer. nat. habil. Franz Fukarek, Greifswald
Pteridophyta

Dr. sc. nat. Jürgen Schultze-Motel, Quedlinburg
Gymnospermae

Dr. rer. nat. Manfred Siegel, Dresden
Bryophyta

Das Bild auf dem Schutzumschlag, die fruchtende Eibe, *Taxus baccata*, stammt von der ZEFA, Düsseldorf.
Das Foto auf Seite 2 zeigt den Wacholder *Juniperus occidentalis* in der Sierra Nevada. Es ist von Prof. Dr. Werner Rauh, Heidelberg.

Die Deutsche Bibliothek – CIP-Einheitsaufnahme

Die große farbige Enzyklopädie Urania-
Pflanzenreich: in 4 Bänden. – Leipzig;
Jena; Berlin: Urania-Verl.
ISBN 3-332-00367-4
Moose, Farne, Nacktsamer / [Autoren des
Bd.: Franz Fukarek ...]. – 1. Aufl. – 1992
NE: Fukarek, Franz ISBN 3-332-00495-6

Bisher erschienen:
Bd. Viren · Bakterien · Algen · Pilze
ISBN 3-332-00348-8

ISBN 3-332-00495-6

1. Auflage 1992

Urania-Verlag Leipzig · Jena · Berlin
Lektor: Christoph Needon
Umschlaggestaltung: Horst Adler, Leipzig
Typografie: Rumen Kujumdshiev
Lithos: Karl Finoll und Partner, Icking
Wissenschaftliche Zeichnungen: Hans-Jürgen Ehricht, Köthen und Lutz E. Müller, Leipzig
Satz: INTERDRUCK Leipzig GmbH
Druck und buchbinderische Verarbeitung:
Druckerei Fortschritt Erfurt GmbH
Printed in Germany

Inhalt

Die »echten« Landpflanzen

Es ist keineswegs übertrieben, zu behaupten, daß mit der Eroberung des Festlands durch die Urlandpflanzen die weitere Geschichte der Pflanzenwelt und der gesamten Biosphäre und damit die weitere Entfaltung des Lebens auf der Erde überhaupt nachhaltig beeinflußt worden sind. Der Gestaltenreichtum der heutigen Landpflanzen mit ihren augenfälligen Wurzeln, Sprossen, Blüten und Früchten sowie die großen Vegetationsverbände der Wälder, Wiesen, Savannen, Steppen usw. prägen eindrucksvoll die Physiognomie der Erdoberfläche. Die Landpflanzen (Telomophyta, Kormophyta, Embryophyta, Archegoniatae) gelten für uns Menschen als Pflanzen schlechthin.

Man hat früher angenommen, daß sich vor etwa 400 Millionen Jahren im Grenzbereich zwischen Meer und Land aus »Gezeitenalgen« (Urtangen, Thalassiophyta) die echten Landpflanzen entwickelt hätten. Das aber würde heißen, daß Formen von der Art unserer Braunalgen als Vorläufer der Telomophyten angesehen werden müßten. Dem widerspricht das gesamte Merkmalsgefüge dieser an unseren Meeresküsten weitverbreiteten Algen, vor allem ihr spezifisches Assimilationspigment- und Reservestoffmuster sowie der eigentümliche Bau ihrer Zoosporen und Gameten, Merkmale, die bei den grünen, höheren Pflanzen überhaupt nicht nachzuweisen sind. Daher neigt man gegenwärtig eher dazu, die Vorfahren der Telomophyten im Bereich der grüngefärbten Algen zu suchen, wo es ja bereits eine ganze Reihe typischer Bodenalgen gibt. Seitdem man weiß, daß die Grünalgen eine Vielzahl von unterschiedlichen Typen beweglicher Fortpflanzungszellen aufweisen, von denen die Zoosporen und Androgameten von *Coleochaete* oder *Chara* in ihrem Bau am ehesten den Androgameten der Bryophyten ähneln, gelten die im Umkreis der Charophyten angesiedelten grünen Algen als potentielles Evolutionszentrum für die Telomophyten. Es sei ausdrücklich betont, daß heute lebende Formen natürlich keine Urformen oder Ahnherren gegenwärtig existierender Pflanzen sind, sondern nur als Evolutionsmuster dienen können.

Heute werden die echten Landpflanzen durch 3 Gruppen repräsentiert, die relativ einfach gebauten und scheinbar wenig »erfolgreichen« Moose (Bryophyta), die Sammelgruppe der Farnpflanzen (Pteridophyta) und die Samenpflanzen (Spermatophyta), die in unserer Darstellung in die Abteilung der Nacktsamer (Gymnospermae) und Bedecktsamer (Angiospermae) zerfallen. Über die Wesenszüge der Gruppen und ihre Beziehungen zueinander unterrichten die entsprechenden Kapitel.

Abteilung Moose, Bryophyta

Die Moose werden im Vergleich zu anderen Pflanzengruppen relativ stiefmütterlich behandelt. Der Grund liegt vielleicht darin, daß sie mit Ausnahme einer Gattung, die für die Bildung mächtiger Torflagerstätten verantwortlich ist, keinen unmittelbaren ökonomischen Nutzen haben. Der Forstwirt – und nicht nur er – schätzt ihre Bedeutung für den Wasserhaushalt des Waldes und als Standortanzeiger. Da die Moose selbst kleinste Flächen besiedeln, sind sie als Indikatoren für Feuchtigkeit, Frischezustand und Säuregrad des Substrats auf engstem Raum von besonderer Bedeutung. Neben Anzeigern von Kalk oder saurem Boden gibt es Spezialisten, die in der Lage sind, schwermetallhaltige Substrate, z. B. solche mit den für viele Pflanzen schädlichen Kupferionen, zu besiedeln. Wir finden mehrere Arten als Pionierpflanzen bei der Besiedlung unverwitterten Gesteins und nackten Bodens. Diese ermöglichen in ihrem Schutz höheren Pflanzen die Keimung und die ersten Wachstumsphasen. Moose kommen auf allen Kontinenten vor und wurden in den Gebirgen noch in einer Höhe von knapp über 6000 m nachgewiesen. Sie gedeihen auf Erde, nacktem Felsgestein, auf Holz und der Rinde von Bäumen. In den Tropen finden wir sie auch als Besiedler von lebenden Blättern. Eine kleine Gruppe lebt sogar auf Exkrementen und Tierleichen. Sie sind nicht nur in ihrer Lebensweise sehr vielseitig, sondern auch in ihrer Morphologie.

Zwei Unterabteilungen der Bryophyten werden unterschieden: Lebermoose, Marchantiophytina, und Laubmoose, Bryophytina. Erstere sind teilweise aus einem einfachen Lager (Thallus) aufgebaut, oft aber auch in blatt- und stengelähnliche Organe (Phylloide und Kauloide) gegliedert, die jedoch mit dem Sproß höherer Pflanzen nichts zu tun haben. Die Kapsel der Lebermoose hat mit Ausnahme der Klasse Hornmoose, Anthocerotopsida, keine Kolumella und öffnet sich mit 4 Klappen irreversibel. Etwa 20 % der heute bekannten Lebermoose einschließlich der Hornmoose besitzen ein einfaches Lager, das sich meist nur wenig vom Substrat abhebt. Durch eine zwei- bis vierschneidige Scheitelzelle werden abwechselnd nach links und rechts bzw. spiralig umlaufend Segmente abgegeben. Der nicht in blatt- und stengelähnliche Organe gegliederte Thallus zeigt bisweilen eine innere Differenzierung in ein Assimilations- und ein Speichergewebe. Die übrigen 80 % der Lebermoose und sämtliche Laubmoose sind in Phylloide und Kauloide gegliedert. Fast alle wachsen mit dreischneidiger Scheitelzelle.

Bei den Laubmoosen öffnet sich die Kapsel normalerweise mit einem Deckel, nach dessen Abfall in den meisten Fällen ein für die Laubmoose typisches, kompliziertes Peristom, das für die Sporenentleerung von Bedeutung ist, sichtbar wird.

Neben mikroskopisch kleinen, kaum mit bloßem Auge wahrnehmbaren Arten von wenigen Millimetern gibt es Moose, die beträchtliche Ausmaße erreichen.

Unter den thallosen Lebermoosen finden wir bei der Gattung *Monoclea* die größten Arten, wie *Monoclea forsteri*, die in Neuseeland und Patagonien vorkommt und dort bis zu 20 cm lang und 5 cm breit wird. Die längsten Moose gehören zu den Laubmoosen, wie das im Wasser flutende Quellmoos, *Fontinalis delecarlica*, das bis 166 cm lang wird. Von den aufrechtwachsenden Laubmoosen sind bei einigen Vertretern der Unterklasse Bürstenmoose, Polytrichidae, ebenfalls Längen bis 75 cm gemessen worden, wie bei dem einheimischen *Polytrichum commune* und auch die südhemisphärischen Arten *Dendroligotrichum dendroides* und *Dawsonia superba* werden fast so lang. Bei den beblätterten Lebermoosen wird dagegen nur eine Länge von etwa 20 cm erreicht, z. B. bei *Chiloscyphus gunnianus* in Australien.

Der Übergang vom Wasser- zum Landleben, der sich entwicklungsgeschichtlich bereits vor den Moosen vollzogen hat, ist mit einer Reihe von Anpassungen verbunden. Sowohl ein System zur Wasseraufnahme und Wasserleitung als auch Festigungs- und Abschlußgewebe sind als Anpassungen an das Landleben notwendig. Bei den Moosen dienen hauptsächlich Rhizoide, ein- oder mehrzellige, wurzelartige Gebilde, der Verankerung im Boden. Eine leistungsfähige Kutikula fehlt ebenfalls den meisten Arten, wodurch diese in der Lage sind, mit ihrer gesamten Oberfläche Wasser und Nährsalze aufzunehmen.

Aus dem Gesagten geht hervor, daß Moose zwar echte Landpflanzen, aber wegen eines fehlenden regulierbaren, eigenen Wasserhaushalts noch besonders an feuchte Orte gebunden sind. Es ist daher verständlich, daß die Tropen und Subtropen sehr reich an Moosen sind und auch in unseren Breiten Orte mit hoher Luftfeuchtigkeit, wie Gebirgsgegenden und Küstengebiete, bevorzugt besiedelt werden. Aber auch in der arktischen Tundra und in der Antarktis gedeihen Moose. Einige Sippen sind sekundär an das Leben im Wasser angepaßt. Infolge ihrer Austrocknungsfähigkeit besiedeln Moose auch extrem trockene Steppenstandorte, z. B. findet sich das Laubmoos *Tortula desertorum* noch in den transkaspischen Wüstengebieten, und einige Lebermoose, z. B. der Gattung *Riccia*, sind aus der Wüste Karoo in Südafrika bekannt.

Bei den meisten beblätterten Moosen finden wir wegen unzureichend ausgebildeter Leitungsbahnen im Innern des Stämmchens eine besondere Art der Wasserleitung, die uns innerhalb des Pflanzenreichs nur hier begegnet. Diese äußere Wasserleitung, auf die erstmalig Karl Friedrich Schimper aufmerksam machte, erfolgt in den kapillaren Räumen, die zwischen den Stämmchen und den diesen mehr oder weniger anliegenden Blättern entstehen. Bei Moosen mit entfernter Beblätterung ist diese Art der Wasserleitung am schlechtesten, bei dachziegelig anliegender Beblätterung sehr gut und erreicht bei den Torfmoosen ihr Leistungsoptimum. Durch die Fähigkeit, erhebliche Wassermengen kapillar festzuhalten, sind besonders die Moose des Waldes für dessen Wasserhaushalt und damit für den der gesamten Landschaft sehr bedeutungsvoll.

Die geschlechtliche Vermehrung, die durch die Befruchtung eingeleitet wird, erfolgt – von Protonemamoosen abgesehen – auf den Moospflanzen selbst. Hier entstehen die männlichen Geschlechtsorgane, die Antheridien, und die weiblichen Geschlechtsorgane, die Archegonien. Bei der Reife entlassen die mehrzelligen, keulenförmigen Antheridien zahlreiche gewundene, zweigeißelige Spermatozoide, die nur im Wasser zu den flaschenförmigen Archegonien gelangen können. Die äußerste Zellschicht von Archegonien und Antheridien ist wie bei den Farnpflanzen steril, stellt eine wirksam schützende Hülle um die empfindlichen, gametenbildenden Gewebe und später der Gameten dar und ist als eine wichtige Anpassung an das Landleben anzusehen. Im Bauch des Archegoniums befinden sich eine Eizelle, darüber eine Bauchkanalzelle und noch einige Halskanalzellen, die mit Ausnahme der Eizelle bei der Reife verschleimen und dabei Stoffe (Gamone) abgeben, die die Spermatozoide chemotaktisch anlocken. Bereits vorher werden die Zellwände aller Innenzellen – ebenso beim Antheridium – aufgelöst.

Antheridien und Archegonien sind einander homolog, was nicht nur aus ihrer Genese hervorgeht, sondern vor allem daraus, daß hin und wieder als Abnormitäten Übergänge auftreten, die teils männlich, teils weiblich ausgebildet sind. Wenn auch die Entstehung der Gametangien in den beiden Klassen unterschiedlich ist, so besteht im fertigen Zustand weitgehend Übereinstimmung. Nach der Befruchtung rotiert die befruchtete Eizelle, die Zygote, eine Zeitlang – wenigstens bei dem Brunnenlebermoos, *Marchantia polymorpha* – im Archegoniumbauch, bevor sie sich festsetzt. Ohne Ruhepause beginnt sie sich zu teilen und wächst mit einer Scheitelzelle zum Embryo aus. Alle Zellen, die durch normale Zellteilungen aus der befruchteten Eizelle hervorgegangen sind, haben einen doppelten Chromosomensatz, sind also diploid.

Der mit zweischneidiger Scheitelzelle wachsende Embryo bildet bei den meisten Moosen zwischen dem Fuß, der den Sporophyten im Gametophytengewebe verankert, und dem Sporogon einen Stiel, die Seta, aus. Das Sporogon, umgangssprachlich oft Kapsel genannt, ist als Sporangium ebenfalls wie bei den übrigen Landpflanzen von einer mehrzellschichtigen Hülle umgeben. In ihm findet die Bildung der Sporen statt, wobei aus jeder Sporenmutterzelle unter Reduktionsteilung und darauffolgender typischer Kern- und Zellteilung (Äquationsteilung) 4 haploide Sporen entstehen. Diese haben 2 Wandschichten, eine innere, zarte Intine und eine äußere, widerstandsfähige, derbe Exine. Den Sporen können noch Skulpturen aus Restplasma, das bei der Sporenbildung nicht aufgebraucht wurde, aufgelagert sein.

Die meist einzellige Spore keimt mit einem Keimschlauch aus, an dem sich frühzeitig eine Polarität zwischen rhizoidbildenden und vorkeimbildenden Zellen einstellt. Der Vorkeim ist bei den Laubmoosen – mit Ausnahme zweier Klassen – meist fädig und reich verzweigt und wird Protonema genannt. Bei vielen Laubmoosen können wir 2 zeitlich deutlich getrennte Wachstumsphasen unterscheiden. Das zuerst ausgebildete, chlorophyllreiche, stark verzweigte Chloronema hat senkrecht zur Längsachse gestellte, farblose Querwände. Auf die juvenile Phase folgt das Kaulonema mit deutlich differenziertem Axialfaden, von dem sowohl Rhizoide als auch assimilierende Protonemateile ausgehen. Am Axialfaden, dessen Zellen bräunliche, schräg gestellte Querwände aufweisen, entstehen seitlich meist zahlreiche Knospen, die zur eigentlichen Moospflanze

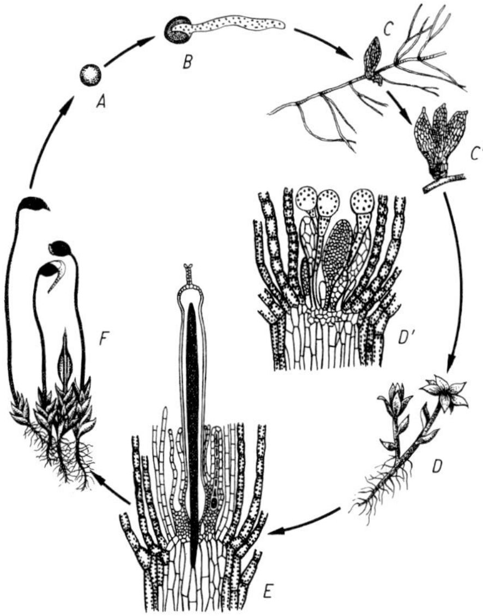

Entwicklung eines Laubmooses, dargestellt an *Funaria hygrometrica*. A Spore, B Sporenkeimung, C Protonema (Kaulonema), C' Knospe, D Moospflanze mit Antheridien, D', E Archegonien, in der Mitte mit Embryo, F Moospflanzen mit Kapseln (kombiniert nach Walter und Doyle)

Geschlechtsverteilung bei Laubmoosen. A einhäusig synözisch, B einhäusig parözisch, C einhäusig autözisch, D zweihäusig

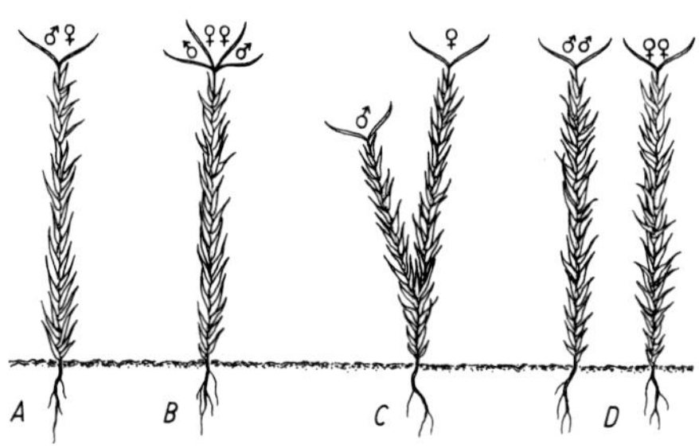

auswachsen und frühzeitig in Stämmchen und Blattanlagen gegliedert sind. Dadurch wird das erste Stadium des Gametophyten, das meist kurzlebige, niederliegende und verzweigte Protonema, durch das zweite abgelöst, die mehr oder weniger aufrechte, in stengel- und blattähnliche Organe gegliederte eigentliche Moospflanze. Bei einigen Lebermoosen ist der Vorkeim eine flache Zellplatte, die bald in das zweite Gametophytenstadium übergeht, das bei allen Moosen – außer den reduzierten Protonemamoosen – erst die Gametangien hervorbringt.

Nach der Verteilung der Gametangien unterscheiden wir zwischen einhäusigen und zweihäusigen Arten, je nachdem, ob Antheridien und Archegonien auf einer Pflanze gemeinsam oder auf verschiedenen Pflanzen vorkommen. Einhäusigkeit tritt in mehreren Varianten auf. Befinden sich Antheridien und Archegonien in gemeinsamer Blätterhülle, spricht man von synözisch, sind die Antheridien dicht unterhalb der Archegonien in den nächstälteren Blattwirteln, liegt eine parözische Geschlechtsverteilung vor. Beim autözischen Typ sind Antheridien und Archegonien auf verschiedenen Ästen derselben Pflanze zu finden. Zwischen den hier genannten Varianten kommen Übergänge vor. Der Kreislauf Spore – Gametophyt – Befruchtung – Sporophyt – Reduktionsteilung – Spore stellt einen antithetischen Generationswechsel dar, bei dem der haploide Gametophyt und der diploide Sporophyt etwa zu gleichen Teilen vertreten sind. Der Sporophyt wird bei den Moosen im Gegensatz zu den Farnpflanzen nicht völlig selbständig, sondern bleibt vom Gametophyten trophisch abhängig, wird also von ihm ernährt.

Da nicht nur für die Befruchtung, sondern auch für die Embryonalentwicklung bis zur Sporenreife eine gewisse Feuchtigkeit gebraucht wird, setzt gerade die Austrocknung dem Leben des Sporophyten eine natürliche Grenze. Es ist daher verständlich, daß in Gebieten, in denen die Bedingungen für das Gedeihen dieser kritischen Stadien nicht erfüllt sind, zwar der Gametophyt regelmäßig vorkommt, aber keine geschlechtliche Vermehrung erfolgen kann. Neben der sexuellen Vermehrung kommt bei vielen Moosen – bei manchen nahezu ausschließlich – ungeschlechtliche vor. Im einfachsten Fall vermehren sich gewisse Arten durch Teile der Pflanze, die abgerissen werden und die Fähigkeit haben, sich wieder zu »bewurzeln«. Diese Möglichkeit besteht sowohl bei Thallusteilen als auch bei Stämmchen und Blättchen. Viele Arten haben dazu besondere Adventivsprosse. Bei den zu vegetativer Vermehrung speziell eingerichteten Brutorganen, wie Brutästchen und -blättern, tritt die Ablösung von der Achse an einer vorgebildeten Trennlinie auf. Auch speziell zu Brutknospen umgebildete Achsenorgane dienen besonders bei Laubmoosen der vegetativen Vermehrung. Viele thallose Lebermoose vermehren sich durch Knöllchen, die vom Thallus gebildet werden und das Überdauern ungünstiger Zeiten ermöglichen. Die häufigste Art vegetativer Vermehrung dürfte die durch Brutkörper sein, die in ihrer Form und ihrer Herkunft aus den einzelnen Pflanzenteilen besonders mannigfaltig sind.

Auch an den unterirdischen Organen können sogenannte Rhizoidgemmen auftreten, die der vegetativen Vermehrung dienen. Erstmals beschrieb und zeichnete Nees von Esenbeck 1818 derartige Gebilde, die man bis jetzt bei über 80 vorwiegend zweihäusigen Laubmoosen der europäischen Flora nachweisen konnte. Rhizoidgemmen wurden bisher nur bei akrokarpen Laubmoosen, besonders häufig in den Familien Dicranaceae, Pottiaceae und Bryaceae, bekannt.

Heute wird allgemein angenommen, daß die Vorfahren der Moose Grünalgen mit isomorphem Generationswechsel waren. Die Übereinstimmung der Assimilationspigmente der Moose und aller höheren Pflanzen mit denen der Grünalgen macht dies wahrscheinlich. Moose sind relativ zarte Pflanzen mit oft einzellschichtigen Blättern, die weder lignifizierte Zellen im Innern noch – von Ausnahmen abgesehen – kutinisierte Epidermiszellen aufweisen, so daß sie sich fossil kaum erhalten konnten. Daraus erklären sich die spärlichen bzw. nur fragmentarisch erhaltenen Fossilfunde, die keinerlei Hinweise auf die Evolution geben. Bisher wurden die ältesten, unzweifelhaften Moosfunde im oberen Karbon gemacht und wegen ihrer Ähnlichkeit mit thallosen Lebermoosen mit dem Gattungsnamen *Hepaticites* belegt. Von einigen Forschern wird diese – mit den heutigen Metzgerialen vergleichbare – Formgattung

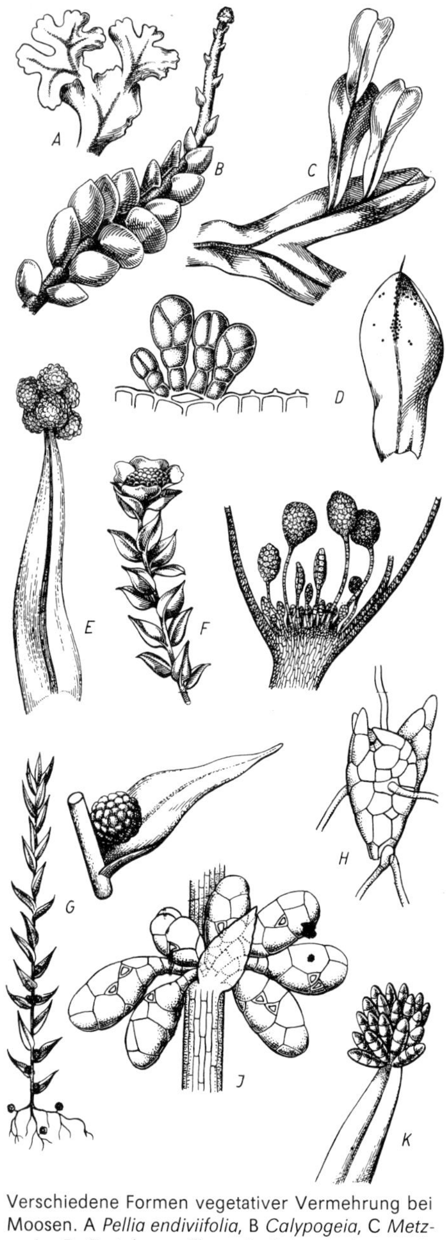

Verschiedene Formen vegetativer Vermehrung bei Moosen. A *Pellia endiviifolia*, B *Calypogeia*, C *Metzgeria*, D *Tortula papillosa*, E *Grimmia hartmanii*, F *Tetraphis pellucida*, G *Bryum rubens*, H *Pohlia annotina*, I *Leptobryum pyriforme*, K *Ulota phyllantha* (nach Correns, Müller, Nyholm, Ruhland und Watson)

in mehrere zerlegt, deren Namen man von der rezenten Gattung, der sie ähneln, ableitet, z. B. *Metzgeriites, Treubiites*. Sollte *Hepaticites devonicus* aus dem unteren Oberdevon von New York, der ebenfalls an rezente Metzgerialen erinnert, eindeutig einem Lebermoos zuzuordnen sein, würde er das älteste fossile Lebermoos überhaupt darstellen. *Hepaticites*-Sippen wurden auch noch aus der Trias- und Jurazeit nachgewiesen. Am vollständigsten erhalten ist *Naiadita lanceolata* aus der oberen Triasformation Englands, die von heute lebenden Vertretern stark abweicht. Hiervon wurden auch Archegonien, Perianthe, Sporen und Brutkörper gefunden. Fragliche marchantialesähnliche Lebermoose sind seit der Trias bekannt, echte Marchantialen sicher aus der Kreide.

Die ersten Laubmoose, *Muscites* genannt, traten im oberen Karbon auf. Aus dem Perm des Angaralandes im Kusnezkbecken (Sowjetunion) wurden zahlreiche fossile Laubmoose aus kohleführenden Schichten beschrieben, darunter 9 bis dahin unbekannte Gattungen. *Intia* hat durch den Blattsaum und andere Merkmale Ähnlichkeit mit den rezenten Gattungen *Mnium* und *Bryum*. Es wurden auch Formen bekannt, die an die heutigen Torfmoose erinnern, wie die Gattungen *Junjagia, Vorcutannularia* und *Protosphagnum*. Allerdings besitzen die im Vergleich zu den rezenten Sphagnen sehr großen Blätter Blattrippen. Die Blattlamina besteht bei ihnen ebenfalls aus zweierlei Zellarten, die Hyalinzellen sind teilweise so septiert wie bei den rezenten Torfmoosen. Ob sie tatsächlich als deren Vorfahren angesehen werden können, bleibt umstritten. Aus dem Mesozoikum sind nur wenige Laubmoose bekanntgeworden, aus dem Tertiär, besonders dem Miozän, dagegen sehr viele. Aus dem Oligozän Australiens wurde auch eine Laubmooskapsel beschrieben. Alle subfossilen Moose zeigen seit dem Pliozän so große Ähnlichkeit mit den heute lebenden, daß sie mit diesen artidentisch sein dürften. Insgesamt wurde die Anzahl der heute auf der Erde vorkommenden Moosarten auf 25 000 bis 27 000 geschätzt. Davon entfallen auf die Lebermoose etwa 9 000 bis 10 000 Arten und auf die Laubmoose 16 000 bis 17 000, die damit die artenreichste Unterabteilung der Bryophyten darstellen.

Unterabteilung Lebermoose, Marchantiophytina

Bei den Lebermoosen finden wir sowohl thallose als auch beblätterte, foliose Arten. Zwischen beiden bestehen Übergänge, die in allen Verwandtschaftskreisen mehr oder weniger deutlich in Erscheinung treten. Fast alle Lebermoose haben dorsiventral gebaute Gametophyten, nur ganz wenige zeigen eine mehr oder weniger radiäre Ausbildung des Sprosses. Während die thallosen Vertreter mit einer zwei- bis vierschneidigen Scheitelzelle wachsen, die auch während der Einzelentwicklung von einem zweischneidigen zu einem vierschneidigen Stadium übergehen kann, finden wir bei allen beblätterten Arten eine dreischneidige Scheitelzelle. Der Thallus ist bisweilen am Rand blattartig gegliedert und weist blattähnliche Ausstülpungen auf, die sich aber durch ihre Mehrzellschichtigkeit an der Basis und einen anderen Teilungsmodus sowie durch meist undeutliche Abgliederung von den Blättern der foliosen Lebermoose unterscheiden. Wir können sie deshalb als laterale Anhangsgebilde des Thallus auffassen. Auf der Ventralseite findet man bei einigen thallosen Vertretern Bauchschuppen und Schleimpapillen, die ebenfalls Anhangsgebilde darstellen. Die Verzweigung der Lebermoose ist lateral oder ventral.

Von den Lebermoosen werden 2 Klassen, die Hornmoose, Anthocerotopsida, und die eigentlichen Lebermoose, Marchantiopsida (Hepaticopsida), unterschieden. Bei den Anthocerotopsida werden die Geschlechtsorgane subepidermal angelegt. Der hornförmige Sporophyt, in dessen Zentrum sich eine Kolumella befindet, wächst mit einer interkalaren, meristematischen Zone. Den Zellen des Gametophyten fehlen Ölkörper. Bei den Lebermoosen im engeren Sinn dagegen werden die Geschlechtsorgane epidermal angelegt. Die runde bis ovale Kapsel hat keine Kolumella und erhebt sich bei der Reife lediglich durch Streckung der Seta über die Pflanze empor. Es fehlt jegliche interkalare Wachstumszone. Die Zellen des Gametophyten enthalten oft Ölkörper.

Klasse Hornmoose, Anthocerotopsida

Bei dieser Klasse weichen zahlreiche Merkmale des Gametophyten und insbesondere des Sporophyten von den übrigen Lebermoosen stark ab, so daß manche Systematiker die Hornmoose auf eine höhere Rangstufe als 3. Unterabteilung neben die Marchantiophytina und Bryophytina stellen. Einige gehen sogar so weit, sie als ganz unabhängig von den Bryophyten anzusehen und in eine eigene Abteilung einzuordnen.

Es sind nur einfach gebaute, thallose Formen bekannt. Der Thallus ist nicht in Assimilations- und Speichergewebe differenziert. Die Zellen haben gewöhnlich nur einen, sel-

Anthoceros agrestis mit hornförmigen Sporophyten. Die Art ist mit anderen auf feuchten, lehmigen Standorten vorkommenden Moosen vergesellschaftet.

ten mehrere Chloroplasten, die Pyrenoide in Ein- oder Mehrzahl enthalten können. Diese mit der Stärkebildung in Zusammenhang stehenden Zellorganellen finden wir sonst nirgends bei Moosen. Sie treten uns aber bei den Algen mehrfach entgegen, und es dürfte sich daher bei den Hornmoosen um ein Überbleibsel eines Organisationsmerkmals algenartiger Vorfahren handeln.

Auf der mit Rhizoiden besetzten Unterseite befinden sich bei verschiedenen Sippen am Thallus Spaltöffnungen, die zwar von Schließzellen umgeben sind, aber nicht funktionieren. Die meist völlig geöffneten Spalten sind mit Schleim gefüllt. Darin siedeln sich Blaualgen an, die atmosphärischen Stickstoff assimilieren. Ob daraus für die Hornmoose ein Nutzen entsteht, wird unterschiedlich bewertet. Polysaccharidhaltiger Schleim befindet sich auch im Innern des Thallus in besonderen, von den übrigen abweichenden Zellen, sogenannten Idioblasten, oder in interzellularen Hohlräumen. Die Geschlechtsorgane entstehen nicht aus einer Oberflächenzelle wie bei den übrigen Moosen.

Der Sporophyt ist mit seinem Fuß im Gametophyten fest verankert. Darüber befindet sich eine meristematische Zone, die für das Längenwachstum des Sporophyten verantwortlich ist. Eine mehrzellschichtige, chlorophyllreiche Kapselwand umhüllt das sporenbildende Gewebe. Das von der Spitze zur Basis reifende Sporogon öffnet sich in den ausgereiften, braunen bis schwarzen Teilen mit 2 Klappen und entläßt Sporen und Elateren. Diese sind dünnwandig oder mit spiraligen, sekundären Wandverdickungen versehen. Bei *Dendroceros crispus* wurden auch in der äußeren Zellschicht der Kolumella spiralige Verdickungen gefunden, die jenen der sterilen, zentralen Gewebesäule im Sporangium der Psilophytengattung *Horneophytum* ähneln.

Innerhalb der einzigen Ordnung, den Anthocerotalen, werden neben den Notothyladaceen die artenreicheren Anthocerotaceen unterschieden. Es sind meist Moose des feuchten Mineralbodens. Vertreter der Gattung *Megaceros* wachsen in der Nähe von Fließgewässern an vom Wasser bespritztem Gestein. Angehörige der Gattung *Dendroceros* hingegen werden in feuchten Wäldern an Baumstümpfen gefunden. Die Familie umfaßt 5 Gattungen, die alle Vertreter in den Tropen und Subtropen haben. *Anthoceros* und *Phaeoceros* kommen als einzige Gattungen auch weit verbreitet in den gemäßigten Breiten vor.

Alle *Anthoceros*-Arten sind bei der Reife schwarzsporig und besitzen Schleimhöhlen im Innern des Thallus. Durch die Größe des Sporophyten, der bis 16 cm lang werden kann, ist *Anthoceros fusiformis* aus Kalifornien auffällig. Bei dieser Art kommt auch eine gewisse Selbständigkeit des Sporophyten zum Ausdruck, er wächst eine Zeitlang weiter, wenn der Gametophyt schon abgestorben ist. *Anthoceros agrestis* kommt in Europa auf feuchten, lehmigen und tonigen, sauren Böden – vor allem auf Stoppeläkkern – vor. Die Gattung *Phaeoceros* hat im Thallusinnern keine Schleimhöhlen und auch im reifen Zustand gelbe Sporen. Der einhäusige *Phaeoceros carolinianus* ist in Europa weit verbreitet.

Bei ausreichender Temperatur und Feuchtigkeit gedeihen Hornmoose gut und sterben erst in der ungünstigen Jahreszeit ab. Bisweilen bleiben die wachstumsfähigen Spitzen erhalten, die bei günstigen Bedingungen ihr Wachstum fortsetzen, oder die Art überdauert klimatisch kritische Perioden mit Hilfe von Knöllchen.

Klasse Lebermoose im engeren Sinne Marchantiopsida (Hepaticopsida)

Bei der Klasse Marchantiopsida haben sich mehrere Entwicklungsreihen herausgebildet. Während bei den thallosen Lebermoosen eine fortschreitende innere Differenzierung des Thallus bei ziemlich gleichbleibender äußerer Form zu beobachten ist, findet sich bei den foliosen eine zunehmende äußere Differenzierung. Die höchste innere Spezialisierung erreicht der Thallus bei den Marchantialen, die somit das Ende eines Seitenzweigs der Entwicklung aus den ursprünglichen Metzgerialen darstellen. Ein anderer Entwicklungsast endet bei den höchstdifferenzierten, beblätterten Lebermoosen. Die Blätter der foliosen Arten sind meist mehrspitzig, stets ohne Rippe und meist schon dadurch von den Laubmoosen zu unterscheiden. Die Zellen der Lebermoose sind vorwiegend isodiametrisch – bisweilen langgestreckt – und weisen öfter kollenchymatische Eckverdikkungen auf. Diese können so stark sein, daß das Lumen nur noch klein und manchmal sternförmig ist.

Bei den meisten Lebermoosen finden wir in den Zellen mehr oder weniger stark lichtbrechende, oft artspezifische Einschlüsse, die als Ölkörper bezeichnet werden. Sie entstehen im Verlauf von Stoffwechselprozessen und zerfallen bald nach dem Absterben der Pflanze. Daher ist es außergewöhnlich, daß bei einer *Bazzania*-Art im dominikanischen Bernstein Ölkörper etwa 20 Millionen Jahre erhalten blieben. Ölkörper finden sich sowohl bei thallosen als auch bei foliosen Vertretern. Der charakteristische Geruch vieler Lebermoose im frischen Zustand ist durch die flüchtigen Terpenbestandteile der Ölkörper bedingt, die als ätherische Öle leicht verdampfen. Zahlreiche Mono-, Di- und Sesquiterpene konnten bereits isoliert und chemisch aufgeklärt werden. Manche von ihnen haben einen charakteristischen Geruch nach Terpentinöl, Koriander, Möhrenkraut, Birnen oder Fruchtdrops wie die entsprechenden Moose.

Sowohl im Thallus der thallosen als auch im Stengel der foliosen Lebermoose können Pilzhyphen auftreten, ebenso in den Rhizoiden. Bei dem chlorophyllfreien, saprophytischen *Cryptothallus mirabilis* ist eine Pilzsymbiose für das Gedeihen sogar notwendig. Ansonsten ist bei thallosen Lebermoosen ein gegenseitiger Nutzen aus der Pilzpartnerschaft nicht erwiesen. Viele beblätterte Lebermoose, besonders solche auf Hochmoorstandorten, scheinen mit einer

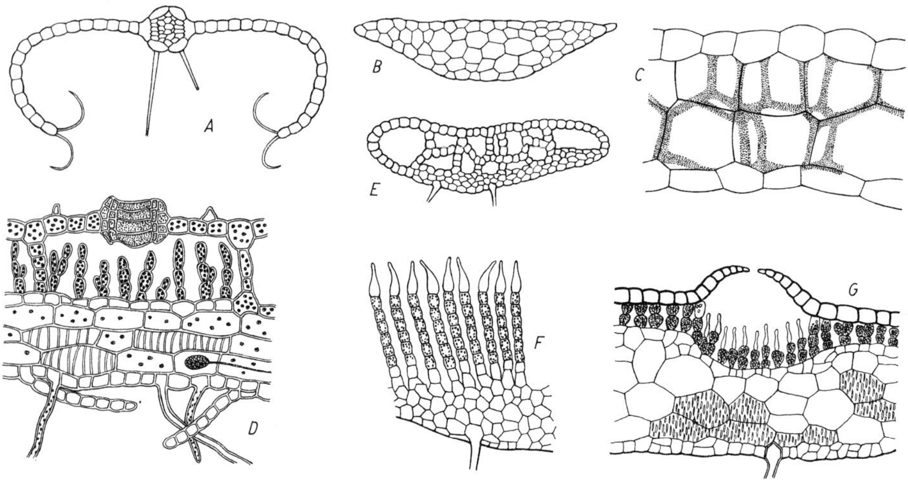

Thallusquerschnitte von Lebermoosen, die eine verschiedene anatomische Differenzierung zeigen. A *Metzgeria leptoneura*, B *Riccardia chamaedryfolia*, C *Pellia epiphylla*, D *Marchantia polymorpha*, E *Riccia fluitans*, F *Riccia ciliifera*, G *Conocephalum conicum* (nach Müller)

Pilzsymbiose besser zu gedeihen als ohne sie. Auch bei den rhizoidenlosen Calobryalen sind Pilzhyphen bei der Stoffaufnahme sicher von Bedeutung.

Die Geschlechtsorgane stehen teilweise zerstreut angeordnet, oftmals aber zu Gruppen vereinigt und dann meist von einer gemeinsamen Hülle umgeben. Das trifft besonders für die Archegonien zu, die bei vielen thallosen Vertretern von einer Thalluswucherung geschützt werden. Manchmal sind die Gametangien auch an ventralen Kurzsprossen angeordnet. Bei zahlreichen Vertretern der Marchantialen kommen sie auf speziell organisierten Trägern vor. Eine schützende Hülle fällt meist bei den Arten weg, die eingesenkte Gametangien haben. Bei den beblätterten Lebermoosen, die mit dreischneidiger Scheitelzelle wachsen, entsteht die Hülle, die die Archegonien umgibt, meist aus einem Wirtel von 3, seltener nur 2 Blättern.

Form und Aussehen der Perianthien sind für die Systematik bedeutungsvoll.

Die befruchtete Eizelle entwickelt sich zum Embryo, der sich mit seinem Fuß in das haploide Gametophytengewebe einbohrt bzw. von diesem umwuchert wird. Im Extremfall entwickelt sich der Sporophyt vom Embryo bis zur Sporenreife ganz umgeben vom Sproßgewebe des Gametophyten. Dieser nur bei beblätterten Lebermoosen bekannte Vorgang wird Coelokaulie genannt. Auch basale Teile des Archegoniums können durch starke Zellteilungen eine Sporophytenhülle bilden, die Kalyptra heißt. Durch Stammscheitelwucherungen unterhalb der Archegonien kann eine sogenannte Sproßkalyptra entstehen, bei der der Embryo sich in das Scheitelzellgewebe einbohrt. Eine bauchseitige Wucherung von Stengelgewebe führt zur Bildung eines sogenannten Marsupiums

»Brutpflege« bei Lebermoosen. A, A′ *Calypogeia*, B *Nardia* (nach Goebel und Müller)

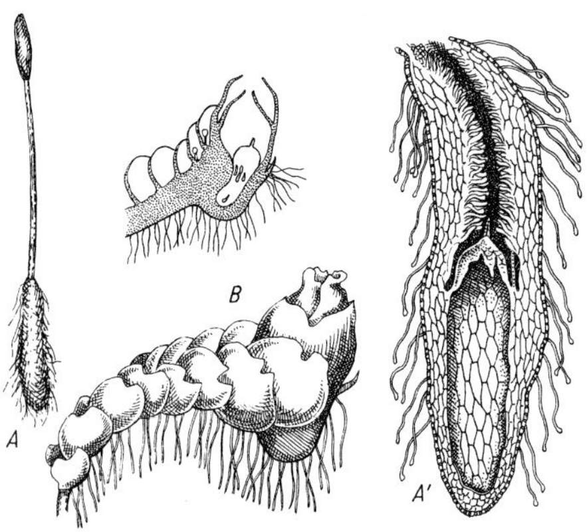

um den heranwachsenden Embryo. Dieses kommt in verschiedenen Verwandtschaftskreisen plagiotrop wachsender thalloser und folioser Lebermoose vor und hat sich in der Stammesgeschichte wohl mehrmals herausgebildet. So ist die Entstehung der Marsupien auch recht unterschiedlich. Meist dringen die für eine optimale Ernährung mit Rhizoiden dicht bekleideten Organe in die Erde ein. Das Marsupium ist entweder anfänglich ein solider Gewebekomplex, in den sich der Embryo einbohrt, oder ein von Anfang an hohler Beutel. Sowohl Coelokaulie als auch Marsupienbildung dienen dem Schutz des jungen, gegenüber Austrocknung empfindlichen Sporophyten. Die reife, kugelige bis eiförmige Kapsel, die bereits vor der Setastreckung fertig ausgebildet ist, öffnet sich mit 4 Klappen irreversibel und entläßt die reifen Sporen. Bei der Ausstreuung der Sporen wirken auch die Elateren mit. Es handelt sich dabei um sterile Zellen, die wie die Sporenmutterzellen aus dem sporogenen Gewebe entstehen.

Unterklasse Marchantiidae

Diese Unterklasse umfaßt thallose Lebermoose, die mit einer zwei- oder vierschneidigen Scheitelzelle wachsen. Wenn Ölkörper vorkommen, sind diese in der Einzahl in einer Zelle zu finden, in der Chloroplasten fehlen.

Das Sporangium entspringt einer meist sehr kurzen Seta, seine Wand ist einzellschichtig. Neben den Marchantialen mit mehrzellschichtigem, deutlich differenziertem Thallus werden hierzu auch die Sphaerocarpalen gerechnet, deren einzellschichtige Thallusflügel keinerlei Differenzierung aufweisen. Trotzdem bestehen gewisse Gemeinsamkeiten, die deren Einordnung hier rechtfertigen. Sie betreffen vor allem Antheridienentstehung und -entleerung, Embryoentwicklung und Spermatozoidenbau. Die sterilen Thalluswucherungen um das Sporogon bei den Sphaerocarpalen entsprechen den Archegonieneinzelhüllen verschiedener Marchantialen.

Ordnung Sphaerocarpales

Zu dieser Ordnung gehören 2 Familien, bei denen die Archegonien von auffälligen, sterilen Thalluswucherungen umhüllt sind. Die runden, kurzgestielten Kapseln mit einzellschichtiger Wand enthalten statt Elateren grüne, sterile Zellen. Da ein Öffnungsmechanismus fehlt, sind die Kapseln kleistokarp, und die meist zu Tetraden vereinigten Sporen können erst durch Auflösung der Kapselwand ins Freie gelangen.

Die Ordnung ist am meisten in Gebieten mit trockenen Sommern und verhältnismäßig feuchten, milden Wintern vertreten.

Die einzeln wachsenden Thalli der Vertreter der Familie Riellaceae haben auf der Rükkenseite einen einschichtigen Flügel, an dem sich auch die Geschlechtsorgane befinden. Die Antheridien sind im Gegensatz zu den Archegonien in das Gewebe des Flügels eingesenkt. Alle hierher gehörenden Vertreter sind einjährige Wasserpflanzen seichter Gewässer in niederschlagsarmen Gebieten der Ebene – vorwiegend der Hartlaubvegetation –, die aber eine Winterregenzeit aufweisen. Es handelt sich um Lebermoose, die Meer- und Brackwasser bewohnen, allerdings auch in Süßwasser kultiviert werden können. Daher dürften die konkurrenzschwachen Arten die Salzwasserstandorte nur besiedeln, weil sie dort dem biozönologischen Wettbewerb entzogen sind. Die gametophytische Phase liegt in den Wintermonaten, während im Sommer die Sporophytengeneration heranreift. Die trockene Jahreszeit wird mit Hilfe sehr lange keimfähiger Sporen überdauert, die zu Beginn der Regenzeit auskeimen. Die langstacheligen Sporen von 100 µm und darüber sind sehr widerstandsfähig, besonders gegen Austrocknung, und werden vornehmlich durch Vögel verbreitet. Von der einzigen Gattung *Riella* – die in frischem Zustand nach Koriander riecht – sind bisher 19 Arten beschrieben, von denen 5 im Mittelmeergebiet und Nordafrika leben.

Bei den Sphaerocarpaceen handelt es sich

um kleine, rosettige, am Rand gelappte, einjährige Erdmoose ohne Ölkörper. Die Pflanzen sind zweihäusig und meist auf der Thallusoberseite mit Geschlechtsorganen übersät. Die sterilen Thalluswucherungen sehen bei männlichen und weiblichen Pflanzen verschieden aus. Außerdem werden die weiblichen Thalli größer als die männlichen. Da die Pflanzen bei der Gattung *Sphaerocarpos* fast das ganze Jahr Geschlechtsorgane tragen und sich auf künstlichen Nährböden unter konstanten Bedingungen leicht züchten lassen, sind sie für genetische und physiologische Fragestellungen geeignete Versuchsobjekte. Der gesamte Kreislauf von der Sporenkeimung bis zur erneuten Sporenbildung dauert 4 bis 5 Monate. Von etwa einem Dutzend *Sphaerocarpos*-Arten wird besonders *Sphaerocarpos donnellii* aus dem südlichen Nordamerika für Vererbungsstudien genutzt. An diesem Objekt entdeckte erstmalig Allen 1917 Geschlechtschromosomen bei Pflanzen. Der weibliche Thallus besitzt 7 Autosomen und ein x-Chromosom, das durch seine Größe und Färbbarkeit von den übrigen Chromosomen unterschieden ist. Die männlichen Pflanzen haben dagegen neben den 7 Autosomen ein sehr kleines Geschlechtschromosom, das y-Chromosom. Das Gleichgewicht zwischen x-Chromosomen und Autosomen ist für die Geschlechtsausprägung verantwortlich, wie Versuche an experimentell erzeugten Mutanten zeigten. In den kleistokarpen Kapseln entstehen Sporentetraden, von denen 2 Sporen männlich und 2 Sporen weiblich determiniert sind. Diese bleiben lange vereinigt und keimen zusammen aus, so daß männliche und weibliche Pflanzen eng beieinander wachsen und auch untereinander fruchtbar sind.

Bei der Gattung *Sphaerocarpos* wurden auch die die Spermatozoide anlockenden Gamone isoliert, die bei Temperaturen über 100 °C und stark saurem pH-Bereich noch stabil sind. Da zwischen einzelnen *Sphaerocarpos*-Arten Bastarde erzeugt wurden, ist es von Interesse, daß beispielsweise die Gamone von *Sphaerocarpos texanus* und *S. donnellii* physikalisch und chemisch identisch sind. So ist es auch nicht verwunderlich, daß zwischen beiden Bastarde vorkommen und die Archegonien die Spermatozoide des artfremden Partners anlocken. Bei den Lebermoosen existieren aber gewiß verschiedene Gamone, da bereits innerhalb der Sphaerocarpalen *Riella*-Archegonien die Spermatozoide von *Sphaerocarpos* nicht anlocken.

Von der Gattung *Sphaerocarpos* sind insgesamt 12 Arten auf der Nord- und Südhalbkugel vertreten, in Europa kommen 2 mediterran-atlantische Arten auf neutralen, gedüngten Lößböden vor, die ausgesprochene Adventivpflanzen auf Kulturland darstellen. Der bisher nur an wenigen Fundorten in Kalifornien nachgewiesene zweihäusige *Geothallus tuberosus* lebt xerophytisch und bildet zur Überdauerung extremer Trockenheit reservestoffreiche Knöllchen aus. Abweichend von allen anderen lebenden Moosen sind die zu Tetraden vereinigten Sporen außen glatt und an den Berührungsflächen stachelig.

Ordnung Marchantiales

Alle Vertreter dieser Ordnung gehören zu den thallosen Lebermoosen. Anatomisch ist der Thallus – vergleichbar mit dem Aufbau des Laubblatts einer Samenpflanze – in Assimilations- und Speichergewebe differenziert. Das dem Licht zugewandte Assimilationsgewebe ist entsprechend seiner Funktion reich an Chloroplasten und besonders bei den Marchantiaceen von teilweise sehr hochorganisierten Atemöffnungen durchsetzt, die eine Verbindung der Atemhöhle mit der Außenluft ermöglichen. Innerhalb der Marchantialen hat der Lebermoosthallus bei gleichbleibender äußerer Gestalt die höchste Form der inneren Differenzierung erlangt. Das Grundgewebe befindet sich lichtabgewandt, also auf der Bauchseite. Es ist meist großzellig und vielfach reich an Reservestoffen, so daß es nach seiner Funktion als Speichergewebe bezeichnet werden kann. Auf der Bauchseite entspringen neben den Rhizoiden meist auch noch Bauchschuppen. Diese sehr verschiedenartig gestalteten Organe enthalten in ihren Zellen – außer des amphibisch lebenden *Ricciocarpos natans* – keine Chloroplasten. Vielfach sind sie farblos, können aber auch intensiv rot sein. Man erblickt in den Bauchschuppen in erster Linie Organe der äußeren, kapillaren Wasserleitung. Bei Arten xerothermer Standorte, deren Thallus sich bei Trockenheit einrollt, schützen sie vor starker Einstrahlung und entstehen in 2 oder mehreren Reihen auf der Bauchseite des Thallus. Die zuletzt gebildeten Schuppen überdecken den Thallusscheitel und schützen das junge, teilungsfähige Gewebe. Bei den Marchantialen treten neben den einfachen Rhizoiden, die man auch bei anderen Ordnungen der Lebermoose findet, sogenannte Zäpfchenrhizoide auf. Sie entspringen z. T. im Schutz der Bauchschuppen und sind wohl für die Fernleitung des Wassers von Bedeutung. Ihr Lumen ist enger, und die Wände haben nach innen vorspringende, zäpfchen- bis kegelartige Wandverdickungen.

Morphologisch können 2 Thallustypen unterschieden werden, die auch von ökologischer Bedeutung sind. Der tiefgrüne Flachthallus ist mit seiner ganzen Breite der Unterlage mit Hilfe von Rhizoiden angeheftet. Im Gegensatz dazu ist der mattgrüne Rollthallus nur entlang seiner Mittellinie der Unterlage angewachsen und kann daher bei Trockenheit nach oben eingerollt werden. Er findet sich bevorzugt bei Arten von häufig austrocknenden Standorten. Der Rollthallus ist im Vergleich zum Flachthallus relativ dick und hat meist derbe Epidermiszellen. Außerdem ist das Assimilationsgewebe hoch, bei den schattenliebenden, hygrophilen Flachthalli nur niedrig, dagegen entwickelt sich bei ihnen ein großes, stark ausgebildetes Speicherparenchym.

Wenn man die Pflanzen mit dem bloßen Auge betrachtet, fällt bei den meisten Sippen eine deutliche Felderung der Thallusoberseite auf. Auf einem Querschnitt erkennt man, daß es sich bei der Begrenzung der Felderchen um die Wände der Atemhöhlen – auch Luftkammern genannt – handelt. In der Mitte jeder Luftkammer befindet sich eine Atemöffnung, die die Verbindung der Luftkammer mit der Außenwelt darstellt und in Aufsicht als kleine Pore erscheint. Die Atemöffnungen sind bei den einzelnen Sippen sehr unterschiedlich gebaut. Die einfachste Atemöffnung ist ein Loch in der Epidermis, unter dem sich ein kleiner Hohlraum befindet. An der Öffnung ist die Epidermis nicht emporgehoben. Eine weitere Entwicklung stellt eine Atemöffnung dar, bei der sich die Epidermis an der Öffnung kegelförmig erhebt. Am höchsten entwickelt sind solche, die aus mehreren übereinanderliegenden ringförmigen Zellagen zusammengesetzte Tönnchen bilden. Derartige Atemöffnungen befinden sich auch oft an den Gametangienständen derjenigen Sippen, die in ihrem vegetativen Thallus einfachere Atemöffnungen aufweisen. Bei einigen Gattungen, darunter *Exormotheca*, sind die Atemöffnungen an den Gametangienständen einfach. Die die Atemöffnungen umgrenzenden Zellen – die oft auch als Schließzellen bezeichnet werden – sind meist dünnwandig. Bei dem Typ mit tönnchenförmigen Atemöffnungen kann der unterste Zellring die Atemöffnung verschließen.

Das parenchymatische Grundgewebe besteht aus relativ großen, sechseckigen Zellen. Bei den meisten Vertretern ist es mehr oder weniger einheitlich gebaut. In einigen Sippen findet man regelmäßig Idioblasten, die Kalziumoxalat oder Schleim führen. Das Grundgewebe kann auch mit dickwandigen Sklerenchymfasern durchsetzt sein. Um einen schnellen Wasser- und Nährstofftransport zu gewährleisten, enthalten die Grundgewebszellen ring- oder netzförmige Wandverdickungen. Je ein Ölkörper ist im Grundgewebe in kleineren, von den übrigen deutlich verschiedenen Zellen vorhanden. Oft sind die zu Ständen vereinigten Archegonien auf Trägern emporgehoben. Diese stellen orthotrop aufgerichtete, umgestaltete Thallusäste dar. Auf der morphologischen Unterseite finden wir daher eine Rhizoidrinne. Wenn sich der weibliche Thallusast vor der Aufrichtung gabelt, seine beiden Äste aber bis oben zu einem einheitlichen Träger verwachsen bleiben, treten 2 Rhizoidrinnen auf. Eine Rhizoidrinne fehlt, wenn der weibliche Träger nur aus der Oberseite des Thallus gebildet wird.

Innerhalb der Targioniaceen hat die Gattung *Targionia* einen gabelig geteilten Thallus von 1 bis 2 cm Länge und nur 3 mm Breite. Die Pflanze erhält dadurch ein kurz bandförmiges Aussehen. An den Enden sind die Thallusäste oft keilförmig verbreitert. Hier finden wir auch die Archegonien, die zu mehreren von einer relativ großen, gemeinschaftlichen Hülle umgeben sind. Diese ist muschelförmig zweiklappig und an der Berührungsnaht verwachsen. Die archegonientragenden Thallusäste setzen niemals ihr Wachstum fort. Unterhalb des Archegonienstands wächst die Thallusoberseite intensiv. Durch eine Thalluswucherung wird die Archegonienhülle mit den Archegonien auf die Thallusunterseite verschoben. In der tief schwarzroten Hülle reift nur eine einzige, kurzgestielte Kapsel heran. Zur Reifezeit reißt die muschelförmige Hülle an ihrer Verwachsungsnaht längs auf. So kann die Kapsel – die bei der Reife im oberen Teil zerfällt – ungehindert die netzartig gefelderten Sporen und Elateren ins Freie entlassen. Die Antheridienstände entstehen an der Spitze kurzer, bauchständiger Thallusäste, die einen sehr einfachen anatomischen Bau zeigen. Die Antheridien sind in Höhlen einer scheibenartigen Erweiterung eingesenkt. Da die Antheridienstände nur sehr kurz gestielt sind, liegen sie fast in gleicher Höhe mit dem Hauptthallus. Dieser zeigt einfache Atemöffnungen. In den Atemhöhlen befinden sich Assimilationsfäden, die in ihrer Verzweigung der Cactaceengattung *Opuntia* ähneln.

Die Gattung *Targionia* umfaßt nur wenige Arten, die in Trockengebieten beider Hemisphären vorkommen. In Europa siedeln 2 Arten vorwiegend im mediterran-atlantischen Bereich. Außerhalb dieses Gebiets kommt *Targionia hypophylla* an extrem xerothermen Standorten Mitteleuropas, z. B. in der Tschechoslowakei, vor. *Targionia hypophylla* mit $n = 9$ Chromosomen ist weiter verbreitet als die triploide *T. lorbeeriana* mit $n = 27$ Chromosomen.

Von der ausschließlich tropisch verbreiteten Gattung *Cyathodium* besitzt der Thallus einiger Arten einen smaragdgrünen Glanz, der auf dem Vorkommen linsenförmiger Zellen, die das Licht reflektieren, beruht. Es handelt sich um eine ähnliche Erscheinung wie das Leuchten des Leuchtmoosprotonemas, das ausführlich bei der Behandlung des Leuchtmooses, *Schistostega pennata*, besprochen wird. Auch ökologisch besteht eine gewisse Parallele, da die *Cyathodium*-Arten ebenfalls schattiges Gestein in Höhlen bewohnen.

Viele Vertreter der Aytoniaceen sind Xerophyten, deren Kapsel sich durch Abfall eines Deckels öffnet. Lediglich *Reboulia* und das durch einen Rollthallus ausgezeichnete *Plagiochasma rupestre* öffnen sich durch Zerfall des obersten Kapselteils. Systematisch besonders schwierig ist die Gattung *Mannia*, zu der Bewohner trockener, neutraler bis schwach saurer Standorte in offener Lage und meist damit verbundener starker Einstrahlung gehören. Die fast über die gesamte Holarktis verbreitete *Mannia fragrans* riecht nach Zedernöl. *M. rupestris* ist eine an schattigen, nitratreichen Standorten vorkommende, relativ kurzlebige Art, deren Thallus nach der Sporenreife im Frühjahr bald abstirbt.

Die nur aus einer Gattung bestehende Familie der Conocephalaceen entwickelt kräftige, große, fleischige Thalli mit einfachen Atemöffnungen. Der Name rührt von den stumpf kegelförmigen und am Rand eingeschnittenen weiblichen Köpfchen her, auf deren Unterseite die Archegonien stehen. Die Antheridienstände sind im Gegensatz dazu ungestielt und befinden sich auf dikken, rundlichen Scheiben am Thallusende. Die Gattung *Conocephalum*, die sich auch vegetativ vermehrt, ist mit 2 Arten ausschließlich auf der Nordhalbkugel vertreten, von denen *Conocephalum conicum* eine eigene, schattenertragende, schwach basiphile Moosgesellschaft an Standorten mit hoher Luftfeuchtigkeit bildet. In der Mittelrippe des Thallus sind Schleimzellen, die durch Quellung den Thallus in einen entsprechenden Spannungszustand versetzen. Aus dem ätherischen Öl dieser aromatisch riechenden Pflanze wurden bisher über 32 Verbindungen isoliert. Thallusstücke von *Conocephalum* erinnern in ihrer Form an einen Leberlappen. Im Mittelalter, als die Ähnlichkeit von Pflanzen oder Pflanzenteilen mit menschlichen Organen als ein Hinweis für deren Heilwirkung gedeutet wurde (Signaturlehre), war daher *Conocephalum* eine bekannte Heilpflanze gegen Leberleiden. Sie wurde »Lebermoos« genannt und von ihr der Name auf die gesamte Pflanzengruppe übertragen.

Die Lunulariaceen umfassen nur die Gattung *Lunularia* mit der einzigen, adventiv weltweit verbreiteten Art, dem Mondbechermoos, *Lunularia cruciata*. Sein Thallus hat auf der Oberseite fast stets charakteristische Brutkörperbehältnisse und ist an ihnen auch im Gelände leicht erkennbar. Die scheibenförmigen Brutkörper liegen in einer Vertie-

Lunularia cruciata, ein Neophyt aus dem Mittelmeergebiet. Das Moos ist heute in vielen bevorzugt wärmeren Teilen Deutschlands eingebürgert.

fung des Thallus, die nach der Thallusmitte zu von einer schuppenartigen, ganzrandigen Thalluswucherung halbmondförmig umgeben ist. Als ursprüngliches Areal dürfte das Mittelmeergebiet zu gelten haben, von wo aus die Art nach Mittel-, West- und Nordeuropa verschleppt wurde und sich als ausgesprochener Neophyt in Gärtnereien, auf Blumentöpfen – besonders in Gewächshäusern – ausbreitete. Von dort aus gelangte die stickstoffliebende, basiphile Art auch in Gärten, Friedhöfe und Parkanlagen. In Deutschland wurde sie erstmals 1828 von Alexander Braun im Botanischen Garten Karlsruhe nachgewiesen. Heute liegt eine echte Einbürgerung vor, da sogar strenge Winter wenigstens teilweise überdauert werden. Ihr Verbreitungsschwerpunkt konzentriert sich allerdings auf die wärmeren Teile in den Grenzen der 0°C-Januarisotherme. In England wurde *Lunularia cruciata* schon mit bronzezeitlichen Funden nachgewiesen, so daß sie dort wohl ursprünglich ist. In Mitteleuropa kommen von der zweihäusigen Art nur weibliche Pflanzen vor, die sich aber ausschließlich durch Brutkörper vermehren.

Zu den Cleveaceen gehören mittelgroße Kalkpflanzen mit gegabelten Thalli und einfachen Atemöffnungen. Die Archegonienstände sind gestielt, die Antheridienstände mit Ausnahme von *Peltolepis* ungestielt. Die Familie besteht aus etwa 5 Gattungen, von denen 3 artenarme in Europa vorkommen. Im Alpenzug sind alle 3 durch *Athalamia hyalina*, *Sauteria alpina* und *Peltolepis quadrata*, z. T. eng benachbart, vertreten. Sie vertragen lange Schneebedeckung und Nässe. Alle 3 genannten Arten sind nordisch-alpin, wobei die erste auch an steppenartigen Standorten der mitteleuropäischen Hügellandstufe Reliktvorkommen hat.

Die Marchantiaceen sind die höchstentwickelte Familie unter den Marchantialen mit komplizierten, tonnenförmigen Atemöffnungen. Sowohl die Archegonien- als auch die Antheridienstände sind gestielt. Die Träger haben 2 Rhizoidrinnen. Aus Europa sind nur die Gattungen *Bucegia, Preissia* und *Marchantia* bekannt. *Bucegia romanica*, eine monotypische Art, ist selten und hat ein kleines, disjunktes Areal, das sich auf die Süd- und Ostkarpaten, die Tatra, die Tschuktschenhalbinsel und die kanadischen Rocky Mountains beschränkt. Am Standort ist die Art der Gattung *Preissia* sehr ähnlich, hat aber einen gekielten Thallus, dem opuntiaartige Zellsprossungen in den Atemhöhlen fehlen.

Marchantia polymorpha, das Brunnenlebermoos, mit weiblichen Gametangienständen, die einem Schirmgestell ähneln, zur Zeit der Sporenausstreuung

Im unteren Bildteil männliche, scheibenförmige Gametangienstände des Brunnenlebermooses, im oberen Teil schirmförmige weibliche Gametangienstände

Die Gattung *Preissia* ist mit der Art *Preissia quadrata* auf der gesamten Nordhalbkugel im kühlen bis gemäßigten Klima an kalkreichen, feuchtschattigen Standorten, seltener in Kalkflachmooren, dagegen öfter sekundär an kalkhaltigen Mauern vertreten. Im Grundgewebe, besonders der älteren Thallusteile, findet man charakteristische, rotbraune Sklerenchymfasern. Die assimilierenden Zellsprossungen in den Luftkammern gleichen denen der Gattung *Marchantia*.

Sie ist durch Abbildungen vieler Lehrbücher allgemein bekannt und wird oft fälschlich als Typ der Lebermoose angesehen. Es handelt sich aber um eine spezialisierte Gattung von weltweiter Verbreitung mit etwa 65 stets zweihäusigen Arten. In den Luftkammern befinden sich opuntiaartige Assimilationsfäden. An lichtarmen Stellen kommt es zur Rückbildung der Atemhöhlen und Verlagerung der Chloroplasten in die Epidermis.

Die bekannteste und am weitesten verbreitete Art ist das Brunnenlebermoos, *Marchantia polymorpha*, das auch vielfach zu physiologischen und genetischen Untersuchungen herangezogen wird. Es wächst an feuchten Stellen, besonders gern aber an nährstoffreichen Plätzen, mit Vorliebe an Brandstellen. Gegenüber starken Immissionen ist die Art relativ unempfindlich. Schützend wirkt hier sicher ihre Kutikula. Auch durch den Menschen wird diese kosmopolitisch, teilweise ruderal vorkommende Art verbreitet, die sich gleichermaßen durch Sporen und Brutkörper vermehrt. Die Sporen sind übrigens sehr klein. Die scheibenförmigen Antheridienstände tragen die Antheridien auf der Scheibenoberfläche, die Archegonienstände hingegen sind schirmförmig, und die Archegonien stehen in Hüllen auf der Unterseite zwischen den Schirmstrahlen. Bei der Befruchtung dürften verspritzende Regentropfen für den Transport der Spermatozoide zu den Archegonien eine besondere Rolle spielen. Zwischen Antheridien- und Archegonienständen bestehen keine prinzipiellen Unterschiede. Beide stellen mehrfach gegabelte Thalli dar, ihre morphologischen Differenzen entstehen lediglich durch verschiedenartige Wachstumsvorgänge. In den schüsselförmigen Brutbechern des Brunnenlebermooses, die sich auf der Thallusoberseite befinden, bilden sich linsenförmige, mehrzellschichtige Brutkörper, die an 2 Seiten eingekerbt sind und in den Vertiefungen Scheitelzellen aufweisen. Infolge der durch

Licht und Schwerkraft induzierten Dorsiventralität entstehen an der dem Licht abgewandten Seite Rhizoide, an der dem Licht zugewandten Assimilationskammern.

Bei *Marchantia berteroana* wird die geschlechtliche Vermehrung von einem deutlichen Wechsel im Flavonoidmuster begleitet. Gametangienstände und Thalli produzieren unterschiedliche Flavonoide. Man nimmt an, daß ihr Wechsel die Gametogenese auslöst.

Die Exormothecaceen mit der Gattung *Exormotheca* haben einen bandförmigen Thallus, der mit zahlreichen Rhizoiden am Substrat dicht angepreßt ist. Die Thallusoberseite ist bei *Exormotheca pustulosa* und noch stärker bei *E. bullosa* mit farblosen Warzen, die vorgewölbten Atemhöhlen entsprechen, dicht bekleidet. Die weißlichgelbe *E. bullosa* ist in Wüstengebieten oft zur Hälfte im Sand eingebettet. Ihre stark kegelförmig vorragenden Luftkammern, die etwa zwei Drittel der Thallusdicke betragen, haben schwach gelbliche Zellwände. Bevor das Licht zu den Zellsprossungen des Assimilationsgewebes gelangt, ist es teilweise an den Wänden absorbiert, teilweise an den wasserhellen Luftkammern total reflektiert bzw. in diffuses Licht umgewandelt. So erreicht nur Licht in abgeschwächter Form das Assimilationsgewebe. Außerdem schützen noch über die Thallusoberseite gebogene Bauchschuppen die empfindlichen jungen Thallusteile. Da sich die Atemöffnungen an der Spitze der konisch gewölbten Luftkammern selbst bei stärkster Einstrahlung nicht schließen können, dringen auch Strahlen direkt ins Innere, die aber durch Reflexion an den Kammerwänden nur in Form diffusen Lichtes zum Assimilationsgewebe gelangen.

Die Ricciaceen sind einfach gebaute Marchantialen und werden heute vielfach als Reduktionsformen gedeutet. So finden wir Antheridien und Archegonien meist einzeln in den Thallus eingesenkt. Auch der Sporophyt ist sehr stark zurückgebildet. Die Kapselwand dient zur Sporenernährung, da weder Elateren noch irgendwelche Nährzellen vorhanden sind. Die setalose Kapsel wird

Marchantia polymorpha mit den charakteristischen Brutbechern findet man an nitratreichen Plätzen.

noch bei der Sporenreife vom Archegonienbauch umschlossen und ist in den Thallus eingesenkt, der also hier zugleich eine Schutzfunktion für das Sporogon erfüllt. Da jeglicher Öffnungsmechanismus fehlt, gelangen die Sporen erst durch Auflösung der einzellschichtigen Kapselwand ins Freie.

Innerhalb der Gattung *Riccia*, die mit etwa 200 Arten fast ausschließlich die Familie repräsentiert, werden 2 Untergattungen unterschieden, deren Thallus durch die Tätigkeit einer zweischneidigen Scheitelzelle mehr oder weniger gegabelt ist. Die Vertreter der Untergattung *Ricciella* besitzen im Thallusinnern Luftkammern, die Oberfläche ist meist netzartig gezeichnet. Die Arten der Untergattung *Riccia* haben im Thallusinnern keine Luftkammern, die Thallusoberfläche weist keine Netzzeichnung auf. Das Assimilationsgewebe ist aus einzelnen Zellpfeilern aufgebaut.

Bei den vorwiegend amphibisch lebenden Vertretern der Untergattung *Ricciella* muß besonders ihre starke Variabilität erwähnt werden. Ein und dieselbe Art kann neben Land- auch Schwimmformen ausbilden, die sich morphologisch unterscheiden. Dadurch ist in taxonomischer Hinsicht der Formenkreis um *Riccia fluitans* besonders schwierig. Die unter möglichst gleichbleibenden Licht-, Temperatur- und Feuchtigkeitsbedingungen in Kultur heranwachsenden Landformen zeigen bei den verschiedenen Arten ein mehr oder weniger konstantes Aussehen. Wegen ihrer lebhaft grünen Farbe und ihres raschen Wachstums wird *R. fluitans* gern als Aquarienpflanze verwendet. Für eine exakte Bestimmung ist die Untersuchung der Chromosomenverhältnisse ratsam.

Die häufige und weit verbreitete *Riccia fluitans* besitzt 8 Chromosomen, die weniger verbreitete *R. rhenana* 16. Beide Arten existieren in einer Schwimm- und einer Landform und sind durch ihre starke Variabilität oft nicht leicht voneinander zu unterscheiden. Man versuchte experimentell, aus *Riccia fluitans* eine Form mit doppeltem Chromosomensatz zu synthetisieren. In der Kultur wuchsen etwa 50 % der kolchizinbehandelten Pflanzen zu vollständig oder teilweise diploiden Thalli aus. Die experimentell erzeugte diploide Form von *Riccia fluitans* ist identisch mit *R. rhenana* in allen diagnostischen Charakteren und in ihrer Variationsbreite. Da *R. rhenana* weniger weit verbreitet ist als *R. fluitans*, wäre es denkbar, daß jene einige Male an verschiedenen Orten durch Verdoppelung des Chromosomensatzes aus *R. fluitans* entstanden ist. Auch bei *R. canaliculata* wurde durch Behandlung mit Kolchizin eine diploide Form erzielt, die in allen charakteristischen Merkmalen *R. duplex* ähnelt, aber im Gegensatz dazu zweihäusig ist.

Riccia cavernosa und einige ihrer Verwandten bilden keine Schwimmformen aus. Die relativ großen, hellgrünen, dicklichen Thalli glitzern jung infolge gewölbter Epidermiszellen. Mit zunehmendem Alter zerreißt die Epidermis, so daß die Atemhöhlen freigelegt werden und die Oberfläche schwammartig-grubig erscheint.

Die Vertreter der artenreicheren Untergattung *Riccia* besiedeln einerseits feuchte Orte und Äcker, aber auch trockene Hänge unseres gemäßigten Klimas, andererseits trokkene Standorte des Mittelmeergebiets und sogar Wüsten. Demzufolge sind sie im anatomischen Bau und in der Lebensweise recht unterschiedlich.

Die auf verschiedenen vegetationsarmen Sekundärstandorten auftretenden Ackerriccien wie *Riccia sorocarpa* sind in ihrer ganzen Lebensweise echte Unkräuter. Sie sind sehr widerstandsfähig und können unter ungünstigen Verhältnissen lange kümmerlich wachsen. Wenn wieder bessere Wachstumsbedingungen auftreten, entstehen aus den Kümmerformen kräftige, gesunde Pflanzen. Ihre Austrocknungsfähigkeit ist sehr groß, aber auch bei Staunässe wachsen sie gut und bilden reichlich Kapseln. Die bei uns auf Äkkern verbreitete *Riccia glauca* kann perennieren, indem das hintere Thallusende abstirbt und das vordere weiterwächst.

Am Ende der Zellpfeiler, die das Assimilationsgewebe dieser Untergattung aufbauen, befindet sich eine vergrößerte, chlorophyllfreie Zelle, die besonders bei den xerothermen Arten *Riccia ciliifera*, *R. gougetiana* u. a. verlängert sein kann. Bei den an extrem trokkene Standorte stärker angepaßten Arten sind neben der Endzelle auch noch die nächsten Pfeilerzellen chlorophyllfrei und dienen als Lichtschirm. Die epidermalen Endzellen schließen mehr oder weniger dicht aneinander, und es gelangt nur diffuses Licht an die

Auf vegetationsarmen Sekundärstandorten auftretende *Riccia*-Arten erweisen sich als sehr widerstandsfähig.

durch Zwischenräume getrennten chlorophyllhaltigen Pfeilerzellen. Dieser Thallusbau erinnert an die Fensterblätter einiger Aizoaceen. Als Lichtschirm fungieren auch die Haare am Thallusrand, die bei einigen xerothermen Riccien besonders des Mittelmeergebiets auftreten. Diese farblosen oder gelblichen Borsten werden bei Trockenheit über den Thallus herübergebogen und zerstreuen das Sonnenlicht. Starkes Licht wird z. T. absorbiert, an den Epidermiszellen reflektiert oder durch die farblosen Pfeilerzellen und Borsten abgeschwächt.

In der Wüste Karoo in Südafrika kommt eine *Riccia*-Art vor, deren Aufbau an eine echte Wüstenpflanze unter den Phanerogamen erinnert. Die obersten 5 Zellen der Zellpfeiler sind chlorophyllfrei und bilden so eine Parallele zur mehrzellschichtigen Epidermis höherer Pflanzen. Der übrige Thallus ist tief im Boden eingesenkt.

Bei der in Texas vorkommenden *Riccia albida* sind die oberen, luftkammerumgebenden Pfeilerzellen innen und außen mit Kalk verkrustet. Dadurch erhält der Thallus sein milchweißes Aussehen. Die mit Kalziumkarbonat versetzten Zellen enthalten keine Chloroplasten. Die Art kommt auf kalkhaltigem Boden vor, auf kalkarmen Substraten kümmert sie und stirbt frühzeitig ab.

Die Überdauerung ungünstiger Perioden erfolgt bei den annuellen Arten durch Sporen. Etliche Arten sind ausdauernd. Sie entsenden einen Thallusast in den Boden, der an der Spitze durch Bauchschuppen vor den festen Bodenbestandteilen geschützt ist. Es besteht hier also eine Parallele zur Wurzelhaube an den Wurzeln der höheren Pflanzen. Dieser versenkte Ast wächst dann, wenn wieder günstige Wachstumsbedingungen vorliegen, zum neuen Thallus aus.

Einige Riccien, besonders solche Arten, die xerotherme Standorte bevorzugen und in Europa im Mittelmeergebiet ihre Hauptverbreitung haben, sind in der Lage, Trockenperioden in Form von Knöllchen zu überdauern. Dazu gehört z. B. die im Zusammenhang mit den Anpassungen an hohe Lichtintensitäten erwähnte *Riccia gougetiana*, die größte europäische *Riccia*-Art. Bei ihr schwellen die Thallusenden nach unten stark an und bilden dadurch weißliche, reservestoffhaltige Knöllchen. Diese findet man in der Erde, wenn während der Trockenzeit der Thallus verschwunden ist.

Die Verbreitung der ans Wasserleben angepaßten Arten der Untergattung Ricciella erfolgt vorwiegend durch Thallusstücke, da – von wenigen Ausnahmen abgesehen – nur die Landformen in der Lage sind zu sporulieren. Die Thalli werden bei ihnen durch Wasservögel, an deren Gefieder sie haften, oft über viele Kilometer von einem Gewässer in ein anderes transportiert. Bei *Riccia frostii* wurde festgestellt, daß diese Art in Ungarn besonders auf dem von Gänsen festgetretenen Boden am Ufer von Gewässern auftritt. Hier kleben die Sporen mit unregelmäßigen Leisten auf den Außenseiten, die übrigens die kleinsten von allen europäischen Riccien und dadurch leicht bestimmbar sind, an den Füßen von Gänsen und Enten fest und werden so verbreitet. Bei der vorwiegend auf xerothermen Standorten vorkommenden *Riccia ciliifera* werden in Ungarn Fasane für die Ausbreitung der Sporen und Knöllchen verantwortlich gemacht.

Zum Abschluß sei noch der nahezu kosmopolitische *Ricciocarpos natans* erwähnt, dessen Schwimmform einen herzförmigen Thallus hat, der wie Wasserlinsen auf dem Wasser schwimmt.

Unterklasse Jungermanniidae

Diese Unterklasse umfaßt neben einigen thallosen vorwiegend beblätterte Lebermoose. Die thallosen Arten sind entweder einzellschichtig oder aus mehr oder weniger gleichartigen, stets dünnwandigen Zellen aufgebaut. Atemhöhlen und -öffnungen fehlen dem kaum differenzierten Thallus ebenso wie Bauchschuppen. Die Rhizoide sind glatt. Das Wachstum erfolgt fast immer mit dreischneidiger Scheitelzelle. Ölkörper sind meist zu mehreren in den chloroplastenreichen Zellen enthalten, selten kommt nur ein Ölkörper darin vor, manchmal fehlen sie völlig. Mit Ausnahme der Calobryalen ist die Sporogonwand mehrzellschichtig. In dem Sporogon, das sich mit 4 Längsrissen öffnet, finden sich neben Sporen stets auch Elateren.

Ordnung Metzgeriales

In diese Ordnung gehören dorsiventrale Thalluspflanzen, die meist niedergestreckt, selten bäumchenförmig aufgerichtet sind. Die weiblichen Geschlechtsorgane stehen zerstreut auf der Thallusoberseite, meist lateral und nicht an der Thallusspitze, wo der Vegetationsscheitel, der nicht direkt in die Bildung der Archegonien einbezogen wird, ständig weiterwächst. Durch die Stellung der Archegonien rührte die frühere Bezeichnung Jungermanniales anacrogynae für diese Ordnung her. Innerhalb der verschiedenen hierher gehörenden Familien kommen unscharf abgesetzte, blattartige Bildungen vor.

Die Ordnung Metzgeriales ist möglicherweise die ursprünglichste Ordnung der Lebermoose im engeren Sinn, da auch die frühesten mutmaßlichen fossilen Lebermoose den morphologischen Typ dieser Ordnung repräsentieren.

Die Arten sind von der Arktis bis zu den Subtropen und Tropen weit verbreitet, wo sie auch ihre größte Häufigkeit und Mannigfaltigkeit erreichen.

Die Vertreter der Familie Metzgeriaceae haben einen schmal bandförmigen, dichotom verzweigten Thallus, der durch Einzellschichtigkeit mehr oder weniger durchsichtig ist. Auffällig ist eine schmale, deutlich begrenzte, mehrzellschichtige Rippe. Auf deren Unterseite findet man die Geschlechtsorgane, von modifizierten Thallusteilen umhüllt. Diese spezialisierten »Geschlechtsäste« sind bei den Archegonien stets behaart. Thallusunterseite, insbesondere die der Rippe, und Thallusrand tragen oft einzellige Haare. Durch die relativ schwache Thallusgliederung besteht eine geringe Formenmannigfaltigkeit.

Die Familie ist mit rund 200 Arten weltweit verbreitet, ihr Verbreitungsschwerpunkt liegt in den tropischen Gebieten und auf der Südhemisphäre. Nur wenige Arten kommen in den kühleren, gemäßigten Zonen vor, und einige dringen sogar in subantarktische Gebiete ein. In Europa ist die Gattung *Metzgeria* mit 6 Arten vertreten. Die zweihäusige *Metzgeria furcata* mit flachrandigem Thallus ist bei uns noch die häufigste Art der Gattung. Die meist rindenbewohnende, subatlantisch verbreitete *Metzgeria fruticulosa* zeigt nach mehrwöchigem Herbaraufenthalt eine bläuliche Verfärbung. Die verschmälerten Thalluslappen tragen regelmäßig Brutkörper, die neben Adventivsprossen überhaupt bei der Gattung häufig sind und der vegetativen Vermehrung dienen. Die einhäusige *Metzgeria conjugata* bewohnt meist Gestein und bildet nie Brutkörper.

Bei der weltweit verbreiteten Familie Aneuraceae ist der rippenlose Thallus aus gleichartigen Zellen aufgebaut. Die Geschlechtsorgane entstehen an kurzen Ausbuchtungen des Thallusrandes. Der junge Sporophyt wird zeitlebens von einer fleischigen Kalyptra umschlossen, andere Hüllen fehlen völlig. Wenn Ölkörper vorkommen, sind sie stets feinkörnig, während bei allen anderen Metzgerialen glatte, homogen durchsichtige auftreten.

Trotz fehlender innerer Differenzierung finden wir innerhalb der artenreichen Gattung *Riccardia* eine große Mannigfaltigkeit der Wuchsformen. Sie resultiert unter anderem aus sehr verschiedenen Verzweigungstypen. Verzweigte Arten, teilweise auch mehrfach gefiederte, finden sich besonders als Epiphyten in tropischen Regenwäldern

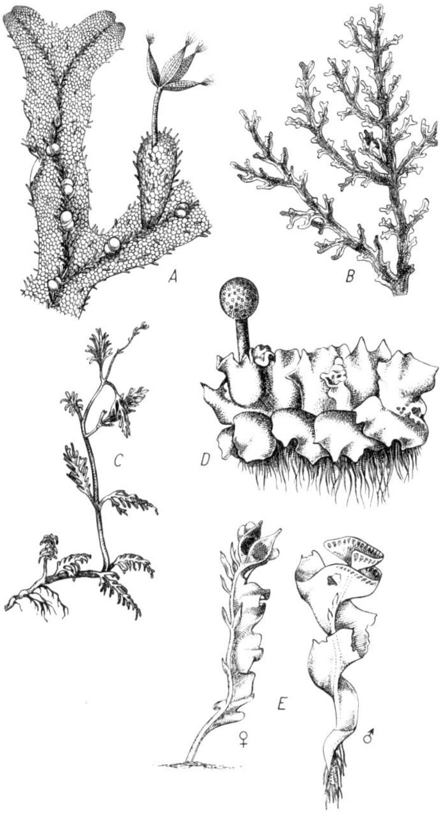

Verschiedene Formen thalloser Lebermoose. A *Metzgeria*, B *Riccardia chamaedryfolia*, C *Riccardia prehensilis*, D *Fossombronia pusilla*, E *Riella helicophylla* (nach Herzog, Müller und Schiffner)

und sehen mit ihren eingekrümmten Thallusfiedern einem kleinen Farn der Gattung *Hymenophyllum* ähnlich. In Europa sind nur 5 Arten vertreten. An getrocknetem Material ist oft eine einwandfreie Bestimmung nicht mehr möglich, da Thallusquerschnitte sowie Vorkommen und Verteilung der großen Ölkörper wichtige Bestimmungsmerkmale sind. An den Thallusenden gebildete Brutkörper dienen häufig der vegetativen Vermehrung. Als bisher einmalig unter den Moosen gelang der Nachweis zweier einfacher Indolalkaloide bei *Riccardia chamedryfolia* und *R. incurvata*. Die unter den höheren Pflanzen bei vielen Gattungen und Familien vorkommenden Alkaloide fehlen den Bryophyten nahezu völlig.

Die artenärmere Gattung *Aneura* ist in Europa nur durch *Aneura pinguis* vertreten. Sie hat eine steife, 12 Zellen dicke Seta und zahlreiche kleine Ölkörper in den Thalluszellen.

Die einzige, stets farblose und daher saprophytisch mit Hilfe von Pilzen lebende Gattung ist der monotypische *Cryptothallus mirabilis*, der in sumpfigen Wäldern unter einer Moosdecke lebt. Die Art ist sicher weiter verbreitet als bisher bekannt. Wegen ihrer unterirdischen Lebensweise wird sie erst durch ihre Kapseln auf langen Seten erkannt. *Cryptothallus* ist der einzige Gattungsendemit der Lebermoose in Europa.

Die Vertreter der Familie Pelliaceae haben ziemlich fleischige, glänzende, große Thalli mit breiter, unscharf begrenzter Mittelrippe, die allmählich in die Thallusflügel übergeht. Die Epidermiszellen sind groß, so daß man sie besonders im trockenen Zustand gut unter der Lupe erkennt. Sie enthalten viele kleine, glatte Ölkörper.

Die Archegonien stehen nahe dem Thallusende auf der Mittelrippe. Sie werden von einer röhren- oder schuppenförmigen Hülle umgeben. In der Thallusmitte befinden sich warzige Erhebungen, die die Antheridien beherbergen. Steril sind die Arten nicht immer sicher unterscheidbar, das gilt besonders für Wasserformen, die bei allen Arten auftreten.

Die Gattung *Pellia* ist mit 3 Arten in den gemäßigten Breiten der Nordhalbkugel vertreten. Besonders häufig ist die einhäusige *Pellia epiphylla*, die an vegetationslosen Bachböschungen an schattigen, schwach sauren Standorten oft ausgedehnte Flächen überzieht. *Pellia endiviifolia* kommt dagegen besonders in Kalkgebieten vor. Nach Austrocknen können die Pflanzen bei Wiederbefeuchtung nicht weiterleben.

Die Phyllothalliaceen umfassen nur die Gattung *Phyllothallia*. Sie wurde erst 1964 in Neuseeland entdeckt. Diese neuseeländische *Phyllothallia nivicola*, die an den Pfenniggilbweiderich, *Lysimachia nummularia*, erinnert, hielt man zunächst für eine sterile Blütenpflanze. An den etwa 1 cm langen Internodien sitzen gegenständig fleischige Blätter. Die Hauptachse besteht aus gleichar-

Die einhäusige *Pellia epiphylla* liebt schattige, schwach saure, vegetationslose Standorte. Sie fällt im Frühjahr durch die reichliche Sporogonbildung auf.

tigen Zellen, die im ventralen Teil verpilzt sind. Bisher wurden an den robusten Pflanzen nur Archegonien gefunden, die, zu Gruppen vereinigt, an der Achse des oberen Knotenendes vorkommen. Die Chromosomenzahl entspricht mit n = 9 der vieler Lebermoose. 1967 wurde eine zweite Art, *Phyllothallia fuegiana*, in Feuerland entdeckt.

Bei den Codoniaceen zeigt der Thallus blattähnliche Lamellen oder Lappen, die bei der artenreichen Gattung *Fossombronia* Blattgestalt annehmen und von dem Stengel mehr oder weniger deutlich abgesetzt sind. An ihrer Basis sind sie im Gegensatz zu den Blättern der foliosen Lebermoose mehrzellschichtig. Antheridien treten als orangegefärbte Punkte an der Stengeloberseite auf. Die Sporogone entstehen hinter dem Thallusgipfel und bleiben lange in den Perichaetien verborgen. Bei der Reife zerfallen sie unregelmäßig. Die einzelnen Arten sind nur mit reifen Sporen zu bestimmen. In Europa kommen 10 Arten vor, die meisten davon im mediterran-atlantischen Raum. Sie haben fast alle violette Rhizoide.

Ordnung Calobryales

Die mehr oder weniger radiär beblätterten, rhizoidlosen Pflanzen dieser Ordnung sind mit verzweigten, koralloiden, plagiotropen, verpilzten Rhizomen im Substrat verankert. Die aufrechten, grünen, etwas fleischigen Pflänzchen bilden keine sekundären Pigmente. In den Blattzellen finden sich mehrere bis viele granulierte Ölkörper. Schleimausscheidungen wurden bei allen Arten nachgewiesen. Die Verzweigungen sind interkalar exogen oder terminal. Alle Calobryalen sind zweihäusig, ungeschlechtliche Vermehrung fehlt. Die Antheridien kommen, soweit bekannt, am Sproß zerstreut oder in einer terminalen Gruppe in der Achsel männlicher Tragblätter vor. Auch die großen, plumpen Archegonien sitzen teilweise zerstreut axillär am Sproß. Bisweilen finden sie sich in axillären Köpfchen anakrogyn oder selten unter Einschluß der apikalen Zelle akrogyn. Wenn in diesem Fall die Befruchtung ausbleibt, setzt der Sproß sein Spitzenwachstum fort. Das Vorkommen einer Sproßkalyptra zum Schutz des heranwachsenden Embryos gilt als abgeleitet. Die Ordnung Calobryales umfaßt 2 Familien. Einige Systematiker betrachten beide Familien als selbständige Ordnungen.

Die Familie Takakiaceae gilt als besonders primitiv. Im vegetativen Aufbau weicht sie von allen Lebermoosen ab. An den aufrechten, 1 bis 2 cm hohen, grünen Pflänzchen stehen pfriemliche, fleischige, höchstens basal verbundene Blattsegmente zu zweien bis zu vieren beieinander, die aber aus einem gemeinsamen Segment entspringen. Die pfriemlichen Blattsegmente bestehen aus einer oder mehreren Reihen von Axillarzellen, die von einer Scheide kleinerer Zellen umgeben sind. Stolonenartige Kriechsprosse biegen nach einiger Zeit nach oben um und sind der Ursprung für blatttragende Achsen. Die Archegonien stehen infraaxillär oder lateral, stets aber nackt am Stämmchen. Antheridien und Sporophyten wurden bisher noch nicht gefunden. Die Chromosomenzahl $n = 4$ ist die niedrigste unter den Lebermoosen. Von der einzigen Gattung *Takakia* wurden bisher 2 Arten bekannt. *Takakia lepidozioides* bewohnt die japanischen Hochgebirge, die Alëuten, Nepal, Borneo und die Küstengebiete Kanadas. *T. ceratophylla* wurde aus dem Himalaja, Nepal und von den Alëuten beschrieben.

Die Familie Haplomitriaceae hat im Gegensatz dazu flache, einzellschichtige, meist ungeteilte, ei- bis nierenförmige, an der Basis

Habitus von A *Takakia lepidozioides* (vergr.) und B *Haplomitrium hookeri* (nach Schuster)

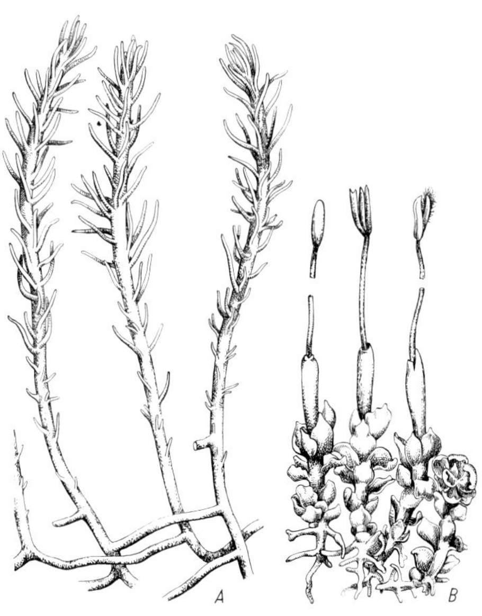

bisweilen mehrzellschichtige Blätter. Die 8 bis 25 mm hohen, grasgrünen bis gelblichgrünen, an der Basis kleinblättrigen oder blattlosen Pflanzen sind dreizeilig beblättert. Die radiäre Symmetrie geht bisweilen durch Reduktion der dritten, dorsalen Blattreihe verloren. Das Wachstum der Blätter mit einer Apikalzelle ist von anderen Lebermoosen verschieden und ähnelt den Laubmoosen. Die mit sehr vielen Halskanalzellen ausgestatteten Archegonien sind teilweise zu Gruppen vereinigt und von Hüllen umgeben. Sie können sowohl akrogyn wie anakrogyn angeordnet sein. Werden beispielsweise alle Archegonien an der Sproßspitze befruchtet, entstehen 1 bis 3 Sporophyten an einer Pflanze. Früher wurden besonders nach der Archegonienstellung – akrogyn oder anakrogyn – 2 Gattungen, *Calobryum* und *Haplomitrium*, unterschieden. Diese werden heute zu *Haplomitrium* zusammengezogen, da es Übergänge zwischen beiden gibt. Die Gattung *Haplomitrium* besteht aus 12 Arten, die beide Erdhalbkugeln besiedeln. Besonders reich ist die Gattung im indischen Subkontinent und in den angrenzenden Inselgruppen des Indischen Ozeans und Südostasiens vertreten. *Haplomitrium hookeri* kommt als einzige Art zerstreut in Europa und Nordamerika vor.

Ordnung Jungermanniales

Über zwei Drittel aller bekannten Lebermoose gehören in diese Ordnung. Beträchtliche Unterschiede treten im Gametophyten hervor. In feuchten Klimaten wird die größte floristische Mannigfaltigkeit erreicht, und einige Gattungen dominieren in der Moosvegetation.

Die Jungermannialen tragen die weiblichen Geschlechtsorgane an der Sproßspitze, so daß sie früher als Jungermanniales acrogynae bezeichnet wurden. Die Sprosse sind mehr oder weniger dorsiventral beblättert. Die in 3 Reihen angeordneten Blätter entstammen einer dreischneidigen Scheitelzelle. Zwei große Seitenblätter und ein meist kleineres Unterblatt, Amphigastrium genannt, das bei einigen Verwandtschaftskreisen auch fehlen kann, entsprechen einem dreigliedrigen Blattwirtel. Außerdem sind ihre rippenlosen Blätter ungeteilt oder zwei- bis fünfspitzig. Nach der Art der Blattdekkung unterscheidet man zwischen ober- und unterschlächtig. Die Blätter vieler Familien und Gattungen sind unterschlächtig, d.h. mit freiem hinteren Blattrand, während der Vorderrand vom darüberstehenden jüngeren Blatt verdeckt wird. Die oberschlächtigen Lebermoose verhalten sich umgekehrt; hier ist der Vorderrand frei und der Hinterrand vom darunterstehenden älteren Blatt verdeckt. Meist sind die Blätter wechselständig. Quergestellte Blätter kommen dagegen selten vor. Oft können wir bei den geteilten Blättern einen Ober- und Unterlappen unterscheiden. Sie sind meist verschieden groß und gegeneinander in einem verschiedenen Winkel zur Hauptachse gerichtet. Bisweilen sind gelappte Blätter scharf gekielt oder nur löffelartig hohl, aber auch völlig flach.

Eine große und schwierige Familie mit weltweiter Verbreitung sind die Lophoziaceen, die hauptsächlich auf der nördlichen Halbkugel vorkommen. Ihre meist in 2 bis 4 Lappen geteilten Blätter stehen wechselständig und stets unterschlächtig oder quer am Stengel. Das Perianth bildet sich am Ende des Hauptstammes und ragt weit aus den Hüllblättern heraus. Es ist von ei-, birn- bis walzenförmiger Gestalt, nach oben hin gefaltet oder glatt und an der Mündung gezähnt. Häufig kommt es zu vegetativer Vermehrung durch Brutkörper. So auch bei der Gattung *Lophozia*, wo sich oft an den Blattspitzen grüne oder braune, ein- bis zweizellige Brutkörper befinden. Einige Arten sind durch Umweltfaktoren recht veränderlich, so daß für ihre Erkennung Ölkörpermerkmale oder konstantere Merkmale der Stengelanatomie herangezogen werden müssen. Die meisten Arten gedeihen auf sauren Substraten, die Untergattung *Leiocolea* mit glatten Perianthen ist kalkliebend. *Lophozia bicrenata* riecht frisch nach Zedernöl. *Gymnocolea inflata* hat eine ausgefallene vegetative Vermehrung. Abgefallene Perianthe mit unbefruchtet gebliebenen Archegonien wachsen am Grund zu neuen Pflanzen aus.

Zur Familie Jungermanniaceae gehören Arten mit runden bis länglichen, ganzrandigen, unterschlächtigen Blättern. Innerhalb der artenreichen Gattung *Jungermannia* kann eine Reduktion des Perianthes verfolgt werden, die mit der Ausbildung eines Marsupiums einhergeht. Eine darauf begründete Aufgliederung in verschiedene Gattungen wurde aufgegeben, da fließende Übergänge vorkommen. *Jungermannia obovata*, deren Perianthe mit den Hüllblättern verwachsen, riecht frisch intensiv nach Möhrenkraut. Bei den *Jungermannia*-Arten finden wir meist mehrere Ölkörper in den Zellen, bei *J. caespiticia* ist aber je Zelle nur ein großer Ölkörper enthalten. *J. atrovirens* zeigt Kalk an. *J. exsertifolia* ssp. *cordifolia* besiedelt nasses Urgestein in höheren Lagen Mitteleuropas und in Nordeuropa.

Bei der verwandten Gattung *Nardia* überragen die Hüllblätter das reduzierte Perianth deutlich, den unteren Teil des Sporophyten umschließt hingegen ein hypertrophiertes, gestrecktes Stengelgewebe. *Nardia scalaris* ist im frischen Zustand leicht durch 2 bohnenförmige, wasserhelle Ölkörper zu erkennen.

Die Gymnomitriaceen sind meist polsterbildende, kalkmeidende Gebirgsmoose. Ihr Verbreitungsschwerpunkt liegt auf der Nordhalbkugel. Die oft rinnig gefalteten, zweilappigen Blätter sind quergestellt und liegen meist dicht aneinander. Dadurch erhalten viele Vertreter, besonders aus der Gattung *Gymnomitrion*, ein wurmförmiges Aussehen. In der Ausbildung des Marsupiums und des reduzierten Perianthes erinnern einige Arten an die Verhältnisse bei *Nardia* unter den Jungermanniaceen. Vielfach ist das Perianth in der Gattung *Marsupella* weitgehend reduziert und fehlt bei der Gattung *Gymnomitrion* fast gänzlich. Einige *Marsupella*-Arten kommen auf wenigstens zeitweise überrieseltem Urgestein in der gesamten borealen Zone häufig vor. Im Hochgebirge haben einige *Marsupella*-Arten dunkelgefärbte Zellwände zum Schutz vor starker Einstrahlung. Die silbergrauen *Gymnomitrion*-Arten des Hochgebirges reflektieren das Licht total an den teilweise, besonders spitzenwärts abgestorbenen, lufterfüllten Blattzellen, unter deren Schutz die darunterliegenden, lebenden Blatteile assimilieren. Das alpine *Gymnomitrion corallioides* ist auch im hohen Norden vorhanden und dort eine Charakterart der Trockentundra. Zur südamerikanischen Gattung *Stephaniella* mit 6 Arten gehören Xerophyten, bei denen Assimilationsfäden in den Achseln farbloser Blätter stehen und deren Funktion übernehmen.

Die Plagiochilaceen mit ihren ganzrandigen, schwach oder kräftig gezähnten, unterschlächtigen, oft am Stengel herablaufenden Blättern und dem seitlich zusammengedrückten Perianth – das allerdings auch in anderen Verwandtschaftskreisen vorkommt – sind besonders bekannt durch *Plagiochila*, die artenreichste und wohl auch schwierigste Gattung unter den Lebermoosen überhaupt. Die vielgestaltige Gattung ist mit etwa 1200 Arten in ozeanischen, tropischen und südlichen Gebieten verbreitet. Sie meidet aride und kontinentale Klimate. In Europa sind 11 Arten von meist atlantischer Verbreitung bekannt, nur die formenreiche *Plagiochila porelloides* kommt auf der gesamten Nordhalbkugel bis zum Polarkreis vor. Nicht nur morphologisch weisen die tropischen *Plagiochila*-Arten eine große Formenfülle von riesigen bis zartfädigen Typen auf, sondern sie sind auch in ihrer Ökologie recht verschieden. So finden wir neben prachtvollen, verzweigten Wedelmoosen auch dichte Kissen. Viele tropische Arten sind Rindenepiphyten, einige steigen in den tropischen Gebirgen bis über 4000 m hinauf. Xerophytisch lebt *Plagiochila circinalis*, deren Äste sich mit dicht anliegenden Blättern bei Trockenheit schneckenartig einrollen und dadurch die jüngsten Pflanzenteile schützen. Vegetative Vermehrung durch Brutsprosse, Brut- und Bruchblätter sowie Brutkörper kommt bei vielen Arten vor. Die Sektion Caducilobae, die in Europa durch *Plagiochila exigua* repräsentiert wird, fällt durch entblätterte Sprosse auf.

Einzig unter allen Plagiochilaceen ist auch die 4 Arten umfassende Gattung *Pedinophyllum*, die *Plagiochila* sehr ähnlich ist, aber unter anderem durch Monözie abweicht. *Pedinophyllum interruptum* ist eine hygro- bis mesophytische, gemäßigt-submeridional verbreitete Kalkfelsart Europas mit einigen isolierten Fundorten in den USA. Die Gattung *Plagiochilion* besteht aus 11 meist paläotropischen Arten und fällt durch gegenständige Beblätterung auf. Außerdem finden wir bei ihnen positiv geotropische, kleinblättrige Flagellentriebe.

Die schräg unterschlächtigen, ausgebuchteten oder zweilappigen Blätter der Lophocoleaceen haben im frischen Zustand einen auffälligen, moderartigen Geruch, der von den flüchtigen ätherischen Inhaltsstoffen der Ölkörper herrührt. Die gebündelten Rhizoide entspringen an der Basis der Unterblätter. Oft schließen sie sich zu einem dichten Filz zusammen. Die Familie hat ihren Verbreitungsschwerpunkt in den wärmeren bis tropischen Gebieten, wo infolge der Formenfülle die Gattungen nur am fertilen Material auseinandergehalten werden können. Von den tropischen Arten der Gattung *Chiloscyphus*, die in Europa nur durch 2 Arten vertreten ist, erreichen einige stattliche Ausmaße. Die zweihäusige, südhemisphärische Gattung *Tetracymbaliella* ist durch kappenförmige Wassersäcke an den Seitenblättern und beiden Unterblattseiten ausgezeichnet. *Lophocolea heterophylla* wächst in Europa als eine charakteristische Art auf faulendem Holz, besonders auf Hirnschnitten oder Borke, und ähnelt daher ökologisch ihren tropischen Verwandten. Die Gattung *Leptoscyphus* hat das Mannigfaltigkeitszentrum in Südamerika, wo einige Arten in den Anden bis zu 3700 m aufsteigen. Zwei Arten kommen auch im atlantischen Klimabereich Europas vor.

Die Scapaniaceen sind durch ihre unterschlächtigen, kielig gefalteten, zweilappigen Blätter besonders charakterisiert. Der Oberlappen ist normalerweise kleiner als der Unterlappen. Die Stellung beider zueinander, ihre Größe und Tiefe des Einschnitts sind neben Lappenform und Zellnetz für die Bestimmung von Bedeutung. Dies bezieht sich besonders auf die Gattung *Scapania*, die durch ihren Artenreichtum auf der Nordhemisphäre besonders in Eurasien bekannt ist und nur wenige Vertreter auf der südlichen Halbkugel hat. In den Tropen kommt sie nur in den höheren Lagen der Gebirge vor. Die streng atlantischen Arten *Scapania ornithopodioides* und *S. nimbosa* sind in Europa stets steril, nur bei der zweiten wurden ab und zu Brutkörper beobachtet, während in Asien auch Perianthe auftreten. Die weltweit verbreitete Gattung *Diplophyllum* kommt auch in der Arktis und Subantarktis sowie in den Tropen vor. Die Gattung *Macrodiplophyllum* ist im nordpazifischen Amerika und in Ostasien verbreitet. Die monotypische, auf China und den Himalaja beschränkte Gattung *Delavayella* hat aus dem Unterlappen gebildete Wassersäcke. Subantarktische Endemiten sind die Gattungen *Blepharidophyllum* und *Krunodiplophyllum*, von denen die zweite weiter verbreitet ist und die erste nur in Feuerland und Westpatagonien vorkommt.

Die bipolar verbreiteten Antheliaceen mit der Gattung *Anthelia* wachsen in ihrem arktisch-alpinen Verbreitungsgebiet in moosreichen Schneetälchengesellschaften, da sie im Vergleich zu den anderen dort gedeihenden Moosen die längste Schneebedeckung vertragen. Die Blätter der Gattung *Anthelia* sind mit einem grauen Gespinst überzogen, das lange Zeit für die Hyphen eines parasitischen Pilzes gehalten wurde. Inzwischen konnte geklärt werden, daß es aus nadelförmigen Kristallen des Diterpens α-Hydroxykauran besteht.

Die Lepidoziaceen haben drei- bis vierlappige Seitenblätter. Sie sind in den meisten Fällen oberschlächtig. Die zwei- bis vierlappigen, selten ungeteilten Unterblätter sind in der Regel deutlich ausgebildet. Die Verzweigung erfolgt seitlich und ventral. Das Perianth ist relativ groß, dreifaltig und an der Spitze zusammengezogen. Die Familie hat ihren Verbreitungsschwerpunkt in den Tropen und Subtropen. In Europa finden wir die meisten in den atlantischen und subatlantischen Gebieten. So kommen von der artenreichen, vorwiegend südhemisphärischen Gattung *Lepidozia* in Europa nur 3 Arten vor, von denen 2 atlantisch verbreitet sind. *Lepidozia reptans* ist eines unserer häufigsten Lebermoose.

Auch von der im tropischen Asien und Südamerika reich vertretenen Gattung *Bazzania*, die sich besonders durch das Vorkommen von kleinblättrigen Flagellentrieben, die durch ihren Geotropismus die Pflanzen im Boden verankern, auszeichnet, kommen in Europa nur ganz wenige Arten vor. Am bekanntesten ist die formenreiche, besonders in Nadelwäldern auf oberflächig ausgehagerten, sauren Rohhumusböden auftretende *Bazzania trilobata*. *Zoopsis argentea* mit stark reduzierten Blättern an sterilen Sprossen gehört zu den kleinsten Lebermoosen.

Die Calypogeiaceen sind eine scharf umgrenzte Familie, die neben der monotypischen Gattung *Mnioloma* nur noch aus der

Gattung *Calypogeia* mit etwa 80 vorwiegend in den tropischen Gebirgen verbreiteten Arten besteht. Die zuweilen an der Spitze seicht eingeschnittenen, hell- bis bläulichgrünen Seitenblätter sind oberschlächtig. Unterblätter, aus deren Achseln sich auch die Pflanzen verzweigen, treten stets auf. Die Vermehrung der gemischt- oder getrenntgeschlechtigen Pflanzen erfolgt durch Sporen oder Brutkörper. Die Archegonien reifen in einem 2 bis 3 mm langen, sackartigen Marsupium und bedürfen daher auch keines schützenden Perianths. Die *Calypogeia*-Arten sind recht variabel und bilden am gleichen Standort oft parallele Modifikationen aus, die besonders Blattform und -größe sowie die Länge der blattfreien Abschnitte betreffen. Zellgröße und Verteilung der charakteristischen, traubig zusammengesetzten Ölkörper innerhalb des Blattes bleiben aber auch bei unterschiedlichsten Bedingungen recht konstant. Bei einigen *Calypogeia*-Arten sind die Ölkörper durch Azulene blau gefärbt, so bei der einheimischen *Calypogeia azurea* (= *trichomanis*) und der im tropischen Südostasien vorkommenden *C. goebelii*.

Die Familie Ptilidiaceae ist durch wenige Arten vertreten. Ihre quergestellten, ober- oder unterschlächtigen Blätter sind tief in 2 bis mehrere Lappen geteilt und bei den europäischen Arten außerdem dornig gezähnt bis gewimpert. Die Unterblätter erreichen fast die Größe der Seitenblätter und können auch Antheridien bergen. Von der Gattung *Ptilidium* gibt es in Europa nur *Ptilidium ciliare* und das vorzugsweise auf Rinde und verrottetem Holz wachsende *P. pulcherrimum*.

Die ganz auf die Südhemisphäre beschränkten patagonisch-australischen Lepidolaenaceen, die sich durch am Rand stark zerschlitzte Blätter mit großen, auch an den Unterblättern vorkommenden Wassersäcken auszeichnen, wachsen als z. T. kriechende bis herabhängende Rindenepiphyten. Die beiden morphologisch getrennten Gattungen sind auch geographisch geschieden.

Die Gattung *Gackstroemia* besiedelt hauptsächlich das patagonische Südamerika, die Gattung *Lepidolaena* bevorzugt dagegen Neuseeland. Die bereits von Lamarck beschriebene prächtige *Gackstroemia magellanica*, eine Charakterart des südlichsten Südamerikas, ist das zuerst beschriebene, beblätterte Lebermoos der Südhalbkugel.

Die Radulaceen mit der einzigen Gattung *Radula* haben oberschlächtige, kielig gefaltete Blätter mit großem Oberlappen und viel kleinerem Unterlappen. Unterblätter fehlen den dorsiventral abgeflachten, hell- bis olivgrünen, oft auf Rinde epiphytischen Arten, von denen in den Tropen auch einige auf Blättern vorkommen. Die Verzweigung erfolgt seitlich unterhalb eines Blattes. Besonders charakteristisch ist die Entstehung der Rhizoide aus dem Blattunterlappen. Blätter von Seitentrieben können bisweilen zu Wassersäcken umgebildet sein. Die großen Ölkörper sind meist nur in Einzahl in den Zellen vorhanden. Weicht man lufttrockene Pflanzen (Herbarmaterial) in Wasser auf, färbt sich letzteres gelb. Diesen Effekt beobachtet man jedoch nicht, wenn noch lebende Pflanzen in Wasser untersucht werden, da erst durch das Absterben der Zellen die Semipermeabilität der Plasmamembranen verlorengeht und so der Austritt des wasserlöslichen Flavonoids möglich wird. Von den 250 Arten der Gattung *Radula*, deren Sporen bereits in den Kapseln keimen, sind fast alle tropisch bzw. südhemisphärisch verbreitet. Nur 7 Arten kommen besonders im atlantischen Europa vor, von denen lediglich 2 ein größeres Areal haben. Die häufigste und infolge ihres gemischtgeschlechtlichen (parözischen) Gametangienstands meist sporulierende Art ist *Radula complanata*, die auch in Nordamerika und Nordasien vorkommt.

Zu den Porellaceen mit der einzigen zweihäusigen Gattung *Porella* gehören etwa 180 tropische Fels- und Rindenmoose. Auch hier sind die Unterlappen der oberschlächtigen, gekielt zweilappigen Blätter viel kleiner als die Oberlappen. Rhizoide entstehen aber am Grund der meist am Stengel herablaufenden Unterblätter. Manche *Porella*-Arten, wie die subatlantisch-mediterran verbreitete *Porella arboris-vitae*, haben im frischen Zustand einen pfefferartigen Geschmack, der auf Sesquiterpendialdehyde vom Tadeonaltyp zurückzuführen ist.

Bitter sind weitere, außereuropäische Arten, offenbar durch den Gehalt an Diterpenoiden. *Porella platyphylla* hat auf der gesamten nördlichen Halbkugel die weiteste

Radula lindenbergiana. Die zweihäusigen, dem Substrat eng angedrückten Pflanzen zeigen deutlich die oberschlächtige Beblätterung.

Verbreitung. Die Sporen der *Porella*-Arten keimen vielfach bereits in der Kapsel.

Die Frullaniaceen haben ebenfalls oberschlächtige, zweilappige Blätter, von denen der kleine Unterlappen nur wenig am Oberlappen angewachsen und oft zu einem Wassersack umgebildet ist. Der Unterlappen ist weiter geteilt in einen meist einzellreihigen Stylus und den eigentlichen Unterlappen. Am Grund der Unterblätter entspringen die Rhizoide. Die dorsiventral abgeflachten, dunkelgrünen bis rotbraunen Pflänzchen sind dem Substrat, Felsen oder Rinde, dicht angepreßt, bei einigen tropischen Arten nach Art der Hängemoose herabhängend. In den Wassersäcken finden sich häufig Einzeller und kleine Tiere, wie Bärtierchen, Rädertierchen u. a. Es handelt sich dabei um eine charakteristische Fauna, die diese ökologischen Nischen – im speziellen Fall Phytothelmen genannt – besiedelt. Ob die abgestorbenen Tierreste für die Pflanzen eine zusätzliche Stickstoffquelle darstellen, ist umstritten.

Die artenreichste Gattung ist *Frullania*, zugleich die zweitgrößte Lebermoosgattung überhaupt. Sie kommt in Europa in 12 Arten vor. Neben atlantisch-mediterranen Sippen dringen einige Vertreter des Binnenlands weit nach Norden vor und steigen auch im Gebirge sehr hoch hinauf. Sie haben gegenüber dem tropisch-subtropischen Areal der Gattung ihre Selbständigkeit erlangt. Das sind *Frullania dilatata, F. tamarisci* und *F. fragilifolia*, von denen die erste, die sich zusätzlich durch am Perianth gebildete Brutkörper vermehrt, die häufigste ist. An trockenen Standorten höherer Einstrahlung sieht die sonst dunkelgrüne, rinden- und felsenbewohnende Art fast schwarz aus. Während des Tertiärs waren in Nordeuropa noch einige andere Arten vertreten, die uns nur aus Bernsteineinschlüssen bekannt wurden.

In Portugal wurden bei Landarbeitern nach der Olivenernte Fälle von photosensitiver Kontaktdermatitis bekannt. Ursache dafür sind *Frullania*-Arten, die das Sesquiterpenlakton Frullanolid als Hautallergen enthalten. Im mediterran-atlantischen Gebiet wächst *Frullania dilatata* häufig an Ölbäumen, aber auch *Frullania tamarisci* ergab eine positive Hautreaktion.

Die Familie Lejeuneaceae ist mit etwa 2 000 Arten die umfangreichste unter den Lebermoosen. Die Pflanzen sind klein bis mittelgroß, einige können gerade noch mit bloßem Auge wahrgenommen bzw. ohne optische Hilfsmittel nicht entdeckt werden, andere wiederum sind stattliche Astwedelformen.

Der aufgeblasene, im Vergleich zum Oberlappen kleinere Unterlappen ist meist in seiner ganzen Länge mit dem Oberlappen verwachsen. Der Unterlappen ist auch hier oft in Stylus und eigentlichen Unterlappen geteilt. Dieser kann stark rückgebildet, oft aber zu einem großen Wassersack umgebildet sein. Zu besonders komplizierten Wassersäcken sind die Seitenblätter bei der Gattung *Colura* umgewandelt, an deren Bildung sich besonders der Oberlappen beteiligt. Der Eingang wird von einer aus dem Unterlappen hervorgehenden Klappe verschlossen, die an der Basis ein Gelenk aufweist. Die Bedeutung dieses eigenartigen Mechanismus ist ungeklärt. Die für die einzelnen Gattungen charakteristischen Unterblätter können auch fehlen. Aber auch in diesem Fall sind die aus dem Unterblattsegment entstehenden Rhizoidenbüschel stets vorhanden. Bei einigen Gattungen treffen wir auf einen von allen Lebermoosen abweichenden Teilungsmodus der Scheitelzelle, der dazu führt, daß auf 2 Seitenblätter an Stelle eines einzigen Unterblatts 2 kommen und somit zu jedem Seitenblatt ein Unterblatt gehört.

Innerhalb der mannigfaltigen Familie treten erhebliche morphologische Unterschiede auf. Neben zahlreichen dichtbeblätterten Arten treffen wir besonders in der Gattung *Aphanolejeunea* sehr zarte, rückgebildete Formen an, die hauptsächlich durch ihre Kleinheit und die entfernte Beblätterung sowie oft reduzierte Blattspreiten ausgezeichnet sind. Aus dem tropischen Südostasien ist *Metzgeriopsis pusilla* bekannt, ein

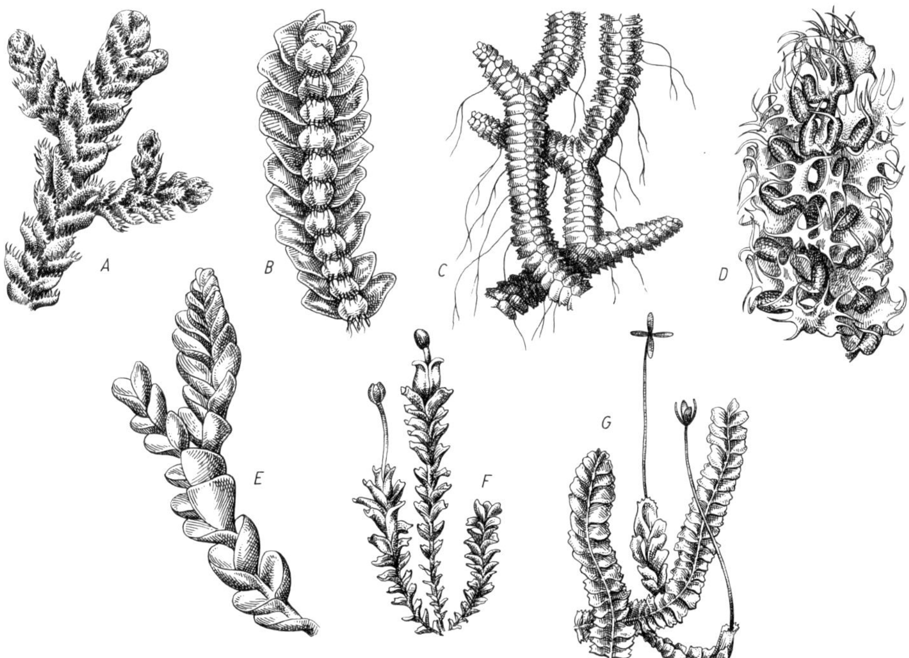

Verschiedene Formen folioser Lebermoose. A *Ptilidium ciliara*, B *Calypogeia neesiana* (von unten, mit Unterblättern), C *Bazzania trilobata*, D *Gackstroemia magellanica*, E *Jungermannia exsertifolia* ssp. *cordifolia*, F *Marsupella emarginata*, G *Lophocolea heterophylla* (nach Herzog und Müller)

ausgesprochenes Protonemamoos, das aus einem flachen, verzweigten Lager besteht und lediglich an den Sexualästen Blätter vom Lejeuneaceentyp bildet. Mehrere Gattungen, wie *Taeniolejeunea, Drepanolejeunea, Ceratolejeunea, Leptolejeunea* u. a., sind durch das Vorkommen von Ozellen ausgezeichnet, die sich auch bei vielen anderen Vertretern der Lejeuneaceen finden. Es handelt sich hierbei um Zellen, die in Form, Größe und Inhalt von den übrigen Laminazellen abweichen und an allen Blattorganen vorkommen können. In den normalen Blattzellen finden sich auch verschieden geformte, bei einigen Arten blaugefärbte Ölkörper. Bei vielen tropischen Lejeuneaceen weicht der Blattrand in seinem Bau von der Blattfläche ab. Einige Arten besitzen einen farblosen Blattsaum aus einer bis mehreren Reihen toter Zellen als konstantes Merkmal.

Verschiedene Formen folioser Lebermoose. A *Scapania undulata*, B *Plagiochila porelloides*, C *Plagiochila circinalis*, D *Porella platyphylla*, E *Radula complanata*, F *Frullania microphylla*, G *Cololejeunea pretiosa* (nach Benedix, Goebel und Müller)

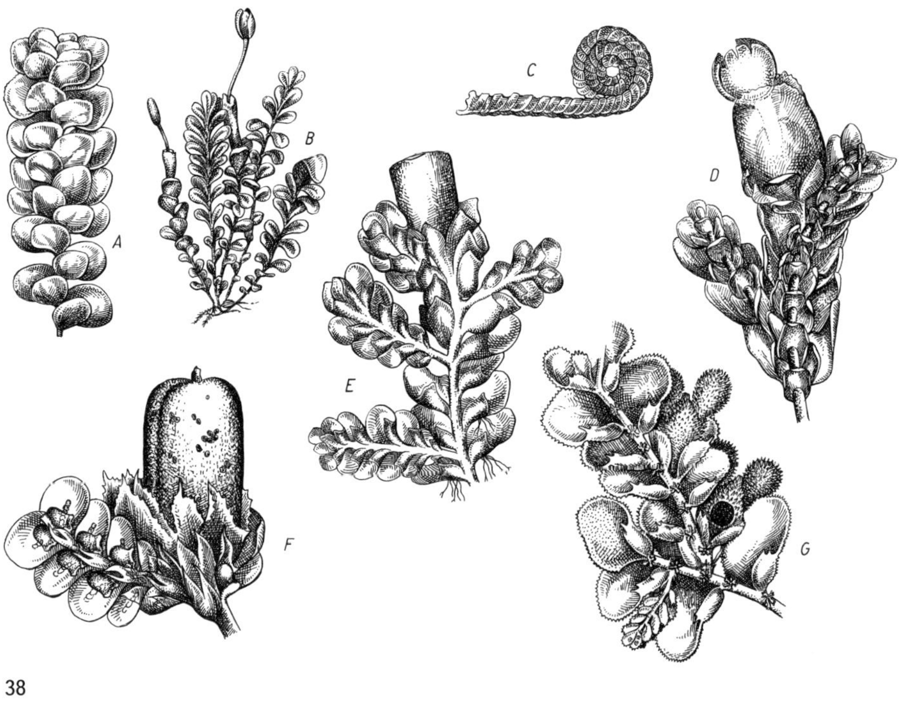

Die Lejeuneaceen sind vorwiegend tropische bis subtropische Rindenbewohner oder dicht angepreßte Besiedler von Blättern höherer Pflanzen oder Farnwedel. Nur wenige Arten kommen auf Gestein vor. In Europa ist diese Familie lediglich spärlich vertreten. Von manchen sonst artenreichen Gattungen kommt hier – wenn überhaupt – nur eine einzige Art vor. Relativ reich besiedelt ist noch der atlantische Raum mit seinem milden, feuchten Seeklima. So hat beispielsweise die Gattung *Lejeunea* in Europa 6 Arten, aber nur eine, *Lejeunea cavifolia*, im Binnenland. *L. alaskana* ist ein Relikt des hohen Nordens, von dem Verwandte im Himalaja leben. Die in den Tropen, besonders in der indonesischen Inselwelt, zahlreich verbreiteten *Cololejeunea*-Arten sind in Europa nur mit 3 Arten vertreten. *Cololejeunea calcarea* und *C. rossettiana* sind gemäßigt-submeridionale, hygro- bis mesophytische Besiedler von Kalkgestein. Beide Arten kommen fast nur in Europa vor. In tropischen Gebieten haben sich auf Inseln zahlreiche Endemiten herausgebildet, wie *Cololejeunea pseudostipulata* auf Neuguinea. Im östlichen Teil dieser Insel besiedeln verschiedene *Co-*

lolejeunea-, Lejeunea-, Odontolejeunea- und *Microlejeunea*-Arten ein eigenartiges Substrat. Sie wachsen auf den Flügeldecken und Schenkeln von etwa 22 bis 36 mm großen, pflanzenfressenden, flugunfähigen Rüsselkäfern. Die Moose, die wohl als Sporen oder Brutkörper auf die Käfer gelangen, setzen sich in Vertiefungen, Grübchen und ähnlichen Nischen der Chitinteile fest. Der Pflanzenbewuchs gewährt den Käfern vielleicht einen gewissen Schutz vor räuberischen höheren Tieren.

Bei den tropischen bis subtropischen Lejeuneaceen entwickelt sich vorwiegend das Protonema innerhalb des Exospors, während es bei den Vertretern der außertropischen Gebiete außerhalb des Exospors heranwächst. Viele Arten vermehren sich außer durch Sporen auch durch scheibenförmige Brutkörper. Perianthe sind häufig, da Monözie bei den Lejeuneaceen überwiegt. Bei vielen tropischen *Cololejeunea*-Arten der indonesischen Inselwelt wurden an der ventralen Basis der Perianthe aufgeblähte Zellen beobachtet, die sich bei Wasseraufnahme rasch ausdehnen und die Perianthe in die Höhe drücken. Durch diese Schwellkörper werden die reifen Perianthe mit den Kapseln über das Substrat emporgehoben und dienen dadurch der Sporenverbreitung. Bei Arten mit bereits anfänglich aufrechten Perianthen fehlen Schwellkörper völlig.

Unterabteilung Laubmoose, Bryophytina

Alle Laubmoose sind, von ausgesprochenen Protonemamoosen abgesehen, stets in Stengel und Blätter gegliedert. Der Stengel besitzt in einigen Verwandtschaftskreisen einen Zentralstrang, der bei den Vertretern der Unterklasse Polytrichidae besonders differenziert ist. Die Blätter sind ungestielt, stets einspitzig und meist mit einfacher oder doppelter Rippe ausgestattet. Sie haben eine mannigfaltige Form. Mit Ausnahme der Rippe sind die Blätter meist einzellschichtig, bei einigen aber wenigstens teilweise mehrzellschichtig. Die Zellformen lassen sich auf 2 Grundtypen zurückführen. Parenchymatische Zellen sind quadratisch, sechsseitig oder rundlich und an den Ecken stets quergestutzt. Die prosenchymatischen Zellen hingegen sind vielmals länger als breit, langgestreckt und an den Ecken spitz zulaufend. Die Rippe wird aus langen prosenchymatischen Zellen gebildet, die ihre Funktion als Leitelemente erkennen lassen. Manchmal kann man auch große, weitlumige, sogenannte Deuter auf dem Rippenquerschnitt erkennen. Die leitenden Zellelemente der Rippe gehen bis in den Stengel hinein. Bei den meisten Arten enden sie blind in der Rinde, es handelt sich dabei um unechte Blattspurstränge. Echte Blattspurstränge treten wiederum nur bei den Vertretern der Unterklasse Polytrichidae auf, wo die Leitungsbahnen der Blätter direkt in den Zentralstrang einmünden. Die Verzweigung der Laubmoose erfolgt lateral von der Basis aus.

Nach der Befruchtung der Eizelle wächst der Embryo mit zweischneidiger Scheitelzelle zum Sporophyten aus. Dieser besteht aus dem Fuß, der Seta und der Kapsel mit einer Apophyse in ihrem basalen Teil. Der Fuß stellt die Verbindung zum Gametophyten her, von dem der Sporophyt trophisch abhängig ist und bleibt. In den Zellen des Fußes wurden bei einigen Laubmoosen Wandlabyrinthe gefunden, die im Zusammenhang mit dem aktiven Stofftransport stehen dürften. Im Gegensatz zu den Lebermoosen ist die Seta vor der Ausbildung der Kapsel vollentwickelt, derb, gefärbt und von größerer Stabilität. Sie ist ebenfalls mit Leitelementen ausgestattet. Durch ihre Beweglichkeit hat sie bei der Sporenausstreuung Bedeutung, besonders wenn sie stark hygroskopisch ist. Durch Streckung der Seta sprengt der Embryo den Archegoniumbauch zu einer Zeit, da die Kapsel nur als winzige Anlage vorhanden ist. Hals- und Bauchteil des Archegoniums bleiben meist als Haube, Kalyptra, auf der Kapsel zurück. Die Haube ist von unterschiedlicher Größe, kappen- oder mützenförmig, gefaltet, glatt, behaart, bisweilen gefranst. Da es sich hierbei um ein Gebilde des Gametophyten handelt, ist die Haube auch haploid. Die junge Kapsel stellt die direkte Fortsetzung der Seta dar, manchmal ist sie auch bei der Reife noch aufrecht, oft aber geneigt oder hängend. Öffnet sich die Kapsel an der Spitze mit einem Deckel, sind die Moose stegokarp. In verschiedenen Verwandtschaftskreisen bleibt die Kapsel geschlossen, und die Sporen werden erst nach

Auflösung der Kapselwand frei. Diese als Kleistokarpie bezeichnete Erscheinung gilt als abgeleitet, da bei verschiedenen Familien stufenweise Rückbildungen der Stegokarpie, wie Andeutung eines Deckels trotz fehlender Öffnungseinrichtungen, auftreten.

Alle kleistokarpen Moose finden wir als mehr oder weniger kurzlebige Vertreter besonders auf Pionierstandorten. Die Kapsel wird nach außen durch eine Epidermis abgeschlossen, die oft Spaltöffnungen aufweist. Darunterliegende Schichten des Amphitheziums enthalten gewöhnlich Chlorophyll, zumindest in den frühen Stadien, und assimilieren daher wie die Apophyse der Kapsel. Weiter innen finden wir das eigentliche sporenbildende Gewebe, auch Archespor genannt, und den Sporensack, der oft durch Spannfäden mit der Kapselwand verbunden ist. Elateren entstehen bei den Laubmoosen nicht. Im Innern der Kapsel befindet sich ein steriles Säulchen, die Kolumella, die als Wasserspeicher wirkt. Für die Laubmoose typisch ist das Peristom. Es setzt sich aus einer Anzahl von Zähnen zusammen, die die Kapselmündung umgeben. Diese werden erst nach Abfall des Deckels bei der Kapselreife sichtbar. Der Kapseldeckel ist flach gewölbt, kegelförmig, genabelt, mit einer Warze versehen oder lang geschnäbelt. Er reißt an einer vorgebildeten Stelle, der Dehiszenzlinie, ein. Bei vielen Arten wirkt der unterhalb der Dehiszenzlinie befindliche schleimhaltige Ring, der Anulus, bei der Öffnung mit, indem die durch Quellung stark an Volumen zunehmenden Zellen die Kapselwand sprengen. Der Anulus kann aber bei Vorhandensein einer Dehiszenzlinie auch fehlen, und die Kapsel öffnet sich trotzdem.

Die Peristomzähne haben in Anzahl, Form, Farbe und Struktur größte Bedeutung für die

Peristomausbildung in verschiedenen Verwandtschaftskreisen der Laubmoose. A *Fissidens*, B *Grimmia*, C *Funaria*, D *Mnium*, E *Orthotrichum*, F *Fontinalis*, G *Diphyscium*, H *Polytrichum*, I *Distichophyllum*, K *Drepanocladus*, L *Ptilium*, M *Plagiothecium* (nach Nyholm und Ruhland)

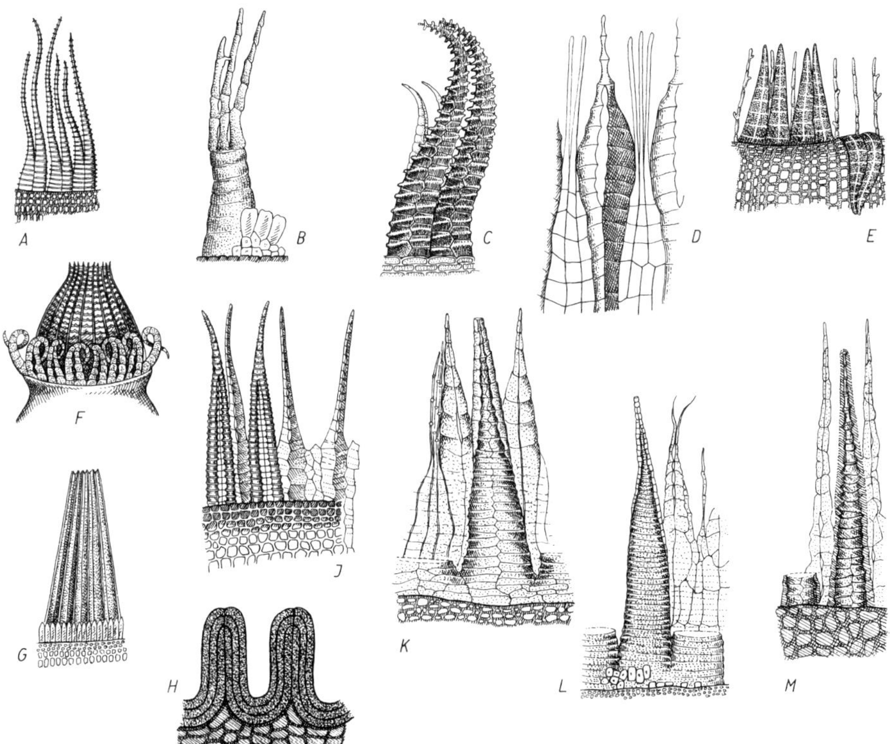

Laubmoossystematik. Es sind entweder 4 Peristomzähne oder ein Mehrfaches dieser Zahl vorhanden. Bei den hochentwickelten, nematodonten Moosen gehen die Peristomzähne aus ganzen Zellen des Deckelamphitheziums hervor, bei den arthrodonten Moosen hingegen nur aus Bruchstücken nachträglich verdickter Zellwände. Da die Peristomzähne hier aus 2 Schichten aufgebaut sind, die einen unterschiedlichen submikroskopischen Zellwandaufbau besitzen, kommt es zu verschiedenartigen Quellungs- und Entquellungserscheinungen der Ventral- und Dorsalseite. Je nach dem submikroskopischen Feinbau ergeben sich daher verschiedene Arten von Krümmungen. Hinzu kommt, daß die Feinstruktur der Zähne im unteren Teil eine andere sein kann als oben. Die sogenannten Haplolepidae besitzen nur einen Kranz derber Peristomzähne. Bei den sogenannten Diplolepidae kommt noch ein – meist mit diesem alternierender – innerer Kranz zarter Peristomzähne, das Endostom, hinzu. Aber auch bei diesen ist nur das äußere Peristom, Exostom genannt, für hygroskopische Bewegungen verantwortlich. Jeder Zahn weist bei den Haplolepidae innen eine Längslinie auf, bei den Exostomzähnen der Diplolepidae dagegen ist diese auf der Außenseite. Es handelt sich hierbei um Reste radialer Wände, deren Zellen bei der Entstehung des Peristoms zerstört wurden. Durch die hygroskopischen Bewegungen der Peristomzähne bei den arthrodonten Moosen kommt es zu einer allmählichen Sporenentleerung bei trockenwarmer Witterung. Neben diesen aktiven hygroskopischen Bewegungen kann auch die Sporenentleerung passiv erfolgen wie bei der Unterklasse Polytrichidae nach Art einer Streusandbüchse. An der Sporenausstreuung können auch die Seta und die Kapsel mitwirken, indem letztere als Blasebalg oder durch Schrumpfung stark verdickter Kapselwandzellen wirkt.

Klasse Torfmoose, Sphagnopsida

Schon durch ihren vegetativen Aufbau stellen die Torfmoose eine einheitliche, von allen übrigen Laubmoosen abweichende Klasse dar. Auch dem Laien sind diese besonders gestalteten Moose von feuchten Orten in Wäldern und ganz besonders von Mooren bekannt. An einem aufrechten Stämmchen stehen spiralig Astbüschel, die an der Sproßspitze eine Krone bilden. Jedes seitliche Astbüschel, das aus der Achsel eines Blattes entspringt, wird meist aus 3 bis 7 Ästen gebildet, von denen 1 bis 4 am Stamm herabhängen, die übrigen abstehen. Die einzellschichtigen, rippenlosen Blätter sind am Hauptstamm und an den Ästchen in der Regel unterschiedlich gestaltet. Das Zellnetz ist aus zweierlei Zellen aufgebaut. Große, tote, farblose Hyalozyten umschließen kleine, lebende, grüne Chlorozyten, die das Blatt wie ein ebenes Netz durchziehen. Die Chlorozyten werden teilweise beidseitig von Hyalozyten eingeschlossen bzw. sind auf einer oder beiden Seiten frei (Blattquerschnitt). Die Hyalozyten haben Aussteifungen in ihren Zellen und sind oftmals von Poren durchbrochen, die Aussparungen der Zellwand darstellen. Sie sehen unterschied-

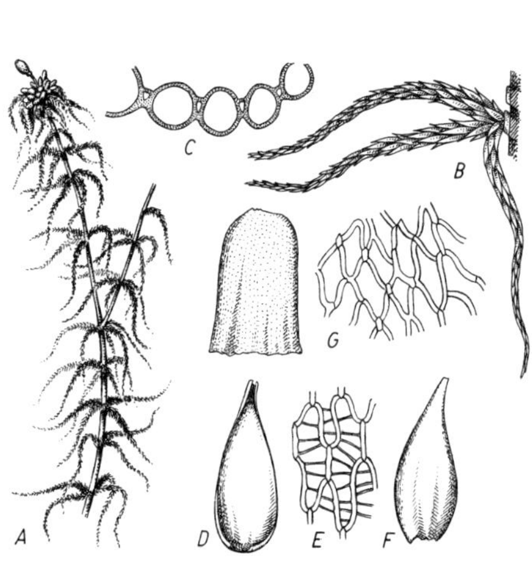

Aufbau des Torfmooses *Sphagnum fuscum*. A fertile Pflanze. B zwei abstehende und ein hängender Ast, C Querschnitt durch ein Astblatt, D Astblatt konkav, E Zellen von der Konkavseite, F Astblatt konkav, G Stammblatt mit Zellnetz (nach Nyholm)

Sphagnum palustre. Die Sporogone aller *Sphagnum*-Arten öffnen sich mit hörbarem Knall und schleudern dabei ihre Sporen bis zu 10 cm weit heraus.

lich aus und haben für den raschen Wassertransport besondere Bedeutung. Auf einem Stammquerschnitt unterscheidet man von außen nach innen eine farblose, parenchymatische Rindenschicht, Hyalodermis genannt, einen gefärbten Holzzylinder und das Mark. Die Rindenschicht kann ebenfalls Poren aufweisen, bei der Sektion *Sphagnum* ist sie sogar mit Spiralfasern ausgesteift. Alle genannten anatomischen Einrichtungen stehen im Dienst einer raschen Wasseraufnahme der rhizoidlosen Pflanzen. Die Wasserleitung erfolgt vor allem außen, da zwischen den dachziegelartig anliegenden Astblättern und zwischen Stamm und den herabhängenden Ästchen das Wasser rasch kapillar aufsteigen kann.

Der geschilderte einheitliche Bauplan der Torfmoose macht es auch verständlich, daß alle Vertreter einer Ordnung Sphagnales mit der Familie Sphagnaceae angehören. Die einzige Gattung *Sphagnum* ist mit Ausnahme ausgesprochener Trockengebiete, besonders der Wüsten, über die ganze Erde verbreitet. In den tropischen Nebelwäldern kommen zahlreiche endemische Arten vor. Sogar aus Nordamerika sind einige Endemiten bekanntgeworden. Aus Europa werden 43 Arten angegeben, die sich auf 8 Sektionen verteilen. Für die Artentrennung innerhalb der Gattung spielen die Form von Ast- und Stammblättern, die Lage der Chlorozyten, die Gestalt von Hyalozyten, Porenverhältnisse sowie die Anzahl der Hyalodermisschichten eine Rolle.

Die Torfmoose vermehren sich durch tetraedrische Sporen, die bei den einzelnen Arten oft unterschiedlich skulpturiert sind. Die kugeligen Kapseln haben kein Peristom, der Deckel springt bei der Reife infolge auftretender Spannungen mit hörbarem Knall ab. Die Sporen werden dadurch bis 10 cm weit weggeschleudert. Nach der Sporenentleerung ist die Kapsel urnenförmig zusammengezogen. Sporophyten findet man bei einhäusigen Arten häufiger. Zur vegetativen Vermehrung bilden sich in den Kronen schlanke, abweichend beblätterte Erneuerungssprosse. Nicht selten erlangen auch abgebrochene oder unterhalb abgestorbene

Sphagnum fallax, ein häufiger Vertreter der Torfmoose am Rande oligotropher Moore und in sauren Wäldern

Seitenzweige ihre Selbständigkeit und wachsen zu neuen Pflanzen aus.

Es wurde bereits erwähnt, daß die Torfmoose über ein sehr gutes System der Wasseraufnahme verfügen. Recht schnell saugen die Polster wie ein Schwamm Wasser auf und nehmen je nach Art das 20- bis 40fache an Gewicht zu. Sie verdunsten aber auch etwa das 5fache an Wasser im Vergleich zu einer gleichgroßen offenen Wasserfläche. Durch das dauernde Nachströmen von Wasser gelangen sie auch in den Besitz der Mineralsalze, die darin gelöst sind. Besonders die Torfmoose auf den Hochmooren, die ihre Nährstoffe eigentlich aus Staubpartikeln mit dem Regenwasser erhalten, begnügen sich mit wenig anorganischen Substanzen für ihr Gedeihen. Alle Torfmoose sind in der Lage, mit Hilfe unveresterter Polyuronsäuren der Zellwände Wasserstoffionen gegen Alkali- oder Erdalkaliionen auszutauschen. Die Abgabe von Wasserstoffionen führt unter anderem zur Ansäuerung des Hochmoores. Während das Flachmoor einen hohen, mit der Mooroberfläche parallelen Grundwasserspiegel aufweist, hat das Hochmoor

Eine bunte Torfmoosgesellschaft findet man in charakteristischer Ausbildung in Hochmooren.

durch seine wenigstens später uhrglasförmige Wölbung keine Verbindung zum Grundwasser und ist lediglich von den Niederschlägen abhängig. Das nährstoffarme Hochmoor verdankt seine Wölbung dem Wachstum der Torfmoose. Unter den stark sauren, anaeroben Bedingungen und der damit im Zusammenhang stehenden ungenügenden bakteriellen und pilzlichen Zersetzung kommt es zur Vertorfung der abgestorbenen Pflanzenteile.

Torfbildung, Ansäuerung und Abbauhemmung führen auch dazu, daß in das Moor hineingewehte Pollen und Sporen erhalten bleiben. So konnte mit Hilfe der Pollenanalyse Aufschluß über frühere Baumartenzusammensetzungen gegeben werden. Durch Ansäuerung ist die Konservierung der sogenannten Moorleichen bedingt. Durch die Säuren ist ihre Haut gegerbt, das Haar rötlich verfärbt, und die Knochen sind entkalkt.

Nicht alle *Sphagnum*-Arten wachsen unter den extremen Verhältnissen des Hochmoores. *Sphagnum girgensohnii* und *S. squarrosum* kommen auf nährstoffreicheren Standorten, z. B. in Waldsümpfen, vor und fehlen deshalb unter den Hochmoorsphagnen. Diese vertragen Mineralstoffarmut und mäßige Niederschläge, brauchen aber auch eine gewisse Dauer der Vegetationsperiode und ausreichende Temperaturen bei geringer Verdunstung. Es ist deshalb verständlich, daß sich Hochmoore vorwiegend im atlantischen und montanen Bereich finden. In Gebieten mit kurzer Vegetationsperiode und starkem Schmelzwasserangebot können die Hochmoorsphagnen nicht gedeihen. Daher ist in den Hochgebirgen und in Nordeuropa der Hochmoorbildung eine natürliche Grenze gesetzt.

Pflanzengeographisch bestehen Unterschiede in der Zusammensetzung atlantischer und montaner *Sphagnum*-Gesellschaften. In den ersteren dominiert *Sphagnum imbricatum*, eine bräunliche atlantische bis subatlantische Art aus der Sektion *Sphagnum*. Aus Torfmoosablagerungen geht hervor, daß diese Art bei uns früher häufiger war als heute, was möglicherweise mit einem günstigeren Klima zusammenhängen könnte. In den montanen Hochmooren finden wir dagegen die bunte Torfmoosgesellschaft mit dem braunen *Sphagnum fuscum*, dem roten *S. magellanicum* und einigen geröteten Arten aus der Sektion *Acutifolia*.

Die Rotfärbung wird durch Sphagnorubin, ein Anthocyanderivat, das an den Zellwänden fixiert ist, hervorgerufen. Torfmoose enthalten kein Lignin, ihre Zellwände werden aber durch Sphagnumsäure, ein Zimtsäurederivat, maskiert, so daß der histochemische Zellulosenachweis negativ ausfällt. Diese Verbindung konnte bisher in anderen Pflanzen nicht nachgewiesen werden.

Torfmoose kennt man fossil erst seit der oberen Kreide. Die Arten aus dem Diluvium sind mit den heute lebenden artidentisch. Es handelt sich um eine sehr starre, isolierte Pflanzengruppe ohne sicheren systematischen Anschluß. Auch die Chromosomenzahl $n = 19$ unterstreicht die isolierte systematische Stellung unter den Laubmoosen.

Torfmoose sind die einzigen Moose, die direkte ökonomische Bedeutung haben. Durch das dauernde rasche Wachstum von *Sphagnum* wird in Mooren bald eine erhebliche Schicht abgestorbenen Mooses gebildet, das eine kompakte, dunkelgefärbte Masse, den Torf, ergibt. Dieser dient als Brennmaterial, als Streu, zur Bodenverbesserung in der Gärtnerei und als Heilmittel in der Medizin. In seltenen Fällen wandelt sich Torf auch in Kohle um. Da *Sphagnum* Wasser längere Zeit wie ein Schwamm festhalten kann, wird es noch heute bevorzugt in der Gärtnerei für Saatbeete, zur Stecklingsbewurzelung, für Sämlingstransporte und zur Umhüllung von dauernd feucht zu haltenden Pflanzen benutzt. Bei einigen Völkern des hohen Nordens dient Torfmoos als Lampendocht. Die Verwendung von Torfmoosen als Isolationsmaterial (Rohrumhüllungen, Schalldämpfer) und zu Kissenfüllungen dürfte der Vergangenheit angehören.

Wegen der hohen Saugfähigkeit und der antiseptischen Wirkung verwendeten Lappen und Indianer trockenes Torfmoos zum Betten und Windeln ihrer Säuglinge. Noch im ersten Weltkrieg wurden insbesondere Arten der Sektion *Sphagnum*, die sich durch zahlreiche große Poren auszeichnen, zu Verbänden genutzt. In der Volksmedizin verwendete man Absude und Extrakte aus Torfmoosen als Heilmittel für viele Haut- und Augenkrankheiten sowie bei akuten Hämorrhagien.

Klasse Klaffmoose, Andreaeopsida

Diese Klasse repräsentiert eine ganz unabhängige Entwicklungslinie innerhalb der Laubmoose und weicht vor allem durch die Öffnungsweise ihrer Kapseln ab. Die Öffnung erfolgt durch 4 bis 6 (maximal bis 10) Längsrisse in der Kapselwand, die durch Spannungen bei der Reife auftreten. Die Klappen der Kapsel stellen einen hygroskopischen Mechanismus dar, der der Sporenverbreitung dient. Bei Trockenheit biegen sich die Kapselklappen nach außen, während sie sich bei Feuchtigkeit aneinanderschließen. Auch in der Anatomie und Entstehung der einzelnen Gewebe der Kapsel bestehen Abweichungen gegenüber anderen Laubmoosen. Alle Arten sind Felsbewohner, die mit ihren Rhizoiden in feinste Risse des Gesteins eindringen.

Die Klasse besteht nur aus der Ordnung Andreaeales mit den Andreaeaceen. Es werden 2 Gattungen unterschieden. Die Gattung *Andreaea* ist mit etwa 100 Arten auf allen Kontinenten verbreitet, in den Tropen bewohnt sie nur die höheren Gebirgszüge, wo sie ähnliche Lebensbedingungen wie in ihren alpinen und arktischen Verbreitungsgebieten vorfindet. Es sind oft dunkelbraune Silikatfelsbewohner mit dicken Zellwänden. Als ausgesprochen lichtliebende Polstermoose können sie infolge ihrer Widerstandsfähigkeit gegen Kälte und Austrocknung bis an die Grenzen pflanzlichen Lebens vordringen. An ihren extremen Gebirgsstandorten werden diese konkurrenzschwachen Arten durch andere Moose – mit Ausnahme der Grimmiaceen – kaum, wohl aber durch gesteinsbewohnende Flechten verdrängt. Einige Arten leben auch untergetaucht an dauernd überrieselten Steinen. Alle Teile der Pflanzen zeichnen sich durch eine hohe Regenerationsfähigkeit aus. Flach bandförmige bis derb zylindrische Rhizoide dringen in feinste Risse des Felsgesteins ein.

Die *Andreaea*-Kapsel ist setalos und wird von einem Pseudopodium aus Sproßgewebe über die oberen Blätter emporgehoben. Arten mit und ohne Rippe sind bekannt, die rippenlosen gelten heute allgemein als abgeleitet. Bei einigen gibt es Übergänge; hier sind die Perichaetialblätter bereits rippenlos, während die Laubblätter noch eine starke Blattrippe haben. Während alle *Andreaea*-Arten Silikatgestein besiedeln, bewohnt *Andreaeobryum macrosporum* im nordwestlichen Kanada und dem angrenzenden Alaska kalkreiche Felsen. Das Sporogon sitzt auf kurzer Seta, die Haube bleibt bis zur Reife des Sporogons erhalten.

Klasse Bryopsida

Die Klasse Bryopsida ist besonders durch das sehr vielfältige Peristom charakterisiert, das den Torfmoosen und Klaffmoosen völlig fehlt. Innerhalb der Klasse Bryopsida kann es in den verschiedenen Verwandtschaftskreisen ebenfalls fehlen. Dort läßt sich aber an zahlreichen Übergangsformen eine Rückbildung beobachten, so daß Kapseln ohne Peristom als abgeleitet angesehen werden müssen.

Unterklasse Polytrichidae

Sowohl im Bau des Gametophyten als auch des Sporophyten weichen die zu dieser Unterklasse zählenden Vertreter von den übrigen Laubmoosen ab. Unter ihnen finden wir die größten aufrecht wachsenden akrokarpen Moose der Erde. Um Einzelstämmchen von einem halben Meter Höhe zu bilden, sind natürlich gewisse anatomische Differenzierungen die Voraussetzung, wenngleich bekannt ist, daß viele Moose in der Lage sind, mit ihrer gesamten Oberfläche Wasser aufzunehmen. So finden wir gerade bei dieser Unterklasse die höchste anatomische Organisation unter den Moosen überhaupt.

Ein gut ausgebildeter Zentralstrang, der an die Verhältnisse der Farnvorläufer wie *Rhynia* erinnert, sorgt für die Leitung von Stoffen und die Festigkeit des Sprosses. Daraus geht hervor, daß es sich bei der Unterklasse Polytrichidae um eine primitive Gruppe handelt. Das spezialisierte Leitgewebe besteht aus deutlich differenzierten Zellen. Hydroiden dienen der Leitung von Wasser und darin gelösten Nährsalzen, an Siebzellen erinnernde, plasmareiche Leptoiden transportieren Assimilate, und englumige Sklereiden dienen der mechanischen Festigkeit. Derartige Bildungen kommen gelegentlich auch bei der Unterklasse Bryidae vor, doch sind sie für die Unterklasse Polytrichidae charakteristisch, besonders im Zusammenhang mit echten Blattspursträngen, also direkten Verbindungen des Zentralstrangs mit den leitenden Elementen der Blattrippe. Interessant ist auch die physiologische Leistung der Saftströme. So erfolgt die Wasserleitung im Sproß mit einer Geschwindigkeit von 140 bis 200 cm/h, die Assimilatleitung im Leptoidenmantel mit der von 32 cm/h. Die schmalen Blätter besitzen auf der Oberseite meist Assimilationslamellen, die hier wohl neben einer Vergrößerung der assimilierenden Oberfläche für die Leitung und Speicherung kapillaren Wassers von Bedeutung sind. Im Erdboden wachsen plagiotrop zu Bündeln vereinigte Rhizoiden, sogenannte Rhizoidenstränge, aus denen wenigstens in der Jugend neue Pflanzen sprossen. Die Peristomzähne bestehen aus ganzen Zellen und sind nicht hygroskopisch. Die Sporenausstreuung erfolgt durch die zwischen den Peristomzähnen liegenden Öffnungen nach Art einer Mohnkapsel.

Schließlich gibt es Gattungen, denen ein Peristom fehlt. Aber auch hier ist die Kapsel stets durch eine Haut (Epiphragma) verschlossen. Die Sporen werden bei den Gattungen *Alophosia* und *Lyellia* nach der in Längsrichtung schrumpfenden, austrocknenden Kapsel frei.

Polytrichum piliferum fällt durch seine roten Hüllblätter der Anteridienstände besonders auf.

Ordnung Polytrichales

Die überwiegende Anzahl der Vertreter dieser Ordnung treffen wir in den kühlgemäßigten Zonen beider Erdhalbkugeln, von wo aus sie bis in die Arktis und Antarktis vordringen. In den Tropen bewohnen sie bevorzugt die Gebirge. Die meisten Polytrichalen bilden im Alter Scheinrasen, indem sie sich nicht mehr aus den Rhizoidensträngen, sondern nur noch basal aus den älteren Pflanzen erneuern und mit dickem Rhizoidenfilz verbunden bleiben.

Die namengebende Familie dieser Ordnung sind die Polytrichaceen, auch Bürstenmoose genannt. Von den 15 Gattungen mit etwa 360 Arten werden Vertreter der Gattung *Polytrichum* auch in den Schulbüchern abgebildet, da sie wegen ihrer Größe meist dem Laien besonders auffallen. Alle Arten der Gattung *Polytrichum* sind zweihäusig. Die Kapsel wird bei ihnen mit einer von der an der Spitze verbreiterten Kolumella gebildeten Paukenhaut, Epiphragma genannt, verschlossen, die mit den Enden der Peristomzähne verwachsen ist. Diese werden aus ganzen, U-förmig gebogenen Zellen gebildet. Die männlichen Pflanzen sind durch die Hülle, die die Antheridien umgibt, besonders ausgezeichnet. Die Scheitelzelle männlicher

Die haarige, goldgelbe Haube hat dem säureliebenden, kosmopolitischen *Polytrichum commune*, dem Gemeinen Bürstenmoos, auch den Namen Goldenes Frauenhaar eingetragen.

Pflanzen wird im Gegensatz zu der weiblicher Pflanzen bei der Gametangienbildung nicht aufgebraucht, so daß sie im nächsten Jahr das Wachstum fortsetzen und wiederum Antheridien bilden kann. Die auf diese Weise durchwachsenen Antheridienbecher geben den männlichen Achsen den oft beobachteten stockwerkartigen Aufbau. Bei manchen Arten sind die abweichend gestalteten Hüllblätter der Antheridienstände auch noch abweichend gefärbt und werden mit einer Blüte verglichen. Besonders auffällig ist dadurch eine kleinere Art ärmster Sand- und Felsstandorte, *Polytrichum piliferum*. Durch ein farbloses Glashaar in Fortsetzung der Blattrippe kann man dieses Haartragende Bürstenmoos auch in sterilem Zustand sofort erkennen. Als echter Xerophyt hat es bei Trockenheit dem Stengel dicht angepreßte Blätter, deren lamellenfreie, farblose Ränder

Atrichum undulatum, eine Art offenerdiger, basenreicher Pionierstandorte. Es fällt besonders durch seine wellige Beblätterung auf.

über die Lamellen eingekrümmt sind und diese vor starker Einstrahlung und Austrocknung schützen. Bei der Art sind die Rhizoidenstränge gut entwickelt, und die Bildung neuer Sprosse aus ihnen hält lange Zeit an. Gleichzeitig findet eine basale Erneuerung statt. Die Rhizoidensprossung sowie die basale Streckung ermöglichen der Art auch die Besiedlung von Dünen. Sie kommt vom Flachland bis in die alpinen Hochgebirgslagen vor und wächst auch in der Antarktis.

Polytrichum formosum ist in unseren Wäldern wohl die häufigste Art und zeigt den Beginn einer Bodenversauerung an. Da es auch noch bei stärkerer Versauerung auftritt, treffen wir es mit dem kosmopolitischen Gemeinen Bürstenmoos, *Polytrichum commune*, an. Im vegetativen Zustand sind beide mikroskopisch durch die Gestalt der Endzelle der Blattlamellen unterschieden. Die lange, haarige, goldgelbe Haube hat ihnen den Namen Goldenes Frauenhaar eingetragen.

Mit *Polytrichum* nahe verwandt ist die artenreichere Gattung *Pogonatum*, die durch das Fehlen einer Hypophyse und von Spaltöffnungen an der Kapsel unterschieden wird. In Europa ist *Pogonatum aloides* an Wegböschungen und in Hohlwegen verbreitet. Es besitzt ein ausdauerndes Protonema, obgleich die Moospflanzen aus den Rhizoidensträngen heraussprossen, die sich aus dem Protonema entwickeln. Das Protonema findet sich an offenerdigen Stellen als grünlicher Filz auch ohne Moospflanzen. Einige *Pogonatum*-Arten Ostasiens und Südamerikas sind Protonemamoose der verschiedenen Verwandtschaftskreise. Im krassen Gegensatz dazu steht in der gleichen Gattung *Pogonatum macrophyllum*, eine kräftige Art des feuchten, indomalaiischen Regenwaldes, die 30 bis 40 cm lang wird. Hier sind die Blattlamellen stark reduziert, bei anderen Arten fehlen sie gänzlich. Das bäumchenartig verzweigte, australisch-antarktische *Dendroligotrichum dendroides* wird ebensohoch. *Atrichum undulatum* mit unbehaarter, kappenförmiger Haube und welligen, doppelzähnigen Blättern ist ein Anzeiger neutraler bis mäßig saurer, humusreicher Waldböden. Extrakte einiger Polytrichalen haben antibakterielle und antifungale Eigenschaften.

Früher wurde *Polytrichum* in Skandinavien zu Matratzenfüllungen, kleinen Bürsten, Besen und Fußabstreichern verarbeitet. Wie aus Ausgrabungen hervorgeht, benutzten es Menschen der Bronzezeit zum Bootsbau. Auch Mützen und Körbe sind aus dem Norden Englands aus der Römerzeit bekanntgeworden. Die Verwendung als Mittel gegen böse Geister hat ihm den Namen Widertonmoos eingebracht. Heute noch wird *Polytrichum* in japanischen Moosgärten gepflanzt, da es dunkelgrüne, hohe Rasen bildet, die leicht verpflanzt werden können.

Ordnung Dawsoniales

Diese Ordnung mit der einzigen Familie, den Dawsoniaceen, ist nur auf der Südhemisphäre verbreitet. Sie wird verschiedentlich mit den Polytrichalen vereinigt. Arten der einzigen Gattung *Dawsonia*, die hauptsächlich in Australien und Neuguinea vorkommt, bilden ausgedehnte Moosassoziationen und stellen somit eine Parallele zu den *Polytrichum*-Arten dar, die bei uns bestandbildend auftreten. Die ebenfalls starren, zweihäusigen Dawsonien sind allerdings meist größer. So werden Höhen von 40 bis 70 cm angegeben, und damit zählen einige *Dawsonia*-Arten zu den größten akrokarpen Bryophyten. Neben derartigen Moosriesen gibt es innerhalb der Gattung auf dem nordostaustralischen Festland auch Arten, deren Sprosse nur 1 bis 3 cm lang werden. Die Blätter von *Dawsonia* weisen zahlreiche Lamellen auf. Die dorsiventrale Kapsel ist bei der Reife horizontal geneigt. Die zwar nur kurze und kappenförmige Haube wird durch die abwärts sehr langen, verzweigten Haare vollständig eingeschlossen. Das Peristom besteht aus ganzen, fadenförmigen Zellen, die sich als einzelne Borsten zu einem weißen Pinsel hohlzylindrisch zusammenschließen. Ein Epiphragma fehlt in dieser Ordnung. In einer Kapsel können über 65 Millionen Sporen gebildet und über eine längere Zeit ausgestreut werden. Die unterste Grenze der Sporenmaße liegt bei 5 µm, und somit gehören *Dawsonia*-Sporen zu den kleinsten der Laubmoose. Bisher sind 9 Arten bekanntgeworden.

Unterklasse Tetraphididae

Diese Unterklasse teilt viele Merkmale besonders des Gametophyten mit der Unterklasse Bryidae, mit der sie bisweilen vereinigt wird. Abweichend sind der Bau der Spermatozoide, des Peristoms und die häufige Chromosomenzahl von $n = 7$, die wir auch bei der Unterklasse Polytrichidae finden. Auch durch die Keimungsstadien ist eine lange eigenständige Entwicklung zu erkennen, die auch bei der Klasse Andreaeopsida vorkommt. Somit stellt die Unterklasse Tetraphididae eine unabhängige Entwicklungslinie dar. Das Peristom, an dessen Bildung die Deckelkolumella beteiligt ist, besteht nur aus 4 Zähnen, die aus zahlreichen ungeteilten Zellen hervorgehen. Somit handelt es sich um das zahnärmste unter den Laubmoosen und scheint auch einen sehr ursprünglichen Typ zu repräsentieren. Der bei Feuchtigkeit dicht geschlossene Peristomkegel läßt bei Austrocknung zwischen den Zähnen freie Räume zur Sporenausstreuung.

Bei der Ordnung Tetraphidales werden regelmäßig am Vorkeim sogenannte Protonemablätter beobachtet, die seitlich an den Protonemafäden entstehen und fächerförmig ausgebildet sind. Sie dienen durch ihre assimilatorische Tätigkeit zur Versorgung des Protonemas mit organischen Stoffen. Innerhalb der einzigen Familie dieser Ordnung, den Tetraphidaceen, existieren nur 2 artenarme, auch in Europa vertretene Gattungen,

Tetraphis pellucida bildet besonders in feuchten Nischen und in höheren Lagen reichlich Kapseln, die nur 4 Peristomzähne besitzen.

Tetraphis und *Tetrodontium*, die auf sauren Substraten der nördlichen Erdhalbkugel verbreitet sind.

Die einzige *Tetraphis*-Art Europas ist die häufige *Tetraphis pellucida*, die an schattigen Standorten auf stark zersetztem Holz, aber auch auf feuchtem Sandstein und an der Borke der Stammbasen durch ihre schüsselförmigen Brutbecher leicht erkennbar ist.

An exponierten, austrocknenden Standorten und in tieferen Lagen werden Brutkörper gebildet. In feuchten Nischen und höheren Lagen haben die Pflanzen dagegen reichlich Kapseln.

Als besondere Protonemabildungen sollen noch die aufrecht wachsenden, durch Teilungen und seitliche Verzweigungen entstehenden Protonemabäumchen erwähnt werden. Diese sind in der Lage, Protonemablätter, Sprosse und sogar Brutkörper zu bilden.

Bei der in lockeren Kurzrasen wachsenden *Tetraphis pellucida* ist ein deutlicher Dimorphismus der Blätter von brutbechertragenden und sporulierenden Pflanzen festzustellen. So sind die Blätter fertiler Pflanzen dichter am Stengel angeordnet, in ihrer Form länger und schmaler im Vergleich zu den entfernt stehenden, breit eiförmigen, kurzbespitzten derjenigen Pflanzen, die in ihren schüsselförmigen Brutbechern vielzellige, linsenförmige, gestielte Brutkörper tragen. Auch im Zellnetz der Blätter bestehen gewisse Unterschiede zwischen brutbechertragenden und sporulierenden Individuen.

Unterklasse Bryidae

Die Unterklasse Bryidae ist die arten- und formenreichste mit einem sehr vielgestaltigen Gametophyten und Sporophyten. Das Peristom zeigt eine besondere Mannigfaltigkeit in seinem Bau und seiner Funktion. Neben einfachen treten auch doppelte Peristome auf. Aufrechte Kapseln haben vorwiegend einfache, geneigte bis hängende doppelte Zahnreihen. Letztere kommen in dieser Unterklasse besonders bei den pleurokarpen Moosen vor. Diese haben im Gegensatz zu den akrokarpen Moosen, die ihre Archegonienstände an der Hauptsproßspitze tragen, ihre Archegonienstände seitlich auf kurzen Ästen. Die Gruppen sind auch im vegetativen Zustand an ihrer Wuchsform kenntlich. Während die akrokarpen Vertreter der Unterklasse Bryidae aufrechte Stämmchen bilden, wachsen die oft reichlich seitlich verzweigten pleurokarpen meist kriechend; während bei den ersteren Polster- und Rasenwuchs überwiegt, bilden die anderen niederliegende Decken, Filze und Wedel. Nur in dieser Unterklasse treten auch Gametophyten mit flacher Beblätterung auf, die in wenigen Fällen auf zweischneidiges Scheitelzellenwachstum zurückzuführen ist. Neben Deckelkapseln mit und ohne Peristom kommen bei der Unterklasse Bryidae auch kleistokarpe Sippen vor.

Ordnung Buxbaumiales

Die Ordnung nimmt innerhalb der Unterklasse Bryidae eine Sonderstellung ein. Wegen der Gametophytenmerkmale und dem aus Zellresten aufgebauten Peristom wird

Diphyscium foliosum hat große sitzende Kapseln und abweichend gestaltete Perichaetialblätter.

Buxbaumia aphylla besitzt besonders große Kapseln auf warziger Seta.

diese Ordnung hier eingereiht. Die Entwicklung der Peristomzähne ist aber einmalig, so daß viele Systematiker eine eigene Unterklasse befürworten.

Fast alle hierher gehörenden Moose haben im Gegensatz zu anderen relativ große, dorsiventral gebaute Sporenkapseln, die auffälliger sind als der Gametophyt. Das Peristom ist doppelt und wird wie bei der Unterklasse Bryidae aus Wandteilen des Deckelamphitheciums gebildet. Das innere Peristom ist gefaltet und schließt sich trichterförmig zusammen. Bei der Sporenausstreuung wirkt die Kapsel wie ein Blasebalg. Dieser altertümliche Mechanismus findet sich auch bei den Dawsonialen. Das Protonema, aus dem ständig neue Pflänzchen sprossen, ist langlebig.

Die Ordnung besteht aus 2 Familien, von denen die Diphysciaceen deutlich beblätterte männliche und weibliche Pflanzen aufweisen. In lockeren Trupps stehend, fallen sie meist erst durch die große Kapsel auf. Alle Arten haben abweichend gestaltete Perichaetialblätter mit austretender Blattrippe, wodurch sie lang begrannt sind. Bisher wurden 3 Gattungen bekannt. Die größte Artenzahl weist mit 22 Arten die Gattung *Diphyscium* auf, die in Europa nur mit einer Art vertreten ist. *Diphyscium foliosum* kommt an offenerdigen, laubfreien Wegböschungen, in Hohlwegen u. ä. vor. An seinem ausdauernden Protonema entstehen kreiselförmige, grüne Assimilationsorgane.

Bei den einjährigen Buxbaumiaceen ist der Gametophyt stärker reduziert. Die männlichen Protonemata haben ein einziges Antheridium in der Achsel eines chlorophyllfreien muschelförmigen Protonemablattes. Als eigentlicher assimilierender Teil tritt auch bei den weiblichen Pflanzen, die wenige chlorophyllarme Blättchen ausbilden, das langlebige Protonema in Erscheinung. Zu dieser Familie zählt nur die Gattung *Buxbaumia* mit insgesamt 14 Arten. Verbreitungsschwerpunkt ist die gemäßigte Region der Nordhalbkugel der Erde, doch kommen auch einige Arten zerstreut auf der Südhalbkugel und in den Tropen vor. In Europa sind nur 2 Arten bekannt. Die kalkmeidende *Buxbaumia aphylla* wächst an lichten, oft sandigen Pionierstandorten mit geringer Rohhumusauflage und gilt als gefährdet. Mit Ausnahme der in China aufgefundenen *Buxbaumia symmetrica* haben alle *Buxbaumia*-Arten dorsiventrale Kapseln. Die Dorsiventralität kann durch Auftragen einer β-indolylessigsäurehaltigen Wuchsstoffpaste aufgehoben werden.

Ordnung Urmoose, Archidiales

Diese Ordnung wird nur von der Familie Archidiaceae mit der Gattung *Archidium* gebildet. Es sind durchweg Erdmoose nackter, vegetationsarmer Standorte. Die kugeligen, kleistokarpen Kapseln, die übrigens keine Kolumella aufweisen, befinden sich auf einer sehr kurzen, dicken Seta unmittelbar an der Bodenoberfläche. Bei der Sporenbildung entsteht aus einer Mutterzelle nur eine Spore. Meist weniger als 40 Sporen sind mit bloßem Auge durch die einzellschichtige Kapselwand zu sehen. Die 50 bis 130 µm großen Sporen zählen neben denen der *Lorentziella*-Arten (Funariales) zu den größten der Laubmoose.

Es entwickelt sich ein Protonema, das nach der Sprossung der ersten eigentlichen Moospflanzen bald abstirbt. Es wird durch einen Filz farbloser Rhizoide ersetzt, mit deren Hilfe die Arten ungünstige Witterungsperioden überdauern und aus dem sie immer wieder neue Pflänzchen hervorbringen. Durch diese Einrichtung wird es den Archidiaceen auch möglich zu überwintern.

Viele der 26 bekannten *Archidium*-Arten wurden nur selten gesammelt. Ihr kurzes Erscheinen im Jahr und die geringe Größe der Pflanzen von kaum 2 mm Länge dürften dafür verantwortlich sein. Bei uns finden wir nur eine Art, *Archidium alternifolium*, die selbst auf Island noch an warmen Quellen vorkommt.

Ordnung Dicranales

In dieser Ordnung werden Familien zusammengefaßt, deren Vertreter vorwiegend lanzettliche Blätter tragen. Vielfach sind diese aus eiförmiger Basis verschmälert oder laufen plötzlich in einen langen Pfriem aus, in den die deutlich differenzierte Blattrippe eintritt. Die Blattzellen sind meist glatt, seltener mit kleinen Warzen bedeckt. Bei einigen kleistokarpen Sippen befinden sich die Kapseln auf einer kurzen Seta und werden von den Perichaetialblättern überragt. Das Peristom ist – wenn vorhanden – einfach, hat 16 oft gespaltete, glatte, gestreifte oder papillöse Zähne, die auf keiner oder nur niedriger Grundhaut stehen.

Die ausschließlich auf der Südhemisphäre vorkommenden Dicnemonaceen unterscheiden sich von anderen Dicranalen deutlich durch die Wuchsform. Der Hauptstamm kriecht bei ihnen horizontal am Boden hin und bildet aufrechte Äste, die auch mehr oder weniger verzweigt sein können. Außerdem besitzen sie als Besonderheit mit bloßem Auge sichtbare, große, mehrzellige, chlorophyllhaltige Zellkörper, die in den noch geschlossenen Sporenkapseln die Kolumella umgeben. Dabei dürfte es sich um stark reduzierte Protonemata handeln. An den Rändern entspringen Rhizoide, an kurzen und dicken Protonemafäden bilden sich die Stammknospen aus.

Bei der Familie Ditrichaceae handelt es sich um Erd- oder Felsmoose mit lanzettlichen bis lang pfriemenförmigen Blättern, denen deutlich differenzierte Blattflügelzellen fehlen. Die Peristomzähne der meist aufrechten Kapseln sind tief gespaltet, ihre Schenkel dicht papillös. Sie entspringen einer deutlichen Grundhaut. Bei einigen Arten öffnen sich die Kapseln nicht wie bei den auf offenerdigen, vegetationsarmen Standorten gedeihenden *Pleuridium*-Arten. Von den etwa 30 bekannten Arten kommt *Pleuridium acuminatum* in der Ebene und niederen Bergregion Europas, Nordamerikas und Ostchinas vor. Auch von Nordafrika und Makaronesien wurde die Art gemeldet. Das lockerwüchsige *Ditrichum heteromallum*, das auf saurem, sandig-kiesigem Boden durch seine schwach sicheligen Blätter an eine Dicranacee der Gattung *Dicranella* erinnert, unterscheidet sich aber im sporulierenden Zustand durch die zylindrische, aufrechte Kapsel auf pupurroter Seta schon im Gelände. *Ditrichum flexicaule* dagegen bildet in Kalkgegenden meist ausgedehnte, stark wurzelfilzige Polster.

Der wohl bekannteste Vertreter der Ditrichaceen ist das Pupurstielige Hornzahnmoos, *Ceratodon purpureus*. Es kommt in allen Erdteilen vor und ist als Allerweltsmoos auch auf vielerlei Substraten zu finden. Bei uns ist es wohl das häufigste Moos. Das Vorkommen inmitten der Großstädte zeigt, daß auch die Emission von Industrieabgasen dem Wachstum dieser Art nicht hinderlich ist. Die 1 bis 3 cm großen Pflänzchen sind nach der Sporenentleerung leicht an den längs gefurchten Kapseln zu erkennen.

In der Familie der Gabelzahnmoose, Dicranaceae, sind sehr verschiedenartige Typen vereinigt. Der Verbreitungsschwerpunkt der Familie liegt auf der nördlichen Halbkugel der Erde, wenn auch einige größere Gattungen auf die Südhemisphäre beschränkt sind. Neben locker verzweigten und zierlichen Arten treffen wir zahlreiche kräftige, ausdauernde Polstermoose, die auf vorwiegend saurer Unterlage im Flachland und im Gebirge einen Hauptteil an der Moosvegetation der Wälder bilden.

Besonders im Gebiet des borealen Nadelwaldes und in den Tundren der Nordhalbkugel der Erde finden wir Vertreter der etwa 50 Arten umfassenden Gattung *Dicranum*, von denen etwa ein Drittel in Europa vorkommt. Die bekannteste und häufigste Art ist das Besenförmige Gabelzahnmoos, *Dicranum scoparium*, auch Besenmoos genannt. Die breit lanzettlichen, lang pfriemenförmigen Blätter sind bis zur Mitte herab meist scharf gesägt. Im oberen Teil befinden sich auf der Rückenseite der Rippe 2 bis 4 kurze, chlorophyllführende, meist gezähnte Längslamellen. Auf einem Blattquerschnitt erkennt man, daß die Blattrippe schon deutlich differenzierte Zellen aufweist. Die in der Mitte befindlichen großlumigen Zellen dienen dem Wasser- und Nährsalztransport, während die englumigen Faserzellen auf Bauch- und Rückenseite der Rippe für deren mechanische Festigkeit sorgen. Am Blattgrund befinden sich rotbraune, zweizellschichtige, dickwandige Blattflügelzellen und im Stengel ein der inneren Wasserleitung dienender Zentralstrang.

Das Besenmoos bildet auf verschiedenen sauren Substraten ausgedehnte dunkel- bis braungrüne, glänzende Hochrasen. Der Forstwirt kennt das Besenmoos als Standortanzeiger mäßig trockener bis mäßig feuchter Böden.

Sporophyten dieser zweihäusigen Art treten in den Perichaetien stets in Einzahl auf und haben geneigte Kapseln. Sie sind im Gebirge nicht selten, sonst wird das Moos meist steril gefunden. Bei dem besonders in Gebirgswäldern auftretenden robusteren *Dicranum majus* mit größeren, deutlicher einseitswendigen Blättern entwachsen einem einzelnen Perichaetium häufig 2 bis 5 Seten mit gekrümmten Kapseln.

Dicranum scoparium ist auf der gesamten Nordhalbkugel der Erde bis weit nach Norden sehr häufig, aber auch von den Azoren, den Kanarischen Inseln, Madeira und sogar Neuseeland wird es erwähnt. Viele Arten, die weit ins Tundrengebiet hinein vorkommen, sind auch noch in den höchsten Gebirgslagen zu finden. Für das Besenmoos dürfte einer der höchstgelegenen Fundorte auf der Nockspitze in Tirol liegen, wo die Art noch bei 3010 m über dem Meeresspiegel vorkommt.

Neben der Vermehrung durch Sporen finden wir bei den *Dicranum*-Arten viele Möglichkeiten vegetativer Vermehrung. Bei *Dicranum scoparium* treten z. B. brüchige Stämmchen auf, die als einfachste Form der vegetativen Vermehrung gelten. Bei *D. flagellare* erfolgt die vegetative Vermehrung durch Abbrechen dünner, steif aufrechter Brutsprosse, die abweichend gestaltete,

Dicranum fuscescens, ein Verwandter des Gabelzahnmooses, wächst gern in Gebirgswäldern und wurde fossil im Bernstein gefunden.

Dicranella heteromalla, ein außerhalb der Kalkgebiete sehr häufiges und reich fruchtendes Moos

kleine Blätter tragen. Bei *D. fragilifolium* und *D. tauricum* treten Bruchblätter auf, die auf der gesamten Blattfläche gleichmäßig brüchig sind. *D. montanum* hat dagegen – meist an verzweigten, brüchigen Ästchen gebildete – ausgesprochene Brutblätter, die an einer vorgebildeten Trennlinie abbrechen.

Die Gattung *Dicranum* wird auf der Südhalbkugel durch die in Wuchs und Ökologie ähnliche Gattung *Dicranoloma* vertreten.

Die Gattung *Dicranella* umfaßt vorwiegend kleine Erdmoose ohne differenzierte Blattflügelzellen und kommt in nahezu allen Erdteilen mit etwa 100 Arten vor. In Europa sind 12 Arten bekannt, 2 von ihnen haben eine gelbe Seta. Unter ihnen ist die häufige zweihäusige *Dicranella heteromalla*. Männliche Pflanzen finden sich in gesonderten Rasen, ihnen fehlt die für die Art typische einseitswendige Beblätterung. Die meisten Arten mit roter Seta kommen auf offenerdigen Standorten als Erstbesiedler vor und besitzen regelmäßig Rhizoidgemmen. Damit vermehren sich nahezu ausschließlich *Dicranella staphylina* und *D. palustris*, da von ihnen Kapseln nur ausnahmsweise gefunden wurden.

Die Gattung *Campylopus* zeichnet sich durch eine breite Rippe aus, deren unterschiedliche Anatomie auch zur Gliederung der artenreichen Gattung dient. Über 700 kalkmeidende Arten sind hauptsächlich in den Tropen bekanntgeworden, im gemäßigten Klima Europas ist die Gattung am zahlreichsten in regenreichen Gebieten vertreten. Für einige Arten wird Einwanderung bzw. Einschleppung angenommen. So auch für *Campylopus introflexus*, dessen Rippe in eine farblose Haarspitze ausläuft. Diese Art ist auf der Südhalbkugel weit verbreitet und wurde etwa 1942 nach Europa, 1975 nach Kalifornien eingeschleppt. Alle Arten sind zweihäusig und viele nur steril bekannt bzw. sporulieren selten. Daher ist die vegetative Vermehrung durch brüchige Blattspitzen, Brutblätter und -sprosse verbreitet.

Die Familie Weißmoose, Leucobryaceae, bewohnt fast ausschließlich tropische bis subtropische Gebiete. Nur von der Gattung *Leucobryum*, von der etwa 150 Arten bekannt sind, werden einige auch in den gemäßigten Zonen gefunden. Bei allen Vertretern der Familie überwiegen nur bei Wassersättigung grüne Farbtöne, sonst fallen weiße bis weißlichgrüne Färbungen der Polster besonders ins Auge. Sie sind durch lufterfüllte Räume bedingt, die das einfallende Licht total reflektieren. Hier liegt wie bei den Torfmoosen ein Dimorphismus der Blattzellen vor. Der mehrzellschichtige Mittelteil des Blattes besteht aus großen, farblosen, mit Poren durchsetzten toten Hyalozyten und kleinen, chlorophyllhaltigen lebenden Chlorozyten, die zwischen diesen eingebettet sind.

Durch den eigenartigen anatomischen Bau, der schon an den zuerst gebildeten Pflänzchen am Protonema ausgeprägt ist, stehen die Leucobryaceen innerhalb der Dicranalen einzig da. Die Wasserzellen ermöglichen es den Pflanzen, große Wassermengen rasch aufzusaugen und festzuhalten. Dies ist auch ökologisch von Bedeutung. So wachsen sehr viele Sippen als Epiphyten an Baumstämmen und sind daher auf eine Wasserzufuhr von oben angewiesen.

Das auf der gesamten Nordhalbkugel von den Azoren, Kanarischen Inseln und Madeira über ganz Europa einschließlich des Kaukasus bis nach Japan und Nordamerika verbreitete *Leucobryum glaucum* wächst häufig auf dem Boden saurer Buchen- oder Fichtenwälder. Die dichten, halbkugeligen, schwer zersetzbaren Polster saugen viel Regenwasser auf und verhindern eine natürliche Verjüngung des Waldbestands.

Leucobryum glaucum, das Weißmoos, ist durch seine uhrglasförmig gewölbten Polster besonders charakterisiert.

Die zweihäusigen Pflanzen tragen außerordentlich selten kleine, dunkle, gekrümmte Kapseln, die am Hals einen deutlichen Kropf haben. Die männlichen Pflanzen sind extrem klein, so daß von Zwergmännchen gesprochen wird. Die Art ist in der Lage, sich vegetativ zu vermehren. Es gibt im Innern des Rasens ältere Blätter, die kaum noch assimilatorisch tätig sind und an der Spitze aus lebenden Chlorozyten Protonemata ausbilden. Aus den abgefallenen Blättern entstehen neue Pflanzen. Eine weitere Möglichkeit der Fortpflanzung ist die Bildung von Brutblättern an besonderen Zweigsystemen. Bei den Brutblättern treten an Spitze und Basis chlorophyllführende Zellen an die Oberfläche, die ein Protonema entwickeln.

Die *Leucobryum*-Arten haben auch eine dekorative Bedeutung. So dient *Leucobryum* bei uns als Grabschmuck, man verwendet es auch in Blumenschalen und zur Dekoration bei verschiedenen Ausstellungen. Das südost- bis ostasiatische *Leucobryum neilgherrense* wird von Gärtnereien einiger japanischer Großstädte verkauft und auch in Moosgärten angepflanzt.

Die meisten tropischen *Leucobryum*-Arten bevorzugen den Waldschatten und steigen im Gebirge nicht hoch hinauf.

Ordnung Fissidentales

Diese Ordnung besteht hauptsächlich aus den Spaltzahnmoosen, den Fissidentaceen, für die die auffällige Blattanordnung und -gestalt besonders charakteristisch sind. Die Pflänzchen haben deutlich zweizeilig angeordnete Blätter, so daß sie kleinen Farnwedeln ähneln. Dieses von den meisten Moosen abweichende Wachstum verdanken die Spaltzahnmoose einer andersartig gebauten Scheitelzelle. Zunächst wird auch bei den Fissidentalen wie bei den anderen Moosen eine dreischneidige Scheitelzelle angelegt, die aber bald in eine zweischneidige übergeht. Neben der typischen Blattanordnung ist auch die Blattgestalt nahezu einzig unter den Laubmoosen.

Bei den Blättern ausgewachsener Pflanzen stellt der kahnförmige Scheidenteil das eigentliche Laubblatt dar. Die untersten Blätter (Erstlingsblätter) und diejenigen, die sich bei zweihäusigen Arten an den winzigen männlichen Pflänzchen finden, bestehen nur aus diesem kahnförmigen Blatteil. Alle übrigen Blätter – auch die Perichaetialblätter, die die weiblichen Geschlechtsorgane umhüllen – bilden einen flügelartigen Fortsatz, der bei den meisten Spaltzahnmoosen länger ist als der kahnförmige Blatteil. Er tritt demzufolge als Assimilationsorgan mehr als das eigentliche Blatt in Erscheinung. Unter dem Blattflügel fügt sich das nächsthöhere Blatt mit seinem Rand ein. Das führt dazu, daß die halbstengelumfassenden Blätter aufeinander reiten. Solch eine Blattstellung begegnet uns auch bei der Gattung *Iris* (Schwertlilien).

Den Namen Spaltzahnmoose verdanken die Fissidentaceen ihrem Peristom. Das einfache Peristom besteht aus 16 Zähnen, die, von 2 Ausnahmen abgesehen, in 2 Schenkel gespaltet sind.

Die Familie umfaßt nur wenige Gattungen, von denen *Fissidens* die artenreichste ist. Während im Peristombau eine gewisse Einheitlichkeit innerhalb der gesamten Gattung vorliegt, zeigt sich im vegetativen Bereich eine starke Mannigfaltigkeit, die dazu führte, daß wir heute etwa 800 Arten unterscheiden und auch in jüngerer Zeit noch neue Arten aufgestellt wurden.

Die Blätter sind bei zahlreichen Arten am Rand durch schmale, prosenchymatische Zellen gesäumt. Das Zellnetz im Innern des Blattes ist meist rundlich-sechsseitig ohne Papillen. Papillöse Zellen oder ein prosenchymatisches Zellnetz kommen selten vor. In den Wuchsformen, besonders in ihren Verzweigungsverhältnissen, sind die Spaltzähne sehr vielgestaltig. Sie unterscheiden sich von den echten Rasenmoosen deutlich durch basale Erneuerung. Die einzelnen Stengelchen sind daher nie miteinander verflochten, sondern bilden lockere Scheinrasen auf konkurrenzschwachen Standorten.

Fissidens-Arten sind ein- oder zweihäusig. Bei manchen Sippen treten sowohl ein- als auch zweihäusige Individuen auf. Die männlichen Pflanzen der diözischen Arten sind oft kleiner bis sehr winzig. Ein extremer Fall liegt bei der Ausbildung sogenannter Zwergmännchen vor, die sich auf den Blättern der weiblichen Pflanzen aus männlich determinierten Sporen entwickeln.

Aus der Stellung der weiblichen Gametangien am Sproß ergibt sich auch die Lage der Seta. So finden wir unter den Spaltzähnen Mitteleuropas sehr viele gipfelfrüchtige, wie *Fissidens bryoides*. Diese häufige, formenreiche Art mit einzellschichtigem Blattsaum und kleiner, aufrechter Kapsel ist in der Holarktis auf feuchten, schattigen, mäßig sauren Böden, auf Ödländern, Wegböschungen und in Laubwäldern verbreitet. Bei einigen anderen Sippen entspringt die Seta aus der Mitte des Stengels und bei *Fissidens taxifolius*, dem Eibenblättrigen Spaltzahn, aus dem Stengelgrund. Auch diese Art besiedelt nackte Ton- und Lehmböden.

Da es sich bei den Spaltzähnen um meist wärme- und feuchtigkeitliebende Arten handelt, gehört die Mehrzahl zu den Bewohnern der Tropen und entwickelt dort auf Erde, an Steinen, Bäumen und moderndem Holz einen ausgesprochenen Formenreichtum. Nur 2 Arten sind bis zur Arktis vorgedrungen, *Fissidens arcticus* und *F. osmundoides*. Da es sich mit wenigen Ausnahmen um Moose handelt, die eine hohe Luftfeuchtigkeit lieben, weisen auch in Europa der atlantische Raum und das Mittelmeergebiet die größte Artenzahl auf. Das Feuchtigkeitsbedürfnis einiger Arten, z. B. von *Fissidens crassipes*, geht so weit, daß sie sich vorwiegend in der Spritzzone fließender Gewässer ansiedeln. *F. grandifrons* und *Octodiceras (Fissidens) fontanum* sind ausgesprochene Wassermoose, die wenigstens zeitweilig untergetaucht leben. *F. grandifrons* hat mehrzellschichtige Blätter, die sich im flutenden Wasser gegen die Strömung als recht widerstandsfähig erweisen. Kapseln von dieser Art wurden in Europa noch nicht bekannt, da nur männliche Pflanzen vorkommen. *Octodiceras fontanum* dagegen sporuliert sogar unter Wasser, bildet allerdings nur wenige Sporen aus. Die vegetative Vermehrung durch abgetrennte Seitensprosse kommt für die Ausbreitung der Art in größerem Maß in Frage. Neben großen, kräftigen Arten gibt es auch sehr winzige, wie *Fissidens pusillus*, dessen Sprosse wenige Millimeter groß sind und nur aus 2 bis 4 Blattpaaren bestehen.

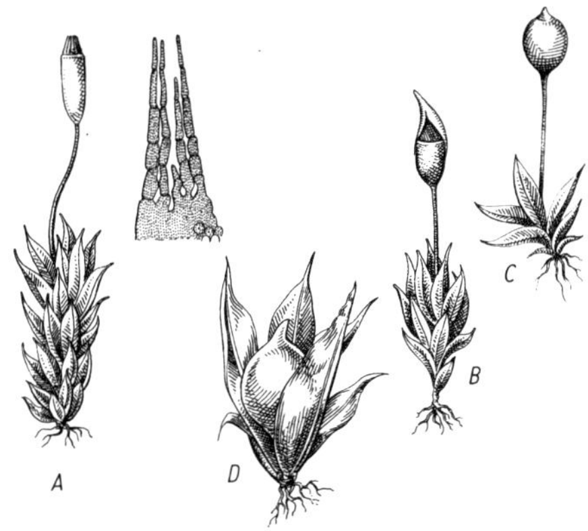

Innerhalb der Gattung *Pottia* ist eine Reduktion des Peristoms bis zur Kleistokarpie zu verfolgen. A *Pottia lanceolata* mit Peristom, A', B *Pottia truncata*, C *Pottia recta*, D *Phascum cuspidatum* (nach Nyholm und Watson)

Ordnung Pottiales

In dieser Ordnung kommen Arten mit lanzettlichen, breit eiförmigen bis spatelförmigen Blättern vor. Oft ist eine deutliche Rippe vorhanden. Die Blattzellen sind im oberen Blatteil parenchymatisch, klein und reichlich chlorophyllführend. Warzige Blattzellen kommen recht oft vor. Die Kapsel ist auf meist längerer Seta aufrecht, zylindrisch bis kugelig, das Peristom einfach mit papillösen Zähnen, die auch rudimentär sein können oder ganz fehlen. Bei einigen Gattungen sind sie in fadenförmige Schenkel geteilt und öfter mehrmals um ihre eigene Achse gedreht.

Die Pflanzen wachsen aufrecht auf verschiedenen Substraten. Viele Arten sind lichtliebend und kommen wenigstens auf der Nordhalbkugel – nur selten in Wäldern vor. Die Pottiaceen enthalten viele südliche Arten, die einen Verbreitungsschwerpunkt im Mittelmeergebiet haben. In der gemäßigten Zone Mittel- und Nordeuropas bilden die meisten Vertreter eine Massenvegetation in Kalkgegenden, besiedeln aber auch Sekundärstandorte außerhalb dieser Gebiete, z. B. auf kalkhaltigen Mauern. Den trockenen Standorten entsprechend überwiegen ausgesprochene Xerophyten. Als solche verfügen sie einerseits über Einrichtungen, die ein völliges Austrocknen der Pflänzchen verhindern, und andererseits über Bildungen, die Wasser intensiv festhalten. So besitzen viele xerophytische Pottiaceen eng verflochtene Polster. Die Blätter liegen bei Trockenheit dem Stämmchen dicht an und bilden eine schützende Hülle. Eine dicke Kutikula und mehrzellschichtige Blätter sind ebenfalls Anpassungen an extrem trockene Standorte. Auch finden wir Ausstülpungen der Blattzellen bzw. der äußeren Zellwände, die insgesamt einen kleinen Kapillarapparat zum Festhalten von Wasser ergeben. Die kräftige Blattrippe tritt öfter als Stachelspitze oder Glashaar aus.

Von der Gattung *Pottia* sind etwa 50 Arten beschrieben worden. Sie wachsen auf nackter Erde oder in erdbedeckten Felsspalten in kleinen Rasen. Bei den meisten Arten werden die kleinen Stämmchen von breiten, am Ende spitz zulaufenden, stachelspitzigen und oft am Rand umgerollten Blättern locker umgeben. Alle europäischen Arten sind einhäusig. Sie tragen daher reichlich eiförmige bis elliptische Kapseln. Die Ausbildung des Peristoms ist innerhalb der Gattung recht unterschiedlich. So finden wir bei der kalkliebenden *Pottia lanceolata*, die in der gesamten

Holarktis vorkommt, ein vollständiges, einfaches Peristom aus 16 rötlichen, sehr papillösen Zähnen, die aus 8 bis 10 Gliedern bestehen. Bei *Pottia intermedia* ist das Peristom aus rudimentären, blaßgelben, wenig gliedrigen Bruchstücken zusammengesetzt, die kaum über den Rand der Kapsel hinausragen. *Pottia davalliana* und *P. truncata* sind peristomlos. Erstere ist in Europa, mit Ausnahme der nördlichsten Teile, in Madeira sowie Nordafrika verbreitet. Die häufigere und weiter verbreitete *Pottia truncata* fehlt als ein ausgesprochener Lehmanzeiger in Sandgebieten.

Pottia bryoides hat ein aus 16 papillösen Zähnen gebildetes, allerdings mit der Deckelwand verwachsenes Peristom. Der Kapseldeckel ist ausgebildet, fällt aber bei der Reife der Kapsel nicht ab. Ähnlich verhält sich *Pottia recta*, bei der auch ein Kapseldekkel durch besondere Zellen abgegrenzt wird, der sich aber ebenfalls nicht öffnet. Eine Anlage des Peristoms ist nicht nachweisbar. Wir haben es also trotz differenzierten Dekkels bei den beiden letztgenannten Arten mit kleistokarpen Moosen zu tun, bei denen die Sporen erst durch Auflösung der Kapselwand ins Freie gelangen. Das hier bei der Gattung *Pottia* demonstrierte Beispiel zeigt deutlich, daß kleistokarpe Kapseln aus bedeckelten hervorgehen können.

Bei den verwandten Gattungen *Phascum* und *Acaulon*, die ebenfalls kleistokarp sind, wird an den sitzenden Kapseln keinerlei Dekkel gebildet. *Phascum cuspidatum* ist eine vielgestaltige Art mit 2 bis 3 mm hohem Stengel, die in der Blattform an einige *Pottia*-Arten erinnert, mit denen sie eng verwandt ist. Da die großen Perichaetialblätter die Kapsel nicht eng umschließen, kann man sie bei dieser weit verbreiteten Art von oben leicht sehen. *Phascum cuspidatum* kommt zusammen mit *Pottia*-Arten sehr regelmäßig auf unbebautem Gartenland vor. Dabei wird schwerer, oft kalkhaltiger Boden bevorzugt.

Unter den Moosen gibt es wenige Arten, die als Strandpflanzen (Halophyten) auf salzhaltigem Boden leben. Zur Gattung *Pottia* gehören einige solcher Vertreter, die an Meeresküsten oder in Salinen des Binnenlands vorkommen. So finden wir an Salzstellen Thüringens z. B. den verwandten *Desmatodon heimii*. Diese peristomlose Art ist in ihrer Blattform und ihrem an der Spitze gesägten Blattrand kenntlich. Der geschnäbelte Kapseldeckel verbleibt nach der Reife mit der verlängerten Kolumella verbunden.

Einige Pottioideen trockenwarmer Standorte haben auf der Bauchseite ihrer Blattrippe chlorophyllführende Fäden, die der Assimilation dienen und in kleinen Zwischenräumen Wasser kapillar festhalten. Bei der mit 5 Arten in Europa vertretenen Gattung *Aloina* ist die einzellschichtige, chlorophyllführende Blattfläche als Schutz über die Lamellen gebogen und somit ein Raum geschaffen, der eine positive Stoffbilanz unter extremen Bedingungen ermöglicht. Die nur wenige Millimeter großen Arten wachsen einzeln auf nacktem Boden besonders in Kalkgebieten. Durch die dicken, steifen Blätter mit dem eingerollten Blattrand erinnern sie an sukkulente Pflanzen. Oft sind die von Staub bedeckten zweijährigen Pflänzchen im Gelände schwer zu erkennen, und nur die meist zylindrische Kapsel auf langer Seta verrät ihre Anwesenheit. Ähnliche Assimilationsorgane haben in der europäischen Flora auch die Gattungen *Pterygoneurum* und *Crossidium*, in den Hochanden Südamerikas die Gattung *Aloinella*.

Pterygoneurum und *Crossidium* besitzen lange Glashaare, wie wir sie von vielen Moosen trockener, dem Licht stark ausgesetzter Standorte kennen. So finden wir auch in der artenreichen Gattung *Tortula*, von der *Tortula muralis* eine fast weltweite Verbreitung hat, viele haartragende Arten. Allen gemeinsam sind die 32fädigen, meist links gewundenen Peristomzähne. Einige Vertreter gehören zu charakteristischen Epiphytengesellschaften auf der Borke von Laubhölzern und haben selten Kapseln. So vermehren sich *Tortula latifolia* und *T. papillosa* durch blattbürtige Brutkörper. Solche treten auch bei einigen ruderalen, in verschiedenen Erdteilen adventiv vorkommenden Arten auf. Einige kleinere *Tortula*-Arten bilden niedrige Rasen an xerothermen Standorten und zeichnen sich durch eine verdickte Blattrippe aus. Dazu gehört auch *Tortula revolvens* var. *obtusata* (= *T. fiorii*), eine gipsliebende Sippe des Mittelmeergebiets, die auch im Südharz und Kyffhäuser vorkommt.

Ein der Gattung *Tortula* ähnliches Peristom haben auch mehrere Vertreter der artenreichen Sammelgattung *Barbula*, die vorzugsweise in der gemäßigten Zone der Nordhalbkugel vorkommt. Einige der Gestein oder Erde bewohnenden Arten sind gute Standortanzeiger. Bei mehreren findet man regelmäßig Rhizoidgemmen. Aufgrund von Blatt- und Rippenmerkmalen wird bisweilen eine Aufteilung in mehrere Gattungen vorgenommen. Die peristomlose Gattung *Scopelophila* mit 9 überwiegend tropisch verbreiteten Arten erträgt hohe Konzentrationen von Schwermetallen. *Scopelophila cataractae* wurde 1967 erstmals in Wales beobachtet. Neuerdings ist die nur steril in Europa bekannte Art auch in den Industriegebieten Belgiens, Nordfrankreichs, Hollands und im Westen Deutschlands aufgetreten.

Ordnung Syrrhopodontales

Diese Ordnung enthält Rinden- und Felsmoose der feuchten tropischen Gebiete, die zuweilen auch auf Blättern höherer Pflanzen wachsen. Charakteristisch sind weite Blattscheiden und am Blattgrund sowie der Mittelrippe poröse Zellen. Poren am Grund der Blattscheide findet man auch bei einigen Pottiaceen, im Mittelrippenbau aus Chlorozyten und Hyalozyten entsprechen die Leucophanaceen den Leucobryaceen. Diese Erscheinungen werden als Konvergenz gedeutet, da die Ordnung im Peristombau von den Pottialen und Dicranalen abweicht.

Die Calymperaceen sind mit einer Ausnahme tropische und subtropische Baum- und Felsmoose und gehören vorwiegend der Mangrovevegetation an, so daß sie auch als Malariamoose bezeichnet werden. In toten Blattzellen treten durchlöcherte Zellwände auf, die das Aufsaugen von Wasser erleichtern. Eine einzige Art, *Calymperes erosum*, kommt als nördlichster Vertreter dieser Familie auf der vulkanischen Mittelmeerinsel Pantelleria an heißen, schwefelhaltigen Quellen vor. Da Kapseln bisher unbekannt sind, dürfte als einzige Vermehrungsart die vegetative durch mehrzellige Brutkörper, die an der Blattspitze gebildet werden, in Frage kommen.

Unter den Leucophanaceen ist die Gattung *Octoblepharum* im gesamten tropischen Gebiet, speziell am Amazonas, vertreten. Wegen ihres anatomischen Baus und des damit im Zusammenhang stehenden Speicherungsvermögens für erhebliche Wassermengen findet die Gattung *Octoblepharum* in der tropischen Gartenkultur als ein ideales Medium zur Samenkeimung und -anzucht Verwendung. Das ist besonders in denjenigen tropischen Regionen von Nutzen, z. B. in einigen Teilen des tropischen Westafrikas, wo *Sphagnum*-Arten in ständig greifbaren Mengen nicht zur Verfügung stehen.

Octoblepharum albidum mit zungenförmigen Blättchen von cremeweißer, seltener grünlicher Farbe fällt wegen seiner Häufigkeit wohl jedem Besucher der Tropen auf. In den feuchten immergrünen Regenwäldern wächst es auf faulenden Stämmen, nur äußerst selten auf Erde. In den Ölpalmenplantagen der heißen Tiefländer findet man die kleinen Pölsterchen vorwiegend in den Nischen der Blattscheiden, auf abgefallenen Blattstielen und Blättern. Sie vermehren sich sowohl durch Sporen als auch durch Blattbruchstücke.

Ordnung Grimmiales

Die Vertreter dieser Ordnung sind vorwiegend ausdauernde Gesteinsmoose, die dichte Polster oder Rasen bilden. Die Zellen der lanzettlichen Blätter sind klein, ihre Wände dick und oft buchtig. Das einfache Peristom der rundlichen bis eiförmigen Kapsel hat manchmal geteilte oder unregelmäßig durchbrochene Zähne oder fehlt ganz. Die Grimmialen bewohnen die gemäßigte bis subarktische Zone und besiedeln in den Tropen nur die höheren Gebirge. Diejenigen, die das nackte Felsgestein bewohnen, sind damit vor konkurrenzstärkeren Arten geschützt.

Von den Grimmiaceen, meist lichtliebenden Felsmoosen, sind einige Vertreter im Hochgebirge bis an die Grenze pflanzlichen Lebens vorgestoßen. Wegen ihrer Glashaare, die die Rippe der oft mehrzellschichtigen Blätter fortsetzen, schimmern die Polster und Rasen meist grau. Glashaare dienen zur Streuung des auf diesen offenen Standorten direkt einfallenden Lichts sowie als Kondensationspunkte für hohe Luftfeuchte. An schattigen oder feuchten Orten und bei was-

Grimmia pulvinata, die bei uns häufigste *Grimmia*-Art. Durch die Haarspitzen haben die Polster meist einen ausgesprochenen Grauschimmer. Die jung gebogenen Seten sind für diese Art und einige nähere Verwandte charakteristisch.

serbewohnenden Arten sind die Glashaare rückgebildet bzw. fehlen bei manchen überhaupt. Bei *Grimmia,* der artenreichsten Gattung der Familie, werden die Kapseln auf gerader oder gekrümmter Seta über die dichten Polster emporgestreckt. Bei einigen Arten sind sie auch in die obersten Blätter eingesenkt.

Viele Arten sind ausgesprochene Urgesteinsmoose, einige spezialisierten sich auch auf Kalk. Auf basischem Gestein wächst die häufige einhäusige *Grimmia pulvinata,* die wie die übrigen Arten der Gattung ein ausgesprochenes Polstermoos ist. Bei diesem Wuchstyp bleiben die spitzenwärts stark verzweigten Pflanzen mit dem Substrat ständig fest verbunden. Die Entwicklung des Sporophyten von der Befruchtung bis zur Sporenausstreuung dauert bei einigen Arten an extremen Standorten fast 2 Jahre. Vegetative Vermehrung durch Brutkörper ist bei einigen selten oder nie fruchtenden Arten verbreitet. *Schistidium maritimum* ist eine salzliebende Art auf Gestein der Meeresküsten Nord- und Westeuropas sowie des östlichen und westlichen Nordamerikas.

Aligrimmia peruviana hat als einzige Grimmiacee Lamellen auf der Blattrippe. Sie lebt in den Hochanden Perus.

Die *Racomitrium*-Arten bilden hingegen stets lockere Rasen auf Gestein oder Erde. Ihre verlängerten Sprosse tragen bei mehreren Arten deutliche seitenständige Kurztriebe.

Die meisten Arten kommen auf saurem Substrat vor, einige Vertreter der *Racomitrium-canescens*-Gruppe gedeihen auch auf kalkhaltigem Boden. Wie bei allen Grimmialen werden die Arten vorzugsweise auf Grund von Blattmerkmalen unterschieden. Allen *Racomitrium*-Arten gemeinsam ist das Zellnetz des Blattgrunds mit seinen buchtigen, dicken Längswänden und den zarten Querwänden. Alle Arten sind sehr widerstandsfähig gegen Austrocknung. So wuchs z. B. *Racomitrium sudeticum* nach einem siebenmonatigen Herbaraufenthalt weiter.

Ordnung Encalyptales

Das für die Phylogenie und Einteilung der Laubmoose so wichtige Peristom ist in dieser Ordnung sehr mannigfaltig. So finden wir innerhalb der Gattung *Encalypta* gut entwikkelte, doppelte, einfache, rudimentäre bis fehlende Peristome.

Die Encalyptaceen bewohnen kalte und gemäßigte Zonen. Nur einige Arten kommen in tropischen Hochgebirgen vor. Besonders charakteristisch ist die große, glockenförmige, ungefaltete Haube, die die zylindrische, aufrechte Kapsel völlig umhüllt. Die Blätter sind spatelförmig, im oberen Blatteil kleinzellig und durch zahlreiche Papillen undurchsichtig, am Blattgrund dagegen hyalin und großzellig, oft mit etwas geröteten Zellwänden. Einige Arten sind wertvolle Zeigerpflanzen besonders für Kalk.

Von den 10 in Europa vorkommenden *Encalypta*-Arten sind 9 einhäusig. Die einzige zweihäusige Art ist die stattliche *Encalypta streptocarpa*, die auf Gestein oder Erde hauptsächlich in Kalkgebieten kräftige, bis 5 cm hohe, wurzelfilzige Rasen bildet. Sie ist vom Flachland bis in die untere alpine Stufe von Europa, Nordamerika und Asien verbreitet. Die gestreifte, trocken spiralig gefurchte Kapsel mit doppeltem Peristom wird bis zur Reife von einer zylindrischen, an der Basis gefransten Haube umhüllt. Kapseln auf rötlicher, papillöser Seta werden selten beobachtet. Die Vermehrung ist aber stets durch die stengelbürtigen Brutkörper gesichert. Diese kommen auch bei der subarktischen, einhäusigen *Encalypta procera* vor. *Encalypta ciliata* hat eine gelbe Seta, gefranste Haube und ein einfaches Peristom. Der kalkholden *Encalypta vulgaris* fehlen das Peristom und die Fransen der Haube, ihre Seta ist rot und nicht papillös.

Encalypta vulgaris, eine kalkliebende Art. Die gattungscharakteristische, kahle Haube führte zu der deutschen Bezeichnung Glockenhut.

Ordnung Funariales

Die zu dieser Ordnung zählenden Familien setzen sich vorwiegend aus Erdmoosen zusammen, die auf nährstoffreichen Standorten rosettig beblätterte, meist kurze Stämmchen ausbilden. Die Blattzellen dieser nur ein- bis zweijährigen Pflänzchen sind sehr locker parenchymatisch, rechteckig bis länglich rhombisch und weder mit Papillen noch Mamillen versehen. Das Peristom ist einfach oder doppelt, bei manchen Vertretern fehlt es, oder die Arten sind kleistokarp.

Die Gigaspermaceen mit peristomlosen, bedeckelten oder kleistokarpen Kapseln sind vorwiegend auf der Südhalbkugel verbreitet. Die breiteiförmigen, hohlen, ganzrandigen Blätter tragen bei der namengebenden Gattung *Gigaspermum* keine Rippen. Besonders bemerkenswert sind die mit rhizomartig kriechendem Hauptstamm ausgezeichneten Pflanzen durch ihre sehr großen Sporen. Im La-Plata-Gebiet Südamerikas und in Texas gedeiht auf Schlamm *Lorentziella imbricata*. In ihren kleistokarpen Kapseln auf kurzer Seta entwickeln sich riesige Sporen, die mit 100 bis 200 µm neben denen von *Archidium* die größten unter den Laubmoosen darstellen. Pflanzengeographisch interessant ist die Verbreitung der Gattung *Gigaspermum*, die nur in Afrika und Südamerika vorkommt. Das könnte auf einen ehemaligen Florenzusammenhang hindeuten.

Die Ephemeraceen sind winzige, kurzlebige Erdmoose. Ihre wenigblättrigen Sprosse entspringen einem grünen dauerhaften Protonema, das noch zusätzlich für die Stoffproduktion Nutzen hat. Die kleistokarpe Kapsel

Funaria hygrometrica, das Wetteranzeigende Drehmoos, tritt gern als Besiedler von Brandstellen auf.

ist in die Blätter eingesenkt. Die vom Spätherbst bis zum Frühling reifenden Sporen sind wie bei den meisten Kleistokarpen relativ groß. Die einjährige Gattung *Ephemerum* ist zweihäusig, die männlichen Pflanzen entwickeln sich neben den weiblichen auf demselben Protonema, unterscheiden sich aber deutlich durch ihre geringe Größe und knospenförmige Gestalt. Die häufigste Art der Gattung ist *Ephemerum serratum* mit rippenlosen, gesägten Blättern. Auf Stoppelfeldern kommt die Art als Bestandteil von Ackermoosgesellschaften vor. Die Erde hat durch die dicht verzweigten Protonemafäden an ihrer Oberfläche eine grünliche Färbung.

Bei den Funariaceen sind im Gegensatz zu beiden vorigen Familien die Sporen klein bis mittelgroß, und die Kapsel steht bei vielen Gattungen auf längerer Seta. Die Antheridienstände fallen durch ihre scheibenförmige Gestalt auf. Die Gattung *Funaria* hat einige charakteristische Vertreter im Mittelmeergebiet. *Funaria polaris* hingegen kommt nördlich des Polarkreises vor. Ihr Auftreten steht im Zusammenhang mit Populationsschwankungen von Lemmingen, kleinen wühlmausähnlichen Nagern. Am bekanntesten ist wohl *Funaria hygrometrica*, das Wetteranzeigende Drehmoos, das kosmopolitisch auf allerlei vegetationsarmen, mineralkräftigen Standorten vorkommt. Ein erhöhtes Nährsalzangebot findet die Art auf Brandstellen, wo sie neben *Marchantia polymorpha* zu den Erstbesiedlern gehört. Die auf bebautem Boden häufige Art ist oft über weite Strecken durch den Menschen verschleppt worden. Die lockeren, gelbgrünen Pflanzen haben gelblich- bis orangebraune Kapseln. Die hygroskopische Seta ist bei Feuchtigkeit entspiralisiert, bei Trockenheit stark gedreht. Die bei der Reife tief längs gefurchten Kapseln sind schief birnenförmig. Die Sporen sind mehr als 10 Jahre lebensfähig. Das Drehmoos neigt zu spontaner Bastardierung – auch mit anderen Funariaceen – und ist daher ein beliebtes Objekt der Genetik. Auch zu physiologischen Untersuchungen wird es oft verwendet.

Zahlreiche Vertreter der Splachnaceen sind besonders durch eine ungewöhnliche Verbreitungsökologie gekennzeichnet, indem sie auf verwesenden organischen Substraten, wie Exkrementen, Tierleichen und Greifvogelgewöllen, leben. Durch die relativ schnelle Vergänglichkeit dieser Substrate ist es auch verständlich, daß der gesamte Lebenszyklus schnell abläuft. Während die Gattung *Tetraplodon* Tierleichen und Gewölle besiedelt, ist *Splachnum* ein ausgesprochener Dungbewohner. Besonders günstig ist es, wenn der Dung auf nasse Wiesen und Weiden oder feuchtes Torfmoos fällt, da dadurch sowohl ein Austrocknen als auch ein zu rascher Abbau des Dunges verhindert werden. Man findet *Splachnum*-Arten besonders in arktischen und borealen Gebieten, obwohl sie auch in den Tropen in höheren Lagen vorkommen.

In Kulturversuchen konnte gezeigt werden, daß sich diese Ernährungsspezialisten auch auf anorganischen Nährmedien (mit Agarzusatz) aus Sporen züchten lassen und darauf sogar zu einer reichlichen Kapselbildung kommen. Es handelt sich demnach um keine auf tote organische Substanz angewiesenen Organismen. Die Ursachen für die außergewöhnliche Substratspezialisierung sind offenbar ganz andere. Das Protonemawachstum als eines der ersten Entwicklungsstadien erfolgt bei *Splachnum sphaericum* im Vergleich zu anderen Moosen auf Erde langsamer. Auf derartigen Standorten würde es daher bald von rascher wüchsigen Arten überwuchert und zum Absterben gebracht. Da *Splachnum* aber hohe Nährstoffkonzentrationen verträgt, entgeht es durch seine Spezialisierung der Konkurrenz derjenigen Moose, die auf Erde rascher wachsen. Erst im Stadium starker Substratauslaugung, bei dem *Splachnum* schon ein Entwicklungsoptimum mit dichtem Rasenschluß erreicht hat, könnten sich auch andere Arten ansiedeln. Bei der Gattung *Tayloria* leben sogar verschiedene Vertreter epiphytisch, in Europa z. B. *Tayloria rudolphiana* in den Alpen.

Im Aussehen der Blätter, Stengel und des Zellnetzes ähneln die vorwiegend in den kühleren Gebieten der Erde verbreiteten Splachnaceen den übrigen Funarialen. Besondere Abweichungen ergeben sich aber in der Morphologie der Kapsel. Die Basis der eiförmigen, aufrechten und zylindrischen Kapsel, die sogenannte Apophyse, ist bei einigen Gattungen zur Zeit der Reife gefärbt und stark kugelig bis birnenförmig angeschwollen oder bei Vertretern einer *Splach-*

Splachnum ampullaceum hat sich auf verrotteten Pflanzenfresserdung feuchter Standorte spezialisiert. Den reifen Sporogoren entströmt ein widerlicher Geruch, der Dungfliegen anlockt, die die klebrigen Sporen verbreiten. Das dunkle Sporogon in der rechten Bildhälfte gehört zu *Splachnum sphaericum.*

num-Sektion schirmförmig ausgebildet. Bei den Gattungen *Splachnum* und *Tetraplodon* übernehmen Insekten die Verbreitung der zu Ballen verklebten Sporen, die am oberen Kapselrand und der Kolumella hervorquellen. Da den reifen Kapseln ein süßlicher Aasgeruch entströmt, der sehr an den der Stinkmorchel, *Phallus impudicus*, erinnert, kommen verschiedene dung- und aasliebende Fliegen für die Sporenverbreitung in Betracht. Die Austrittspforten der Duftstoffe sind Spaltöffnungen der Apophyse, die ihre assimilatorische Tätigkeit aufgegeben haben. Die gelbgrün bis trübroten, schirmförmigen bis blasig aufgetriebenen Apophysen dürften neben dem Geruch auch eine gewisse Schauwirkung auf die besuchenden Insekten haben.

Schistostega pennata, das Leuchtmoos, zeigt eine unterschiedliche Gestalt steriler und fertiler Pflanzen.

Ordnung Leuchtmoose Schistostegales

Nur das 0,5 bis 1 cm große Leuchtmoos, *Schistostega pennata*, stellt den Typus für Familie und Ordnung dar. Bekannt ist es vor allem durch das Leuchten des Protonemas, eine rein physikalische Erscheinung, die dem Beobachter nur bei günstigem Lichteinfall auffällt und zu zahlreichen Sagen, aber auch zur teilweisen Ausrottung des Mooses beitrug. Der Vorkeim bildet ein Bäumchen, das neben zylindrischen auch linsenförmige Zellen besitzt, die sich senkrecht zum einfallenden Licht ausbreiten. In der linsenartigen Vorwölbung befinden sich Chloroplasten, der übrige größere Teil der Zelle besteht aus der als Sammellinse wirkenden Vakuole. Diese lenkt die einfallenden Lichtstrahlen auf die Chloroplasten. Ein Teil der Strahlen wird an der Zellrückwand – also hinter den Chloroplasten – reflektiert und erscheint uns als Leuchten. Das grüne Dauerprotonema ist also ebenfalls assimilatorisch tätig. Das ist besonders günstig, da das Leuchtmoos lichtschwache Standorte wie Höhlen und Felsspalten besiedelt und selbst noch bei einer Lichtintensität von nur $\frac{1}{500}$ des gesamten Tageslichts gedeiht. Nur an Stellen mit höherer Lichtintensität entwickelt das Protonema Pflänzchen. Diese sind von zweierlei Gestalt. Sterile Pflanzen haben zweizeilige, an der Basis zusammenfließende, rippenlose Blättchen. Bei den männlichen und im oberen Teil der fertilen weiblichen Pflanzen sind die Blättchen schmaler und fünfreihig angeordnet. Beide entspringen demselben Protonema. Die Blattzellen der unverzweigten Pflanzen sind groß und dünnwandig, die kleinen Kapseln peristomlos mit abfallendem Deckel. Zur vegetativen Vermehrung ist lediglich das Protonema fähig, indem es mehrzellige Brutkörper von zweierlei Gestalt ausbildet, je nachdem, ob sie den zylindrischen oder den linsenförmigen Protonemazellen entspringen.

Die in der gesamten Holarktis subatlantisch verbreitete Art siedelt an geeigneten Standorten mit hoher Wuchsdichte und bildet fast reine Leuchtmoosbestände. Das kalkfeindliche Höhlenmoos trifft man an dauernd grund- und luftfeuchten Standorten, die vom Regenwasser nicht getroffen werden. Die horizontale Verbreitung reicht nördlich bis zum Polarkreis, die vertikale in der Schweiz bis zu einer Höhe von 1630 m über dem Meeresspiegel.

Ordnung Bryales

Bei den meist ausdauernden Pflanzen sind die Sporophyten mit einem oft gut entwickelten Peristom ausgestattet. Es besteht im Normalfall aus 2 Kreisen. Die äußeren Peristomzähne – meist 16 – sind kräftig entwickelt mit kaum vortretenden Querleisten. Sie alternieren mit einem Kreis zarter, innerer Peristomzähne, die aus der Verlängerung des Sporensacks hervorgehen. Zwischen 2 Fortsätzen befinden sich oft fadenförmige Wimpern.

Die bekannteste Unterordnung ist in den gemäßigten Breiten die Unterordnung Bryineae mit meist geneigten bis hängenden Kapseln. Von den Familien sind besonders die Bryaceen oder Birnenmoose vor allem durch den Artenreichtum der Gattung *Bryum* bekannt.

Das Zellnetz der breiteiförmigen oder eiförmig-lanzettlichen Blätter ist prosenchymatisch hexagonal oder rhomboidisch. Bei manchen wird der Blattrand durch schmale Zellen gesäumt. Viele Arten können nur nach Peristommerkmalen unterschieden werden. Durch die silbrigweiße Färbung der kätzchenartig dem Sproß anliegenden Blätter läßt sich das Silberbirnenmoos, *Bryum argenteum*, auch steril leicht erkennen. Diese kosmopolitisch verbreitete Art ist an feuchten, schattigen Standorten grün, an extrem trokkenen Stellen fast weiß. Das Vorkommen des Silberbirnenmooses an gedüngten Orten, an Gemäuer, zwischen Pflastersteinen und sogar auf Dachrinnen – selbst inmitten großer Städte – weist darauf hin, daß das stickstoffliebende Allerweltsmoos gegen Luftverunreinigungen widerstandsfähig ist. *Bryum argenteum* vermehrt sich durch Sporen und Brutknospen.

Brutkörpertragende Moose des Kultur- und Ackerlandes werden leicht durch den Menschen verschleppt. So auch *Leptobryum pyriforme*, das fast kosmopolitisch vorkommt und gern in Gewächshäusern auf Blumentöpfen auftritt. Die Art bildet zwar auch Kapseln aus, vermehrt sich aber in besonderem Maß durch Brutkörper, die büschelartig in den Achseln der unteren Stengelblätter und an den Rhizoiden entstehen. Durch arttypische Brutkörper der Rhizoide vermehren sich auch mehrere Kleinarten von *Bryum atrovirens*, die an zahlreichen Sekundärstandorten kleine Rasen bilden. Ähnliche Standorte besiedeln auch *Bryum bicolor* und seine Verwandten. Sie vermehren sich durch in den Blattachseln gebildete Bulbillen wie verschiedene *Pohlia*-Arten.

Auch auf Salzböden, auf denen sonst wenige Moose gedeihen, haben sich einige *Bryum*-Arten spezialisiert, unter anderen *Bryum salinum* und *B. marratii*, die als echte Halophyten zu bezeichnen sind.

Von der weniger artenreichen Gattung *Pohlia* ist *Pohlia nutans* in der gesamten Holarktis, aber auch in einigen Teilen der Südhemisphäre auf allerlei Substrat weit verbreitet. Auf ausgehagerten Böden gilt sie als Anzeiger schlechter, saurer Bodenzustände. Die Art sporuliert meist reichlich, doch wird auch vegetative Vermehrung durch Brutsproßbildung beobachtet. Mehrere *Pohlia*-Arten, die äußerst selten sporulieren, bilden in den Blattachseln hochentwickelte Brutkörper (Bulbillen) aus, die umgewandelte Achsenorgane mit reduzierter Beblätterung darstellen. Diese fallen ab und wachsen zu neuen Pflanzen aus. Die einzelnen Arten unterscheiden sich durch Bulbillengröße und -morphologie, Anzahl der Bulbillen pro Blattachsel sowie die Gestalt der Primordialblätter und deren Stellung an der Bulbille.

Die Gattung *Orthodontium* weicht durch mehr oder weniger aufrechte bis schwach geneigte Kapseln von den meisten Bryaceen ab und ist mit 3 Ausnahmen auf die tropischen und subtropischen Zonen der Südhemisphäre beschränkt. Von den 3 in Europa auch, bzw. ausschließlich vorkommenden Arten ist *Orthodontium lineare*, das für Deutschland erstmalig 1939 im Eberswalder Forst bei Berlin entdeckt wurde, am weitesten verbreitet. Die Art wurde durch Herbarstudien seit dem Jahre 1911 für England nachgewiesen, war aber zur Zeit der Entdekkung in der Umgebung Berlins schon in großen Teilen Mittelenglands – allerdings als eine Varietät von *Orthodontium gracile* bezeichnet – vielerorts verbreitet. Wahrscheinlich wurde *Orthodontium lineare* aus England auf dem europäischen Festland eingeschleppt und hat sich hier sprunghaft in vertikaler und horizontaler Richtung ausgebreitet. *Orthodontium lineare* tritt besonders gern als Epiphyt an Stammbasen von Bäu-

Orthodontium lineare ist ein Neophyt unter den einheimischen Laubmoosen. Ursprünglich von der Südhalbkugel stammend, breitete es sich nach 1945 in Europa rasch von Westen nach Osten aus.

Mnium hornum, eine häufige zweihäusige Art außerhalb der Kalkgebiete. Sie hat schlanke, lang gestielte Kapseln mit warzenförmigem Deckel.

men mit rissiger Borke, wie Nadelgehölzen, aber auch Birken und Eichen, auf. Es besiedelt außerdem morsches Holz, Rohhumus und Torf.

Das Rosenmoos, *Rhodobryum roseum*, hat rosettig gehäufte Schopfblätter und ist in der gesamten Holarktis eines der schönsten Moose. Infolge Durchwachsung entstehen quirlig übereinanderstehende Rosetten, eine Erscheinung, die für einige ihrer tropischen und subtropischen Verwandten, wie *Rhodobryum verticillatum*, typisch ist. Die meisten Arten der Gattung *Rhodobryum* wachsen in diesen Gebieten.

Die Mniaceen oder Sternmoose ähneln im Bau des Peristoms der vorigen Familie sehr. Alle Arten haben frei sichtbare, scheibenförmige Antheridienstände ohne schützende Hüllorgane. Die Familie ist hauptsächlich gemäßigt bis boreal verbreitet. Ungefähr 70 Arten, die auf 10 Gattungen aufgeteilt werden, sind wegen ihrer Größe nicht zu übersehen und auch anziehende Objekte für viele Hobbybotaniker. Pflanzensoziologen und Forstleute schätzen einige Arten als Standortanzeiger. Manche Arten sind schon unter der Lupe bestimmbar, einige dienen als Objekte für zellphysiologische Untersuchungen.

In der ehemals großen Gattung *Mnium* verbleiben nach dem heutigen Gattungskonzept nur noch aufrecht wachsende Arten mit meist mehrzellschichtigem Blattsaum und doppelten Zähnen wie z. B. *Mnium hornum*. Davon weicht *Mnium stellare* ab, dessen Blattzellen sich nach dem Absterben intensiv blau färben, besonders wenn man Blätter ins Wasser legt.

Die Vertreter der Gattung *Plagiomnium* haben einfache Blattzähne und einzellschichtigen Blattsaum. Neben fertilen, orthotropen Trieben kommen regelmäßig sterile, plagiotrope vor. *Plagiomnium affine* und *P. undulatum* sind nährstoff- und schattenliebend und gedeihen auch oft in Parkrasen, wobei *P. undulatum* als Dauerfeuchtezeiger die nässeren Standorte besiedelt.

Die Gattung *Rhizomnium* hat ganzrandige, gesäumte Blätter. Einige Arten weisen zweierlei Rhizoidtypen am Stengel auf. *Rhizomnium punctatum* besitzt dagegen nur kräftige Makronemata in den Blattachseln. Durch seine großen Blattzellen erscheinen die Blätter dieser kalkmeidenden Art feuchter bis nasser Standorte schon bei Betrachtung mit dem bloßen Auge punktiert.

Die Unterordnung Rhizogoniineae weicht von der vorhergehenden schon durch ihre meist verflachte Beblätterung ab. Die Blätter sind nirgends schopfig gehäuft wie bei vielen Vertretern der Unterordnung Bryineae. Auch ist die Kapsel meist aufrecht und symmetrisch.

Bei der Gattung *Rhizogonium* aus der tropischen bis subtropischen Familie der Rhizogoniaceen sind die Sprosse, die die Geschlechtsorgane tragen, radiär beblättert. Die unfruchtbaren Stengel sind entweder überall radiär, unten radiär und oben zweizeilig oder fast vollständig zweizeilig beblättert. Die Scheitelzelle ist bei den *Rhizogonium*-Arten entweder dreischneidig oder geht von einer ursprünglich dreischneidigen in eine zweischneidige über. Zu den ausschließlich radiär beblätterten Arten gehört auch das kräftige *Rhizogonium dozyanum*. Es ist mit seinen lang gespitzten, schmal lineal-lanzettlichen Blättern, die bei Trockenheit gekräuselt sind, eine besondere Zierde und wird daher in Japan auch gärtnerisch kultiviert.

Im Südosten Australiens und auf Tasmanien kommen die Mitteniaceen mit 2 Arten vor. *Mittenia plumula*, bei der einem Perichaetium mehrere Kapseln mit geschnäbeltem Deckel entspringen, ist eine interessante Parallele zu unserem Leuchtmoos, *Schistostega pennata*, aus einem ganz anderen Verwandtschaftskreis. Auch hier hat das Protonema, das ebenfalls in Höhlen wächst, linsenförmige Zellen, die das Licht reflektieren.

Die Unterordnung Hypnodendrineae gehört mit ihren Vertretern von bäumchenartigem Habitus zu den prächtigsten Moosen tropischer Gefilde. Ihr Verbreitungsschwerpunkt liegt im indoasiatischen Raum und auf den pazifischen Inseln. Der Hauptsproß kriecht und entsendet in sympodialer Folge senkrechte Sprosse zweiter Ordnung. Diese sind wiederum – oft sogar mehrmals – verzweigt. Da die Verästelung besonders an der Spitze des Stämmchens gehäuft auftritt, ähneln die Pflanzen kleinen Bäumchen. *Hypnodendron* und *Braithwaitea* mit insgesamt 26 Arten sind die einzigen Vertreter der Hypnodendraceen.

In der Unterordnung Bartramiineae werden Familien zusammengefaßt, die sich in der Wuchsform deutlich von den vorhergehenden und der folgenden Unterordnung

Bartramia ithyphylla. Die kugeligen, in unreifem Zustand grünen Sporogone haben der Gattung den deutschen Namen Apfelmoose eingetragen.

unterscheiden. Die Vertreter bilden meist dichte, oft wurzelfilzige Rasen, die sich ständig spitzenwärts erneuern. Neben den artenreichen Bartramiaceen, die über die ganze Erde verbreitet sind, werden noch einige kleinere Familien aus gemäßigten Klimaten hierher gerechnet.

Die mehr oder weniger kugeligen Kapseln der Bartramiaceen sind trocken meist längs gestreift wie auch bei dem holarktischen, in Europa in Kalkgebieten verbreiteten *Plagiopus oederi*. Von der artenreichen Gattung *Bartramia* sind nur 5 Arten auch in Europa vertreten, häufig z. B. das stark wurzelfilzige Apfelmoos, *Bartramia pomiformis*, und *B. ithyphylla*, deren unreife Kapseln grünen Äpfeln ähneln. Einen besonderen Formenreichtum entfaltet die Gattung in Südamerika, wo in den Bergwäldern bis zur Schneegrenze unter anderem auch andine Sippen vorkommen, die sich durch Bruchblätter, einige auch durch Brutblätter vegetativ vermehren.

In Sümpfen und Quellfluren wächst, über die ganze Erde verbreitet, die Gattung *Philonotis* mit etwa 175 Arten. Die einheimischen Arten aus der Verwandtschaft der häufigen *Philonotis fontana* sind z. T. sehr variabel. Bei den zweihäusigen Arten haben oft die Blätter der männlichen und weiblichen Pflanzen sehr unterschiedliche Form und Anordnung am Stengel. *Philonotis calcarea* ist eine Art kalkhaltiger Standorte.

Zur Unterordnung Spiridentineae gehören kräftige Moosepiphyten mit rhizomartig kriechendem Hauptstamm, die einem Bärlapp ähnlich sehen. Das wird noch dadurch verdeutlicht, daß einige *Spiridens*-Arten bis 30 cm lang werden können. Die Unterordnung ist in Melanesien, Polynesien bis Ostaustralien und Neuseeland verbreitet.

Die Unterordnung Timmiineae mit einer einzigen Familie und der Gattung *Timmia* erinnert durch ihre scheidig verbreiterten Blattbasen und ihren Habitus an kleine Bürstenmoose. Die Gattung ist holarktisch verbreitet. Die in Europa vorkommenden Arten gelten als kalkhold.

Ordnung Orthotrichales

Innerhalb dieser Ordnung, in der wir zahlreiche Epiphyten finden, beobachtet man eine fortschreitende Verkürzung der sporogontragenden Äste bis hin zur Pleurokarpie. Es fehlt ihnen auch das vollständig ausgebildete doppelte Peristom, wie wir es von den Bryaceen und Mniaceen her kennen. Besonders die artenreiche Familie der Orthotrichaceen kommt sowohl in den tropischen als auch in den gemäßigten Klimaten vor. Die auf der nördlichen Halbkugel wachsenden Vertreter der Gattungen *Orthotrichum*, *Ulota* und *Zygodon* haben nur sehr kurze, oft undeutliche Kriechsprosse. Sie leiten daher in ihrer Wuchsform von den orthotropen Polstermoosen zu den plagiotropen Kriechrasen über. Bei *Orthotrichum* kommen neben rindenbewohnenden auch gesteinsbewohnende Arten vor, letztere auch oberhalb der Baumgrenze und im hohen Norden, wo den Epiphyten das Substrat fehlt. Charakteristisch ist die glockenförmige, meist längs faltige, oft mehr oder weniger behaarte Haube, die die Kapseln bis zur Reife umhüllt. Wie viele Rindenmoose sind besonders die *Orthotrichum*-Arten empfindlich gegenüber Luftverschmutzung. Schon seit Einführung der Kohlefeuerung sind viele Arten zurück-

Orthotrichum anomalum wächst gern auf kalkhaltigem Gestein.

gegangen oder ganz ausgestorben. Einige rindenbewohnende Vertreter haben Sekundärstandorte auf Mörtelmauern oder Beton gefunden.

Ulota phyllantha mit blattbürtigen Brutkörpern ist atlantisch verbreitet und wächst meist an Laubbäumen in der Küstenregion. Neben der hohen Luftfeuchtigkeit dürfte auch ein gewisser Salzgehalt für das Gedeihen der Art notwendig sein.

Ulota-Arten meiden Gegenden mit starker Luftverschmutzung.

Bei den tropischen Orthotrichaceen mit länger kriechendem Hauptstamm bilden die Gattungen *Schlotheimia* 'und *Macromitrium* gewaltige Kriechpolster und haben einen Hauptanteil an den epiphytischen Moosgesellschaften in feuchtwarmen Gebieten. Bei *Macromitrium* gibt es ein- und zweihäusige Sippen. Im Gegensatz zu den meisten zweihäusigen Arten, bei denen männlich und weiblich determinierte Sporen von gleicher Größe sind (Homosporie), zeigen *Macromitrium salakanum* und einige andere Arten erstmalig bei den Moosen innerhalb einer Kapsel große grüne und kleine gelbe Sporen (Heterosporie). Aus den großen Sporen gehen weibliche Protonemata hervor, aus den kleinen Zwergmännchen. Es sind deutlich differenzierte Geschlechtschromosomen vorhanden.

Die Vertreter der Hedwigiaceen haben Kapseln, deren Deckel bei der Reife abfällt. Es fehlt ihnen aber der die Sporenausstreuung regulierende, hygroskopische Mechanismus, da sie kein Peristom besitzen. Trotzdem ist *Hedwigia ciliata*, deren rippenlose, papillöse Blätter eine Haarspitze tragen, nahezu kosmopolitisch auf Silikatgestein verbreitet. Fast alle Arten der Gattung *Racocarpus* sind auf die Südhemisphäre beschränkt. Sie bilden an lichtreichen, feuchten Standorten, auch in Mooren, besonders in den Hochgebirgen Südamerikas, dichte, schwammige Polster. Ökologisch erinnern sie dadurch an unsere Torfmoose.

Ordnung Isobryales

Diese Ordnung wird zuweilen mit den Bryalen vereinigt. In ihrer Wuchsform weichen die Moose aber meist deutlich durch ihren kriechenden Hauptstamm mit den aufrechten oder hängenden Sprossen zweiter Ordnung ab. Die Kapseln entstehen an diesen seitlich, sind also pleurokarp, zuweilen auf sehr kurzer Seta. Das doppelte Peristom zeigt – im Gegensatz zu den Hypnobryalen – öfter eine Rückbildung des inneren Teiles (Endostom).

Die Unterordnung Neckerineae umfaßt ebenfalls vorwiegend fels- und baumbewohnende Moose, nur einige Arten besiedeln den nackten Erdboden. Sie sind entweder fiederig verzweigt und meist flach beblättert oder bäumchenförmig mit radiärer Beblätterung.

Die Familie Climaciaceae besteht aus der durch ihren bäumchenartigen Habitus ausgezeichneten Gattung *Climacium*. Das selten fruchtende *Climacium dendroides*, Bäumchen- oder Leitermoos genannt, wächst in der gesamten nördlichen Nadelwaldzone auf feuchten bis nassen Wiesen und in Parkanlagen.

Die in den Tropen und Subtropen der Südhalbkugel vorkommenden Phyllogoniaceen sind morphologisch recht interessant. Ihre goldglänzenden, bandförmigen Sprosse haben zweizeilige Blattanordnung, die sie einer zweischneidigen Scheitelzelle verdanken. Die übrigen Familien der Unterordnung Neckerineae besitzen stets eine dreischneidige Scheitelzelle.

Die Blätter der artenreichen Neckeraceen bilden meist senkrecht zum Lichteinfall mit dem Stengel eine Ebene, wodurch die charakteristisch verflacht beblätterten, glänzenden Sprosse vieler hierher gehörenden Vertreter entstehen. Bei den Wuchsformen finden wir eine mannigfache Ausbildung. Bereits innerhalb der einheimischen *Nekkera*-Arten gibt es Übergänge von monopodialen zu sympodialen Wuchsformen. *Nekkera pumila* hat noch starke Haupttriebe und schwächere Äste, ist also monopodial verzweigt. Schwächere Haupttriebe mit stärkeren Seitentrieben finden wir unter anderem bei der querwellig beblätterten *Neckera crispa*. Sympodial mit einem stoloniformen Hauptsproß und starken Seitentrieben wächst *N. complanata*.

Nur Jugendstadien sind hier noch monopodial verzweigt. Einige *Neckera*-Arten vermehren sich vegetativ durch radiär beblät-

Fontinalis antipyretica, das Quellmoos, wächst untergetaucht im fließenden Wasser und bildet keine Landformen aus.

terte, kleinblättrige Triebe, sogenannte Flagellen, die abfallen und zu neuen Pflanzen auswachsen.

Die Racopilaceen mit kriechendem, oft verflacht beblättertem Stengel kommen nur auf der Südhemisphäre vor. Besonders charakteristisch ist der Dimorphismus zwischen rücken- und seitenständigen Blättern. Die letzteren sind dicht gestellt, schief angeheftet, asymmetrisch und deutlich größer als die entfernt angeordneten, symmetrischen der Stengeloberseite. Diese als Hypotrophie bezeichnete Erscheinung ist äußerst selten.

Die Unterordnung Leucodontineae wird von zahlreichen Fels- und Baummoosen gebildet, von denen aber nur wenige im gemäßigten Europa anzutreffen sind.

Auch die Leucodontaceen, von denen die meisten bei Trockenheit eingerollte Haupt- und Nebensprosse aufweisen, sind Bewohner wärmerer Zonen. *Leucodon sciuroides*, wegen der charakteristischen Einkrümmung der trockenen Sprosse auch als Eichhörnchenschwanzmoos bezeichnet, ist eine boreale Charakterart xerophytischer Rindenmoosgesellschaften. Die Vermehrung geschieht hauptsächlich vegetativ durch Brutäste.

Antitrichia californica und die zur gleichen Unterordnung gehörende Cryphaeacee *Alsia abietina* wurden in Kalifornien bevorzugt als Verpackungsmaterial beim Versand von Gemüse verwendet. *Antitrichia californica* kommt auch im Mittelmeergebiet vor, während *Alsia abietina* auf die Westküste der USA beschränkt ist.

Alle zur Unterordnung Fontinalineae gehörenden Vertreter sind Wassermoose oder wenigstens auf Standorte mit oberflächiger Staunässe beschränkt. Sie gelten im Gegensatz zu den beiden vorherigen Unterordnungen als Bewohner der gemäßigten und kühlen Gebiete der Nordhemisphäre. Nur die Hydropogonaceen sind ausschließlich auf die Südhalbkugel beschränkt.

Von den im Wasser flutenden Fontinalaceen ist die Gattung *Fontinalis* die bekannteste und artenreichste. Da während des Wachstums keinerlei Verschiebungen der

Blattanlagen auftreten, sind die Blätter entsprechend ihrer Entstehung aus einer dreischneidigen Scheitelzelle deutlich in 3 Reihen am Stengel angeordnet. Die häufige *Fontinalis antipyretica* ist zweihäusig. Sie sporuliert sehr selten, obgleich männliche und weibliche Geschlechtsorgane zur Reife gelangen. Die Ursache liegt wohl darin, daß die Spermatozoide in rasch fließenden Gewässern kaum zur Eizelle gelangen, selbst wenn männliche und weibliche Pflanzen auf engstem Raum beieinanderstehen. In kleineren Tümpeln mit ruhigem Wasser, wo auch die von der Eizelle ausgehenden Anlokkungsstoffe wirksam werden, findet man bisweilen sporulierende Pflanzen. Die Kapseln fallen meist als Ganzes ab. Als untergetaucht lebendes Wassermoos bildet *Fontinalis antipyretica* in der Natur keine Landformen aus. Die vegetative Vermehrung geschieht durch abgerissene Haupt- und Seitensprosse. An der Basis junger Haupt- und Seitenknospen finden sich oft Rhizoide, die dann ein Festhalten am Substrat ermöglichen.

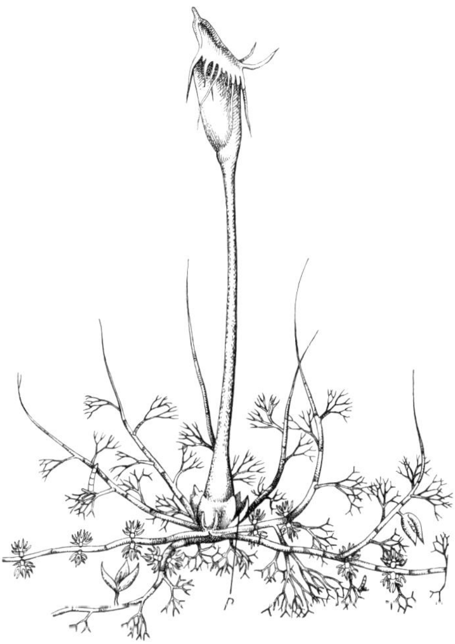

Ephemeropsis tjibodensis bildet auf Farnen und Blütenpflanzen algenähnliche Überzüge. Die Perichaetialblätter (P) sind die einzigen blattartigen Gebilde dieses extrem reduzierten Protonemamooses (verändert nach Fleischer).

Ordnung Hookeriales

In diese Ordnung gehören viele tropische Urwaldmoose, die oft verflacht beblätterte, ausgedehnte Moosdecken bilden. Nur wenige zeigen daher einen xeromorphen Bau. Meist ist das Zellnetz der Blätter locker, parenchymatisch und sehr mannigfaltig. Sie haben alle ein doppeltes Peristom, dessen äußere Zähne auf der Bauchseite meist mit lamellenartigen Vorsprüngen versehen sind.

Die Familie Hookeriaceae umfaßt vielgestaltige, vorwiegend tropische Schattenmoose auf allerlei Substraten, auch auf Blättern höherer Pflanzen. Besonders artenreich sind die Tropenländer Südamerikas. In Europa kommen neben *Hookeria lucens* isoliert noch einige andere Vertreter vor, darunter *Distichophyllum carinatum*. Einige Gattungen zeigen die unter Laubmoosen seltene hypotrophe Beblätterung, indem die Blätter der Stengeloberseite kleiner sind als die seitlichen. Dazu zählt auch das aus Südspanien bekannte *Lepidopilum virens*. Es gibt auch Hookeriaceen, bei denen die symmetrischen Blätter der Oberseite und der Unterseite wesentlich kleiner als die seitlichen, asymmetrischen sind. Diese Art der Beblätterung wird amphitroph genannt und findet sich unter anderem bei der vorwiegend südhemisphärischen Gattung *Calyptrochaeta* mit stacheliger oder papillöser Seta, von der *Calyptrochaeta apiculata* nach England eingeschleppt wurde.

Zu den Daltoniaceen gehört das einzige Laubmoos, *Cyatophorella tahitensis*, von dem bisher bekannt wurde, daß es an den Blättern der Unterseite einen Wassersack bildet. Bemerkenswert ist *Daltonia angustifolia*, die als erstes Laubmoos auf dem Rücken flugunfähiger, pflanzenfressender Rüsselkäfer in moosreichen Wäldern im östlichen Neuguinea entdeckt wurde.

Die Ephemeropsidaceen vereinigen 2 Arten extrem reduzierter Protonemamoose. Nur die Form der Kalyptra und der Bau des Peristoms rechtfertigen deren Einordnung bei den Hookerialen. Die einzigen blattartigen Gebilde der vollentwickelten, etwa

1 mm hohen Pflanzen sind die Perichaetialblätter. Ansonsten erinnern die gelbgrünen bis bräunlichen, filzigen Überzüge an Algen. *Ephemeropsis tjibodensis* lebt im tropischen Süd- und Südostasien auf Blättern und Blattstielen von Farnen und Phanerogamen, an denen sie mit kurz verzweigten Hapteren befestigt ist. Das Protonema bildet 0,3 mm lange, ankerförmige Brutkörper und treibt noch reichlich assimilierende Fäden aus. Auch der Sporophyt und die Haube sind assimilatorisch tätig. Fossil wurde die Art aus der eozänen Braunkohle im Geißeltal bei Halle bekannt.

Ephemeropsis trentepohlioides besiedelt auf Neuseeland Zweige und kleine Ästchen und fruchtet stets reichlich. Brutkörper dagegen sind unbekannt. Der Artname deutet auf eine Ähnlichkeit mit der Algengattung *Trentepohlia* hin.

Ordnung Thuidiales

Bei dieser Ordnung handelt es sich um pleurokarpe Moose von kriechendem bis aufsteigendem Wuchs. Die gefiederten Pflanzen haben stark entwickelte Stämmchen und schwächere Ästchen. Heterophyllie ist häufig. Diese Ordnung, die eine Seitenlinie der pleurokarpen Laubmoose darstellt, wird nicht nur durch die Wuchsform, sondern vor allem durch die Entwicklung des Blattzellnetzes charakterisiert. Das Zellnetz entsteht zunächst prosenchymatisch, wird aber später häufig durch fehlende Streckung der Längswände mehr oder weniger rundlich-polygonal und verkürzt. Papillen sind auf den Blattzellen öfters zu finden.

Die artenreichen Thuidiaceen weisen einen deutlichen Dimorphismus zwischen Stamm- und Astblättern auf. Die Blattzellen sind stark papillös und die Blätter daher glanzlos. Verzweigte Paraphyllien, die an Stengel und Ästchen einen dichten Filz bilden, dienen dazu, Wasser kapillar zu leiten. Bei der Gattung *Thuidium*, von der etwa 240 Arten beschrieben wurden, kann ihre Gestalt wenigstens bei den Arten Europas zur Bestimmung mit herangezogen werden. Diese Moose haben zwei- bis dreifach gefiederte Sprosse und sehen äußerst dekorativ aus. Es ist deshalb nicht verwunderlich, daß in den Appalachen *Thuidium recognitum* zu Schmuckzwecken gesammelt und meist gefärbt in den Handel gebracht wird. Auch bei uns trifft man hin und wieder die prächtigen Thuidien auf kunstgewerblichen Karten, Bildern und dergleichen an. Für den Forstwirt gilt *Thuidium tamariscinum* im Verein mit anderen Moosen und höheren Pflanzen als Anzeiger für gute, mineralkräftige Standorte mit geringer Humusauflage.

In Trockenrasen und lichten Karstwäldern treffen wir *Thuidium abietinum*. Die konkurrenzschwache, lichtliebende Art, von der keine Brutkörper bekannt sind, vermehrt sich nördlich der Alpen wohl durch Ausläufer und abgebrochene Pflanzenteile, da kapseltragende Pflanzen kaum beobachtet wurden. Während der Trockenruhe tritt Wachstumsstagnation ein. Bei Verdichtung der Grasnarbe verschwindet die Art. Auf feuchten Standorten hingegen siedelt *Helodium blandowii*, das in Nordeuropa weit verbreitet ist, nach Süden zu aber seltener wird. Wie Fossilfunde aus Ablagerungen der 3 letzten Zwischeneiszeiten zeigen, war die Art früher auch in südlicher gelegenen Teilen Mitteleuropas anzutreffen.

Ordnung Hypnales

In dieser Ordnung ist die Mehrzahl derjenigen Moose zusammengefaßt, die durch die Anordnung der Archegonien seitlich am Sproß als echte Pleurokarpi, Seitenfrüchtler, bezeichnet werden. Bei ihnen ist das doppelte Peristom besonders mannigfaltig. Auch ohne Kapseln sind die pleurokarpen Moose durch ihren Wuchs als solche gekennzeichnet. Die beblätterten Stengel wachsen niedergestreckt bis aufsteigend auf dem Substrat, also plagiotrop, und verästeln sich meist durch die Ausbildung zahlreicher Seitenzweige. Daher ist auch der Name Astmoose für die Seitenfrüchtler gebräuchlich. Viele von ihnen bilden zusammenhängende Decken in den verschiedenen Pflanzengesellschaften, wo sie z. T. eine üppige Massenvegetation entfalten.

Die Amblystegiaceen sind vorwiegend holarktische Sumpfbewohner, die die wärmeren Gegenden der Erde meiden. Ihre verschieden geformten Blätter zeigen in den Blattflü-

Cratoneuron commutatum gedeiht an nassen, meist kalkreichen Standorten und gehört zu den häufigsten Kalktuffbildnern.

geln meist eine deutliche, von den übrigen Blattzellen abweichende Gestalt. Die Gattung *Cratoneuron* erinnert im Habitus und durch die Paraphyllien noch sehr an die *Thuidium*-Arten. *Cratoneuron commutatum* ist typisch für Kalkbäche, in denen es massenhaft kalktuffbildend auftritt, und stellt eine Charakterart der Kalkquellfluren dar. Durch reichliche Tuffbildung gelangen die Moosteppiche teilweise über die Wasserfläche. Eine stark nordisch getönte Verbreitung haben die Gattungen *Amblystegium, Calliergon, Scorpidium* und *Drepanocladus*. Die 3 letztgenannten nehmen in der Zusammensetzung arktischer Moosgesellschaften eine vorrangige Stellung ein.

Die Gattungen *Calliergon* und *Scorpidium* zeigen in der feuchten Tundra Massenvegetation. Dazu zählt auch *Scorpidium turgescens*, das heute in einigen Ländern Nord- und Mitteleuropas fehlt, obwohl man es in eiszeitlichen und zwischeneiszeitlichen Ablagerungen findet. Die lückenhaften, alpinen Vorkommen liegen in Gebieten, die in der letzten Eiszeit eisfrei oder wenig vereist waren. Die Überdauerung der Eiszeit erfolgte daher in Refugien, wie sie die aus den Eismassen herausragenden Hochgebirgsgipfel, die sogenannten Nunatakker, darstellen. Die Gattung *Drepanocladus* zeigt eine hohe morphologische Variabilität ihrer Arten, die mit der amphibischen Lebensweise vieler Vertreter im Zusammenhang steht. Jahreszeitliche Wasserstandsschwankungen und die verschiedene Ausbildung von Wasser- und Landformen drücken sich in der Morphologie aus. Bei einigen Arten, wie *Drepanocladus fluitans* und *D. exannulatus*, existieren Parallelmodifikationen. *Drepanocladus uncinatus* ist weit verbreitet und zählt in der Arktis zu den häufigsten Arten, wo sie besonders in der Trockentundra dominiert.

Die Brachytheciaceen sind im vegetativen Aufbau besonders mannigfaltig. Die meist breit eiförmigen, oft glänzenden Blätter zeigen in den Flügeln oft abweichend gestaltete Zellen. Die artenreichste Gattung ist *Brachythecium*, die Arten in nahezu allen Erdteilen hat. Auch in bezug auf das Substrat sind einige Arten nicht wählerisch, wie das häufige und formenreiche *Brachythecium rutabulum*. *Brachythecium albicans* bevorzugt Sandböden und zeichnet sich durch längsfaltige Blätter aus. Einige Arten, wie *B. rivulare* und *B. plumosum*, leben in Gewässernähe oder wenigstens auf dauernd feuchter Unterlage. Vertreter der Gattung *Brachythecium* haben meist einen kegelförmigen, die der Gattung *Eurhynchium* einen lang geschnäbelten Kapseldeckel. Von der Gattung *Eurhynchium* hat *E. striatum* im engeren Sinn für den Forstwirt als Standortweiser Bedeutung. Im Halbschatten von Waldstandorten ist es Anzeiger eines guten, frischen Humus mit kräftiger Mineralisation des Oberbodens. Diese Schönschnabelmoose sind besonders charakteristisch für den Wuchstyp der Bäumchenrasen. Hierbei wachsen die Hauptsprosse bogig, und die Seitensprosse entstehen zu mehreren an dem spitzenwärts geförderten Teil. Das Wachstum erfolgt monopodial. Zu den Besiedlern guter Waldböden gehört auch *Scleropodium purum*, das Grünstengelmoos. Neben *Neckera crispa* wurde die Art früher in der Putzmacherei Nordamerikas zu Bändern verarbeitet. In dem Gebiet, wo man derartige Bänder fertigte, waren beide Arten nicht einheimisch, so daß sie eingeführt werden mußten.

Die Familie Plagiotheciaceae umfaßt meist sehr plastische, oft flach beblätterte, niederliegende, wenig verzweigte Pflanzen mit in der Regel geneigter Kapsel. Bei der Gattung *Plagiothecium* laufen die Blätter bandartig am Stengel herab. Beim Sporophyten hat das Peristom von Sippen mit aufrechten Kapseln gewöhnlich keine oder nur rudimentäre Zilien gegenüber den Sippen mit geneigten Kapseln. Diese haben Zilien an den inneren Peristomzähnen. Die vegetative Vermehrung erfolgt durch septierte, zylindrische oder fusiforme Brutkörper. Besonders auffällig ist das stattliche, hellgrüne *Plagiothecium undulatum* mit querwelligen Blättern. In der montanen bis subalpinen Stufe der mitteleuropäischen Gebirge bildet es eine Massenvegetation und kommt auch im pazifischen Nordamerika vor. Im Küstengebiet West- und Nordeuropas ist die Art wegen ihrer subatlantischen Verbreitung ebenfalls häufig. *Plagiothecium undulatum* hat gegenüber *Gaffkya tetragena* und *Staphylococcus aureus* stark antibakterielle Wirkung. Ein gegen niedere Pilze wirksamer Extrakt wurde auch aus *Plagiothecium denticulatum*, einer kleineren, veränderlichen Sippe, gewonnen.

Die Hypnaceen oder Schlafmoose sind mit artenreichen Gattungen auf der ganzen Erde verbreitet. Ihre zuweilen unsymmetrischen, oft sichelförmig gebogenen Blätter haben nur eine kurze, doppelte Rippe, die bisweilen völlig fehlt. Neben dem kalkliebenden *Ctenidium molluscum* und dem straußenfederartig verzweigten *Ptilium crista-castrensis* kommt in Europa vor allem die artenreiche Gattung *Hypnum* vor. Besonders *Hypnum cupressiforme*, das Zypressenzöpfchenmoos, ist durch seinen Formenreichtum bekannt. Einige morphologisch und ökologisch gut charakterisierte Sippen haben Artberechtigung. In den USA finden *H. cupressiforme* und das braunstengelige *H. imponens* in der Gärtnerei vor allem als Begräbnisschmuck, Weihnachtsschmuck und zu Dekorationsschalen Verwendung. Durch Farbstoffe wird das lufttrockene Moos dunkelgrün gefärbt. *Vesicularia dubyana* ist ein beliebtes Aquarienmoos und sporuliert öfter.

Die Hylocomiaceen mit nördlicher Verbreitungstendenz sind zweihäusig und durch eine kräftige, doppelte Blattrippe sowie nahe der Spitze dicht gesägte und plötzlich zusammengezogene Blätter gekennzeichnet. Im Rasterelektronenmikroskop sichtbare Netzstrukturen auf der Vorderseite der Exostomzähne haben alle Vertreter.

Bei den auch in Europa vorkommenden *Hylocomium*-Arten sind die Stengel dicht mit Paraphyllien besetzt, so bei *Hylocomium splendens*, dem Stockwerk- oder Etagenmoos, dessen Sproß innerhalb einer Wuchsperiode sein Wachstum abschließt und seitlich durch den darauffolgenden erneuert wird. An ein *Thuidium* erinnernd, tritt es in olivgrünen Bäumchenrasen im Halbschatten an verschiedenen Standorten auf.

Die Gattung *Rhytidiadelphus* mit insgesamt 6 Arten kommt im eurasisch-nordamerikanischen Waldgebiet teilweise in Massenvegetation vor. Bei uns sind es 4 Arten, die auch etwas unterschiedliche Standorte besiedeln. So treffen wir *Rhytidiadelphus triquetrus*, die kräftigste unserer Arten, in hellgrünen, hohen Rasen auf frischen, feuchten Böden mit geringer Humusauflage. *Rhytidia-*

Ptilium crista-castrensis mit straußenfederartigem Habitus kommt besonders in Nadelwäldern und Blockhalden im Gebirge vor.

delphus squarrosus, das auf eine Bodenverdichtung hinweist, tritt auf feuchten, nährstoffarmen Standorten auf. Es hat den Namen durch die allseitig sparrig abstehenden Blätter. *Rhytidiadelphus loreus* mit hakig gekrümmten Blättern am Sproßende wächst in dunkel- bis braungrünen Rasen vorwiegend in Gebirgswäldern auf frischen Standorten. Wie viele feuchtigkeitsliebende Arten der Gebirge kommt *Rhytidiadelphus loreus* auch in feuchten Lagen des Flachlands, vor allem in Meeresnähe, vor. Aus *Rhytidiadelphus triquetrus* konnten einige ungesättigte Fettsäuren, darunter die im Pflanzenreich seltene Arachidonsäure, isoliert werden.

Pleurozium schreberi, das Rotstengelmoos, ähnelt habituell dem Grünstengelmoos, durch seine rote Stämmchenrinde und die stumpfen Astenden ist es aber auch im Freiland gut zu unterscheiden. Mikroskopisch wird es durch die orangegefärbten Wände der Zellen der Blattöhrchen von ähnlichen Arten gut abgegrenzt. Da es vorzugsweise auf frischen Rohhumusstandorten anzutreffen ist, kommt es besonders häufig in Nadelholzforsten vor. In Laubwäldern zeigt es Versauerung an.

Bei *Hylocomium splendens*, dem Etagenmoos, zeigen die Bäumchenrasen einen stockwerkartigen Aufbau. Es ist besonders in Kalkgebieten häufig.

Abteilung Farnpflanzen, Gefäß-Sporenpflanzen, Pteridophyta

Allgemeines

In der Entwicklung des Systems der Pflanzen spiegelt sich das allmähliche Anwachsen der Kenntnisse und Erkenntnisse über die Pflanzenwelt deutlich wider. Schon im klassischen Altertum hatte man gelernt, Pflanzen zu beschreiben. Daß sich diese Fähigkeit zuerst herausbildete, erscheint naheliegend, war die Beschreibung doch die Grundlage für ein Wiedererkennen von bestimmten Pflanzen an anderen Stellen und überhaupt die Basis für jegliches anderweitige Arbeiten mit ihnen. Da man sich verständlicherweise auf nutzbare Pflanzen beschränkte, also auf eine verhältnismäßig geringe Zahl, war ein Bedürfnis nach einer Systematisierung noch nicht vorhanden. Erst im 17. Jahrhundert waren die Kenntnisse über die Pflanzenwelt so weit angewachsen, daß sie zu Ordnungsversuchen Anlaß gaben. Zu dieser Zeit erkannte man auch allmählich, daß manche Pflanzensippen gewisse Ähnlichkeiten mit anderen aufweisen, daß man sie zu Gruppen zusammenfassen kann. Diese Erkenntnis führte schließlich zur Aufstellung systematischer Einheiten; sie bezogen sich zunächst auf kleine Gruppen, d. h. auf Einheiten, die Arten und Gattungen entsprechen. Später lernte man auch, umfassendere Einheiten zu erkennen und zu umgrenzen (d. h. Familien und Ordnungen), und zu Beginn des 19. Jahrhunderts waren die Kenntnisse so weit fortgeschritten, daß die ersten Versuche einer Großeinteilung des Pflanzenreichs gewagt werden konnten.

Auf anderen Arbeiten aufbauend, veröffentlichte 1843 A. Brongniart ein Werk, in dem er das Pflanzenreich in 2 große Hauptgruppen gliederte: die Kryptogamen und die Phanerogamen. Erstere bezeichnen die »Verborgen-geschlechtlichen« Pflanzen, d. h. solche, die keine auffallenden Blüten und keine Samen ausbilden. Sie umfaßten die damals noch wenig bekannten Algen, Pilze, Flechten sowie die Moose und Farnpflanzen im weitesten Sinne. Zu den Phanerogamen, den »Sichtbar-geschlechtlichen«, wurden die Samenpflanzen gerechnet.

40 Jahre später (1883) stellte A. Eichler ein System auf, das lange Zeit anerkannt blieb. Darin gliederte er die Kryptogamen – eine Bezeichnung, die übrigens auf Linné zurückgeht – schon etwas genauer: Er unterschied bei ihnen 3 »Abteilungen«, die Thallophyta (Lagerpflanzen), zu denen die Algen im weitesten Sinne sowie die Pilze einschließlich der Flechten gerechnet wurden, ferner die Bryophyta (Moose) und die Pteridophyta (Farnpflanzen im weitesten Sinn). Obwohl der Terminus Pteridophyta schon einige Jahre vorher von Cohn (1871) geprägt worden war, wurde er doch erst durch Eichler allgemeiner bekannt und fand weite Anwendung. Seitdem wurde der Inhalt der Abteilung Pteridophyta zwar durch neue Forschungsergebnisse erweitert, aber nicht grundsätzlich verändert.

Innerhalb der Abteilung Pteridophyta werden gegenwärtig meist 6 Klassen unterschieden:

1. Psilophytopsida, Nacktfarne

2. Lycopodiopsida, Bärlappe im weitesten Sinn
3. Equisetopsida, Schachtelhalm im weitesten Sinn
4. Psilotopsida
5. Polypodiopsida, eigentliche Farne
6. Aneurophytopsida, Progymnospermen

Die deutsche Bezeichnung für Pteridophyta wird unterschiedlich gehandhabt. Vielfach findet man die wörtliche Übersetzung »Farnpflanzen«. Dieser Terminus ist aber wenig glücklich gewählt, da man bei dem Wort »Farnpflanzen« doch unwillkürlich an Farne denkt und man in der Umgangssprache keineswegs einen inhaltlichen Unterschied zwischen »Farn« und »Farnpflanze« macht. Von anderen Autoren wird daher die Bezeichnung Gefäßkryptogamen vorgezogen. Hierbei berücksichtigt man ein wesentliches Merkmal der Pteridophyten, nämlich das Vorhandensein von Gefäßen oder genauer gesagt, von Leitgeweben. In dieser Eigenschaft unterscheiden sich die Pteriophyten in der Tat grundsätzlich von allen anderen Kryptogamen, die eine derartige Gewebsdifferenzierung nicht aufweisen. Einer weiteren deutschen Bezeichnung »Gefäß-Sporenpflanzen« liegen z. T. ähnliche Erwägungen zugrunde, nur daß der Wortteil »Kryptogamen« durch »Sporenpflanzen« ersetzt wird. Hierin kommt ein weiteres kennzeichnendes Merkmal zum Ausdruck, und zwar ein Unterscheidungsmerkmal gegenüber den anderen Gefäßpflanzen – zu denen ja auch alle Samenpflanzen gehören: die Vermehrung durch Sporen. In der Bezeichnung »Gefäß-Sporenpflanzen« werden somit wichtige Unterschiede sowohl gegenüber den Moosen und den anderen Thallophyten als auch den Samenpflanzen zum Ausdruck gebracht.

Aus den erwähnten deutschen Bezeichnungen gehen bereits einige wesentliche Gemeinsamkeiten der Pteridophyten hervor. Es handelt sich bei dieser Pflanzengruppe um Landpflanzen, die echte Gewebe und eine verhältnismäßig hohe Gewebsdifferenzierung besitzen, echte Wurzeln ausbilden (von einigen primitiven Vertretern abgesehen) und deren Vermehrung durch Sporen erfolgt. Gemeinsam ist ihnen weiterhin ein sehr kennzeichnender und spezifischer Lebenszyklus. In Bau und Organisationshöhe

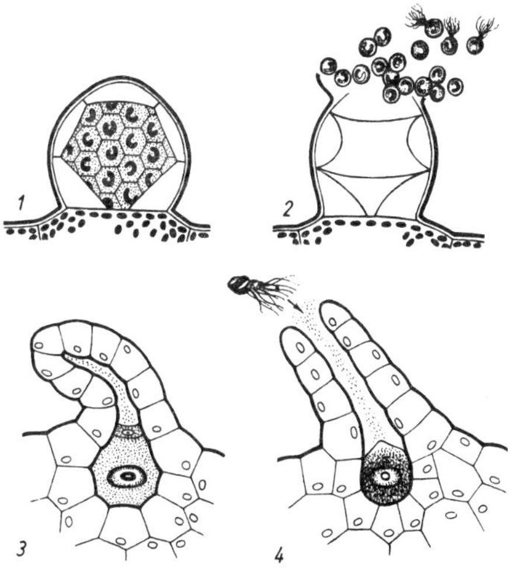

Geschlechtsorgane bei Pteridophyten: 1 + 2 Antheridien. 1 Reifes, noch geschlossenes Antheridium, 2 geöffnet mit ausgetretenem Spermatozoiden. 3 + 4 Archegonien. 3 Reifes Archegonium mit Eizelle, Hals- und Bauchkanalzelle, 4 befruchtungsreifes Archegonium; der Archegonhals hat sich durch Verschleimung der obersten Zellen geöffnet; links davon ein sich annäherndes Spermatozoid

unterscheiden sich die Vertreter der einzelnen Klassen dagegen recht stark, so daß die Pteridophyten von dieser Seite her kaum allgemein definiert werden können.

Betrachten wir zunächst den Lebenszyklus, wobei Ausnahmen und Besonderheiten vorerst nicht berücksichtigt seien. Normalerweise verläuft er in 2 Etappen, einer geschlechtlichen und einer ungeschlechtlichen Generation, die regelmäßig miteinander abwechseln. Einen solchen Zyklus bezeichnet man als Generationswechsel.

Aus der Spore entwickelt sich zunächst ein Prothallium, das meist ein kleines, unscheinbares Gebilde von verhältnismäßig kurzer Lebensdauer ist. An ihm entstehen schließlich die Geschlechtsorgane. Die männlichen werden als Antheridien bezeichnet; sie sind mehr oder weniger kugelförmig und bilden die eigentlichen männlichen Geschlechtszellen, die stets begeißelten Spermatozoiden, aus. Die weiblichen Geschlechtsorgane sind flaschenförmige Gebilde und werden Archegonien genannt. In Ihnen entsteht jeweils eine Eizelle, die den weiblichen Gameten darstellt. Da diese Generation die Gameten (Geschlechtszellen) hervorbringt, wird sie als Gametophyt bezeichnet.

Durch verschiedene organische Säuren, die das Archegonium ausscheidet, werden die Spermatozoiden chemotaktisch angelockt. Die Übertragung der männlichen Geschlechtszellen kann jedoch nur in freiem Wasser erfolgen; zur Befruchtung ist also immer eine Benetzung des Prothalliums notwendig. Es liegt auf der Hand, daß dadurch der Lebensraum der Pteridophyten nicht unerheblich eingeschränkt wird.

Die Vereinigung der Geschlechtszellen führt zur Ausbildung der Zygote, die das Kernmaterial beider Gameten enthält und deshalb diploid ist. Aus der Zygote entwikkelt sich dann die ungeschlechtliche Generation, der Sporophyt, der zu einem selbständigen, meist kräftigen und vieljährigen Gewächs wird und die eigentliche Pteridophytenpflanze darstellt. Schließlich entwickeln sich am Sporophyten unbewegliche Fortpflanzungszellen, die Sporen. Sie entstehen in besonderen Organen, den Sporangien, und ihre Ausbildung erfolgt auf ungeschlechtlichem Wege, d.h. durch bloße Zellteilungen. Bei der Bildung der Sporen wird durch die Reduktionsteilung (Meiose) der Chromosomensatz auf die Hälfte reduziert. Die Sporen selbst sind also haploid. Nach der Sporenverbreitung und deren Keimung entsteht wieder der haploide Gametophyt, womit der Kreislauf geschlossen ist.

Dieses Grundschema des Entwicklungszyklus erfährt bei verschiedenen Gruppen gewisse Abwandlungen, auf die später bei der Behandlung der betreffenden Einheiten eingegangen wird. An dieser Stelle sei lediglich auf eine Modifikation des Pteridophyten-Generationswechsels eingegangen. Das obige allgemeine Schema bezieht sich auf isospore Pteridophyten, d. h. auf diejenigen, deren Sporen gleichgestaltet sind und keine Geschlechtsdifferenzierung aufweisen. Die aus diesen Sporen hervorgehenden Prothallien bilden männliche und weibliche Geschlechtsorgane aus, sind also bisexuell und monözisch (einhäusig). Dieser Modus ist zweifellos der ursprüngliche.

Eine ganze Reihe von Pteridophytengruppen erreichte jedoch eine höhere Stufe des Generationswechsels. Bei ihnen kam es zu einer Geschlechtsdifferenzierung der Sporen, mit der eine Größendifferenzierung einherging oder ihr folgte. Aus den kleinen Sporen (Mikrosporen) geht ein meist erheblich kleineres Prothallium hervor (Mikroprothallium), mit nur männlichen Geschlechtsorganen. Aus den meist sehr viel größeren Makro- oder Megasporen entsteht ein Makroprothallium, das nur Archegonien trägt. Eine solche Heterosporie hat sich innerhalb der Pteridophyten acht- bis zehnmal unabhängig

Schema des Generationswechsels der Pteridophyten: 1 bei isosporen Pteridophyten, 2 bei heterosporen Pteridophyten. R = Reduktionsteilung, M = weiblicher, m = männlicher Gametophyt. Einfache Umrandung: haploide Phase, dicke Umrandung: diploide Phase

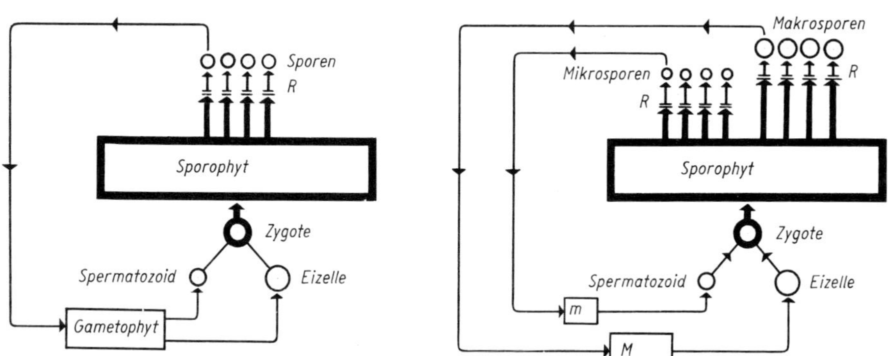

m = männlicher Gametophyt M = weiblicher Gametophyt R = Reduktionsteilung

voneinander herausgebildet. Der Lebenszyklus eines heterosporen Pteridophyten ist in der Abbildung dargestellt.

Über die Gründe, die zur Ausbildung der Heterosporie oder ihrer Erhaltung bzw. Förderung durch die Selektion führten, wissen wir nichts Sicheres. Es lassen sich darüber nur Hypothesen äußern. Eine Seite dieses gewiß sehr komplexen Problems dürfte in der besseren genetischen Kombinationsmöglichkeit liegen. Es ist einleuchtend, daß bei monözischen Prothallien, bei denen Antheridien und Archegonien eng benachbart stehen, eine Selbstbefruchtung häufig vorkommen dürfte, während bei getrenntgeschlechtigen Prothallien die Fremdbefruchtung die Regel ist. Für die Herausbildung neuer Eigenschaften und eine Evolution von Sippen ist die Fremdbefruchtung aber eine unbedingte Voraussetzung.

Bei allen Pteridophyten, gleichgültig ob sie isospor oder heterospor sind, unterscheiden sich Gametophyt und Sporophyt sehr stark in Gestalt, Differenzierungshöhe, Lebensdauer usw. Man spricht daher von einem heteromorphen Generationswechsel. Da auch die Kernphasenverhältnisse der beiden Generationen verschieden sind, ist ein solcher Generationswechsel zugleich ein heterophasischer oder antithetischer.

Auch die Moose haben einen derartigen antithetischen und heteromorphen Generationswechsel. Bei ihnen stellt jedoch der haploide Gametophyt die dominierende Generation dar, eben die Moospflanze, während der Sporophyt zu einem auf dem Gametophyten schmarotzenden und physiologisch von diesem abhängigen Gebilde (Stiel mit Sporenkapsel) geworden ist. Bei den Pteridophyten liegen die Verhältnisse umgekehrt: Hier ist, wie erwähnt, der diploide Sporophyt die dominierende Generation. Taxonomische Untersuchungen bei Pteridophyten beziehen sich daher oft mehr oder weniger stillschweigend nur auf den Sporophyten. Das gilt auch für die oben genannten anderen generellen Merkmale der Pteridophyten, wie die Ausbildung differenzierter Gewebe, echter Wurzeln usw. Der unscheinbare Gametophyt ist der Untersuchung sehr viel weniger zugänglich, und vom größten Teil der Pteridophytenarten – vor allem den fossilen – ist er noch gar nicht bekannt.

Über den Sporophyten, die Pteridophytenpflanze, sei noch einiges vermerkt.

Von einigen primitiven Vertretern abgesehen, sind die Pteridophyten deutlich in Sproßachsen, Blätter und Wurzeln gegliedert. Diese 3 Organe stellen die fundamentalen Bauelemente eines »Kormus« dar. Die Pteridophyten sind wie alle Samenpflanzen echte Kormophyten und gehören zum großen Reich der Kormobionta, vielfach auch als höhere Pflanzen bezeichnet.

Die Anlage der Hauptorgane erfolgt bereits sehr frühzeitig. Schon kurz nach der Befruchtung der Eizelle differenziert sich bei allen Pteridophyten außer einem Haustorium (Fuß), das der Versorgung des jungen Sporophyten mit den zum ersten Wachstum erforderlichen Nährstoffen aus dem Prothallium dient, im allgemeinen ein Wurzelscheitel, ein Stammscheitel und ein Blattscheitel heraus. Diese entwickeln sich bald zur ersten Wurzel, dem Stamm (Sproßachse) und dem ersten Blatt (Keimblatt) weiter. Im Gegensatz zu den Samenpflanzen, bei denen der Wurzelpol dem Sproßpol gegenüberliegt, entsteht die erste Wurzel der Pteridophyten aus einem seitlich angelegten Wurzelprimordium. Als Seitenorgan ist diese Keimwurzel nur zu einer begrenzten Entwicklung befähigt. Sie geht bald zugrunde, und es entstehen zahlreiche dünne sproßbürtige Wurzeln, die seitlich aus dem Achsenkörper, und zwar aus der innersten Rindenschicht, entspringen. Die Wurzelbildung ist hier also an die Entwicklung der Sproßachse gebunden und schreitet mit deren Verlängerung fort. Da die Sproßachse ein Erstarkungswachstum durchmacht, nehmen auch die Wurzeln aufwärts an Kräftigkeit zu. Dieser, allein bei den Pteridophyten vorkommende Bewurzelungstyp wird als primäre Homorhizie bezeichnet. Sie stellt eine für alle Pteridophyten kennzeichnende Eigenschaft dar.

Das Wachstum der Grundorgane erfolgt bei den meisten Pteridophyten durch Scheitelzellen. Bei den höher entwickelten Formenkreisen treten aber auch bereits besondere Bildungsgewebe (Meristeme) auf, wie es bei den Samenpflanzen durchweg der Fall ist. Unterschiede gibt es weiterhin in der Art der Verzweigung der Sproßachsen. Während diese bei den Samenpflanzen stets aus der Achsel von Blättern erfolgt, weist die gabelige oder seitliche Verzweigung der Pteridophyten keine Beziehung zu Blattorganen auf. Dagegen entspricht die anatomische bzw. histologische Differenzierung der Sproßachse und der Blätter im großen und ganzen den Verhältnissen der Spermatophyten. Wie bei diesen werden die Organe außen von einer Epidermis umgeben, die jedoch meist noch Chloroplasten enthält. Die Epidermis der oberirdischen Teile ist von einer sehr widerstandsfähigen amorphen Schicht überzogen, der Kutikula. Die Ausbildung dieser verdunstungshemmenden Einrichtung stellt ebenso wie die von Spaltöffnungen eine sehr bedeutsame Neuerwerbung der Pteridophyten gegenüber den Thallophyten dar und ist im Zusammenhang mit dem Übergang zum Landleben zu sehen bzw. ermöglicht dieses erst.

Die wesentliche Höherentwicklung der Pteridophyten gegenüber den Thallophyten und Moosen zeigt sich weiter in der Ausbildung der Leitgewebe, die hier zum ersten Mal im Pflanzenreich in typischer Form auftreten. Die Pteridophyten besitzen echte Leitbündel, die aus einem Gefäßteil (dem Xylem) und einem Siebteil (dem Phloëm) bestehen. Die Wasserleitung im Xylem von der Wurzel in die oberirdischen Organe erfolgt durch längliche, tote Zellen (Trachëiden), deren Wände verholzt sind. Diese oft recht starkwandigen Gefäße dienen damit zugleich als Festigungselemente. Sie erlauben den Pteridophyten sogar baumartigen Wuchs. Die Leitung der in der Pflanze produzierten organischen Verbindungen erfolgt im Phloëm, das aus lebenden, langgestreckten und dünnwandigen Zellen besteht, die wegen der siebartig durchbrochenen Querwände als Siebzellen bezeichnet werden.

Xylem und Phloëm können in verschiedener Weise zu einem Leitbündel zusammentreten. Konzentrische Leitbündel (mit zentralem Xylem und ringförmig darumliegendem Phloëm) sind bei den Pteridophyten weit verbreitet, es kommen aber auch fast alle anderen bekannten Leitbündeltypen, wie radiale und kollaterale, bei ihnen vor. Ein sekundäres Dickenwachstum durch ein später entstehendes Bildungsgewebe, ein Kambium, spielt bei den heute lebenden Pteridophyten keine Rolle; es ist nur bei wenigen Sippen und nur in unbedeutendem Ausmaß vorhanden. Bei verschiedenen fossilen Gruppen war es jedoch sehr ausgeprägt.

Von großem Wert für die systematische Gliederung der Pteridophyten ist die Ausbildung der Blätter. Das Blatt als eines der Grundorgane des Kormus ist bei den Pteridophyten erst im Laufe der Entwicklung entstanden, und die primitivsten Pteridophyten besaßen noch keine Blätter. Bei den anderen erfolgte die Herausbildung dieses Organs offensichtlich auf verschiedene Weise. Einige Pteridophytengruppen haben das Blatt, wie es scheint, wenigstens zweimal oder sogar mehrmals unabhängig voneinander »erfunden«, was sich bis jetzt in der tiefgehenden Trennung in 2 Blattypen zeigt. Bei einem Teil der Pteridophyten (Bärlappe, Schachtelhalme und Psilotales) stellen die Blätter meist kleine, mehr oder weniger nadelförmige bis einfach längliche Gebilde mit einem einfachen, in der Mitte verlaufenden Nerv dar. Man bezeichnet diese Blattform als Mikrophyll im Gegensatz zu den Makrophyllen der eigentlichen Farne, deren Blätter eine reich verzweigte Nervatur aufweisen, stark gegliedert und meist großflächig sind und ausgeprägte Blattspreiten und Blattstiele besitzen. Der typische »Farnwedel« ist ein Musterbeispiel für ein Makrophyll.

Auch die Stellung und Ausbildung der Sporangien ist bei den einzelnen Pteridophytengruppen recht verschieden, läßt aber ebenfalls 2 Haupttypen erkennen. Bei manchen Pteridophyten entwickeln sich die Sporangien am Ende von Sproßachsen. Diese Formen bezeichnet man als stachyospor. Bei den meisten anderen entstehen sie an Blättern und sind also phyllospor. Die Sporangien tragenden Blätter nennt man Sporophylle; sie weichen nicht selten in ihrer Gestalt von den assimilierenden Blättern (den Trophophyllen) ab und können sogar zu zapfenartigen Sporophyllständen zusammentreten, die als Blüten bezeichnet werden. Auf den Bau der Sporangien, der im einzelnen recht gruppenspezifisch ist, brauchen wir hier nicht weiter einzugehen.

Die Pteridophyten treten bereits im frühen Erdaltertum auf und haben auch ihre hauptsächliche Entwicklung und Differenzierung sowie die Höhepunkte ihrer Entfaltung während des Paläozoikums erreicht. Für diese erdgeschichtliche Epoche stellen sie wohl die wichtigste und vorherrschende Pflanzengruppe dar. Das wird besonders im Oberkarbon deutlich, in dem sich aus dichten, von baumförmigen Pteridophyten zusammen mit Nacktsamern gebildeten Wäldern die riesigen Steinkohlenlager entwickelten, durch die auch heute noch ein großer Teil des Energiebedarfs der Welt gedeckt wird. Etliche Formenkreise der Pteridophyten starben bereits während des Paläozoikums wieder aus, andere vermochten sich unter mehr oder weniger weitgehendem Rückgang bis heute zu erhalten. Aufstieg, Kulmination und Abstieg der einzelnen Gruppen werden in den folgenden Abschnitten noch eingehend behandelt. An dieser Stelle mag die summarische Feststellung genügen, daß die rezenten Pteridophyten insgesamt gesehen nur Überbleibsel einer einstmals ungleich reicher entfalteten Pflanzengruppe darstellen.

Über die Herkunft der Pteridophyten wissen wir bis jetzt noch nichts Sicheres. Auch ihr Verhalten zu den Bryophyten (Moosen) gehört nach wie vor zu den strittigen Fragen. Lediglich auf Grund indirekter Beziehungen und von Vergleichen lassen sich einige Schlußfolgerungen ziehen, die jedoch nur den Wert von Hypothesen haben. Pteridophyten, Bryophyten und Grünalgen haben die gleichen Assimilationspigmente. Da es sich hierbei nach allgemeiner Ansicht um überaus konstante und kennzeichnende Eigenschaften handelt, ist eine Herkunft der Pteridophyten und Moose von den Grünalgen wahrscheinlich und stellt gegenwärtig eigentlich die einzige Denkmöglichkeit dar. Überdies gibt es bei einigen Grünalgen verschiedene Ausbildungen, z. B. bei der geschlechtlichen Fortpflanzung, die durchaus als Tendenzen in Richtung höhere Pflanzen gedeutet werden können. Wegen der weitestgehenden Übereinstimmung im Bau der Geschlechtsorgane, d. h. der Antheridien und Archegonien, bei Bryophyten und Pteridophyten liegt der Gedanke nahe, die Entstehung dieser Organe bei den gemeinsamen Vorfahren von Farnpflanzen und Moosen zu vermuten. Auch andere Übereinstimmungen, wie die generelle Ähnlichkeit der vegetativen Strukturen der Gametophyten u. a. weisen auf eine phylogenetische Verwandtschaft beider Gruppen hin. Vielfach wird die Meinung vertreten, daß diese »Präarchegoniaten« einen antithetischen, aber isomorphen Generationswechsel besessen haben müßten. Auch der Übergang zum Landleben könne bereits in diesem Stadium vor sich gegangen sein. Etwas später sei eine Differenzierung in 2 Hauptrichtungen erfolgt: in eine, die unter Förderung des Gametophyten und Reduzierung des Sporophyten zu den Moosen, und eine andere, die in umgekehrter Richtung, d. h. unter Förderung des Sporophyten, erfolgte und zu den Pteridophyten führte. Moose und Farnpflanzen sind demnach aus der gleichen Wurzel hervorgegangen, haben sich aber in entgegengesetzter Richtung entwickelt und stellen Paralleläste des Pflanzenreichs dar. Die früher weitverbreitete Meinung, nach der sich die Pteridophyten von den Moosen ableiten sollen, ist sicher nicht zutreffend; dagegen spricht das »Schmarotzertum« des Sporophyten, das gewiß kein Primitivmerkmal darstellt.

Wann diese Entwicklungen stattfanden, ist noch nicht bekannt. Vermutlich erfolgten sie im frühesten Silur oder im späteren Ordovizium. Man konnte zwar bereits aus dem Kambrium Sporen und tracheidenartige Reste nachweisen, doch reichen diese nicht aus, um auf Landpflanzen zu schließen. Das Auftreten von Landpflanzen im Silur (oder Ordovizium) dürfte auch im Zusammenhang mit einem Anstieg des Sauerstoffgehaltes der Luft und einer bereits vorhandenen Ozonschicht als UV-Schutz stehen.

Da viele wichtige Vertreter der Pteridophyten nur fossil, d. h. aus vergangenen Erdzeitaltern, bekannt sind, soll hier noch einiges zu ihrem Erhaltungszustand gesagt werden. Je nachdem, wie der Fossilisationsprozeß verlief, unterscheidet man echte Versteinerungen, bei denen die Pflanzensubstanz durch ein Mineral ersetzt ist und manchmal noch jede einzelne Zelle untersucht werden kann. Abdrücke von Pflanzenoberflächen, Steinkerne, die Hohlräume in den Pflanzen ausfüllten, und verschiedene Formen der kohligen Erhaltung, um nur die wichtigsten zu nennen.

Fossile Pflanzen werden jedoch fast nie als Gesamtexemplare gefunden. Solche »Riesen-Herbarstücke« hat uns die Natur leider nicht überliefert. Man findet vielmehr in der Regel nur Teile, Bruchstücke von Stämmen und Zweigen, einzelne Blätter, Blütenzapfen,

Samen, Sporen usw. Es ist nun eine der interessantesten, aber auch schwierigsten Aufgaben des Paläobotanikers, zu ermitteln, was von diesen isolierten Resten eigentlich zusammengehört. Durch glückliche Funde, die z. B. 2 oder mehr verschiedene Teile im Zusammenhang zeigen, läßt sich manchmal die Gesamtpflanze nach und nach rekonstruieren.

Im Laufe der Zeit sind zwar von einer ganzen Reihe fossiler Sippen Rekonstruktionen geglückt. Trotzdem gibt es noch sehr viele Fragmente fossiler Pflanzen, bei denen eine Art- oder Gattungszugehörigkeit noch nicht angegeben werden kann. Selbstverständlich muß man auch diese Reste wissenschaftlich kennzeichnen, d. h. beschreiben und benennen, zumal sie für die geologische Praxis, z. B. für den Vergleich bestimmter Schichten, nicht selten von Bedeutung sind. Dafür hat sich in der Paläobotanik der Vorschlag von Brongniart (1801–1876) als nützlich erwiesen, sogenannte Formarten und Formgattungen einzuführen. Diese Formsippen sind künstliche Gruppierungen, die sich auf bestimmte übereinstimmende Merkmale der äußeren oder inneren Gestalt beziehen. Können solche künstlichen Gattungen jedoch einer Familie zugeordnet werden, bezeichnet man sie als Organgattungen.

Wenn die Zusammengehörigkeit verschiedener Formsippen zu einer Art oder Gattung erkannt ist, bekommt diese selbstverständlich einen einheitlichen Namen. Bei stammbildenden, baumförmigen Pflanzen ist es dabei üblich geworden, den für Stammreste geprägten Formgattungsnamen für die Gesamtpflanze zu übernehmen.

Geologische Zeitskala (nach MENNING 1987 u. a.)

Ära	System (Periode)	Serie (Abteilung)	Stufe	Beginn vor Mill. Jahren	Dauer der Systeme in Mill. Jahren	Dauer der Ären in Mill. Jahren
	Quartär		Holozän		1,6	
			Pleistozän	1,6		
Känozoikum		Neogen	Pliozän	5,2		65
			Miozän	24		
	Tertiär	Paläogen	Oligozän	36	63,4	
			Eozän	55		
			Paläozän	65		
	Kreide	Oberkreide	Senon	89	75	
			Turon	92		
			Cenoman	100		
		Unterkreide	Alb	110		
			Apt	117		
			Barreme	122		
			Hauterive	128		
			Valentis	135		
			Berrias	140		
		Malm	Tithon	150		
			Kimmeridge	154		
			Oxford	161		

Ära	System (Periode)	Serie (Abteilung)	Stufe	Beginn vor Mill. Jahren	Dauer der Systeme in Mill. Jahren	Dauer der Ären in Mill. Jahren
Mesozoikum	Jura	Dogger	Callow	167	68	182
			Bathon	174		
			Bajoc	182		
			Aalen	186		
		Lias	Toarce	192		
			Pliensbach	198		
			Sinemur	204		
			Hettange	208		
	Trias	Keuper	Rhaet		39	
			Nor	222		
			Carn	230		
		Muschelkalk	Ladin	234		
			Anis	240		
		Buntsandstein	Scyth	247		
	Perm	Oberrotliegendes	Zechstein	252	49	
				ca. 285		
		Unterrotliegendes		296		
	Karbon	Oberkarbon (Pennsylvanian)	Stefan	305	64	
			Westfal	317		
			Namur	330		
		Unterkarbon (Mississippian)	Visé	350		
			Tournais	360 ± 6		
Paläozoikum	Devon	Oberdevon	Famennian	369	ca. 48	ca. 325
			Frasnian	377		
		Mitteldevon	Givetian	383		
			Eifelian	389		
		Unterdevon	Emsian	397		
			Siegenian	402		
			Gedinnian	408 ± 6		

Ära	System (Periode)	Serie (Abteilung)	Stufe	Beginn vor Mill. Jahren	Dauer der Systeme in Mill. Jahren	Dauer der Ären in Mill. Jahren
	Silur	Obersilur	Pridoli Ludlow	ca. 412 ca. 420	ca. 27–32	
			Wenlock Llandovery	ca.427 435–440		
	Ordo- vizium	Gliederung unsicher	unsicher	505 ± 15	ca. 70	
	Kambrium	Ober- kambrium Mittel- kambrium Unter- kambrium		ca. 570	ca. 65	
Protero- zoikum	»Prä- kambrium«	hier nicht weiter untergliedert				

Auf Grund vieler neuer Forschungen haben sich inzwischen nicht wenige zeitliche Umgrenzungen erheblich stabilisiert und sind kaum noch nennenswerten Änderungen unterworfen. So etwa die Grenze Kreide/Tertiär oder auch die für mehrere Pflanzengruppen wichtige Grenze Devon/Karbon; letztere ist zwar immer noch nicht völlig gesichert, jedoch variieren die Angaben je nach verwendeter Methode nur noch um wenige Millionen Jahre, was bei einer geologischen Zeitrechnung im Paläozoikum keine aufsehenerregende Angelegenheit ist. Bei den mehr als etwa 400 Millionen Jahren alten Zeitabschnitten sind die Differenzen z. Z. jedoch noch recht erheblich. Dies gilt besonders für das Untersilur, das Ordovizium und das Kambrium.

Klasse Nacktfarne, Psilophyten, Psilophytopsida

Die ersten Vertreter dieser Pflanzengruppe wurden bereits vor mehr als 130 Jahren entdeckt. 1859 beschrieb der amerikanische Paläobotaniker Sir William Dawson eine merkwürdige Pflanze, die er in angeblich obersilurischen Ablagerungen im östlichen Kanada gefunden hatte. Die Pflanze bestand nur aus einfachen, dichotom verzweigten Stengeln, die an ihren Enden kleine, länglich zugespitzte Sporangien trugen. Da deutliche Blätter fehlten, gab ihr Dawson den Gattungsnamen *Psilophyton*, d. h. »Kahl-Pflanze«, und da aus derart alten Schichten damals noch keine Landpflanzen bekannt waren, prägte er die Artbezeichnung *princeps* (der Erste). 1871 veröffentlichte Dawson weitere Beschreibungen und einen Rekonstruktionsversuch dieser Pflanze. Obwohl die Entdeckung anfangs geradezu sensationell wirkte, fand sie bei seinen Zeitgenossen lange wenig Anerkennung. Man konnte Dawson nämlich einige Irrtümer nachweisen – z. B. gehörten die Fundschichten nicht dem Silur, sondern dem unteren Devon an – und so bezweifelte man sein *Psilophyton*. Man hielt die Reste z. T. für Monstrositäten oder ignorierte seine

Interpretation. Nachuntersuchungen in neuerer Zeit ergaben, daß die Rekonstruktion von 1871 auf verschiedenen, isolierten Resten beruhte, die teilweise zu unterschiedlichen Arten gehören. Es entstanden erhebliche nomenklatorische Unsicherheiten, die sich z. T. bis jetzt auswirken.

Funde von devonischen Pflanzenresten wurden in den folgenden Jahrzehnten wenig beachtet oder falsch gedeutet, z. B. als Algen *(Haliserites)*. Eine Wende brachten erst viel später die Untersuchungen von Pflanzenresten des norwegischen Devons durch Nathorst (1913, 1915), vor allem aber die bahnbrechenden und in jeder Hinsicht vorbildlichen Forschungen von Kidston und Lang in der Zeit zwischen 1917 und 1921. Diese britischen Paläobotaniker untersuchten Pflanzenreste, die in großer Zahl in verkieselten Hornsteinen in der Nähe des nordschottischen Ortes Rhynie nordwestlich von Aberdeen gefunden worden waren. Dank der vorzüglichen Erhaltung konnten die morphologischen und anatomischen Verhältnisse bis in alle Einzelheiten studiert und geklärt werden. Erst jetzt wurde die Fachwelt auf die Psilophyten aufmerksam.

In der folgenden Zeit setzte eine intensive Durchforschung der Devonflora ein, die bald reiche Ergebnisse brachte. Es zeigte sich, daß schon in jenen, etwa 360 bis 400 Millionen Jahre zurückliegenden Zeiten eine unerwartete Formenfülle von Landpflanzen vorhanden war. Unter dem Eindruck der hervorragenden Arbeiten von Kidston und Lang wurden in den dreißiger Jahren nahezu alle devonischen Landpflanzen zu den Psilophyten gerechnet. Es entstand dadurch eine recht heterogene Gruppe, zu der selbst baumförmige, relativ hochentwickelte Sippen gestellt wurden. Die Psilophyten wurden somit zu einer viel mehr stratigraphisch als etwa botanisch-systematisch umgrenzten Gruppe. Eine solche weite Fassung mußte man später aufgeben.

Jetzt werden unter Psilophyten nur solche Pflanzen verstanden, die in ihrem Bau pteridophytischen Charakter haben, jedoch noch keine ausgebildeten Blätter besitzen. Sie bestehen eigentlich lediglich aus Stengeln (Sproßachsen), die teilweise kriechenden Sproßabschnitten (Rhizomen) entspringen. Die meist gabelig verzweigten Sproßachsen sind entweder völlig »nackt«, oder mit kleinen faden-, schuppen- oder dornförmigen Anhangsgebilden besetzt, die offenbar Epidermisbildungen darstellen. Die Sproßachsen haben einen anatomisch sehr einfachen Bau, besitzen jedoch schon ein zentrales Leitbündel und Spaltöffnungen. Gerade letztere zeigen, daß es sich um Landpflanzen handelte. Sehr kennzeichnend ist weiter die Stellung der Sporangien, die nicht in Beziehung zu Blattorganen stehen, sondern entweder einzeln oder in verschiedenartiger Gruppierung am Ende von Sproßachsen sitzen.

Für die Systematik und Stammesgeschichte sind die Psilophyten zu einer äußerst wichtigen und interessanten Pflanzengruppe geworden. Zu ihnen gehören nicht nur die einfachsten, primitivsten Landpflanzen, die wir bis jetzt kennen, sondern sie stellen sehr wahrscheinlich auch die Ausgangsgruppe dar, aus der sich die anderen Pteridophytenzweige herausentwickelt haben. Erst durch die Kenntnis der Psilophyten wurde es möglich, zu begründeten Vorstellungen über die stammesgeschichtliche Entwicklung der Pteridophyten und damit der höheren Pflanzen überhaupt zu gelangen.

Psilophyten sind bisher vom Silur bis zum Oberdevon bekannt. Die meisten Funde stammen aus dem Unter- und dem unteren Mitteldevon und zeigen, daß etliche Psilophyten damals weltweit verbreitet waren. Im Oberdevon starben sie offenbar aus. Es handelt sich somit um eine nur fossil bekannte Pflanzengruppe. »Nachfahren« in den rezenten Philotopsida zu sehen, muß als Spekulation abgelehnt werden.

Die paläobotanische Forschung erbrachte im Laufe der Zeit eine recht große Zahl von Funden, die zu den Psilophyten gestellt werden. Nicht wenige davon sind inzwischen gut untersucht und lassen sich auf Grund übereinstimmender Merkmale zu gewissen Gruppen (d. h. Gattungen und Familien) zusammenfassen, während andere bisher nur unvollständig bekannt sind und daher lediglich anhangsweise zu den Psilophyten gerechnet werden können. Wieder andere müssen zur Zeit als »Problematika« bezeichnet werden. Ihr Alter oder gewisse Einzelmerkmale schließen zwar die Zugehörigkeit zu den Psilophyten nicht völlig aus, die fragmentarische und meist schlechte Erhaltung dieser Reste gestattet gegenwärtig aber noch keine sicheren Aussagen. Deshalb beschränken wir uns auf die besser bekannten Formen, deren Psilophytennatur keinem Zweifel unterliegt.

Die Psilophytopsida zeigen recht deutlich eine Differenzierung in 3 Gruppen, die verschiedene Entwicklungslinien darstellen und daher als Ordnungen betrachtet werden. Vor allem nordamerikanische Forscher gehen in der Trennung noch weiter und erheben diese 3 Gruppen in den Rang von Unterabteilungen; eine Auffassung, der wir uns nicht anschließen können.

Ordnung Rhyniales

Familie Rhyniaceae

Zu dieser Familie, die etwa 10 Gattungen umfaßt, gehören die ältesten und primitivsten Psilophyten. Sie besitzen völlig nackte Sproßachsen ohne Anhangsgebilde, meist noch keine Wurzeln, und die endständigen Sporangien haben, soweit bekannt, noch keinen differenzierten Öffnungsmechanismus. Allenfalls in der Gattung *Horneophyton* dürfte ein solcher ausgebildet sein.

Zur Gattung *Cooksonia* gehören die ältesten bisher festgestellten Landpflanzen. Diese zarten Gewächse wurden nur etwa 3 bis 7 cm groß und bestanden aus mehrfach dichotom gegabelten, einfachen Sproßachsen. Am Ende der Achsen saßen quer verbreiterte, nierenförmige Sporangien. Die ältesten Cooksonien konnten inzwischen aus dem unteren Silur (Wenlock) belegt werden, sie lebten somit vor etwa 425 Millionen Jahren. Da jedoch Sporen, die von *Cooksonia pertoni* bekannt sind, auch in der untersten Silurstufe, dem Llandovery, nachgewiesen wurden, ist ein Auftreten von Landpflanzen bereits an der Grenze von Ordovizium zum Silur zu erwarten. Auch aus den folgenden Stufen des Silurs sind *Cooksonia*-Arten bekannt. Bisher wurden 7 Arten dieser Gattung beschrieben, die sich z. T. aber nur geringfügig unterscheiden. Sie reichen bis ins unterste Unterdevon (Gedinnian). Erstaunlich und bis jetzt nicht recht erklärbar ist ihre ungemein weite Verbreitung: Man kennt Cooksonien von West- und Mitteleuropa, Kasachstan, Sibirien, Nordamerika und neuerdings auch von Australien. Eine solche fast »weltweite« Verbreitung hatten auch andere Psilophyten. Es muß allerdings dabei berücksichtigt werden, daß die Kontinente im Silur und Devon eine völlig andere Lage zueinander hatten als heute. Außerdem betrug die Zeit-

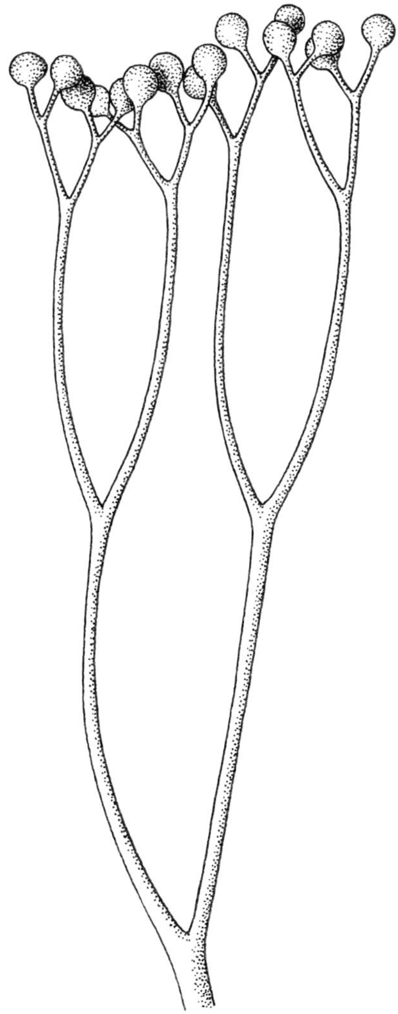

Cooksonia caledonica, eine der ältesten und einfachsten Landpflanzen. Dieser Psilophyt war nur einige Zentimeter groß (nach Daber).

spanne vom Wenlock bis zum Gedinnian immerhin etwa 25 Millionen Jahre!

Steganotheca striata, die im Pridoli von Wales zusammen mit *Cooksonia* entdeckt wurde, war ebenfalls ein zartes Pflänzchen, das im Habitus *Cooksonia* ähnelte, aber längliche Sporangien ausbildete. Funde von *Salopella australis* konnten vom oberen Silur (Ludlow) bis zum frühen Unterdevon (Siegenian) festgestellt werden. Diese Art bildete zwei- bis dreimal dichotom gegabelte, einfache Sproßachsen aus, die einen dünnen zentralen (etwa 0,2 mm großen) Gefäßstrang besaßen. Am Ende der Achsen wurden längliche Sporangien gebildet, die mit durchschnittlich etwa 10 mm bereits sehr groß waren. Diese Pflänzchen, deren Basalteile noch unbekannt sind, erreichten wenigstens 15 cm. Sie wurden in Australien gefunden. Bisher unterschied man 3 *Salopella*-Arten. Diese aus jüngster Zeit stammenden Funde zeigen einerseits, wie unvollständig die Erforschung vieler Gebiete unserer Erde für das Silur und Devon immer noch ist, aber andererseits auch, daß sich bereits im (oberen) Silur eine offenbar viel größere Formenmannigfaltigkeit an Landpflanzen herausgebildet hatte, als bisher vermutet wurde. Hier sind noch viele weitere Forschungen notwendig!

Es sei auf die Tabelle der geologischen Gliederung und Zeitskala verwiesen, wobei das Silur und besonders das Devon von besonderer Bedeutung für die Psilophyten und andere frühe Pteridophytengruppen sind. Doch genügt nicht, sich nur auf die Systeme zu beschränken, es müssen auch die Stufen berücksichtigt werden.

Eine der bestbekannten Gattungen ist *Rhynia*. Ihre 2 Arten gelten mit Recht als Musterbeispiele sehr einfach gebauter Psilophyten und Landpflanzen. Sie wurden von Kidston und Lang in den Hornsteinen bei dem Ort Rhynie entdeckt, von dem man den Gattungsnamen ableitete. Diese Ablagerungen gehören nach neueren Untersuchungen dem Unterdevon (Siegenian) an. Die Pflanzen sind in dem Substrat, einer verkieselten Torfbank, in einer geradezu erstaunlichen Weise erhalten geblieben, so daß sie bis in alle Feinheiten untersucht werden konnten. Bei Mikroaufnahmen von Dünnschliffen (s. Abb.) könnte man meinen, es handele sich um Schnittbilder rezenter Pflanzen. Dabei ist das Material etwa 400 Millionen Jahre alt! Auch der Nichtfachmann wird ohne weiteres verstehen, daß Aussagen über diese Pflanzen und Rekonstruktionen nicht der Phantasie eines Forschers bedurften, sondern als Tatsachen gelten könnten.

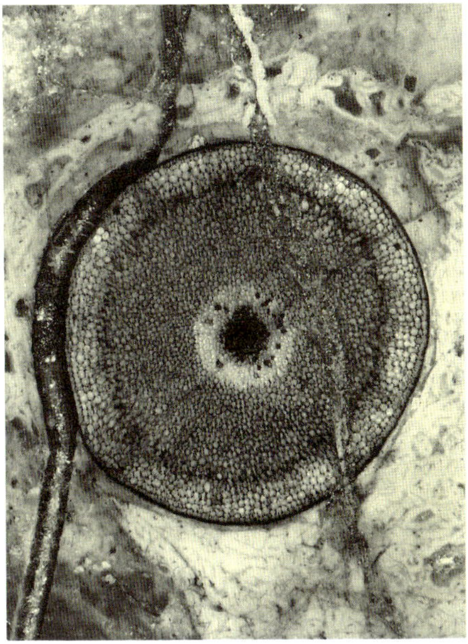

Sproßquerschliff von *Rhynia major*. Das Xylem im Zentrum ist der dunkle Teil, das Phloëm ist als heller Ring sichtbar. Epidermis mit vereinzelten Spaltöffnungen. Die äußerste dunkle Schicht ist die Kutikula (Daber 1972).

Rhynia gwynne-vaughani ist die kleinere der beiden Arten. Die Pflanzen waren nur ungefähr 20 cm groß und bestanden aus gabelig verzweigten, etwa 2 mm dicken Sproßachsen, die an rhizomartig kriechenden Achsen, die mit Rhizoiden besetzt waren, entsprangen. Im oberen Teil waren kürzere, an der Ansatzstelle eingeschnürte Seitentriebe ausgebildet, die wahrscheinlich vegetative Vermehrungsorgane darstellten. Sie sind etwa mit dem vergleichbar, was bei anderen Pflanzen als »Brutäste« bezeichnet wird. Auf ihrer Oberfläche befanden sich kleine Wärzchen, die aus dünnwandigen, senkrecht zur Oberfläche gestellten Zellen bestanden.

Der anatomische Bau der Sproßachsen ist überaus einfach. Der größte Teil besteht aus parenchymatischem Grundgewebe, das ein zentrales Leitbündel umgibt. Es weist im Inneren ein wenigzelliges Xylem aus Ring-, seltener Schraubentracheïden auf und einen Phloëmring, der es umschließt. Diese Anordnung des Leitgewebes, das zugleich Festigungsfunktion ausübt, bezeichnet man als Protostele. Eine solche Achse ist viel mehr auf Zug- als auf Biegefestigkeit gebaut und deutet eigentlich auf eine wasserbewohnende Form hin. Daß *Rhynia gwynne-vaughani* jedoch eine Land- oder Sumpfpflanze war und ihre aufrechten Achsenteile Luftsprosse darstellen, beweisen die Spaltöffnungen, die in der noch wenig differenzierten Epidermis verstreut vorhanden sind, sowie die Ausbildung einer kräftigen Kutikula. Insgesamt weisen diese Stengel eine Struktur auf, die ganz derjenigen entspricht, die theoretisch von einer ursprünglichen Gefäßpflanze zu erwarten ist.

Die länglichen Sporangien sind ebenfalls gut bekannt. Sie haben einen Durchmesser von nur etwa 1,5 mm und eine Länge von etwa 3 mm, setzen sich aber scharf von der Sproßachse ab; die Sporangienbasis ist fast kragenartig ausgebildet. Die Sporangienwand ist mehrschichtig – außen eine derbe Epidermis, innen eine Art Tapetenschicht –, und der gesamte Innenraum wird von kugeltetraëdrischen Sporen erfüllt. Eine vorgebildete Öffnungsstelle, wie etwa bei den Farnsporangien, wurde nicht ausgebildet. Die Sporen wurden offenbar erst beim Zersetzen der Sporangien frei. Man fand jedoch auch einige »Sporangien«, die keine Differenzierung in eine besonders ausgebildete Wandschicht usw. aufwiesen. Bei ihnen wurden die Sporen somit in undifferenzierten Spitzenpartien von Sproßachsen ausgebildet. Ob es sich hierbei um Mißbildungen handelt, läßt sich schwer beurteilen. Auf jeden Fall zeigen diese Bildungen, daß Sporangien nichts anderes als modifizierte Achsenenden darstellen, wie es auch von Grünalgen bekannt ist. Somit geben sie wertvolle entwicklungsgeschichtliche Hinweise.

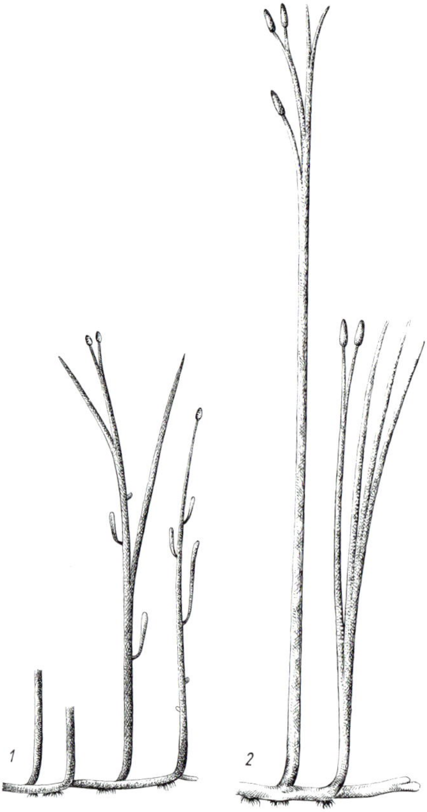

Rekonstruktion von *Rhynia gwynne-voughani* (1) und *Rhynia major* (2). Die Rhynien gehören zu den einfachst gebauten Landpflanzen (nach Kidston und Lang).

Längsschliff durch ein Sporangium von *Rhynia major*

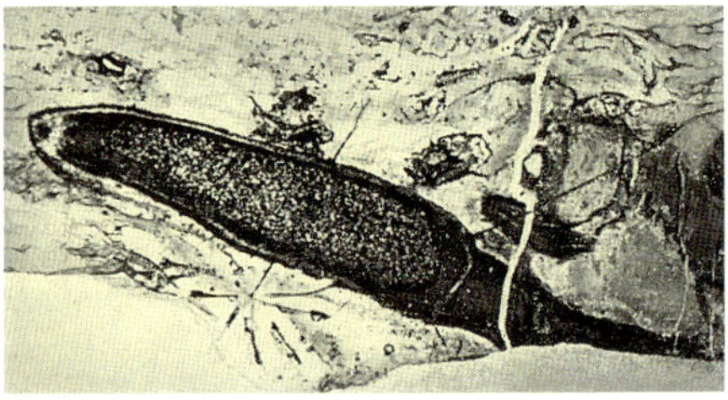

Rhynia major ist in vieler Hinsicht der eben vorgestellten *Rhynia gwynne-vaughani* ähnlich. Sie wurde jedoch gut doppelt so groß und war überhaupt in allen Teilen kräftiger entwickelt (bis 50 cm groß, Sproßachsen 1,5 bis 6 mm dick, Sporangien bis 12 mm lang

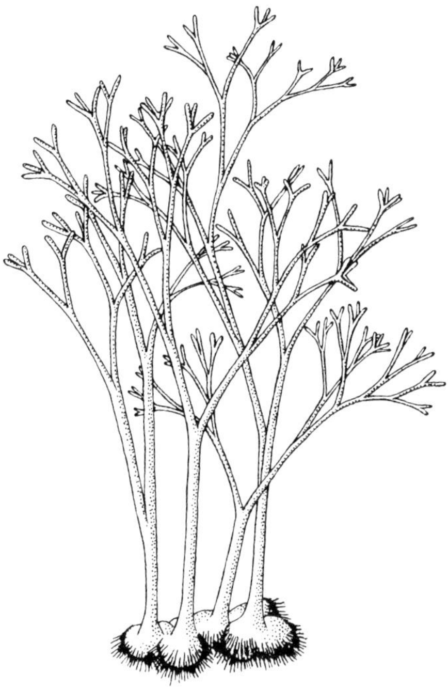

1

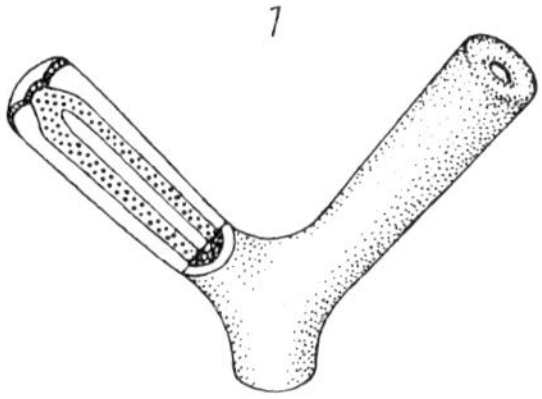

2

Rekonstruktion von *Horneophyton lignieri.* Ganze Pflanze (1) und zwei Sporangien (2), davon das linke im Längsschnitt. Die zentrale Columella ist deutlich zu erkennen (nach Eggert).

und bis 4 mm im Durchmesser). Dementsprechend sind auch die Gewebe etwas stärker ausgebildet. Vor allem ist das Xylem stärker entwickelt und weist bereits eine Differenzierung in ein inneres Protoxylem und ein äußeren Metaxylem aus deutlich weiterlumigen Tracheiden auf. Der Fortschritt in der inneren Wasserversorgung, die ja für Landpflanzen eine wichtige physiologische Angelegenheit ist, zeigt sich hier bereits deutlich. Da die Sproßachsen glatt sind und keine warzenartigen Erhebungen aufweisen, macht *Rhynia major* einen noch stärker binsenartigen Eindruck als *Rhynia gwynne-vaughani.*

Von der Gattung *Horneophyton* ist bis jetzt nur eine Art bekannt: *Horneophyton lignieri.* Auch diese, kaum mehr als 15 cm große Pflanze wurde in den Hornsteinen von Rhynie entdeckt und wuchs offenbar gemeinsam mit den beiden *Rhynia*-Arten, denen sie in mancher Hinsicht ähnlich ist. Die ebenfalls nackten Sproßachsen entsprangen jedoch einer mit Rhizoiden besetzten Rhizomknolle. Die Knollen hängen oft zu mehreren hintereinander und tragen je einen Luftsproß. Die bedeutendsten Abweichungen liegen aber im Bau der Sporangien. Diese sind nämlich nicht vollständig von Sporentetraden (Sporenvierlingen) erfüllt, sondern haben einen zentralen Strang sterilen Gewebes, eine Kolumella, die vom Achsengewebe in das Sporangium hineinreicht. Außerdem besitzt *Horneophyton* schon eine spezielle Öffnungsstelle an der Spitze der Sporangien, wie neuere Nachuntersuchungen von Eggert ergaben. Die Kolumellabildung führte übrigens zu mancherlei Spekulationen: Da auch die Kapseln (Sporangien) der recht ursprünglichen Moosgattung *Anthoceros* und der Laubmoose derartige Kolumellabildungen aufweisen, sahen einige Forscher darin einen Hinweis für eine mögliche Abstammung der Moose von den Psilophyten. Dagegen sprechen jedoch viele andere Befunde. Die Kolumellabildungen bei den genannten Moosgruppen und bei *Horneophyton* sind sicher nur als Konvergenzentwicklungen aufzufassen und dürften keine stammesgeschichtlichen Rückschlüsse erlauben.

Die bisherigen Angaben über *Rhynia, Horneophyton* und andere Rhyniaceen betrafen jeweils nur den Sporophyten. Daß es sich bei den fossil erhaltenen Resten um diese Generation handelt, zeigten die Ausbildung von Sporangien bzw. Sporen, mit denen die Generation des Sporophyten abschließt.

Über den Gametophyten von *Rhynia* war lange Zeit nichts bekannt, obwohl man eigentlich erwarten könnte, daß dieser unter den außergewöhnlich guten Erhaltungsbedingungen des Hornsteines von Rhynie nachweisbar sein müßte. Das Ergebnis solcher zielgerichteter Untersuchungen ist bis jetzt umstritten. Der französische Forscher

Lemoigne veröffentlichte 1968 Dünnschliffe von *Rhynia*-Rhizomen, die eindeutig Archegonien, sogar mit solchen diffizilen Einzelheiten, wie Eizelle, Bauch- und Halskanalzellen, zeigten. Demnach wäre das *Rhynia*-»Rhizom« der Gametophyt gewesen. Das erscheint keineswegs unwahrscheinlich, da eine solche Gametophytenausbildung auch bei rezenten Pteridophyten, wie bei den Gattungen *Ophioglossum* oder *Psilotum* vorkommt. Das wäre sogar ein Argument für die von einigen Pteridologen vertretene Auffassung einer gewissen Verbindung zwischen Psilophytopsida und den Psilotopsida. Die Rhynien hätten danach bereits einen stark heteromorphen Generationswechsel aufgewiesen.

Von weiteren Gattungen der Rhyniaceen seien nur wenige erwähnt. Aus der Gattung *Hicklingia* wurden bisher 2 Arten des Mitteldevons beschrieben. Die nackten Sproßachsen der knapp 20 cm hohen Pflanzen standen büschelig, hatten ebenfalls eine dichotome Verzweigung und trugen am Ende der Sprosse etwa 2 mm große Sporangien. Anatomische Einzelheiten sind bisher nicht bekannt. Von der im Unterdevon Australiens gefundenen *Hedeia corymbosa* kennt man nur obere Teile der Pflanze; länglich-ovale Sporangien befanden sich an den Enden mehrfach dichotom gegabelter, dichtstehender, nackter Sproßachsen. Von einigen Forschern wird diese Art als möglicher Vorläufer der Gattung *Yarravia* betrachtet, von der bisher 4 Arten beschrieben wurden. Kennzeichnend für diese Gattung ist, daß mehrere (wohl 6) linealisch-ovale Sporangien zu einem Synangium verwuchsen, das am Ende gabelig verzweigter Achsen stand. *Yarravia* wurde im Unterdevon von Frankreich, des Kusbas (Sowjetunion) und Australiens gefunden. Sie dürfte somit wohl weltweit verbreitet gewesen sein.

Ordnung Zosterophyllales

Familie Zosterophyllaceae

Die Umgrenzung dieser Familie ist noch nicht ganz sicher und wird von einzelnen Forschern verschieden gehandhabt. Dementsprechend schwankend ist die Zahl der zu ihr gerechneten etwa 10 Gattungen und 30 bis 40 Arten. Außer *Zosterophyllum* gehören die Gattungen *Sawdonia, Crenaticaulis, Gosslingia, Distichophytum (Bucheria)* und *Orcilla* dazu, wahrscheinlich auch *Taeniocrada*, die früher vielfach zu den Rhyniaceen gestellt wurde.

Als kennzeichnend für die Familie wird die Stellung der Sporangien angesehen: Sie wa-

Rekonstruktion von *Taeniocrada langi* (Schweitzer)

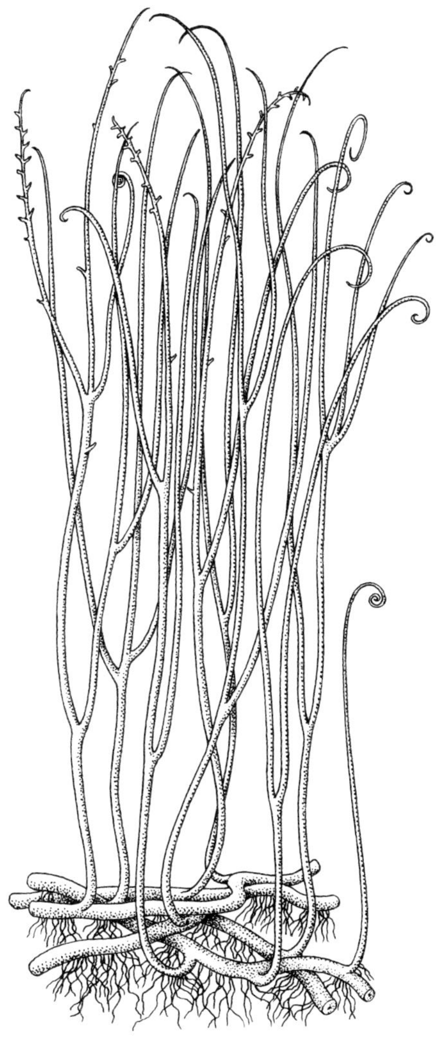

ren fast ungestielt oder saßen am Ende mehr oder weniger kurzer Achsen und bildeten ährenartige Sporangienstände (s. Abb.); die Sporangien standen oft zweireihig, aber auch einreihig oder spiralig. Außerdem war ein Öffnungsmechanismus ausgebildet. Gerade diese ährenartigen Sporangienstände sind für viele nordamerikanischen Paläobotaniker ein wesentlicher Grund, die Zosterophyllen als ganz selbständige Gruppe aufzufassen. Wird jedoch *Taeniocrada* zu dieser Familie bzw. Ordnung gerechnet, sind die Differenzen in der Sporangienstellung keineswegs mehr so sehr gravierend gegenüber den Rhyniaceen. *Taeniocrada* könnte sogar einem Bindeglied entsprechen.

Zur Gattung *Taeniocrada* werden etwa 15 Arten gerechnet, jedoch sind etliche mehr oder weniger zweifelhaft. Die meisten Arten wurden im Unterdevon gefunden, andere auch schon im oberen Silur. Die Gattung scheint weltweit verbreitet gewesen zu sein. Die früher durchweg vertretene Auffassung, die *Taeniocrada*-Arten seien untergetaucht wachsende Wasserpflanzen gewesen, bei denen nur die Sporangienstände aus dem Wasser herausragten, dürfte zumindest nicht für alle Arten zutreffen. Es waren wohl in erster Linie Sumpfpflanzen, die am Rande von Gewässern auf dauernd feuchtem Boden gediehen. Sie vertrugen offenbar eine zeitweilige Überflutung. Die vegetativen Teile bestanden aus rundlichen Sproßachsen mit einem zentralen Leitbündel und waren mehrfach dichotom verzweigt. Gerade in zusammengedrücktem Zustand, wie es bei der Fossilisation oft der Fall ist, erinnern sie habituell an Algen. So ist es nicht überraschend, daß sie lange Zeit als »Seetange« angesehen und unter dem Namen »*Haliserites*« beschrieben wurden. Erst als man die Fruktifikation entdeckte, klärte sich ihre Zugehörigkeit zu den Psilophyten. Die in einem Sporangienstand stehenden Sporangien waren unterschiedlich lang gestielt und scheinen keinen Öffnungsmechanismus ausgebildet zu haben. Im einzelnen sind sie jedoch von Art zu Art recht verschieden. Gerade diese Merkmale unterschieden *Taeniocrada* von der sonst recht ähnlichen Gattung *Zosterophyllum*. *Taeniocrada decheniana* muß im Rheinland stellenweise so häufig vorgekommen sein (»Haliseritenschichten«), daß es bei Daun in der Eifel sogar zu einer gewissen Kohlebildung kam. Daß die Gattung *Taeniocrada* jetzt in die Nähe der Gattung *Zosterophyllum*

Sporangienstände von Zosterophyllaceen. 1 *Taeniocrada decheniana*. 2 *Zosterophyllum rhenanum*. 3 *Sawdonia ornata*

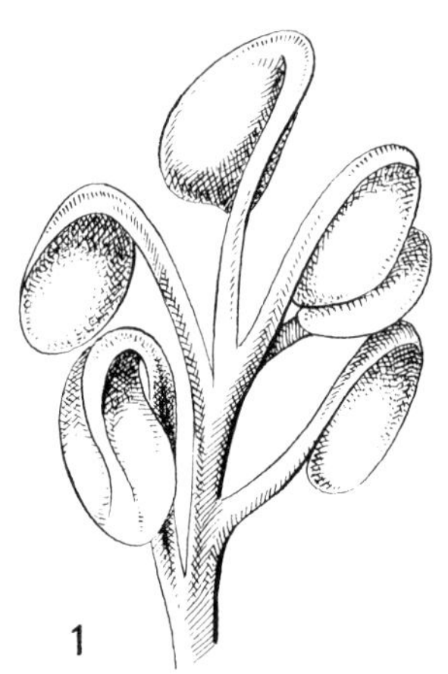
1

2

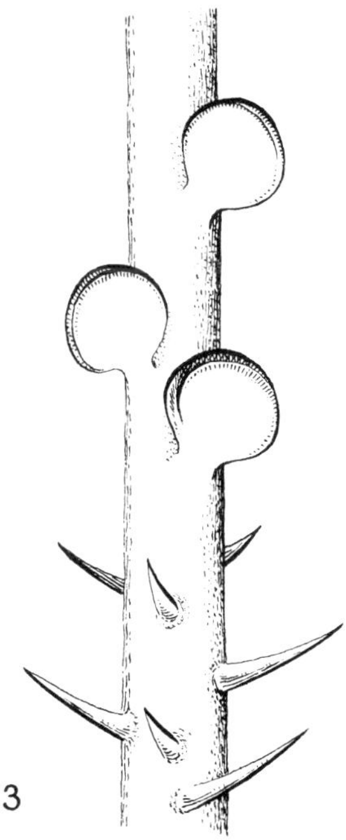
3

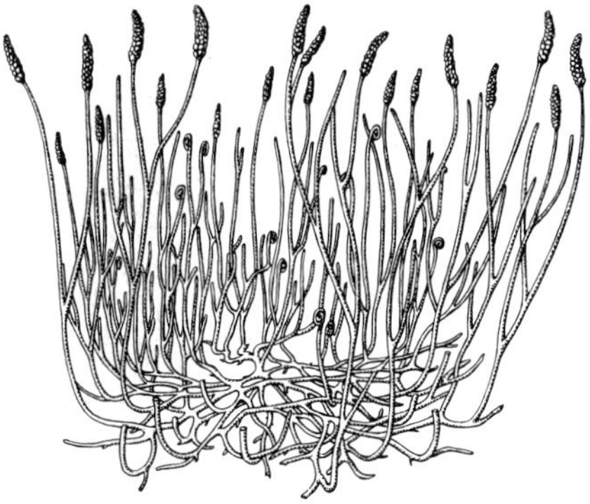

Zosterophyllum rhenanum. Rekonstruktion der Pflanze nach Schweitzer

gestellt wird, beruht nicht zuletzt auf der völlig übereinstimmenden Gametophytenentwicklung, auf die wir bei *Zosterophyllum* noch eingehen werden.

Recht gut bekannt ist die Gattung *Zosterophyllum* mit etwa 20 Arten. Diese hatten rundliche, nackte Sproßachsen mit einer Mittelrippe, waren gabelig verzweigt und wiesen in den vegetativen Teilen viele Übereinstimmungen mit der Gattung *Taeniocrada* auf. Die habituelle Ähnlichkeit mit dem Seegras *(Zostera)* bewog Penhallow zur Wahl des Namens *Zosterophyllum* (Seegras-Blatt). Die bei einigen Arten ungestielten, bei anderen kurz gestielten Sporangien stehen in größerer Zahl seitlich an der Hauptachse und bilden eine Ähre. Sie öffneten sich mit einem Querspalt. Wohl alle *Zosterophyllum*-Arten – auch *Zosterophyllum rhenanum* – waren Sumpfpflanzen. Bei einigen, z. B. *Zosterophyllum myretonianum*, konnten Spaltöffnungen nachgewiesen werden.

Den Gametophyten und den gesamten Entwicklungszyklus aufzuklären, gelang dem Bonner Paläobotaniker H.-J. Schweitzer erst vor wenigen Jahren. Dieser Forscher untersuchte 15000 bis 20000 Exemplare von »*Sciadophyton*«, einer kleinen, sternförmi-

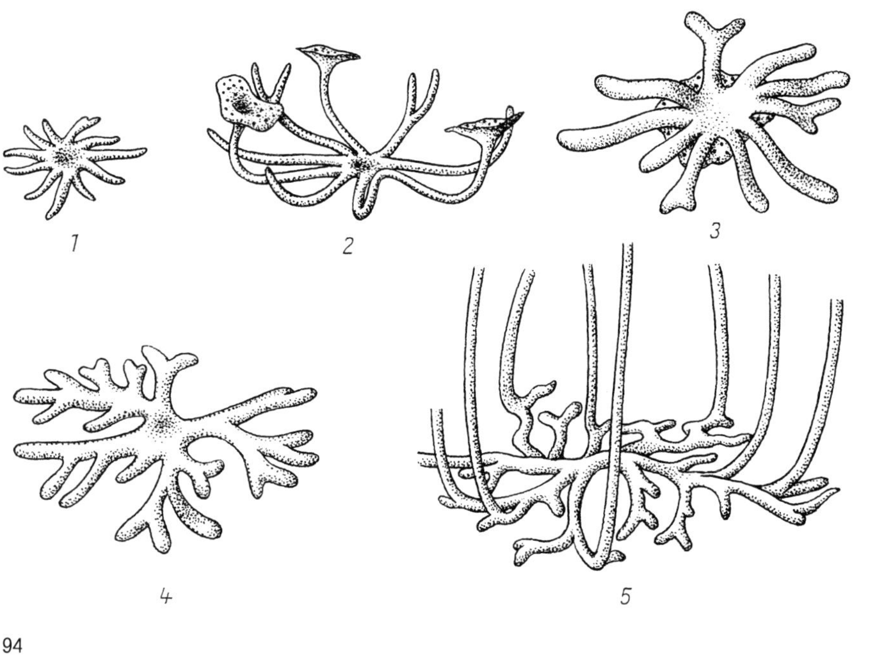

Generationswechsel von *Zosterophyllum rhenanum.* Rekonstruktionen von Schweitzer. Nach der Sporenaussaat sich entwickelnder sternförmiger Gametophyt (Prothallium) (1); geschlechtsreifer Gametophyt mit Gametangienträger (2); Befruchtung; vom Prothallium abgelöster Gametangienträger mit sich entwickelnden Sporophyten (3), die Sprosse des jungen armförmigen Sporophyten werden zu Rhizomen (4), an den Rhizomen entstehen bogenförmig aufsteigende Luftsprosse des Sporophyten (5).

gen Pflanze, die seit 1871 bekannt war. Mehr als 100 Jahre konnte man diese Gebilde aber nicht deuten und stellte sie als »unklar« anhangsweise zu den Psilophyten. Schweitzer gelang es nachzuweisen, daß »*Sciadophyton*« der lange gesuchte Gametophyt von *Zosterophyllum rhenanum* und *Taeniocrada langi* ist. Aus der Spore entwickelte sich zunächst ein sternartiges Gebilde, das nur wenige Zentimeter im Durchmesser maß. Einige Arme richteten sich dann bogig auf und bildeten am Ende rundliche, flach-trichterige Gametangienträger von 1 bis 2 cm Durchmesser. Auf deren Oberseite entstanden schließlich Antheridien und Archegonien. Nach der Befruchtung der Eizelle eines Archegons bildete sich auf dem Gametangienträger wiederum ein strahlenartiges Gebilde, das dem jungen Sporophyten entsprach. Nach Abbrechen oder Umsinken des Gametangienträgers wuchsen die strahlenartigen Triebe unter vielfacher Verzweigung weiter und wurden zu Rhizomen, an denen später bogenförmig aufsteigende Luftsprosse entstanden, die schließlich Sporangien ausbildeten.

Für die Sporenkeimung und die Gametophytenentwicklung war ein ständig feuchter oder nasser Standort Voraussetzung, wie er am Ufer von flachen Seen vorhanden ist. Die Zosterophyllaceen besaßen somit bereits im Unterdevon einen ungemein komplizierten heteromorphen Generationswechsel, der jedoch im Prinzip dem rezenter isosporer Pteridophyten entspricht.

Zosterophyllum-Arten traten erstmalig im Gedinnian auf und waren im Unterdevon offensichtlich weltweit verbreitet, denn es sind Fossilreste aus allen Erdteilen bekannt.

Eine andere, ebenfalls aus dem Unter- und Mitteldevon festgestellte Zosterophyllacee ist die Gattung *Sawdonia* mit 3 Arten. Deren Achsen besaßen jedoch kleine dornartige Anhängsel. Auch auf Grund anderer Merkmale vertreten mehrere Forscher die Ansicht, daß solche Formen einen Ausgangspunkt für eine Entwicklung in Richtung *Asteroxylon* und damit der Bärlappe sein könnten.

Ordnung Psilophytales

Familie Psilophytaceae

In den letzten 2 Jahrzehnten gewann man besonders über die Psilophytales eine Vielzahl neuer Erkenntnisse. Sie können jetzt wesentlich besser umgrenzt und charakterisiert werden als früher, auch wenn nach wie vor manche Frage offen ist. Noch wenig geklärt ist z. B., ob man die Formenvielfalt in nur einer Familie zusammenfassen kann. Zweifellos stellen die Psilophytales eine devonische Landpflanzengruppe dar, die wesentlich höher entwickelt war als die Rhyniales und die Zosterophyllales.

Die ältesten Formen erreichten zwar auch nur Größen von 25 bis 30 cm, lagen damit durchaus noch im »Rhynien-Bereich«; doch die meisten waren schon kräftigere und größere Gewächse und mit Wuchshöhen von einem Meter und mehr. Die Wuchsform war keineswegs einheitlich. Manche *Psilophyton*-Arten besaßen die wohl ursprüngliche dichotome Verzweigung, wie *Psilophyton dapsile* und *P. kräuselii*; andere bildeten mehr oder weniger durchgehende (pseudomonopodiale) Hauptachsen aus, wie *Psilophyton princeps* und *P. forbesii*, und wieder andere wiesen eine trichotome Verzweigung auf, bei der an einer Verzweigungsstelle nicht 2, sondern 3 Gabelungsäste hervorgehen. Ebenso verschieden war die Ausbildung von Anhangsgebilden; manche Psilophytales hatten noch *Rhynia*-artige »nackte« Achsen, wie z. B. *Psilophyton dapsile*, andere haar-, stielchen- oder dornartige Anhängsel, die jedoch nur Emergenzen, aber keinen Blattbildungen entsprechen. Auch das zentrale Leitbündel der Sproßachsen wies eine höhere Entwicklung auf als das der Rhynien, zumindest in quantitativer Hinsicht.

Für die Psilophytales ist besonders der reproduktive Bereich kennzeichnend. Die länglichen, je nach Art etwa 2 bis 8 mm großen Sporangien waren immer in Paaren am Ende mehr oder weniger kurzer Achsen ausgebildet und öffneten sich mit einem Längsspalt. Im einzelnen war die Stellung der Sporangien recht kompliziert. Bei vielen Psilophytales verzweigten sich die Achsen des fertilen Bereiches unmittelbar nacheinander mehrfach dichotom oder trichotom, so daß

Rekonstruktion von *Psilophyton crenulatum* (nach Doran, vereinfacht)

schließlich die Sporangienpaare ganze Sporangienbüschel bildeten, wie bei *Psilophyton crenulatum, P. dawsonii* und *Pertica quadrifaria* (s. Abb.). Diese 3 Rekonstruktionen vermitteln uns auch eine Vorstellung von der Entwicklungsspanne, die bei dieser Ordnung bzw. Familie besteht.

Die Gattungen *Pertica* und *Trimerophyton* sind die am höchsten entwickelten Psilophytales; sie waren nicht nur größer als die meisten *Psilophyton*-Arten, auch die Hauptachse trat gegenüber den Nebenachsen viel stärker hervor.

Die Psilophytales erweisen sich somit als eine sehr vielgestaltige Pflanzengruppe, die in einer geologisch recht kurzen Zeit – kaum mehr als 15 Millionen Jahre! – eine bemerkenswerte Differenzierung und Vielfalt erreichte.

Als älteste Psilophytale gilt z. Z. *Psilophyton dapsile*, die schon an der Grenze Gedinnian/Siegenian auftrat. Die meisten anderen *Psilophyton*-Arten (die Gattung umfaßt etwa 12 Arten) sind aus dem Siegenian, vor allem aber

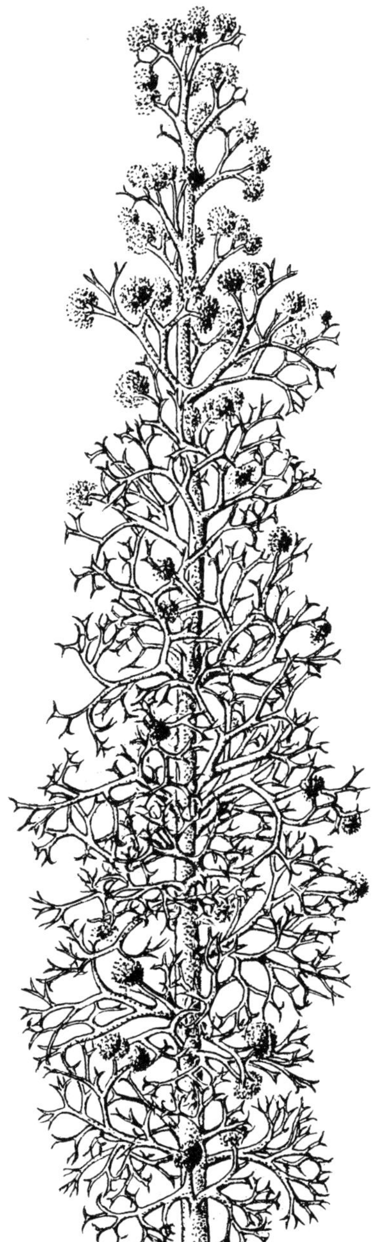

Rekonstruktion von *Pertica quadrifaria*, einem der höchstentwickelten Psilophyten, der bereits eine Übergangsstellung zu den Aneurophytopsida einnimmt (nach Kasper und Andrews)

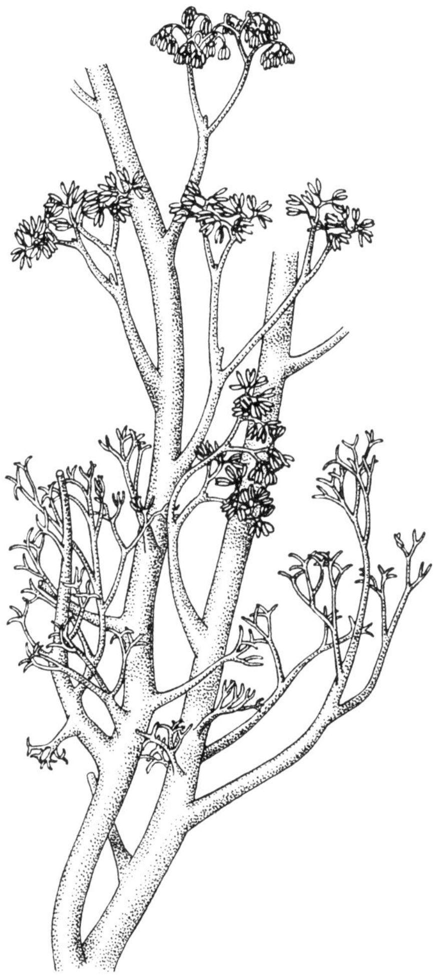

Rekonstruktion von *Psilophyton dawsonii*, einer hochentwickelten Psilophytale (nach Banks, Leclercq und Hueber)

aus dem Emsian nachgewiesen. In das untere Mitteldevon (Eifelian) reichen nur wenige hinein und im späteren Mitteldevon dürfte die Gattung erloschen sein. Übrigens erwies sich das Siegenian und das Emsian für Landpflanzen (nicht nur Psilophyten) als eine Zeit ungemein rascher Sippenentwicklung (Radiation). Allein aus diesen beiden Zeitabschnitten konnten bisher mehr als 50 neu auftretende Sippen von Landpflanzen als Makrofossilien nachgewiesen werden. Die Zahl der Sippen war aber sicher viel größer, da aus dieser Zeit etwa 100 neue Sporentypen auftraten, die Landpflanzen zugerechnet werden.

Gametophyten sind bisher von keiner Psilophytale bekannt geworden.

Die Psilophytales können als Ausgangsgruppe für weitere Entwicklungen angesehen werden, die zu den Farngruppen der Cladoxylales und Coenopteridales, sowie zu den Progymnospermen (Aneurophytopsida) überleiten. Bei manchen Formen ist es gegenwärtig schwierig zu beurteilen und z. T. Auffassungssache, ob man sie noch zu den Psilophytales oder schon zu einer der eben genannten Gruppen rechnet.

Obwohl die Kenntnisse über die Psilophytopsida in letzter Zeit stark zugenommen haben und zu gar mancher Korrektur eingebürgerter Lehrbuchdarstellungen führten, sind noch viele Fragen ungeklärt. Dies wird durch das hohe Alter dieser Pflanzengruppe und der damit zwangsläufig verbundenen sehr lückenhaften Überlieferung bedingt. So ist noch offen, ob die Psilophytopsida eine entwicklungsgeschichtlich einheitliche Gruppe darstellen oder nicht, da ihre Herkunft immer noch völlig im Dunkeln liegt. Zwar kommen als Vorfahren nur irgendwelche Grünalgen in Frage; unter den rezent und fossil bis jetzt bekannten Formen gibt es jedoch keine, die für eine Ableitung der Psilophyten insgesamt oder gar einzelner Gruppen (Rhyniales, Zosterophyllales) in Betracht zu ziehen wäre.

Klasse Bärlappe, Lycopodiopsida

Heute spielen in der Pflanzenwelt Bärlappe nur eine äußerst bescheidene Rolle. Von den etwa 250 000 Arten höherer Pflanzen, die jetzt unsere Erde besiedeln, entfallen nur etwa 1 200 Arten auf diese Klasse. Die heutigen Lycopodiopsida (die Bezeichnung wird oft zu »Lycopsida« verkürzt) sind durchweg krautige, oft unscheinbare Pflanzen, die meist niederliegend am Boden oder auf anderen Gewächsen epiphytisch leben. Auch einige Wasser- und Sumpfpflanzen gibt es unter ihnen.

Wie viele rezente Gattungen unterschieden werden, hängt von den Auffassungen der Bearbeiter ab; das subjektive Ermessen ist dabei recht erheblich. Wir unterscheiden 7 Gattungen: *Huperzia, Lycopodium, Lycopodiella, Phylloglossum, Stylites, Isoëtes* und *Selaginella*; andere Taxonomen lassen nur 4 Gattungen gelten, während wenige eine stärkere Gattungsaufspaltung befürworten. Übereinstimmung besteht jedoch weitgehend darüber, die rezenten Gattungen in 3 Familien zusammenzufassen. Insgesamt sind die gegenwärtig vorkommenden Lycopsiden verhältnismäßig einförmig. Sie stellen nur die letzten Reste einer Pflanzengruppe dar, deren Entwicklungshöhepunkt schon sehr weit zurückliegt; sie sind nichts anderes als »lebende Fossilien«.

Über die Anfänge der Bärlappe ist noch nichts Sicheres bekannt. Es gibt zwar viele Hinweise, daß sie aus Psilophyten hervorgegangen sind und schon sehr früh eine selbständige Entwicklung eingeschlagen haben. Einige vordevonische Funde können noch nicht sicher den Lycopsiden zugerechnet werden, oder sie sind in zeitlicher Hinsicht umstritten, wie die angeblich obersilurischen *Baragwanathia*-Funde. Reste, die mit Sicherheit zu den Lycopsiden gehören, kennen wir bereits aus dem Unterdevon. Schon zu dieser Zeit, besonders jedoch im Mittel- und Oberdevon, wiesen sie eine überaus beachtliche Formenmannigfaltigkeit und Entwicklungshöhe auf, und im Oberkarbon, d. h. vor etwa 300 bis 330 Millionen Jahren, erreichten sie den Höhepunkt ihrer Entfaltung. Sogar samenbildende Formen gab es damals. In jene Karbonzeit fällt nicht nur ihre Massenentfaltung, sondern auch ihr Formenreichtum war ungleich größer als heute. Vielfach beherrschten sie das Landschaftsbild, und besonders in den Steinkohlenwäldern dominierten die Bärlappbäume neben den ebenfalls baumförmigen Calamiten und Cordaiten. Im obersten Oberkarbon und besonders im Perm gingen diese Lycopsiden dann rapide zurück. Aus den folgenden Erdzeitaltern sind nur recht geringe Reste einiger weniger Gruppen überliefert, die z. T. zu rezenten Bärlappen überleiten.

Gerade wegen der Fülle fossiler Formen, die zudem nicht selten in mancherlei Hinsicht unvollständig bekannt sind, ist es immer noch recht schwierig, die Klasse der Lycopsiden allgemein und umfassend zu kennzeichnen. Wir müssen uns auf wenige Besonderheiten beschränken und möchten betonen, daß nicht alle der nachstehend angeführten Eigenschaften bzw. Merkmale auch bei allen Lycopsidengruppen vorhanden sind. Besonders diejenigen aus dem Bereich des Gametophyten kennen wir größtenteils nur von rezenten Arten; wie weit sie auch für fossile Bärlappe zutreffen, ist meist nicht bekannt.

Kennzeichnend für die Lycopodiopsida sind vor allem die *mikrophylle Beblätterung* und die Stellung der Sporangien auf der *Oberseite der Blätter* (Sporophylle). Bei den Lycopsiden handelt es sich um Gafäßpflanzen mit echten Wurzeln und gut entwickelten Leitbündeln; die anatomische Differenzierung der Sproßachsen ist jedoch bei den einzelnen Ordnungen sehr verschieden weit gediehen und wird in den entsprechenden Abschnitten dargestellt. Die Verzweigung der Sprosse erfolgt bei den einfachen Formen nach dem dichotomen Prinzip, das jedoch schon bald von pseudomonopodialem und schließlich rein monopodialem Wuchs abgelöst wurde. An den Sproßachsen sitzen spiralig gestellte Blätter, die stets sehr einfach gebaut sind. Immer handelt es sich um pfriemliche oder linealische Blätter mit einer Mittelrippe, die Verbindung zu Blattspursträngen der Achsen haben. Auch wenn die Größe der Blätter recht unterschiedlich sein kann – die Spanne reicht von wenigen Millimetern bis zu gut einem Meter –, sind sie doch nie in einen Stiel oder eine mehr oder weniger aufgefächerte Blattspreite differenziert. Derartig morphologisch einfache Blätter bezeichnet man als »Mikrophylle«, wobei die Bezeichnung nicht sehr glücklich ist, da sie sich weniger durch ihre »Kleinheit« (Mikrophyll = Kleinblatt), sondern mehr durch morphologische Undifferenziertheit auszeichnen.

Die Sporangien sitzen, von wenigen Ausnahmen abgesehen, stets an der Oberseite

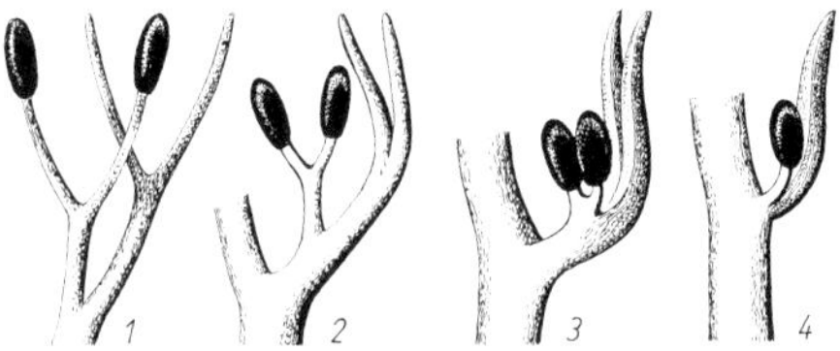

Theoretische Sporophyll-Entwicklung der Lycopsiden nach Zimmermann (1–4)

der Blätter und meist in deren Achseln. Diese die Lycopsiden kennzeichnende Eigenschaft hat sich jedoch, wie alles in der Natur, erst allmählich entwickelt. Die Herausbildung des Lycopsidenblattes aus einem Achsensystem, wie sie nach der Telomtheorie von Zimmermann dargestellt wurde (s. Abb.), trifft für die meisten Lycopsiden zu und konnte auch durch neue Untersuchungen bestätigt werden. Die Drepanophycales müssen jedoch dabei ausgeklammert werden. Auf sie scheinen die telomtheoretischen Vorstellungen der Blattentstehung nicht anwendbar zu sein. Daraus ergäben sich Konsequenzen in systematischer Hinsicht, auf die hier aber nicht weiter eingegangen werden kann.

Die sporangientragenden Blätter, die Sporophylle, sind im allgemeinen wenig von den normalen, der Assimilation dienenden Blättern, den Trophophyllen, verschieden. Größere Unterschiede bestehen in der Ausbildung der Sporangien und Sporen. Bei vielen Lycopsiden sind die Sporen gleich groß. Man bezeichnet dies als Isosporie oder Homosporie (Gleichsporigkeit). Eine höhere Entwicklungsstufe stellt dagegen die Heterosporie dar, bei der die männlichen und die weiblichen Sporen verschieden groß sind. Eine solche Heterosporie ist als Parallelentwicklung bei mehreren Lycopsidengruppen im Laufe der Zeit entstanden. Das gleiche gilt für die »Blütenbildung«. Die einfachsten Lycopsiden weisen eine solche noch nicht auf. Bei ihnen werden die Sporangien an jedem beliebigen Blatt gebildet. Bei etwas höher entwickelten Formen erfolgt die Ausbildung der Sporangien nur an den spitzennahen Blättern. Da die Sporen durch Luftströmungen weggetragen werden, ist eine solche Spitzenlage sicher für sie günstiger. Es ist leicht einzusehen, daß sich ein solches vorteilhaftes Merkmal rasch herausselektioniert hat. Wir kennen diese »Erfindung« bereits von einigen unterdevonischen Lycopsiden. Auf einer höheren Entwicklungsstufe treten die Sporophylle zu ähren- oder zapfenartigen Sporophyllständen zusammen und sind funktionell wie morphologisch von den der Assimilation dienenden Trophophyllen geschieden. Da auch der Sproßvegetationspunkt seine Tätigkeit mit der Ausbildung der Sporophylle einstellt, wird das Wachstum der mit Sporophyllen besetzten Sprosse begrenzt, es bildet sich eine der botanischen Definition entsprechende »Blüte«. Derartige »Blütenbildungen« sind innerhalb verschiedener Lycopsidengruppen mehrfach und unabhängig voneinander entstanden. Wir finden sie mit Ausnahme der Drepanophycales und Protolepidodendrales in allen Ordnungen.

Die Lycopsiden haben, wie alle Pteridophyten, einen verschieden gestaltlichen (heteromorphen) Generationswechsel. Über die eine Generation, den Sporophyten, wissen wir bei allen Lycopsiden gut Bescheid. Dieser stellt ja die eigentliche Lycopsidenpflanze dar und reicht bis zur Ausbildung der Sporen. Der aus diesen hervorgehende Gametophyt ist selbst bei rezenten Arten bisher nur verhältnismäßig selten bekannt, bei fossilen Arten entweder gar nicht oder allenfalls in Teilabschnitten. Sowohl die weiblichen Geschlechtsorgane, die Archegonien, als auch die männlichen, die Antheridien, sind im Prinzip genauso gebaut wie die der anderen Pteridophyten. Die Form der Begeißelung der Spermatozioden – ein Merkmal, dem meist hoher taxonomischer Wert zugemessen wird – ist nicht für die ganze Klasse einheitlich, sondern nur für die einzelnen Ordnungen. Während die Lycopodiales und die Selaginellales zweigeißelige Spermatozoide besitzen, sind diese bei den Isoëtales vielgeißelig. Wie sie bei den fossilen Lycopsiden gebaut waren, wird uns wohl immer verborgen bleiben.

Im ganzen Pflanzenreich ist mit steigender Entwicklungshöhe im allgemeinen eine zunehmende Reduktion des Gametophyten zu beobachten. Dies ist auch bei den Lycopsiden festzustellen. Die Gametophytenreduktion geht im männlichen wie im weiblichen Geschlecht bei den einzelnen Gruppen unterschiedlich weit. Das Extrem wird mit der Samenbildung erreicht. Zu dieser höchsten Entwicklungsstufe gelangten sogar 2 (oder 3?) Gruppen, die Samenbärlappe (Lepidocarpaceae) und die Miadesmiaceen.

Die Hauptentfaltung der Lycopsiden liegt, wie bereits gesagt, in längst vergangenen Zeiten. Deshalb enthält auch das System sehr viel mehr ausgestorbene als noch heute lebende Sippen. Da jedoch die Fossilüberlieferung immer nur lückenhaft ist und die systematische Bewertung fossiler Formen lediglich auf morphologischen und allenfalls anatomischen Befunden basiert, hat auch das System nur einen mehr oder weniger provisorischen Charakter. Neue Untersuchungen und Funde können jederzeit Anlaß zu Korrekturen geben. Andererseits ist auch ein gewisser Subjektivismus des jeweiligen Autors kaum auszuschließen.

Das System spiegelt im großen und ganzen die verschiedene Entwicklungshöhe der einzelnen Lycopsidengruppen wider. Danach lassen sich etwa 7 Ordnungen unterscheiden mit allerdings unterschiedlich klarer Umgrenzung. Problematisch sind vor allem die Drepanophycales, die Protolepidodendrales und die Umgrenzung der Isoëtales.

Außer denjenigen Formen, die zu den 7 Ordnungen gestellt werden können, gibt es noch eine Anzahl von Fossilresten, die man zur Zeit noch nicht einer bestimmten Gruppe zuordnen kann. Auf derartige Funde wollen wir hier nicht eingehen.

Ordnung Drepanophycales

In dieser Ordnung werden die primitivsten Lycopsiden zusammengefaßt, die noch manche Beziehungen zu den Psilophyten aufweisen und früher auch meist zu diesen gestellt wurden. Die Ordnung ist möglicherweise heterogen, und es müssen weitere Forschungen abgewartet werden. Auf jeden Fall handelt es sich um eindeutige Landpflanzen. Kennzeichnend für diese Gruppe ist, daß sie entweder noch keine echten Blätter, sondern nur Sproßauswüchse (Emergenzen) aufweisen, oder Blätter hatten, die aber aus solchen Emergenzen hervorgegangen sind und nicht aus umgebildeten Achsen.

Familie Asteroxylaceae

Diese Familie zeichnet sich durch blättchenartige Anhangsgebilde (Emergenzen) aus, die die Sproßachsen dicht bedecken. Wir wollen 2 Gattungen anführen: *Asteroxylon* und *Thursophyton*. Von ersterer Gattung ist bisher nur eine Art bekannt, *Asteroxylon mackiei*. Sie wurde in dem verkieselten Torf von Rhynie zusammen mit *Rhynia*-Arten und Vertretern der Gattung *Horneophyton* entdeckt und ist dank der ausgezeichneten Erhaltung gut bekannt, auch wenn lange Zeit die Sporangien fraglich waren. Die aus dem unteren Devon (Grenze Siegenian/Emsian) bekannte Art ist morphologisch und anatomisch höher differenziert als die gleichalten Rhynien. Ihre Luftsprosse wurden etwa 50 cm groß, wuchsen monopodial, die seitlichen Verzweigungen wiesen dichotome Ga-

Asteroxylon mackiei. Rekonstruktion der etwa 50 cm großen Pflanze nach Kidston und Lang (1) und der fertilen Sproßspitze nach Chaloner (2)

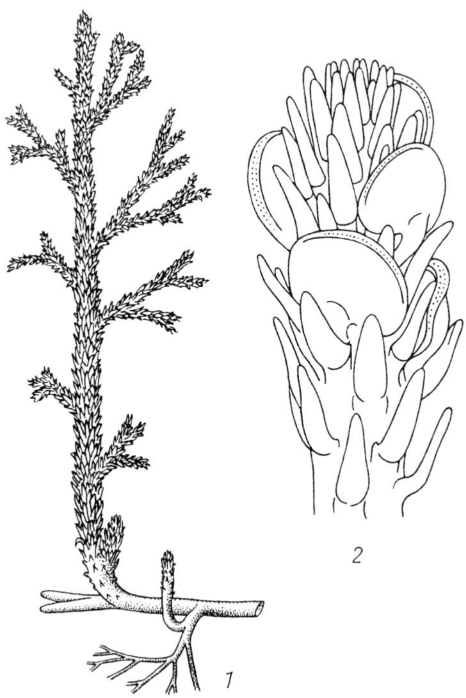

Thursophyton elberfeldense. Rekonstruktion der etwa einen Meter großen Pflanze (nach Kräusel und Weyland)

belung auf. Sie besaßen bereits verhältnismäßig kompliziert gebaute Spaltöffnungen. Auch die Ausbildung des Leitbündels zeigt eine höhere Entwicklung. Wohl lag es noch im Zentrum der Sproßachse; aber das Xylem war schon viel stärker ausgeprägt und bildete eine im Querschnitt sternartige Figur – daher der Name *Asteroxylon* = Sternholz. Von diesem Xylem zweigten Blattspurstränge ab, die aber an der Ansatzstelle der etwa 5 mm langen »Blättchen« endeten, so daß diese selbst kein Leitbündel enthielten. Von den meisten Paläobotanikern werden die *Asteroxylon*-Emergenzen als Vorstufe der Blätter von *Drepanophycus* aufgefaßt. Die gabelig verzweigten Rhizome trugen an Stelle von Rhizoiden bereits echte Wurzeln, bzw. wurzelartige Sprosse.

Die Sporangien und ihre Stellung waren lange Zeit nicht sicher bekannt und ältere Darstellungen müssen korrigiert werden. Neuere Untersuchungen ergaben, daß die nierenförmigen Sporangien mit ganz kurzen Stielen spiralig an der Sproßachse saßen und einen Öffnungsspalt an der der Anheftungsstelle gegenüberliegenden Seite aufwiesen. Sie hatten somit eine Form und Öffnungsweise, wie sie für die Zosterophyllales kennzeichnend ist. Es gibt daher Auffassungen, die *Asteroxylon* für einen lycopsidenartigen Seitenzweig der Zosterophyllen halten, wofür auch das relativ »junge« unterdevonische Alter spräche, falls dies nicht nur durch die Lückenhaftigkeit fossiler Überlieferungen vorgetäuscht wird.

Die Gattung *Thursophyton* ist mit 5 Arten, die der Gattung *Asteroxylon* in vielem ähnlich sind, aus dem unteren und mittleren Devon von Europa und Sibirien bekannt. Die Pflanzen erreichten z. T. bis 1 m Höhe. Sie wurden früher zu *Asteroxylon* gerechnet.

Familie Drepanophycaceae

Die Gattung *Drepanophycus* wurde vielfach als eines der Bindeglieder zwischen Psilophyten, besonders den Rhyniales, und Lycopsiden aufgefaßt. Auch diese Gattung hat man früher oft zu den Psilophyten gestellt. Bis jetzt sind von dieser Gattung wenigstens 7 Arten bekannt. Die Gattung zeigte sich als geradezu ungewöhnlich langlebig, da Vertreter vom untersten Devon (dem Gedinnian) bis zum Oberdevon (dem Frasnian) bekannt sind. Sie überdauerten somit eine Zeit von gut 30 Millionen Jahren.

Die am besten bekannte Art ist *Drepanophycus spinaeformis*. Sie besaß im Devon eine weltweite Verbreitung und wurde im Rheinland, in Frankreich, Portugal, Norwegen und Spitzbergen ebenso festgestellt wie im Ural-Wolgagebiet, in Westsibirien, China, Australien, Ostkanada und vielleicht auch in Argentinien. Der Habitus der Pflanzen kann aus der Abbildung ersehen werden. Die Art wurde bis etwa 50 cm groß. Die von einem dünnen Leitbündel durchzogenen Sprosse waren mit dornenartigen Blättchen besetzt. Die Blattnatur dieser Gebilde kommt darin zum Ausdruck, daß in sie Leitbündelabzweigungen bis in die Spitze reichen und sie Spaltöffnungen tragen. Jedoch sind diese Blättchen aus Emergenzen hervorgegangen. Die Sporangien saßen an einem kurzen Stiel einzeln zwischen den Blättern.

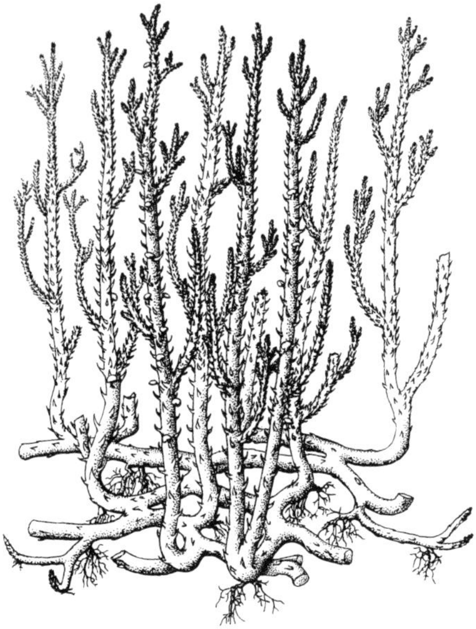

Drepanophycus spinaeformis, Rekonstruktion nach Schweitzer. Einige Sprossen tragen gestielte Sporangien zwischen den Blättern.

Drepanophycus spinaeformis dürfte vorwiegend in der Übergangszone von Schlickwatt und Sandstrand oder auf flachen, feuchten Sandbänken vorgekommen sein.

Ordnung Protolepidodendrales

Die Ordnung umfaßt sowohl krautige, verhältnismäßig kleine und einfach gebaute Bärlappe, als auch ziemlich hochentwickelte, fast baumförmige Sippen. Ihnen ist vorwiegend eine dichotome Verzweigung, sowie der Besitz einfacher, aber z. T. gegabelter Blätter, die mit einer mehr oder weniger verbreiterten Basis spiralig oder in Längsreihen den Sproßachsen ansitzen, gemeinsam. Im Gegensatz zu den Drepanophycales sind hier die Blätter aus modifizierten Sproßachsen hervorgegangen und entsprechen der Telomtheorie von Zimmermann. Besonders kennzeichnend ist, daß die Blätter auf flachen, unterschiedlich stark differenzierten Erhebungen saßen und nach einer gewissen Lebensdauer abfielen. Die Blattbasen traten dann deutlich am Stamm hervor, ohne jedoch richtige Blattpolster zu bilden, wie sie für die Lepidodendrales charakteristisch sind. Die Sporophylle ähneln, soweit bekannt, weitgehend den vegetativen Blättern und waren zu besonderen fertilen Bereichen vereinigt, bildeten aber noch keine Zapfen. Insgesamt stellen die Protolepidodendrales eine im älteren Paläozoikum offensichtlich weit verbreitete und formenreiche Gruppe dar, die zu den hochentwickelten Lepidodendrales in mannigfachen Stufen vermitteln und ohne scharfe Grenzen in diese übergehen. Dementsprechend problematisch ist z. T. die Abgrenzung der Ordnung.

Innerhalb dieser Ordnung werden 5 Familien unterschieden, die mehr oder weniger bestimmte Organisationsstufen oder Entwicklungsrichtungen darstellen. Von den mit einiger Sicherheit hierzu gerechneten etwa 15 Gattungen mit wenigstens 60 Arten wollen wir hier nur einige wenige Vertreter von 3 Familien betrachten.

Nicht mit Sicherheit läßt sich die Gattung *Baragwanathia* einer der hier genannten Familien zuordnen. Von ihr sind bisher 2 Arten bekannt. Die eine, *Baragwanathia longifolia,* wurde in Australien entdeckt. Sie galt lange Zeit als die älteste Landpflanze, da man die Fundschicht für obersilurisch (Ludlow) hielt. Über das Alter gab es bis jetzt manche kontroverse Meinungen; die betreffenden Schichten werden z. T. zum untersten Devon

Sproßstück von *Baragwanathia longifolia* (nach Lang und Cookson)

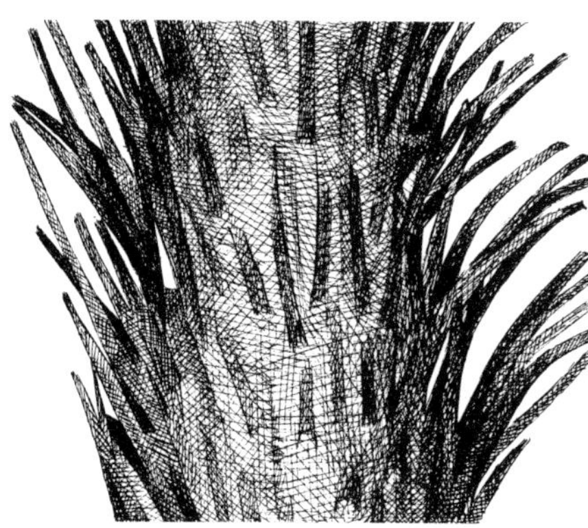

gerechnet. Trotz des zweifellos hohen Alters war *Baragwanathia longifolia* schon eine recht stattliche Pflanze. Die längsten Bruchstücke, die man bisher fand, messen immerhin 28 cm, zeigen z. T. dichotome Verzweigung und haben eine Dicke bis 6,5 cm. Dementsprechend kräftig entwickelt war das Leitgewebe. Es nahm etwa ein Fünftel des Durchmessers der Sproßachse ein und stellte ein zentral gelegenes, konzentrisches, sternförmiges Leitbündel dar. An den Sprossen befanden sich dicht spiralig gestellte Blätter, die zwar sehr schmal (0,5 bis 1 mm), dafür aber recht lang (bis 4 cm) waren. Man kennt auch die Sporangien dieser Pflanze. Sie sind nierenförmig, etwa 2 mm hoch und breit. Ob sie an kurzen Stielen zwischen oder direkt an den Blättern saßen, ließ sich auf Grund der Erhaltung noch nicht sicher nachweisen. Inzwischen wurde eine andere Art, *Baragwanathia abitibiensis,* aus dem oberen Unterdevon (Emsian) von New York festgestellt; ein beachtlich weit voneinander liegendes Vorkommen. Doch bei Berücksichtigung des Zeitunterschiedes von etwa 20 Millionen Jahren und der im Unterdevon ganz anderen Lage der jetzigen Kontinente überrascht das nicht sonderlich und bringt einmal mehr die Lückenhaftigkeit fossiler Überlieferung zum Ausdruck.

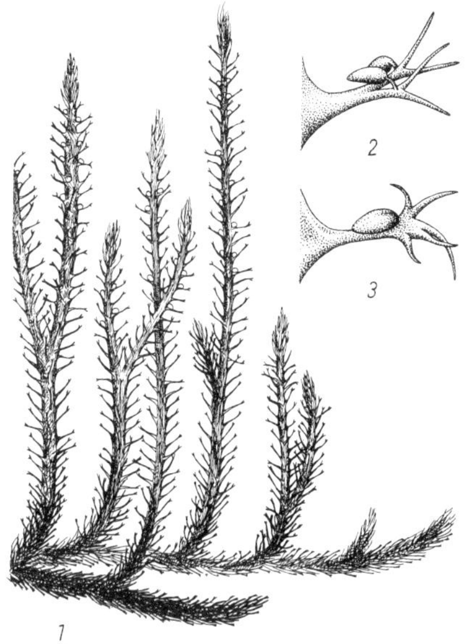

Rekonstruktion von *Protolepidodendron scharyanum* aus dem Mitteldevon (1). Die Pflanze wurde etwa 25 cm groß. Die Blätter waren jedoch stärker aufgeteilt, als die Zeichnung zeigt. Sporophyll dieser Art (2). Sporophyll von *Protolepidodendron wahnbachense* (3). (1 nach Kräusel und Weyland, 2 und 3 nach Schweitzer)

Familie Protolepidodendraceae

Die zumindest 5, meist aus dem Unter- und Mitteldevon bekannt gewordenen Gattungen mit wenigstens 10 Arten stehen sich in vielem nahe. Zu dieser Familie gehören die einfachsten Protolepidodendrales. Die 5 *Protolepidodendron*-Arten waren kleine, krautige Pflanzen, die etwa 25 cm Höhe erreichten und habituell an manche rezenten Bärlappe erinnern. Die spiralig stehenden Blätter sind umgebildete Achsen. Besonders deutlich ist dies bei dem unterdevonischen *Protolepidodendron wahnbachense,* bei dem sie zweimal dichotom gegabelt waren und die Sporangien an deutlichen Stielen oberwärts ansaßen. *Protolepidodendron scharyanum* kam im Mitteldevon vor und hatte wohl eine weltweite Verbreitung. Bei dieser Art waren die Blätter nicht an der Spitze gegabelt, wie man lange Zeit meinte, sondern in 5 Zipfel geteilt, wobei der mittlere Zipfel abwärts gebogen war. Sofern die Blätter Sporangien ausbildeten, saßen diese direkt auf der Oberseite. Sonst hatten Sporophylle und normale Blätter die gleiche Gestalt und entsprangen etwas verdickten, rhombusförmigen Blattbasen.

Habituell und im Blattbau recht ähnlich war auch die etwa einen halben Meter große und inzwischen aus Nordamerika, Europa und Australien bekannt gewordene *Leclerqia complexa.* Ob das als Ligula gedeutete kleine zungenförmige Gebilde, das mitten auf dem ungeteilten Basisteil des Blattes festgestellt wurde, tatsächlich diese Funktion hatte, müssen weitere Untersuchungen zeigen, zumal sich bisher isospore Lycopsiden stets als nicht ligulat erwiesen. Die Sporophylle traten bei *Leclerqia* in Gruppen auf und wechselten mit vegetativen Blättern. Dies entspricht dem *Huperzia*-Typ der Bärlappe (s. Abb.). Vielleicht ist *Leclerqia* als Vorläufer der Selaginellen aufzufassen.

Familie Sublepidodendraceae

Zu dieser Familie werden 4 bis 5 Gattungen gerechnet, wie die Gattungen *Sublepidodendron, Protolepidodendropsis, Lepidodendropsis* und *Pseudolepidodendropsis,* von denen insgesamt wenigstens 30 einigermaßen sichere Arten bekannt sind. Es waren kleinere bis mittelgroße, bereits baumförmige Bärlappe, die in mancher Hinsicht an die Lepidodendren anklingen. Die Sublepidodendraceen sind als Vorläufer der Lepidodendren aufzufassen und gegen diese z. T. nicht scharf abzugrenzen. Die Blattpolster waren aber noch sehr viel einfacher gestaltet und wiesen weder eine Ligula, noch Parychnosöffnungen auf. Die Sublepidodendraceen traten im oberen Mitteldevon auf und reichten bis ins Unterkarbon.

Protolepidodendropsis, ein bis 2 m hohes Bäumchen, zeigt schon deutlich die Wuchsform der späteren Lepidodendren. Auch die spiralig angeordneten Blattbasen, die den Stamm lückenlos bedecken, weisen in diese Richtung. Die 2 Arten dieser Gattung sind aus dem obersten Mitteldevon und dem Oberdevon bekannt, kamen also auch zeitlich vor den Lepidodendren vor.

Die mit etwa 20 Arten recht formenreiche Gattung *Lepidodendropsis* war vom Mitteldevon bis zum Unterkarbon weit verbreitet; sie wurde in Eurasien, Nordafrika und Amerika nachgewiesen. Es gab noch keine morphologische Differenzierung zwischen Laubblättern und Sporophyllen, und letztere traten noch nicht zu zapfenartigen Gebilden zusammen, auch wenn sie besondere fertile Bereiche bildeten.

Familie Archaeosigillariaceae

Im Gegensatz zur vorhergehenden Familie leitet diese, wie schon der Name andeutet, zu den Sigillariaceen über. Von der wichtigsten Gattung *Archaeosigillaria* sind etwa 12 Arten aus dem Mitteldevon bis Unterkarbon bekannt. Man konnte die Gattung ebenfalls vielerorts nachweisen, so in Nord- und Südamerika, Nord-, West- und Südeuropa, in Nordamerika und der Sowjetunion. *Archaeosigillaria* war bereits ein recht stattliches Gewächs, das mehrere Meter hoch wurde. Die an sich spiralig gestellten Blattbasen bilden teilweise scheinbar Längsreihen, wie es für die Sigillarien kennzeichnend ist. Das gilt auch für die Form der Blattbasen; sie sind mehr oder weniger sechseckig, jedoch viel flacher als die der Sigillarien. Die Fruktifikation ist bisher nicht bekannt.

Eine in vieler Hinsicht recht ähnliche Form ist *Lepidosigillaria primaeva,* die man lange Zeit für eine *Archaeosigillaria* hielt. Die Abbildung gibt eine Rekonstruktion dieser 4 bis 5 m hohen Pflanze wieder. Sie wurde im nordamerikanischen Oberdevon mehrfach gefunden. Der Hauptunterschied gegenüber der Gattung *Archaeosigillaria* besteht in den Stammskulpturen, die am oberen Ende mehr lepidodendronartig, nach unten zu aber mehr sigillarienähnlich sind. Vielleicht ist *Le-*

Rekonstruktion von *Lepidosigillaria primaeva,* einem 4 bis 5 m hohen Bärlapp aus dem Oberdevon. Er stellt einen Vorläufer der baumförmigen Bärlappe des Karbons dar.

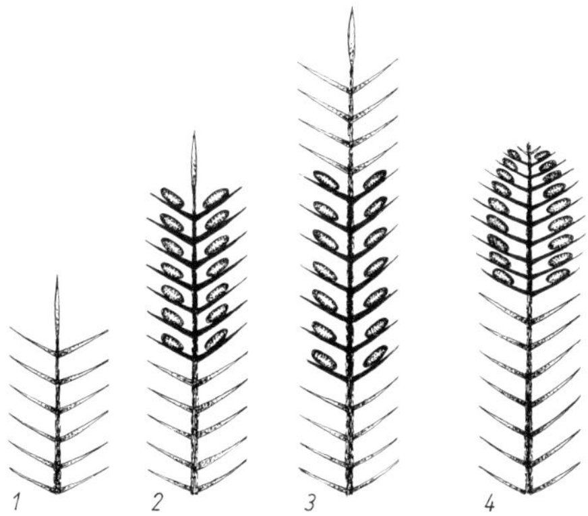

Schema der Sporophyll- und Blütenbildung bei Bärlappen. Vegetativer Trieb (1), der im oberen Teil Sporophylle ausbildet (2) und später unter Bildung von Laubblättern weiterwächst (3). Konzentration der Sporophylle auf die Spitze des Triebes und Bildung einer zapfenförmigen Blüte (4)

pidosigillaria eine Sippe, die an der Abzweigstelle von *Lepidodendron* und *Sigillaria* steht und daher gewisse Merkmale beider Gruppen in sich vereinigt. Auch die zeitliche Stellung spricht dafür.

Diese und noch zahlreiche andere Formen, die wir nicht erwähnen können oder deren Stellung noch nicht geklärt ist, zeigen jedenfalls deutlich die Entwicklungstendenzen der Lycopsiden im mittleren Paläozoikum. Die Sippen gewinnen zunehmend an Organisationshöhe, differenzieren sich in vielfältiger Weise, und immer mehr stammbildende, mehr oder weniger baumartige Formen treten auf. Es ist eine gleitende Reihe, die dem Höhepunkt der Lycopsidenentfaltung zustrebt. Sie wird im Karbon von Vertretern der folgenden Ordnung erreicht.

Ordnung Schuppenbaumartige, Lepidodendrales

Zu dieser Ordnung gehören durchweg große baumförmige Bärlappe, die unter den Landpflanzen des jüngeren Paläozoikums eine z. T. dominierende Rolle spielten. Sie erreichten Höhen von 30 m und mehr und hatten Stämme bis zu mehreren Metern im Durchmesser. Je nach Verzweigungsform war der Habitus der einzelnen Lepidodendrales-Sippen recht verschieden, während die Form der basalen Stammteile meist übereinstimmte. Die Stämme gabelten sich am Erdboden mehrere Male. So entstand ein dichotom verzweigtes System, für das die Bezeichnung »Stigmaria« geprägt wurde und das mit den »Appendices« die eigentlichen Wurzeln trug (s. Abb.). Die schlauchartigen Appendices mit einer Länge von 40 cm und einem Durchmesser von einem Zentimeter hatten zwar Wurzelfunktion, stellten jedoch umgebildete Blätter dar. Diese im Pflanzenreich recht ungewöhnliche Art der »Wurzelbildung« beschränkt sich auf die Lepidodendrales, Pleuromeiales und Isoëtales.

Die Beblätterung der Lepidodendrales ist, abgesehen von der Größe, wenig variabel. Die zwischen 0,5 und etwa 50 cm langen Blätter waren stets lineal-lanzettlich, einnervig und saßen an den Stammenden oder den jüngeren Sproßabschnitten. Sie entsprangen schuppenartigen, vorgewölbten Teilen der Stammoberfläche, den »Blattpolstern«, die überaus kennzeichnende Strukturelemente der Lepidodendrales-Rinde und überhaupt eines der wichtigsten Erkennungsmerkmale dieser Sippen darstellen. Nach einer gewissen Lebensdauer wurden die Blätter abgeworfen und hinterließen auf dem Blattpolster eine deutliche Narbe. Die Blattpolster zeigen insgesamt eine viel stärkere Differenzierung als selbst bei den höchstentwickelten Protolepidodendrales. Auch innerhalb der einzelnen Lepidodendrales-Gruppen ist eine immer stärkere Ausbildung der Blattpolster zu bemerken; sie erreicht schließlich in der Familie der Lepidodendraceen einen Höhepunkt und schwächt sich bei den folgenden Familien z. T. wieder ab. Der Bau der Blattpolster wird erst später behandelt. Hier sei nur gesagt, daß wohl bei allen Arten oberhalb der Blattnarbe eine kleine Grube ausgebildet war, in der ein zartes Blatthäutchen (Ligula) saß, das ein Organ zur Wasseraufnahme war und die Aufgabe hatte, das am Stamm herablaufende Wasser der Pflanze zuzuführen.

Es scheint, als ob innerhalb der Lycopsiden eine starke Korrelation zwischen einer solchen Ligula und der Heterosporie (Verschiedensporigkeit) besteht. Eine plausible

Deutung für diese scheinbare Merkmalskoppelung läßt sich bis jetzt jedoch nicht geben. So weit bekannt, waren alle Lepidodendrales heterospore Pflanzen, bei denen die Sporophylle zapfenartige Blüten bildeten. Die Zapfenblüten stellen somit Kurztriebe dar, die ihr Längenwachstum mit der Ausbildung der Sporophylle abschlossen.

Familie Cyclostigmataceae

Zu dieser Familie gehört nur die Gattung *Cyclostigma* mit etwa 15 Arten, die unterschiedlich gut bekannt sind. Eine vollständige Rekonstruktion gelang für *Cyclostigma kiltorkense,* die die bestbekannte Art ist. Die Gattung wurde meist im Oberdevon gefunden und galt lange als Leitfossil für diesen Zeitabschnitt. Selten trat sie auch im Unterkarbon auf. Sie war fast weltweit verbreitet, wie Funde aus Irland, Frankreich, Spanien, Mittel- und Südosteuropa, Nordafrika, dem asiatischen Teil der Sowjetunion, China, Japan, Australien sowie Amerika belegen.

Rekonstruktion von *Cyclostigma kiltorkense*, einem baumförmigen Bärlapp aus dem Oberdevon, der bis 8 m hoch wurde. Die zapfenartigen Blüten saßen an den Enden der Zweige (nach Mägdefrau).

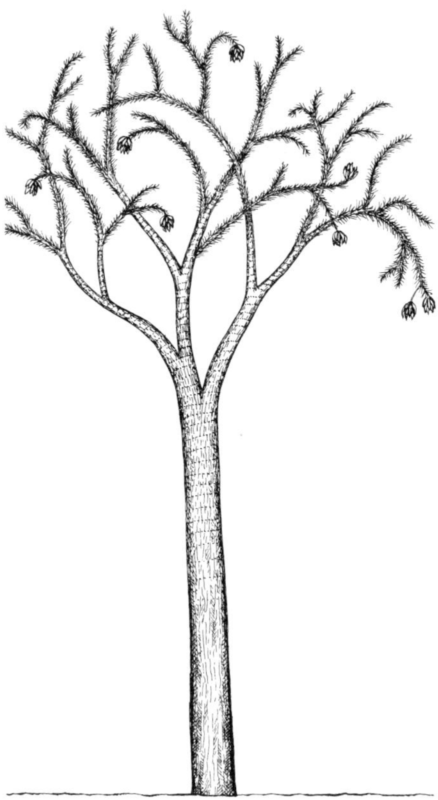

Cyclostigma nimmt eine gewisse Übergangsstellung zwischen den Protolepidodendrales und den eigentlichen Lepidodendraceen ein. Es handelt sich um kleinere Bäume, die bis etwa 8 m hoch wurden und im oberen Teil stark verzweigt waren, daher einen lepidodendronartigen Habitus aufwiesen. Auch die Stammbasis hatte eine ähnliche Gestalt wie die der Schuppenbäume. Andererseits waren keine deutlichen Blattpolster entwickelt; auch eine Ligula konnte bislang nicht sicher nachgewiesen werden. *Cyclostigma* war wie alle Lepidodendrales heterospor. Die bis zu 6 cm langen und bis 3 cm breiten Blütenzapfen gelangten an den Enden der Zweige zur Ausbildung.

Familie Grubenbaumgewächse, Bothrodendraceae

Die wenigen hierzu gerechneten Gattungen mit etwa 15 Arten waren schon recht stattliche Bärlappbäume. Wir können uns auf die Erwähnung der Gattung *Bothrodendron* beschränken, die mit ihren gut 10 Arten im Unterkarbon selten, im Oberkarbon dagegen recht häufig auftrat. Auch bei ihr waren die Blattpolster noch wenig ausgebildet, jedoch läßt sich bereits eine Ligula nachweisen. So weit bekannt, besaß *Bothrodendron* auffallend kleine Blätter; sie waren kaum mehr als einen halben Zentimeter lang. Die Sporophylle bildeten z. T. ähnliche Zapfen wie bei der Gattung *Cyclostigma.* Kennzeichnend für die Gattung sind zweizeilige, große grubenähnliche Narben an älteren Achsen. Die daran ansitzenden Äste waren an der Basis gegabelt und trugen büschelartig dünne, beblätterte Zweige und die Zapfenblüten. Die Gattung *Bothrodedron* war sehr weit verbreitet und Bestandteil der euramerischen und der Cathaysia-Flora Ostasiens.

Familie Schuppenbaumgewächse, Lepidodendraceae

Mit den beiden Familien der Lepidodendraceen und der Sigillariaceen erreichten die baumförmigen paläozoischen Bärlappe unzweifelhaft einen Höhepunkt der gesamten Lycopsidenentwicklung. Sie waren besonders im Karbon ungemein häufig. Es liegen Funde in so überaus großer Zahl vor, daß sie in vielen Einzelheiten ausgezeichnet bekannt sind. Die Lepidodendraceen umfassen 3 »echte« Gattungen: *Lepidodendron, Lepidophloios* und *Sublepidophloios.* Zieht man jedoch die nur auf bestimmte Strukturen, Pflanzenteile oder Erhaltungszustände bezogenen künstlichen und provisorischen Organ- und Formgattungen in das Gattungsinventar ein, hat die Familie mehr als 10 Gattungen. Den genannten 3 »echten« Gattungen gemeinsam ist die reiche Ornamentierung der Stämme durch die in Schrägzeilen stehenden, meist stark ausgeprägten Blattpolster.

Rekonstruktion des Schuppenbaums, *Lepidodendron.* Die im Karbon häufigen Lepidodendren wurden bis über 30 m hoch und stellen den Höhepunkt der Entwicklung der Bärlappe dar. Zapfenartige Blüten an den Zweigenden (nach Hirmer)

Von der Gattung Schuppenbaum, *Lepidodendron,* waren schon Ende des vorigen Jahrhunderts so viele Funde bekannt, daß H. Potonié bereits 1899 eine Rekonstruktion vornehmen konnte. Sie bedurfte bis jetzt kaum einer wesentlichen Verbesserung. Die Lepidodendren erreichten Höhen von 30 bis 40 m und Stammdurchmesser von 2 m und mehr an der Basis. In einem Fall wurde sogar ein sehr wahrscheinlich zu dieser Gattung gehörender Stubben mit einem Durchmesser von 5 m gefunden. Die Krone der Lepidodendren war regelmäßig aufgebaut und stark gabelig verzweigt, und an den Zweigenden saßen die zapfenartigen Fruktifikationen.

Sehr charakteristisch sind die schon erwähnten, stark entwickelten schuppenähnlichen Blattpolster. Darauf geht auch der Name Schuppenbaum zurück. Auf diese Stammskulpturen bezog sich ursprünglich der Name *Lepidodendron*; er war also ein Organgattungsname, unter dem eine ganz bestimmte Erhaltungsform von Stammresten verstanden wurde. Die Abbildungen veranschaulichen den Bau der Blattpolster. Sie sind mehr oder weniger rhombisch und zeigen im oberen Teil die eigentliche Blattnarbe, die an der am stärksten vorgewölbten Stelle steht und 3 kleine Male aufweist: Das mittlere Mal geht auf das Leitbündel zurück, die beiden seitlichen Male auf Durchlüftungsstränge, die in das Blatt führten. Letztere werden als obere Parychnos-Narben bezeichnet. Zwei weitere befinden sich unterhalb der Blattnarbe und werden untere Parychnos- oder Transpirationsöffnungen genannt. Wie der Längsschnitt zeigt, vereinigen sich die Durchlüftungsgewebe zu einem das Leitbündel begleitenden Strang. Oberhalb der Blattnarbe ist schließlich noch eine weitere Öffnung zu bemerken, die Ligulargrube, in der das bereits erwähnte zarte Blatthäutchen (Ligula) saß, das der Wasseraufnahme diente.

Nach der Gestalt der Blattpolster im einzelnen und anderen Merkmalen wurden bisher

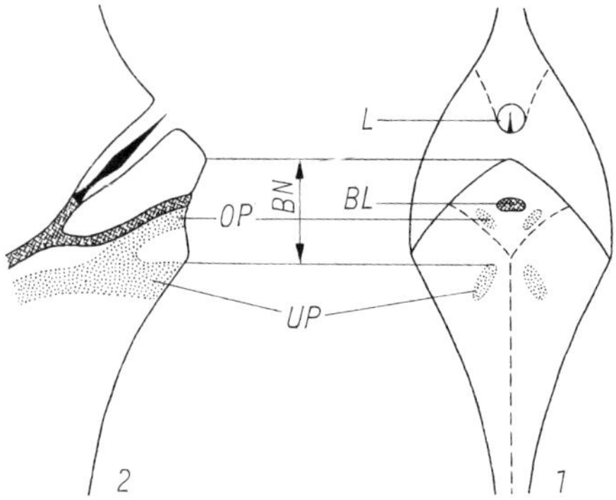

Schuppenbaum, *Lepidodendron.* Blattpolsterschema: 1 von oben, 2 von der Seite. L = Ligulargrube mit zungenförmiger Ligula. BN = Blattnarbe mit Leitbündel des Blattes (BL) und den 2 oberen Parychnos-Öffnungen (OP). UP = untere Parychnos-Öffnungen (nach Zimmermann)

mehr als 370 »Arten« (d. h. Organarten) beschrieben. Je nachdem, ob die Blattpolster an jüngeren Zweigen oder an älteren Stammteilen ausgebildet waren, können sie in Form und Größe durchaus verschieden sein. Es ist daher möglich, daß manche Organarten sich nur auf solche altersbedingten Unterschiede beziehen und nicht in jedem Fall echte Arten darstellen.

Nicht immer sind Stammstücke so gut erhalten, daß sie die Blattpolster in allen Einzelheiten zeigen. Die Stämme unterlagen bis zu ihrer Einbettung häufig einem gewissen Transport, wodurch äußere Teile abgeschliffen oder zersetzt wurden und auch das innere Stammgewebe mehr oder weniger verschwand und z. T. durch Schlamm ersetzt wurde. Einige solcher Erhaltungszustände finden sich häufig und wurden mit besonderen Namen belegt. Als *Bergeria* bezeichnet man Stämme, bei denen die Blattpolster schon weitgehend abgeschliffen sind und nur noch ein schwaches Relief und die Umrißform zeigen. Erfolgte die Abtragung der Blattpolster vollständig, so daß lediglich die herausführenden Leitbündel als längliche Wülste zu erkennen sind, gibt man diesem Erhaltungszustand die Bezeichnung *Knorria.* Eine Zugehörigkeit zu bestimmten *Lepidodendron*-Arten läßt sich dabei nicht mehr ermitteln, manchmal ist sogar unklar, ob es sich um einen Rest der Gattung *Lepidodendron* oder um den einer anderen Gattung handelt.

Bei manchen Stammresten erhielt sich dagegen auch die innere Struktur. Dabei zeigte sich, daß der anatomische Bau der *Lepidodendron*-Stämme ein wesentlich anderer war als der unserer rezenten Laub- oder Nadelhölzer. Der eigentliche Holzkörper (Primär- und Sekundärholz), der bei den heutigen Bäumen fast den ganzen Stamm einnimmt, war bei den Lepidodendren nur recht gering entwickelt; er betrug oft nur ein Viertel oder noch weniger des Stammdruchmessers. Sehr mächtig war dagegen die sekundäre Rinde, die auf ein besonderes Bildungsgewebe, ein Phellogen, zurückgeht. Die Produktion dieses *Lepidodendron*-Phellogens war außerordentlich groß; es gliederte vor allem nach innen zu Zellen ab, also gerade umgekehrt, wie es bei den rezenten Bäumen der Fall ist. Die Festigkeit der Stämme geht vor allem auf diese Sekundärrinde zurück. Die Lepidodendren sind demnach eigentlich »Rindenbäume« gewesen, ein Modus, für den es in der übrigen Pflanzenwelt keine Parallele gibt. Ein derartiger Bau eines Stammes ist ungemein materialverschwenderisch und war offenbar nur unter den ungewöhnlich günstigen Lebens- und Umweltbedingungen des Karbons möglich, schuf damit aber zugleich die Voraussetzung für ihren späteren Untergang.

Die Fruktifikationsorgane waren ei- bis walzenförmige Zapfen, die Längen zwischen 4 und 50 cm erreichen konnten. Die in großer Zahl spiralig an der Zapfenachse stehenden Sporophylle trugen auf der Oberseite je

Rinde von *Lepidodendron veltheimia* mit rhombenförmigen Blattpolstern

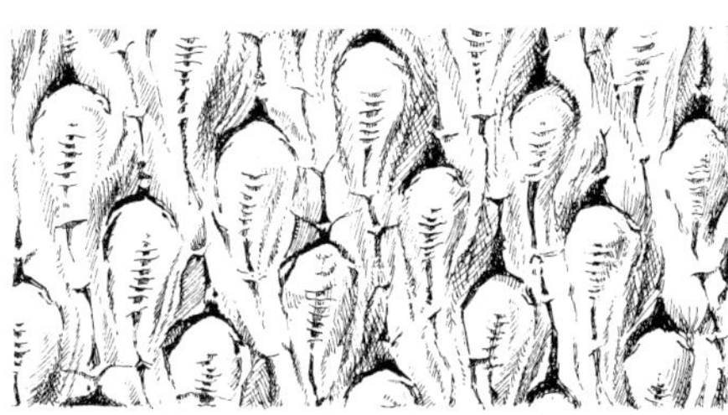

ein Sporangium, in dem entweder Mikro- oder Makrosporen gebildet wurden. Mikro- und Makrosporophylle finden sich oft in derselben Blüte, wobei letztere mehr am unteren Ende des Zapfens stehen. Andere Lepidodendren hatten dagegen verschiedengeschlechtige Blüten: manche bildeten nur Mikrosporophylle, andere nur Makrosporophylle aus, erstere waren also männliche und letztere weibliche Blüten.

Bei isoliert gefundenen Blüten ist es vielfach nicht möglich, sie in Beziehung zu einer bestimmten *Lepidodendron*-Art oder auch nur zu einer bestimmten Gattung zu bringen. Derartige isolierte Blütenzapfen faßt man daher unter der Organgattung *Lepidostrobus* zusammen. Bisher sind hiervon wenigstens 40 Organarten beschrieben worden, die z. T. sicher zu *Lepidodendron* gehören, z. T. aber auch zu anderen Lepidodendrales-Gattungen.

Von etlichen *Lepidostrobus*-Zapfen sind die Sporen gut bekannt. Die Makrosporen besitzen an der Oberfläche vielfach eigentümliche haarförmige Fortsätze und kommen meist in Tetraden vor. Isolierte derartig skulptierte Sporen wurden im Karbon in großer Fülle gefunden; sie zeigen, daß die Artenmannigfaltigkeit der karbonischen Lycopsiden ungleich größer gewesen sein muß als aus den Großresten hervorgeht.

Umfangreiche Untersuchungen deckten eine bemerkenswerte Entwicklungstendenz bei den Lepidostroben auf. Die verhältnismäßig einfachen Typen bildeten in jedem Makrosporangium noch eine große Zahl funktionsfähiger Makrosporen aus, die mehr als 100 betrug. Im Verlaufe der Höherentwicklung reduzierte sich die Zahl allmählich bis auf eine Tetrade, d. h. 4 Makrosporen pro Sporangium, und schließlich wurde sogar nur eine einzige Makrospore ausgebildet, während die 3 anderen Tetradenschwestern abstarben.

Diese eine Makrospore erreichte z. T. geradezu »riesige« Ausmaße – bis über 6 mm Länge und einen Millimeter Breite – und füllte unter Umständen das Makrosporangium fast völlig aus. Solche *Lepidostrobus*-Arten stellen Bindeglieder zu der später besprochenen Gattung *Lepidocarpon* dar. Von einigen Autoren werden die einsporigen *Lepidostrobus*-Arten sogar bereits zu *Lepidocarpon*, d. h. den Samenbärlappen, gerechnet.

Blütenzapfen *(Lepidostrobus)* von *Lepidodendron obovatum* aus dem Oberkarbon (nach Hirmer)

Die Lepidodendren waren für das gesamte Karbon der nördlichen Halbkugel sehr kennzeichnende Pflanzen und traten bereits im untersten Unterkarbon auf. Nur ganz wenige Arten scheinen das Karbon überschritten zu haben und sind auch aus dem unteren Perm bekannt. Zu dieser Zeit ist die Gattung aber offenbar vollständig erloschen. Möglicherweise hängt dies mit dem Trockenerwerden des Klimas an der Wende vom Karbon zum Perm zusammen, wodurch die Lepidodendren keine zusagenden Lebensbedingungen mehr fanden. Es spricht vieles dafür, daß die Schuppenbäume Bewohner nasser, mooriger Standorte waren und in einem niederschlagsreichen, tropischen oder subtropischen Klima gediehen, dessen Temperaturen über das ganze Jahr sehr gleichmäßig waren. Das Fehlen von Jahresringen, von ruhenden Knospen usw. läßt kaum andere Schlüsse zu. Auffallend ist bei allen Lepido-

Beblätterter Zweig von *Lepidodendron veltheimia* aus dem Namur A (Oberkarbon)

dendren das Mißverhältnis zwischen der recht geringen Blattfläche, d. h. der Fläche des assimilierenden Systems, und der großen Stoffproduktion, wie sie sich in den mächtigen Stämmen zeigt. Zur Erklärung für diese Erscheinung dachte man an eine andere, besonders kohlendioxidreichere Atmosphäre oder eine höhere Beleuchtungsintensität während des Karbons. Jedoch sind dies nur Spekulationen, denen keine gesicherten Tatsachen zugrunde liegen.

Die im Habitus und in den Größenverhältnissen mit *Lepidodendron* vergleichbare Gattung *Lepidophloios* umfaßt etwa 15 Formarten. Auch *Lepidophloios* ist im engeren Sinn eine Formgattung, die sich auf bestimmte Stammstrukturen bezieht. Das Hauptkennzeichen besteht darin, daß die Blattpolster querrhombisch, d. h. breiter als lang sind. Es hat jedoch den Anschein, als ob derartige Rindenskulpturen auch bei verschiedenen anderen taxonomischen Einheiten vorkamen. Möglicherweise ist die Gattung in der jetzigen Umgrenzung heterogen. Darauf weisen vor allem einige Zapfenfunde und auch die zeitliche Stellung hin. Einerseits wurden Zapfen vom Typ *Lepidostrobus* gefunden, die in Zusammenhang mit kleinen *Lepidophloios*-Zweigen standen, zum anderen gibt es aber auch Hinweise, daß gewisse *Lepidophloios*-Arten Blütenzapfen vom Typ *Lepidocarpon* trugen, demnach also Samenbärlappe gewesen sind. Einige Paläobotaniker halten *Lepidophloios* sogar für die wichtigste Gattung der Samenbärlappe.

Die Stellung der Zapfen ist noch unklar. Es gibt bislang weder schlüssige Beweise dafür, daß sie an den Zweigenden standen wie etwa bei *Lepidodendron,* noch daß sie sich am Hauptstamm und den größten Ästen entwickelten, wie oft angenommen wird.

Lepidophloios ist aus dem gesamten Karbon bekannt, hatte aber wohl die Hauptentfaltung erst im Oberkarbon. Sie war in ganz West- und Mitteleuropa, im Dongebiet und in Nordamerika verbreitet.

Familie Samenbärlappe, Lepidocarpaceae

Die Entwicklung der karbonischen Bärlappe führte sogar zur Ausbildung samentragender Formen. Diese Bärlappe sind stammesgeschichtlich von besonderem Interesse. Die Bezeichnung Lepidocarpaceae bezieht sich jedoch bis jetzt nur auf eine bestimmte weibliche Fruktifikationsform, stellt also lediglich eine Organ- bzw. Formfamilie dar. Die 2 bis 3 Formgattungen, die hierbei unterschieden werden, sind demnach vergleichbar mit der Formgattung *Lepidostrobus,* an die sie sich anschließen. Wie erwähnt, gibt es eine recht gleitende Reihe zwischen *Lepidostrobus* und *Lepidocarpon,* und die Grenzen zwischen beiden Gattungen sind ziemlich unscharf. Gegenüber den *Lepidostrobus*-Fruktifikationen unterscheiden sich die Lepidocarpaceen nur in einem, wenn auch wesentlichen Merkmalskomplex, nämlich der Samenbildung. Ob dies allein berechtigt, die Samenbärlappe als besondere Ordnung (Lepidocarpales) aufzufassen, ist recht fraglich, zumal wir über die eigentliche Pflanze noch kaum etwas Sicheres wissen und das meiste auf indirekten Hinweisen oder Schlußfolgerungen beruht. Hier können nur weitere Funde zu einer Klärung führen.

Lepidocarpon westphalicum. Zapfenrest eines karbonischen Samenbärlapps (nach Kidston)

Die am besten bekannten Samenbärlapp-Fruktifikationen gehören zur Organgattung *Lepidocarpon.* Dabei handelt es sich um weibliche Zapfen, die generell dieselbe Organisation wie *Lepidostrobus* haben, aber einige wesentliche Unterschiede aufweisen. So entwickelt sich die einzige, bis 11 mm große, reservestoffreiche Makrospore im Sporangium weiter und bildet dort den Gametophyten aus, d. h. das Makroprothallium und die Archegonien. Außerdem wird das Makrosporangium von 2 seitlichen Flügeln umhüllt, die spezielle Bildung des Tragblattes (Makrosporophyll) darstellen. Diese Umhüllung, die nicht selten irrigerweise als »Integument« bezeichnet wird, ließ nur eine schmale Spalte an der Oberseite frei, eine Art Mikropyle. Bei der Reife wurden die umgebenden Makrosporophyllteile zu einer das Sporangium umhüllenden festen Schale. Ein solches Gebilde, bei dem der Same von einem Makrosporophyll (-teil) umgeben wird, ist im botanischen Sinn nichts anderes als eine Frucht. *Lepidocarpon* bildete somit genau betrachtet, nicht nur Samen, sondern erstmalig in der pflanzlichen Entwicklung, bereits Früchte aus.

Für einen weiteren Samenbärlapp trifft diese Bezeichnung im wörtlichen Sinn recht genau zu. Als *Achlamydocarpon varius* wurden Zapfen beschrieben, deren Makrosporophylle jeweils nur ein großes Makrosporangium aufwiesen, in dem sich 3 abortierte und eine einzige funktionsfähige, etwa 5,5 mm große Makrospore befanden. Letztere bildete wie bei *Lepidocarpon* innerhalb der Makrospore ein Makroprothallium aus. Im Unterschied zu *Lepidocarpon* wurde dieser Samen nicht von einem Makrosporophyllteil,

Makrosporophyll-Rekonstruktion von *Lepidocarpon lomaxi.* Die seitlichen Flügel (IS) umhüllen das Makrosporangium mit der Makrospore.

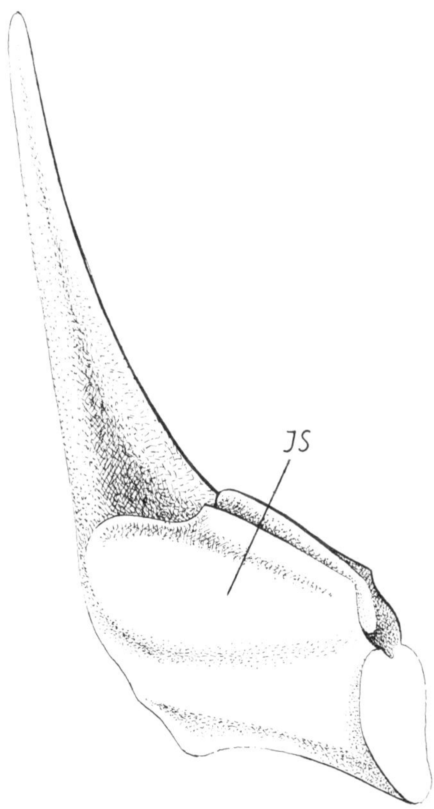

Lepidocarpon lomaxi. Senkrechter Schnitt durch einen Bärlappsamen. IS = aufwärts geschlagener Teil des Makrosporophylles, Sg = Makrosporangienwand, Sm = Makrosporenmembran, MP = Makroprothallium (nach Zimmermann)

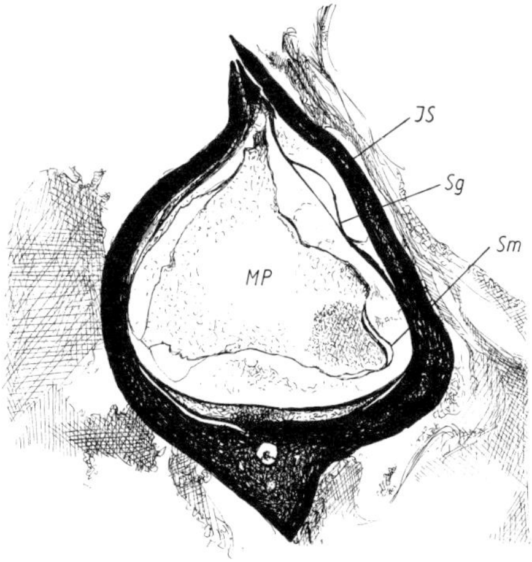

also einem Blatteil umhüllt und entsprach somit einem »Nacktsamer«. Es hat den Anschein, daß die Samenbildung innerhalb der Lepidocarpaceen möglicherweise sogar zweimal unabhängig voneinander erfolgte; dann wäre diese Familie jedoch entwicklungsgeschichtlich uneinheitlich und damit problematisch.

Außer den weiblichen Zapfen konnten auch die zugehörigen männlichen Zapfen mit hoher Wahrscheinlichkeit ermittelt werden. Es gelang weiterhin der Nachweis, daß diese Zapfen zu *Lepidodendron serratum* gehören, womit der Organgattungsname *Achlamydocarpon eigentlich überflüssig geworden ist.*

Die Gattung Achlamydocarpon war im mittleren Oberkarbon offenbar recht weit verbreitet. Es gibt eine Reihe von Nachweisen von England, verschiedenen Stellen in den USA und aus dem Donezbecken.

Von großem entwicklungsgeschichtlichem Interesse ist, daß im Oberkarbon mehrere Lycopsidenlinien nahezu gleichzeitig über das Stadium der Heterosporie zu einer Samenbildung gelangten. Auf einen weiteren

Schema der Gametophytenentwicklung bei heterosporen Lepidodendren (Fig. 1–5) und bei Samenbärlappen (Fig. 6–9). 1 Teil eines weiblichen Blütenzapfens mit Makrosporophyllen, die je ein Makrosporangium mit einigen Makrosporen tragen. Ausstreuung der Makrosporen; 2 ausgestreute Makrospore; 3 gekeimte Makrospore mit Makroprothallium (schraffiert) und Archegonium; 4 Annäherung einer männlichen Keimzelle (Mikrospore bzw. Spermatozoid) an das Archegonium; 5 nach der Befruchtung der Eizelle entsteht aus dieser der junge Sporophyt (*Lepidodendron*-Pflanze); 6 Teil eines weiblichen Blütenzapfens von *Lepidocarpon* mit Makrosporophyllen, die seitliche integumentartige Flügel ausbilden. Im unteren Makrosporophyll ist das Makrosporangium (punktiert) eingetragen, das nur eine einzige Makrospore (dick-gerissen) enthält. 7 In der Makrospore hat sich das Makroprothallium (schraffiert) mit einem Archegonium entwickelt, und die Wand des Makrosporangiums und der Makrospore hat eine Öffnung (rechts) ausgebildet. Annäherung einer Mikrospore. In der darüberstehenden Teilzeichnung ist ein Querschnitt durch das Makrosporophyll mit den integumentartigen Flügeln, dem Makrosporangium, der Makrospore und dem Makroprothallium dargestellt. 8 Nach der Bestäubung wandeln sich die seitlichen Flügel zu einer kräftigen Hülle um, und das ganze Gebilde fällt ab (Pfeilsymbol). Die gerissenen Linien sollen die Ablösungsstellen angeben. 9 Auskeimender Same

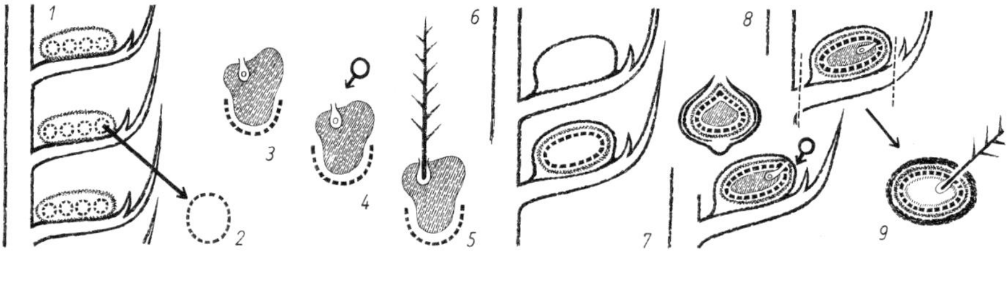

Lycopsidenzweig, der bis zur Samenbildung evolutionierte *(Miademia)*, wird später verwiesen.

Die Unterschiede im Entwicklungsgang zwischen den heterosporen Lepidodendrales und den Samenbärlappen sollen die schematischen Darstellungen in der Abbildung veranschaulichen. Wie wir sehen, geht die Samenbildung aus der Heterosporie durch einige wenige Entwicklungsschritte hervor: 1. Reduzierung der Zahl der Makrosporen je Makrosporangium auf eine; 2. Verbleib der Makrospore im Makrosporangium; 3. Ausbildung des Gametophyten (Makroprothallium und Archegonien) innerhalb der Makrospore.

Obwohl genügend *Lepidocarpon*-Funde mit einer ausgezeichnet erhaltenen inneren Struktur bekannt sind, gelang es noch nicht, in diesen Samen einen Embryo nachzuweisen. Das gilt übrigens auch für alle anderen paläozoischen Samen. Es ist sehr wahrscheinlich, daß zwischen der Ausbildung des befruchtungsreifen Samens und der eigentlichen Embryobildung eine längere Zeit verstrich und der Embryo erst ausgebildet wurde, nachdem der Samen abgefallen war. Einen solchen zeitlichen Verzug zwischen Bestäubung und Embryobildung gibt es auch bei einigen rezenten Pflanzen. Bei unseren Nadelhölzern beträgt diese Zeitspanne fast ein ganzes Jahr!

Die Samenbildung der Lepidocarpaceen ging also nach einem etwas anderem Modus vor sich als bei den meisten rezenten Samenpflanzen. Wegen dieser Unterschiede kamen einige Forscher zu der Meinung, daß man bei den Lepidocarpaceen noch nicht von einer echten Samenbildung sprechen könne. Eine solche Auffassung, die von einer von den Spermatophyten abgeleiteten Samendefinition ausgeht, können wir nicht teilen. Da die Samenbärlappe entwicklungsgeschichtlich gewiß nichts mit den anderen Samenplanzen gemein haben und die Samenbildung völlig unabhängig voneinander erfolgte, ist auch nicht einzusehen, warum die bei einer Gruppe gewonnene Definition auch haargenau für andere Gruppen zutreffen soll. Die Mannigfaltigkeit der Natur ist eben größer und läßt sich nicht immer in eine einzige Definition pressen.

Von der Gattung *Lepidocarpon* sind bisher 8 Arten beschrieben worden, bei denen man den Gametophyten feststellen konnte. Ob es sich dabei um echte Arten handelt, oder vielleicht nur um Varianten der einzigen Art *Lepidocarpon lomaxi*, ist strittig. Etwa 20 weitere Arten wurden auf Grund gewisser Übereinstimmungen ebenfalls zu *Lepidocarpon* gestellt. Sofern es sich um Formen handelt, bei denen das Makrosporangium von einem Teil des Makrosporophylles umgeben ist, dürfte die Zuordnung unproblematisch sein. Bei etlichen anderen, die »integumentlos« sind, ist dies sehr unsicher, zumal man bei ihnen nicht weiß, ob es innerhalb der Makrospore zu einer Gametophytenausbildung kam. Solche Funde gehören wohl zu *Lepidostrobus*.

Lepidocarpon-Fruktifikationen sind bisher überwiegend aus dem Oberkarbon bekannt. Nur ganz wenige Arten wurden bereits im Unterkarbon festgestellt. Wie die Pflanzen ausgesehen haben, die diese Samen bildeten, ist bisher nur für *Achlamydocarpon varius* = *Lepidodendron serratum* geklärt. Andere *Lepidocarpon*-Formen werden mit *Lepidophloios* in Verbindung gebracht. Hier steht ein sicherer Nachweis aber noch aus. Man dürfte aber kaum mit der Annahme fehlgehen, daß die Samenbärlappe große, baumförmige Lepidodendrales waren.

Familie Siegelbaumgewächse, Sigillariaceae

Diese stehen den Schuppenbäumen an Bedeutung kaum nach und gehörten wie jene zu den häufigsten Bärlappbäumen des Karbons. Im Vergleich zu den Lepidodendren entwickelten sich die Sigillarien jedoch etwas später. Sie traten zwar auch schon im Unterkarbon auf, waren hier aber noch äußerst selten, erreichten die Massenentfaltungen erst im höheren Oberkarbon und reichten bis ins Perm. Wahrscheinlich haben sie sich aus den oberdevonischen Lepidosigillarien entwickelt.

Vielfach wird zu den Sigillariaceen nur die Gattung *Sigillaria* gerechnet, die auf jeden Fall viel bedeutender als *Asolanus* ist, die von manchen ebenfalls zu dieser Familie gestellt wird.

Sigillaria ähnelt in vielem weitgehend *Lepidodendron*. Es handelt sich ebenfalls um

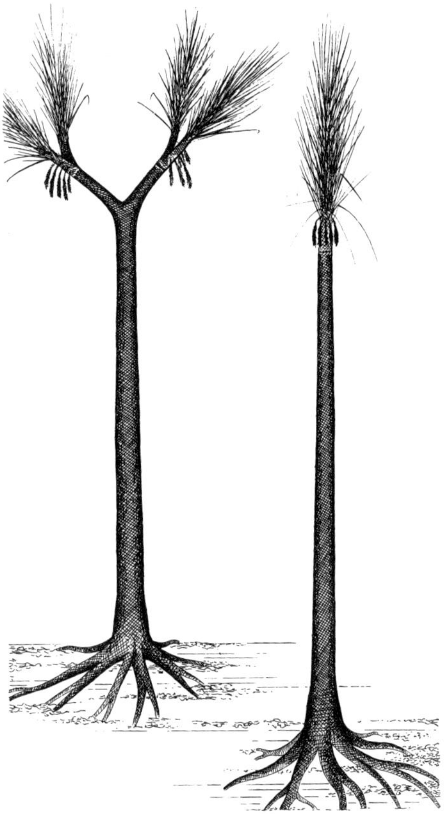

Siegelbaum, *Sigillaria*. Rekonstruktionen der etwa 30 m hohen baumförmigen Bärlappe, die vorwiegend im Oberkarbon lebten. Links ein Vertreter der Gruppe *Favularia*, rechts einer der Gruppe *Rhytidolepis* (nach Grand 'Eury).

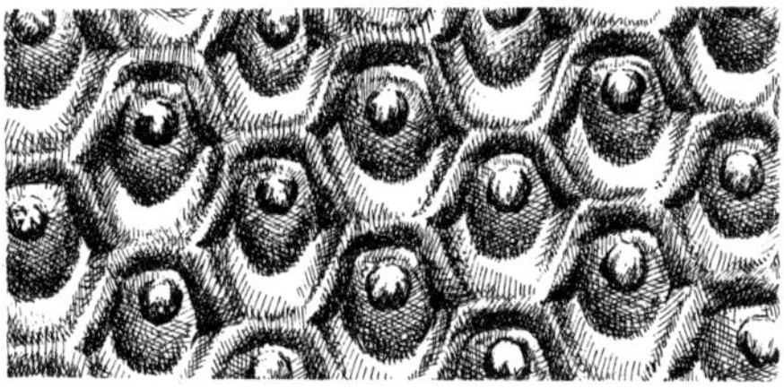

Rinde von *Sigillaria trigona* mit den für die Siegelbäume kennzeichnenden Blattpolstern. Die Art gehört zur Gruppe der *Favularia*.

Bäume von 30 bis 40 m Höhe und beträchtlichem Umfang, deren basale Teile wie bei den Lepidodendren als Stigmarien ausgebildet waren. Vielfach hatten sie einen auffallend verdickten unteren Stammteil. Die Sigillarien machten jedoch einen ganz anderen habituellen Eindruck, da die Stämme entweder keine Verzweigung oder nur an der Spitze eine ein- bis zweimalige Gabelung aufwiesen. Die bis über einen Meter langen Blätter, die prinzipiell so wie die der Lepidodendren gebaut waren, bildeten einen mächtigen Schopf am oberen Stammende. Die Blattpolster sind zwar an sich genau so in Schrägzeilen angeordnet wie bei *Lepidodendron,* sie berühren sich jedoch seitlich nicht so stark und erwecken optisch den Eindruck von Längszeilen. Diese Blattpolsterstellung gibt den Stämmen ein sehr charakteristisches Aussehen. Ein weiterer wesentlicher Unterschied gegenüber den Schuppenbäumen besteht darin, daß die *Sigillaria*-Blattpolster nur der oberen Partie der *Lepidodendron*-Blattpolster entsprechen; sie umfassen nämlich lediglich den Teil, der die Ligulargrube und die eigentliche Blattnarbe trägt. Diese zeigt dieselben 3 Närbchen wie bei *Lepidodendron.* Die *Sigillaria*-Blattpolster sind daher nicht länglich-rautenförmig, sondern mehr sechseckig bis rundlich. Auf eine solche Ausformung geht sowohl die Bezeichnung Siegelbaum als auch *Sigillaria* zurück. Dieser Gattungsname bezieht sich im erweiterten Sinn auf die Gesamtpflanze; bevor man diese rekonstruieren konnte, bezog er sich auf die Stammskulpturen, war demnach ein Organgattungsname. Die auf Grund der verschiedenen Ausbildung der Blattpolster beschriebenen über 60 Arten sind aber lediglich Organarten. Auch deren Zusammenfassung zu gewissen Gruppen (*Favularia, Rhytidolepis, Clarthraria* und *Leiodermaria*) ist eine durchaus künstliche. Es dürfte sich dabei, wenigstens teilweise, nur um verschiedene, altersmäßig bedingte Entwicklungsstadien bestimmter Arten handeln. Dagegen stellen die »Obergruppen« *Eusigillaria* und *Subsigillaria* wohl echte, taxonomisch verschiedene Sippen (Untergattungen oder sogar Gattungen?) dar.

Die meist großen, zapfenartigen Blüten

waren ebenfalls heterospor und standen in Gruppen an den oberen Stammpartien. Man kann wohl stets männliche und weibliche Zapfen unterscheiden. Sie werden mit den Organgattungsnamen *Sigillariostrobus* (12 Arten), sofern es sich um Abdrücke handelt, und *Mazocarpon* (6 Arten), wenn mineralisierte Erhaltungszustände vorliegen, bezeichnet. Diese Zapfen zerfielen offenbar leicht, denn isolierte Sporophylle sind viel häufiger als vollständige Zapfen.

Ordnung Pleuromeiales

Die zu dieser Ordnung gestellten Bärlappe sind ebenfalls ausnahmslos nur fossil überliefert und nehmen in morphologischer wie zeitlicher Hinsicht eine Übergangsstellung zwischen den Sigillariaceen und der rezenten Gattung *Isoëtes* ein. Es handelt sich hierbei um eine gut belegbare Rückbildungsreihe, wie man sie im gesamten Pflanzenreich nur selten so eindeutig vorfindet. Da Formenkreise, die eine deutlich gerichtete Entwicklungstendenz zeigen – gleichgültig, ob in progressiver oder regressiver Richtung – als Ordnungen aufgefaßt werden, ist die Aufstellung dieser Ordnung durchaus berechtigt. Andererseits ist eben wegen dieser »Vermittlungssituation« eine klare Abgrenzung sowohl gegen die Sigillariaceen als auch gegen die Isoëtaceen kaum möglich.

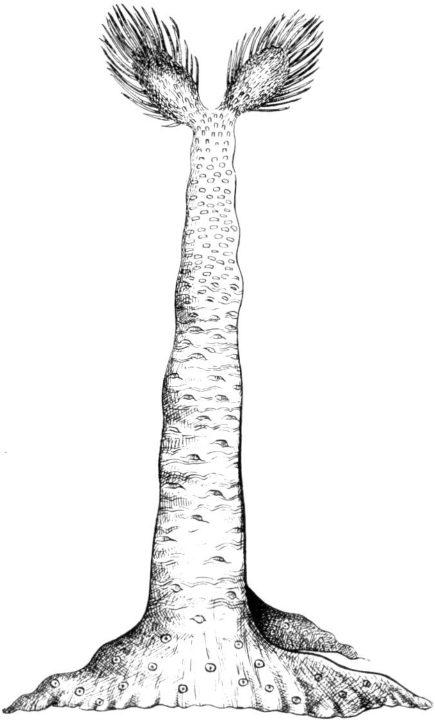

Rekonstruktion von *Pleuromeiopsis kryschtofovichii.* Die Art wurde etwa 3 m hoch und ist ein Nachfahr der Siegelbäume.

Familie Pleuromeiaceae

Obwohl diese Familie nur wenige Gattungen und Arten umfaßt, ist sie entwicklungsgeschichtlich von großem Interesse. Die Rückentwicklungsreihe *(Sigillaria) – Pleuromeiopsis – Pleuromeia – Nathorstianella – Nathorstiana – Stylites – Isoëtes* ist zwar sehr wahrscheinlich nicht geradlinig über diese Formen verlaufen; das dürfte die lückenhafte Fossilüberlieferung nur vortäuschen. Es kann unterschiedliche Auffassungen darüber geben, ob z. B. *Pleuromeiopsis* nicht noch zu den Sigillariaceen gerechnet werden sollte. Die bekannten Funde vermitteln jedoch einen guten Einblick in die generelle Entwicklungstendenz dieser Reduktionsreihe.

Die Pleuromeiaceen sind aus der unteren Trias (Buntsandstein) bekannt. Damit stehen sie auch in zeitlicher Hinsicht zwischen den karbonischen Sigillarien und der unterkretazischen *Nathorstiana.*

Besonders starke Anklänge an die Sigillarien weist die vor kurzem in Usbekistan entdeckte *Pleuromeiopsis kryschtofovichii* auf. Diese baumförmige, etwa 3 m hohe Pflanze besaß einen kräftigen Stamm, der an der Basis stigmarienähnlich gebaut war und sich oben einmal dichotom gabelte. Die spiralig stehenden Blattpolster waren vor allem im oberen Stammteil gut ausgebildet, im unteren mehr abgeflacht. Dies ist auch von Sigillarien bekannt. Die Blattpolster hatten eine querrhomboidale Form und lassen die Blattnarben sowie 2 Parychnosöffnungen erkennen. Die Fruktifikationen waren als zylindrische Zapfen ausgebildet.

Gegenüber *Pleuromeiopsis* weist die schon länger bekannte Gattung *Pleuromeia,* von der bis jetzt 8 Arten unterschieden werden, bereits Reduktionserscheinungen auf, läßt sich aber an die obengenannte gut anschließen.

Lange Zeit war nur *Pleuromeia sternbergi* durch die Arbeiten von Mägdefrau näher bekannt. Diese Art wurde vielfach im Buntsandstein des nödlichen Harzvorlandes gefunden, ist aber inzwischen auch in Thüringen, Hessen, Baden, Frankreich und Spanien festgestellt worden. Neuerdings entdeckte man eine nahe verwandte Art *(Pleuromeia rossica)* in der unteren Trias des Rybinsker Gebietes der Sowjetunion. Da diese Reste besser erhalten sind als die mittel- und westeuropäischen, ermöglichen sie die Klärung einiger bislang offenen Fragen.

Rekonstruktion von *Pleuromeia sternbergi* aus dem Buntsandstein mit einer Stammhöhe von etwa 2 m (nach Mägdefrau)

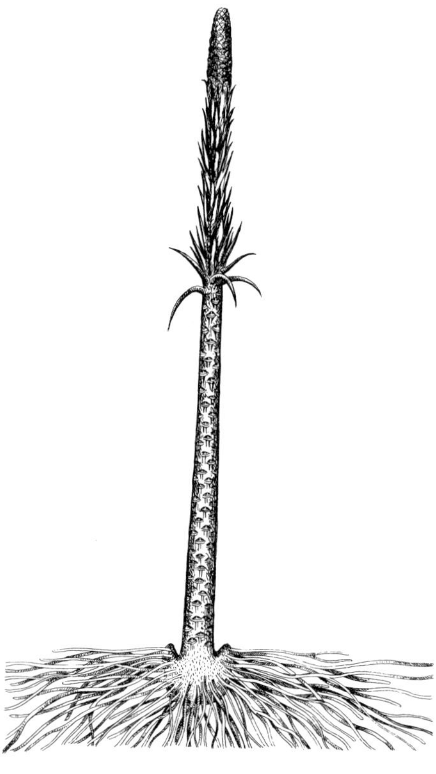

Pleuromeia bildete einen unverzweigten, knapp 2 m hohen Stamm aus, der im unteren Teil in 4 kurze, nach oben gebogene Hörner auslief. Bau und Struktur dieser Stammbasis entsprechen durchaus den Stigmarien, nur sind sie verkürzt und weniger oft geteilt. Ob der Stamm ein sekundäres Dickenwachstum besaß oder eine den jetzigen Stammsukkulenten vergleichbare Struktur aufwies, ist noch umstritten. Die etwa 10 cm langen, lanzettlichen Blätter waren nur im oberen Teil des Stammes ausgebildet, saßen diesem mit breiter Basis an und trugen eine Ligula. Sie hinterließen nach ihrem Abfallen breite Narben, an denen man die Austrittsstellen der Leitbündel und der 2 Parychnosstränge erkennen kann. Auch in dieser Hinsicht sind Anklänge an die Sigillarien unverkennbar. Die Sporophylle waren am oberen Ende des Stammes entwickelt und bildeten eine Art Zapfen. Ob es sich um eine echte Blütenbildung gehandelt hat, mit der das Längenwachstum des Sprosses abgeschlossen wurde, oder nur um fertile Zonen, und ob der Sproß später weiterwuchs, ist noch nicht bekannt. Die in manchen Stammpartien dichter gestellten Blattnarben, die meist als »Wechselzonen« gedeutet wurden, könnten auch derartige fertile Bereiche gewesen sein.

Pleuromeia war heterospor. Man kennt sowohl gemischtgeschlechtige Zapfen, bei denen wie üblich die Mikrosporangien im oberen und die Makrosporangien im unteren Teil ausgebildet waren, als auch eingeschlechtige. Die Sporangien selbst standen wie bei allen Lycopsiden auf der Oberseite der Sporophylle. Die frühere Ansicht einer Stellung an der Unterseite konnte durch die Untersuchung der Funde von Rybinsk durch Neuburg berichtigt werden.

Ordnung Brachsenkräuter, Isoëtales

Diese Ordnung besteht nur aus der einen Familie Isoëtaceae, die 6 Gattungen umfaßt. Wie bereits erwähnt, setzen die Isoëtaceen, wenn auch nicht geradlinig, die Reduktionsreihe fort, die von den unverzweigten baum-

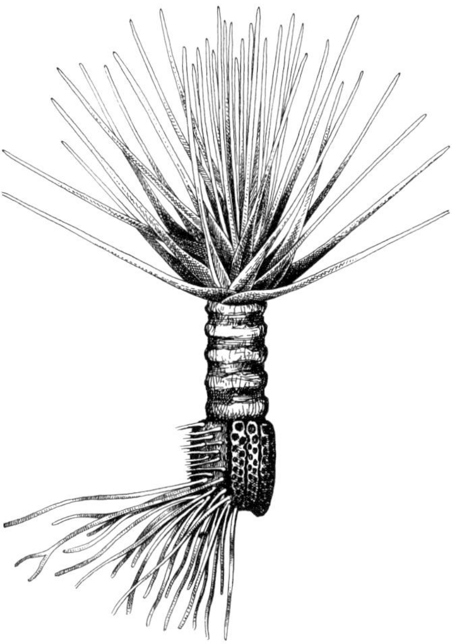

Rekonstruktion von *Nastorstiana arborea*, einer 10 bis 20 cm großen, stammbildenden Isoëtacee, die in der Unteren Kreide lebte. Die wurzelartigen Appendices sind im rechten Teil entfernt (nach Mägdefau).

förmigen Bärlappen des Karbons zu den Pleuromeiaceen führt, wobei ein weiteres Glied dieser Reihe durch *Nathorstiana* repräsentiert wird. Diese und ihr nahestehende Gattungen wie *Nathorstianella* und *Stylites* stellen wiederum Bindeglieder zu *Isoëtes* dar, mit der der Endpunkt dieser Reihe erreicht wird.

Von *Nathorstiana* ist bislang nur eine Art, *Nathorstiana arborea,* bekannt, die in vielen Exemplaren im Hauterive, einer Stufe des Neokoms (Untere Kreide) bei Quedlinburg gefunden wurde und die man durch die Bearbeitung von Richter und vor allem von Mägdefrau gut kennt. Die etwa 10 bis 20 cm hohen Pflanzen bildeten zusammen mit anderen eine strandnahe Dünenvegetation und sind durch plötzliche Übersandungen fossil erhalten geblieben. Der eigentliche »Stamm« war nur etwa 5 cm groß, die Stammbasis bei jüngeren Pflanzen ungeteilt, bei älteren zwei- oder sogar vierlappig, so daß eine an *Pleuromeia* anklingende Form entstand. Von der Oberfläche der Stammbasen gingen verhältnismäßig lange, wurzelähnliche Gebilde ab, die ganz den schlauchartigen Bau der Stigmarien-»Wurzeln« (Appendices) aufwiesen und wie jene nach dem Absterben runde Narben hinterließen. Der oberirdische Stammabschnitt war nur wenige Zentimeter lang und trug oben einen Schopf etwa 5 cm langer Blätter, die mit ziemlich breiter Basis ansaßen und damit zumindest äußerlich – stark an Isoëtes erinnern. Über die Sporen bzw. die Fruktifikationen ist bisher noch nichts bekannt.

Eine recht ähnliche Form wurde 1955 in der Unteren Kreide von Südaustralien gefunden und von Glaessner und Rao als *Nathorstianella* bezeichnet. Sie ist vielleicht sogar noch etwas urtümlicher, da sie einen größeren Stamm ausbildete (bis 18 cm) und an der Basis vierlobig war.

Daß die an sich recht unscheinbare *Nathorstiana* eine Mittelstellung zwischen *Pleuromeia* und *Isoëtes* einnimmt, wurde schon früh erkannt. Da keine jüngeren Funde bekannt waren, hielt man sie für eine seit gut 120 Millionen Jahren ausgestorbene Form.

Um so größer war daher die Überraschung für die Fachwelt, als vor einiger Zeit eine Pflanze entdeckt wurde, die in vieler Hinsicht *Nathorstiana* sehr nahesteht.

1954 fand der Heidelberger Botaniker Rauh am Rande einer dolinenartigen Senke auf der Punahochfläche von Zentralperu in 3600 m Höhe eine polsterbildende Isoëtacee. 2 Jahre später gelang ihm die Entdekkung eines weiteren Vorkommens dieser – wie es sich inzwischen herausgestellt hatte – noch unbekannten Art an einer 4750 m hoch gelegenen Lagune in der Nähe der peruanischen Westkordillere. Man gab ihr den Namen *Stylites andicola.*

Eine der bemerkenswertesten Eigenschaften von *Stylites* ist die Ausbildung eines bis zu 20 cm langen und bis zu 3 cm dicken, manchmal gegabelten Stammes, der deutlich die Muster der abgefallenen Blätter erkennen läßt. Der Stamm stirbt etwa im gleichen Maße, wie er an der Spitze wächst, an der Basis ab und besitzt ein sekundäres Dickenwachstum, das auf eine – verglichen mit den Samenpflanzen – etwas anormale und recht komplizierte Weise erfolgt. Die (im Gegen-

Stylites andicola am Standort, einer feuchten Senke auf der Punahochfläche von Peru

Stylites andicola, eine stämmchenbildende Isoëtacee, die erst 1954 entdeckt wurde

satz zu *Isoetës*) unverzweigten und recht langen Wurzeln entspringen einer, seltener 2 oder 3 Längsfurchen des Stammes. Die hohlen Wurzeln haben innen ein Leitbündel; auch darin entsprechen sie dem Bau der Appendices der Lepidodendrales-Stigmarien. Die schmallanzettlichen Blätter bilden einen Blattschopf am Stammende und sind an den Spitzen zurückgekrümmt. Sie gleichen in vielem den *Isoëtes*-Blättern (Luftkanäle, Ligula, eingesenkte Sporangien usw.). *Stylites* ist heterospor. Die Mikro- und Makrosporophylle sind von den Laubblättern nur wenig verschieden. Die Sporangien werden ähnlich *Isoëtes* von sterilen Gewebepartien (den Trabeculae) durchzogen und stehen in einer flachen Grube eingesenkt. Auch die Sporangienkeimung und die Prothalliumbildung entspricht – soweit bekannt – ganz derjenigen von *Isoëtes.*

Stylites ist eine der stammesgeschichtlich bedeutendsten Pteridophyten und vielleicht einer der wichtigsten Pflanzenneufunde der letzten Zeit überhaupt. Ihre Bedeutung liegt darin, daß es sich wohl um den letzten lebenden Vertreter der stammbildenden Bärlappe handelt und um ein stammesgeschichtliches Bindeglied zwischen *Pleuromeia/Nathorstiana* einerseits und *Isoëtes* andererseits.

Am stärksten ist die Reduzierung des Stammes bei der Gattung Brachsenkraut, *Isoëtes,* fortgeschritten. Von einem »Stamm« ist vor allem bei jüngeren Pflanzen äußerlich so gut wie nichts zu bemerken. Er zeigt sich erst, wenn man eine Pflanze längs halbiert, oder bei alten Exemplaren, bei denen viele der früher gebildeten Blätter abgefallen sind. Der Stamm ist mit einer dichten Rosette pfriemlicher Blätter besetzt und zu einer rundlichen Knolle gestaucht, die meist im Boden steckt. Der untere Teil der Knolle weist 2 bis 3 flache Längsfurchen auf, aus denen die vielfach gabelig verzweigten Wurzeln entspringen. Durch diese Furchen erhält der untere Stammteil eine zwei- bis dreilappige Gestalt, die mit zunehmendem Alter der Pflanze immer deutlicher wird. So unscheinbar der Stamm an sich ist, so weist er dennoch ein sekundäres Dickenwachstum auf, das zwar im Ausmaß recht unbedeutend ist, aber eines der Merkmale darstellt, die als Rudimente der Lepidodendrales-Herkunft zu bewerten sind. Auch die im oberen Teil der Knolle dicht ansitzenden Blätter haben ein solches »Erinnerungsmerkmal«. Sie besitzen nahe der Basis eine gut ausgebildete, oft mehr oder weniger herzförmige Ligula. Es konnte nachgewiesen werden, daß diese Ligula als Organ der Wasseraufnahme fungiert, obwohl fast alle *Isoëtes*-Arten untergetaucht lebende Wasserpflanzen sind. So stellt das Organ ein Musterbeispiel eines nur entwicklungsgeschichtlich zu verstehenden Merkmales dar, das selbst unter völlig abweichenden Lebensbedingungen erhalten geblieben ist; es kennzeichnet die Verwandtschaft der äußerlich so abweichenden Brachsenkräuter mit den Lepidodendrales. Dagegen ist die Ausbildung der 4 die Blätter längs durchziehenden Luftröhren als eine Anpassung an das Wasserleben aufzufassen.

Der Blattschopf wird in jedem Jahr neu gebildet. Zuerst werden Makrosporophylle, dann Mikrosporophylle und zuletzt sterile Blätter angelegt. Erstere stehen daher an der Außenseite, letztere im Innern der Rosette. In der Form unterscheiden sich die Trophophylle nicht von den Sporophyllen. An einem Sporophyll wird jeweils nur ein (Mikro- oder Makro-) Sporangium entwickelt, das in einer grubigen Vertiefung – einer Fovea – nahe der Basis des Sporophylls sitzt. Diese Stellung der Sporangien ist bemerkenswert, denn auch bei *Pleuromeia* saßen die Sporangien eingetieft, wie wir inzwischen wissen. Sowohl die Mikro- als auch die Makrosporangien weisen eine Eigentümlichkeit auf, die von anderen Lycopsiden (außer *Stylites*) nicht bekannt ist: Die Sporangien werden nämlich von balkenartigen Strängen sterilen Gewebes (Trabeculae) durchzogen und sind dadurch gekammert.

Isoëtes ist heterospor, wie die Bezeichnung der Sporophylle bereits zeigte. Auch darin gleicht sie den Lepidodendrales. Die Sporen werden erst nach der Verwesung der Sporophylle frei. Bei ihrem Auskeimen findet eine sehr stark reduzierte Gametophytenbildung statt, die derjenigen der später zu be-

See-Brachsenkraut, *Isoëtes lacustris.* 1 Pflanze, 2 Basis eines äußeren Blattes (Makrosporophyll) mit Makrosporangium (M) und herzförmiger Ligula (L) darüber

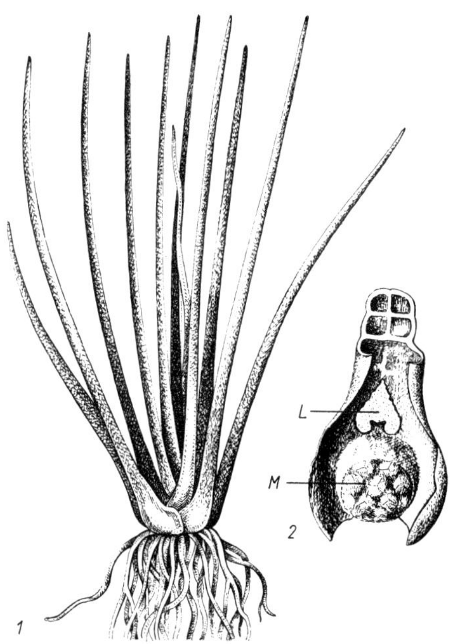

sprechenden Gattung *Selaginella* weitgehend entspricht. In den kleinen, mehr oder weniger bohnenförmigen Mikrosporen entsteht ein rudimentäres Prothallium, das lediglich von einer einzigen Zelle repräsentiert wird, und ein ebenfalls stark vereinfachtes Antheridium aus 4 äußeren und 2 inneren Zellen. Aus letzteren gehen schließlich 4 spiralig gewundene, vielgeißelige Spermatozoiden hervor. Bei der Keimung der sehr viel größeren, kugeltetraëdrischen Makrosporen bildet sich in ihrem Innern zusätzlich ein vielzelliges Makroprothallium, das die Sporenwand an der Tetraëdermarke schließlich sprengt und etwas hervortritt. An dieser Partie werden ein kleines Rhizoidbüschel und ein Archegonium ausgebildet. Wenn dessen Befruchtung unterbleibt, können noch weitere Archegonien folgen. Die nach der Befruchtung der Eizelle einsetzende Embryobildung geschieht ohne die Ausbildung eines Embryoträgers.

Die Gattung *Isoëtes* umfaßt etwa 100 Arten. Die überwiegende Zahl lebt als ausdauernde, krautige Pflanzen meist untergetaucht in Seen, einige können aber auch auf feuchten Böden gedeihen. Nur 2 mediterrane Arten (*Isoëtes durieui* und *Isoëtes hystrix*) sind Landbewohner und wachsen auf recht trokkenen Standorten. Die Gattung ist fast über die ganze Erde verbreitet, die Zahl der in den einzelnen Gebieten vorkommenden Arten jedoch recht verschieden. Nordamerika besitzt etwa 23 Arten, Mittel- und Südamerika 33, die vor allem auf die gebirgigen Teile beschränkt sind, Europa mindestens 12 Arten, Australien mit Tasmanien und Neuseeland 9, Afrika 15 und Asien 13 Arten. *Isoëtes* kommt vor allem in den gemäßigten Klimaten vor, bevorzugt aber die wärmeren Bereiche, wie das Mittelmeergebiet, aus dem man allein 7 Arten kennt.

In Mittel- und Nordeuropa treten 2 Arten auf: das Seebrachsenkraut. *Isoëtes lacustris,* und das Stachelsporige Brachsenkraut, *Isoëtes setacea.* Beide leben in klaren, nährstoffarmen Seen und bilden dort oft zusammen mit dem zu den Angiospermen gehörenden Strandling, *Littorella,* in mäßiger Wassertiefe (bis zu 2 m) manchmal geradezu Unterwasserrasen. *Isoëtes lacustris* bevorzugt sandigen Untergrund, *Isoëtes setacea* tritt auch auf moorig-schlammigen Böden und in nährstoffarmen (dystrophen) Seen auf. Sie kommen beide vor allen in Skandinavien und auf den Britischen Inseln vor und sind weiter südlich nur zerstreut, vor allem in Gebirgsseen, anzutreffen.

Die beiden Arten erreichen kaum mehr als 10 bis 15 cm Höhe. Es gibt jedoch auch einige sehr viel stattlichere *Isoëtes*-Arten. So bildet die in Tasmanien vorkommende *Isoëtes elatius* bis zu 50 cm, die in Brasilien in Bächen wachsende *Isoëtes martii* bis zu 70 cm lange Blätter aus, ebenso groß wird die nordamerikanische *Isoëtes engelmannii,* deren Stamm sogar bis zu 200 Blätter entwickelt, und auch 2 mediterrane Arten erreichen erhebliche Blattlängen: *Isoëtes velata* bis zu 60 cm, und von *Isoëtes malinverniana* wird sogar eine Blattlänge von 80 bis 100 cm angegeben.

Fossilfunde des Formenkreises um *Isoëtes* sind seit dem Jura bekannt. Sie werden teils zu *Isoëtes,* teils zu *Isoëtites* oder *Isoëtopsis* gestellt.

Ordnung Bärlappartige, Lycopodiales

Die Lycopodiales umfassen meist niedrigwüchsige, krautige Bärlappe, denen ein sekundäres Dickenwachstum der Sprosse sowie eine Ligula der Blätter fehlen und die noch keine differenzierten Sporen aufweisen, d. h. isospor sind. Alle gegenwärtig lebenden Bärlappe gehören zu dieser Ordnung. Es handelt sich bei ihnen um einen Entwicklungszweig, der sich wohl schon sehr früh aus primitiven Protolepidodendrales herausgebildet hat, auf einer recht einfachen Stufe stehengeblieben ist und sich bis heute erhalten konnte. Fossile Formen, die rezenten Bärlappen in vielem weitgehend gleichen, sind unter dem Gattungsnamen *Lycopodites* seit dem Oberdevon in mehr als 20 Arten bekannt. Sie zeigen, daß sich diese Gruppe der krautigen Bärlappe seit dem Devon/Karbon kaum nennenswert weiterentwickelt hat. Mit vollem Recht kann man deshalb – wie bereits erwähnt – die gegenwärtig lebenden Bärlappe als letzte Ausklänge, als »lebende Fossilien« bezeichnen.

Die Bärlappe sind weltweit verbreitet. Man

findet sie in der Arktis ebenso wie in den Tropen, in den Hochgebirgen wie in den Tiefländern. Sie gedeihen in baumlosen Tundren, in Mooren und Heiden genauso wie in den weiten Nadelwäldern der Taiga und den tropischen Regenwäldern. Nur Wüsten- und Steppengebiete werden von ihnen gemieden. Etliche sind Erd- und Felsspaltenbewohner, viele andere wachsen epiphytisch auf Urwaldbäumen. In den gemäßigten und kühleren Klimaten gibt es verhältnismäßig wenige Bärlappe Ihr Hauptenfaltungsgebiet liegt in den feuchtheißen Tropen von Mittel- und Südamerika, besonders dem westindischen Inselgebiet, Guayana, Venezuela, Kolumbien, Brasilien, Ekuador, Bolivien, Peru usw., sowie im ostindischen Monsungebiet und der südostasiatischen Inselwelt. Mannigfach wie ihre Standorte sind ihre Wuchsformen, ihre anatomischen Verhältnisse, gewisse Einzelheiten der Fortpflanzung u. a.

So gut die Ordnung zu umgrenzen ist, so problematisch ist ihre weitere Gliederung in Familien, Gattungen und darunter liegende taxonomische Einheiten. Mit Ausnahme der monotypischen Gattung *Phylloglossum,* der von allen Bearbeitern der Bärlappe übereinstimmend Gattungsrang zugebilligt wird, werden die anderen rezenten Lycopodiales entweder zu einer einzigen Gattung (*Lycopodium* s. l.) gestellt oder in bis zu 12 Gattungen aufgespalten. Ein solches Vorgehen, das zunehmend auf Ablehnung stößt, erfolgte oft mehr aus nomenklatorischen Gründen als aus taxonomisch-inhaltlichen. Noch stärker divergieren die Auffassungen hinsichtlich der Artenzahlen; während manche Bearbeiter nur etwa 200 Bärlapparten anerkennen, unterscheiden andere etwa 500 Arten. Auch die Familiengliederung wird unterschiedlich vorgenommen; einige Taxonomen unterscheiden 2 Familien (Huperziaceae und Lycopodiaceae), andere nur eine (Lycopodiaceae). Nach dem gegenwärtigen Stand der Kenntnisse dürfte die letztgenannte Auffassung berechtigt sein. Es darf jedoch nicht übersehen werden, daß sich alle Gliederungen überwiegend auf Merkmale des Sporophyten beziehen, während der allerdings meist schwierig zu untersuchende Gametophyt wenig Berücksichtigung fand bzw. findet, da er bei den meisten Arten noch unbekannt ist. Ob jedoch selbst die Schließung dieser Lücke zu völlig neuen taxonomischen Einsichten und Konsequenzen führen dürfte, bleibt zweifelhaft. So lange die meisten Arten aber nur unvollständig bekannt sind, kann auch jede taxonomische Gliederung zwangsläufig nur provisorischen Charakter haben.

Familie Bärlappgewächse, Lycopodiaceae

Außer der fossilen Gattung *Lycopodites* unterscheiden wir in Übereinstimmung mit Øllgaard (1987) 4 Gattungen rezenter Bärlappe: *Huperzia, Lycopodium, Lycopodiella* und *Phylloglossum.* Auf eine Gliederung in Untergattungen, Sektionen usw. wollen wir verzichten, da sie noch zu wenig gesichert ist.

Zunächst sei der Sporophyt, d. h. die eigentliche Bärlappflanze, betrachtet.

Die Gattungen *Huperzia, Lycopodium* und *Lycopodiella* weisen verschiedene Verzweigungsmuster und damit unterschiedliche Wuchsformen auf. Die *Hyperzia*-Arten haben eine streng gabelige (dichotome) Verzweigung, die Gabelungsäste sind gleichmäßig nach beiden Seiten (isotom) verzweigt und stehen in mehr oder weniger aufeinander senkrechten Ebenen (cruziate Verzweigung). Die Sprosse der erdbewohnenden Arten sind im allgemeinen nur wenige Male gegabelt, die der epiphytischen dagegen viel reichlicher. Die zahlreichen epiphytisch wachsenden Bärlappe der Tropen gehören durchweg der Gattung *Huperzia* an. Die Bewurzelung erfolgt nur am Grunde der Sprosse. Im Gegensatz dazu sind *Lycopodium* und *Lycopodiella* durch Anisotomie gekennzeichnet. Bei ihnen ist eine mehr oder weniger durchgehende, kriechende Grundachse ausgebildet, an der die Wurzeln entspringen und aus der sich die isotom oder anisotom verzweigten Luftsprosse erheben. Die Grundachse kann dabei sowohl oberirdisch als auch unterirdisch wachsen, wodurch das Erscheinungsbild der einzelnen Arten recht verschieden wird. Epiphytische Formen gibt es bei diesen zwei Gattungen nicht, jedoch einige wenige kletternde.

Die Beblätterung weist bei den Lycopodiaceen nur wenige Unterschiede auf. Die meisten Arten haben einnervige, nadelartige Blätter; innerhalb der Gattung *Lycopodium* gibt es eine Gruppe, deren Blätter zu mehr oder weniger schuppenartigen Gebilden reduziert sind, die also eine Art zypressenähnliche (cupressoide) Beblätterung aufweisen, sowie einige Arten, die eine den ungleichblättrigen (anisophyllen) Selaginellen entsprechende Blattgestaltung zeigen *(Lycopodium scariosum, Lycopodium volubile, Lycopodiella caroliniana)*. Bei der Gattung *Huperzia* kennt man andererseits einige Arten, deren Blätter mehr oder weniger rundlich sind und dadurch einen wenig bärlappartigen Eindruck machen (z. B. *Huperzia nummularifolia*).

Die Gattungen unterscheiden sich weiterhin in der vegetativen Vermehrung. Diese spielt bei *Huperzia* eine relativ große Rolle in Form von Brutknospen, die am oberen Ende der Sprosse ausgebildet werden; bei *Lycopodium* und *Lycopodiella* fehlt diese Vermehrungsform.

Wichtige Merkmale in entwicklungsgeschichtlicher Hinsicht bieten die Sporophylle bzw. der Grad ihrer Spezialisierung. Die primitivsten Verhältnisse weist die Gattung *Huperzia* auf. Die in Mitteleuropa vorkommende Teufelsklaue, *Huperzia selago,* kann hierfür als Musterbeispiel dienen. Die Sporophylle sind bei dieser Art praktisch genauso gebaut wie die Laubblätter; sie bleiben grün, solange die Pflanze lebt und dienen somit auch der Assimilation. Die Sporophylle werden am oberen Teil des Sprosses in einer fertilen Region gebildet. Dieser Sproß schließt jedoch sein Wachstum mit ihrer Ausbildung nicht ab, sondern später entstehen an ihm wieder normale Laubblätter (s. Schema 3 der Abbildung auf S. 105). Am Sproß wechseln somit fertile und sterile Blattzonen. Bei einigen anderen Arten der *Selago*-Gruppe können sogar alle Blätter fertil werden. Derartig einfache Organisationsformen entsprechen den Verhältnissen vieler Protolepidodendrales. Von solchen Formen führt nun eine gleitende Reihe über *Huperzia*-Arten, bei denen die Sporophylle schon an den Sproßenden lokalisiert sind und morphologisch von den Laubblättern etwas abweichen (z. B. *Huperzia squarrosa, H. carinata*), bis zu solchen, bei denen sich die Sporophylle deutlich von den Laubblättern unterscheiden, indem sie bedeutend kleiner, chlorophyllärmer sind und dünne, manchmal fast fadenförmige, ziemlich lange Ähren bilden. Bei diesen, zur *Phlegmaria*-Gruppe gehörenden Arten kommt es demnach bereits zu einer Blütenbildung, mit der die Sprosse das Wachstum abschließen.

Bei den 3 anderen Gattungen: *Lycopodium, Lycopodiella* und *Phylloglossum* fallen die Sporophylle bald nach der Sporenaussaat ab, sind also ephemere Gebilde. Sie enthalten auch kein Chlorophyll. Bei der Gattung *Lycopodium* sind die Sporophylle recht differenziert, und es lassen sich mehrere Typen unterscheiden. Sie treten stets zu deutlich abgesetzten, zapfenartigen Blüten zusammen, die bei den niederliegend wachsenden Arten an aufrechten, blattarmen Achsen stehen.

Auch bei *Lycopodiella* sind die Sporophylle sehr differenziert ausgebildet. Innerhalb der Sektion *Lycopodiella,* die in der mitteleuropäischen Flora im Sumpfbärlapp, *Lycopodiella inundata,* einen Vertreter besitzt, sind die Sporophylle noch verhältnismäßig wenig von den Trophophyllen geschieden. Sie treten aber schon zu endständigen, ährenartigen Blüten zusammen. Aufschlußreich sind einige Beobachtungen an dieser Art. Unter schlechten Ernährungsbedingungen bilden sich nämlich keine Blüten aus, sondern es entstehen einzelne Sporangien in den Achseln gewöhnlicher Laubblätter. Dieses Verhalten ist sonst für die *Selago*-Gruppe der Gattung *Huperzia* kennzeichnend und bestätigt die auf Grund anderer Befunde gewonnene Meinung, daß die *Selago*-Gruppe der Sektion *Lycopodiella* verhältnismäßig nahe steht.

Die recht großen, nierenförmigen Sporangien sind bei den Lycopodiaceen – wie bei allen Lycopsiden – auf der Oberseite der Sporophylle angeordnet. Ihre Einfügung (Insertion) ist bei den einzelnen Gattungen unterschiedlich; bei *Huperzia* stehen sie mehr oder weniger axillär, bei *Lycopodium* und *Lycopodiella* fast auf der Mitte der Sporophylle. Die Sporangien öffnen sich mit einem langen Riß an einer vorgebildeten Stelle, einem Stomium. Ein besonderer Öffnungsmechanismus, wie ihn z. B. die Farne in Gestalt des Anulus besitzen, ist bei den Bärlappen nicht vorhanden. Der Öffnungsspalt liegt bei *Huperzia* und *Lycopodium* auf der Oberseite der Sporangien, bei den meisten *Lycopodiella*-Arten öffnen sie sich jedoch mit einem Querspalt.

Die kugeltetraëdrischen Sporen sind in ihrer Oberflächenskulptur recht verschieden, so daß man sie weitgehend zur Diagnostik heranziehen kann. Bei *Huperzia* weisen sie grubige Vertiefungen, bei *Lycopodium* vor allem netzartige Leisten oder manchmal auch kurze Stacheln auf. Ihre Verbreitung erfolgt durch Luftströmungen.

Die Zeitspanne zwischen Sporenverbreitung und Auskeimen ist bei den Bärlappen außerordentlich verschieden. Bei *Lycopodiella* keimen die Chlorophyll enthaltenden Sporen sofort an einer geeigneten Stelle. Zumindest bei den erdbewohnenden *Huperzia*- und *Lycopodium*-Arten brauchen sie bis zur Sporenkeimung lange Zeit, unter Umständen etliche Jahre. Dieses verschiedene Keimverhalten geht auf die sehr unterschiedlich ausgeprägte Wasseraufnahmefähigkeit der Sporenwände zurück. Es ist anzunehmen, daß sich erdbewohnende Bärlappe von epiphytisch wachsenden in ihrem Keimverhalten stark unterscheiden; bei letzteren scheint ein langer Keimverzug kaum vorstellbar. Nach den Untersuchungen von Bruchmann keimen Sporen von *Huperzia selago* erst nach 3 bis 5, von *Lycopodium clavatum* und *Lycopodium annotinum* sogar erst nach 6 bis 7 Jahren! Während dieser Zeit können sie einige Zentimeter in den Boden gelangen.

Die Keimung der Sporen und die aus ihnen hervorgehenden Gametophyten waren lange unbekannt, da Aussaatversuche erfolglos blieben. Erst die geduldigen und unermüdlichen Untersuchungen des Gothaer Oberlehrers Bruchmann und diejenigen von Treub lüfteten das Geheimnis. Trotz dieser und vieler späterer Untersuchungen blieben – wie bereits erwähnt – bis heute vom größten Teil der Lycopodien die Gametophyten noch unbekannt, da solche Studien außerordentlich schwierig sind.

Die bisherigen Untersuchungen zeigten eine erstaunliche Mannigfaltigkeit in Bau und Lebensweise der Prothallien, die in auffallendem Gegensatz zu der verhältnismäßig einfachen Gestaltung der Sporophyten, d. h. der eigentlichen Bärlappflanze, steht. Vielfach findet man die Angabe, wonach die Lycopodiaceen-Prothallien chlorophyllose, unterirdisch wachsende, rübenartige Gebilde seien, die saprophytisch leben oder sich mit Hilfe einer Pilzsymbiose (Mykorrhiza) ernähren würden. Eine solche Darstellung bezieht sich aber nur auf einen bestimmten Prothalliumtyp und kann keineswegs für die Lycopodiaceen insgesamt verallgemeinert werden. Wohl scheinen alle Lycopodiaceen-Prothallien mit Pilzen zusammen zu leben. Es dürfte sich beim Pilzpartner um Zygomyceten handeln. Näheres über diese symbiotischen Pilze ist bisher kaum bekannt, da es noch nicht gelang, sie zu kultivieren. So war auch eine Artbestimmung unseres Wissens bisher in keinem einzigen Fall möglich.

Die Pilzinfektion erfolgt – soweit bekannt – schon in einem frühen, wenigzelligen Stadium des Prothalliums und bildet wohl die Voraussetzung für dessen weitere Entwicklung bis zur Geschlechtsreife. Über die Lebensdauer der Prothallien wissen wir insgesamt erst recht wenig. Sie differiert aber offenbar bei den verschiedenen Sippen ziemlich erheblich und steht möglicherweise in Zusammenhang mit deren Bau und dem Wuchsort der Pflanzen. Vor allem bei einigen erdbewohnenden Lycopodiaceen kühler Gebiete geht das Prothalliumwachstum überaus langsam vor sich; manchmal wird die Geschlechtsreife, d. h. die Ausbildung von Antheridien und Archegonien erst 12 bis 15 Jahre nach der Sporenaussaat erreicht. Bei *Lycopodiella cernua,* einer tropischen Art, tritt die Geschlechtsreife dagegen schon nach einigen Monaten ein.

Bisher lassen sich etwa 5 Prothalliumtypen unterscheiden:

1. *Selago*-Typ: Prothallien radiär, kurzwurmförmig, etwa 5 bis 10 mm lang und meist aufrecht im Boden wachsend. Ältere Prothallien können unter Umständen die Erdoberfläche erreichen und ergrünen dann im oberen Teil. Der Typ ist bisher nur von der *Selago*-Gruppe der Gattung *Huperzia* bekannt.

2. *Phlegmaria*-Typ: Prothallien mit länglichem Zentralteil, von dem fadenförmige Auszweigungen abgehen. Die Gametangien befinden sich an kurzen, knolligen Seitenzweigen. Die Prothallien sind farblos und wachsen saprophytisch. Der Typ kommt bei Vertretern der *Phlegmaria*-Gruppe der Gattung *Huperzia* vor und scheint bei epiphytischen Bärlappen vorzuherrschen.

Die Teufelsklaue, *Huperzia selago*, am Standort. Die großen, gelben Sporangien werden auf Sporophyllen gebildet, die in Sporophyllzonen auftreten.

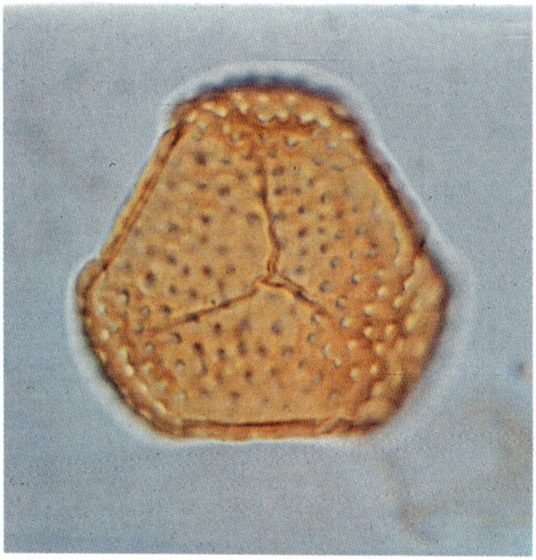

Spore der Teufelsklaue, *Huperzia selago*, mit grubiger (foveolater) Oberfläche und trileter Ablösungsmarke

3. *Cernua*-Typ: Unterer Prothalliumteil aufrecht im Boden, oberer grün und oberirdisch. Die Gametangien stehen an der Kronenbasis, etwa in Höhe der Erdlinie. Dieser Typ wurde bei der Gattung *Lycopodiella* festgestellt, ob er sich jedoch auf sie beschränkt, ist noch offen. In der mitteleuropäischen Flora bei *Lycopodiella inundata* vorkommend.

4. *Clavatum*-Typ: Prothallien stets unterirdisch, bleich und vollsaprophytisch, in der Jugend mehr oder weniger kegelförmig, bis einen Zentimeter im Durchmesser. Die Gametangien befinden sich an der Oberseite. Die Entwicklung erfolgt sehr langsam. In Mitteleuropa z. B. bei *Lycopodium clavatum* und *Lycopodium annotinum* vorkommend.

5. *Complanatum*-Typ: Ähnlich vorigem, jedoch unterer Teil rübenförmig. Es findet ebenfalls eine sehr langsame Entwicklung statt. Beispiel für eine europäische Art ist *Lycopodium complanatum.*

Ob diese 5 Typen zur Kennzeichnung aller Lycopodiaceen-Prothallien ausreichen, müssen weitere Forschungen zeigen. Eine Auswertbarkeit in taxonomischer Hinsicht scheint sich jedoch abzuzeichnen, wie die obigen Gattungszuordnungen andeuten.

Im folgenden seien einige ausgewählte Arten der Lycopodiaceen vorgestellt.

Die Gattung *Huperzia,* die von einigen Taxonomen nur als Untergattung *Urostachys* betrachtet wird, ist hinsichtlich ihrer Artenzahl noch immer recht umstritten. Die Auffassungen reichen von etwa 150, etwa 200 (Tryon 1982), mehr als 300 (Øllgaard 1987) bis zu mehr als 400 (Herter 1950) Arten. Auch die Frage, ob *Huperzia* eine besonders primitive Lycopodiaceen-Gruppe darstellt – eine Meinung, die von vielen Forschern der Lycopodiales vertreten wird –, oder ob sie abgeleitet sei, wird immer noch kontrovers diskutiert. Dies zeigt nur, daß noch viele Forschungslücken bestehen und gesicherte Kenntnisse unzureichend sind. Die Gattung *Huperzia* zeichnet sich durch gabelig verzweigte Sprosse und das Fehlen kriechender Achsen aus. Die Bewurzelung erfolgt nur an

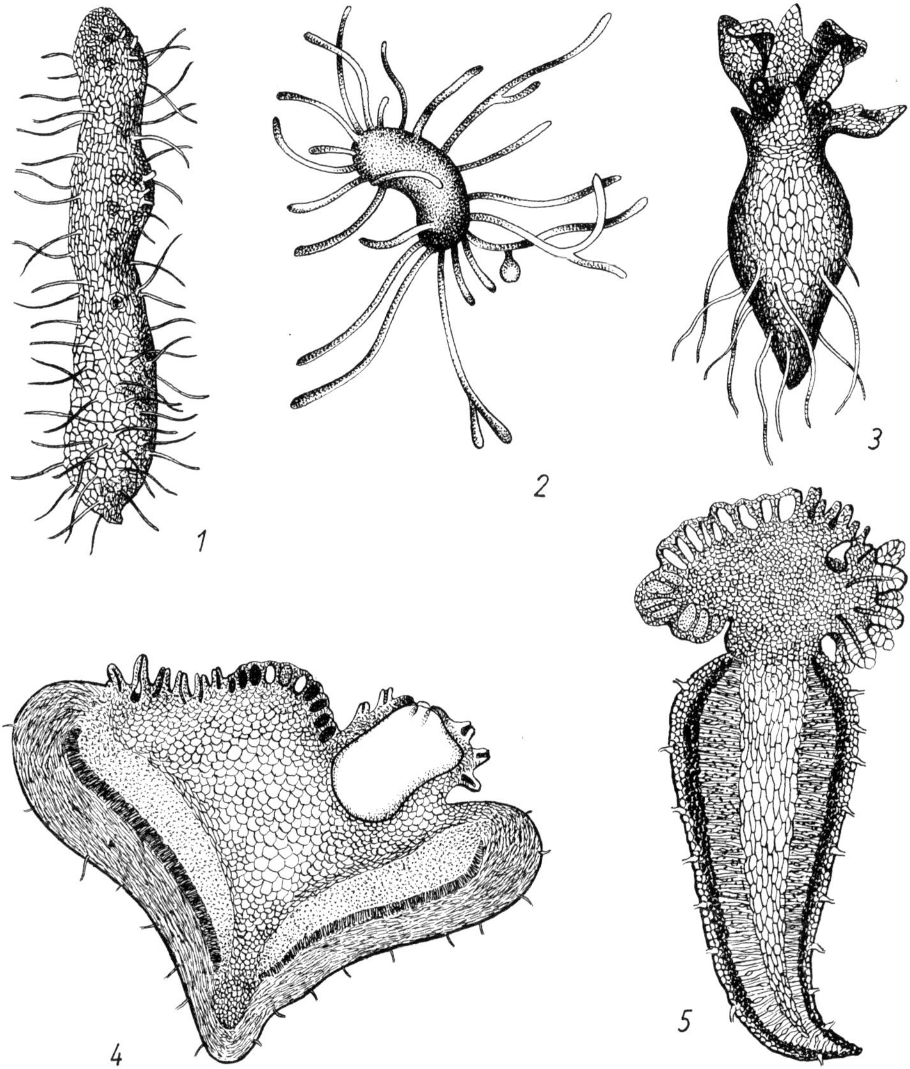

Prothalliumtypen der Bärlappe: 1 Selago-Typ *(Hyperzia selago)*, 2 Phlegmaria-Typ *(Huperzia phlegmaria)*, 3 Cernua-Typ *(Lycopodiella inundata)*, 4 Clavatum-Typ *(Lycopodium clavatum)*, 5 Complanatum-Typ *(Lycopodium complanatum)*

der Basis der Sprosse. Die Sporen weisen eine grubige (foveolate) Oberflächenskulptur auf (s. Abb.). An den Prothallien werden zwischen den Gametangien fadenförmige Zellreihen (Paraphysen) ausgebildet. Es lassen sich zahlreiche Gruppen unterscheiden, die von einigen Forschern als Sektionen, von anderen wohl besser neutral nur als »Gruppen« aufgefaßt werden. Wir können darauf nicht näher eingehen.

Die einzige mitteleuropäische Art dieser Gattung ist die Teufelsklaue oder auch der Tannenbärlapp, *Huperzia selago.* Sie gedeiht in Mitteleuropa vor allem in montanen und hochmontanen Buchen-, Tannen- und Fichtenwäldern und ist dort recht wenig lichtbedürftig. Weiter tritt sie an felsigen Stellen, besonders in Blockmeeren (z. B. im Harz) auf. In Nordeuropa wächst sie vor allem in Nadelwäldern und verschiedenen Zwergstrauchheiden. Sie reicht in Tundren-, Felsspalten- oder Schneebodengesellschaften bis in die Arktis (Spitzbergen, Grönland, arktisches Nordamerika usw.). Die recht formenreiche Art kommt von der Ebene bis in die alpine Stufe oberhalb der Baumgrenze (bis 3000 m) vor und ist im größten Teil der arktischen und borealen Zone Eurasiens sowie in den Hochgebirgen verbreitet. In den Tropen beschränkt sich ihr Vorkommen auf die höchsten Gebirge. Auch auf der Südhalbkugel tritt sie in Südaustralien mit Tasmanien, Neuseeland, den Falklandinseln und Trista de Cunha auf.

Habituell ähnlich sind die in schattigen Wäldern Nordamerikas und in Ostasien vorkommende *Huperzia lucidula* und die in weiten Teilen, vor allem den höheren Regionen von Südamerika und Afrika gedeihende *Huperzia saururus*, die aber viel starrer und kräftiger ist. Mit dieser Art verwandt sich einige südamerikanische Arten, deren Blätter oder Stengel eine mehr oder weniger auffallende Rotfärbung auweisen: *Huperzia compacta*, die in den Anden von Kolumbien und Ekuador bis 4000 m Höhe angetroffen wurde, und die steif aufrechte *Huperzia crassa (H. erythraea)* mit meist besonders intensiv gefärbten rötlichen bis roten Blättern, die bis an die Schneegrenze reicht und sogar noch in einer Höhe von 4700 m gedeihen kann. Durch auffallend rote Stengel zeichnet sich auch *Huperzia dichotoma* aus, eine im ganzen tropischen Amerika und in den Anden bis 3600 m Höhe vorkommende Pflanze. Überhaupt besitzen die Anden eine beträchtliche Zahl von *Huperzia*-Arten. Von den bodenbewohnenden Sippen sei noch die in den gebirgigen Teilen des südostasiatischen Monsungebietes und der Südseeinseln weit verbreitete *Huperzia serrata* mit bis zu 3 cm langen, gesägten Blättern erwähnt.

Viel größer ist jedoch die Zahl der in den Tropen epiphytisch wachsenden Huperzien, deren herabhängende Sprosse bei manchen beträchtliche Längen erreichen können. Wohl die bekannteste Art ist *Huperzia squarrosa*, deren dicht beblätterte und mehrfach gegabelten Sprosse bis 2,5 m lang werden können. Diese in Süd- und Südostasien bis zu den Sundaninseln und in Afrika verbreitete, formenreiche Art, die gelegentlich auch auf dem Erdboden wächst, wird wegen ihres dekorativen Aussehens oft in Gewächshäusern kultiviert. Gleichfalls sehr stattlich ist die auf der tropischen Südhemisphäre vorkommende *Huperzia verticillata* mit dichten, oft haarförmig dünnen Blättern, deren Sprosse sogar bis zu 3 m Länge erreichen können. Die im tropischen Amerika verbreiteten Arten *Huperzia taxifolia* und *Huperzia linifolia* mit 1,5 bis 2,5 cm langen, dichtstehenden Blättern sind ebenfalls recht häufige Epiphyten. Im Gegensatz zu diesen kräftigen Arten sind *Huperzia fontinaloides* und *Huperzia polytrichoides* auffallend dünnstengelig, z. T. nur bindfadendick und haben sehr kleine, fast schuppenartige Blätter. Erstere kommt in den Gebirgen Brasiliens, letztere vor allem auf Hawaii vor. Auch die zarte, stark verzweigte *Huperzia sarmentosa* aus dem tropischen Südamerika weist einen derartigen Habitus auf.

Eine sehr weitverbreitete und häufige Art ist weiterhin die in der ganzen Paläotropis von Afrika über Süd- und Südostasien, Neuseeland bis zu den Südseeinseln vorkommende *Huperzia phlegmaria* mit eiförmig-länglichen, 4 bis 5 mm breiten und 10 bis 15 mm langen, derben Blättern. Es handelt sich um eine verhältnismäßig sparrige Pflanze, die bis über 80 cm lang wird. Ebenfalls ein Epiphyt ist die recht derbe und starr wirkende *Huperzia robusta* mit senkrecht abstehenden, großen stachelspitzigen, ledrigen Blättern und büschelig aufgezweigten Sporophyllähren. Die Art kommt vor allem in Guayana und im östlichen Venezuela vor. Einen ganz anderen Eindruck macht die im südostasiatischen Monsungebiet und bis zu den Molukken verbreitete *Huperzia nummularifolia* durch die fast kreisrunden, bis zu 8 mm großen, gegenständigen Blätter. Die Sprosse sind daher flach und sehen im vegetativen Zustand wenig bärlappartig aus.

Zur Gattung *Lycopodium*, Bärlapp im engeren Sinn, gehören etwa 50 bis 60 Arten. Sie weisen stets eine deutliche Differenzierung in langgestreckte, meist kriechende Grund-

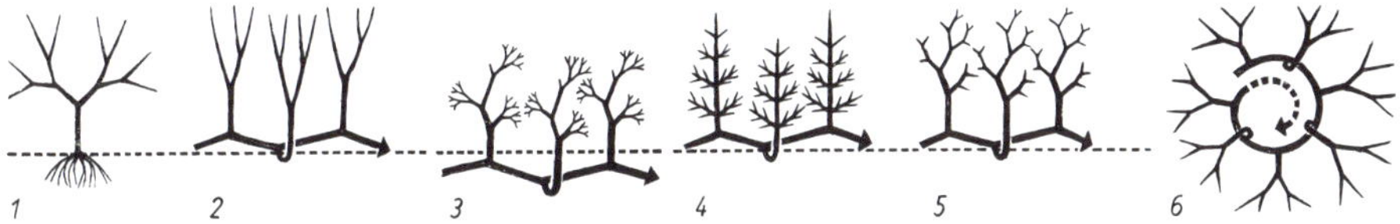

Wuchsformenschemata einiger Bärlappe: 1 *Huperzia selago*, 2 *Lycopodium annotinum*, 3 *Lycopodium complanatum*, 4 *Lycopodiella cernua*, 5 *Lycopodium clavatum*, 6 *Selaginella lepidophylla*.
Gestrichelte Linie = Erdoberfläche. Die Pfeile geben die Wuchsrichtung der Hauptachse an.

achsen und kürzere seitliche Nebenachsen auf. Die Verzweigungen erfolgen zwar auch prinzipiell dichotom, jedoch ist diese Dichotomie im Bereich der Grundachse in anisotomer Form, bei den seitlichen Verzweigungen entweder ebenso oder nach dem isotomen Modus ausgebildet. Dadurch kommen recht verschiedene Wuchsformen zustande (s. Abb.). Die Sporophylle sind sehr stark von den Laubblättern verschieden und stehen immer in endständigen Ähren oder keulenförmigen Zapfen zusammen. Die Sporen weisen meist eine netzförmige Oberfläche auf, und die Prothallien bilden, soweit bekannt, zwischen den Gametangien keine Paraphysen aus. Die *Lycopodium*-Arten sind durchweg Erdbewohner; Epiphyten gibt es unter ihnen nicht.

Die Gattung läßt sich in etliche Gruppen gliedern, die von manchen Autoren als Sektionen, von anderen z. T. sogar als Gattungen aufgefaßt werden.

Die *Clavata*- und *Complanata*-Gruppe zeichnet sich durch stets weithin streichende, kriechende Grundachsen aus, an denen die Wurzeln entspringen. Beide Gruppen (Sektionen) kann man – neben anderen Merkmalen – leicht an der Art der Beblätterung unterscheiden. Bei der *Clavata*-Gruppe sind die Blätter normal bärlappartig, d. h. mehr oder weniger nadelförmig ausgebildet. Sie stehen spiralig und dicht an den Achsen, während die Arten der *Complanatum*-Gruppe recht kleine, fast schuppenartige, gegenständige Blätter haben, die in 4 oder 8 Reihen angeordnet und verschieden groß sind (Anisophyllie). Die oft flachen Sprosse machen daher einen mehr oder weniger lebensbaumartigen Eindruck.

Zur *Clavata*-Gruppe gehört der im gemäßigten und kalten Eurasien und Nordamerika in Zwergstrauchheiden, Borstgrasrasen und lichten Nadelwäldern nicht seltene Keulenbärlapp, *Lycopodium clavatum,* dessen Sporen früher zum Bestreuen von Pillen und als Wundpulver, sowie als Blitzpulver der Fotografen sowie bei mannigfachen kultischen Gebräuchen Verwendung fanden. Die in manchen Gegenden übliche Bezeichnung Schlangenmoos geht auf die Wuchsform zurück. Von der arktischen bis in die gemäßigte Zone Eurasiens reicht das Verbreitungsgebiet des Sprossenden Bärlapps, *Lycopodium annotinum,* der in Mitteleuropa in beerstrauchreichen Kiefern-, Buchen- und Fichtenwäldern, vorwiegend an feuchteren Stellen, vorkommt. Auch in Birkenbrüchen und an Rändern von nährstoffarmen Mooren tritt er gelegentlich auf. In den osteuropäischen Fichten-Taigawäldern bildet er auf feuchten Standorten oft große, geschlossene Decken.

Der Keulenbärlapp. *Lycopodium clavatum*, mit aufrechten, gestielten Sporophyllständen (Blüten)

Sprossender Bärlapp, *Lycopodium annotinum.* Die Art kann ausgedehnte Rasen bilden.

Auch die *Complanata*-Gruppe, deren wichtigste Kennzeichen bereits oben mitgeteilt wurden, besitzt in der Flora Mitteleuropas einige Vertreter. Vor allem in Ginsterheiden im atlantisch beeinflußten Europa kommt der Zypressenbärlapp, *Lycopodium tristachyum,* vor. Viel häufiger ist der Flachbärlapp, *Lycopodium complanatum,* der geradezu eine Kennart der borealkontinentalen Kiefernwälder auf mäßig trockenen, armen Sandböden ist und in der gesamten nördlichen gemäßigten Zone sowie in etlichen Gebirgen der Tropen verbreitet angetroffen wird. Die Grundachsen wachsen bei dieser Art unterirdisch, und nur die aufrechten, mehr oder weniger bäumchenartig verzweigten Seitentriebe ragen über die Erde hinaus. Wie neuere Untersuchungen in Finn-

Gemeiner Flachbärlapp, *Lycopodium complanatum* subsp. *anceps*, am Standort

land ergaben, können die Grundachsen eines einzigen Exemplares mehr als 200 m in der Ausdehnung betragen und ein Alter von 800 Jahren aufweisen! Dies zeigt einmal mehr, wie lang- und langsamwüchsig manche mittel- und nordeuropäischen Bärlappe sind.

Meist oberirdisch kriechende Grundachsen und aufrechte, büschelig gegabelte Äste mit vierreihig stehenden, bläulichgrünen Blättern bildet der im arktischen Nordeuropa, den Alpen und einigen höheren Mittelgebirgen wachsende Alpenbärlapp, *Lycopodium alpinum*. Er ist vorwiegend in Borstgrasrasen und Bergheiden anzutreffen.

Zu *Lycopodium* gehören auch die merkwürdigen Bärlapp-Lianen, die zugleich die größten gegenwärtig lebenden Bärlappe darstellen. Das tropische Südostasien, die Sundainseln usw. sind die Heimat von *Lycopodium casuarinoides*. Diese in Bäumen kletternde Art kann eine Länge von bis zu 20 m erreichen! Auffallend ist auch ihre Beblätterung. Während die Blätter an jüngeren Pflanzen pfriemlich schmal und abstehend sind, werden sie später sehr reduziert, liegen zum größten Teil dem Sproß an, und nur ein kleiner, oberer Zipfel ist noch frei. In ihrer Form weisen diese dünnen Zweige, die am Ende vielfach stark verlängert, hängend und rot gefärbt sind, eine gewisse habituelle Ähnlichkeit mit den Kasuarinen, Gattung *Casuarina*, auf, was zu dem Artnamen Anlaß gab.

Eine ähnliche Wuchsform besitzt *Lycopodium volubile*. Diese ebenfalls kletternde Art wird 10, manchmal bis zu 15 m lang und tritt in den Gebirgen Südostasiens, Nordaustraliens und Neuseelands auf. Wegen der anisophyllen Beblätterung erinnert sie stark an viele Selaginellen. An den Seitensprossen werden nämlich verschieden große Blätter gebildet; die größeren stehen seitlich, wodurch der Sproß scheinbar zweizeilig beblättert wirkt, die viel kleineren stehen auf der Oberseite, sind nach vorn gerichtet und am Stengel angepreßt.

Die Gattung *Lycopodiella* umfaßt etwa 40 Arten, die in 4 Gruppen (Sektionen) zusammengefaßt werden können. Obwohl sie in ihren Wuchsformen und manchen morphologischen Einzelheiten recht verschieden sind, weisen andere Bereiche, wie Verzweigungsform, Sporangienanatomie, Sporenmorphologie oder Ausbildung des Gametophyten darauf hin, daß *Lycopodiella* eine eigene, natürliche Einheit der Lycopodiaceen darstellt; die Gattung wird jetzt nicht mehr wie früher nur als eine Sektion der Gattung *Lycopodium* aufgefaßt. Auf eine Reihe

Zypressen-Flachbärlapp, *Lycopodium complanatum* subsp. *chamaecyparissus*. Die für diese Sippe kennzeichnende Verzweigung ist gut sichtbar.

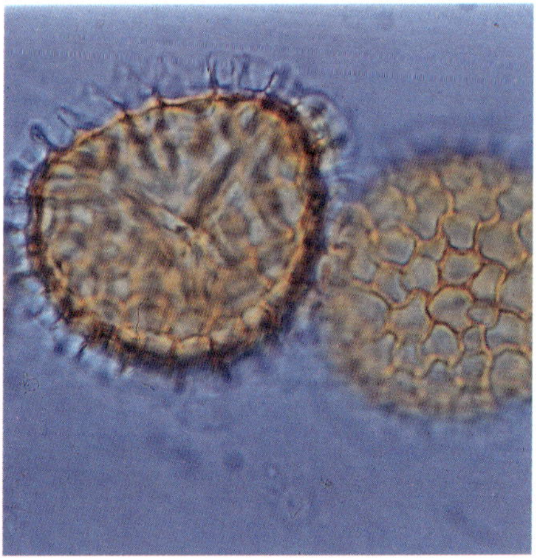

Spore des Flachbärlapps, *Lycopodium complanatum*, mit charakteristischer Oberflächenskulptur

Sumpfbärlapp, *Lycopodiella inundata*, aus einem Heidemoor. Die Sporophylle werden an aufrechten Trieben gebildet.

von Besonderheiten und Unterschieden gegenüber anderen Lycopodiaceen-Gattungen hatten wir bereits aufmerksam gemacht.

Die meisten *Lycopodiella*-Arten kommen in Amerika vor; sie gedeihen sowohl in den gemäßigten wie in tropischen Regionen.

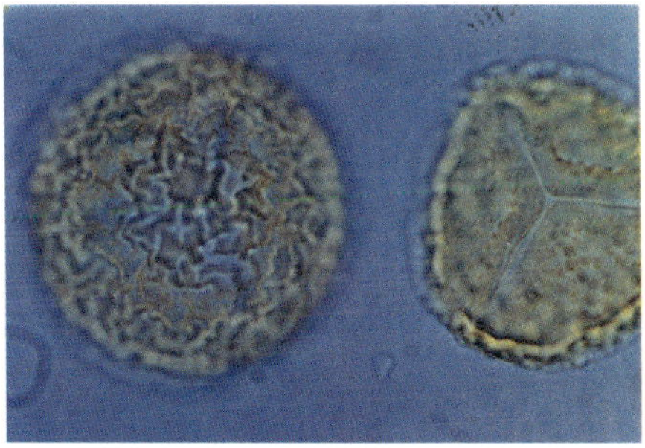

Die zur Sektion *Lycopodiella (Inundata)* gehörenden Arten besitzen eine relativ kurze, kriechende und beblätterte Hauptachse, die nur wenig verzweigt ist und meist lediglich einen aufrechten fertilen Ast mit einer endständigen, zapfenartigen Blüte trägt. Deren Durchmesser ist meist größer als der des vegetativen Sproßabschnittes. Die Sporophylle sind noch verhältnismäßig wenig von den Laubblättern verschieden. Fast alle Arten dieser Sektion besiedeln arme, nasse Sand- und Moorböden, so auch der in der mitteleuropäischen Flora in Moorschlenken und Feuchtheiden gelegentlich anzutreffende Sumpfbärlapp, *Lycopodiella inundata*. Diese kleine unscheinbare Art kommt im atlantischen und subatlantischen Gebiet von West- und Mitteleuropa und im östlichen Nordamerika vor. Bedeutend größer, aber sonst nicht sehr ver-

Spore des Sumpfbärlapps, *Lycopodiella inundata*, mit kennzeichnender Oberflächenskulptur

schieden ist die durch ganz Nord- und Südamerika verbreitete formenreiche *Lycopodiella alopecuroides*, die z. T. an ähnlichen Standorten wächst, aber bei langdauernden Überschwemmungen auch eine schlanke Wasserform bilden kann.

Die Vertreter einer anderen Sektion, die hier erwähnt sei, der überwiegend tropischen Sektion *Cernua*, bilden zwar keine weitstreichenden Grundachsen, dafür aber aufrechte, oft bäumchenartige und reich verzweigte Sprosse aus, die z. T. außergewöhnliche Längen erreichen können. Die Sporophylle sind zu kurzen, dicklichen Zapfen oder zu längeren Ähren vereinigt. Die häufigste und am weitesten verbreitete Art ist die fast strauchige, mehr als 60 cm hohe *Lycopodiella cernua*, die in den gesamten Tropen von Mittel- und Südamerika, Afrika, Süd- und Südostasien, Neuguinea, Nordostaustralien, sowie auf den Azoren an lichten, trockenen, oft steinigen Orten vorkommt.

Vermerkt sei noch, daß alle Arten der Lycopodiaceen in Deutschland unter Schutz stehen.

Als letzte Gattung der Bärlappgewächse sei *Phylloglossum* besprochen. Die Gattung besteht – wie bereits erwähnt – nur aus einer Art, *Phylloglossum drummondii*, die im außertropischen Australien, Tasmanien und Neuseeland vorkommt, wo sie auf feuchten, aber zeitweilig austrocknenden Sandböden wächst. Es sind kleine, nur etwa 5 cm hohe Pflänzchen mit wenigen grundständigen Blättern und 1 bis 2 an der Basis der Sproßachse entspringenden, länglichen Knollen, die mit Wurzelhaaren dicht besetzt und im Boden verborgen sind. Diese knollenartigen Gebilde lassen sich wohl als Anpassungen an die extremen Standortsverhältnisse deuten und stellen eigentlich hohle Beutel (Marsupien) dar, bei denen der Vegetationspunkt im Innern liegt und dadurch außerordentlich gut geschützt ist. Mit diesen Knollen überdauern die Pflanzen die Trockenperioden, während die oberirdischen Teile absterben. Aus der Knolle wächst dann später der oberirdische Sproß hervor, der außer den Blättern einen glatten Blütenschaft bildet, an dessen Ende die Sporophylle zu einer kopfigen Blüte angeordnet sind. Die Prothallien entsprechen dem *Cernua*-Typ, sind also im oberen Teil grün und können assimilieren.

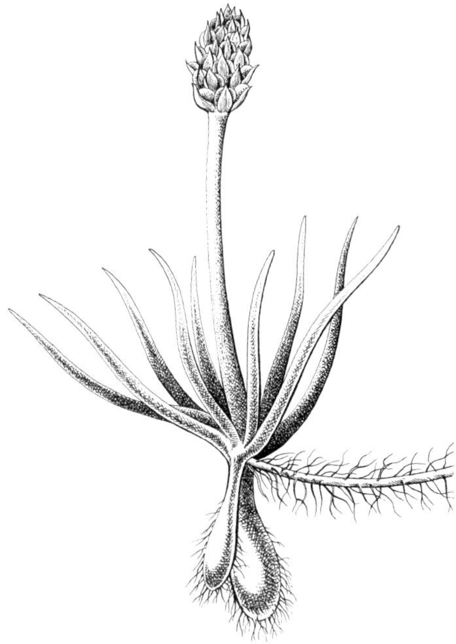

Phylloglossum drummondi

Die taxonomische Stellung bzw. die Verbindung von *Phylloglossum* zu anderen Lycopodiengruppen sind nach wie vor offen. Selbst spezielle rasterelektronenoptische Untersuchungen an Sporen, die in letzter Zeit vorgenommen wurden, brachten keine auswertbaren Ergebnisse.

Ordnung Moosfarnartige, Selaginellales

Die Ordnung besteht aus 2 Familien, den Selaginellaceen und Miadesmiaceen.

Familie Moosfarngewächse, Selaginellaceae

Zu dieser Familie gehören 2 Gattungen; die ausschließlich fossile Formen umfassende Gattung *Selaginellites* und die rezente Gattung *Selaginella*, Moosfarn, mit mehr als 700 überwiegend tropischen Arten. Die Moosfarne sind ebenso wie die Lycopodiales krautige, oft verhältnismäßig unscheinbare Pflanzen ohne sekundäres Dickenwachstum. Im Gegensatz zur vorigen Ordnung besitzen sie jedoch eine Ligula und verschiedengestaltige Sporen, sind also heterospor. Kennzeichnend für sie ist weiterhin die äußerst starke Reduzierung des Gametophyten, der im männlichen Geschlecht überhaupt nicht, im weiblichen kaum noch als selbständige Generation in Erscheinung tritt.

Auch die Selaginellen stellen einen sehr alten Entwicklungszweig dar, der vielleicht aus primitiven Protolepidodendrales seinen Ursprung genommen hat. Jedenfalls stehen sich die primitivsten rezenten Bärlappe (etwa aus der *Huperzia selago*-Gruppe) und die einfachsten Selaginellen (etwa vom Typ *Selaginella selaginoides*) in vielem recht nahe. Das betrifft die Wuchsform ebenso wie die isophylle, spiralige Beblätterung, die geringen Unterschiede zwischen fertiler und vegetativer Region, den Stelenbau und die Embryonalentwicklung. Der Hauptunterschied besteht in der Heterosporie, die aber offenbar sehr zeitig bei verschiedenen Lycopsidengruppen entstand und von der wir wissen, daß es sich um ein polyphyletisches (mehrmals unabhängig voneinander entstandenes) Merkmal handelt, sowie in der Ligulabildung, die am schwierigsten zu interpretieren ist. Die vom Unterkarbon an bekannten *Selaginellites*-Arten – es werden etwa 20 unterschieden – sind den rezenten Selaginellen, und zwar sogar den spezialisierten Formen, weitgehend ähnlich. Sie zeigen, daß sich die Gattung seitdem kaum wesentlich weiterentwickelt hat. Zumindest im Oberkarbon dürften Selaginellen in den Urwäldern häufig vorgekommen sein. Eine der gemeinsten Sporen der Steinkohlenlager, *Triletes triangularis*, erwies sich als zu einem Moosfarn *(Selaginellites crassicinctus)* gehörig.

Obwohl die heute lebenden Moosfarne im allgemeinen zu einer Gattung gerechnet werden, unterscheiden sich die einzelnen Arten bzw. Gruppen nicht unerheblich voneinander. Schon die Größe des Sporophyten ist sehr verschieden. Während die kleinsten Selaginellen kaum größer als manche Laubmoose sind, gibt es auch Arten, deren Sprosse Längen bis zu 20 m erreichen. Eine isotom-dichotome Verzweigung mit gleichwertigen Gabelästen ist verhältnismäßig selten und vor allem auf Jugendstadien und die Endauszweigungen der Sprosse beschränkt. Fast überwiegend erfolgt die Verzweigung nach dem anisotomen Modus, wobei der eine, geförderte Ast stärker entwickelt ist, die Wuchsrichtung mehr oder weniger beibehält und zu einer Art Hauptachse wird, während der andere, geminderte Ast vielfach rechtwinklig abzweigt. Einige primitive Selaginellen (z. B. *Selaginella selaginoides*) erinnern in ihrer Wuchsform an Bärlappe – etwa *Lycopodiella inundata* –, indem kriechende, beblätterte Achsen ausgebildet sind, von denen aufrechte, spiralig beblätterte Seitensprosse abgehen. Bei vielen anderen wächst dagegen die Hauptachse mehr oder weniger schräg aufwärts, und nur kurze Seitenzweige stehen aufrecht, oder von einer kriechenden Grundachse gehen Seitentriebe ab, bei denen die Verzweigung in einer Ebene erfolgt, so daß wedelartig anmutende Sproßsysteme entstehen. Auf die variable und oft komplizierte Anatomie der Stämmchen wollen wir nicht weiter eingehen.

So verschieden die Form der Blätter im einzelnen sein kann, so sind sie doch bei allen Selaginellen stets verhältnismäßig klein, einfach und einnervig und bilden an der Basis auf der Oberseite – wie bereits erwähnt – ein kleines zartes Häutchen, eine Ligula, aus. Die Art der Beblätterung ist ein wichtiges Kennzeichen zur Unterscheidung der 2 Hauptgruppen (Untergattungen) und steht in engem Zusammenhang mit der Blattstellung. Bei der Untergattung *Homoeophyllum* sind alle Sprosse radiär, und die Blätter stehen alternierend oder spiralig, wobei sie alle gleiche Gestalt haben. Diese Arten werden daher als isophyll bezeichnet. Die meisten Selaginellen gehören jedoch der Untergattung *Heterophyllum* an. Bei ihnen sind die Sprosse dorsiventral gebaut, und die im Prinzip vierzeilig stehenden Blätter sind in einer modifizierten gekreuzt-gegenständigen Stellung angeordnet. Dabei sind die Flankenblätter sehr viel größer als die der Sproßachse mehr oder weniger anliegenden, so daß eine auf den ersten Blick scheinbar zweizeilige Beblätterung zustande kommt. Die beiden Blätter eines Blattpaares sind also ungleich groß, anisophyll. Im Gegensatz zur normalen dekussierten Blattstellung (Kreuzstellung), bei der die einzelnen aufeinanderfolgenden Blattpaare jeweils rechtwinklig zum vorhergehenden stehen, sind bei den Selaginellen die Blattpaare jeweils schiefwinklig zueinander angeordnet. Diese eigentümliche Blattstellung, wie auch überhaupt die für viele Selaginellen so kennzeichnende Anisophyllie, dürfte vielleicht als Anpassung an die Lichtverhältnisse zu deuten sein. Dadurch wird das einfallende Licht optimal genutzt, was für diese vielfach an extrem lichtarmen Standorten wachsenden Arten sicher von Vorteil ist bzw. ihnen die Besiedlung solcher Standorte erst ermöglicht. Lediglich die unteren unverzweigten, stielartigen Teile der wedelförmigen Sproßsysteme weisen oft noch eine mehr oder weniger regelmäßige Kreuzstellung der Blätter auf, die an diesen Teilen auch weitgehend isophyll sind.

Echte, im Inneren der Achse angelegte Wurzeln, die am Grunde der Sprosse entspringen, gibt es nur bei sehr wenigen aufrecht wachsenden Formen. Bei allen anderen, besonders den kriechenden oder schräg aufrecht wachsenden Arten, spielen Adventivwurzeln eine große Rolle. Diese gehen aus Wurzelträgern hervor, die für die Selaginellen überaus kennzeichnend sind und die wie Sprosse exogen entstehen, und zwar stets unmittelbar unterhalb der Gabelungsstelle eines Sprosses. Sie werden sowohl an der Oberseite als an der Unterseite angelegt, jedoch wird meist nur der Wurzelträger an der Unterseite weiterentwickelt. Bei vielen Arten gabeln sich die Wurzelträger einmal oder mehrere Male; wenn sie den Boden oder Wasser erreichen, entstehen dann an ihrer Spitze endogen angelegte Wurzeln. Wurzelträger gibt es praktisch bei allen Selaginellen. Während sie bei den aufrecht wachsenden Arten und auch bei manchen, die trockenere Standorte besiedeln, normalerweise kaum in Erscheinung treten, sind sie besonders bei den kriechende oder aufsteigende Sproßsysteme bildenden Arten stark entwickelt und dienen gleichzeitig als Stützorgane für die Hauptachsen.

Von morphologischer Seite wurde die Wurzelträgerfrage viel diskutiert. Es zeigte sich, daß sie Sprosse darstellen, die normalerweise blattlos sind, jedoch die Fähigkeit zur Blattbildung latent behalten haben. Unter besonderen Außeneinflüssen können sie nämlich durchaus Blätter ausbilden und zu »normalen« Sprossen werden.

Der reproduktive Bereich weist – abgesehen von der Heterosporie – manche Übereinstimmungen mit den Verhältnissen der Lycopodiaceen auf, ist aber doch mannigfaltiger ausgebildet. Die Stellung der Sporophylle zeigt vielfach Korrelationen mit der Wachstumsrichtung der Sprosse. Unter den verhältnismäßig wenigen isophyllen Moosfarnen gibt es 2 Arten, bei denen die Sporophylle nur recht wenig von den Laubblättern verschieden und spiralig angeordnet sind (*Selaginella selaginoides* und *Selaginella deflexa*). Diese sicher als primitiv anzusehende Blütengestaltung ähnelt weitgehend der von *Lycopodiella inundata*. Manchmal wächst der Sproß nach der Ausbildung der Sporophylle sogar weiter, und es wechseln fruchtbare mit unfruchtbaren Zonen. Die meisten gleichblättrigen (isophyllen) und ungleichblättrigen (anisophyllen) Arten besitzen jedoch zapfenartige Blüten, bei denen die Mikro- und Makrosporophylle weitgehend gleichgestaltet sind und in 4 Reihen stehen. Bei aufrecht wachsenden Blüten sind die Makrosporophylle dabei an der Basis oder der unteren Hälfte, die Mikrosporophylle im oberen Teil entwickelt. Hängende oder lange Blüten mit nach unten umgebogenen Spitzen tragen die Makrosporophylle dagegen nicht selten an der Spitze. Eine andere Differenzierung zeigen waagerecht wachsende Blüten; bei ihnen stehen die Makrosporangien meist auf der dem Boden zugewandten Seite, die Mikrosporangien an den beiden dem Licht zugekehrten Sporophyllreihen. Schließlich gibt es nicht wenige Selaginellen mit dorsiventralen Blüten und verschiedengestaltigen Sporophyllen. Die Dorsiventralität ist dabei aber meist dem vegetativen Sproß gegenüber umgekehrt, d. h. die viel größeren und seitwärts abstehenden Sporophylle stehen auf der Oberseite und bilden Mikrosporangien aus, die kleineren, vorwärts gerichteten stehen an der Unterseite und bilden Makrosporangien. Die Bezeichnungen Mikro- und Makrosporophyll sagen eben nichts über die Größe dieser sporangientragenden Blätter aus, was bei diesen Arten sehr deutlich wird. Solche anisophyllen Blüten gibt es unter allen Pteridophyten nur bei diesen Moosfarnen.

Während die Zahl der in einem Mikrosporangium gebildeten Mikrosporen wie bei allen heterosporen Lycopsiden sehr groß ist, ist die der Makrosporen verhältnismäßig gering und weist eine ähnliche Reduktionstendenz wie bei den Lepidodendren auf. Manche Selaginellen bilden noch 12 und mehr Makrosporen in einem Sporangium; bei den meisten ist dagegen die Zahl auf eine Tetrade, d. h. 4 Sporen, reduziert, und es gibt Arten, bei denen sich nicht einmal alle Tetradenabkömmlinge zu funktionsfähigen Makrosporen entwickeln, sondern 2 oder 3 absterben, so daß schließlich nur 2 oder gar nur eine Makrospore ausgebildet werden, die dann aber entsprechend größer sind.

Die Öffnung des Makrosporangiums erfolgt durch einen recht komplizierten, klappenartigen Mechanismus, wodurch die Makrosporen herausgeschleudert werden. Die Verbreitung der Mikrosporen geschieht wohl z. T. durch Luftströmungen, z. T. durch fließendes Wasser.

Selaginella spec. Längsschnitt durch eine Blüte. Rechts Mikrosporangien, links Makrosporangien. An der Oberseite der rechten Sporophylle ist deutlich die Ligula zu sehen.

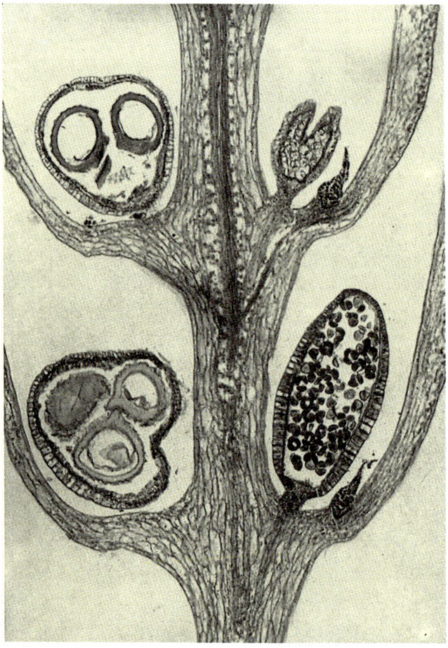

Selaginella ist durch eine sehr weitgehende Reduktion des Gametophyten gekennzeichnet, die in vielem mit *Isoëtes* übereinstimmt. Schon lange, bevor die Sporen verbreitet werden, entwickelt sich in ihnen der Gametophyt, so daß das Prothallium zur Zeit der Ausstreuung schon ausgebildet ist.

Der männliche Gametophyt bleibt völlig in der Mikrospore eingeschlossen und besteht aus einer Zelle, die das Mikroprothallium repräsentiert, sowie aus ein oder 2 ebenfalls stark reduzierten Antheridien. Diese bilden 4 primäre spermatogene Zellen, aus denen nach weiteren Teilungen schließlich 128 bzw. 256 zweigeißelige Spermatozoiden hervorgehen.

In der Makrospore entwickelt sich zunächst ein vielzelliges Prothallium. Die Sporenwand wird später an der Tetradenmarke durch 3 Höcker des Prothalliums gesprengt, an denen Rhizoidbüschel entstehen. Die Archegonien werden auf dem freiliegenden Teil zwischen den Höckern gebildet und scheiden Äpfelsäure aus, die die Spermatozoiden chemotaktisch anlockt. Aus der befruchteten Eizelle entwickelt sich wie üblich der Embryo, d. h. der junge Sporophyt, wobei zunächst ein Embryoträger gebildet wird, der den eigentlichen Embryo in das lockere Prothalliumgewebe hineindrückt. Die Embryobildung selbst weist bei den einzelnen Arten erhebliche Unterschiede auf. Meist wird ein als Saugorgan dienender Fuß gebildet, der dem Embryoträger etwa gegenüber liegt, während der Sproßpol und die Anlage des ersten Wurzelträgers oft schräg aufrecht gerichtet sind. Im Verlauf der weiteren Entwicklung wachsen diese Teile durch das Prothalliumgewebe hindurch und nehmen dann ihre funktionell bedingte Wuchsrichtung ein.

Sehr bemerkenswert sind einige Beobachtungen an der Makroprothalliumentwicklung von *Selaginella rupestris* und *Selaginella apus*. Bei diesen Arten verbleiben die Makrosporen gelegentlich im Makrosporangium und bilden dort den weiblichen Gametophyten und sogar den Embryo aus. Auch wenn hierbei das Makrosporangium nicht von besonderen Auswüchsen des Sporophylls umgeben wird, es also nicht zu einer »Fruchtbildung« kommt, zeigt diese Erscheinung doch

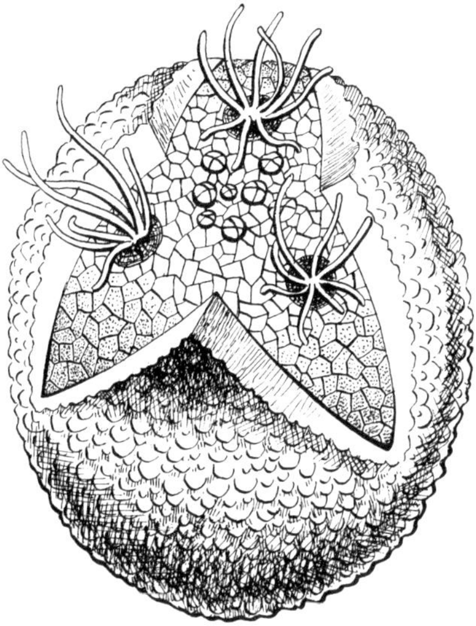

Moosfarn, *Selaginella*, gekeimte Makrospore. Im oberen Teil ist das Makroprothallium mit einigen Archegonien und 3 Rhizoidbüscheln zu sehen.

modellartig die ersten Schritte in Richtung einer Samenbildung, wie sie in weiterentwikkelter Form bei den Samenbärlappen und auch bei einer fossilen Gruppe aus der *Selaginella*-Verwandtschaft *(Miadesmia)* erreicht wurde.

Die meisten Selaginellen sind Bewohner der tropischen und subtropischen Urwälder, wobei sie die feuchtesten Stellen bevorzugen. Viele wachsen epiphytisch, einige sind Kletterpflanzen, aber ein sehr großer Teil gedeiht am Boden der Regenwälder oder ähnlicher Formationen, also an Standorten, an denen das Licht vielfach den Minimumfaktor darstellt. Die erstaunlich geringen Lichtansprüche ermöglichen den Selaginellen das Gedeihen selbst an solchen Stellen, an denen andere grüne Pflanzen kein Fortkommen finden. Dagegen vertragen sie längere Wasserbedeckung ohne Schaden. Fließendes oder tropfendes Regenwasser dürfte bei vielen Arten überdies das Hauptverbreitungsmittel für die Sporen darstellen, da Luftbewegungen am Boden der tropischen Regenwälder kaum vorhanden sind. Nur recht wenige Arten kommen in regenarmen oder nur periodisch feuchten Gebieten vor, reichen in die temperierten oder kühlen Gebiete oder sind Xerophyten.

Hauptentfaltungsgebiete stellen vor allem das tropische Mittel- und Südamerika sowie Südostasien (Hinterindien bis Sundainseln) dar. Das tropische Afrika ist sehr viel ärmer an Selaginellen. Südafrika, das westliche Nordamerika und Zentralasien weisen einige bemerkenswerte xerophytische Arten auf (aus den Verwandtschaftskreisen um *Selaginella pumila, rupestris, mongholica* und *borealis*). Auch Australien ist sehr arm an *Selaginella*-Arten, und in Neuseeland kommt die Gattung merkwürdigerweise überhaupt nicht vor. In Europa treffen wir nur 3 bzw., wenn man 2 eingebürgerte Arten mit hinzurechnet, 5 Arten an, davon 2 im Mediterrangebiet und 2 im alpinen bzw. auch im hochnordischen Bereich.

Nur wenige Selaginellen haben größere Verbreitungsgebiete. Die meisten Arten besiedeln verhältnismäßig kleine Areale, und viele sind ausgesprochene Endemiten. Diese Erscheinung hängt sicher mit der Heterosporie zusammen, denn es dürfte wohl ein mehr als seltener Zufall sein, daß Mikro- und Makrosporen über weitere Strecken gemeinsam verschleppt werden.

Die systematische Gliederung der formenreichen Gattung *Selaginella* ist recht kompliziert und noch keineswegs befriedigend gelöst, da eine moderne Bearbeitung aussteht. Vor allem ist die Frage, welche Merkmale für die Aufdeckung verwandtschaftlicher Beziehungen bedeutsam sind, recht unklar.

Die nur etwa 50 Arten umfassende Untergattung *Homoeophyllum* (Gleichblättrige) weist in vielem sicher primitive Züge auf. Sie ist vor allem durch radiär gestellte, gleichgroße Blätter (Isophyllie) ausgezeichnet. Hierzu gehört der Dornige Moosfarn, *Selaginella selaginoides*, mit spiralig gestellten Sporophyllen, eine Art, die in alpinen und subalpinen Rasen in den Pyrenäen, den Alpen, Karpaten bis zum Kaukasus und vor allem in ganz Skandinavien, Schottland und Island weit verbreitet ist. Verstreut kommt sie im ganzen subarktischen und gemäßigten Gebiet der Nordhemisphäre vor. Sie war im Spätglazial auch in Mitteleuropa verbreitet und stellt für diese Tundrenzeiten ein sehr kennzeichnendes Element dar, wie pollen-

Der Dornige Moosfarn, *Selaginella selaginoides*, mit spiralig gestellten Sporophyllen, an einem sikkerfeuchten alpinen Standort

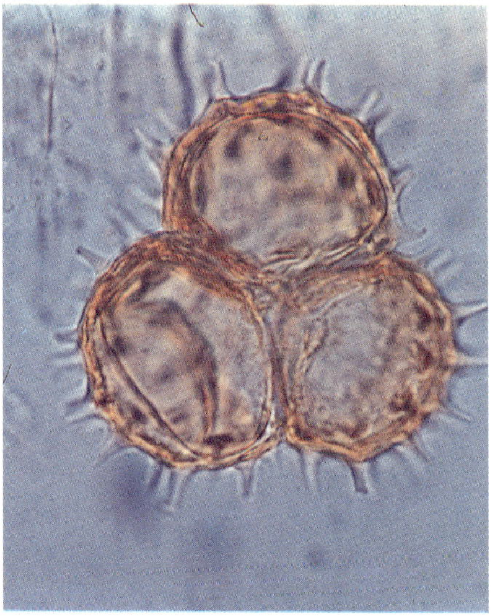

Sporentetrade des Dornigen Moosfarns, *Selaginella selaginoides*. Der hintere Sporenvierling fehlt, wodurch das Bild übersichtlicher ist.

analytische Untersuchungen überall zeigten.

Vierzeilig angeordnete Sporophylle besitzen die einander nahestehenden, mehr oder weniger an Trockenheit angepaßten (xeromorphen) Arten *Selaginella rupestris* aus dem östlichen Nordamerika, *Selaginella watsoni* aus den kalifornischen Hochgebirgen, wo sie bis in 3000 m Höhe vorkommt, die an Felsen des Atlasgebirges wachsende *Selaginella balansae* und andere.

Zur Untergattung *Heterophyllum* (Verschiedenblättrige) gehört der größte Teil der Moosfarne. Die etwa 650 Arten dieser Gruppe besitzen als Hauptkennzeichen eine anisophylle Beblätterung und dorsiventrale Sprosse.

Auch in dieser Untergattung treten xerophytische Arten auf, wie die vom westlichen Himalaja bis Ostsibirien verbreitete *Selaginella borealis*, die mongolische *Selaginella mongholica* und die auf der Arabischen Halbinsel und Äthiopien vorkommende *Selaginella yemensis*. Nur eine kleine Pflanze ist die in Madagaskar beheimatete *Selaginella digitata*, deren langkriechende Rhizome bis 3 cm hohe, gestielte, wedelartige Sproßsysteme tragen, die sich bei Trockenheit einrollen. Diese Erscheinung ist im Verwandtschaftskreis von *Selaginella lepidophylla* besonders ausgeprägt, so daß diese geradezu als »Auferstehungspflanzen« bezeichnet werden. Es ist eine in Trockengebieten von Kalifornien, Texas und Mexiko gedeihende Art, bei der die seitlichen Sproßsysteme einen rosettenartigen, spiraligen Trichter bilden. Diese auffallende Wuchsform kommt durch eine schraubenförmige Windung des Rhizoms zustande. Bemerkenswert ist weiter das stark hygroskopische Verhalten der Pflanze, das darauf beruht, daß die Rindenzellen der Stengeloberseite stärker verdickt sind und mehr Wasser aufnehmen können als die der Unter- (Innen-)seite. Beim Austrocknen krümmen sich die Sproßsysteme daher nach innen, so daß die Pflanze eine fast kugelige Form annimmt, bei Wasseraufnahme breiten sie sich wieder aus. Die Art kann als zusammengerolltes Knäuel jahrelang am Leben bleiben, bis sie von einem kräftigen Regen zu neuem Wachstum erweckt wird. Ähnlich verhalten sich *Selaginella cuspidata*, die von Kuba und Mexiko bis Venezuela und Kolumbien vorkommt, die südamerikanische *Selaginella convoluta* und die südostasiatische *Selaginella involvens*.

Viele andere Selaginellen bilden mehr oder weniger langgestielte, wedelartig verzweigte Sproßsysteme, die sich aus ober- oder unterirdisch kriechenden Rhizomen erheben und z. T. erhebliche Ausmaße erreichen können. Die »Wedel« von *Selaginella vogelii*, einer im tropischen Westafrika wachsenden Art, werden bis zu 75 cm lang, die von *Selaginella caulescens*, die in Südostasien vorkommt, gar bis zu einem Meter. Ebenfalls recht stattliche und dekorative Arten sind die durch rote Ausläufer und ebenso gefärbte »Wedelstiele« ausgezeichneten *Selaginella umbrosa* (Mittel- und nördliches Südamerika) und *Selaginella haematodes* (nördliches und westliches Südamerika) sowie *Selaginella lyallii* (Madagaskar). Diese und etliche habituell ähnliche Arten werden seit langem in botanischen Gärten kultiviert.

Zu den auffallendsten *Selaginella*-Arten gehören einige Spreizklimmer. Sie können an Bäumen bis zu beträchtlichen Höhen em-

Der aus Südafrika stammende Moosfarn *Selaginella kraussiana* konnte sich auch in Süd- und Westeuropa einbürgern.

porklettern und stellen zugleich auch die größten bekannten Moosfarne dar. Die südostasiatische *Selaginella willdenowii* kann bis zu 7 m lang werden, habituell ähnlich ist die im tropischen Westafrika weltverbreitete *Selaginella scandens*, und die vom östlichen Peru über Panama bis Guatemala vorkommende *Selaginella exaltata* erreicht sogar bis zu 20 m Länge. Sie ist die größte bekannte *Selaginella*-Art.

Groß ist die Zahl der niederliegend wachsenden, zarten und verhältnismäßig unscheinbaren Moosfarne. Der Schweizer Moosfarn, *Selaginella helvetica*, eine der beiden mitteleuropäischen Arten, kommt im gesamten alpinen Bereich Europas, im Kaukasus und im mittleren Ostasien vor. Vereinzelte Standorte besiedelt er auch weiter nördlich der Alpen, wie am Bodensee, in dem Württemberger Oberland und Bayern südlich der Donau. Angaben aus dem Erzgebirge und Thüringer Wald sind zweifelhaft. Während die vegetativen Sprosse dieser Art am Boden wachsen und nur die fertilen aufgerichtet sind, zeigen viele andere Arten einen mehr aufrechten Wuchs. Gerade bei diesen Sippen sind Wurzelträger oft sehr auffallend entwickelt. Als Beispiele seien angeführt: *Selaginella denticulata*, eine im mediterranen Gebiet von Madeira und den Kanarischen Inseln über Nordafrika und ganz Südeuropa bis Syrien vorkommende Art, *Selaginella martensii* aus Mexiko, *Selaginella kraussiana* aus Südafrika, die mittlerweile auch in Süd- und Westeuropa eingebürgert ist, sowie die letzterer sehr ähnliche, aber durch rötliche statt grüne Stengel ausgezeichnete *Selaginella rubella* aus Guatemala. Besonders die 3 letztgenannten Arten werden als schattenvertragende, anspruchslose Zierpflanzen viel kultiviert.

Familie Miadesmiaceae

Aus dem englischen Oberkarbon wurde *Miadesmia membranacea* bekannt. Es ist die einzige Art dieser Familie, die sicher in den Verwandtschaftskreis der Selaginellales gehört. Bei *Miadesmia* handelte es sich um eine krautige, ligulate Pflanze, die in den vegetativen Teilen weitgehend mit *Selaginella* bzw. *Selaginellites* übereinstimmte, bei der aber die Heterosporie zu einer Samenbildung fortgeschritten war. Die äußerlich gleichen Mikro- und Makrosporophylle standen spiralig und bildeten lockere Zapfen. Das Bedeutendste an *Miadesmia* war, daß im Makrosporangium nur eine Makrospore gebildet wurde und sich der Gametophyt in dieser voll entwickelte. Bei der Reife des Gametophyten bildete das Makrosporangium eine Art Mikropyle, die den Mikrosporen den Zutritt ermöglichte. Das ganze Sporangium war weiter von grannenartigen Auswüchsen des Makrosporophylls umgeben, die aber mehr eine lockere Hülle als eine feste Schale bildeten. Prinzipiell verlief die Samenbildung hier ähnlich wie bei den Samenbärlappen (Lepidocarpaceae), zu denen *Miadesmia* eine Parallelentwicklung darstellt.

Miadesmia ist ein weiterentwickelter Zweig einer *Selaginellites*-Gruppe. Sie ist entwicklungsgeschichtlich interessant, weil sie zeigt, daß im Paläozoikum mehrfach und unabhängig voneinander verschiedene Pflanzengruppen zur Samenbildung kamen.

Von manchen Autoren werden die Miadesmiaceen sogar als gesonderte Lycopsidenordnung (Miadesmiales) aufgefaßt. Es ist jedoch recht zweifelhaft, ob *Miadesmia* von den anderen Selaginellales wirklich so stark abweicht, daß die Aufstellung einer besonderen Ordnung gerechtfertigt wäre.

Klasse Schachtelhalme, Equisetopsida (Sphenopsida)

Die Schachtelhalme sind in verschiedener Hinsicht eine Parallelgruppe zu den Bärlappen. Beide zeigen bereits im Oberdevon eine überraschend weitgehende Differenzierung und erreichten im Karbon den Höhepunkt ihrer Entwicklung mit baumförmigen Sippen, die sogar bis zu einer Samenbildung gelangten. Die beiden Klassen erfuhren im Mesozoikum einen deutlichen Rückgang und sind heute nur mit wenigen krautigen Arten vertreten. Der Rückgang ist bei den Schachtelhalmen sogar noch viel krasser als bei den Bärlappen. Die gegenwärtige Flora verzeichnet nur 32, bei etwas anderer Artauffassung sogar nur 23 Arten, die alle zu der einzigen Gattung *Equisetum* gehören. Für diese bescheidenen Reste trifft noch viel mehr als für die rezenten Bärlappe die Bezeichnung »lebende Fossilien« zu.

Aufstieg, Kulmination und Ausklingen im Laufe der erdgeschichtlichen Entwicklung lassen sich auch bei den Schachtelhalmen gut verfolgen. In einer Hinsicht sind unsere Kenntnisse über diese beiden Klassen jedoch sehr unterschiedlich, nämlich in der Frage, von welchen Vorfahren oder Vorläufern sie sich herleiten. Es galt früher als »gesichertes Lehrbuchwissen«, daß die Schachtelhalme von Psilophyten abstammen und man hielt solche Sippen wie *Protohyenia, Hyenia* und *Calamophyton* als Übergangsformen zu diesen, zumal das auch in zeitlicher Hinsicht (Unter- und Mitteldevon) gepaßt hätte. Bei den genannten Formen zeigte sich jedoch inzwischen, daß es sich um Beschreibungen von Bruchstücken sehr viel größerer und komplizierter gebauter Pflanzen handelt, die zu den Farnen gestellt werden müssen, und daß manches »schachtelhalmcharakteristische« Merkmal, wie eine Quergliederung in scheinbare Nodien und Internodien bei *Calamophyton* nur Artefakte, d. h. bei der Fossilierung entstandene Pseudostrukturen darstellen.

Die Herkunft der Schachtelhalme ist jetzt wieder völlig ungewiß, auch in zeitlicher Hinsicht. Die wenigen, aus dem Unter- und Mitteldevon angegebenen »schachtelhalmverdächtigen« Reste sind allesamt viel zu unsicher und bruchstückhaft und erlauben so gut wie keine Aussagen. Damit sind aber auch einige, fast in jedem Lehrbuch zu findende Übergangsrekonstruktionen der Sporangiophoren der Schachtelhalme nach der Telomtheorie von Zimmermann problematisch geworden, da sie stillschweigend von *Rhynia*-artigen Vorfahren ausgehen. Gekrümmte Sporangienachsen sind zwar für frühe Schachtelhalme durchaus charakteristisch, aber nicht auf diese beschränkt; solche gab es auch bei den Psilophytales. Wohl die überwiegende Zahl der Paläobotaniker sind sich einig in der Meinung, daß das equisetale Bindeglied im unteren Devon zu suchen ist.

Wie bei den Lycopsiden, ist es auch bei den Schachtelhalmen schwierig, eine umfassende, allgemeine Charakteristik der Klasse zu geben. Im großen und ganzen sind jedoch vor allem 2 Merkmalskomplexe besonders kennzeichnend: die quirlige Verzweigung und Beblätterung, die dem mikrophyllen Typ entspricht, sowie die Ausbildung der Sporangien am Ende von Achsen, d. h. an besonderen Sporangienträgern (Sporangiophoren).

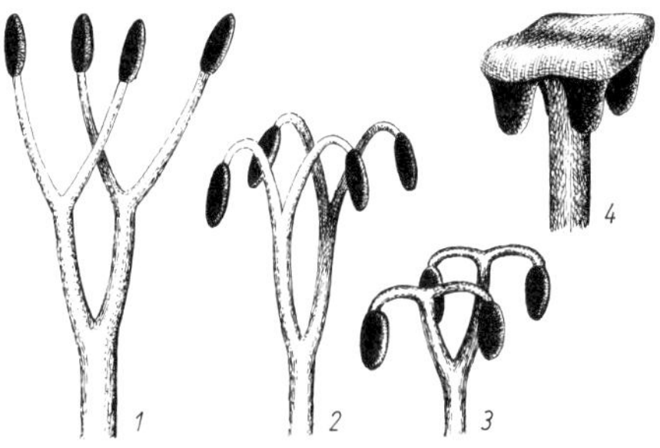

Schema der Sporangiophoren – Phylogenie der Schachtelhalme nach Zimmermann (1–4)

Trotz aller Formenfülle sind die Schachtelhalme diejenige Klasse der Pteridophyten, die den einheitlichsten Bauplan und die relativ geringste Variabilität aufweist.

Eine dichotome Verzweigung ist nur bei einigen primitiven Formen vorhanden, tritt aber auch hier nur bei Seitenorganen auf. Alle Schachtelhalme besitzen eine durchgehende Hauptachse, sind also monopodial gebaut. Die Wuchsform ist bei ihnen recht einheitlich: die aufrechten Luftsprosse entspringen unterirdischen, weitstreichenden Rhizomen. Der anatomische Bau der Achsen ist bei den einzelnen Gruppen verschieden. Während die primitivsten Formen wenig differenzierte protostelische Achsen aufwiesen, besaßen andere (wie die Calamiten) ein ausgeprägtes sekundäres Dickenwachstum. Fast alle Schachtelhalme zeigen eine auffallende Längsrippung der Stengeloberfläche. Dieses sehr charakteristische Merkmal steht in Zusammenhang mit der quirlständigen Beblätterung bzw. Verzweigung. In letzterer unterscheiden sich die Schachtelhalme grundsätzlich von allen anderen Pteridophyten, und auch ihr typischer Habitus geht darauf zurück. Die Gliederung in lange, blattlose Internodien zwischen den Astquirlen bewirkte

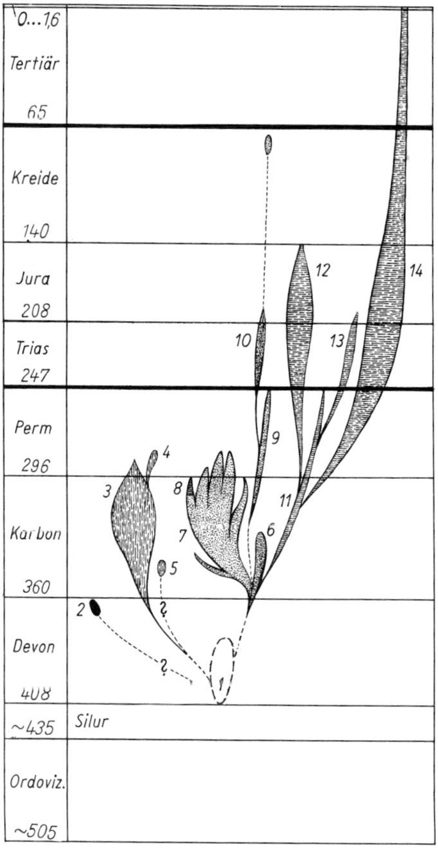

Stammbaumschema der Sphenopsiden (Schachtelhalme). Die Ordnungen sind durch verschiedene Tönungen hervorgehoben. 1 unbekannte Vorläufer, 2 Pseudoborniales, 3 Sphenophyllaceae (Keilblattgewächse), 4 Lilpopiaceae, 5 Cheirostrobaceae, 6 Archaeocalamitaceae, 7 Calamitaceae, 8 Calamocarpaceae, 9 Apoclamites, 10 Neocalamites, 11 Sorocaulaceae, 12 Phyllothecaceae, 13 Schizoneuraceae, 14 Equisetaceae (Schachtelhalmgewächse)

auch die früher viel verwendete Bezeichnung »Articulatae« (Gliederpflanzen) für diese Klasse.

Die Ausbildung der Blätter erfolgt bei den Schachtelhalmen in 2 Typen: sowohl einnervige, schmale, mehrfach gegabelte Mikrophylle, deren Herkunft aus seitlichen Achsensystemen unzweifelhaft ist, als auch mehrnervige mit einer gewissen Spreitenbildung. Erstere sind sehr verbreitet und stellen eigentlich die Normalform dar. Nur bei etlichen Sphenophyllaceen kam es zur Ausbildung von flachen Blättern mit gegabelter Nervatur, die aber trotzdem nicht als echte Makrophylle aufgefaßt werden können, da ihnen eine Gliederung in Stiel und Spreite fehlt. Tendenzen in Richtung einer »Pseudomakrophyllie« zeigen auch andere Schachtelhalmgruppen.

Der fertile Bereich unterscheidet sich ebenfalls weitgehend von den Verhältnissen der meisten anderen Pteridophyten. Die Sporangien stehen nicht in Beziehung zu Blattorganen, d. h. es werden keine Sporophylle ausgebildet. Die Sporangien werden vielmehr an mehr oder weniger stark gegabelten und im Endteil eingekrümmten Achsen ausgebildet, die als Sporangiophoren zu bezeichnen sind. Ihre bei den einzelnen Schachtelhalmgruppen recht verschiedene Gestaltung läßt sich aus einfachen Formen ableiten. Das pilzförmige Gebilde der *Equisetum*-Blüten, bei dem die Sporangien an der Unterseite angeordnet sind, entstand offenbar durch Verwachsungsvorgänge und gewisse Reduktionen. Die Sporangiophoren stehen ebenso wie die Blätter in Quirlen und bilden ähren- oder zapfenartige Blüten. Ihre Stellung und Ausbildung im einzelnen bewirkt die erhebliche Mannigfaltigkeit der Blüten. Einige dieser Typen werden schematisch in der Abbildung auf Seite 143 wiedergegeben.

Die rezenten Schachtelhalme sind durchweg isospor. Die hochentwickelten fossilen Calamiten erreichten dagegen z. T. auch die Heterosporie. Überaus kennzeichnend für die Calamiten – ob das für alle zutrifft, ist noch unbekannt – und die Schachtelhalme ist weiterhin die Differenzierung der äußersten Sporenwand in Form von 3 (bei *Calamites*) oder 4 (bei *Equisetum*) langgestreckten Bändern, den Hapteren. Vergleichbare Bildungen sind von keinen anderen Pteridophyten bekannt.

Wie bei allen Pteridophyten erfolgt auch bei den Schachtelhalmen der Vermehrungszyklus in Form eines Generationswechsels, wobei der stark ausgeprägte diploide Sporophyt durch die Schachtelhalmpflanze repräsentiert wird. Der aus den haploiden Sporen entstehende Gametophyt besteht bei *Equisetum* aus einem kleinen, aufrecht-lappigen, grünen Prothallium. Von den so zahlreichen fossilen Schachtelhalmen ist der Gametophyt – mit einer Ausnahme – unbekannt. Diese Ausnahme bezieht sich auf den einzigen bisher bekannten Fall eines Samenschachtelhalmes *(Calamocarpon)*, der eine den Samenbärlappen vergleichbare Gametophytenreduktion aufweist. Da diese gewiß nicht urplötzlich entstanden ist, dürfte es berechtigt sein, eine ähnliche Gametophyten-Reduktionsreihe wie bei den Lepidodendraceen anzunehmen.

Innerhalb der Klasse Equisetopsida lassen sich etwa 4 gut getrennte Entwicklungslinien unterscheiden, denen im allgemeinen der Rang von Ordnungen zuerkannt wird. Es sind dies die Pseudoborniales, Sphenophyllales, Calamitales und Equisetales. Während bei der Bewertung und Systematisierung der beiden erstgenannten Ordnungen Übereinstimmung herrscht, ist das bei den beiden letztgenannten nicht der Fall. Manche Forscher erkennen nur eine Ordnung an, die von einigen als »Calamitales«, von anderen als »Equisetales« bezeichnet wird. Obwohl es durchaus Merkmalsbereiche gibt, die eine solche Zusammenfassung stützen und auch manche Unterschiede zwischen beiden Ordnungen nicht allzu tiefgreifend sein mögen, sind nach den jetzigen paläobotanischen Befunden die Calamitales und die hier so verstandenen Equisetales fast gleichaltrige, aber getrennte Entwicklungslinien: Die eine Linie erreichte mit den Calamiten im Karbon den Kulminationspunkt aller Equisetopsida, die andere blieb mehr oder weniger krautigen, isosporen Formen verhaftet und zeigt eindeutige Reduktionstendenzen.

Ordnung Pseudoborniales

Im obersten Oberdevon der Bäreninsel (südlich von Spitzbergen) wurde von Nathorst um die Jahrhundertwende ein bereits außergewöhnlich hochentwickelter Schachtelhalm entdeckt, den er *Pseudobornia ursina* nannte. Er wurde später auch in Europa, Sibirien und Alaska gefunden und steht so isoliert von allen anderen Schachtelhalmen, daß man ihm nicht nur den Rang einer eige-

Rekonstruktion von *Pseudobornia ursina*, einem baumförmigen, etwa 20 m hohen Schachtelhalm des Oberdevons (nach Schweitzer)

nen Familie (Pseudoborniaceae), sondern auch den einer Ordnung zubilligen muß.

Pseudobornia war eine baumförmige Pflanze, deren Stamm eine Höhe von etwa 20 m und einen Durchmesser an der Basis von wenigstens 60 cm erreichte. Bei einer Nachuntersuchung am locus classicus konnte Schweitzer Stämme in natürlicher Lagerung von etwa 10 m Länge feststellen! Die Stämme wiesen an den Nodien eine deutliche Quergliederung auf. Von den Knoten gingen jeweils 1 bis 2 bogenförmig aufsteigende Äste ab, die bis 3 m lang und 10 cm stark waren und an denen Äste 2. und 3. Ordnung gebildet wurden. An letzteren saßen die wohl zu viert quirlständigen, 4 bis 8 cm großen, stark aufgeteilten Blätter.

Die großen zapfen- bzw. ährenartigen Blüten wurden am Ende der höher inserierten Hauptäste gebildet und bestanden aus einer Vielzahl quirlig gestellter Sporangiophoren, von denen jeder an einem ungeteilten horizontalen Segment ein Büschel von mehr als 30 hängenden Sporangien trug. Der hier nur andeutungsweise umrissene komplizierte Bau der Sporangiophoren zeigt ebenso wie der vegetative Bereich einen für oberdevonische Schachtelhalme geradezu erstaunlich hohen Entwicklungsgrad. Dies weist darauf hin, daß die Wurzeln der Schachtelhalme erheblich weiter zurückreichen müssen, als aus den bisherigen Funden hervorgeht.

Ordnung Keilblattartige, Sphenophyllales

Diese Ordnung stellt eine selbständige Entwicklungslinie dar und umfaßt 3 Familien: Sphenophyllaceae, Lilpopiaceae und Cheirostrobaceae. Während von den beiden letztgenannten nur 3 bzw. eine Art bekannt sind, weisen die Sphenophyllaceen etwa 140 Arten auf und sind die bedeutendste Familie.

Familie Keilblattgewächse, Sphenophyllaceae

Die ältesten Vertreter der Gattung *Sphenophyllum* sind aus dem Oberdevon bekannt. Auch im Unterkarbon kamen nur wenige Arten vor, die Hauptentfaltung erfolgte erst im Oberkarbon, in dem Sphenophyllen offensichtlich sehr häufig auftraten. Jedenfalls sind aus dieser Zeit eine Unmenge fossiler Reste überliefert. Auch das Rotliegende war noch reich an ihnen, jedoch erlosch die Gattung am Ende des Perm weitgehend. Nur eine Art wurde in Ostasien sogar in der unteren Trias festgestellt.

Sphenophyllum-Arten bildeten wohl bis einen Meter lange, wenig verzweigte Sprosse, die jedoch recht dünn blieben. Ihr Durchmesser überschritt kaum 1,5 cm. An den verhältnismäßig weit auseinanderstehenden Knoten saßen die Blattquirle, deren Blattanzahl stets ein Mehrfaches von 3 (meist 6 oder 9, z. T. sogar bis 18) betrug. Die Blätter der aufeinanderfolgenden Wirtel standen in Längsreihen, d. h. superponiert, und nicht auf Lücke wie bei den meisten anderen Pflanzen. Bei den geologisch älteren Formen waren sie meist tief zerschlitzt und bestanden aus mehrfach gegabelten Zipfeln. Die reichen Fossilfunde zeigen, daß in zunehmendem Maß eine Verwachsung dieser Blattzipfel erfolgte und sich bald flächige, mehr oder weniger keilförmige Blätter herausbildeten, die für die Mehrzahl der Arten sehr charakteristisch sind. Darauf geht auch der Gattungsname zurück (*Sphenophyllum* = Keilblatt). Die Nervatur ist jedoch auch bei diesen Blattformen deutlich gabelig. Bei vielen Arten wurden die Blätter nur 5 bis 10 mm lang; größere (bis etwa 4 cm) sind selten. Einige Arten wiesen eine heterophylle Beblätterung auf, d. h. die Blätter an den Hauptachsen waren mehr oder weniger tief gespalten, und erst die der Seitentriebe zeigten die Keilform (z. B. *Sphenophyllum cuneifolium*, eine im Westfal, der mittleren Stufe des Oberkarbons, häufige Art). Andere wiederum bildeten an den Blattspitzen kleine Kletterhaken aus. Habituell dürften die Sphenophyllen wohl ähnlich ausgesehen haben wie einige unserer Labkräuter.

Die Sproßachsen wurden von einem zentralen, marklosen Leitbündel durchzogen, das im Querschnitt eine sehr kennzeichnende dreieckige Form zeigt, die in Zusammenhang mit der Beblätterungsgrundzahl 3 steht. An älteren Sproßachsen erfolgte ein sekundäres Dickenwachstum, das allerdings nur ein geringes Ausmaß erreichte.

Rekonstruktion von *Sphenophyllum cuneifolium*, einem Keilblattgewächs mit großen, zapfenartigen Blüten (oben Mitte und rechts) und heterophyller Beblätterung (nach Wettstein)

Sphenophyllum cuneifolium, ein häufiges Keilblattgewächs aus dem Westfal (Oberkarbon)

Während die vegetativen Teile verhältnismäßig einheitlich gebaut waren und sich vor allem in Zahl und Form der Blätter unterschieden, waren die Blütenverhältnisse viel

Schemata von Sphenopsidenblüten. 1 *Sphenophyllostachys aquensis*, 2 *Sphenophyllostachys dawsonii*, 3 *Sphenophyllostachys kidstonii*, 4 *Sphenophyllostachys majus*, 5 *Lilpopia*, 6 *Calamostachys*, 7 a + b *Palaeostachys vera* und *andrewsii*, 8 *Palaeostachya dacacnema*, 9 *Equisetites arenaceus*, 10 *Equisetum* (nach mehreren Autoren)

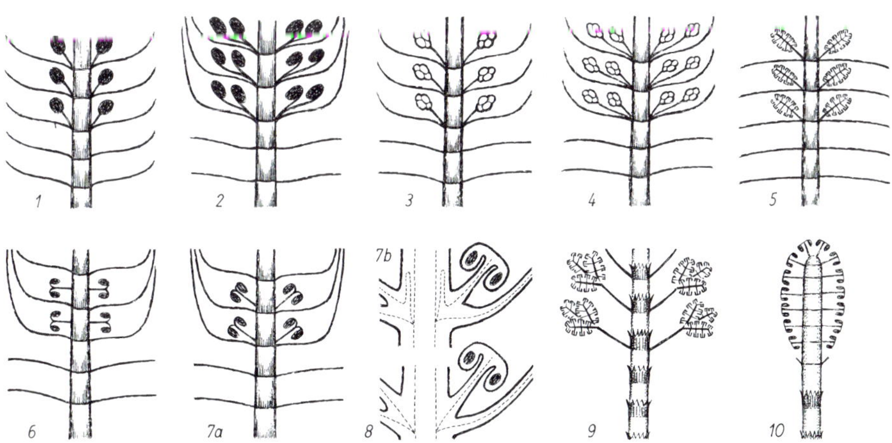

mannigfaltiger. Von wenigen Ausnahmen abgesehen, stellten die Blüten meist ziemlich lange, ährenförmige Gebilde dar, die eine recht kennzeichnende, nur bei den Sphenophyllen vorkommende Organisation aufwiesen. Wie auch bei anderen Schachtelhalmen bauten sich die Blüten aus wirtelig angeordneten Brakteen und Sporangiophoren auf. Sowohl die Sporangiophoren als auch die Brakteen waren in der Form und in ihrer Stellung zueinander recht verschiedenartig und bedingten die Mannigfaltigkeit der Blüten. Einige Typen sind schematisch in der Abbildung wiedergegeben. Trotz einer Vielzahl von fossilen *Sphenophyllum*-Belegen kennt man bis jetzt nur von recht wenigen Arten die dazugehörigen Blüten. Vielfach werden sie isoliert gefunden. Man faßt diese meist zur Formgattung *Sphenophyllostachys* zusammen, von der bis jetzt mehr als 30 Arten bekannt sind. Da sich diese aber z. T. erheblich unterscheiden, werden von manchen Forschern mehrere (Blüten-)Formgattungen gebildet. Es ist nicht auszuschließen, daß sich bei weiterer Forschung eine Aufspaltung der Gattung *Sphenophyllum* als notwendig erweist, wenn man die Zugehörigkeit der Fruktifikationstypen zu den einzelnen *Sphenophyllum*-Arten kennt.

Nach unseren heutigen Kenntnissen scheinen alle *Sphenophyllostachys*-Arten isospor gewesen zu sein.

Bei den Keilblattgewächsen handelte es sich wohl z. T. um Spreizklimmer, die an geeigneten Unterlagen mehr oder weniger hochrankten; andere brauchten offenbar keine fremde Stützpflanze, sondern hielten sich gegenseitig aufrecht, wie es z. B. heute bei Massenvorkommen des Klettenlabkrautes, *Galium aparine*, der Fall ist.

Familie Lilpopiaceae

Diese Familie stellt wohl eine Seitenlinie der Sphenophyllales dar. Die bisher bekannt gewordenen 3 *Lilpopia*-Arten weisen eine den späten Keilblattgewächsen ähnliche Beblätterung auf, unterscheiden sich von diesen aber deutlich im fertilen Bereich. Zahlreiche Sporangiophore waren zu einem kugeligen Gebilde zusammengefaßt, das in der Achsel eines Blattes saß; diese Teile standen wie-

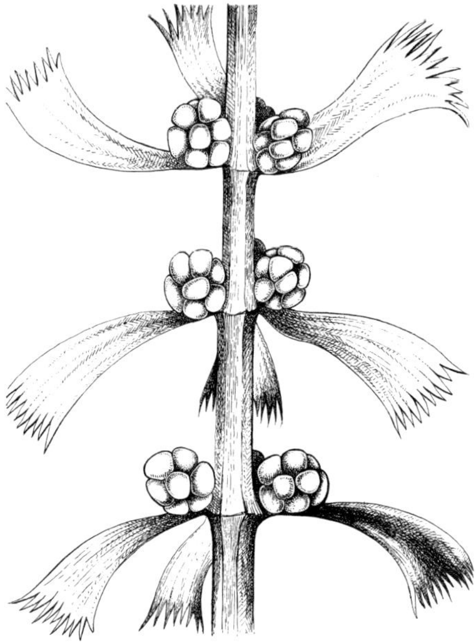

Lilpopia crockensis aus dem unteren Rotliegenden. Rekonstruktion eines Sproßteiles mit Brakteen und Blüten (nach Remy)

derum in Wirteln. Der Bau der Sporangiophoren war ähnlich *Equisetum*. *Lilpopia* ist bisher nur im unteren Perm festgestellt worden.

Über die auf einen unterkarbonischen Blütenfund begründete Gattung *Cheirostrobus* ist erst wenig bekannt. Die Blüte weicht jedoch so stark von anderen Sphenophyllaceenblüten ab, daß *Cheirostrobus* von manchen Paläobotanikern zu einer eigenen Familie (Cheirostrobaceae) gestellt wird. Es handelt sich vorerst aber nur um eine Organgattung.

Ordnung Calamitales

Die Calamitales sind ebenso wie die Sphenophyllales ein selbständiger Entwicklungszweig. Innerhalb der gesamten Schachtelhalme entsprechen sie etwa dem, was bei den Lycopsiden die Lepidodendrales darstellen. Beide zeigen viele Parallelen: Sie beginnen bereits mit verhältnismäßig hochentwikkelten Formen, erfuhren während des Karbons nicht nur eine Massenentfaltung, sondern mit ihnen wurde zugleich der Höhepunkt der Entwicklung der betreffenden Klasse erreicht, und mit dem Ende des Paläozoikums erloschen sie weitgehend.

Die Calamiten waren ebenso wie die Lepidodendrales im jüngeren Paläozoikum eine der vorherrschenden und bedeutendsten Pflanzengruppen, von der eine Unzahl fossiler Funde bekannt sind. Von den 5 oder 6 Familien seien nur einige vorgestellt.

Familie Archaeocalamitaceae

Zu dieser Familie gehört – abgesehen von einigen Organgattungen – nur die Gattung *Archaeocalamites*, von der bisher 7 Arten beschrieben wurden. Die ältesten Vertreter lebten bereits im Oberdevon, ihr hauptsächliches Auftreten erfolgte jedoch im Unterkarbon, in dem sie fast über die gesamte nördliche Hemisphäre verbreitet waren. Die häufigste Art dürfte *Archaeocalamites radiatus (Asterocalamites scorbicularis)* gewesen sein. *Archaeocalamites* ist die primitivste Sippe der Calamitales, die in manchem, z. B. in der Beblätterung, zu den eigentlichen Calamiten vermittelt.

Es handelt sich aber bereits um baumförmige Schachtelhalme, deren bis zu 16 cm dicken Sprosse ein sekundäres Dickenwachstum besaßen und einige Meter Höhe erreichten. Von den Stämmen sind wie bei den meisten Calamitales vorwiegend die Ausfüllungen der großen Markhöhle erhalten, die in Form von Marksteinkernen vorliegen. Diese zeigen eine deutliche Längsriefung, wobei die Riefen auch über die Knotenlinien gerade durchlaufen. Diese kennzeichnende Skulptur hängt mit dem Verlauf der Leitbündel und der Verzweigung bzw. Beblätterung zusammen. Die Seitenzweige standen in den einzelnen Wirteln stets geradlinig übereinander (superponiert), und ebenso waren die Blätter angeordnet. Sie gleichen darin den Sphenophyllen, bei denen die Blattquirle ebenfalls nicht alternierten. Die mehrfach gabeligen Blätter waren in dünne Zipfel aufgeteilt und wiesen prinzipiell eine ähnliche Organisation wie die der primitivsten Sphenophyllen auf.

Die Blüten von *Achaeocalamites* wurden an den dünnen Seitenzweigen ausgebildet und besaßen eine ährenartige Gestalt. Die in Wirteln stehenden Sporangiophoren waren dichotom verzweigt und trugen an den Enden 4 Sporangien. Sie entsprechen etwa den Figuren 2 und 3 der Abbildung auf Seite 139: Die fertilen Bereiche der Blüten waren manchmal von einem normalen Blattquirl unterbrochen; einen regelmäßigen Wechsel zwischen Sporangiophoren- und Brakteenwirteln, wie er für die Calamitenblüten so charakteristisch ist, gibt es hier noch nicht. Dadurch erinnern die Blüten eigentlich fast mehr an die von *Equisetum*.

Familie Calamiten, Calamitaceae

Mit dieser Familie erreichte die Entwicklung der Klasse Equisetopsida ihren Höhepunkt. Die Calamiten waren große, baumförmige Schachtelhalme mit Höhen bis etwa 20 m und Stammstärken bis zu einem Meter. Stämme und Äste besaßen ein bemerkenswertes sekundäres Dickenwachstum. Die ährenartigen Blüten setzten sich – wie bereits erwähnt – aus abwechselnden Wirteln von Sporangiophoren und Brakteen zusammen.

Die ersten Calamiten traten im Unterkarbon auf, waren jedoch noch ziemlich selten. Erst im Oberkarbon kamen sie massenhaft und in vielen Formen vor, und auch im Rotliegenden waren sie noch reich entfaltet. Sie gingen dann schlagartig zurück und starben bereits am Ende des Perm vollständig aus.

Die Calamiten gediehen in den sumpfigen Urwäldern des Karbon mit seinem niederschlagsreichen tropischen Klima wohl vor allem am Rande von offenen Wasserflächen und bildeten hier eine Verlandungsvegetation. Auch versumpfende Stellen wurden in erster Linie von ihnen besiedelt. Wie viele gegenwärtig lebende Verlandungspflanzen waren auch die Calamiten in der Lage, mit einer gewissen Aufhöhung des Bodens, der durch den Abfall organischer Stoffe erfolgte, Schritt zu halten, indem sie stockwerkartig neue Adventivwurzeln ausbildeten. Aus vielen Fundumständen kann geschlossen werden, daß sie vorwiegend in Reinbeständen auftraten und erst im Verlauf der Erhöhung des Moorbodens von anderen Pflanzen, vor

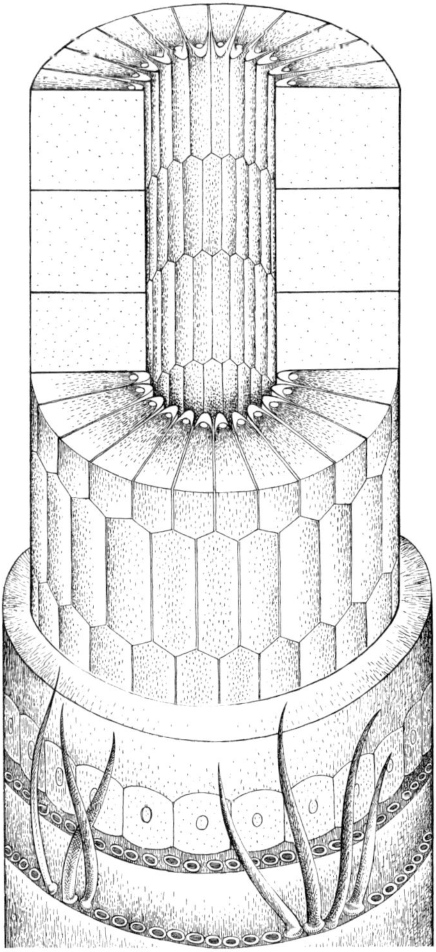

Rekonstruktion eines *Calamites*-Stammstückes. Unterer Teil der Rinde mit Astnarben, mittlerer Teil Sekundärholzkörper, oberer Teil derselbe halbiert, die große Markhöhle zeigend (nach Boureau)

allem den Lepidodendren, verdrängt wurden.

Wie von anderen großwüchsigen Pflanzen der Vorzeit werden auch von den Calamiten immer nur isolierte Bruchstücke verschiedener Teile, zudem noch in verschiedenen Erhaltungszuständen gefunden. Es gibt daher auch bei ihnen eine große Zahl Organ- oder Formgattungen. Man kann auf diese auch heute noch nicht verzichten, da erst für wenige Calamitensippen der Zusammenhang der einzelnen Teilstücke bewiesen wurde, auf der anderen Seite aber viele dieser Reste wichtig für die praktische geologische Arbeit sind, da sie nicht selten gewisse Abschnitte des Karbons kennzeichnen.

Innerhalb der Familie der Calamitaceen wird von den meisten Paläobotanikern nur eine »echte« Gattung anerkannt: *Calamites.* Ursprünglich bezieht sich dieser Gattungsname auf eine bestimmte Erhaltungsform von Stammresten, und zwar auf Markausgüsse (Marksteinkerne), deren »Oberfläche« also nur die Innenstruktur der Markhöhle widerspiegelt. Die Bezeichnung *Calamites* hat demnach primär nur den Charakter einer Organgattung. Später wurde der Name *Calamites* auf die Gesamtpflanze übertragen und damit zu einer echten taxonomischen Einheit; da diese aber trotz der Materialfülle immer noch nicht klar zu fassen ist, läßt sich nicht ausschließen, daß später eine Gattungsaufgliederung notwendig werden kann.

Die aufrechten Stämme entsprangen weitstreichenden, kräftigen, unterirdischen Rhizomen, die ebenfalls eine Gliederung in Nodien (Knoten) und Internodien aufwiesen. Die Nodien trugen reichlich Adventivwurzeln. Der Bau der Stämme ist nach strukturbietenden Resten, die zu den Formgattungen *Arthropitys, Calamodendron* und *Arthroxylon* gestellt werden, gut bekannt. Die wichtigste davon ist die erstgenannte, von der allein rund 25 Formarten beschrieben wurden. Die beiden anderen mit 5 bzw. 3 Arten sind viel seltener, aber nicht allzu wesentlich von *Arthropitys* unterschieden. Insgesamt waren die Stämme der Calamiten recht einheitlich gebaut. Das Innere wurde von einem zentralen Mark eingenommen, das aber bald zerfiel und mit zunehmendem Alter eine immer größere Markhöhle bildete. Diese wurde von vielen (in der Stammitte bis über 100) ringförmig angeordneten Leitbündeln umgeben. Von den zuerst angelegten Gefäßen – dem Protoxylem – wurde gegen die Markhöhle zu nur wenig Metaxylem gebildet, das dadurch als flacher Höcker vorsprang. Bei den Marksteinkernen tritt diese als Furche in Erscheinung. An der Außenseite des Protoxylems entstand aber bald ein Kambium, das nach innen zu viele Gefäße bildete und so einen mehr oder weniger mächtigen sekundären Holzkörper aufbaute. Die nach außen abgegebenen Zellen bildeten die recht starke sekundäre Rinde, die normalerweise viel kräftiger entwickelt war als die unserer jetzigen Bäume, jedoch wiederum erheblich schwächer als etwa die der meisten baumförmigen Bärlappe. Während dieses Dickenwachstums wurde das Protoxylem zerstört und bildete eine dem Gasaustausch dienende Höhle, die wie bei *Equisetum* als Carinalhöhle bezeichnet wird. Durch das sekundäre Dickenwachstum entstand somit ein aus regelmäßigen Holzkeilen bestehender röhrenförmiger Holzkörper, der gewiß eine erhebliche Biegungsfestigkeit aufwies. In dieser Hinsicht zeigen die Calamitenstämme eine sehr fortgeschrittene, aber zugleich un-

Rekonstruktion von *Stylocalamites* (nach Boureau)

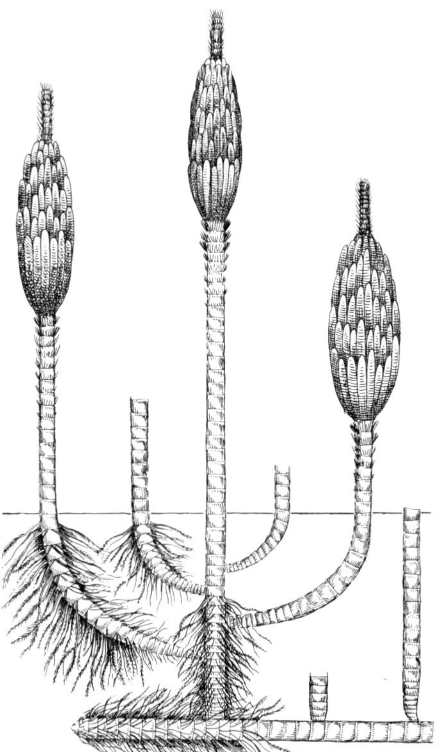

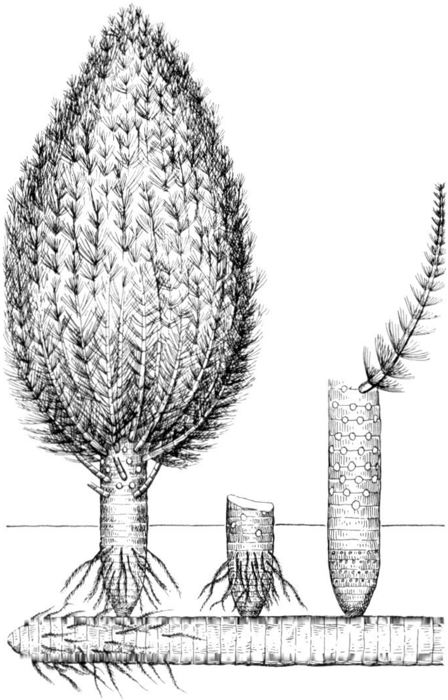

Rekonstruktion von *Crucicalamites*. Die Calamiten waren große baumförmige Schachtelhalme des Karbons (nach Hirmer).

gemein materialverschwenderische Organisation, die nur unter den überaus günstigen Lebensbedingungen des euramerischen Oberkarbons möglich war.

Bemerkenswert ist weiter, daß sich schon die primären Leitbündel jeweils an den Knoten gabeln und je 2 Gabeläste benachbarter Bündel in dem nach oben folgenden Internodium zu einem Bündel zusammenschließen. Dadurch kommt der in den Marksteinkernen der Calamiten so charakteristische Wechsel zwischen 2 Furchen bei jeder Knotenlinie zustande. Auch dieses Merkmal scheint sich erst allmählich herausgebildet zu haben. Es gibt eine Anzahl geologisch älterer Calamiten, die noch eine gewisse Tendenz zum Durchgehen der Riefen an den Knotenlinien zeigen und in dieser Hinsicht eine Mittelstellung zu *Archaeocalamites* einnehmen. Diese Formen werden meist als *Mesocalamites* (etwa 15 Formarten) zusammengefaßt.

Obwohl die Calamitenstämme sicher viele Jahre in die Dicke wuchsen, ist das Sekundärholz stets völlig gleichmäßig aufgebaut und zeigt niemals eine Andeutung von Jahresringen. Dies weist darauf hin, daß es damals in nördlichen Breiten keinen Assimilationsrhythmus gab, d. h., daß die klimatischen Bedingungen und das Wachstum das ganze Jahr hindurch gleichbleibend waren, was auch für ein tropisches Klima während des Karbons spricht.

Hinsichtlich der Verzweigung waren die Calamiten sehr abwechslungsreich. Es lassen sich wenigstens 4 Typen unterscheiden, die vielfach als Untergattungen gewertet werden. Da die Verzweigungsart den Habitus einer Pflanze wesentlich bestimmt, sahen die Vertreter der einzelnen »Verzweigungsform-Untergattungen« sehr verschieden aus, wie aus den Abbildungen zu entnehmen ist. Zur Untergattung *Stylocalamites* werden Formen gerechnet, die oberirdisch nur selten eine Verzweigung aufweisen. Dazu gehört einer der häufigsten Calamiten des Westfal, der mittleren Stufe des Oberkarbons, *Calamites suckowii.* Insgesamt umfaßt diese Gruppe etwa 7 Arten, die vom Oberkarbon bis ins Rotliegende verbreitet waren.

Vielleicht die typischsten Schachtelhalmbäume werden von der Untergattung *Crucicalamites* repräsentiert. Die Internodien der auffallend dicken Stämme waren sehr kurz, und an jedem Knoten entsprangen bis zu 10 kräftige Seitenäste. Diese Calamiten müssen daher eine recht dichte, buschige Krone ausgebildet haben. Von den 7 Arten dieser Gruppe war wohl *Calamites cruciatus* die häufigste Art, die sowohl in Europa wie in Amerika vom obersten Westfal bis zum Rotliegenden vorkam.

Ebenfalls etwa 7 Formarten sind von der Untergattung *Diplocalamites* bekannt, die sich vor allem dadurch auszeichnet, daß an jedem Knoten nur 2 gegenständige, große Seitenäste abgehen, die an den aufeinanderfolgenden Wirteln gekreuzt stehen. Zu dieser Gruppe gehört der in allen Teilen gut bekannte *Calamites carinatus*, der vor allem im Westfal von West- und Mitteleuropa eine der häufigsten Calamiten ist.

Auf diesen Abschnitt des Oberkarbons ist auch die formenreiche Untergattung *Calamitina* beschränkt (etwa 20 Formarten), bei der die asttragenden Knoten in größeren Abständen stehen und von mehreren astlosen Nodien getrennt sind.

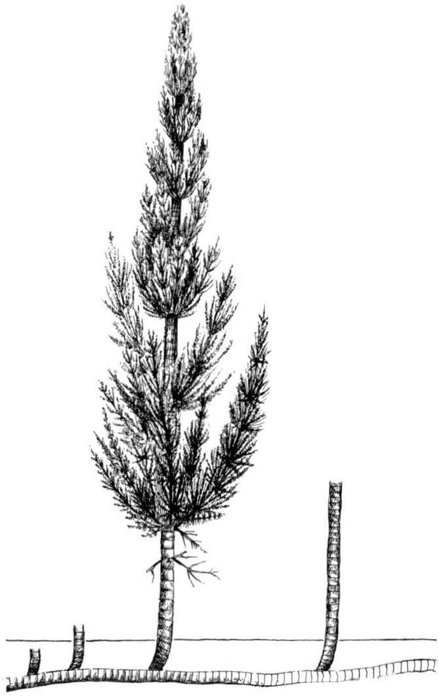

Rekonstruktion von *Calamitina*, einem weiteren baumförmigen Schachtelhalm des Karbons (nach Hirmer)

Die Beblätterung der Calamiten ist aus karbonischen Ablagerungen in übergroßer Fülle bekannt. Isolierte Blattreste werden zu 4 Formgattungen gestellt; wichtigste sind *Annularia* mit über 40 und *Asterophyllites* mit etwa 20 Formarten. Die stets einnervigen Blätter sind immer quirlig angeordnet und bei *Asterophyllites* linealisch, bei *Annularia* spatelig. Ihre Zahl pro Quirl ist mehr oder weniger formartspezifisch; sie schwankt zwischen 4 und 60. Während bei *Asterophyllites* die Blätter an der Basis nur zu einer kurzen, ringlosen Scheide verwachsen, mehr oder weniger bogig aufwärts gerichtet und sehr schmal waren, standen sie von *Annularia* fast rechtwinklig von der Achse ab, waren starrer und bildeten eine Art Blattrad. Sie waren ebenfalls am Grunde zu einem kleinen, scheibenförmigen Ring verwachsen. Die *Annularia*-Arten gehören mit zu den gemeinsten Fossilien des produktiven Karbons. Die Zugehörigkeit dieser Blattformen zu bestimmten Stammtypen ist bisher nur in einigen Fällen bekannt.

Auch die Calamitenblüten sind in vielen Abdrücken sowie in strukturzeigenden Exemplaren erhalten. Sie haben meist mehr oder weniger ährenförmige Gestalt, deren Größe und Einzelbau aber recht verschieden ist. Soviel man weiß, bildeten die Blüten nicht den Abschluß des Hauptsprosses, sondern entwickelten sich in größerer Zahl an den oberen Knoten oder waren in regelrechten Blütenständen angeordnet. Das Kennzeichnende der Calamitenblüten besteht darin, daß einmal die wirtelig stehenden Sporangiophoren meist noch nicht schildförmig verbreitert sind wie bei den heutigen Schachtelhalmen, sondern vierarmig waren und an jedem Arm ein Sporangium trugen.

Zum anderen wechselten innerhalb einer Blüte die Sporangiophorenwirtel mit sterilen Blattquirlen (Brakteenquirlen) ab, wobei die Endabschnitte der Brakteen aufwärts gebogen waren und damit die Sporangiophoren mit den Sporangien nach außen mehr oder weniger abschlossen.

Je nach der Form der Blütenähren, der Brakteen und der Anheftungsweise der Sporangiophoren werden gut ein halbes Dutzend Blütenformgattungen unterschieden. Die wichtigsten sind *Calamostachys* und *Palaeostachya*. *Calamostachys* war wohl die häufigste Calamitenfruktifikation; von ihr allein sind etwa 50 Formarten bekannt. Die Sporangienträger sind hierbei zwischen den Brakteen angeheftet. Bei *Palaeostachya* (über 20 Formarten) stehen die Sporangiophoren dagegen in den Achseln der Brakteen. Diese Stellung dürfte aber abgeleitet sein, da bei einigen Arten das Leitbündel der Sporangienträger zunächst bis zur Hälfte des Internodiums aufwärts verläuft, dann erst nach unten abbiegt und nach einer neuerlichen Aufwärtsbiegung in den Sporangiophorenstiel einmündet. Es scheint so als sei der Sporangienträger in die axilläre Stellung »herabgerutscht«. Bei anderen Arten ist der Leitbündelumweg vereinfacht und fällt schließlich ganz weg. Die Unterschiede zwischen *Calamostachys* und *Palaeostachya* sind nicht sehr tiefgreifend.

Annularia stellata. Calamitenbeblätterung, Rotliegendes

Die Calamiten waren teilweise isospor, zum (vielleicht größeren) Teil heterospor. Bei manchen Arten hat es den Anschein, als ob sich eine Heterosporie erst entwickelt habe; denn die Sporen innerhalb eines Sporangiums schwanken in ihrer Größe ziemlich stark, und mitunter wurden Übergänge zwischen Mikro- und Makrosporen beobachtet. Aber es ist darüber noch wenig bekannt, so daß bis jetzt sowohl iso- als auch heterospore Formen zur selben Blütenformgattung *Calamostachys* gerechnet werden.

Die aus Blüten herauspräparierten und die isoliert gefundenen Calamitensporen sind durchweg glatt, mehr oder weniger rund und zeigen deutlich die Tetradenmarke. Erst in letzter Zeit konnte bei sehr wahrscheinlichen Calamitensporen eine Ausbildung von 3 Hapteren, d. h. Perisporbändern, nachgewiesen werden. Hier sind aber zweifellos noch weitere Forschungen notwendig.

Familie »Samen«-Schachtelhalme, Calamocarpaceae

Einer der überraschendsten Funde aus jüngerer Zeit war der Nachweis einer samenartigen Fruktifikation durch den nordamerikanischen Paläobotaniker Baxter aus dem mittleren Oberkarbon von Nordamerika, die als *Calamocarpon insignis* bezeichnet wurde. Es handelt sich dabei um einen Zapfen vom Typ *Calamostachys*, bei dem jedes Makrosporangium nur eine einzige große, längliche Makrospore (2,7 mm × 0,7 mm) enthielt. Das Bemerkenswerteste ist jedoch, daß sich in diesen Makrosporen der Gametophyt, d. h. das Makroprothallium, entwikkelte. Es liegt also eine ähnliche und parallele Bildung vor, wie sie von etlichen paläozoischen Bärlappen bekannt ist: eine Weiterentwicklung der Heterosporie in Richtung einer Gametophytenreduktion und Samenbildung. Zum Unterschied von *Lepidocarpon* war das Makrosporangium von *Calamocarpon* jedoch nicht von Teilen des Makrosporophylles umgeben. Derartige Bildungen sind allerdings bei der generellen Organisationsform der Schachtelhalmfruktifikationen (Sporangiophoren und keine Sporophylle) auch gar nicht zu erwarten.

Calamocarpon ist auch deshalb in stammesgeschichtlicher Hinsicht so bedeutsam, da diese Form zeigt, daß bei allen paläozoischen Pflanzengruppen, die sich bis zu hoch differenzierten, baumförmigen Formen entwickelten, auch eine entsprechende Höherentwicklung der Fortpflanzung stattfand, die bei mehreren Gruppen in Richtung Samenbildung führte oder diese erreichte.

Über den vegetativen Bau der Pflanzen, die diese Samenzapfen ausbildeten, ist bisher kaum etwas Sicheres bekannt.

Später wurden Calamitenzapfen gefunden, die nur Mikrosporen enthielten (auch sie werden zur Formgattung *Calamostachys* gestellt) und die wahrscheinlich die männlichen Blüten von *Calamocarpon* darstellen. Bemerkenswert ist dabei, daß die Mikrosporen 3 noch recht primitive Hapteren aufwiesen, die sogar hygroskopische Bewegungen beim Wechsel der Einbettungsmedien ausführten – und das nach etwa 300 Millionen Jahren! Dies ist der erste sichere Nachweis von Hapteren bei fossilen Schachtelhalmsporen. Man muß es auch deshalb hervorheben, da die Sporen der rezenten *Equisetum*-Arten die Hapteren sehr leicht abwerfen, und es nicht gelingt, sie in künstlich fossilisierten Sporenpräparaten zu erhalten. Auch in den sehr jungen nacheiszeitlichen Ablagerungen sind *Equisetum*-Sporen stets hapterenlos.

Familie Apocalamitaceae

Die Stellung und Herkunft dieser Familie sind noch problematisch. Sie umfaßt 2 Gattungen: *Apocalamites*, eine seltene Form aus dem mittleren Karbon und der unteren Trias Westsibiriens, und *Neocalamites*, die mit etwa 20 Arten aus dem oberen Perm bis zum mittleren Jura aus fast allen Erdteilen bekannt ist. Eine Art scheint sogar noch in der Oberkreide vorgekommen zu sein. Im Habitus und im Bau der Stämme zeigt *Neocalamites* Ähnlichkeiten mit den Calamiten: auch die Beblätterung war ähnlich wie bei *Annularia* oder *Asterophyllites*. Jedoch waren die Neocalamiten viel kleiner als die Calamiten und erreichten kaum mehr als 2 bis 3 m Höhe. Auch die Stammstärke betrug im Durchmesser nicht über 10 bis 12 cm. Nach der Zeit ihres Vorkommens und dem Bau der vegetativen Teile könnte *Neocalamites* ein mesozoischer Nachkomme der Calamiten sein. Diese Meinung wurde mehrfach vertreten. Dem stehen die Fruktifikationsorgane entgegen. Soweit bekannt, handelt es sich bei diesen um zapfenartige Blüten ohne Brakteen, die weitgehend equisetumähnlich sind.

Ob es sich bei den Apocalamitaceen um eine selbständige, von den Archaeocalamitaceen ausgehende Entwicklungslinie oder um eine Seitenlinie der Calamiten handelt, kann heute noch nicht entschieden werden. Auf jeden Fall zeigen diese Sippen, daß auch im Mesozoikum noch recht große, fast baumförmige Schachtelhalme existierten.

Ordnung Schachtelhalmartige, Equisetales

Die Archaeocalamitaceen sind nicht nur die Vorläufer der Calamiten, sondern sie bildeten möglicherweise auch die Basis für die

Equisetales. Das Bindeglied zwischen den Archaeocalamitaceen und den verschiedenen Equisetales-Familien scheint die erst vor einiger Zeit bekannt gewordene Gattung *Korethrophyllites* zu sein, die im Oberkarbon und Perm vorkam und zur Familie der Sorocaulaceen gerechnet wird. Außer dieser gehören zu den Equisetales noch wenigstens 3 weitere Familien, die alle mehr oder weniger selbständige Entwicklungslinien darstellen.

Familie Phyllothecaceae

Von dieser Familie sind bis jetzt etwa 8 Gattungen mit mehr als 40 Arten bekannt. Sie entfalteten sich schon im Oberkarbon und Perm, hatten aber ihr Entwicklungsmaximum erst in der Trias und dem gesamten Jura. In der Kreide starben sie aus.

Die bedeutendste und umfangreichste Gattung ist *Phyllotheca* mit etwa 30 beschriebenen Arten. Die Gattung kam in erster Linie im Bereich der Gondwanaländer (Südamerika, Afrika, Indien, Australien und Antarktis)

Rekonstruktion eines Sproßteiles von *Phyllotheca equisetitoides*. Die Blätter eines Wirtels sind an der Basis verwachsen (nach Rasskazova).

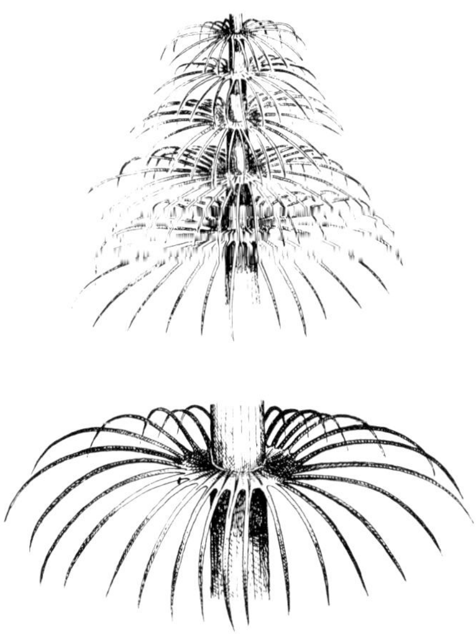

vor und ist für diese recht kennzeichnend. Einige Arten traten auch in der Angara- (Mittel- und Westsibirien) und in der Cathaisia-Flora (Ostasien) auf. Die Gattung war also fast weltweit verbreitet.

Das Hauptcharakteristikum der Phyllothecaceen liegt in der Beblätterung. Die zahlreichen linealischen Blätter eines Wirtels waren an der Basis verwachsen und bildeten eine dem Sproß anliegende Manschette. Auch der abstehende Teil des Blattquirls wies in der Innenseite eine mehr oder weniger weitgehende Verwachsung auf. Die ährenartigen Blüten waren prinzipiell wie *Calamostachys* gebaut, jedoch wechselten 2 oder mehrere fertile Wirtel mit einem Brakteenquirl ab.

Familie Schizoneuraceae

Bisher wurden etwa 16 *Schizoneura*-Arten beschrieben, jedoch überwiegend nach vegetativen Merkmalen. Der Prozeß der Verwachsung der Blattwirtel war hier noch viel weiter fortgeschritten. Die Blätter waren anfangs zu langen Scheiden verwachsen, die allerdings später wieder bis zur Basis einrissen, so daß äußerlich gesehen 2 oder mehrere gegen- oder quirlständige blattartige Gebilde entstanden. Die Pflanzen bekamen dadurch einen etwas schilfartigen Habitus und wurden etwa 1,5 bis 2 m groß.

Die fertilen Teile waren bis vor kurzem entweder nicht oder nur unvollständig bekannt. Auffallend war, daß *Schizoneura*-Arten sowohl in zeitlicher Hinsicht recht differenziert auftraten, als auch bezüglich ihrer Verbreitung.

Neuere Untersuchungen haben manches zu klären [illegible] Fragen, die meist mit der Unkenntnis der fertilen Bereiche verbunden sind, bleiben aber noch offen. Es stellte sich heraus, daß zumindest 2 Gattungen zu unterscheiden sind, die von einigen Autoren sogar zu 2 verschiedenen Familien gerechnet werden. Es handelt sich einmal um die Gruppe um *Schizoneura paradoxa*, die wenigstens 5 Arten umfaßt und auf die Systeme Trias/Jura beschränkt ist; diese Arten kommen von Europa bis Sibirien vor. Eine andere Gruppe von Arten, die wegen stark abweichender Verhältnisse im fertilen Bereich jetzt zur Gattung *Manchurostachys*

Schizoneura paradoxa. Rekonstruktion dieser schilfähnlich aussehenden, etwa einen Meter hohen Pflanze (nach Schimper und Mougeot)

gestellt werden, sind deutlich älter; sie kamen im Perm vor und waren kennzeichnende Elemente der Gondwana- und Cathaysia-Flora. Zu dieser Gruppe gehören ebenfalls wenigstens 5 Arten, darunter die in der Gondwanaflora weitverbreitete *Manchurostachys (Schizoneura) gondwanensis.* Hier können jedoch künftige Untersuchungen zu weiteren Änderungen bisheriger Auffassungen führen.

Familie Schachtelhalmgewächse, Equisetaceae

Aus der Klasse der Schachtelhalme gibt es, wie bereits erwähnt, in der rezenten Flora nur ganz wenige Arten. Sie gehören alle zur Gattung *Equisetum,* die den letzten Ausklang dieser einstmals so reich entwickelten Pflanzengruppe darstellt. *Equisetum* ist als Reduktionsform einer Entwicklungsrichtung zu betrachten, die sich zeitlich weit zurückverfolgen läßt. Schon im obersten Karbon traten die ersten Vertreter dieser Familie auf. Im darauffolgenden Perm, besonders aber in der Trias und im Jura waren die Equisetaceen recht stark entfaltet. Diese Vorläufer der gegenwärtigen Schachtelhalme werden zur Gattung *Equisetites* gestellt. Die Unterschiede zwischen *Equisetites* und *Equisetum* sind keineswegs immer scharf und bei jüngeren Formen gibt es einen fast gleitenden Übergang. Daher wird die Gattungszuordnung bei etlichen Arten unterschiedlich gehandhabt. Vom Tertiär an können Fossilfunde ohne weiteres zur Gattung *Equisetum* gestellt werden, z. T. wird dies auch für Funde aus der Trias vorgenommen. Solche Unsicherheiten sind nur eine Widerspiegelung der überaus langsamen Evolution der Equisetaceen: Seit etwa 300 Millionen Jahren erfolgte bei dieser Pflanzengruppe keine nennenswerte Entwicklung.

Von der Gattung *Equisetites* gibt es ein umfangreiches Fossilmaterial, und es wurden bisher mehr als 100 Arten beschrieben. Eine der bestbekannten *Equisetites*-Arten ist *Equisetites arenaceus,* der vor allem im Buntsandstein und Keuper häufig auftrat. Er war in Europa und in Sibirien verbreitet. Die Art wurde bis zu 6 oder sogar bis 10 m hoch und bildete armdicke Sprosse aus. Ein sekundäres Dickenwachstum konnte bisher zwar noch nicht nachgewiesen werden, dürfte aber in geringem Maß wahrscheinlich vorhanden gewesen sein. Eine Verzweigung erfolgte nur an den basalen, unterirdischen Teilen. Die Blätter eines Wirtels verwuchsen

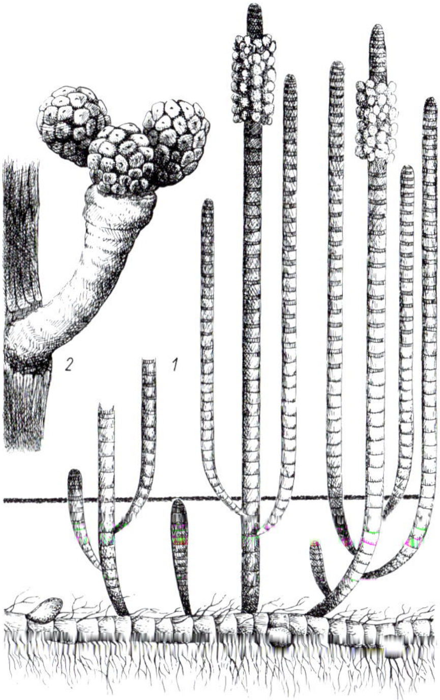

Equisetites arenaceus, ein bis 10 m hoher Schachtelhalm des Mesozoikums. Rekonstruktionen der Pflanze (1) und eines Teilblütenstandes (2) (nach Frentzen)

zu einer den Sproß umgebenden Manschette, nur die oberen, in eine Granne auslaufenden Zipfel waren noch frei, eine Gestaltung, wie sie auch heutige Schachtelhalme zeigen. Die eiförmigen Blüten weisen den gleichen Bau wie bei *Equisetum* auf. Brakteen wurden nicht mehr ausgebildet. Die wirtelig stehenden Sporangiophoren waren im oberen Teil zu einem schildförmigen Gebilde verwachsen, das an der Unterseite die Sporangien trug. Im Gegensatz zu den bisher behandelten Equisetiden, bei denen die Achsennatur der sporangientragenden Teile noch deutlich war, die deshalb als Sporangiophoren bezeichnet wurden, könnte man diejenigen von *Equisetites* (und überhaupt der Equisetaceen) als »Sporophylle« auffassen. Eine solche Meinung ist nicht selten zu finden. Wir behalten jedoch auch hier die Bezeichnung Sporangiophor bei, da es sich auch bei diesen schildförmigen Sporangienträgern nicht um Blattgebilde handelt.

Equisetites weicht von *Equisetum* vor allem in der Stellung der Blüten ab. Diese waren nicht endständig wie bei *Equisetum*, sondern standen zu dritt an einem kleinen Sproß seitlich an der Hauptachse. Viele solcher Teilblütenstände waren im oberen Teil des Sprosses angeordnet und bildeten eine Art zusammengesetzten Blütenstand. Diese Blütenstände entwickelten sich nacheinander, so daß die Sporenverbreitung über einen längeren Zeitraum erfolgte.

Von der Gattung Schachtelhalm, *Equisetum*, sind alle Arten krautige, ausdauernde Pflanzen mit einem unterirdisch kriechenden, mehr oder weniger verzweigten Rhizom. Dieses wächst meist tief im Boden, oft einen halben Meter, aber auch 3 bis 4 m und mehr unter der Oberfläche, was die schwere Bekämpfbarkeit mancher in Grünland und Acker als Unkräuter gefürchteten Schachtelhalme bedingt. Das Rhizom, das den eigentlichen ausdauernden Teil darstellt, ist deutlich in Knoten und Internodien gegliedert und bildet an ersteren reichlich Adventivwurzeln und gelegentlich Knollen, die selbst nach längerer Zeit zu neuen Pflanzen auswachsen können. Aus dem Rhizom entspringen die oberirdischen Triebe, die bei vielen Arten nur eine Vegetationsperiode ausdauern, bei anderen auch über mehrere Jahre erhalten bleiben. Sekundäres Dickenwachstum besitzen sie nicht. Der Bau der oberirdischen Sprosse ist von dem der unterirdischen nur wenig verschieden. Die gerieften, aus langen Internodien bestehenden Achsen sind hohl und nur an den Knoten durch Querwände (Diaphragmen) getrennt. Unter den Riefen, die wie bei den Calamiten von Internodium zu Internodium alternieren, liegen die kollateralen Leitbündel, deren älteste Xylemteile bald schwinden, so daß – wie bei den Calamitales – röhrenartige Hohlräume entstehen, die Carinalhöhlen. Vielfach ist der Leitbündelkranz nach außen von einem Endodermisring begrenzt. Auch die Rinde weist sehr charakteristische Höhlen auf, die unter den Oberflächenrillen des Stengels liegen und als Vallekularhöhlen bezeichnet werden. Nach außen wird der Sproß von einer aus stark verdickten Zellwänden beste-

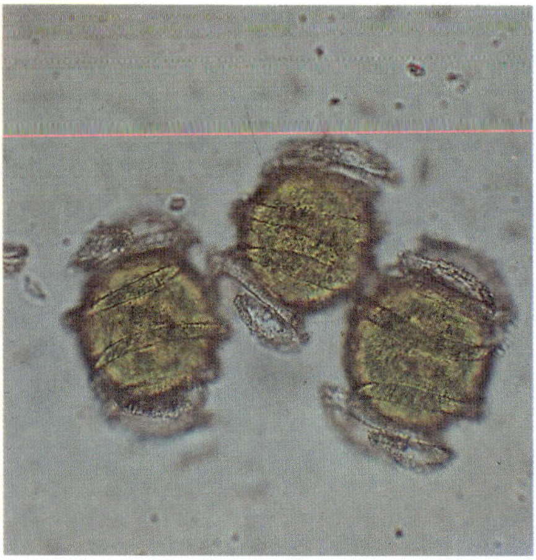

Chlorophyllhaltige Spore des Riesenschachtelhalms, *Equisetum telmateja*, in feuchtem Zustand mit anliegenden Hapteren

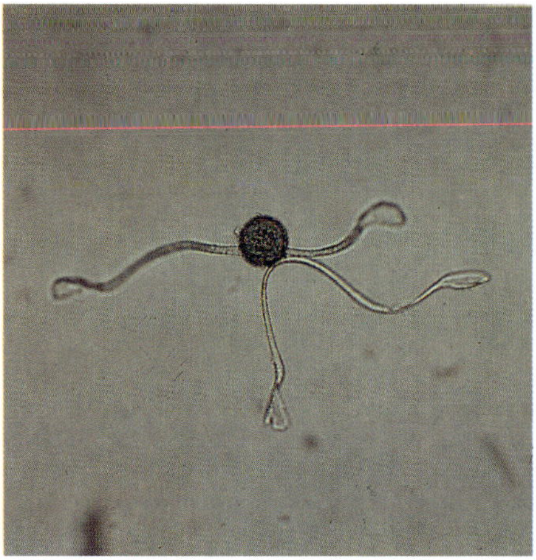

Dieselbe Spore des Riesenschachtelhalms, *Equisetum telmateja*, in trockenem Zustand mit abgespreizten Hapteren

henden Epidermis abgeschlossen, die außerdem stark verkieselt ist und die sicher auch die gute fossile Erhaltungsfähigkeit bedingt.

An den Knoten entspringen die quirlig angeordneten und zu einer Manschette verwachsenen Blätter, die nur an ihren obersten Teilen frei sind. Die Blattscheiden umhüllen die zu einem Streckungswachstum fähigen unteren Teile der Internodien. Dieses Wachstum spielt vor allem für die rasche Entwicklung der Triebe im Frühjahr eine große Rolle. Die Sprosse werden nämlich bereits in der vorhergehenden Vegetationsperiode angelegt und bedürfen im nächsten Frühjahr nur einer Streckung, um über die Erdoberfläche zu treten.

Über die Blüten wurde einiges bereits bei der Schilderung von *Equisetites* gesagt, so daß hier nur wenig hinzugefügt zu werden braucht. Recht unterschiedlich ist die Stellung der Blüten, auf die bei der Besprechung der einzelnen Arten noch eingegangen werden wird.

Besonders bemerkenswert ist weiter die Gestalt der Sporen. Darin unterscheidet sich die Gattung *Equisetum* nicht nur von anderen Equisetiden, sondern auch von allen Pteridophyten. Einmal enthalten die kugelrunden Sporen Chlorophyll, sind also grün – eine Erscheinung, die es außer bei einigen wenigen Moosen und Farnen sonst im gesamten Pflanzenreich kaum gibt. Zum anderen ist – wie bereits erwähnt – die äußerste Schicht des Perispors – einer vom Tapeten-Periplasmodium aufgelagerten mehrschichtigen Membran – in Form von 4 am Ende spatelig verbreiterten Bändern ausgebildet, den Hapteren. Auch sie stehen ebenfalls im gesamten Pflanzenreich einmalig da. Auf Grund eines sehr subtilen Baues, der vor kurzem aufgeklärt werden konnte, rollen sich diese Hapteren in feuchtem Zustand eng um die Spore, während sie sich bei Trockenheit abspreizen und als Flugorgane dienen. Die Hapteren haben große Bedeutung für die Sicherung der geschlechtlichen Fortpflanzung. Dadurch, daß diese sich von mehreren Sporen ineinander verhaken, werden immer ganze Sporenpakete verbreitet.

Die Sporen keimen auf feuchter Erde schon nach kurzer Zeit. Alsbald entwickelt sich ein thallös-lappiges, grünes Prothallium, das im allgemeinen schon nach 4 bis 6 Wochen geschlechtsreif wird, d. h. Antheridien und Archegonien bildet. Diese entstehen normalerweise jedoch an verschiedenen Prothallien. So läßt sich leicht einsehen, daß eine mechanische Kopplung der Sporen für die spätere Vereinigung der Geschlechtszellen geradezu notwendig ist.

Equisetum gilt als isospore Pflanzengruppe, da die Sporen praktisch gleichgestaltet sind. Nähere Untersuchungen, z. B. beim Ackerschachtelhalm, *Equisetum arvense*, ergaben jedoch, daß die Sporengröße nicht völlig einheitlich ist. Es werden in einem Sporangium je zur Hälfte kleinere und etwas größere Sporen gebildet, wobei aus den kleineren auch kleinere Prothallien hervorgehen, die nur Antheridien hervorbringen. Aus den größeren Sporen entwickeln sich etwas kräftigere Prothallien, die nur weibliche Geschlechtsorgane bilden. Es hat also den Anschein, als ob eine sich gerade herausbildende, noch unvollkommene und labile Heterosporie vorliegt. Im einzelnen ist die Geschlechtsbestimmung der Prothallien jedoch sehr kompliziert und noch keineswegs voll bekannt. Zum Teil hängt es auch von den Ernährungsverhältnissen ab, ob Antheridien oder Archegonien oder beide gebildet werden. Es ist weiter bei einigen Arten bekannt, daß die ziemlich langlebigen Prothallien eine gewisse Zeit nur Archegonien, später Antheridien entwickeln usw. Die Befruchtung der Eizelle des Archegoniums erfolgt wie bei allen Pteridophyten durch Spermatozoiden, die bei *Equisetum* schraubenförmig gedreht sind und am oberen Ende einen Schopf aus vielen Geißeln tragen.

Die Prothallien erreichen bei einigen Arten nur eine Größe von einem oder wenigen Millimetern, bei einigen tropischen Arten jedoch bis zu 3 cm im Durchmesser. Im Gegensatz zu den meisten anderen Pteridophyten können sich aus einem *Equisetum*-Prothallium mehrere (bis zu 8 oder 15) Sporophyten entwickeln.

Die Gattung *Equisetum* ist nahezu weltweit verbreitet. Sie kommt auf allen Kontinenten vor, nur in Australien und Neuseeland sind keine Schachtelhalme heimisch. Der Ackerschachtelhalm wurde in Neuseeland erst in jüngerer Zeit eingeschleppt. Ebensoweit wie die Verbreitung ist auch die ökologische Spanne. Manche Arten wachsen in Sümpfen und in verlandenden Gewässern, an Gräben und auf Wiesen, andere an feuchten schattigen Stellen und wieder andere selbst an offenen, recht trockenen Standorten. Schachtelhalme kommen in tropischen Urwäldern ebenso vor wie auf Äckern, in Laubmischwäldern wie in Tundren, in Brüchen wie in Steppen. Von den 23 Arten sind in Europa 10 vertreten, in Nordamerika 12, in Mittel- und Südamerika 8, in Afrika dagegen nur 3.

Man gliedert die Gattung *Equisetum* in 2 Untergattungen. Die erste Untergattung *Hippochaete* umfaßt die primitiveren Formen. Bei dieser Gruppe finden wir tief versenkte und von Epidermiszellen halb überdeckte Spaltöffnungen. Die oberirdischen Sprosse sind gleichgestaltet, gewöhnlich immergrün und langlebig, und die oben spitzen Blüten werden an den Enden der Haupt- und Seitenachsen gebildet.

Hierzu gehören u. a. die größten und stattlichsten gegenwärtig lebenden Schachtelhalme, wie das in Peru und Chile vorkommende, fast baumartige *Equisetum xylochaetum*, das 3 bis 3,5 m hoch werden kann, allerdings eine nur 1,5 bis 2 cm dicke, jedoch etwas verholzte Hauptachse besitzt. Ebenfalls in Peru wächst *Equisetum martii*, das sogar bis zu 5 m Höhe erreicht. An Flüssen und Strömen von Mittelamerika, Kolumbien, Ekuador und Peru kommt das gleichfalls immergrüne, sogar bis zu 8 m hoch werdende *Equisetum myriochaetum* vor, das oft mit der folgenden Art verwechselt wurde, der es habituell sehr ähnlich ist. Auch die wohl größte lebende Schachtelhalmart, *Equisetum giganteum*, ist ein Bewohner des tropischen Südamerika. Diese Art trägt ihren Namen zu Recht, denn es wurden Exemplare von gut 5 m, angeblich auch solche bis über 12 m Länge beobachtet. Da die Dicke des Hauptsprosses höchstens 2,5 cm beträgt, ist die Pflanze nicht in der Lage, freiständig zu wachsen, sondern klettert nach Art der Spreizklimmer zwischen den Bäumen empor. Sie wächst meist an Flüssen oder anderen sumpfigen Stellen. *Equisetum giganteum* dürfte übrigens der primitivste Vertreter der Gattung sein. Die Untergattung *Hippochaete* enthält aber nicht nur die größte, sondern auch die kräftigste rezente Art. Es ist *Equisetum schaffneri*, dessen etwa 2 m hoch werdende Stengel einen Durchmesser von gut 10 cm erreichen können. Diese Art kommt gleichfalls in Mittel- und Südamerika (Mexiko, Peru und Chile) vor.

Auch in Mitteleuropa gedeihen Vertreter dieser Gruppe. *Equisetum hyemale*, der Win-

Teichschachtelhalm, *Equisetum fluviatile*

terschachtelhalm, besitzt auffallend dunkelgrüne, meist unverzweigte Sprosse, die den Winter überdauern. Er tritt vielfach in größeren Herden an sickerfeuchten oder grundwassernahen Stellen in Auwäldern, Gebüschen und feuchten Laubmischwäldern auf. Sehr viel seltener ist in der mitteleuropäischen Flora der Bunte Schachtelhalm, *Equisetum variegatum*, der vor allem in nassen, kalkhaltigen Flachmooren der europäischen Hoch- und Mittelgebirge sowie im nördlichen Eurasien und Nordamerika wächst. Im Gegensatz dazu sind der südeuropäisch-südasiatische Ästige Schachtelhalm, *Equisetum ramosissimum*, und das mit diesem nahe verwandte amerikanische *Equisetum laevigatum* kontinentale, wärmeliebende Trockenrasen-, Steppen- und Wüstenpflanzen. Ersterer tritt in Mitteleuropa nur selten in Trespen-Halbtrockenrasen, auf Kiesbänken und ähnlichen trockenen, meist kalkhaltigen Standorten auf.

Zur Untergattung *Equisetum* gehören die in verschiedener Hinsicht stärker abgeleiteten und höher organisierten Schachtelhalme. Das zeigt sich vor allem darin, daß die Sprosse oft in fertile und sterile differenziert sind. Sie sind auch niemals immergrün oder wintergrün, sondern sterben z. T. schon nach kurzer Zeit, spätestens aber am Ende der Vegetationsperiode ab. Kennzeichnend ist weiterhin, daß die Spaltöffnungen in gleicher Höhe mit der Epidermis liegen und die Blüten oben stets stumpf sind. Es handelt sich vorwiegend um holarktische Elemente.

Innerhalb dieser Untergattung lassen sich nach der Ausbildung der fertilen Triebe leicht 3 Gruppen unterscheiden, deren taxonomischer Wert allerdings umstritten ist, da es zwischen den Gruppen Übergänge gibt und man solche auch experimentell hervorrufen konnte.

Die Gruppe der Homophyadischen Schachtelhalme schließt in der Wuchsform an die Untergattung *Hippochaete* an. Es entstehen im Frühjahr normale Laubtriebe, und viel später entwickeln sich an ihnen Blüten. Da diese erst im Spätsommer oder im Herbst erscheinen, wurde diese Gruppe auch als Aestivalia (»Herbstliche«) bezeichnet. Hierzu gehören aus der mitteleuropäischen Flora der Sumpfschachtelhalm oder Duwock, *Equisetum palustre*, und der Teichschachtelhalm, *Equisetum fluviatile*. Der Duwock kommt häufig auf nassen bis feuchten Wiesen, in Flachmooren, aber ebenso an Wegrändern und auf Äckern vor. Er kann jedoch auch an sehr trockenen Stellen gedeihen, wenn im Untergrund nur ein wasserführender Horizont vorhanden ist, in dem sich die sehr tiefstreichenden Rhizome (manchmal bis zu 5 m tief!) ausbreiten können. Wegen seines Gehaltes an dem für Wiederkäuer giftigen Alkaloid Palustrin (Equisetin), das auch beim

Waldschachtelhalm, *Equisetum sylvaticum*. Übergang vom Frühjahrs- zum Sommertrieb mit austreibenden vegetativen Sprossen

Trocknen nicht schwindet, ist er neben der Herbstzeitlose das gefährlichste Grünlandunkraut. Schon eine geringe Menge Duwock im Futter führt bei Rindern zu Durchfällen oder Lähmungserscheinungen und zu großen Ertragsverlusten an Fleisch und Milch. Pferden, Schafen und Schweinen sowie Gänsen schadet er jedoch nicht. *Equisetum fluviatile* kommt in Röhrichten und Großseggenrieden, an Gräben und ähnlichen nassen Standorten überall häufig vor. Beide Arten besiedeln das gemäßigte Gebiet von Eurasien und Nordamerika und reichen weit in die Arktis.

Bei den Heterophyadisch-metabolen Schachtelhalmen erscheinen im Frühjahr zunächst astlose, bleiche Triebe, die am Ende eine Blüte tragen. Nach der Sporenausstreuung verwelkt die Blüte und wird später abgeworfen, während die Triebe ergrünen und Seitenäste bilden. Der fertile Trieb wandelt sich also später in einen vegetativen um. Rein vegetative Triebe erscheinen gleichzeitig mit den fertilen. Zu dieser Gruppe gehören *Equisetum pratense* und *Equisetum sylva-*

Waldschachtelhalm, *Equisetum sylvaticum*, mit grazilen Sommertrieben

ticum. Beide besiedeln ähnliche Areale wie *Equisetum fluviatile* oder *Equisetum palustre*, meiden jedoch Westeuropa weitgehend. Der Wiesenschachtelhalm, *Equisetum pratense*, kommt trotz seines Namens in Naßwiesen nur selten vor, viel häufiger tritt er an Waldrändern und beschatteten Wegrändern, in Eichen-Hainbuchenwäldern usw. auf. Der durch seine verzweigten Seitenäste viel gra-

Fruchtbare Frühjahrstriebe mit Blüten des Ackerschachtelhalms, *Equisetum arvense*. Die sporangientragenden Sporangiophoren stehen in Wirteln dicht übereinander.

Fertile Frühjahrstriebe des Riesenschachtelhalmes, *Equisetum telmateja*

Vegetative Sommertriebe des Ackerschachtelhalms, *Equisetum arvense*. Die Art tritt nicht selten als Ackerwildpflanze in Maisfeldern auf.

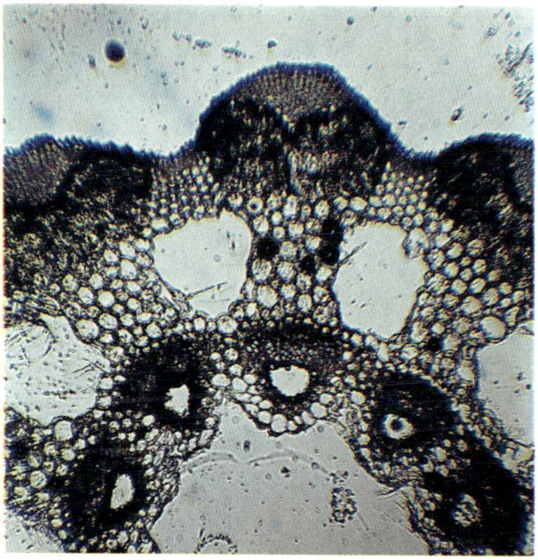

ziler wirkende Waldschachtelhalm, *Equisetum sylvaticum*, kommt nicht selten in verschiedenen frischen Waldgesellschaften vor (z. B. in Erlen-Eschenwäldern), gern auch an vernäßten Stellen und Waldquellen, aber ebenso in feuchten Nadelwäldern und auf Bergwiesen. Auch er ist für Rinder giftig, spielt aber in Mitteleuropa keine nennenswerte Rolle als Wiesenpflanze.

Am weitesten ist die Differenzierung in fertile und sterile Triebe bei den Heterophyadisch-ametabolen Schachtelhalmen gedie-

Sproßquerschnitt des Ackerschachtelhalms, *Equisetum arvense*. Von innen nach außen: Markhöhle (nur zum Teil), Leitbündel mit Carinalhöhle, ringförmige Endodermis, große Vallekularhöhlen

Vegetative Sommertriebe des Riesenschachtelhalmes, Equisetum telmateja, die bis 2 m Höhe erreichen können

hen. Die chlorophyllfreien, bleichen Blütentriebe erscheinen schon im zeitigen Frühjahr und sterben nach der Sporenaussaat ab, während die vegetativen Triebe erst später zur Entwicklung gelangen. Danach wird diese Gruppe auch als Vernalia (»Frühlingliche«) bezeichnet.

Der bekannteste Vertreter dieser Gruppe ist der sehr formenreiche und ökologisch anpassungsfähige Ackerschachtelhalm, *Equisetum arvense.* Er kommt in der gesamten Holarktis vor, darüber hinaus in Mexiko und eingeschleppt (synanthrop) auch in Neuseeland. Im ganzen Verbreitungsgebiet ist er nicht nur ein überaus häufiges und schwer vertilgbares Ackerunkraut, sondern tritt ebenso in Wäldern, an Bahndämmen, auf Schutthaufen usw. auf. Die vegetativen Sprosse werden seit alters her als Kieselsäuredroge verwendet, die blutstillend, zusammenziehend, desinfizierend und harntreibend wirkt – dafür spielt vor allem der Saponin und Flavongehalt eine Rolle – und Bestandteil des Kieselsäuretees ist. Ein weiterer Vertreter dieser Gruppe ist der größte und stattlichste Schachtelhalm der mitteleuropäischen Flora, der Riesenschachtelhalm, *Equisetum telmateja.* Die vegetativen Sprosse erreichen 1 bis 2 m Höhe. Die Art kommt an Quellfluren auf sickernassen, kalkreichen Standorten vor und ist in Mittel- und Südeuropa sowie im westlichen Nordamerika verbreitet.

Sowohl von *Equisetum telmateja* als auch vor allem von *Equisetum arvense*, aber gelegentlich auch von anderen Arten benutzte man früher die oberirdischen Triebe zum Putzen von Zinngeschirr. Daher werden diese Arten im Volksmund auch als »Zinnkraut« bezeichnet.

Klasse Psilotopsida

Ordnung Psilotales

Zu dieser Klasse gehört nur die eine Ordnung Psilotales mit lediglich 2 artenarmen Gattungen: *Psilotum* und *Tmesipteris.* Je nach Auffassung werden diese entweder zu einer einzigen Familie Psilotaceae zusammengefaßt, oder jede Gattung wird zu einer eigenen Familie gestellt, und es werden die Familien Psilotaceae und Tmesipteridaceae unterschieden. Gebräuchliche deutsche Namen für die Gattungen, die Ordnung bzw. Klasse gibt es nicht.

Es handelt sich bei den Psilotales um eine recht isoliert stehende Pflanzengruppe, von der nur rezente Vertreter bekannt sind. Über Herkunft und systematische Stellung läßt sich zur Zeit noch nichts Sicheres sagen.

So wenig umfangreich diese Gruppe ist, so problematisch ist sie in verschiedenster Hinsicht. Sie war und ist daher Gegenstand vielfacher Kontroversen, unterschiedlicher Meinungen und Deutungen, aber andererseits auch mannigfacher Untersuchungen.

Von der Gattung *Psilotum* werden meist 2 Arten unterschieden: *Psilotum nudum (P. triquetrum)* und *Psilotum complanatum (P. flaccidum).* Erstere Art ist eine meist aufrecht wachsende, buschig aussehende Pflanze, die eine Größe von etwa 20 cm, an günstigen Stellen aber auch bis zu einem Meter erreicht. Sie ist in den Tropen und Subtropen weit verbreitet und kommt in Amerika von Florida und Südkarolina über Mexiko bis Paraguay und Argentinien vor, weiter auf Madagaskar, in Vorder- und Hinterindien sowie ganz Südostasien bis Japan, den Südseeinseln, Neuseeland, Australien usw. In jüngster Zeit wurde sie sogar in Südspanien in der Nähe von Algeciras entdeckt. Meist wächst *Psilotum nudum* auf dem Erdboden oder in Felsspalten, aber die Art gedeiht ebenso als Epiphyt an Baumfarnen oder an den Ästen anderer Bäume. *Psilotum complanatum* ist ebenfalls tropisch verbreitet, aber viel seltener als die vorgenannte. Sie tritt in Jamaika, Kuba, Mexiko und vor allem in Südostasien, den Südseeinseln, Neuguinea und Australien auf. Bei ihr handelt es sich um einen Epiphyten mit hängenden, in einer Ebene (flabellat) verzweigten Sprossen.

Beide Arten besitzen nur sehr kleine, unscheinbare Blättchen, so daß sie auf den ersten Blick fast »nackt« aussehen – daher der Gattungsname *Psilotum.* Die Blättchen spielen als Assimilationsfläche keine Rolle; diese wird vielmehr von der Sproßachse übernommen. Die Blätter, die dem mikrophyllen Typ angehören, sind zwar grün, haben aber weder Spaltöffnungen noch weisen sie ein Leitbündel auf. Während bei *Psilotum complanatum* wenigstens ein schwaches Leitbündel aus dem zentralen Leitbündel der Sproßachse bis an die Ansatzstelle der Blättchen reicht, ist bei *Psilotum nudum* selbst von einem solchen nichts zu bemerken. Manche Taxonomen bezeichnen diese Gebilde daher nur als »Seitenorgane« und sprechen ihnen eine echte Blattnatur ab. Sie sehen in ihnen mehr nur »Anhangsgebilde«, d. h. Emergenzen. Nach neueren Untersuchungen von Roth dürfte aber ihre Blattnatur kaum noch in Zweifel zu ziehen sein, auch wenn es sich um sehr stark rückgebildete Blätter handelt. Am oberen Teil der Sprosse werden kugelige, zu dritt verwachsene Sporangien gebildet. Sie sind ganz kurz gestielt und sitzen in der Achsel von Blättchen. Diese meist als Sporophylle bezeichneten Blätter scheinen weniger stark reduziert zu sein, da sie bei beiden Arten ein Leitbündel aufweisen und gegabelt sind. Auch über diese »Sporophylle« wurde viel diskutiert. Inzwischen hat sich herausgestellt, daß es sich bei ihnen um ein einheitlich angelegtes Blatt handelt, das sich später gabelt.

Die Ausbildung des fertilen Bereiches und die mikrophylle Beblätterung veranlaßten einige Systematiker, an verwandtschaftliche Beziehungen zu den Bärlappen (Lycopsiden) zu denken und die Psilotales dieser Klasse anzuschließen.

Die Luftsprosse der *Psilotum*-Arten entspringen mehrfach gegabelten Rhizomen, die Mykorrhiza-Pilze beherbergen. Besonders bemerkenswert ist, daß an den Rhizomen nur Rhizoide, nicht aber echte Wurzeln entwickelt werden. Diese Wurzellosigkeit wurde vielfach für ein besonders primitives Merkmal gehalten und war zusammen mit der scheinbar einfachen Organisation wiederum für andere Taxonomen der Anlaß, um einen systematischen Anschluß der Psilotales bei den Psilophyten zu vermuten. Es gab selbst Stimmen, wonach die Psilotales nur den letzten Ausklang der devonischen Psilophyten darstellen sollten. Derartige Meinungen wurden in jüngster Zeit wieder belebt, obwohl sich die scheinbare Primitivität doch

Psilotum nudum epiphytisch am Stamm der Sumpfzypresse, *Taxodium distichum*, wachsend in den Everglades von Florida

als recht problematisch erwiesen hat und vieles eher darauf hinweist, daß es sich um stark abgeleitete Reduktionsformen handelt.

Psilotum ist isospor. Aus den Sporen geht wie bei allen Pteridophyten der Gametophyt hervor, d. h. das Prothallium. Dieses wächst unterirdisch und ist ein chlorophylloser, unregelmäßig verzweigter, zylindrischer Körper, der viel Ähnlichkeit mit den Rhizomen aufweist. Seine Existenz ist an das Zusammenleben mit Pilzen gebunden, es ist mykotroph. Bei besonders stark entwickelten Prothallien stellte man sogar gut entwickelte Leitbündel fest, so daß bei diesen mit Ausnahme der Antheridien und Archegonien fast kein Unterschied gegenüber dem Rhizom des Sporophyten besteht.

Wie viele Arten die Gattung *Tmesipteris* umfaßt, ist noch recht unklar. Es wurden zwar eine größere Zahl *Tmesipteris*-Arten beschrieben, jedoch dürften allenfalls 7 davon als echte Arten anzusehen sein. Das letzte Wort ist hierüber aber gewiß noch nicht gesprochen. Die am besten bekannte Art stellt zweifelsohne *Tmesipteris tannensis* dar, die auf Australien, Tasmanien, Neuseeland und einige polynesische Inseln beschränkt ist. Auch die anderen Arten kommen in diesem Bereich oder in Teilen desselben vor. *Tmesipteris tannensis* ist ein verhältnismäßig häufig auftretender Epiphyt, der besonders an den Stämmen von Baumfarnen gedeiht. Nur gelegentlich wächst die Art auch terrestrisch.

Obwohl *Tmesipteris* habituell recht erheblich von *Psilotum* abweicht, haben beide Gattungen doch sehr viel Gemeinsames. Die mykotrophen, gegabelten Rhizome von *Tmesipteris* sind ebenfalls wurzellos, die anatomischen Verhältnisse der Sproßachsen gleichen weitgehend denen von *Psilotum*, und selbst in manchen diffizilen Einzelheiten, z. B. im Bau der Spaltöffnungen, in der Embryo-Differenzierung usw., stimmen beide Gattungen weitgehend überein. Das gilt auch für den Gametophyten.

Im Gegensatz zu *Psilotum* verzweigen sich jedoch die selten mehr als 25 cm Länge erreichenden Sprosse nicht oder nur einmal, und vor allem tragen sie verhältnismäßig große, bis zu 2 cm lange Blätter. Nur an der Sproßbasis sind die Blätter ähnlich rudimentär und schuppenartig wie bei *Psilotum*. Ein weiterer Unterschied liegt im reproduktiven Bereich. Die recht großen, gabelteiligen Sporophylle besitzen an ihrer Basis 2 verwachsene Sporangien.

Klasse Farne, Polypodiopsida (Filicopsida)

Mit etwa 9000 Arten spielen die Farne in der rezenten Flora eine wesentlich bedeutendere Rolle als die bisher behandelten Pteridophytenklassen. Der hohen Artenzahl entspricht eine große Formenmannigfaltigkeit. Von beinahe moosartig anmutenden Sippen reicht die Skala bis zu gut 20 m Höhe erreichenden Baumfarnen, von Arten, bei denen die Pflanze nur ein einziges Blatt ausbildet, bis zu solchen, die einen großen, meterlangen Wedelkranz entwickeln. Ähnlich mannigfaltig sind auch die Standorte, an denen Farne zu gedeihen vermögen. Die meisten sind Bewohner tropischer Regenwälder, wo sie sowohl am Boden als auch als Epiphyten an Stämmen und Ästen anderer Bäume wachsen. Andere sind in unzugänglichen Mangrovesümpfen heimisch oder bilden auf Rodungsparzellen schwer durchdringbare Dickichte. Wieder andere kommen in Trokkengebieten, ja sogar auf sonnenbeschienenen, heißen Felsen vor, und einige Farne reichen weit in die Arktis und ins Hochgebirge. Selbst nahe der Schneegrenze, bis über 5000 m über dem Meeresspiegel, wurden sie gefunden. Einige wenige haben sich an das Wasserleben angepaßt und bilden schwimmende Decken in Altwässern, ruhigen Seen, Kanälen usw.

Am farnreichsten ist das indomalaiische Gebiet, in dem allein fast die Hälfte aller bekannten Gattungen endemisch vorkommen. Ihm stehen Zentralamerika und das nördliche Südamerika nur wenig nach; hier treten mehr als ein Drittel der bekannten Farngattungen auf. Viele Farnarten sind auf verhältnismäßig kleine Gebiete beschränkt. Ihre Ausbreitung wird manchmal begrenzt durch die kurze Dauer der Keimfähigkeit der Sporen und vor allem durch die Empfindlichkeit und subtilen Standortsansprüche des Gametophyten, d. h. des Prothalliums. Man kann beinahe sagen, daß Farne überall dort wachsen können, wo ihr Gametophyt zu gedeihen vermag.

Macht es schon die Formenfülle der jetzt lebenden Farne schwer, diese Pflanzengruppe insgesamt etwas ausführlicher allgemein zu charakterisieren, so gilt das noch viel mehr, wenn man auch die fossilen Vertreter mit berücksichtigt. Nicht wenige von diesen haben gar nicht »farnartig« ausgesehen und wiesen Merkmale auf, die bei den rezenten Farnen kaum noch zu beobachten sind. Man muß daher von sehr vielen konkreten Besonderheiten abstrahieren, wenn man die Farne allgemein kennzeichnen will.

Wie alle Pteridophyten haben auch die Farne einen heteromorphen Generationswechsel. Die eigentliche Farnpflanze stellt den Sporophyten dar, der in Stengel, Blätter und Wurzeln gegliedert ist und ungeschlechtliche Fortpflanzungszellen (Sporen) ausbildet. Gegenüber den anderen Klassen der Pteridophyten zeichnen sich die Farne vor allem durch 2 Merkmale aus: Die Blätter sind als Makrophylle entwickelt, und die Sporangien stehen an diesen seitlich oder an ihrer Unterseite.

Die Makrophylle bestehen meist aus einem Stiel und einer großflächigen Blattspreite, die vielfach eine weitere Aufgliederung in eine mittlere Achse, die Rhachis, und seitlich ansitzende Fiedern zeigt. Letztere können blattartig ausgebildet sein, oder sie weisen eine noch weitergehende Gliederung in eine Fiederachse mit daran seitlich stehenden Fiederchen auf. Im Gegensatz zu den Mikrophyllen ist die makrophylle Beblätterung jedenfalls immer durch eine wohlentwickelte und mehr oder weniger großflächige Blattspreite gekennzeichnet, wie sie für die bekannten Farnwedel typisch ist. In der Jugend sind die Wedel bei fast allen Farnen schneckenartig eingerollt. Nur die Ophioglossales machen eine Ausnahme. Hinsichtlich der Blattgestaltung besteht also zwischen den Farnen und den bisher dargestellten Pteridophyten ein fundamentaler Unterschied.

Für die meisten rezenten Farne stellt die makrophylle Beblätterung ein sehr charakteristisches Merkmal dar. Dies gilt jedoch nicht schlechthin für alle Polypodiopsiden. Das kompliziert gebaute Makrophyll hat sich, wie alle pflanzlichen Strukturen, erst im Verlaufe einer langen Entwicklung herausgebildet. Es gibt daher verständlicherweise auch Formen, die noch keine vollausgebildeten Blätter besaßen, d. h. die verschiedene Entwicklungsstufen des Makrophylles zeigen. An Hand von Fossilfunden läßt sich die allmähliche Herausbildung des Farnwedels recht gut verfolgen. So zeigte sich, daß die Entwicklung von räumlich verzweigten Achsensystemen ausging, die später in eine Ebene rückten und durch parenchymatische Gewebe verbunden wurden. In der Abbildung sind die wichtigsten Stadien dieser Entwicklung schematisch dargestellt.

In engem Zusammenhang mit der Blattorganisation steht die Stellung der Sporangien. Bei den primitivsten Formen waren sie an den Achsenenden ausgebildet, wie wir es von einigen Psilophyten her kennen. Aus der oben skizzierten Blattentwicklung wird verständlich, daß die Sporangien später an die

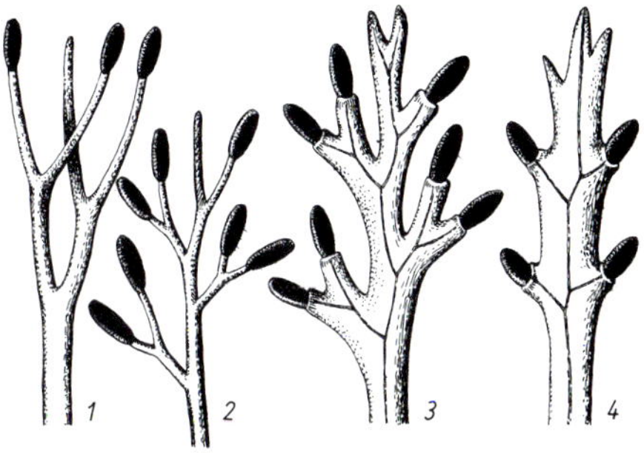

Schema der Makrophyll-Entwicklung der Farne nach Zimmermann (1–4)

Blattränder rückten; auch dies ist durch Fossilfunde belegt. Die Ausbildung der Sporangien an der Blattunterseite, wie sie bei den meisten rezenten Farnen zu beobachten ist, stellt die am weitesten fortgeschrittene Differenzierung dar.

Bei den meisten Farnen ist jedes Blatt in der Lage, Sporangien hervorzubringen (z. B. Wurmfarn, Engelsüßfarn usw.). Bei manchen Sippen werden die Sporangien dagegen nur an bestimmten Teilen der Wedel ausgebildet (z. B. Königsfarn) oder sind gar auf besondere Wedel beschränkt (z. B. Straußfarn, Rippenfarn). Bei solchen, als Sporophylle bezeichneten fertilen Wedeln sind die Spreitenteile stets stark reduziert und unterscheiden sich daher deutlich von den sterilen Trophophyllen. Farne mit einer derartigen Blattdifferenzierung bezeichnet man als heterophyll (verschiedenblättrig). Eine Heterophyllie hat sich mehrfach und unabhängig voneinander bei ganz verschiedenen Verwandtschaftskreisen herausgebildet. Dagegen kam es innerhalb der Farne nirgends zu einer richtigen Blütenbildung.

Der Bau der Sporangien ist bei den einzelnen Farngruppen recht verschieden und für diese mehr oder weniger spezifisch. Er wurde früher als ein sehr wertvolles taxonomisches Merkmal gehalten, das man in seiner Bedeutung aber wohl überschätzte. Besondere Berücksichtigung fanden dabei die für den Öffnungsmechanismus der Sporangien wichtigen Differenzierungen in Anulus und Stomium. Abgesehen davon lassen sich vor allem 2 Haupttypen der Sporangienausbildung unterscheiden. Alle primitiveren Polypodiopsiden zeichnen sich u. a. durch Sporangien mit mehrschichtigen Wänden aus. Dieser eusporangiate Typ ist zweifellos der ursprüngliche, da auch die primitivsten Pteridophyten (z. B. die Psilophyten) einen derartigen Bau der Sporangienwand aufweisen. Im Gegensatz dazu bestehen die Sporangienwände bei den leptosporangiaten Farnen nur aus einer Zellschicht. Hierzu gehören alle erdgeschichtlich jüngeren Farne, die das Gros der gegenwärtigen Polypodiopsidenflora ausmachen.

Der allergrößte Teil der jetzt lebenden Farne ist isospor; eine Größen- und parallel dazu eine Geschlechtsdifferenzierung der Sporen innerhalb eines oder verschiedener Sporangien erfolgt also nicht. Eine Heterosporie ist überaus selten und kommt eigentlich nur bei 2 Formenkreisen vor – den Marsileales und den Salviniales. In neuerer Zeit ist jedoch auch eine heterospore Polypodiales-Art *(Platyzoma microphyllum)* entdeckt worden. Dagegen kennen wir mehrere paläozoische, längst ausgestorbene Farngruppen, die heterospor waren. Das fortgeschrittenste Stadium: die Samenbildung, wurde jedoch von keiner Gruppe der Polypodiopsida erreicht.

Wie bei allen Pteridophyten ist auch bei den Farnen der Gametophyt sehr viel weniger bekannt als der Sporophyt. Von den zahlreichen fossilen Arten kennen wir den Gametophyten bisher überhaupt nicht; von den rezenten ist er bislang nur von einem kleinen Teil der Arten bekannt. Allerdings dürften die fehlenden Kenntnisse in dieser Hinsicht mehr quantitativ als qualitativ zu bewerten sein, und es ist anzunehmen, daß die wichtigsten Gametophytentypen bereits erfaßt wurden.

Ausbildung, Form und Differenzierungsgrad der Prothallien unterscheiden sich bei den einzelnen Unterklassen bzw. Ordnungen, manchmal auch Familien, recht erheblich. Darauf wird in den folgenden Abschnitten noch hingewiesen werden. An dieser Stelle mag es genügen, auf die wesentlichsten Ausbildungen aufmerksam zu machen. Bei den eusporangiaten Ophioglossales sind die Prothallien meist chlorophyllos; sie wachsen unterirdisch und saprophytisch. Diese zeigen manche Ähnlichkeit mit den Prothallien der Psilotales und einiger Bärlappe. Sehr viel häufiger sind jedoch oberirdisch wachsende, grüne Prothallien, die vielfach wie thallose Lebermoose aussehen und die früher z. T. auch mit solchen verwechselt wurden. Die eigentlichen Geschlechtsorgane, die Antheridien und Archegonien, unterscheiden sich bei den Polypodiopsida nicht grundlegend von denen der anderen Pteridophyten. Die Spermatozoide sind stets vielgeißelig (polyziliat) im Gegensatz zu den zweigeißeligen der Lycopsiden (unter Ausschluß der Isoëtaceen). Der taxonomische Wert der Spermatozoidenbegeißelung ist jedoch nach wie vor umstritten.

Die Farne haben sich vermutlich aus Psilophytales-Formen herausentwickelt, mit denen einige der primitivsten Gruppen manche Ähnlichkeiten und Übereinstimmungen aufweisen. Überzeugende Übergangsformen sind jedoch bisher nicht gefunden worden. Die ältesten fossilen Funde, die man mit einer gewissen Berechtigung zu den Polypodiopsida stellen kann, stammen aus dem oberen Unterdevon. Aber schon aus dem Mitteldevon sind mehrere, z. T. recht hoch entwickelte Formen bekannt. Sie zeigen, daß schon damals die Differenzierung in einige der Hauptgruppen erfolgt war, was im Oberdevon noch deutlicher wurde. Aus einer dieser Differenzierungsrichtungen bildeten sich sogar die unmittelbaren Vorläufer der Nacktsamer heraus: die Progymnospermen.

Während des Karbons erlangten die Farne in mehreren Verwandtschaftskreisen einen Höhepunkt ihrer Entwicklung und wiesen einen großen Formenreichtum auf. Viele dieser karbonischen Farngruppen erloschen im Perm am Ende des Paläozoikums. Jedoch erfolgte der Rückgang keineswegs so kraß wie etwa bei den Lycopsiden. Bald darauf, in der Trias und vor allem im Jura, läßt sich wieder eine stärkere Entfaltung der Farne feststellen. Diese jüngeren Gruppen gehören zum größten Teil zu den leptosporangiaten Farnen. Die meisten von ihnen haben sich bis heute erhalten können.

Die bis jetzt bekannt gewordene stammesgeschichtliche Entwicklung der Polypodiopsida spiegelt sich auch in der systematischen Gliederung wider. Vor allem gilt das für die Differenzierung in die Hauptentwicklungsrichtungen, die offenbar schon sehr frühzeitig erfolgte. Da diese Gruppen nur wenige Beziehungen untereinander aufweisen, werden sie neuerdings als Unterklassen oder sogar als Klassen aufgefaßt, was letzten Endes auf eine unterschiedliche Definition dieser taxonomischen Einheiten hinausläuft. So ist die Systematik der Polypodiopsida einschließlich ihrer fossilen Vertreter noch in vollem Fluß und in nicht wenigen Punkten recht umstritten. Nicht wenige Fragen bleiben noch offen, und gar manches, was jahrzehntelang als gesichertes Wissen galt, ist durch neue Forschungsergebnisse fragwürdig geworden und mußte einer Korrektur unterzogen werden. Es gibt bis jetzt kein System dieser Klasse, das als einigermaßen allgemein anerkannt gelten könnte. Die verschiedenen neueren Gliederungsversuche weichen voneinander erheblich ab, und es muß zugegeben werden, daß jeder von ihnen zu einem gewissen Teil Auffassungssache ist. Auch das in diesem Buche zugrunde gelegte System macht dabei keine Ausnahme.

Innerhalb der Klasse der Polypodiopsida lassen sich wahrscheinlich 7 Unterklassen unterscheiden, die verschiedene Hauptentwicklungslinien repräsentieren dürften.

1. Unterklasse: Cladoxylidae
2. Unterklasse: Coenopteridae
3. Unterklasse: Ophioglossidae, Natternzungenfarne
4. Unterklasse: Marattiidae
5. Unterklasse: Polypodiidae, Farne im engeren Sinn
6. Unterklasse: Marsileïdae, Kleeblatt-Wasserfarne
7. Unterklasse: Salviniidae, Schwimm-Wasserfarne

Die 3. und 4. Unterklasse wurden früher zur Gruppe der »Eusporangiaten Farne«, und die 6. und 7. Unterklasse zu den »Wasserfarnen« oder »Hydropteridae« zusammengefaßt. Die Polypodiidae bezeichnete man lange als »Leptosporangiate Farne«, zu denen oft auch die »Hydropteridae« gerechnet wurden. Wenn im volkstümlichen Sinn von »Farnen« gesprochen wird, werden darunter im allgemeinen die Vertreter der Marattiales und der Polypodiidae verstanden, da sich diese durch mehr oder weniger große, auffallende Wedel auszeichnen; manchmal schließt man auch die Ophioglossidae noch mit ein.

Die Bezeichnung der Klasse wird ebenfalls nicht einheitlich gehandhabt, da es für Klassen noch keine verbindlichen nomenklatorischen Regeln gibt. In neuerer Zeit wird vielfach die Bezeichnung Polypodiopsida (Polypodiatae) vorgezogen, andere verwenden die Namen Filicopsida oder Pteropsida.

Besonders bei den Polypodiidae, den Farnen im engeren Sinn, ist es in diesem Buche nicht möglich, alle Familien vorzustellen. Manches mußte vereinfacht, anderes weggelassen werden.

Unterklasse Cladoxylidae

Zu dieser Gruppe werden einige Sippen gestellt, die zweifellos bereits Farne waren, aber in verschiedener Hinsicht Beziehungen zu den Psilophytales aufweisen. Es überrascht daher nicht, daß sie früher, als sie noch weniger erforscht waren, zu den Psilophyten gerechnet wurden. In der Entwicklungshöhe sind sie jedoch recht verschieden und es ist noch offen, ob die Cladoxyliden einem echten Verwandtschaftskreis entsprechen. Gut bekannt sind bisher Vertreter von 4 oder 5 Gattungen. Von anderen (wie *Protohyenia*) liegen nur Teilstücke vor, oder es handelt sich um Formgattungen.

Den Cladoxyliden ist gemeinsam, daß sie noch keine makrophylle Beblätterung ausbildeten. Sie besaßen als »Blattvorläufer« kleine, wenige Zentimeter große Seitenorgane, die aus meist mehrfach dichotom gegabelten Achsen bestanden und räumliche Gebilde darstellten. Dies weist deutlich auf die Herkunft von Psilophyten hin.

Die Sporangien konnten demzufolge noch nicht in Beziehung zu Blattorganen stehen, sondern waren am Ende von Achsenteilen ausgebildet, an durchaus verschieden gebauten Sporangienträgern (Sporangiophoren). Auch dies ist ein psilophytales »Erbe«.

Soweit bekannt, hatten die Hauptachsen bzw. Stämme eine Polystele aus zahlreichen bogig oder unregelmäßig gekrümmten Xylemplatten, aber noch kein sekundäres Holz.

In Größe und Habitus waren die Cladoxyliden sehr verschieden; allein hinsichtlich der Größe liegt die Spannweite zwischen Pflanzen von etwa 25 cm und 2 bis 3 m hohen baumförmigen Sippen.

Zeitlich schließen sich die Cladoxyliden an die Psilophytales an. Wenige Formen traten bereits im obersten Unterdevon auf, der Schwerpunkt liegt bisher eindeutig im Mitteldevon (Eifelian und Givetian); selten kamen sie noch im untersten Oberdevon (Frasnian) vor, und eine Art ist sogar aus dem untersten Karbon nachgewiesen worden.

Die Gliederung der Cladoxylidae in Ordnungen ist keineswegs unproblematisch, da man bei den recht wenigen bekannten Gattungen nicht sicher weiß, ob sie eigenständige Entwicklungsreihen verkörpern. Wir vermeiden daher die von mehreren Autoren verwendeten Bezeichnungen Hyeniales und Cladoxylales und beschränken uns auf die Familienebene. Es ist anzunehmen, daß bisher erst ein Teil dieser Vorläufer der eigentlichen Farne erfaßt werden konnte. Ob die Cladoxyliden zu der folgenden Unterklasse der Coenopteriden überleiten oder eine weitestgehend im Oberdevon erloschene Sondergruppe der Farne darstellen, läßt sich gegenwärtig noch nicht entscheiden.

Mit Ausnahme von *Pseudosporochnus* wurden alle hier erwähnten Cladoxyliden – sofern man sie nicht als Psilophyten betrachtete – lange Zeit als Vorläufer der Schachtelhalme angesehen; eine Meinung, die korrigiert werden mußte.

Ein Bindeglied zwischen den Psilophytales und den Cladoxylidae stellt möglicherweise die im Mitteldevon (Givetian) von New York entdeckte *Ibyka amphicoma* dar, die eine Größe von wohl gut einem Meter erreichte, eine durchgehende, gerade Hauptachse und Seitenäste 2. und 3. Ordnung ausbildete, an denen bis fünfmal dichotom gegabelte, räumliche »Seitenorgane« und ähnlich gegabelte Sporangiophoren saßen. Mit diesen Merkmalen läßt sich die Pflanze mit den Cladoxyliden vergleichen, in der 3- bis 5armigen Protostele dagegen mit den Psilophytales. Auch diese Form zeigt, daß das Übergangsfeld Psilophyten/Farne im Mitteldevon offenbar recht mannigfaltig war.

Familie Hyeniaceae

Von der mitteldevonischen Gattung *Hyenia* (Angaben aus dem oberen Unterdevon sind fragwürdig), die noch ins unterste Frasnian (unterstes Oberdevon) hineinreicht, wurden bisher mehr als ein halbes Dutzend Arten beschrieben, die aber nicht alle gesichert sind.

Hyenia-Arten waren wohl weltweit verbreitet. Man kennt Funde aus Deutschland, Frankreich, Belgien, Norwegen, Spitzbergen, der Sowjetunion, den USA und von Südamerika.

Die meisten der als sicher anzuerkennenden Funde gehören zu *Hyenia elegans*. Die Sprosse standen an weitstreichenden, dikken Rhizomen – es sind Fundstücke bis 1,65 m Länge bekannt! –, die geradezu Rhizomrasen bildeten. Die Sprosse erreichten 20 bis 50 cm Höhe und waren mit dreimal dichotom gegabelten, räumlichen Seitenachsensystemen (»Blättern«) besetzt. Die Sporangienträger bildeten sich vorwiegend am oberen Teil der Sprosse aus. Es handelt sich um einmal dichotom gegabelte Achsen, an deren zurückgekrümmten Enden die länglichen Sporangien zu Paaren angeordnet waren. Die recht dichte Folge der »Blätter« und der Sporangiophoren täuscht eine Quirlständigkeit vor. Diese und die gekrümmten Sporangiophorenenden veranlaßten lange Zeit viele Paläobotaniker, *Hyenia* als Schachtelhalmvorläufer zu interpretieren, was sich jedoch als irrig herausstellte.

Familie Cladoxylaceae

Die Gattung *Cladoxylon* ist mit wenigstens 7 Arten aus dem Mitteldevon bis Unterkarbon von Westeuropa und Nordamerika bekannt. Die am besten erforschte Art, *Cladoxylon scoparium*, deren Rekonstruktion hier wiedergegeben ist, war ein strauchartig aussehendes Gewächs, dessen Hauptstamm sich mehrfach unregelmäßig verzweigte und wohl 30 bis 40 cm groß wurde. Den Sproßachsen saßen spiralig angeordnete blättchenartige Gebilde an, die mehrfach dichotom verzweigt und 5 bis 20 mm lang waren. Diese Blättchen muten zwar durchaus mikrophyll an, eine Tendenz zu einer Spreitenbildung und zu einem Flächigwerden ist bereits

Hyenia elegans aus dem Mitteldevon: 1 Rekonstruktion einer mittelhohen Pflanze. Ein Teil der Triebe sind nur im Basisteil wiedergegeben, um die Darstellung übersichtlicher zu gestalten. 2 vegetatives Seitenorgan (»Blatt«), 3 Sporangiophor mit paarigen Sporangien (nach Schweitzer)

unverkennbar. An den oberen Teilen der Sproßachsen entwickelten sich fächerförmige Sporangienstände, die aus vielen gegabelten Achsen bestanden und am Ende jeweils ein kleines Sporangium trugen. Die Sporangienstände von *Cladoxylon* wichen somit erheblich von denen anderer Cladoxyliden ab.

Im Gegensatz zu dem verhältnismäßig einfachen morphologischen Bau, der teilweise

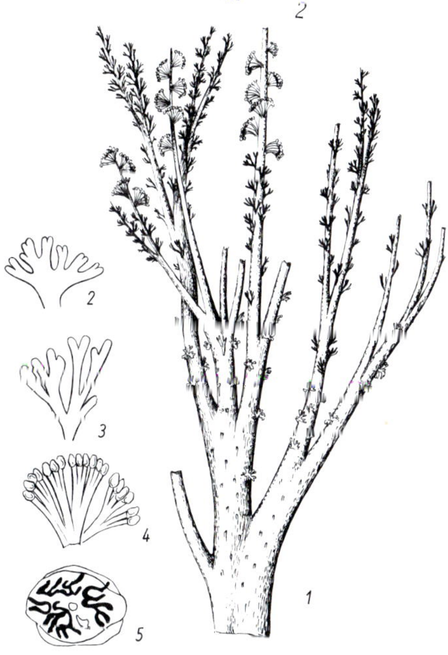

Cladoxylon scoparium. Mitteldevon: 1 Rekonstruktion der etwa 30 bis 40 cm hohen Pflanze, 2 unteres, 3 oberes Stammblatt, 4 Sporangienstand, 5 Stammquerschnitt, Xylemplatten schwarz, Rinde weggelassen (nach Kräusel und Weyland)

noch durchaus psilophytische Züge erkennen läßt, erweist sich die innere Struktur der Sproßachsen als schon recht hoch differenziert. Ein Achsenquerschnitt zeigt eine Vielzahl von unregelmäßig-hufeisenförmig gebogenen, nach außen offenen Gefäßplatten, die eine Polystele bildeten. Dieser innere Bau ist für alle Cladoxylaceen kennzeichnend. Man rechnet daher eine Reihe von strukturbietenden Achsenresten ähnlicher Organisation ebenfalls zu dieser Familie, wie die Organgattungen *Voelkelia, Hierogramma, Arachnoxylon, Reinmannia* usw. In mancher Hinsicht hat der Bau der Sproßachsen der Cladoxylaceen Ähnlichkeiten mit den Verhältnissen einiger Coenopteridales und eventuell sogar einiger Medullosen, und es ist nicht ganz auszuschließen, daß verwandtschaftliche Beziehungen vorliegen können.

Familie Calamophytaceae

Von der einzigen Gattung dieser Familie, *Calamophyton*, wurden bisher 3 Arten aus dem Mitteldevon der östlichen USA, von Westeuropa, Rumänien und der Sowjetunion beschrieben. Zwei Arten haben sich als identisch erwiesen, was möglicherweise auch für die 3. zutrifft, so daß nur *Calamophyton primaevum* übrigbliebe.

Es gehörte noch vor 25 Jahren zum unan-

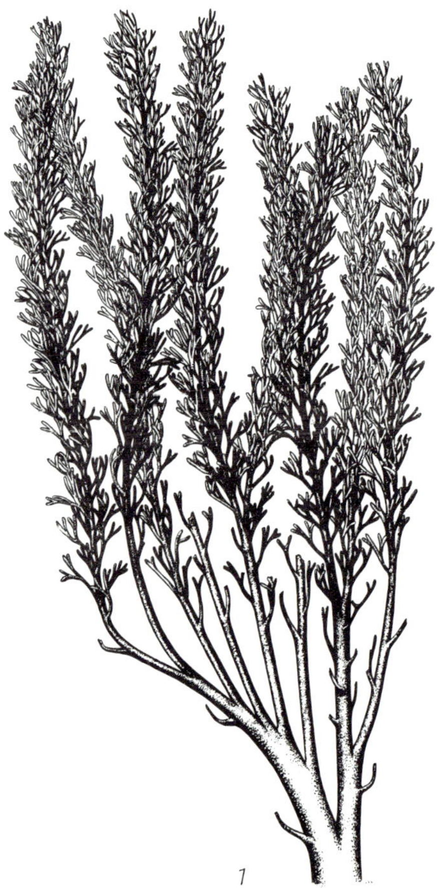

Calamophyton primaevum: 1 Rekonstruktion der Endverzweigung eines vegetativen Wedelabschnittes, 2 eines fertilen Wedelabschnittes, 3 eines Sporangiophores (1 und 2 nach Schweitzer, 3 nach Leclercq)

gefochtenen Wissensbestand der Paläobotanik, daß *Calamophyton* als typisches Beispiel eines Schachtelhalmvorläufers und damit als Bindeglied zwischen den Psilophyten und den Equisetiden zu betrachten sei. Später stellte sich heraus, daß die frühere Beschreibung nur auf ein Bruchstück der Pflanze begründet war und daß die artikulate Quergliederung des Sprosses einem Artefakt entsprach, d. h. einer bei der Fossilierung entstandenen Pseudostruktur. Die schon beinahe als »klassisch« zu bezeichnende Rekonstruktion von Kräusel und Weyland zeigte einen mehrfach und etwas unregelmäßig verzweigten Stamm mit deutlicher Quergliederung, an dessen oberen Teilen in scheinbar quirliger Anordnung kleine, an der Spitze gespaltene Blättchen und Sporangienträger standen. Diese schienen an der Spitze dichotom gegabelt und eingekrümmt zu sein und 2 hängende, längliche Sporangien zu tragen. Die ganze Pflanze stellte man sich etwa ½ m groß vor.

Neuere Untersuchungen von Leclercq und Schweitzer führten zu einer radikalen Revision dieser Befunde. Danach war *Calamophyton* baumförmig und erreichte Höhen bis etwa 3 m! Der im Durchmesser 10 bis 13 cm starke Stamm hatte eine keulig verdickte Basis, wie sie ganz ähnlich auch bei *Pseudosporochnus* vorkommt, von der zahlreiche unverzweigte Wurzeln ausgingen. Am oberen Teil des Stammes entsprangen schraubig angeordnete Äste, die bis 60 cm große, sehr reich verzweigte, räumliche »Wedel« bildeten. Erst an diesen Achsen standen dicht angeordnete, etwa 2 cm lange Seitenorgane, die Achsencharakter besaßen und bis viermal dichotom gegabelt waren. Diese Seitenorgane (»Blättchen«) waren dreidimensionale Gebilde wie bei *Hyenia*.

Als besonders kompliziert gebaut erwiesen sich die Sporangienträger. Sie teilten sich zunächst ein- bis zweimal dichotom, endeten in je einem sterilen Fortsatz und bildeten 3 seitliche, eingekrümmte Achsen, deren Enden jeweils ein Paar länglicher Sporangien trugen. Ein einziger Sporangiophor bildete somit ein Büschel von 12 Sporangien. Auch diese fertilen Teile waren dreidimensional und ihre Achsennatur ist noch deutlich zu erkennen.

Es gelang auch, den anatomischen Bau der Sproßachsen zu untersuchen. Dabei zeigte sich, daß *Calamophyton* eine ganz ähnliche polystele Ausbildung des Gefäßsystems aufwies wie *Cladoxylon*.

Familie Pseudosporochnaceae

Die einzige Gattung dieser Familie, *Pseudosporochnus*, war lange Zeit nur in einer Art bekannt. *Pseudosporochnus krejcii* wurde zuerst im böhmischen Mitteldevon, später auch in zeitlich entsprechenden Schichten in Belgien, Deutschland, Schottland, Skandinavien und dem östlichen Nordamerika gefunden. Früher rechnete man die Art durchweg zu den Psilophyten, da sie keine deutlich aus-

Rekonstruktion von *Pseudosporochnus kreicii* aus dem Mitteldevon (nach Zimmermann)

Rekonstruktion von *Pseudosporochnus nodosus* nach Leclercq und Schweitzer: 1 Rekonstruktion der Pflanze, 2 schematischer Stammquerschnitt, die Xylemplatten zeigend

gebildeten Blätter aufwies, obwohl sie hinsichtlich Größe und morphologischer Differenziertheit erheblich von den eigentlichen Psilophyten abwich. Die wohl bis 2 m hohe Pflanze besaß einen aufrechten Stamm, der sich oben in eine buschige Krone verzweigte. Die gegabelten letzten Auszweigungen endeten in kleinen Sporangien oder kleinen, blättchenartig verbreiterten Gebilden.

Vor einigen Jahren untersuchten Leclercq und Banks eingehend ein ungemein reiches Material aus Belgien. Die über 500 Fundstücke enthielten sowohl Abdrücke als auch strukturbietende Reste. Die von diesen Forschern als *Pseudosporochnus nodosus* beschriebene Art erreichte wenigstens 2 bis 3 m Höhe und war baumförmig. Von einem aufrechten, dicken Stamm gingen oben reich verzweigte, kräftige Seitenäste ab, die ähnlich wie bei der vorigen Art eine buschige Krone bildeten. Die Rekonstruktion der kompliziert gebauten Pflanze zeigt die Abbildung. Die in schraubiger Anordnung diesen Zweigen entspringenden Seitenorgane waren vielfach geteilte, räumliche Gebilde und wiesen erst in den Endabschnitten eine mehrfache Gabelung auf. Zum Teil trugen sie an den Enden längliche Sporangienpaare. Diese sind also wie bei den Psilophyten achsenständig. Der innere Bau der Stämme war sehr ähnlich dem von *Cladoxylon*. Gerade diese Verhältnisse führten zu der Überzeugung, daß *Pseudosporochnus* zum Verwandtschaftskreis der Cladoxyliden gehört.

Pseudosporochnus nodosus wurde inzwischen auch in Mittelasien – dort im untersten Oberdevon – und in China (Givetian) festgestellt, hatte somit ein beachtlich großes Verbreitungsgebiet.

Unterklasse Coenopteridae

Bei ihnen handelt es sich um eine recht formenmannigfaltige Gruppe paläozoischer Farnpflanzen. Sie waren besonders im Karbon stark entfaltet, reichen aber wenigstens bis ins Oberdevon zurück und erloschen im unteren Perm. Trotz zahlreicher Funde sind bis jetzt noch viele Fragen offen. Etliche Gattungen, wie *Ankyropteris, Anachoropteris* oder *Botryopteris*, die bis vor gar nicht langer Zeit als Coenopteriden galten – z. T. sogar als eigene Familien aufgefaßt wurden –, werden jetzt zu den Farnen im engeren Sinn (Polypodiidae) gestellt. Dies zeigt, daß es zumindest zwischen einem Teil der Coenopteriden und den Polypodiiden Verbindungen gibt, und daß letztere sich möglicherweise von Coenopteriden herleiten. Zur Klärung dieser Frage sind aber noch weitere Forschungen erforderlich. Es werden jetzt etwa 10 Gattungen mit etwa 70 Arten zu den Coenopteriden gerechnet.

Ordnung Coenopteridales

Wir wollen hier nur diese eine Ordnung aufführen und 2 Familien unterscheiden. Jedoch ist weder die Umgrenzung der Ordnung noch die der Familien geklärt. Manche Autoren gliedern die Coenopteriden in eine größere Zahl von Familien oder erheben die nachstehend genannten in den Rang von

Ordnungen. Doch dürfte es sich neuerdings wohl um eine Sammelgruppe handeln, die bei besserer Kenntnis noch manche Änderungen erfährt. Die Sippen sind schwer zu bewerten, weil es sich um Pflanzen mit einem sehr komplizierten äußeren und inneren Bau handelt, von denen vielfach nur Bruchstücke bekannt sind und rekonstruiert werden konnten. Bei etlichen »Gattungen« handelt es sich nur um Formgattungen, die auf Blattresten und vor allem auf Wedelstielstrukturen begründet sind.

Wir wollen hier nur einige Eigenschaften und Formen darstellen. Im Wuchs waren die Coenopteriden wohl sehr unterschiedlich; einige hatten kriechende Stämme, andere freistehend aufgerichtete oder dürften wie Baumfarne ausgesehen haben. Die meisten hatten noch keine ebenflächigen Makrophylle, sondern räumlich verzweigte Sproßsysteme. Diese waren zwar teilweise flächig ausgebildet, jedoch standen die »Fieder«-Ebenen verschiedenen Grades senkrecht zueinander, so entstanden eigentümliche räumliche Gebilde, die einen buschigen Eindruck machten. Ein kennzeichnendes Merkmal vieler Coenopteridales ist die Verzweigung der Seitenachsen. Da man aber noch nicht weiß, ob es sich um Seitenachsen ersten oder höheren Grades handelt, hat man für sie die Bezeichnung Phyllophor (Blatt-Träger) gewählt. An diesen entsprangen in wechselständiger Anordnung jeweils Paare von Seitenachsen, die zueinander in einem rechten Winkel standen. An ihrer Basis waren oft besondere blattartige Organe ausgebildet, die Aphlebien. Für die Unterscheidung vieler Coenopteridales-Sippen ist auch der innere Bau der Achsen maßgeblich. Die Anordnung der Leitgewebe, wie sie bei Querschliffen von strukturbietenden Achsen zu sehen ist, bildet sehr charakteristische, oft aber reichlich komplizierte Muster. Trotz ihrer großen Bedeutung für die Systematik der Coenopteriden kann hier darauf nicht näher eingegangen werden.

Familie Zygopteridaceae

Die zu dieser Familie gehörende unterkarbonische Gattung *Austroclepsis* wird wegen ihres verhältnismäßig einfachen Stelenbaues (im Querschnitt sanduhrartig) als eine der primitivsten Coenopteriden angesehen. Sie besaß kräftige Stämme, die bis zu 3 m hoch wurden, und dürfte etwa wie ein Baumfarn ausgesehen haben. Die Stämme setzten sich jedoch aus mehreren Achsen zusammen, die von einer großen Zahl herablaufender Wurzeln umgeben waren.

Die gleichfalls unterkarbone *Metaclepsidropsis* hatte einen kriechenden, dichotom verzweigten Stamm, von dem aufrechte »Wedel« abgingen. Diese wiesen die von vielen Coenopteriden her bekannte generelle Organisation auf, d. h. sie verzweigten sich nahe der Achse in ein Paar rechtwinklig voneinander abstehender »Fiedern«. Die Blattspurstränge waren im Querschnitt ähnlich wie bei der vorgenannten Gattung.

Eine nach heutigen Vorstellungen recht merkwürdig aussehende Gestalt wies die oberdevonische Art *Rhacophyton zygopteroides* auf. Dadurch, daß die am Phyllophor ansitzenden »Fieder«-Paare eine nochmalige Fiederung aufwiesen und an diesen »Fiedern« 2. Ordnung viele dicht gestellte und mehrfach gabelteilige, räumlich verzweigte Anhangsgebilde saßen, mußten diese einen dichtbuschigen Eindruck gemacht haben. Auch die an der Basis der »Fieder«-Paare ansitzenden, stark aufgeteilten aphlebienartigen Gebilde verstärken den komplizierten Bau dieser Raum-Sproß-Systeme.

Eine der bekanntesten Zygopteridaceen ist die Gattung *Etapteris*, die im Oberkarbon

Etapteris lacattei: 1 Rekonstruktion von Wedelstükken; oben fertil, unten steril, 2 Sporangiengruppe (nach Hirmer)

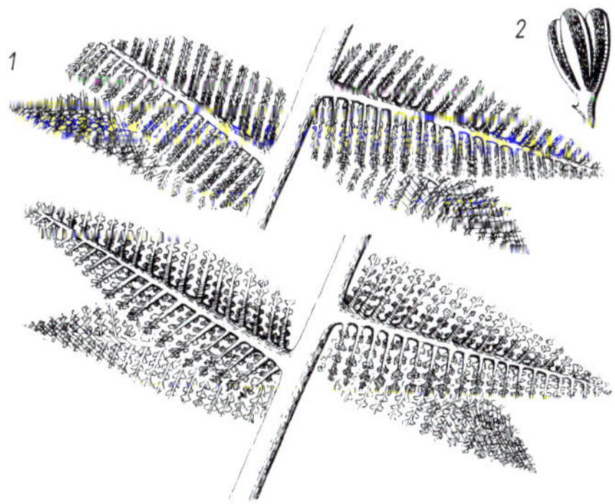

Stauropteris oldhamia. Rekonstruktion eines Wedelabschnittes (nach Mägdefrau)

und Perm lebte. Die Abbildung gibt eine Rekonstruktion eines »Wedel«-Stückes von *Etapteris lacatteï* wieder. Von der tragenden Achse (Phyllophor) gingen alternierende Fiederpaare ab, die sich in einer Ebene weiter verzweigten. Die Gesamt-»Wedel« waren vierzeilige, aber immer noch räumliche Gebilde. Bei dieser bemerkenswerten Art ist die Ausbildung der Fiedern weiter fortgeschritten als bei anderen Angehörigen der Gruppe. Bei ihr sind die letzten Auszweigungen (Fiederchen) abgeflacht und blattartig, wobei ihre Form der Pteridophyllen-Formgattung *Sphenopteris* entspricht. Bei Pteridophyllen handelt es sich um fossile (meist karbonische) farnartige Blattreste, wobei noch nicht geklärt ist, ob sie das Laub von Farnen oder von Farnsamern darstellen. Von *Etapteris* kennt man auch die fertilen Fiedern; sie sind praktisch genauso gebaut wie die vegetativen Teile, nur daß an Stelle der blattartigen Fiederchen langgestreckt-birnförmige Sporangien treten. Die im Oberkarbon stellenweise nicht seltene Gattung *Corynepteris* wies einen ähnlichen Bau wie *Etapteris* auf.

Familie Stauropteridaceae

Die Gattung *Stauropteris* umfaßt 4 Arten. Von diesen seien nur die unterkarbonische *Stauropteris burntislandica* und die oberkarbonische *Stauropteris oldhamia* erwähnt. Auch sie bildeten räumlich verzweigte, kompliziert gebaute Sproßsysteme aus, die im Verzweigungsmodus vielen Zygopteridaceen ähneln. Besonders bemerkenswert ist jedoch, daß die erstgenannte Art schon heterospor war und die Sporangienwand bereits eine anulusartige Differenzierung aufwies.

Unterklasse Natternzungenfarne, Ophioglossidae

Ordnung Natternzungenartige, Ophioglossales

Die Unterklasse Ophioglossidae enthält nur diese eine Ordnung, die mit den Marattiales – wie bereits erwähnt – früher vielfach unter der Bezeichnung »Eusporangiate Farne« zusammengefaßt wurde. Beide Ordnungen weisen nämlich einige Gemeinsamkeiten auf, vor allem mehrschichtige, dicke Sporangienwände, die Tendenz zur Verwachsung von Sporangien, das Entstehen der Sporangien aus einer Gruppe von Oberflächenzellen, langlebige Prothallien usw. Trotzdem bedeuten diese Merkmale kaum eine nähere Verwandtschaft oder eine gemeinsame Abstammung. Beide Ordnungen stellen vielmehr selbständige Entwicklungslinien dar, und die »Eusporangiaten Farne« sind nur als Organisationsstufe aufzufassen.

Familie Natternzungengewächse, Ophioglossaceae

Innerhalb der Ordnung Ophioglossales wird meist nur diese Familie unterschieden, die 3 Gattungen umfaßt: Natternzunge, *Ophioglossum*, mit etwa 45 Arten, Mondraute, *Botrychium*, mit etwa 35 Arten und die monotypische Gattung *Helminthostachys*. Die Familie ist lediglich in den jetzt lebenden Sippen bekannt. Fossile Formen fehlen, allenfalls ein tertiärer Fund mag hierzu gehören, alle anderen gelegentlich zu der Familie gerechneten Fossilreste sind höchst unsicher. Sporen wurden aus dem Jura belegt, die Familie ist aber sicher sehr viel älter.

Von allen anderen Farngruppen unterscheiden sich die Ophioglossaceen deutlich durch ihre eigentümliche Gestaltung. Sie bilden nur sehr kurze, meist unterirdische Stämmchen aus; lediglich bei den epiphytischen *Ophioglossum*-Arten und bei *Helminthostachys* entwickelt sich die Sproßachse zu einem horizontal wachsenden Rhizom, vor allem, wenn die Pflanzen ein höheres Alter erreichen. Die den Stämmchen entspringenden Wurzeln sind insofern eigenartig, als ihnen Wurzelhaare völlig fehlen. Dies hängt möglicherweise mit Mykorrhizapilzen zusammen, die in der Wurzelrinde lokalisiert sind und die offenbar u.a. die physiologische Funktion der Wurzelhaare übernommen haben.

Die Blätter stehen an den Achsen spiralig angeordnet. In den gemäßigten Regionen wird im allgemeinen nur ein einziges Blatt im Jahr gebildet, das im Herbst wieder abstirbt; die Pflanzen erscheinen daher einblättrig. In tropischen Gebieten werden dagegen manchmal 4 bis 5 Blätter pro Jahr entwickelt. Überaus kennzeichnend ist jedoch die Zweiteiligkeit der Blätter. Sie sind in einen sterilen und einen fertilen Abschnitt differenziert, d.h. in einen Sporophyll- und einen Trophophyllteil. Wie bei den Coenopteriden steht auch hier die Ebene der ersten, gabeligen Verzweigung senkrecht zur folgenden Verzweigungsebene. Man geht kaum fehl, diesen Verzweigungstyp als altertümliches Merkmal anzusehen. Der Sporophyll- und der Trophophyllteil zeigen bei den meisten Sippen eine weitgehende Übereinstimmung im Grad der Fiederung, was besonders gut bei vielen *Botrychium*-Arten zu sehen ist. Arten mit einem doppelt gefiederten Blatteil haben auch einen ebenso gefiederten sporangientragenden Abschnitt (z. B. *Botrychium multifidum*), Arten mit einem einfach gefiederten Blatt zeigen einen entsprechend einfach gefiederten Sporophyllteil (z. B. *Botrychium lunaria*). Dem ungegliederten Blatt von *Ophioglossum vulgatum* entspricht die einfache Sporangienähre. Über die morphologische Deutung dieser auffallenden Differenzierung gab es viele Kontroversen. Sie ist bis heute umstritten und soll hier nicht weiter diskutiert werden.

Im Gegensatz zu den übrigen Farnen sind die Blätter der Ophioglossaceen im Jugendzustand nicht schneckenartig eingerollt.

Auffallend hoch ist die Zahl der Chromosomen. Von allen europäischen höheren Pflanzen hat *Ophioglossum azoricum* mit 2n = 720 die höchste Chromosomenzahl. Den »Rekord« im gesamten Pflanzenreich nimmt bis jetzt das südasiatische *Ophioglossum reticulatum* mit 2n = 1260 Chromosomen ein! (2n = diploide Phase).

Die kugelförmigen, dickwandigen Sporangien haben keinen Anulus, wohl aber eine vorbestimmte Öffnungsstelle aus zartwandigen Zellen, ein Stomium. Bei *Ophioglossum* und *Botrychium* reißen die Sporangien mit einem Querriß auf, bei *Helminthostachys* mit einem Längsriß. Sie entlassen die in großer Zahl gebildeten kugeltetraëdrischen Sporen. Bei *Botrychium* beträgt deren Zahl pro Sporangium mehr als 2000, bei *Ophioglossum* gar über 15000.

Das aus den Sporen hervorgehende Prothallium wächst meist mehr oder weniger tief in der Erde, ist chlorophyllos und beherbergt Mykorrhizapilze. Diese infizieren das Prothallium schon auf einem wenigzelligen Stadium und sind für dessen weiteres Wachstum unerläßlich. Alle bisher untersuchten Ophioglossaceen-Prothallien erwiesen sich als an das Zusammenleben mit Pilzen gebunden, als mykotroph. Es sind jedoch einige Fälle bekannt, bei denen Prothallien die Oberfläche erreichten und Chlorophyll ausbildeten, also autotroph leben konnten. Diese Verhältnisse erinnern an den *Selago*-Typ der Bärlapp-Prothallien, auch wenn es sich hierbei zweifellos nur um eine Konvergenzerscheinung handelt.

Die Prothallien selbst zeigen bei den einzelnen Ophioglossaceen-Arten eine etwas unterschiedliche Gestalt. Bei vielen sind sie mehr oder weniger kompakt knollenförmig und, z. B. bei *Botrychium virginianum*, bis zu 2 cm lang. Bei *Ophioglossum vulgatum* haben sie dagegen mehr die Form zylindrischer, wurmartiger Gebilde und können bis zu 6 cm Länge erreichen. Bei einigen Arten sind sie annähernd kugelig, bei anderen wiederum wurmförmig gestreckt und nicht selten sogar mehrfach dichotom verzweigt. Die

Antheridien und Archegonien sind in den Prothalliumkörper eingesenkt. Erstere bilden in großer Zahl vielgeißelige Spermatozoiden. Die ganze Entwicklung der Prothallien von der Sporenaussaat bis zur Geschlechtsreife geschieht sehr langsam und gleicht auch darin den Verhältnissen vieler Bärlappe. Es wird angegeben, daß bis zur Ausbildung der Geschlechtsorgane mehr als ein Jahrzehnt vergehen kann. Ob das für alle Arten zutrifft, erscheint zweifelhaft, da manche *Botrychium*-Arten vorwiegend in konkurrenzarmen Pionierstadien gedeihen, die nur wenige Jahre Bestand haben. Auch nach der Bildung des Embryos können die Prothallien noch mehrere Jahre leben und zur Ernährung der jungen Pflanze beitragen.

Die Gattung Mondraute oder Rautenfarn, *Botrychium*, kommt von den Tropen bis in die Subarktis auf allen Kontinenten vor, ist also fast kosmopolitisch verbreitet. Alle Arten sind Erdfarne. Von ganz unscheinbaren, nur wenige Zentimeter großen Formen führt eine gleitende Abstufung bis zu solchen, deren stattliche Wedel gut 40 cm hoch werden. Ähnlich variabel ist der Grad der Fiederung. Während z. B. *Botrychium simplex*, eine in sauren Magerrasen und auf Dünen sehr seltene Art, die in Europa vom Aussterben bedroht ist, ein ungeteiltes oder einfach gelapptes Blatt bildet, haben andere bis vierfach fiederteilige Wedel. Stets weisen jedoch die Fiederchen eine offene, gabelteilige Nervatur auf, einen sehr primitiven Aderungstyp.

Echte Mondraute, *Botrychium lunaria*. Die Nahaufnahme zeigt den aufrechten, einfach verzweigten fertilen, und den ebenso verzweigten vegetativen Wedelteil.

In Europa kommen 7 *Botrychium*-Arten vor. Alle gehören zu den floristischen Besonderheiten, die nur sehr verstreut auftreten. Die relativ häufigste Art dürfte die Echte Mondraute, *Botrychium lunaria*, sein. Sie ist vor allem ein Bewohner von sauren, kalkarmen Magerrasen und Magerweiden sowie Borstgrasrasen, kommt aber gelegentlich auch an offenen Wegrainen und Böschungen vor. Wie die meisten *Botrychium*-Arten ist sie empfindlich gegen Beschattung und vor allem Düngung. Letztere wirkt zwar nur indirekt, indem dadurch die Konkurrenzpflanzen gefördert werden, die dann die langsamwüchsigen *Botrychium*-Arten unterdrücken. Da durch die Intensivierung der Grünlandwirtschaft und die Eutrophierung extensiv genutzte, nährstoffarme Standorte immer seltener werden, dürfte der weitere Rückgang der *Botrychium*-Arten kaum aufzuhalten sein.

Ähnliche konkurrenzarme Pionierstandorte besiedeln die Ästige Mondraute, *Botrychium matricariifolium*, und die viel stattlichere Vielteilige Mondraute, *Botrychium multifidum*, mit zwei- bis dreifach gefiederten, im Umriß fast dreieckigen Spreiten. Während die Blätter der genannten Arten recht derb, manchmal fast lederig sind, zeichnen sich diejenigen der Virginischen Mondraute, *Botrychium virginianum*, durch eine recht dünnblättrige, vierfach gefiederte Spreite aus. Diese auffallend große, in kräftigen Exemplaren bis zu 50 cm hohe Art kommt in Amerika von Kanada bis nach Brasilien vor, ist aber in Japan ebenso beheimatet wie im nördlichen Asien und Skandinavien und reicht nach Westen bis ins

Echte Mondraute, *Botrychium lunaria*, in einem alpinen Magerrasen

Gemeine Natternzuge, *Ophioglossum vulgatum*, mit vegetativem Blatteil und gestielter Sporangienähre aus einem leicht salzbeeinflußten Biotop bei Bad Doberan

nordöstliche Polen sowie ins alpine und karpatische Gebiet. Sie tritt dort in sauren Bergheiden und Magerrasen, an Waldwegen, in Waldlichtungen usw. auf.

Wohl die größte *Botrychium*-Art ist das in Ostindien und Ceylon beheimatete *Botrychium lanuginosum*, dessen mehrfach fiederteilige Blätter gut 40 cm Länge und dessen unterste Fiedern bis zu 25 cm messen können. Die vegetativen Blatteile dieser insgesamt aber recht variablen Art erinnern stark an die Blattform des Wiesenkerbels, *Anthriscus sylvestris*.

Auch die Gattung Natternzunge, *Ophioglossum*, ist ähnlich weltweit verbreitet wie *Botrychium*. Die Form des vegetativen Blattabschnittes weist bei den meisten Arten eine recht einfache Gestaltung auf: Er ist mehr oder weniger zungenförmig. Die meisten *Ophioglossum*-Arten sind erdbewohnend und zeigen eine ziemlich einheitliche Wuchsform. Bemerkenswert ist vor allem die netzige Nervatur des Blattes, die darauf hinweist, daß die *Ophioglossum*-Arten nicht eine besonders primitive, sondern vielmehr eine abgeleitete Gruppe repräsentieren.

Die einzige mitteleuropäische Art, die Gemeine Natternzunge, *Ophioglossum vulgatum*, kommt stellenweise noch recht häufig vor. Man findet sie vor allem in feuchten, kalkhaltigen Moorwiesen, an kalkhaltigen Ufern, am Rande von schwach salzigen Küstenröhrichten usw. Die Gemeine Natternzunge ist mit Abstand die häufigste Ophioglossacee der mitteleuropäischen Flora. Sie wird vom Unkundigen nur vielfach übersehen, obwohl sie mit ihren bis zu 20 cm großen, gelbgrünen, fleischigen Blättern dem aufmerksamen Beobachter kaum entgehen dürfte. Nicht immer weisen die oberirdischen Teile die Gliederung in einen fertilen und einen sterilen Blattabschnitt auf. Man findet nicht selten Exemplare, die nur den vegetativen Abschnitt ausgebildet haben.

Die auf Sumatra vorkommende *Ophioglossum simplex* bringt als oberirdische Organe in der Regel nur die Sporangienähren hervor, nicht dagegen die assimilierenden Blatteile. Offensichtlich ist hier die Pilzsymbiose so wirksam, daß die Ernährung allein vom Pilz bewerkstelligt wird. Diese Erscheinung des vollständigen oder weitgehenden Verlustes des sterilen Teiles ist auch von anderen tropischen *Ophioglossum*-Arten bekannt, z. B. von *Ophioglossum lineare* aus Neuguinea oder von *Ophioglossum ramosii*, das auf den Philippinen vorkommt.

Von den im großen und ganzen ziemlich gleichförmigen erdbewohnenden *Ophioglossum*-Arten weichen 2 tropische Epiphyten in auffälliger Weise ab. Sie werden daher von einigen Taxonomen als eigene Gattungen aufgefaßt (*Ophioderma* und *Cheiroglossa*). *Ophioglossum pendulum (Ophioderma pendulum)* kommt vor allem in Süd- und Südostasien vor; es reicht von Indien bis Malaysia, Australien, Polynesien und den Hawaii-Inseln und ist auch auf Madagaskar gefunden worden. Die oft 1 bis 1,5 m langen herabhängenden Blätter sind ein- bis mehrere Male gegabelt und bandförmig. Ihre Breite ist recht variabel; sie beträgt meist 2 bis 4 cm, man hat aber auch solche von nur 0,5 cm gefunden. Habituell erinnert diese Art stark an manche *Platycerium*-Arten. Der sporangientragende Blattabschnitt ist meist einfach ährenartig, seltener gabelteilig.

Ophioglossum palmatum (Cheiroglossa palmata) wächst als Epiphyt vor allem auf Palmen. Das Rhizom ist mit langen, hellbraunen und glänzenden Haaren bedeckt und trägt meist mehrere Blätter zur gleichen Zeit. Der 30 bis 40 cm lange Stiel geht oben in eine bis zu 40 cm lange und fast ebenso breite Blattfläche über, die eine dreieckig-gelappte Form aufweist. Die Sporangienähren stehen in größerer Zahl (bis zu 14) an beiden Seiten des Stieles und dem Rande der Spreitenbasis, entsprechen also fertilen Fiedern. Eine weitere Sporangienähre zeigt die für die Ophioglossaceen typische Stellung, indem sie am Grunde des vegetativen Blatteiles entspringt. *Ophioglossum palmatum* hat eine recht zerstreute Verbreitung: Florida bis zum tropischen Südamerika, Indochina, Réunion (Maskarenen) und Madagaskar.

Die einzige Art der Gattung *Helminthostachys, Helminthostachys zeylanica*, besiedelt ein Areal vom Himalaja über ganz Vorder- und Hinterindien, Sri Lanka (Ceylon), die südostasiatische Inselwelt bis Polynesien und Nordostaustralien. Sie unterscheidet sich von den anderen Ophioglossaceen durch ein kriechendes Rhizom, an dessen Oberseite in 2 Reihen die fast lederartig-derben, fingerförmigen Blätter entspringen. Der fertile Blattabschnitt zweigt am Grunde des sterilen ab und bildet eine langgestielte, dichte Ähre. Deren Achse trägt viele stark verzweigte, kurze Seitenachsen, an denen Sporangienknäuel ausgebildet werden.

Unterklasse Marattiidae

Ordnung Marattiales

Wie schon erwähnt, stellen die früher vielfach zu den »eusporangiaten Farnen« zusammengefaßten 2 Ordnungen der Ophioglossales und Marattiales trotz einiger Übereinstimmungen selbständige Entwicklungslinien dar, so daß die Auffassung, beide als Unterklassen zu bewerten, berechtigt erscheint. Im Gegensatz zu den durchweg recht kleinen und meist ziemlich unscheinbaren Ophioglossales handelt es sich bei den Vertretern der Marattiales fast stets um sehr stattliche Farne mit z. T. geradezu riesigen Wedeln. Es sind solche mit Längen bis zu 6 m bekannt geworden, die größten, die man bisher bei Farnen überhaupt beobachten konnte. An der Basis der Wedel stehen 2 meist ziemlich große, ausdauernde, nebenblattartige Gebilde, die oft muschelförmig und nicht selten fleischig sind. Derartige, mit den »Aphlebien« paläozoischer Formen vergleichbare Bildungen gibt es bei den rezenten Farnen sonst kaum. Die vielfach mit Gelenkpolstern ausgestatteten Blätter entspringen einem kräftigen Stamm, der ganz oder teilweise unterirdisch wächst und einen Durchmesser bis zu einem Meter erreichen kann. Einige Arten bilden auch kriechende Rhizome aus.

Von den Ophioglossales unterscheiden sich die Marattiales weiterhin darin, daß die Sporangien an der Blattunterseite ausgebildet werden und immer in Gruppen zusammenstehen. Ein solches Sporangienhäufchen wird als Sorus bezeichnet. Bei den meisten Marattiales verwachsen die Sporangien eines Sorus miteinander zu einem Synangium. Die Synangienbildung stellt zwar kein durchgehendes Merkmal für die Ordnung dar, jedoch weisen die Gattungen zumindest eine deutliche Tendenz in dieser Richtung auf. In dieser überaus kennzeichnenden Eigenschaft unterscheiden sich die Marattiales von allen übrigen Farnen.

Die kräftigen, autotroph lebenden Prothallien sind auffallend dunkelgrün und zeichnen sich gegenüber denen der anderen Farne durch eine breite, vielschichtige Mittelpartie aus. Nur die Randteile sind einzellschichtig. Die Gestalt der Prothallien ist zwar bei den einzelnen Gattungen etwas unterschiedlich, generell sehen sie aber wie thallöse Lebermoose aus. Sie gehören zu den größten, die von Pteridophyten bekannt sind; nicht selten messen sie 2 bis 3 cm. Die Prothallien leben etliche Jahre und können auch nach der Embryobildung ziemlich lange (unter Umständen einige Jahre) weiterwachsen. Wie bei den Ophioglossales leben sie mit Pilzen zusammen. Aus einigen konnte man einen Oomyceten *(Stigeosporium marattiacearum)* isolieren. Dieser Pilz scheint jedoch nicht lebensnotwendig für die Prothallien zu sein, da diese, unter sterilen Bedingungen aufgezogen, ebensogut gediehen. Es liegt also wohl nur eine fakultative Mykorrhiza vor. Die in den Prothalliumkörper eingesenkten Antheridien entstehen sowohl an dessen Ober- als auch Unterseite, während die halbeingesenkten Archegonien nur an der Unterseite ausgebildet werden. Der junge Sporophyt wächst senkrecht durch die Mitte des Prothalliums hindurch nach oben.

Die Marattiales sind eine sehr alte Farngruppe. Sie traten bereits im Unterkarbon auf und wiesen im Oberkarbon und im Rotliegenden einen hohen Grad an Differenzierung sowie ihren größten Formen- und Individuenreichtum auf. Auch im Mesozoikum (vor allem in der oberen Trias, im Jura und in der Unteren Kreide) spielten sie eine große Rolle, später gingen sie stark zurück. Heute gibt es nur 7 Gattungen, die etwa 200 Arten umfassen.

Die Zuordnung der paläozoischen und mesozoischen Formen zu den Marattiales erfolgt vor allem auf Grund der Synangienbildung und von Stammstrukturen. Lange Zeit nahm man an, daß marattialesartige Farne eine der wichtigen Pflanzengruppen des Karbons gewesen seien. Man bezeichnete das Karbon sogar als »Farnzeitalter«. Diese Meinung gründete sich auf die in so überaus großer Fülle vorliegenden Abdrücke von farnartigen Blättern. Inzwischen weiß man, daß es sich bei vielen um das Laub von Gymnospermen, und zwar von Farnsamern, handelt.

Aber auch echte Farne waren keineswegs selten. So gehört der größte Teil der Farnblatt-(Pteridophyllen-)Formgattung *Pecopteris* – eine der häufigsten pflanzlichen Fossilien des jüngeren Paläozoikums überhaupt – zu den Marattiales. Blätter vom *Pecopteris*-Typ wurden vielfach mit Fruktifikationen gefunden, die eine ausgesprochene Synangienbildung erkennen lassen. Derartige Reste wurden mit besonderen Formgattungsnamen belegt, wie *Scolecopteris, Cyathotrachus, Ptychocarpus, Asterotheca, Acitheca* usw. Aus verschiedenen Fundumständen konnte mit hoher Wahrscheinlichkeit geschlossen werden, daß zu diesen Wedeln Stammreste gehören, die gleichfalls unter verschiedenen Formnamen beschrieben worden waren. Stammreste, die eine zwei-

Asterotheca truncata. Fertiler Wedelteil einer karbonischen Marattiale aus dem Oberen Stephan, Wettin

zeilige Beblätterung aufwiesen, werden als *Megaphyton*, solche mit mehrzeiliger oder spiraliger als *Caulopteris* bezeichnet. Entsprechende Stammreste mit strukturbietender Erhaltung laufen unter dem Namen *Psaronius* (Staarstein). Ein großer Teil der paläozoischen Marattiales waren demnach Baumfarne, die Stammhöhen bis gut 15 m erreichen konnten. Rekonstruktionen solcher Pflanzen zeigen die Abbildungen. Strukturbietende Stammreste offenbarten einige bemerkenswerte Eigentümlichkeiten dieser baumartigen Farne. Die Stämme besaßen innen eine Reihe von mehr oder weniger ringförmig angeordneten, plattenförmigen Leitbündeln, die nach außen zu von einer Anzahl von Sklerenchymbändern und Blattbündeln umgeben waren. Ein sekundäres Dickenwachstum besaßen sie nicht. Auf diese folgte schließlich ein mehr oder weniger mächtiger Mantel aus Luftwurzeln. Der Stamm war also nach dem Prinzip der hohlen Röhre gebaut. Seine mechanische Aussteifung erfolgte aber nicht durch einen kompakten Holzkörper, sondern durch Blatt- und Wurzelteile. Man hat solche Stämme daher treffend als »Blattwurzelstämme« bezeichnet. Die paläozoischen und mesozoischen Marattiales weichen auch in anderen Merkmalen von den rezenten ab. Erstere werden daher zu einer eigenen Familie gerechnet, den Psaroniaceen (Asterothecaceen). Eingehende neuere Untersuchungen ergaben, daß die anatomischen Verhältnisse des Xylems und Phloëms von *Psaronius* ganz mit denjenigen rezenter Marattiales übereinstimmen. Die Ordnung hat sich in dieser Hinsicht seit dem Karbon somit kaum geändert.

Die gegenwärtig lebenden Marattiales sind nur Überreste der früheren Entwicklung. Hohe, baumförmige Sippen gibt es unter ihnen nicht mehr. Als die letzten Auszweigungen eines einstmals reich entfalteten Stammes zeigen die heutigen Formen manche divergente Ausbildungen und werden daher zu 4 Familien gestellt.

Familie Angiopteridaceae

Die 3 Gattungen unterscheiden sich dadurch von den anderen Marattiales-Familien, daß hier die Sporangien noch nicht zu Synangien verwachsen sind. Wohl aber stehen sie dicht gedrängt in zweizeiligen Sori, die über den Seitennerven angeordnet sind. Manche Angiopteridaceen haben ein »Indusium«, d. h. wimperartige Schuppen an der Basis der Sori. Mit den Indusien der meisten Polypodiales sind diese Bildungen aber nicht vergleichbar, und sie haben auch kaum taxonomischen Wert für die Sippengliederung der Marattiales. Die Sporangien öffnen sich durch einen Längsspalt an der Innenseite.

Angiopteris fraxinifolia, ein Baumfarn der Marattiales. Er tritt auf Madagaskar stellenweise bestandsbildend auf.

Angiopteris, die wichtigste und umfangreichste Gattung, zeichnet sich durch auffallend große Wedel aus, die Längen von 5 bis 6 m erreichen können. Sie sind bei vielen Arten doppelt, bei einigen aber sogar bis fünffach gefiedert. Die Blätter gehen aus einem aufrechten, meist knollenförmigen Stamm hervor. An der Form der Sori ist die Gattung leicht kenntlich: Sie sind kurzelliptisch, bestehen aus 8 bis höchstens 20 Sporangien und stehen nahe dem Blattrand.

Das Vorkommen von *Angiopteris* reicht von Madagaskar über ganz Südasien bis zum Himalajagebiet und nach Polynesien. Von den rund 100 beschriebenen Arten, von denen jedoch etliche recht problematisch sind, sei nur die formenreiche *Angiopteris evecta* erwähnt, eine der häufigsten Arten mit gro-

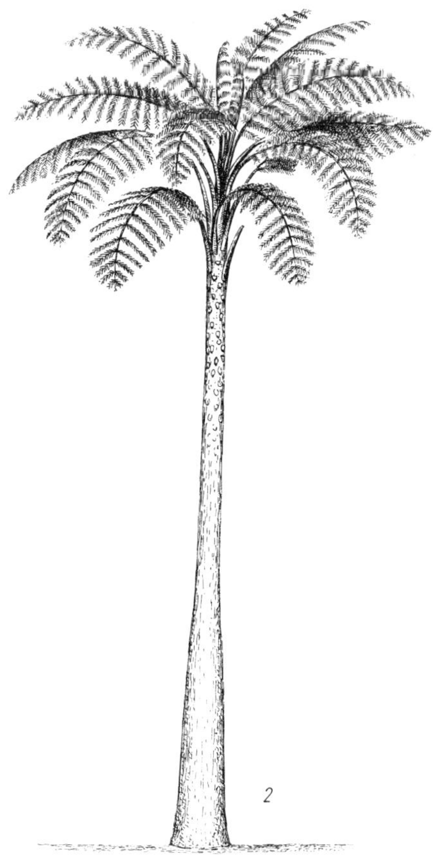

Rekonstruktion von baumförmigen Marattiales aus dem jüngeren Paläozoikum (Oberkarbon und Rotliegendes): 1 *Megaphyton*, Höhe etwa 5 m (nach Hirmer), 2 *Caulopteris (Asterotheca) arborescens*, Höhe etwa 10 m (nach Mägdefrau)

ßen, doppelt gefiederten Wedeln. Sie wird in Gewächshäusern oft kultiviert.

Einfach gefiederte, aber ebenfalls recht große Blätter weisen die Gattungen *Archangiopteris* und *Macroglossum* auf. Erstere kommt in 4 Arten in Südostasien vor und hat langgestreckte lineale Sori aus 80 bis 160 Sporangien, letztere ist mit 2 Arten auf Borneo (Kalimantan) und Sumatra beschränkt.

Die folgenden 3 Familien umfassen jeweils nur eine Gattung und sind durch die Ausbildung von Synangien gekennzeichnet.

Familie Marattiaceae

Die Gattung *Marattia* besteht aus etwa 60 Arten und ist unschwer an den ovalen, derbwandigen Synangien zu erkennen, die bei der Reife zweiklappig aufspringen und so die Öffnungen der einzelnen Sporangien freigeben. Auch bei dieser Gattung handelt es sich um Farne mit großen, meist zwei- bis dreimal gefiederten Wedeln, die ähnlich wie bei *Angiopteris* einem kurzen, kräftigen, aufrechten Stamm entspringen. Die *Marattia*-Arten sind in den Tropen beider Erdhemisphären weit verbreitet. Eine der häufigsten afroasiatischen Arten ist *Marattia fraxinea*, die habituell *Angiopteris* ähnlich sieht; sie kommt von der Westküste Afrikas über ganz Süd- und Südostasien bis Polynesien vor und wird wegen ihres dekorativen Aussehens gern in Gewächshäusern kultiviert. Das amerikanische Gegenstück dazu wird durch *Marattia cicutifolia* dargestellt.

Zu dieser Familie gehören auch die etwa 10 *Marattiopsis*-Arten, die fossil aus der un-

Blattunterseite mit Synangien von *Marattia laxa*

toren Trias bis zum oberen Jura bekannt sind; sie wurden in der Nordhemisphäre, aber auch in Südafrika gefunden.

Familie Danaeaceae

In dieser Familie stellen die Synangien langgestreckte, kompakte Gebilde dar, die von der Mittelrippe bis zum Blattrand reichen. Sie sind in flache Vertiefungen der Blattoberfläche eingebettet und von Gewebefalten umgeben. Jedes Sporangium öffnet sich mit einem Porus. *Danaea* ist die einzige Gattung der Marattiales, bei der Laubblätter und fertile Wedel verschiedene Gestalt haben. Letztere besitzen viel schmalere Spreiten und sind länger gestielt. Die Wedel sind bei den meisten Arten einfach gefiedert und gehen aus schräg aufrecht wachsenden oder kriechenden Rhizomen hervor. Es gibt jedoch auch einige Arten, die nur einfache, und andere, die dreiteilige Blätter ausbilden.

Die Gattung *Danaea* umfaßt 32 Arten, die durchweg die amerikanischen Tropen besiedeln. Einer der häufigsten Vertreter ist die sehr formenreiche *Danaea alata* aus dem nördlichen Südamerika und von den karibischen Inseln.

Familie Christensiaceae

Die in Indien, Indonesien und auf den Philippinen beheimatete *Christensia aesculifolia* ist die einzige Art der Familie. Sie weicht in verschiedener Hinsicht recht stark von allen anderen Marattiales ab und kann als fortgeschrittenste Sippe gelten. Der Stamm ist in Form eines kriechenden, fleischigen Rhizoms entwickelt, an dessen Oberseite die Blätter in 2 Zeilen entspringen. Im Gegensatz zu den anderen Marattiales hat *Christensia* langgestielte, drei- bis fünfzählig fingerförmig geteilte Wedel, die in ihrer Gestalt an die Blätter der Roßkastanie *(Aesculus)* erinnern; daher auch der Artname *aesculifolia* (roßkastanienblättrig). Auffallend ist weiterhin die Netznervigkeit der Blätter; auch dieses Merkmal tritt sonst bei den Marattiales kaum auf. Die bis zu 3 mm großen Synangien sind kreisförmig und stehen auf der ganzen Blattunterseite verstreut auf den Verbindungen zwischen den Blattnerven. Sie öffnen sich an der Oberseite mit radiär verlaufenden Spalten.

Unterklasse Polypodiidae

Während die bisher behandelten Farngruppen durchweg recht artenarm waren, zumindest in den rezenten Formen, stellt diese Unterklasse mit etwa 9000 Arten nicht nur die größte der Farne, sondern überhaupt die mit weitem Abstand umfangreichste aller Pteridophyten dar.

Wie bei einer derart umfangreichen Gruppe kaum anders zu erwarten, tritt sie in einer überaus großen, fast verwirrenden Formenmannigfaltigkeit auf. Von winzigen, nur einige Zentimeter großen, beinahe laubmoosartigen Pflänzchen reicht die Skala bis zu hohen Baumfarnen, von nur wenige Millimeter messenden Blättchen bis zu meterlangen Wedeln. Viele sind krautige Erdbewohner, andere wachsen an sonnenbeschienenen Felsen und Mauern, eine nicht geringe

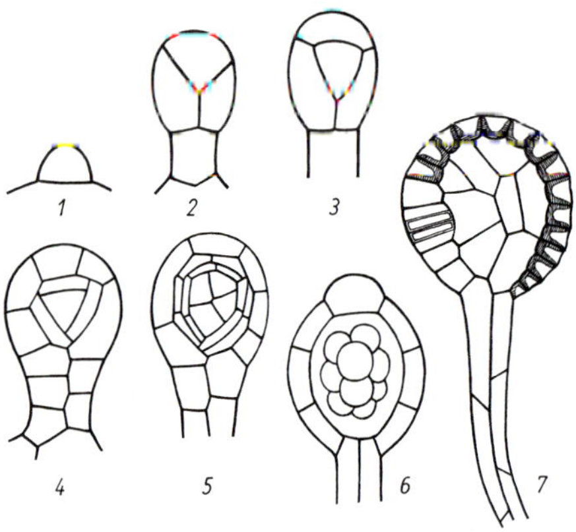

Sporangienentwicklung der Polypodiiden, dargestellt am Beispiel des Wurmfarnes (nach verschiedenen Autoren). Erläuterungen im Text

Zahl lebt als Epiphyten in tropischen Urwäldern, einige sind kletternde Arten, und andere haben sich sogar ans Wasserleben angepaßt. Ebenso groß wie die ökologische Spannweite ist die morphologische und anatomische Differenzierung, doch lassen sich bei aller Mannigfaltigkeit durchaus gewisse Grundzüge erkennen. Fast alle besitzen einen mehr oder weniger aufrechten oder kriechenden Stamm, aus dem die Blätter hervorgehen. Diese weisen im allgemeinen eine Gliederung in einen Blattstiel und eine Spreite auf, wobei letztere meist fiederförmig aufgeteilt ist. Im Jugendstadium sind die Wedel an der Spitze schneckenartig eingerollt.

Bei den meisten Polypodiiden entstehen die Sporangien an der Unterseite oder am Rand ganz normaler Wedel. Es gibt jedoch auch etliche Arten aus den verschiedensten Verwandtschaftskreisen, bei denen eine Differenzierung eingetreten ist und die Sporangien nur an besonderen, morphologisch von den Laubblättern abweichenden Sporophyllen ausgebildet werden. Die Sporangien stehen meist in Gruppen zusammen, in Sori, wobei diese vielfach noch von einem besonderen Häutchen überdeckt werden, dem Indusium.

Im Bau der Sporangien und deren Entstehung herrscht bei den Polypodiiden ein einheitliches Prinzip vor (siehe Abbildung). Sie bilden sich aus einer einzigen Zelle der Blattepidermis heraus. Eine solche wölbt sich papillenförmig über die Oberfläche hervor (1), grenzt sich durch eine Querwand ab und teilt sich mehrmals. Nach 2 oder 3 Teilungsschritten bildet sich eine zweischneidige Segmentzelle im oberen Teil der inzwischen köpfchenartig vergrößerten Sporangiumanlage heraus (2), die sich durch eine perikline Wandbildung in eine zentrale Zelle und eine periphere Wandzelle teilt (3). Aus letzterer entsteht im weiteren Verlauf die ganze Sporangiumwand, die bei allen Polypodiiden stets einzellschichtig ist (4). Die zentrale Zelle bildet dagegen den Ausgangspunkt für die Entstehung der Sporen und wird daher als Archespor bezeichnet. Zunächst gliedert das Archespor eine Anzahl plasmareicher peripherer Zellen ab, die schließlich eine zweischichtige Tapete bilden. Das eigentliche Archespor teilt sich ebenfalls mehrere Male, wodurch ein Innenkomplex von Zellen entsteht, den man sporogenes Gewebe nennt (5). Diese Zellen runden sich bald darauf ab, lösen sich voneinander und werden zu den Sporenmutterzellen (6). Nach 2 weiteren Teilungen, von denen die eine zugleich die Reduktionsteilung ist, entstehen aus jeder Sporenmutterzelle 4 haploide Sporen. Die Tapetenzellen, die der Ernährung der Sporen dienten, haben inzwischen ihren Zellinhalt abgegeben, ihre Membranen aufgelöst und sind zu einem Periplasmodium geworden. Dieses wandert zwischen die jungen Sporen ein und bildet vielfach eine sehr charakteristische äußere Sporenhaut, das Perispor, das die mannigfachen Oberflächenskulpturen der Farnsporen bedingt. Während der Sporenausbildung erfolgt auch die weitere Differenzierung der Sporangienwand. Vor allem bildet sich ein Ring von Zellen heraus, deren Quer- und Innenwände stark verdickt sind, während die Außenwände zart bleiben. Dieser Anulus bewirkt später durch Zugspannungen, die bei seinem Austrocknen entstehen, das Aufreißen des Sporangiums und die Entleerung der Sporen (7). An einer Stelle bleiben die Zellen jedoch allseits dünnwandig. In diesem Bereich reißt das Sporangium schließlich auf: diese vorbestimmte Öffnungsstelle – sozusagen die »Sollbruchstelle« des Sporangiums – bezeichnet man als Stomium, was soviel wie »Mund« bedeutet.

Im einzelnen differiert die Ausbildung des Stomiums und des Anulus bei den verschiedenen Farngruppen und ist für diese recht kennzeichnend. Da der Sporangienbau ein sehr konstantes Merkmal darstellt, spielt er für die Sippencharakteristik eine wichtige, wenn auch keineswegs die einzige Rolle. In manchen neueren Arbeiten wird dieser Merkmalsbereich jedoch vernachlässigt.

Die Zahl der in einem Sporangium gebildeten Sporen ist bei vielen Polypodiiden konstant; sie beträgt meist 32 oder 64, nur bei wenigen primitiveren Sippen liegt sie höher. Hinsichtlich der Sporenform zeigen die Farne 2 Grundtypen. Der eine ist durch kugeltetraëdrische Sporen charakterisiert. Bei diesem sicher als primitiv zu betrachtenden Modus erfolgen bei der Teilung der Sporenmutterzelle zunächst beide Kernteilungen, und erst nach diesen bilden sich die Sporenwände. Da sie demzufolge für alle 4 Sporen gleichzeitig entstehen, wird dieser Typ als simultane Teilung bezeichnet. Bei der succedanen Teilung kommt es zu einem »aufeinanderfolgenden« Vorgang, d. h., nach jeder Kernteilung erfolgt sofort auch die Zellteilung. Auf diese Weise entstehen bohnenförmige Sporen, wie sie z. B. *Polypodium vulgare* und *Dryopteris cristata* zeigen.

Bemerkt sei schließlich, daß alle Polypodiiden gleichgestaltete Sporen aufweisen, also isospor sind. Erst in jüngster Zeit wurde eine heterospore Art entdeckt *(Platyzoma microphyllum)*, die bisher einzige Ausnahme. Die heterosporen Wasserfarne rechnen wir in Übereinstimmung mit vielen anderen Autoren nicht zu den Polypodiiden, sondern zu 2 gesonderten Unterklassen.

Der Gametophyt – das Prothallium – lebt bei den meisten Polypodiiden an der Oberfläche, hat Chlorophyll und stellt eine autotroph wachsende Generation dar. Nur ganz wenige Arten haben unterirdisch wachsende Prothallien. Im allgemeinen sind die Prothallien mehr oder weniger herzförmige, thallöse Gebilde mit einer nicht sehr ausgedehnten, mehrschichtigen Mittelrippe, an deren Unterseite zahlreiche Rhizoide entspringen. Die seitlichen Partien sind einzellschichtig. In einigen Verwandtschaftskreisen treten jedoch auch fadenförmig-verzweigte Prothallien auf, die wie ein Moos-Protonema oder wie fädige Grünalgen aussehen.

Der Bau der Antheridien und Archegonien ist bei allen Farnen sehr einheitlich; sie entstehen – sofern es sich um flächig ausgebildete Prothallien handelt – an deren Unterseite auf der Mittelrippe und sind nicht in das Prothalliumgewebe eingesenkt. Die Zahl der vielgeißeligen Spermatozoiden ist pro Antheridium im allgemeinen recht gering: Sie beträgt meist 32.

Außer der Vermehrung im Rahmen des normalen Generationswechsels tritt bei verschiedenen Polypodiiden noch eine ungeschlechtliche Vermehrung durch Brutblätter, Brutknospen usw. auf, die bei manchen Sippen sogar eine viel größere Bedeutung für deren Erhaltung haben als die geschlechtliche Fortpflanzung.

Die Polypodiiden stellen zum Großteil eine verhältnismäßig junge Gruppe der Farnpflanzen dar. Einige wenige Verwandtschaftskreise sind fossil seit dem unteren Karbon bekannt, mehrere treten aber erst im Mesozoikum auf und scheinen besonders im Jura einen gewissen Entwicklungshöhepunkt erreicht zu haben. Eine nicht geringe Zahl von Familien erweckt jedoch den Eindruck junger Formenkreise; wahrscheinlich haben sie sich entweder erst in junger geologischer Vergangenheit oder sogar in der Jetztzeit entfaltet. Im Gegensatz zu allen anderen Pteridophyten und den bisher behandelten Farngruppen machen manche Polypodiiden noch einen sehr lebenskräftigen Eindruck, und es wäre sicher falsch, sie allesamt als »lebende Fossilien« zu bezeichnen. Dies trifft nur für einige bestimmte Farnfamilien zu (z. B. Matoniaceae, Dipteridaceae).

Die Auffassungen über das natürliche System der Polypodiiden divergieren zur Zeit noch sehr erheblich, und von einem einigermaßen allgemein anerkannten System sind wir immer noch recht weit entfernt. Die Meinungsverschiedenheiten kommen bereits deutlich zum Ausdruck, wenn man die Anzahl der Ordnungen, Familien und Gattungen vergleicht, die von verschiedenen Pteridologen unterschieden wurden bzw. werden. Während in der ersten Hälfte dieses Jahrhunderts meist nur eine Ordnung mit 7 bis 10 Farnfamilien anerkannt wurde, stieg die Zahl später auf 17 Familien (Copeland) und schließlich auf 19 Ordnungen mit 48 Familien (Pichi-Sermolli 1977). In einem nur wenige Jahre später erschienenen Handbuch, das ebenfalls das Ergebnis jahrzehnte langer Forschungen darstellt, werden nur 1 Ordnung und 24 Familien akzeptiert (R. & A. Tryon 1982).

Ebenso unterschiedlich werden die Gattungen interpretiert: 411 Gattungen bei Pichi-Sermolli stehen 215 Gattungen bei Tryon gegenüber. (Die genannten Zahlen beziehen sich auf die in diesem Buch vorgenommene Umgrenzung der Polypodiidae.) Derartig weit auseinandergehende Auffassungen selbst führender Farnforscher zeigen wohl deutlich, wie groß das Unsicherheitsfeld der Farnsystematik immer noch ist. Es gibt weiterhin große Meinungsverschiedenheiten, wie weit oder wie eng Gattungen, Familien oder Ordnungen zu fassen sind. Damit sind eine Unmenge nomenklatorischer Unsicherheiten und Probleme verbunden. Eine Darstellung der Farne in einem Buch wie dem vorliegenden, in dem nur eine beschränkte Zahl von Formen behandelt werden kann, stößt natürlich leicht auf die Kritik der Farnforscher. Aber es würde den Rahmen dieses Buches weit überschreiten, auf das Für und Wider der Aufstellung oder Abgrenzung einzelner Familien oder Gattungen einzugehen.

Bemerkt sei jedoch, daß sich eine Reihe von Familien recht sicher umgrenzen lassen und daß bei diesen die meisten Pteridologen übereinstimmender Meinung sind. Allenfalls bei einer Zusammenfassung zu übergeordneten Taxa (Ordnungen) gibt es Differenzen. Zu solchen »unproblematischen« Familien gehören vor allem die geologisch etwas älteren Formenkreise, wie die Schizaeaceen, Gleicheniaceen, Dipteridaceen, Matoniaceen, Hymenophyllaceen, Cyatheaceen u. a. Das Gros der anderen Farne wurde früher zu einer einzigen Sammelfamilie zusammengefaßt, den Polypodiaceen im weitesten Sinne. Daß diese Superfamilie mit 6000 bis 7000 Arten keine einheitliche Abstammungsgemeinschaft darstellt und in mehrere Familien aufgeteilt werden muß, steht außer Zweifel. Doch über das »Wie« gehen die Meinungen noch sehr auseinander, wie die Zahlenangaben zeigen. Diese geologisch jungen Formenkreise stellen in erster Linie die Problematik der Farnsystematik dar.

Auf die noch ganz verschieden vorgenommene Gliederung der Unterklasse Polypodiidae in Ordnungen hatten wir bereits hingewiesen. Es dürfte beim gegenwärtigen Stand der Kenntnisse Zurückhaltung geboten und angebracht sein, nur 2 Ordnungen zu unterscheiden: die Osmundales und die Polypodiales.

Ordnung Königsfarnartige, Osmundales

Familie Königsfarngewächse, Osmundaceae

Es war schon seit längerer Zeit bekannt, daß die heute lebenden Osmundaceen innerhalb der Farne (Polypodiidae) recht isoliert dastehen. Sie machen nicht nur einen reichlich altertümlichen Eindruck, sondern nehmen vor allem eine gewisse Mittelstellung zwischen den eusporangiaten Marattiales und den leptosporangiaten Polypodiales ein. Trotzdem sind sie nicht als intermediäres Glied oder als Übergangsgruppe zwischen beiden zu betrachten, sondern stellen vielmehr eine alte, selbständige Entwicklungsrichtung dar.

Diese Farngruppe läßt sich bis ins Perm und wohl sogar bis ins Oberkarbon zurückverfolgen und hatte den Höhepunkt ihrer Entwicklung wohl im mittleren Mesozoikum (Jura). Aus dem Perm sind strukturbietende Stammreste bekannt, die auf Grund ihres charakteristischen Baues nur zu dieser Familie gehören können. Sie werden zu den Organgattungen *Zalesskya* und *Thamnopteris* gerechnet. Im Mesozoikum ist die Familie ebenfalls in Stammresten, aber auch mit zahlreichen Blattfunden vertreten, die z. T. unter der Formsammelgattung *Cladophlebis* zusammengefaßt werden. Bei etlichen entdeckte man die recht kennzeichnenden Sporangien und konnte eine nahe Verwandtschaft mit der rezenten Gattung *Todea* feststellen. Diese als *Todites* bezeichneten Formen waren aufrechte, etwa 1 m hoch werdende Baumfarne. Während *Todites*, die von der unteren Trias bis zum oberen Jura vorkam, auf die Nordhemisphäre beschränkt war, ist die rezente Gattung *Todea* ausschließlich südhemisphärisch verbreitet. Für andere Funde, die stärkere Anklänge an die heutige Gattung *Osmunda* zeigen, wurde der Name *Osmundites* geprägt. Insgesamt sind bisher etwa 100 fossile Osmundaceen-Arten bekannt geworden.

Alle Vertreter dieser Familie, die rezenten wie die fossilen, haben aufrechte, manchmal geradezu klobige Stämme, die zum größten Teil aus den Resten von Blattstielen bestehen und daher wie bei den Marattiales als »Blattwurzelstämme« bezeichnet werden können. Bei einigen sind die Stämme weitgehend im Boden verborgen, bei anderen können sie einen Meter und mehr aufragen und zusammen mit der im oberen Teil ausgebildeten großen, trichterförmigen Krone einen fast baumartigen Eindruck hervorrufen. Die Anatomie der Stämme ist gut bekannt und läßt eine deutliche Höherentwicklung erkennen, je geologisch jünger die Formen sind. Der Stamm rezenter Arten zeigt eine typische Dictyostele, bei der im Querschnitt das zentrale Mark von einem Ring einzelner, hufeisenförmig nach innen gebogener Leitbündel umgeben ist.

Die trichterartig angeordneten Wedel weisen eine einfache oder doppelte Fiederung auf und sind nicht nur wegen ihrer Größe bemerkenswert – sie können bei manchen Arten 2 bis 3 m Länge erreichen –, sondern auch wegen der primitiven Fächeraderung, die dem »neuropteridischen Typ« entspricht. Ein solcher wird als besonders ursprünglich angesehen und veranlaßte einige Systematiker, die Osmundales nicht nur den Rang einer Ordnung, sondern den einer Unterklasse (Osmundidae) zu erheben.

Charakteristisch für die Osmundaceen ist weiterhin die Ausbildung von nebenblattartigen Verbreiterungen am Grunde der Blattstiele, die vielleicht als letzter »Aphlebien-Ausklang« zu deuten sind und die den anderen Polypodiiden durchweg fehlen. Innerhalb der Familie ist eine deutliche und fortschreitende Differenzierung der Wedel zu beobachten. Im einfachsten Fall entstehen die Sporangien normal auf der Unterseite der Blätter, ohne daß eine morphologische Sonderung in Sporophylle und Trophophylle eintritt. Bei anderen erfolgt die Entwicklung der Sporangien nur an besonderen, in der Gestalt abweichenden Wedelteilen, und einige Arten sind sogar zu einer vollständigen Sporophyllbildung fortgeschritten.

Rekonstruktion von *Todites princeps*, einer fossilen Art aus dem Mesozoikum (nach Schweitzer)

Die Sporangien stehen bei den Osmundaceen immer einzeln. Nirgends ist die Tendenz zu einer Zusammenfassung in Sori zu beobachten, und ebensowenig kommt es zur Ausbildung eines Indusiums. Obwohl in der Einschichtigkeit der Sporangienwände ein Merkmal vorliegt, das mit den Verhältnissen der Polypodiales übereinstimmt, weisen der kurze, dicke Sporangiumstiel und vor allem die primitive Form des Anulus mehr zu den Marattiales bzw. anderen primitiven Farngruppen hin. Der Anulus ist nicht ringförmig wie bei den meisten anderen Farnen, sondern wird von einer Gruppe dickwandiger Zellen gebildet, die dem Sporangium als seitliche Kappe aufsitzen. Sie bewirken zusammen mit einer Reihe dünnwandiger Stomiumzellen das Aufreißen des Sporangiums, das sich mit einem über dem Scheitel verlaufenden Längsriß klappenartig öffnet. Das Sporangium entläßt eine große Zahl (bis 500) grüner, chlorophyllhaltiger Sporen, die aber nur eine sehr kurze Zeit keimfähig sind.

Aus ihnen geht der Gametophyt hervor, d. h. ein meist ziemlich großes, mehr oder weniger flach-herzförmiges Prothallium, das eine recht breite, dicke Mittelrippe besitzt und oft mehrere Jahre leben kann; es konnte sogar eine außergewöhnlich lange Lebenszeit von 20 Jahren nachgewiesen werden. Besonders ältere Prothallien nehmen nicht selten eine verlängerte Form an, verzweigen sich gelegentlich dichotom und sehen dann manchen thallösen Lebermoosen sehr ähnlich. Die Antheridien und Archegonien entstehen auf der Unterseite, entweder auf oder an den Flanken der Mittelrippe. Während die Prothallien in Form und Bau stark an diejenigen der Marattiales erinnern, weisen die an der Oberfläche stehenden, nicht eingesenkten Gametangien wiederum auf die Verhältnisse der Polypodiales hin.

Die Osmundaceen stellen mit ihren 3 Gattungen und insgesamt nur 21 Arten eine recht kleine Familie dar.

Todea barbara, die einzige Art dieser Gattung, dürfte der primitivste lebende Vertreter der Königsfarngewächse sein. Die Art macht einen recht merkwürdigen Eindruck, da der freistehende Stamm geradezu unförmig wirkt und bei einer Höhe von einem Meter oder wenig mehr manchmal fast ebenso dick ist. Ihre ledrig-derben, fast 2 m Länge erreichenden Wedel sind doppelt gefiedert. Die Sporangien stehen dicht auf der ganzen Unterseite von fertilen Fiedern, die in der Form kaum von den vegetativen Fiedern abweichen. *Todea* kommt nur in einem kleinen, aber recht aufgesplitterten Areal vor: Sie wächst sowohl in Südafrika als auch in Ostaustralien und Neuseeland.

Die Gattung *Leptopteris* umfaßt 6 Arten, die sämtlich Bewohner feuchter, schattiger Regenwälder des südpazifischen Raumes sind (Ostaustralien, Tasmanien, Neuseeland, Neuguinea und einige Südseeinseln). Die *Leptopteris*-Arten sehen z. T. wie kleine, zierliche Baumfarne aus; sie haben aufrechte, dünne Stämme, die bei einigen Arten verhältnismäßig kurz sind, bei anderen, z. B. *Leptopteris wilkesiana*, sogar bis zu 3 m Höhe erreichen können. Die doppelt gefiederten Blätter weichen von allen anderen Osmundaceen insofern ganz erheblich ab, als sie durchscheinend-häutig und papierdünn sind und keinerlei Spaltöffnungen ausbilden. Derartige Blattformen werden innerhalb der Farne sonst nur bei einer Anzahl Hautfarnen (Hymenophyllaceen) angetroffen. Einer Art wurde deswegen sogar der Name *Leptopteris hymenophylloides* (hautfarnähnlich) gegeben. Bei *Leptopteris* werden die Sporangien nicht an besonderen Blättern oder Blattabschnitten gebildet, sondern sie entstehen auf der Unterseite normaler Blätter.

Mit 14 Arten ist die Gattung Königsfarn, *Osmunda*, die weitaus formenreichste und auch formenmannigfaltigste. *Osmunda* bildet zwar nur verhältnismäßig kurze, unterirdische Stämme aus, gehört aber dank der trichterartig stehenden, manchmal bis zu über 2 m großen dekorativen Wedel zu den auffallenden Farnen. Die äußeren Blätter des Wedeltrichters sind im allgemeinen steril, d. h. als Trophophylle ausgebildet, während die später angelegten inneren Wedel entweder fertile Blattabschnitte aufweisen oder als reine Sporophylle entwickelt sind. In jedem Fall weichen die fertilen Teile morphologisch sehr stark von den vegetativen ab, da unter dem Einfluß der Sporangienbildung die Blattspreite weitestgehend oder völlig reduziert wird.

Bei der einzigen mitteleuropäischen Osmundacee, dem Königsfarn, *Osmunda regalis*, können die vegetativen Wedel gut 2 m Länge erreichen, und die fertilen Abschnitte werden nur an den oberen Wedelpartien ausgebildet. Dieser stattlichste aller europäischen Farne steht unter Schutz und gehört zu den Seltenheiten der mitteleuropäischen Flora, da die von ihm bevorzugten Standorte in der Kulturlandschaft immer seltener werden. Er gedeiht auf staunassen, kalkarmen und meist sauren Torfböden sowie humosen Sanden in luftfeuchten und wintermilden Gebieten. Er tritt vor allem in armen Erlenbrüchen, feuchten Eichen-Birkenwäldern und sauren Waldquellmooren auf. Der Königsfarn hat eine fast weltweite, aber sehr zerstreute Verbreitung. Seine Teilareale umfassen das ganze westliche Europa, das atlantische Nordamerika von Neufundland bis Florida und die Antillen, das atlantische mittlere Südamerika, Südafrika, Südwestindien und Ostasien.

Königsfarn, Osmunda regalis. Die braunen, sporentragenden Wedelteile unterscheiden sich deutlich von den normalen Wedeln. Der Königsfarn ist der stattlichste Farn der europäischen Flora.

Osmunda cinnamomea mit noch unreifen Sporophyllen

Osmunda claytoniana mit der charakteristischen Ausbildung von sporangientragenden Fiedern in der Mitte der Wedel

Osmunda claytoniana, ein Bewohner sumpfiger Wälder, kommt ebenfalls im atlantischen Nordamerika von Neufundland bis Florida, dann aber erst wieder im östlichen Himalaja und in den hinterindischen Gebirgen vor. Bei dieser Art werden die fertilen Fiedern nur in der mittleren Wedelpartie ausgebildet.

Bei *Osmunda cinnamomea* ist der Grad der Differenzierung am weitesten fortgeschritten. Tropho- und Sporophylle sind bei dieser Art streng geschieden und weichen in der Form stark voneinander ab. Sie erinnert in dieser Hinsicht sehr an den Straußfarn. Die Art wächst in Waldsümpfen von Ostasien (Amurgebiet, Japan) und kommt außerdem vom atlantischen Nordamerika bis ins Andengebiet vor. Sie erhielt ihren Namen wegen der zimtbraunen Farbe der Sporangien bzw. Sporophylle.

Ordnung Tüpfelfarnartige, Polypodiales

Zu den beiden folgenden Familien gehören die ältesten Vertreter der Polypodiales. Sie sind auf das jüngere Paläozoikum der euramerischen Flora beschränkt. Die Familien wurden früher zu den Coenopteriden gerechnet; ihre Sporangien wiesen aber bereits den typischen »leptosporangiaten« Bau mit einem ringförmigen Anulus und einzellschichtiger Sporangienwand auf.

Familie Botryopteridaceae

Von den 3 Gattungen dieser Familie ist *Botryopteris* die bedeutendste. Die bis jetzt bekannten etwa 10 Arten kamen vom untersten

Unterkarbon bis zum Rotliegenden vor. Im Oberkarbon dürfte *Botryopteris* sogar einer der häufigsten Farne gewesen sein. Bei den Pflanzen besteht meist ein deutlicher Gegensatz zwischen einer stammähnlichen Hauptachse und den spiralig gestellten »Raumblättern«, wobei für diese eine Dreiteilung der Triebe kennzeichnend ist. Bei den geologisch jüngeren Arten waren die letzten Auszweigungen bereits flächig und wiesen eine sphenopteridische Form auf. Charakteristisch ist weiterhin die Querschnittsfigur der Blattspurbündel, die wie ein griechisches ω aussieht. Die Sporangien saßen an den Enden der Triebe in gabelig verzweigten oder geradezu buschigen Ständen. Bei einer Art konnten Sporangienstände mit bis zu 50000 Sporangien nachgewiesen werden.

Familie Anachoropteridaceae

Auch diese Familie umfaßt nur wenige Gattungen, die aus dem Oberkarbon und Perm bekannt sind. Dabei macht *Anachoropteris* schon einen ganz farnartigen Eindruck, da hier die Fiedern zweizeilig angeordnet waren und die Fiederchen bereits eine ausgebildete Blattfläche besaßen. Bei manchen waren am Rande untereinander verwachsene Sporangiengruppen (Synangien) vorhanden. Die Stiele der Wedel wiesen mit ihren C-förmigen, nach außen offenen Xylemplatten auch einen ähnlichen Bau auf wie manche »modernen« Farne.

Um ältere Farngruppen handelt es sich bei den folgenden Familien. Ihr Entfaltungsschwerpunkt lag im Mesozoikum und hatte seinen Gipfel vielfach im Jura. Ins Paläozoikum reichten sie offenbar nicht zurück; frühere diesbezügliche Angaben erwiesen sich als zweifelhaft oder mußten korrigiert werden. Diese Familien werden von manchen Forschern als »2. Entwicklungswelle« der Farne aufgefaßt.

Familie Spaltastfarne, Schizaeaceae

Die Familie wird von fast allen Pteridologen an den Anfang der Polypodiales gestellt, da sie einige sehr primitiv anmutende Sippen enthält. Die etwa 140 bis 160 rezent bekannten Arten werden meist 4 bis 5 Gattungen zugeordnet, die jedoch in mancherlei Hinsicht recht selbständige Züge aufweisen. Dazu kommen noch wenigstens 5 fossile Gattungen. Gemeinsam ist ihnen vor allem die Anordnung und Ausbildung der Sporangien. Diese stehen niemals in Sori zusammen, sind nur ganz kurz oder nicht gestielt und weisen eine ebenso primitive wie kennzeichnende Anulusform auf. Die dickwandigen Zellen des Anulus bilden an der Spitze des Sporangiums eine Kappe oder einen kappenartigen Ring. Die Sporangien stehen meist am Rand von Fiederchen und sind im allgemeinen unbedeckt; allenfalls können umgeschlagene Spreitenteile ein »Pseudoindusium« bilden.

Farne mit einer derartigen Sporangiumform und -anordnung sind bereits aus dem jüngeren Paläozoikum (Karbon) bekannt. Unter dem Formgattungsnamen *Senftenbergia* werden solche Farnfruktifikationen zusammengefaßt, die zum Laub einiger *Pecopteris*-Arten gehören. Neuere anatomische Untersuchungen ergaben jedoch, daß *Senftenbergia* viele Ähnlichkeiten mit *Ankyropteris* – einer Coenopteride – aufweist und offensichtlich eine gesonderte Gruppe darstellt. Möglicherweise ist sie als »missing link« zwischen einer Coenopteridales-Gruppe und Polypodiales aufzufassen. Zu den Schizaeaceen ist *Senftenbergia* jedenfalls nicht zu rechnen.

Die Hauptentfaltung der Schizaeaceen scheint im Mesozoikum (Jura-Kreide) gelegen zu haben. Demzufolge wären die rezenten Formen nur noch Überreste, was die verhältnismäßig starke Trennung der heute lebenden Gattungen und auch ihre z. T. sehr zerstreute Verbreitung verständlich werden ließe.

Wenn man die einzelnen Gattungen vergleicht, so zeigen sie mit Ausnahme der Sporangienform recht weitgehende Unterschiede. Daher werden die Gattungen von manchen zugleich als eigene Unterfamilien oder sogar als selbständige Familien betrachtet.

Die meisten der etwa 30 Arten umfassenden Gattung *Schizaea* sind tropische Erdfarne, die Anpassungen an eine xerophytische Lebensweise zeigen. Viele der z. T. recht unscheinbaren Arten haben einen für Farne sehr eigentümlichen Habitus, indem

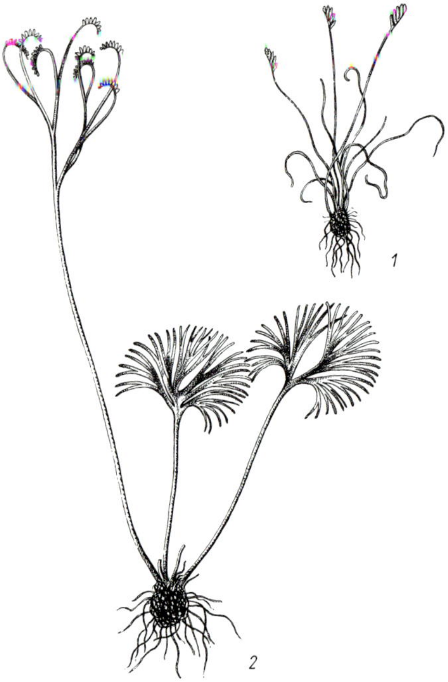

Schizaea pusilla (1) und *Schizaea dichotoma* (2)

sie gras- oder binsenartig aussehen. Ein Teil der *Schizaea*-Arten bildet nämlich ungeteilte, einrippige Blätter aus, bei denen eine Blattspreite kaum oder gar nicht vorhanden ist. Diese kantigen, manchmal im Querschnitt fast runden Blätter sehen Sproßachsen sehr ähnlich, und eine Differenzierung in Stiel und Spreitenteil ist kaum ausgebildet. Eine dieser Arten ist z. B. *Schizaea pusilla*, eine kleine, selten mehr als 10 cm hohe Pflanze, die in *Sphagnum*-Sümpfen im atlantischen Nordamerika von Neufundland bis New Jersey vorkommt. Sie ist die einzige außertropische Art der ganzen Familie. Die Prothallien von *Schizaea pusilla* leben oberirdisch und stellen fadenförmige Gebilde dar, die Laubmoos-Protonomen sehr ähnlich sind. Eine solche, unter den Farnen sonst nur noch bei den Hymenophyllaceen vorkommende Prothalliumform haben auch andere *Schizaea*-Arten, z. B. die in Ost- und Südaustralien sowie in Neuseeland beheimatete *Schizaea bifida*, deren achsenartige Blätter aber mehrfach dichotom gegabelt sind. Beide Arten bilden die Sporangien nur in der Spitzenregion der Blätter an abgewandelten, nach oben geschlagenen Fiederchen aus. Diese Arten mit spreitenlosen Blättern werden vielfach als besonders primitiv angesehen. Von ihnen führt eine ziemlich gleitende Reihe zu solchen, deren Gabeläste mehr oder weniger gut ausgebildete, flächige Blattspreiten entwickeln und bei denen dann auch eine Differenzierung in Stiel und Spreite deutlich ist.

Noch verhältnismäßig gering ist die Spreitenbildung bei *Schizaea dichotoma*; die nur einnervigen Gabeläste der sterilen Blätter erreichen selten mehr als 1 bis 2 mm Breite. Diese von Madagaskar über ganz Südasien, Australien, Neuseeland bis Polynesien weitverbreitete Art ist übrigens heterophyll, da die Sporangien an gesonderten, in der Gestalt deutlich abweichenden Blättern ausgebildet werden.

Heterophyllie tritt auch bei anderen *Schizaea*-Arten auf. Am deutlichsten ist die Spreitenbildung bei *Schizaea elegans* und einigen weiteren Arten, deren gleichfalls gabelige Blattsegmente sogar mehraderig sind und bis zu einem Zentimeter Breite erreichen können. *Schizaea elegans* kommt im gesamten amerikanischen Tropengebiet vor.

Es zeigte sich neuerdings, daß keineswegs alle *Schizaea*-Arten fadenförmige Prothallien ausbilden. Die oben erwähnte *Schizaea dichotoma* hat z. B. unterirdisch wachsende, nichtgrüne und mit Pilzen lebende, also mykotrophe Prothallien, bei denen von einer Art Hauptkörper viele Verzweigungen abgehen. Das Ganze sieht habituell ungemein algenartig aus, etwa wie ein Thallusstück von *Sphacelaria*. Auch bei anderen *Schizaea*-Arten konnten unterirdische, bleiche Prothallien ermittelt werden, die aber zylindrische Körper bilden und in der Form weitgehend den Prothallien von *Ophioglossum* oder *Psilotum* gleichen.

Mit Sicherheit stellt die Gattung *Schizaea* eine recht urtümliche Farngruppe dar. Darauf weisen nicht zuletzt die Verhältnisse des Gametophyten hin. Auf der anderen Seite gibt es jedoch auch Merkmale, die gar nicht so primitiv anmuten – wie die Heterophyllie, die monoleten, bohnenförmigen Sporen oder ihr ökologisches Verhalten. Ob solche

Anemia phyllitidis. Das unterste Fiederpaar ist aufwärts gerichtet und bildet die Sporangien aus.

einfachen Formen wie die Art *Schizaea pusilla* wirklich als primitiv anzusprechen sind oder ob sie erst durch Rückbildungsprozesse sekundär einfach wurden, ist heute noch unentschieden.

Die 3 anderen Gattungen dieser Familie machen in vieler Hinsicht einen ungleich höher entwickelten Eindruck. Sie sind nicht nur von der Blattgestaltung her typisch »farnartig«, sondern bilden auch normale, oberirdisch lebende, mehr oder weniger herzförmige Prothallien aus, wie sie bei den Polypodiales allgemein vorherrschen.

Die gut 30 Arten der Gattung *Lygodium* zeigen eine für Farne einzigartige Wuchsform, da es sich bei ihnen um Lianen handelt. Dieser Wuchs kommt auf eine ganz merkwürdige Weise zustande. Die Blätter entspringen einem im Boden kriechenden, verzweigten Rhizom, haben nun aber nicht ein begrenztes Wachstum der Rhachis, sondern ein praktisch unbegrenztes Spitzenwachstum. Dadurch können die Blätter viele Meter lang werden. Es gibt Angaben, die von 10 bis 15, ja sogar von 40 m Länge sprechen. Da aber die Rhachis ziemlich dünn bleibt, sind die Blätter auf Stützen angewiesen, die ihnen durch benachbarte Pflanzen geboten werden. An diesen winden sie sich in die Höhe. Es handelt sich bei *Lygodium* demnach um Blattlianen. Die der Rhachis meist in verhältnismäßig großen Abständen ansitzenden Fiedern sind bei den einzelnen Arten verschieden gestaltet. Bei dem im atlantischen Nordamerika vorkommenden *Lygodium palmatum* sind sie zart, oft bläulich bereift und sechslappig, bei dem neuseeländischen *Lygodium articulatum* zeigen sie eine dichotome Aufgliederung, bei *Lygodium japonicum* sind sie dagegen zwei- bis dreimal gefiedert. Die fertilen Fiedern sehen im allgemeinen ähnlich wie die vegetativen aus, ihre Spreite ist aber schmaler und oft stärker aufgeteilt. Die Gattung kommt in den Tropen der ganzen Erde vor, hat aber ihren Entfaltungsschwerpunkt in den afroasiatischen Tropen. Einige wenige Arten reichen auch in die subtropischen Gebiete, wie das oben erwähnte *Lygodium palmatum* und *Lygodium japonicum.*

Die langgestreckte Rhachis der *Lygodium*-Blätter ermöglicht z. T. eine Nutzung. So werden sie z. B. von *Lygodium salicifolium* in Thailand zu Flechtarbeiten verwendet.

Wieder ganz anders gestaltet sind die Vertreter der etwa 80 bis 90 Arten umfassenden Gattung *Anemia*. Es handelt sich bei ihnen meist um Erdfarne, die in Trockengebieten wachsen. Ihre Hauptverbreitung liegt in den amerikanischen Tropen, vor allem in Innerbrasilien. Die meisten *Anemia*-Arten sind durch eine sehr auffallende Gliederung in sterile und fertile Fiedern gekennzeichnet. Das unterste Fiederpaar ist im allgemeinen langgestielt, steil aufgerichtet, und trägt an der sehr stark reduzierten Spreite die Sporangien. Eine der bekanntesten Arten stellt *Anemia phyllitidis* dar, die im ganzen neotropischen Gebiet verbreitet ist. Es handelt sich auch um die am häufigsten kultivierte *Anemia*-Art, die man kaum in einem Gewächshaus eines botanischen Gartens vergeblich suchen wird.

Mohria caffrorum, die einzige Art dieser letzten Gattung, ist ein krautiger Farn mit zweifach gefiederten Wedeln, der habituell an *Cheilanthes* anklingt. Sie hat klebrig-drüsige Spreuschuppen, die stark nach Benzoëharz duften. *Mohria* wächst besonders an feuchteren Waldrändern in Süd- und Ostafrika sowie auf Madagaskar.

Familie Gleicheniaceae

Auch bei dieser Familie handelt es sich um eine recht alte und primitive Farngruppe. Eindeutige Gleicheniaceenreste sind seit der oberen Trias (Keuper) bekannt; sie werden wie andere mesozoische Formen zur Gattung *Gleichenites* gestellt. Die größte Verbreitung scheint die Familie in der Kreide besessen zu haben. Blattreste mit gleicheniaceenartigen Sori und Sporangien sind sogar im Oberkarbon entdeckt worden *(Oligocarpia)*. Obwohl die Fruktifikationsform sehr typisch ist und sonst bei keiner anderen Farngruppe auftritt, ist die Zuordnung dieser Fossilien zu den Gleicheniaceen doch recht problematisch, da sie im Wedelbau erheblich abweichen.

Gleichenia-Art aus Madagaskar

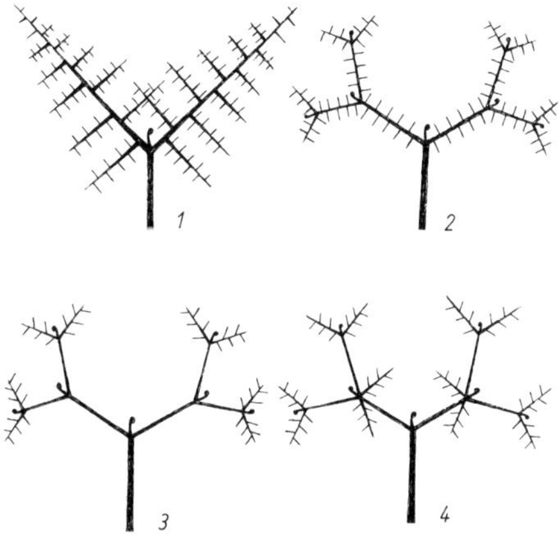

Blatt-Verzweigungsschemata einiger Gleicheniaceen. Beispielsvertreter von 1 *Gleichenia glauca*, 2 *Gleichenia flabella*, 3 *Gleichenia pectinata*, 4 *Gleichenia linearis* (nach Diels)

Die Gattung *Gleichenia* umfaßt etwa 100, die Gattung *Dicranopteris* dagegen nur 10 Arten, die ganze Familie etwa 120 Arten. Sie kommen überwiegend in den Tropen vor und reichen dort auch bis in Gebirgsregionen. Einige wenige Ausläufer gedeihen auch in den Subtropen (Japan, Südafrika, Neuseeland). Fast alle Arten haben unterirdisch kriechende, verzweigte Rhizome und sehr charakteristisch gebaute Blätter. Diese weisen einen einheitlichen Bauplan auf, der nur verhältnismäßig wenig variiert. Die Hauptrhachis wächst nur begrenzt und endet mit einer knospenartigen Blattanlage. Unterhalb dieser entstehen 2 Seitenachsen, die sich in ähnlicher Weise weiter verzweigen können. Die eigentlichen Fiedern bilden sich erst an den letzten Auszweigungen, bei manchen außerdem an jeder Gabelungsstelle. Dadurch entsteht ein verhältnismäßig starres, wiederholt gabelteiliges Blatt. Beim Austreiben der Knospen wiederholt sich dieser Verzweigungsmodus, so daß etagenförmig gegliederte Blätter gebildet werden, die auch erhebliche Längen erreichen können. Ähnlich wie bei *Lygodium* sind auch hier die Blätter zu einem praktisch unbegrenzten Wachstum befähigt und vermögen als Spreizklimmer oft hoch zu klettern. Bei einigen Arten sind Wedellängen von 5 bis 6 m nicht selten, es wird sogar von bis zu 50 m langen Blättern berichtet! Diese wiederholt gabelteilige Verzweigung der Blätter führt oft zur Ausbildung von nahezu undurchdringlichen Dickichten, was auch dadurch gefördert wird, daß die meisten Gleicheniaceen xerophytische Erdfarne sind, die im vollen Sonnenlicht gedeihen können. Einige Arten stellen geradezu eine Gefahr für den tropischen Ackerbau dar, da sie sich auf freigeschlagenen Flächen sehr rasch auszubreiten vermögen.

Die Sporangien stehen zu 2 bis 8 dicht gedrängt in kleinen Sori beisammen und entwickeln sich gleichzeitig. Eine Ausbildung von Indusien erfolgt nicht, dagegen werden die Sporangien bei einigen Arten anfangs durch eingerollte Fiederteile geschützt. Der Bau der Sporangien ist für die Familie recht kennzeichnend. Sie sind birnförmig, fast ungestielt und bilden im oberen Teil einen quer verlaufenden, ringförmigen Anulus aus.

Die Gleicheniaceen sind als Familie recht klar und eindeutig umgrenzt. Dagegen bestehen über die Gliederung in Gattungen noch erhebliche Meinungsverschiedenheiten. Sie liegen vor allem darin begründet, daß es bisher noch nicht gelang, morphologische Befunde und Gruppierungen mit zytologischen u. a. in Übereinstimmung zu bringen.

Familie Matoniaceae

In der rezenten Flora spielt diese Familie zahlenmäßig so gut wie keine Rolle. Sie umfaßt lediglich die Gattungen *Phanerosorus* mit 2, und *Matonia* mit 1 oder 2 Arten. Gemeinsam sind ihnen kriechende, dicht behaarte Rhizome, denen in enger Folge die Blätter entspringen. Diese sind bei beiden Gattungen vom Habitus her sehr unterschiedlich, auch wenn ihr Bau einem einheitlichen Prinzip folgt. Auf der Unterseite der Fiedern entstehen sitzende oder kurz gestielte Sporangien. Sie bilden zu 6–10 auffallend kleine Sori, die von einem aus derbwandigen Zellen bestehenden, schildartigen Indusium bedeckt werden. Die Sporangien besitzen zwar einen kräftigen Anulus, der etwas schräg ringförmig über einen großen Teil des Sporangiums verläuft, jedoch kein vorgebildetes Stomium.

Die Wuchsform von *Phanerosorus* weist Ähnlichkeiten mit der einiger Gleichenia-

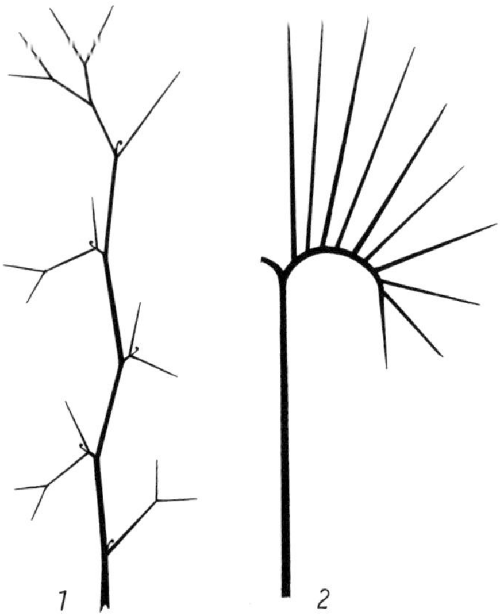

Wuchsschema der Blätter von *Phanerosorus* (1) und *Matonia* (2). Homologe Gabeläste in gleicher Farbe (nach Diels)

ceen *(Lygodium)* auf. Die Rhachis der Blätter gabelt sich mehrfach dichotom, jedoch ungleichartig (anisotom): Nur der kurze Gabelast verzweigt sich weiter, während der andere längere zum Träger der nächsten Gabelung wird. Das Schema (1) soll diese Verhältnisse verdeutlichen. Wie bei *Gleichenia* oder *Lygodium* wird in der Achsel der Gabelungen meist eine von Spreuhaaren geschützte Knospe ausgebildet. Bedingt durch die Wuchsorte – auf Bäumen als Epiphyt oder an Sandsteinfelsen – bildet *Phanerosorus* bis gut einen Meter lange, schlaff herabhängende, vielfach verzweigte Wedel, bei denen meist erst die Endauszweigungen fiederartig aussehen (s. Abb.). Vor kurzem wurde auch der Gametophyt bekannt. Die Prothallien leben oberirdisch, sind in der Jugend schmal, mehr oder weniger bandförmig und nur eine Zellschicht dick; ältere Prothallien bilden gekräuselte Seitenteile, werden mehrzellschichtig und sind langlebig. Die Archegonien werden wie bei den meisten Farnen an der Unterseite gebildet.

Die 2 *Phanerosorus*-Arten kommen in Borneo (Kalimantan) bzw. auf einer Insel westlich von Neuguinea vor, haben also ein ausgesprochen kleines Reliktareal.

Habituell ganz anders sieht *Matonia pectinata* aus. Ob sie die einzige Art der Gattung ist, oder ob sich noch eine weitere Art unterscheiden läßt, ist immer noch umstritten. Auch diese Art kommt nur an wenigen Stellen in Südostasien vor: vor allem in Malakka, Borneo und Sumatra. Bei *Matonia* handelt es sich um einen großen Erdfarn mit Stielen von einem Meter und mehr Länge, an deren Ende sich die handförmig aufgeteilte, fast

Phanerosorus sarmentosa, eine meist epiphytisch wachsende Matoniacee (nach Diels)

Phlebopteris polypodioides. Rekonstruktion nach Schweitzer

radförmig-trichterige Spreite befindet, die gut 50 cm im Durchmesser erreichen kann. Die Form der auffallend lederigderben Fiedern kommt dadurch zustande, daß sich nach der basalen dichotomen Gabelung immer nur der jeweils äußere Gabelast weitergabelt, während der innere zur einseitigen Fieder wird (s. Schemazeichnung 2). Einen solchen Bau weisen auch die anschließend dargestellten Dipteridaceen auf.

Die jetzigen Matoniaceen sind jedoch nur der Rest einer im Erdmittelalter weit verbreiteten und artenreichen Farngruppe. Fossil wurden bis heute etwa 10 Gattungen mit mehr als 30 Arten bekannt. Von der oberen Trias bis zur oberen Kreide waren die etwa 25 *Phlebopteris*-Arten weltweit verbreitet. Sie wurden im atlantischen Nordamerika, in Grönland, Europa, Nordafrika bis Ostasien sowie in Australien festgestellt. In Wuchsform und Habitus waren sie *Matonia* sehr ähnlich, was in fast noch stärkerem Ausmaß für *Matonidium*, die im Jura und der unteren Kreide vorkam, und *Matoniella* gilt, die aus der oberen Kreide belegt ist. So weit bekannt, besaßen die fossilen Formen kein Indusium; es ist jedoch nicht auszuschließen, daß dies mit den Fossilierungsbedingungen zusammenhängen könnte.

Familie Dipteridaceae

Gegenwärtig wird die Familie nur durch die Gattung *Dipteris* vertreten, die mit ihren 8 Arten ebenfalls eine reliktäre Verbreitung in Süd- und Südostasien, besonders im indomalesischen Gebiet, aufweist. *Dipteris*-Arten treten meist im Unterwuchs von tropischen Gebirgswäldern auf und sind dort z. T. geradezu bestandsbildend. Sie stellen vorwiegend große, stattliche Erdfarne dar, deren langgestielte Wedel einem von braunen oder schwarzen Spreuschuppen dicht besetzten, weithin kriechenden Rhizom entspringen. Die Blätter sind ähnlich wie bei *Matonia* dichotom fußförmig geteilt, wobei der mittlere Einschnitt bis zum Grunde reicht. Das Schema (2) der Abbildung auf Seite 196 trifft im Prinzip auch für *Dipteris* zu. Weitere Übereinstimmungen liegen in der geringen Zahl der Sporangien im Sorus und dem Fehlen eines Stomiums bei den Sporangien. Dagegen haben die Sori kein Indusium, und sie stehen verstreut an der Blattunterseite. Dies, die maschenartige Verbindung der Seitenadern und andere Merkmale waren früher für manche Pteridologen der Anlaß, *Dipteris* zu den Polypodiaceen (im weiten Sinn) zu stellen, auch wenn man sich der Isoliertheit dieser Farngruppe durchaus bewußt war.

Eine Klärung brachten erst die zahlreichen Fossilfunde. Es zeigte sich, daß die Dipteridaceen zweifellos mit den Matoniaceen nahe verwandt sind, wie diese im Mesozoikum einen großen Formenreichtum hervorbrachten und weltweit verbreitet waren.

Den engsten Anschluß an die oben erwähnte Matoniaceengattung *Phlebopteris* stellt die Gattung *Thaumatopteris* dar, die von nicht wenigen Paläobotanikern geradezu als Übergangsglied zwischen Matoniaceen und Dipteridaceen aufgefaßt wird. Die Gattung *Thaumatopteris* ist mit etwa 20 Arten von der oberen Trias (Rhät) bis zum mittleren Jura (Lias) von zahlreichen Fundstellen bekannt geworden. Die Gattung wurde aus Eurasien, Spitzbergen, Grönland und Amerika nachgewiesen. Die von dem Paläobotaniker Schweitzer eingehend untersuchte *Thaumatopteris brauneana* bildete ein weithin kriechendes, gabelteiliges Rhizom aus, dem die etwa 1,5 m langen, kräftigen Blattstiele entsprossen, die oben eine kranzförmige

Spreite aus großen Fiedern 1. Ordnung bildeten. Eine Rekonstruktion dieser Art macht einen sehr ähnlichen Eindruck wie die von *Phlebopteris polypodioides.*

Aus derselben Zeit wie *Thaumatopteris* stammt die etwa 10 fossile Arten umfassende Gattung *Clathropteris.* Auch diese Arten waren große Erdfarne mit langem Blattstiel, jedoch machen die großen, stark netznervigen Fiedern bei bruchstückhafter Erhaltung einen angiospermenartigen Eindruck und wurden sogar für Blätter bzw. Blattreste von *Platanus, Juglans* u. a. gehalten, was allein schon von der zeitlichen Stellung nicht möglich ist.

Zu diesem Formenkreis, der auch als eigene Unterfamilie – den Dipteroideen – angesehen wird, gehören ebenfalls die mehr als 15 Arten der fossilen Gattung *Hausmannia.* Diese zarten, kaum mehr als eine Handspanne hohen Farne konnten von der oberen Trias bis zum Tertiär (Oligozän) nachgewiesen werden. Ältere Angaben aus dem unteren Perm (Rotliegendes) erwiesen sich als irrtümlich. Die *Hausmannia*-Arten stellen mit ihren einfachen, ein- bis mehrfach geteilten Blättern, die bei manchen Arten fast herzförmig aussehen, eigentlich eine Jugendform der rezenten *Dipteris*-Arten dar, bei denen die ersten Blätter eine ähnliche Gestalt aufweisen. Eine rezente, erst in jüngerer Zeit in Neuguinea entdeckte Art, die als *Dipteris novoguineensis* beschrieben wurde, entspricht morphologisch weitgehend manchen *Hausmannia*-Arten. Wenn diese *Dipteris*-Art in die Gattung *Hausmannia* überführt wird, bedeutete dies, daß sich diese Gattung vom Rhät bis in die Gegenwart erhalten hätte. Besonders im Jura und der unteren Kreide waren *Hausmannia*-Arten wohl weltweit verbreitet; es gibt Nachweise von Eurasien, Grönland, Amerika und sogar Australien.

Zu den merkwürdigsten Farnen, die auf unserer Erde überhaupt gelebt haben, dürften die Vertreter der Unterfamilie *Camptopteroideae* gehören. Sie sind nur fossil bekannt und wiesen einen überaus kennzeichnenden Wedelbau auf. Der Blattstiel (die Rhachis) gabelte sich im oberen Teil dichotom, so daß 2 gleichwertige Gabeläste entstanden. Von diesen gingen dann einseitig nach außen gerichtete Fiedern ab.

Bei der Gattung *Dictyophyllum* waren die Fiedern in einer Ebene ausgebreitet, bildeten somit einen langgestielten, fast pfauenradartig anmutenden Wedel (s. Abb.). Von dieser Gattung sind mehr als 20 Arten bekannt, die von der mittleren Trias bis zur unteren Kreide reichten und weltweit verbreitet waren.

Noch viel komplizierter gebaut waren die

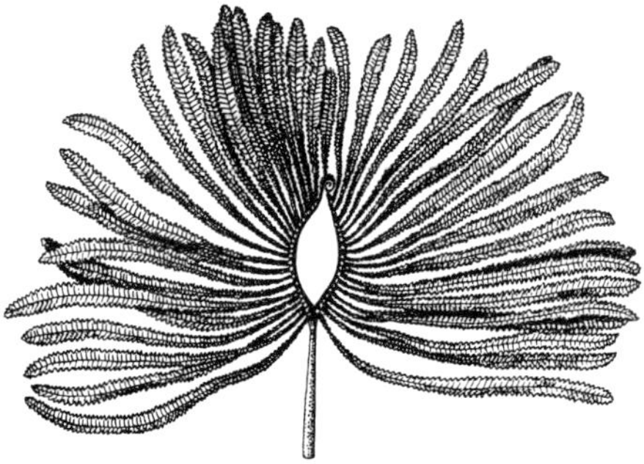

Dictyophyllum exile, aus dem Rhät, Rekonstruktion nach Nathorst

Camptopteris spiralis, Rhät von Schonen, Rekonstruktion. Mit ihren Raumblättern war diese Art eine der merkwürdigsten Farne, die je gelebt haben (aus Wettstein).

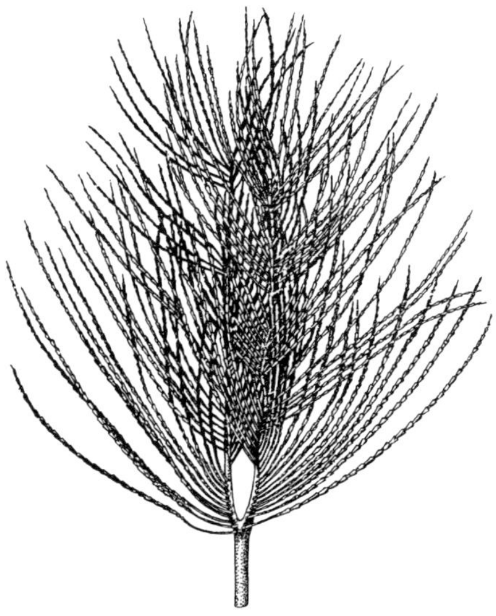

Wedel der Gattung *Camptopteris*. Auch hier war der Wedel zweiteilig und die Rhachis in zwei starke, gleichwertige Gabeläste geteilt, die spiralig gedreht waren. An diesen standen die einseitig entwickelten, sehr zahlreichen (bis 160), steil aufwärts gerichteten und bis 50 cm langen, schmalen Fiedern. *Camptopteris spiralis* (s. Abb.) bildete somit auf sekundärem Weg wieder »Raumblätter« aus, eine bei den Farnen einmalige Raumausnützung. Die wohl seltene Art wurde aus dem Rhät (oberer Keuper) von Schonen in Südschweden bekannt; die Gattung *Camptopteris* trat jedoch mit einer anderen Art schon im mittleren Keuper auf.

Familie Hautfarne, Hymenophyllaceae

Der Name dieser sehr umfangreichen Familie, die etwa 600 Arten zählt, bringt bereits ein kennzeichnendes Merkmal zum Ausdruck. Die Blätter sind nämlich bei fast allen Arten nur eine Zellschicht dick – wenn man von den Rippenpartien absieht – und daher durchscheinend, hautartig zart. Die Hymenophyllaceen haben ihre Hauptentfaltung, sowohl was die Formenfülle als auch ihre Verbreitung betrifft, in den tropischen Regenwäldern, und zwar besonders in den immerfeuchten Gebirgslagen der Südhemisphäre, z. B. den Nebelwäldern am Ostabhang der Anden, in Neuseeland usw. Die meisten Hautfarne wachsen epiphytisch, oft eingebettet in üppige Moospolster. Sehr viel seltener sind sie Erd- oder Felsbewohner. Auch da bevorzugen sie im allgemeinen besonders feuchte Lagen, wie Spritzzonen im Bereich von Wasserfällen usw.

In die nördlichen gemäßigten Breiten reichen nur wenige Arten. Einige kommen in Japan vor, die besonders weit verbreiteten Arten *Trichomanes speciosum* und *Hymenophyllum tunbrigense* treten sogar in einigen Teilen des westlichen und mittleren Europas auf. Diese Arten sind als extreme Ausläufer eines meist tropischen Verwandtschaftskreises zu betrachten.

Die meisten Hautfarne haben dünne, kriechende Rhizome ohne Spreuschuppen, an denen in verhältnismäßig weiten Abständen die Blätter in 2 Reihen stehen. Eine Eigentümlichkeit vieler Arten besteht darin, daß die Blätter sich keineswegs nur an den jüngsten Rhizomteilen entwickeln, d. h. in akropetaler Folge, sondern daß sie recht unregelmäßig am Rhizom zur Ausbildung gelangen. Die Form der Blätter ist überaus mannigfaltig, so daß man auf den ersten Blick bei vielen Vertretern kaum verwandtschaftliche Zusammenhänge annehmen möchte. Einige Arten bilden ganzrandige, ungeteilte Blätter aus, andere einfach fiederspaltige bis mehrfach gefiederte, bei einigen sind die Fiedern breit-hautrandig, bei anderen ganz schmal und fast haarförmig aufgeteilt, wieder andere sind großflächig-rundlich, nierenförmig oder erinnern in ihrer Form an die Wedel des Engelsüßfarnes. Nicht minder variabel sind die Größe und andere Eigenschaften. Unter den Hymenophyllaceen finden wir mit die kleinsten und zierlichsten Farne, die man gegenwärtig kennt. Manche sind nur wenige Zentimeter groß und haben so stark reduzierte Leitbündel, daß sie wie Laubmoose aussehen. Dieser moosartige Eindruck wird bei etlichen besonders zarten Formen noch dadurch erhöht, daß sie keine Wurzeln ausbilden und daher wie die Moose Einrichtungen zur direkten Wasseraufnahme durch die Blattzellen entwickelt haben. Einige Arten bilden dagegen recht stattliche Wedel aus, die bis zu einem halben Meter groß werden können. Stets weisen die Blätter eine offene Nervatur auf, und im Gegensatz zu fast allen anderen Farnen besitzen sie niemals Spaltöffnungen.

Ein wesentliches Kennzeichen der Hymenophyllaceen liegt in der Stellung und Ausbildung der Sporangien begründet. Dadurch sind sie trotz aller vegetativen Mannigfaltigkeit von den anderen Polypodiales leicht zu unterscheiden. Die Sori werden immer am Rand der Blätter – marginal – angelegt, ohne deren Ober- oder Unterseite anzugehören. Die Sporangien nehmen ihren Ursprung an der Fortsetzung einer Blattader, die sich bei manchen Arten als mehr oder weniger langer, haarförmiger Fortsatz über den Blattrand hinaus erstreckt. Die sitzenden Sporangien werden von einer Hülle bedeckt bzw. geschützt, die aus 2 Auswüchsen gebildet wird, die aus der Ober- und Unterseite des Blattes entstehen. Auch wenn man dieses trichter- oder becherförmige bzw. zweilippige Gebilde als Indusium bezeichnet, so hat dieses außer der Funktion kaum viel mit den Indusien der anderen Farne gemein. Die Sporangien selbst haben einen horizontal oder schief verlaufenden Anulus.

Auch in der Ausbildung der Prothallien weichen die Hymenophyllaceen von den anderen Farnen erheblich ab. Die Prothallien stellen entweder einschichtige, bandartige Gebilde dar, oder sie sind fädig entwickelt und fast stets mehr oder weniger stark verzweigt. Nicht selten tritt eine ungeschlechtliche Vermehrung des Gametophyten auf, wobei aus den Brutknospen wiederum Prothallien hervorgehen.

Die Hautfarne gehören ebenfalls zu den geologisch älteren Farnfamilien. Es liegen von ihnen zwar nur recht wenige Fossilfunde vor, was bei der zarten Konstitution der Pflanzen nicht weiter überrascht. Diese zeigen aber, daß die Familie schon im Oberkarbon vorhanden war. Die fossilen Formen weichen von den rezenten z. T. nur wenig ab; sie werden entweder direkt zu *Hymenophyllum* oder zur Gattung *Hymenophyllites* gerechnet.

Bei der Abgrenzung der Familie gibt es kaum offene Fragen. Um so problematischer ist die Gattungsgliederung. Vielfach werden nur 4 Gattungen unterschieden: *Trichomanes, Cardiomanes, Serpyllopsis* und *Hymenophyllum*. Erstere besteht in dieser weiten Fassung aus etwa 300, letztere ebenfalls aus etwa 300 Arten. Gerade diese beiden Gattungen sind aber in verschiedener Hinsicht heterogen und werden daher von manchen Autoren sogar in 42 Gattungen aufgespaltet. Eine derartig weitgehende generische Differenzierung ist jedoch nicht unwidersprochen geblieben und nicht allgemein anerkannt.

Die Prothallien der meisten Arten der Gattung *Trichomanes* bestehen aus reichlich verzweigten, einfachen Zellfäden, die sehr an das Protonema der Moose erinnern. Manchmal erfolgt sogar eine Differenzierung in oberirdische grüne Fäden und bleiche unterirdische Haftfäden. Einige *Trichomanes*-Arten bilden auch verzweigte, bandförmige Prothallien aus. Kennzeichnend für die Gattung ist weiterhin die trichter-, krug- oder röhrenförmige Gestalt der Indusien.

Zu den weitverbreiteten tropischen Arten gehört z. B. das überaus zierliche *Trichomanes muscoides* oder das habituell ähnliche *Trichomanes pusillum* aus dem tropischen Amerika. In diesem Gebiet sind neben vielen anderen Arten auch das wesentlich größere, durch fadenförmig aufgeteilte Wedel ausgezeichnete *Trichomanes capillaceum* oder das rundblättrige *Trichomanes membranaceum* beheimatet. Die einzige bis nach Europa reichende Art stellt *Trichomanes speciosum* dar, die vor allem pantropisch verbreitet ist, aber auch bis Japan und den extrem atlantischen Westen Europas vordringt. Während die allermeisten *Trichomanes*-Arten keine Differenzierung in fertile und sterile Blätter aufweisen, ist eine deutliche Heterophyllie bei einigen wenigen Arten zu beobachten. Diese werden von manchen zur Gattung *Feea* gestellt. So bilden z. B. *Trichomanes heterophyllum* und *Trichomanes spicatum* – beide aus dem tropischen Südamerika – langgestielte Sporophylle aus, die wie eine zweizeilige Ähre aussehen.

Cardiomanes reniforme, die einzige Art

Trichomanes, ein tropischer Hautfarn aus Madagaskar

Englischer Hautfarn, *Hymenophyllum tunbrigense*. Die Sori dieses einzigen mitteleuropäischen Vertreters der tropischen Hautfarngewächse werden von zweiklappigen Indusien bedeckt, die randständig stehen und fast kugelig aussehen.

dieser Gattung, zeichnet sich durch verhältnismäßig derbe, mehrschichtige Blätter aus. Da jedoch auch bei ihr die Jugendblätter die typische Hymenophyllaceen-Einschichtigkeit aufweisen, dürfte es sich um eine abgeleitete Sippe handeln. Die Art kommt nur in Neuseeland vor.

Bei der ebenfalls im weiteren Sinne verstandenen Gattung *Hymenophyllum* sind die Prothallien vielfach bandförmig, verzweigt und haben die Gestalt einiger thallöser Lebermoose. Es gibt jedoch zahlreiche Übergänge bis zu mehr oder weniger herzförmigen Prothallien, die den Verhältnissen der meisten Polypodiales entsprechen.

Im Gegensatz zur erstgenannten Gattung sind hier die Indusien deutlich zweilippig bzw. zweiklappig. Bei *Hymenophyllum* gibt es einen ganz ähnlichen Formenschwarm wie bei *Trichomanes*. Eine sehr kleine Art ist z. B. das südamerikanische *Hymenophyllum pusillum*. Zu den zierlichen Arten gehört u. a. auch der Englische Hautfarn, *Hymenophyllum tunbrigense*, das in den ganzen Tropen verbreitet ist, mit Ausläufern aber auch bis Europa hineinreicht. Die auf das europäisch-atlantische Gebiet beschränkte Art kommt in den westlichen Pyrenäen, in Nordwestfrankreich, Großbritannien, Irland und Südwestnorwegen vor und hat verstreute Einzelvorposten in Luxemburg, dem Unterelsaß und den Vogesen. Bis um die Jahrhundertwende war die Art auch im Elbsandsteingebirge vorhanden. Eine weitere *Hymenophyllum*-Art *(Hymenophyllum wilsonii)* erreicht Europa nur im äußersten Westen.

Familien Dicksoniaceae und Cyatheaceae

Da diese beiden Familien, die vor nicht langer Zeit von Farnforschern sogar zu einer zusammengefaßt wurden, eine Reihe von Gemeinsamkeiten aufweisen, seien diese vorangestellt, um Wiederholungen zu vermeiden. Auf die Besonderheiten der beiden Familien wird später eingegangen werden.

Farne, die einen mehr oder weniger hohen Stamm ausbilden, gibt es in verschiedenen Verwandtschaftskreisen. Wir hatten solche bereits bei den Marattiales (vor allem den fossilen) und den Osmundaceen *(Leptopteris, Todites)* kennengelernt. Auch unter den Dryopteridaceen und Blechnaceen gibt es baumfarnartige Sippen. Während diese bei den genannten Gruppen Ausnahmeerscheinungen darstellen, ist ein baumförmiger Wuchs bei den Dicksoniaceen und Cyatheaceen das Normale. Man kann diese Familien als »Baumfarne« schlechthin bezeichnen.

Allerdings sind keineswegs alle Dicksoniaceen und Cyatheaceen hohe, baumförmige Gewächse. Es gibt etliche Arten, die nur einen recht kurzen Stamm von einigen Dezimetern Höhe ausbilden oder die sogar stammlos sind. Vielfach ist die Stammhöhe allerdings nicht so sehr eine artspezifische Angelegenheit als vielmehr der Ausdruck günstiger oder ungünstiger Lebensverhältnisse. Bei vielen Arten kann die Stammhöhe zwischen wenigen Dezimetern und mehreren Metern variieren. Die meisten Baumfarne erreichen unter einigermaßen günstigen Umweltbedingungen Höhen von etwa 4 bis 6 m. Größere Dimensionen bis zu etwa 10 m sind schon erheblich seltener und nur unter sehr günstigen Klima- und Bodenbedingungen anzutreffen. Unter optimalen Verhältnissen können einige Arten sogar 12 bis 15 m Höhe erreichen, z. B. *Cyathea usambarensis, Cyathea lanuginosa, Cyathea dealbata, Cyathea australis* oder *Dicksonia squarrosa* und *Dicksonia antarctica*. Höhen von über 15 m müssen als Seltenheiten gelten; von *Cyathea kermadecensis* (die auf den in der Südsee gelegenen Kermadec-Inseln vorkommt) wurde von 15 bis 20 m hohen Exemplaren berichtet, ebenso von *Cyathea excelsa, Cyathea glauca, Cyathea canaliculata, Cyathea cooperi,* und vereinzelte Angaben sprechen sogar von Stammhöhen bis zu 25 m. Die Stämme sind fast durchweg sehr schlank und tragen am oberen Ende eine Krone großer, oft mehrere Meter langer Blätter.

Die Dicksoniaceen und Cyatheaceen besitzen wie alle stammbildenden Farne typische »Blattwurzelstämme«. Der eigentliche Stammkörper ist im unteren Teil verhältnismäßig dünn und nimmt nach oben an Umfang zu. Er zeigt im Querschnitt mehrere große, nach außen eingekrümmte Gefäßplatten, die beiderseits durch Sklerenchymplatten verstärkt sind. Diese Gefäßplatten bilden eine netzförmige Röhre und werden von einem Mantel umgeben, der aus den stehengebliebenen untersten Teilen der Blattstiele und vielen herablaufenden Adventivwurzeln besteht. Dieser Mantel wird zur Stammbasis zu immer mächtiger und übernimmt den Hauptteil der Festigungsfunktion. Insgesamt gesehen, erscheint der Stamm daher nach oben schwach verjüngt. Ein besonderes sekundäres Dickenwachstum gibt es nicht.

Nur wenige Cyatheaceen haben einfache, ungefiederte Blätter (z. B. *Cyathea sinuata*); bei den meisten Arten zeigen sie eine zwei- bis vierfache Fiederung und können 3 bis 5 m Länge erreichen, was gleichermaßen für die Dicksoniaceen gilt. Bei nicht wenigen Arten sind sowohl die Blattrhachis als auch der Stamm mit harten Dornen besetzt. Die Wedel hinterlassen beim Abfallen große ovale Narben, die vor allem an den oberen, noch nicht durch den Wurzelmantel verhüllten Stammteilen deutlich zu sehen sind.

Die Gestaltung der Sori und Indusien ist bei den einzelnen Familien und Gattungen recht verschieden; darauf wird später noch eingegangen werden.

Beide Familien kommen in den Tropen und Subtropen der ganzen Welt vor, haben ihren Verbreitungsschwerpunkt aber im Bereich der Südhemisphäre. Auf dem amerikanischen Kontinent reichen sie von Mittelamerika und den Antillen im Norden bis Feuerland; in Afrika erstreckt sich ihr Verbreitungsgebiet von Guinea, Südnigeria und Äthiopien im Norden bis zur Südspitze des Kontinents. Weiter kommen sie im südlichen Teil von Vorderindien und Sri Lanka (Ceylon) sowie in ganz Hinterindien vor. Besonders reich an Baumfarnen sind die gesamte südostasiatische Inselwelt sowie Australien, Tasmanien, Neuseeland und die Südseeinseln. Mit Südjapan wird der nördlichste Punkt des asiatischen Areals erreicht.

Die wichtigste Bedingung für das Gedeihen der Baumfarne sind ganzjährig und ständig feuchte (besonders luftfeuchte) und thermisch sehr ausgeglichene Klimate. Sie treten daher vor allem in den tropischen Bergwäldern von der unteren Bergwaldstufe bis zu den verhältnismäßig kühlen Nebel- und Wolkenwäldern auf. In Ekuador und Peru kommen sie sogar bis in Höhen von etwas über 4 000 m vor. Weiter nach Süden zu liegt ihr Vorkommensbereich in geringeren Meereshöhen, und in den extrem ozeanischen Gebieten des südlichsten Südamerika (Feuerland) und von Neuseeland gehen sie bis fast an den Meeresspiegel herunter und können selbst nahe der antarktischen Waldgrenze gedeihen. Auf Neuseeland wachsen Baumfarne sogar in unmittelbarer Nähe von Gletschern. Wegen ihrer ausgesprochenen Empfindlichkeit gegen Austrocknung fehlen sie in vielen Gebieten der Nordhalbkugel, da dort die ausgeprägte Kontinentalität ihrem Gedeihen Grenzen setzt. Die Bevorzugung der Südhemisphäre geht demnach vor allem auf klimatische Faktoren zurück. Von diesen hängt auch die Wuchshöhe weitgehend ab, wie viele Beobachtungen zeigen. An der horizontalen und vertikalen Verbreitungs-

Cyathea cooperi, ein Baumfarn von Queensland (Australien)

grenze bilden fast alle Baumfarne nur noch niedrige Stämme aus. In den tropischen oder subtropischen Bergwäldern gehören sie vor allem der untersten, niedrigsten Baumschicht an.

In Europa kommen Baumfarne von Natur aus nur in einer Art *(Culcita macrocarpa)* und auch nur an 2 kleinen, nicht weit voneinander entfernten Stellen vor. Die eine liegt in der Sierra de Ronda in der Nähe von Gibraltar, die andere bei Algeciras, beide somit in Südspanien. Diese Dicksoniacee ist auch auf den Azoren und Kanarischen Inseln anzutreffen. An 4 weiteren Stellen in Europa (West-Cornwall und den Scilly-Inseln im südwestlichen Großbritannien, in der Nähe von Porto in Portugal und am Lago Maggiore in Oberitalien) wachsen Baumfarne zwar im Freien und verjüngen sich auch, gehen aber auf Anpflanzungen zurück.

Die Familie Dicksoniaceae, bei der 5 Gattungen mit nur insgesamt knapp 40 Arten unterschieden werden, weist sowohl niedrigstämmige als auch viele Meter hoch werdende Arten auf. Kennzeichnend für sie ist, daß die Sori stets am Rande der Fiedern auftreten und in einer zweiklappigen Tasche stehen, von der ein Teil das eigentliche Indusium, der andere Teil dagegen einen umgebildeten Blattzahn darstellt.

Bei der nur eine Art – *Thyrsopteris elegans* – umfassenden Gattung *Thyrsopteris* handelt es sich um kleinere, 1 bis 2 m hohe Baumfarne mit immerhin 2 bis 3,5 m langen, bis fünfmal gefiederten Blättern. Diese Art kommt nur auf der Insel Juan Fernandez vor. Sie ist (wenn sie nicht als eigene Familie aufgefaßt wird) gegenüber den anderen Dicksoniaceen vor allem dadurch ausgezeichnet, daß die Sporangien nur an den unteren Fiedern 1. Ordnung ausgebildet werden. Diese fertilen Fiedern weisen eine sehr starke Reduktion der Spreite auf und heben sich dadurch morphologisch deutlich vom vegetativen Wedelteil ab. Die büschelig angeordneten Sori werden von schüsselförmigen, oben offenen Indusien umgeben. *Thyrsopteris* wird fast übereinstimmend als eine der primitivsten Dicksoniaceen angesehen.

In ihre Verwandtschaft gehört auch die oben erwähnte Gattung *Culcita* (7 Arten), deren Vertreter entweder nur niedrige oder schräg aufsteigende Stämme ausbilden, die jedenfalls nicht baumartig aussehen. Eine Art kommt, wie erwähnt, auf den atlantischen Inseln und in Südspanien vor, eine andere im tropischen Amerika, die anderen treten weit verbreitet im Gebiet von Malesien, Ostaustralien bis Polynesien auf.

Mit etwa 20 Arten ist die Gattung *Dicksonia* die umfangreichste der Familie. Diese stattlichen Baumfarne kommen vor allem im australisch-malesisch-polynesischen Gebiet vor, nur 2 Arten sind neotropisch.

Im Gegensatz zu den Dicksoniaceen stellen die Cyatheaceen mit etwa 650 Arten die eigentliche Baumfarnfamilie dar. Die meisten ihrer 6 Gattungen sind sehr artenreich. Bei den Cyatheaceen werden die Sori immer auf den Blattflächen gebildet; sie haben becherförmige oder fast kugelig geschlossene *(Cyathea)*, bzw. schuppenförmige Indusien (ein Teil der *Alsophila*-Arten), oder sind indusienlos (*Alsophila* z. T., *Trichipteris*). Wichtige taxonomische Merkmale zur Kennzeichnung der Gattungen haben sich im Bau der Spreuschuppen herausgestellt, mit denen die Triebe meist dicht bedeckt sind. Über die Lebensdauer der Baumfarne ist bisher wenig bekannt geworden. So weit Beobachtungen vorliegen, ergaben sie ein Alter von 30 Jahren *(Cyathea arborea)* und 130 Jahren *(Alsophila bryophila)*. Enorm hoch scheint die Sporenproduktion von Cyatheaceen zu sein; für die erwähnte *Cyathea arborea* wurden während ihrer Lebensdauer 1,25 Billionen Sporen ermittelt. Auch wenn eine solche Zahl gewiß mit mancher Unsicherheit behaftet ist, macht sie doch die hohe Vermehrungs- und Ausbreitungskapazität verständlich, die nicht wenige Baumfarne zeigen.

Alsophila ist mit etwa 230 Arten die formenreichste Gattung. Sie kommt pantropisch vor, hat aber eindeutig ihren Schwerpunkt in den altweltlichen Tropen; in Amerika sind lediglich 13 Arten anzutreffen. *Alsophila* ist eine der »typischen« Baumfarn-Gattungen. Eine ebenfalls fast pantropische Verbreitung – jedoch außer Afrika und Madagaskar – weisen die etwa 120 *Sphaeropteris*-Arten auf.

Die Gattung *Cyathea* ist mit etwa 110 Arten ähnlich formenreich. Knapp die Hälfte ihrer Arten sind neuweltlich und besiedeln das Gebiet von Südmexiko, die Antillen, und reichen bis Nordargentinien, sie kommen außerdem auf den weit entfernten Galapagos- und Cocos-Inseln vor. Die Mehrzahl der Arten gedeiht in den altweltlichen Tropen.

Die größte ökologische Breite weisen die etwa 90 *Trichipteris*-Arten auf. Auch sie sind in den gesamten Tropen anzutreffen, wobei mit etwa 50 Arten ein leichter Schwerpunkt in Amerika liegt. Sie kommen nicht nur in Regenwäldern und feuchten Berg- und Nebelwäldern vor, sondern auch in Sumpfwäldern, Savannen und Grasländern.

Auf das tropische Amerika beschränken sich die etwa 20 *Nephelia*-Arten, für die große, schwarze Dornen an Stamm und Blattstielen besonders kennzeichnend sind. Dagegen handelt es sich bei den Vertretern der Gattung *Cnemidaria* (etwa 40 Arten) um niedrigwüchsige Pflanzen, die als Bodenpflanzen viel Schatten ertragen können. Nur eine Art *(Cnemidaria horrida)* bildet einen bis 4 m hohen Stamm aus.

Schließlich bleibt noch zu ergänzen, daß die Dicksoniaceen wie die Cyatheaceen seit dem Jura fossil nachgewiesen wurden. Die Differenzierung der beiden Familien muß bereits zu dieser Zeit oder vorher erfolgt sein, da sie schon im Jura als gut getrennte Familien vorhanden waren. Die Baumfarne gehören somit ebenso wie die vorher dargestellten Familien zu den älteren Farnfamilien, deren Wurzeln präjurassisch zu suchen sind.

Familie Pteridaceae

Den wissenschaftlichen Namen dieser Familie könnte man mit »Flügelfarngewächse« oder »Saumfarngewächse« übersetzen, doch wir möchten solche Namen vermeiden, da sie zu irreführenden Gedankenverbindungen Anlaß geben könnten. Die Pteridaceen sind eine der problematischsten Gruppen der Polypodiales. Ihre Umgrenzung wird beinahe von jedem Bearbeiter anders vorgenommen, und dementsprechend verschieden sind auch die Auffassungen, welche Gattungen hierzu zu rechnen sind. Unabhängig davon, ob manche Gruppen als eigene Familien (nach Pichi-Sermolli) oder nur als Triben (nach Tryon) aufgefaßt werden, bestehen die Pteridaceen in der hier vorgenommenen Umgrenzung, die sich im Prinzip an die Gliederung von R. & A. Tryon anlehnt, aus 30 bis 40 Gattungen und 550 bis 800 Arten.

Die meisten Pteridaceen sind Erdfarne mit kurzen, aufrechten oder kriechenden, mehr oder weniger langgestreckten Rhizomen, die mit Haaren oder Schuppen bedeckt sind. Die Blattform ist wie bei allen umfangreicheren Farnfamilien sehr variabel, mehrfach gefiederte Wedel herrschen aber vor. Die Sporangien werden meist in der Nähe des Blattrandes angelegt; sie bilden bei einigen Sippen deutlich getrennte Sori, bei vielen anderen fließen sie zu einem kontinuierlichen Coenosorus zusammen. Indusien werden nur selten ausgebildet; meist übernimmt der umgeschlagene Blattrand deren Schutzfunktion.

Die Pteridaceen besitzen eine weltweite Verbreitung. Fossilfunde dieser Familie sind nicht häufig und zudem oft problematisch hinsichtlich der Zuordnung zu bestimmten Gattungen. Die ältesten Nachweise stammen aus dem mittleren Jura, die eigentliche Entfaltung erfuhr diese Farngruppe jedoch erst im Tertiär. Die Pteridaceen gehören somit zu den geologisch jungen Farnen.

Wegen der Formenfülle der Familie müssen wir uns hier auf die Darstellung einiger ausgewählter Sippen beschränken.

Die Vertreter der folgenden 7 Gattungen sind vorwiegend Erdfarne trockener Standorte, die verschiedene Anpassungen an die xerophytische Lebensweise zeigen.

Cheilanthes (etwa 130 Arten) tritt vor allem in Trockengebieten von Amerika, aber ebenso in Afrika, weniger in Australien auf. Auch im Mittelmeergebiet kommen mit *Cheilanthes pteridioides, Ch. hispanica, Ch. vellea* und *Ch. persica* 4 Vertreter dieser Gattung vor. Bei einigen Arten wird die Blattunterseite von einer weißen oder gelben Wachsschicht überzogen, die einen zusätzlichen Verdunstungsschutz darstellt. Von ihnen seien genannt: *Cheilanthes farinosa*, die besonders im Himalaja nicht selten, aber in den ganzen Tropen weit verbreitet ist, und *Cheilanthes argentea*, eine ostasiatische Art. Andere Arten zeichnen sich durch eine dichte Behaarung aus, wie sie auch für die folgende Gattung kennzeichnend ist.

Die Abgrenzung der durchweg xerophytische Felsfarne enthaltenden Gattung *Notho-*

Krauser Rollfarn, *Cryptogramma crispa.* Standortsbild von der Silvretta (Südalpen)

laena (etwa 70 Arten) von *Cheilanthes* ist sehr schwierig und problematisch. Manche Forscher ziehen beide daher zu einer Gattung zusammen. Besonders reich an *Notholaena*-Arten sind das westliche Amerika, vor allem die Anden, sowie Südafrika. Die einzige europäische Art, *Notholaena marantae,* mit unterseits dicht schuppigen Blättern kommt an trockenen Felsen im gesamten Mittelmeergebiet vor und strahlt von da bis Südwestfrankreich, die Schweiz, die Tschechoslowakei, Österreich, Ungarn, sowie den Balkan, die Krim usw. aus.

Ein- bis dreifach gefiederte Blätter haben die etwa 30 bis 35 *Pellaea*-Arten. Sie sind nahezu pantropisch verbreitet, reichen z. T. aber auch in warm-gemäßigte Gebiete. Sie besiedeln Nord- und Südamerika, Afrika, treten sehr selten sogar in Nordspanien auf *(Pellaea calomelanos)*, und reichen über Indien bis Australien und Neuseeland. Felsen und andere sonnenexponierte Standorte, wie Mauern u. dgl., sind ihre bevorzugten Wuchsorte. Die Trockenresistenz mancher *Pellaea*-Arten ist für Farne recht ungewöhnlich; es gibt nicht wenige, die eine völlige Austrocknung über lange Zeit ertragen. In einem Versuch, bei dem *Pellaea*-Pflanzen 5 Jahre im Exsikkator über Kalziumchlorid – also absolut trocken – gehalten wurden, wuchsen immerhin 5 % der Pflanzen weiter, nachdem sie Wasser erhalten hatten.

Auch die wenigen *Cryptogramma*-Arten sind Bewohner von Felsen und ähnlichen Standorten. Sie kommen jedoch außerhalb der Tropen vor. *Cryptogramma crispa,* der Krause Rollfarn, tritt auf subalpinen Geröllhalden aus kalkfreiem Urgestein selten auch im westlichen und südlichen Deutschland auf; häufiger ist die Art in Norwegen, wo sie über das Nordkap bis zur Halbinsel Kola reicht, im westlichen Schweden, den Britischen Inseln, in Südfrankreich, den Alpen und den Gebirgen der Iberischen Halbinsel. Diese Angaben beziehen sich auf die Unterart oder Varietät *crispa*; andere Unterarten oder Varietäten der Art, die gut unterscheidbar sind, kommen in Gebirgen von Nord- und Südamerika, dem Himalaja sowie in Nordostasien vor. *Cryptogramma* zeichnet sich u. a. durch ihre Blattdifferenzierung aus. Den schmalen, aufrecht stehenden Sporophyllen stehen die drei- bis vierfach gefiederten Laubblätter gegenüber.

Eriosorus (etwa 30 Arten) ist auf die südamerikanischen Anden von Bolivien bis Venezuela beschränkt. Die doppelt gefiederten Blätter dieser xerophytischen Farne sind stark behaart und bei Trockenheit zusammengerollt.

Nahe mit *Eriosorus* verwandt ist die gleichfalls südamerikanische Gattung *Jamesonia* (19 Arten). Diese im Habitus sehr eigenartigen Pflanzen sind hauptsächlich Bewohner der Paramos von Ekuador und Venezuela sowie der Puna von Peru und Bolivien. Für die halbwüstenartige Hochgebirgsvegetation ist die Gattung sehr charakteristisch. Sie zeichnet sich durch steif-aufrechte Blätter mit praktisch unbegrenztem Wachstum aus, bei denen die rundlichen Fiedern fast geldrollen-

Acrostichum aureum, der einzige Farn, der tropische Mangrovestandorte zu besiedeln vermag. Das Bild zeigt die Art an der Küste von Madagaskar.

Bei der Gattung *Jamesonia* bilden die steif aufrechten Blätter mit fast unbegrenztem Wachstum Fiedern aus, die geldrollenartig dicht übereinanderstehen. Die Jamesonien wachsen in den Hochländern der Anden.

artig übereinanderstehen. Die Blätter sind meist sehr dicht behaart. *Jamesonia* dürfte diejenige Farngattung sein, die am höchsten in die Gebirge hinaufreicht. *Jamesonia cinnamomea* wurde bis in 5000 m Höhe gefunden, *Jamesonia boliviensis* bis in 4700 m und mehrere weitere Arten bis in 4000 bis 4400 m. Die gar nicht »farnartigen« Blätter halten Frost und extremer Trockenheit stand und erreichen ein Alter von vielen Jahren, wenn nicht Jahrzehnten.

Die Gattung *Pteris* (Saumfarn) ist mit etwa 280 bis 300 Arten überwiegend tropisch verbreitet, einige Arten reichen aber auch bis nach Neuseeland, Tasmanien, Südafrika, Japan und den USA. Zwei Arten, *Pteris cretica* und *Pteris vittata* kommen sogar im Mittelmeergebiet vor; erstere in der mittleren und östlichen, letztere in der gesamten Mediterraneïs. Da der Kretische Saumfarn, *Pteris cretica*, verhältnismäßig wenig empfindlich gegen Lufttrockenheit ist, wird er vielfach als Blattzierpflanze kultiviert. Ähnliches gilt auch für die in Ostasien beheimatete *Pteris multifida*, die meist irrtümlich als *Pteris serrulata* bezeichnet wird. Während diese Arten kaum viel höher als 50 cm werden, gibt es innerhalb der Gattung *Pteris* auch sehr stattliche Formen, so die süd- und südostasiatische *Pteris excelsa*, die bis 3 m hoch werden kann, und die nicht minder große *Pteris fraseri* aus Ekuador. Viele der tropischen *Pteris*-Arten bevorzugen feuchte bis sumpfige Stellen in den verschiedensten Waldtypen.

Bei der nur aus wenigen Arten bestehenden Gattung *Acrostichum* ist die systematische Stellung noch nicht ganz klar, was mit den Anpassungen an ihre Lebensweise zusammenhängt. Die bedeutendste Art, *Acrostichum aureum*, bildet ein kurzes, aufrechtes Rhizom aus, das oben einen Kranz kräftiger, aufrechter und bis zu 1,5 m langer Wedel trägt. Die Art ist besonders durch ihren Lebensraum bemerkenswert. Sie besiedelt die brackischen Mangrovesümpfe und ist beinahe an allen tropischen Küsten anzutreffen. Es handelt sich um den einzigen Farn, der an diesen extremen Standorten zu gedeihen vermag.

Familie Frauenhaargewächse, Adiantaceae

Diese Familie besteht nur aus der Gattung *Adiantum* mit etwa 200, überwiegend tropischen Arten. Die Gattung ist sehr klar umgrenzt; ob man sie zu einer selbständigen Familie stellt oder den Pteridaceen zuordnet, ist Auffassungssache. Auf jeden Fall besteht eine nahe Verwandtschaft mit der vorigen Familie.

Ähnlich wie bei den Pteridaceen werden auch bei *Adiantum* die Sori vom umgeschlagenen Blattrand bedeckt. Bei den meisten Arten ist es jedoch nicht der ganze Blattrand der Fiedern, sondern es sind nur einzelne, aneinandergereihte Blattlappen, die derartige »falsche Indusien« bilden.

Es handelt sich bei *Adiantum* um Erd- oder Felsfarne, die einen reizvollen Blattschnitt aufweisen und daher viel als Blattzierpflanzen kultiviert werden. Der ästhetische Eindruck geht sowohl auf die klare Linienfüh-

Der Frauenhaarfarn, *Adiantum capillus-veneris*, wird wegen seiner grazilen Wedel oft in der Blumenbinderei verwendet.

rung der Wedel als auch auf den Farbkontrast zwischen dem hellen bis kräftigen Grün der Fiedern und dem glänzenden Schwarz der Stiele zurück. Fast alle Arten haben gefiederte Blätter. Je nach dem Grad der Fiederung, der ein- bis sechsfach sein kann, ist die Blattform ziemlich verschieden, auch wenn ein einheitlicher Grundzug unverkennbar ist. Einfache rundliche, nicht gefiederte Blätter von schwarzgrüner Farbe und ledrigem Aussehen hat dagegen *Adiantum reniforme*, ein zierlicher Mauerfarn der Inseln des Atlantischen Ozeans, besonders der Kanaren. *Adiantum capillus-veneris*, der Frauenhaarfarn, gehört wegen der starken Fiederung zu den sehr grazilen Arten. Er reicht von den Tropen und Subtropen bis nach Südwestengland und den Südalpen und ist fast im ganzen Mittelmeergebiet an feuchten Felsen oder auf Kalktuff anzutreffen. Die Art wird wie andere feingliedrige *Adiantum*-Arten (z. B. *Adiantum cuneatum, A. crenatum*) viel in der Blumenbinderei verwendet.

Besonders arten- und individuenreich ist Südamerika. Die *Adiantum*-Arten kommen von den Tiefländern bis hoch in die Gebirge vor. Einige Arten, wie *Adiantum raddianum, A. digitatum* usw., wurden in den Anden selbst noch in 4000 m Höhe angetroffen.

Adiantum trapeziforme. Wedelteil mit teilweise umgeschlagenen Blatträndern, die als Pseudoindusien fungieren

Familie Platyzomaceae

Diese monotypische Familie wird nur durch die eine Art *Platyzoma microphyllum* repräsentiert. Sie ist bis jetzt zwar nicht sicher systematisch einzuordnen, weist aber Merkmale auf, die eine Verwandtschaft mit den Pteridaceen nicht ausschließen. Die Art stellt jedoch insofern eine Besonderheit unter den Polypodiales dar, da sie die einzige bisher bekannte heterospore Sippe ist. Dabei handelt es sich um einen recht unscheinbaren, kleinen Farn, der auf armen, sandigen Böden, die zeitweise überstaut werden und zeitweise trocken liegen, im küstennahen Gebiet Nordaustraliens vorkommt. Er ist zugleich heterophyll, da die aufrechten, nur mit winzigen taschenförmigen Fiedern besetzten Laubblätter in der Gestalt von den fadenförmigen Sporophyllen abweichen. Die Art macht einen annähernd jamesoniaartigen Eindruck. Aus den verschieden großen, kugeltetraëdrischen Sporen entwickeln sich auch verschieden große, geschlechtlich differenzierte Prothallien. Die Mikroprothallien sind relativ klein und fadenförmig.

Ceratopteris ist einer der wenigen Farne, die zum Wasserleben übergegangen sind. Den aufrechten Sporophyllen mit reduzierten Spreiten stehen rosettige vegetative Blätter und Brutblätter gegenüber.

Familie Hornfarngewächse, Parkeriaceae

Es handelt sich hier nur um eine ganz kleine Familie mit (je nach Auffassung) 1 bis 4 Arten, die alle zur Gattung *Ceratopteris* gehören. Durch ihre Lebensweise verdient diese kleine Farngruppe jedoch hervorgehoben zu werden. Es sind Wasserpflanzen, die entweder frei auf dem Wasser schwimmen oder im Schlamm wurzeln.

Ceratopteris besiedelt flache Tümpel, langsam fließende Gewässer und Kanäle und kann diese mit einer lückenlosen Decke überziehen. Auch als Unkrautpflanze in Reisfeldern ist sie in manchen Gebieten nicht selten. *Ceratopteris* hat eine kurze, aufrechte Achse, an der die saftig-fleischigen vegetativen Blätter eine Rosette bilden. Die Sporophylle stehen dagegen aufrecht, sind stärker aufgeteilt und haben eine stark reduzierte Spreite. Die fast sitzenden Sporangien entstehen auf der ganzen Unterseite und werden in der Jugend durch den umgerollten Blattrand der Sporophylle geschützt.

Die *Ceratopteris*-Arten sind einjährige Pflanzen – ein für Farne einzig dastehender Fall. Sie vermögen jedoch durch die stark ausgeprägte vegetative Vermehrung tatsächlich zu perennieren. Diese Vermehrungsform ist bei *Ceratopteris* sogar sehr viel wirksamer als die über die Sporen- und Gametophytenbildung. An den Rändern der Blätter entstehen Knospen, die rasch zu Brutblättern auswachsen und neue Pflanzen bilden. Da diese aber zunächst mit der Mutterpflanze zusammenhängen, können bald größere Wasserflächen bedeckt werden.

Der Lebenszyklus ist übrigens der kürzeste, der bisher bei Farnen festgestellt wurde. Bei *Ceratopteris thalictroides* werden die Prothallien schon 15 Tage nach der Sporenaussaat geschlechtsreif und nach weiteren 3 Monaten bereits Sporangien gebildet.

Die Gattung ist in den gesamten Tropen verbreitet und tritt nicht selten geradezu massenhaft auf. Sie kommt sowohl in Mittel- und Südamerika als auch in Afrika vor und ist vom Pandschab (nordwestliches Vorderindien) bis Japan ebenso zu finden wie in Südostasien, Polynesien und Nordaustralien. Die etwas fleischigen Blätter werden in manchen Gebieten als Gemüse bzw. Salat gegessen.

Familie Dennstaedtiaceae

Die Umgrenzung dieser Familie bereitet noch erhebliche Schwierigkeiten und ist keineswegs als gesichert anzusehen. Besonders eine Aufteilung in 2 Familien, die Dennstaedtiaceen und die Hypolepidaceen, wie

Wedelentfaltung des Adlerfarns, *Pteridium aquilinum*, im Frühjahr

Teilbild eines Wedels des Adlerfarns, *Pteridium aquilinum*

sie von einigen Pteridologen vorgenommen wird, ist mit nicht wenigen Unsicherheiten und Unklarheiten behaftet. R. & A. Tryon rechnen zu den Dennstaedtiaceen 17 Gattungen, die überwiegend pantropisch verbreitert sind und nur selten bis in die gemäßigten Gebiete hineinreichen. Hinsichtlich der Wuchsformen oder der Blattgröße verhalten sich die einzelnen Vertreter sehr verschieden. Die Stämme wachsen z. T. aufrecht – selten treten sogar baumartige Formen auf –, oder sie bilden kurze oder sehr weitstreichende Rhizome. Die Blätter weisen bei der überwiegenden Zahl der Arten eine mehrfache Fiederung auf; bei wenigen Arten gibt es aber auch ungefiederte Blätter, und die Blattlänge umfaßt eine Spanne von etwa 20 cm bis 7 m. Die Sporangien stehen in Sori und werden teilweise durch normale Indusien, bei anderen durch den zurückgekrümmten Blattrand geschützt.

Wir wollen uns hier nur auf die Gattung *Pteridium* beschränken. Die einzige Art dieser Gattung ist der bekannte Adlerfarn, *Pteridium aquilinum*. Er ist fast kosmopolitisch verbreitet, nur die Polar- und die extremen Trockengebiete werden von ihm gemieden. Vor allem auf ärmeren Böden bildet er oft ausgedehnte Bestände, und in günstigen Fällen können die Wedel hier sogar 3 bis 4 m hoch werden. Nach Windbruch oder Kahlschlägen wird er auf entsprechenden Standorten zu einem gefährlichen Forstunkraut, breitet sich stark aus und verhindert durch seine Schattwirkung das Aufkommen von Gehölzen. In den Tropen tritt der Adlerfarn vor allem auf Brandflächen auf.

Die Wedel entstehen – je einer pro Jahr – an einem vielfach verzweigten Rhizom, das große Längen und ein sehr hohes Alter erreichen kann. In Finnland konnten Rhizome von 60 m Länge und mehr, sowie ein Alter bis 1500 Jahren nachgewiesen werden! Der Adlerfarn vermehrt sich in erster Linie vegetativ durch die Rhizome. Die Art ist in allen Teilen giftig und wirkt krebserregend; die betreffenden Wirkstoffe sind jedoch noch unbekannt. Trotzdem werden in Japan Adlerfarnrhizome als Gemüse gegessen.

Bemerkt sei noch, daß *Pteridium* früher meist zur Familie der Pteridaceen gerechnet wurde.

Familie Sumpffarngewächse, Thelypteridaceae

Diese und die folgenden 2 Familien stellen mit mehr als 2000 Arten nicht nur einen umfangreichen, sondern auch einen schwer zu gliedernden Formenkreis dar, bei dem die Auffassungen selbst führender Farnforscher hinsichtlich der Gliederung in Familien, ganz besonders aber der in Gattungen offenbar noch sehr weit divergieren. Vergleicht man die Systemvorschläge, die in neuer Zeit gemacht wurden, genauer, gewahrt man eine in vielen Punkten übereinstimmende oder einander nahekommende Auffassung der Umgrenzung bestimmter Gruppen. Sie sind in den meisten modernen Gliederungen enthalten, wenn auch manchmal in einer etwas anderen Umgrenzung. Insofern erfuhr das System der geologisch jungen Polypodiales-Gruppen in den letzten 2 Jahrzehnten zweifellos einen erheblichen Erkenntniszuwachs und ein Trend, zu einem natürlichen System zu gelangen, ist nicht zu übersehen. Die immer noch bestehenden großen Differenzen in den systematischen Auffassungen bzw. Darstellungen sehen wir in erster Linie in einem unterschiedlichen Gattungskonzept. Was der eine Forscher nur als Untergattung akzeptiert, betrachtet der andere als Gattung oder faßt diese Gruppe als Tribus (eine Einheit zwischen Gattung und Unterfamilie) auf. Damit ergeben sich oft zwangsläufig auch verschiedene Familienumgrenzungen. Man könnte dies als »akademische Angelegenheit« betrachten, wenn damit nicht eine große Anzahl von Namensänderungen verbunden wäre! Bei außereuropäischen Sippen sind selbst Fachleute manchmal unsicher, ob sie den »richtigen« Namen verwenden.

Diese Problematik sei für die Thelypteridaceen an Hand von nur 2 Zahlen aufgezeigt. Während die Bearbeitung von R. & A. Tryon lediglich eine Gattung akzeptiert (auch wenn sie in 11 Untergattungen gegliedert wird), unterscheidet Pichi-Sermolli nicht weniger als 32 Gattungen. Den damit verbundenen Namenswirrwarr wird sich auch der Laie vorstellen können.

Unabhängig von dieser generellen Problematik kann man zu den Thelypteridaceen (je nach Auffassung) 500 bis 800 Arten zählen, die überwiegend in den Tropen und Subtropen beheimatet sind. Die Vertreter dieser Familie bilden entweder lang kriechende, verhältnismäßig dünne Rhizome aus, an denen in größeren Abständen die Blätter entspringen, so daß sie einen rasenartigen Wuchs aufweisen, oder die Rhizome sind kurz aufsteigend, und die Blätter stehen dann kranz-

Sumpffarn, *Thelypteris palustris*. Die Abbildung zeigt den rasigen Wuchs dieser Art.

förmig; diese Arten sind im Habitus ähnlich dem Wurmfarn oder dem Frauenfarn. Die ziemlich kleinen Sori haben nierenförmige Indusien und entwickeln sich auf der Blattunterseite auf dem Rücken der Endnerven.

Von den Arten mit weit kriechenden Rhizomen seien aus der europäischen Flora 2 erwähnt. Der Sumpffarn, *Thelypteris palustris*, der mit seinen zarten, hellgrünen und einfach gefiederten Blättern in mäßig nährstoffarmen Sümpfen, Bruchwäldern und Mooren lockere Herden bildet, ist gebietsweise nicht selten anzutreffen. In leicht sauren Laubwäldern tritt der Buchenfarn, *Phegopteris connectilis* bzw. *Thelypteris phegopteris*, zerstreut auf; er ist über die ganze Nordhemisphäre verbreitet und an dem deutlich zurückgeschlagenen untersten Fiederpaar leicht zu erkennen. Trichterig stehende Wedel bildet dagegen der Bergfarn, *Lastrea limbosperma*, aus, der im Aussehen an den Wurmfarn erinnert, jedoch frischgrüne Wedel und gelbe Drüsen an der Blattunterseite und der Rhachis ausbildet, auf die der apfelartige Geruch zurückgeht. Er tritt im atlantisch getönten West- und Mitteleuropa in verschiedenen Pflanzengesellschaften auf: in staudenreichen Bergwäldern, in Erlenbrüchen, in tieferen Lagen auch in feuchten Eichenwäldern usw. Sehr zerstreute Vorkommen bestitzt er weiterhin in der Kolchis am östlichen Rand des Schwarzen Meeres, in Zentralsibirien, Nordjapan, Kamtschatka und im westlichen Nordamerika.

Die aus etwa 200 Arten bestehende Gattung *Cyclosorus* ist meist in den Tropen verbreitet; eine Art, *Cyclosorus dentatus*, kommt jedoch an feuchten Orten auch auf den Azoren und im südlichsten Spanien vor.

Familie Wurmfarngewächse, Aspidiaceae

Bei den meisten der etwa 600 Arten der Familie handelt es sich um große Erdfarne mit kurzen, aufrecht oder schräg wachsenden Rhizomen, die dicht mit Schuppen besetzt sind. Am Ende des Rhizoms stehen die großen, meist mehrfach gefiederten Wedel in oft schopf- oder trichterförmiger Anordnung. Die im allgemeinen großen, aus vielen Sporangien bestehenden Sori werden bei etlichen Arten von einem runden oder nieren-

Frühlingsaustrieb mit im oberen Teil bischofsstabartig eingerollter Wedelspitze des Gemeinen Wurmfarns, *Dryopteris filix-mas*

förmigen Indusium bedeckt, das anderen wiederum fehlt. Recht kennzeichnend sind die bohnenförmigen Sporen, die durchweg ein stark ausgebildetes Perispor aufweisen.

Wohl der bekannteste Vertreter der Aspidiaceen dürfte der Gemeine Wurmfarn, *Dryopteris filix-mas*, sein, der in fast allen Wäldern auf nährstoffreichen, lehmigen Böden auftritt, wenn diese genügend feucht, vor allem etwas wasserzügig sind. Besonders bevorzugt werden Hangstandorte. Sein Verbreitungsgebiet umfaßt nicht nur Europa und Teile des temperierten Asiens, sondern auch das gemäßigte Nordamerika, die Anden im nördlichen Südamerika usw. In den Alpen gedeiht er bis in 2500 m, im Himalaja sogar bis in 5000 m Höhe. Seit alters her wird der Wurzelstock als wirksames Mittel gegen Bandwürmer verwendet, worauf auch der volkstümliche Name Wurmfarn zurückgeht. Die antihelminthische Wirkung beruht dabei auf Acylphloroglucinolen. So alt die Droge auch ist und so viel sie verwendet wurde – schon die alten Griechen kannten und schätzten sie –, so wenig harmlos ist sie in

Entfalteter Wedel des Dornigen Wurmfarns *Dryopteris carthusiana*

Wedelentfaltung des Wurmfarns im Frühjahr

Wirklichkeit. Die Droge bewirkt nämlich, wenn sie vom Darm resorbiert wird, schwere Schädigungen, wie Erbrechen, Bewußtlosigkeit, Krämpfe usw. Da die Eingeweidewürmer außerdem nur gelähmt, aber nicht abgetötet werden, muß man durch ein Abführmittel dafür sorgen, daß sie in spätestens 2 Stunden zusammen mit der Droge ausgeschieden werden.

Nicht minder häufig tritt in feuchten bis nassen, aber im allgemeinen nährstoffärme-

Wedel (Blatt) des Breitblättrigen Wurmfarns, *Dryopteris dilatata*

Dorniger Schildfarn, *Polystichum aculeatum*. Standortsbild aus den Alpen

ren Wäldern und Brüchen ein naher Verwandter des Gemeinen Wurmfarns, der Dornige Wurmfarn, *Dryopteris carthusiana*, auf. Er ist durch stachelspitzige, gezähnte Fiederchen gekennzeichnet. Sehr viel seltener trifft man dagegen den in armen Brüchen und Mooren verstreut vorkommenden Kammfarn, *Dryopteris cristata*, an.

Innerhalb der Gattung *Dryopteris* gibt es auch einige auffallend große Formen, wie

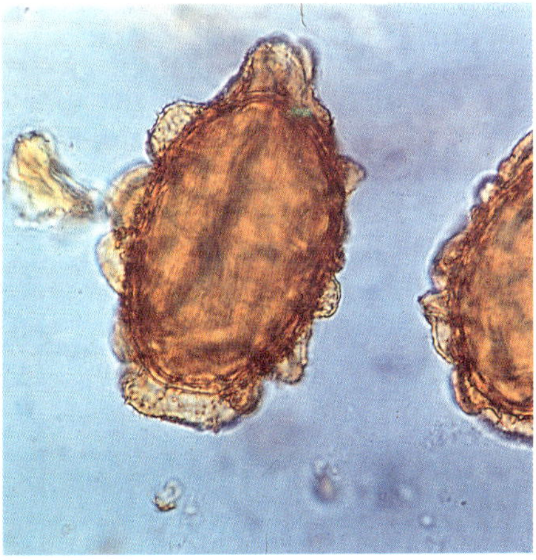

Monolete Spore des Kammfarns, *Dryopteris cristata*, mit kennzeichnendem Perispor

Bestand des oft herdenbildenden Eichenfarns, *Gymnocarpium dryopteris*

Der Ruprechtsfarn, Gymnocarpium robertianum, an einem Felsstandort

die ostasiatischen *Dryopteris setigera* und *Dryopteris davallioides*, die angeblich sogar bis zu 12 m hohe Stämme ausbilden können und darin den Echten Baumfarnen kaum nachstehen. Auch die madagassische *Dryopteris magna* ist eine fast baumartige Sippe.

Einige Vertreter sind in der mitteleuropäischen Flora auch aus der Gattung *Polystichum*, die insgesamt über 200 Arten umfaßt, anzutreffen. In Gebirgswäldern tritt stellenweise nicht selten der Dornige Schildfarn, *Polystichum aculeatum*, auf, während der Lanzenschildfarn, *Polystichum lonchitis*, mit seinen starr aufwärts gerichteten, derb ledrigen Wedeln eine Art der Hochgebirge ist.

Aus der Gattung *Gymnocarpium*, die sich u. a. durch lang kriechende Rhizome und einzeln stehende Blätter von den bisher erwähnten unterscheidet, kommt in den mitteleuropäischen Laubwäldern nicht selten, aber verstreut, der Eichenfarn, *Gymnocarpium dryopteris*, vor, der an seiner hellgrünen, fast dreieckigen Spreite zu erkennen ist. Sein naher Verwandter, der Ruprechtsfarn, *Gymnocarpium robertianum*, wächst dagegen an Kalkfelsen und in Mörtelfugen von Mauern. Diese Art ist in Mitteleuropa recht selten, hat aber im borealen Eurasien und Nordamerika eine weite Verbreitung.

Familie Frauenfarngewächse, Athyriaceae

Auch diese Familie, zu der etwa 600 Arten gehören, ist in der mitteleuropäischen Farnflora mit einigen, z. T. häufig anzutreffenden

Der Straußfarn, *Matteuccia struthiopteris*, gehört zu den bemerkenswertesten mitteleuropäischen Farnarten. Er wird auch vielfach als Zierpflanze gehalten. Im Inneren des Wedelkranzes sind die starr aufrechten Sporophylle zu erkennen.

Sippen vertreten. Die Gattung *Athyrium* ist mit ihren etwa 200 Arten vorwiegend im ostasiatischen Gebiet verbreitet. Ein Vertreter, der Waldfrauenfarn, *Athyrium filix-femina*, gehört jedoch zu den gemeinsten Farnen in Mitteleuropa. In der Wuchsform ist er dem Wurmfarn sehr ähnlich, hat aber ein stärker aufgeteiltes und zarteres Laub. Da beide Arten oft zusammen vorkommen, glaubte man im Mittelalter, der kräftigere Farn sei das »Farn-Männchen«, der zartere das »Farn-Weibchen«, und sprach auch von »männlichem« und »weiblichem« Wurmfarn. Daß beides verschiedene Arten, ja sogar Gattungen sind, wußte man damals noch nicht, wie überhaupt die Fortpflanzungsverhältnisse der Farne zu jener Zeit noch völlig unbekannt waren. Bis jetzt spiegeln sich diese alten Auffassungen aber noch in den wissenschaftlichen Namen wider: *»filix-femina«* heißt ja so viel wie »Farn-Frau«. Abgesehen vom Grad der Fiederung und vom Blattbau, unterscheidet sich *Athyrium* von *Dryopteris* auch in der Ausbildung der Sori und Indusien. Beim Frauenfarn weisen die Sori eine mehr hakenartige Gestalt auf, da sie mit einem Lappen über den Nerv, an dem sie sitzen, herübergreifen. An den weiter spitzenwärts stehenden Fiederchen haben die Sori eine mehr kurzstreifenförmige Gestalt und klingen in dieser Hinsicht etwas an die Streifenfarne (Aspleniaceen) an. Vor allem auf Grund dieses Merkmales stellte man früher die Gattung *Athyrium* auch in den Verwandtschaftskreis der Asplenien.

Während der Waldfrauenfarn im gesamten temperierten Eurasien und Nordamerika weit verbreitet ist, tritt eine nahe verwandte Art, der Gebirgsfrauenfarn, *Athyrium distentifolium*, nur in Skandinavien, den Alpen, Karpaten, dem Kaukasus und den mitteleuropäischen Mittelgebirgen auf.

Unter den tropischen *Athyrium*-Arten gibt es vereinzelt auch Baumfarne, z. B. *Athyrium oosorum*, von dem 6 bis 12 m hohe Exemplare bekannt sind.

Nahe verwandt mit *Athyrium* ist die Gattung *Cystopteris*, von der der weltweit verbreitete Zerbrechliche Blasenfarn, *Cystopteris fragilis*, mit zu den häufigsten Felsspaltenfarnen der Mittelgebirge gehört.

Während die bisher genannten Athyriaceen keine Unterschiede zwischen fertilen

Sterile Wedel (Trophophylle) der in Nordamerika und Ostasien beheimateten *Onoclea sensibilis*

und vegetativen Wedeln aufweisen, ist eine strenge Heterophyllie für die folgenden 2 Gattungen kennzeichnend. Einer der dekorativsten Farne der mitteleuropäischen Flora ist der nur an wenigen raschfließenden, sauberen Mittelgebirgsbächen anzutreffende Straußfarn, *Matteuccia struthiopteris*. Seine bis zu 1,5 m langen Wedel bilden einen steilen Trichter und umgeben die innenstehenden, starr aufrechten und nur etwa einen halben Meter langen Sporophylle. Bei der Sporenreife bildet ihr dunkles Braun einen angenehmen Farbkontrast zu den hellgrünen Blättern. Der Straußfarn kommt in der ganzen nördlichen temperierten Zone vor und steht in Deutschland unter Naturschutz. Sehr häufig ist der Straußfarn in Gärten und auf Friedhöfen als Zierpflanze anzutreffen. 2 weitere *Matteuccia*-Arten kommen in Ostasien vor.

Im östlichen Nordamerika und in Ostasien

ist *Onoclea sensibilis*, die einzige Art dieser Gattung, beheimatet. Dieser Sumpffarn bildet kriechende Rhizome und ähnlich stark differenzierte Tropho- und Sporophylle aus wie *Matteuccia*. Bei beiden werden die Sori von den umgeschlagenen bzw. eingerollten Fiederteilen wirkungsvoll geschützt.

Familie Streifenfarngewächse Aspleniaceae

Die Aspleniaceen sind leicht an den langgestreckten, oft strichförmigen Sori kenntlich, die längs der Seitennerven ausgebildet und von einem seitlich angewachsenen Indusium bedeckt werden. Auf diese auffallende Sorusform bezieht sich auch der Name Streifenfarn. Obwohl die Familie etwa 10 Gattungen enthält, geht ihr Artenreichtum jedoch nur auf eine zurück: auf die Gattung *Asplenium*, die allein etwa 700 Arten zählt und damit eine der formenreichsten Farngattungen überhaupt ist. Die anderen Gattungen machen zusammengenommen nicht viel mehr als 2 Dutzend Arten aus.

Die Aspleniaceen sind zum größten Teil Erd- und Felsfarne, nicht wenige können aber auch epiphytisch wachsen, oder es handelt sich um obligate Epiphyten. Meist sind es verhältnismäßig kleine Pflanzen, die kaum mehr als 30 cm hoch werden. Nur wenige Arten weisen stattlichere Dimensionen auf und bilden bis zu einen Meter lange Wedel aus, z. B. *Asplenium nidus* sowie die südostasiatischen Arten *Asplenium nitidum* und *Asplenium laserpitiifolium*. Eine der größten *Asplenium*-Arten dürfte das mittel- und südamerikanische *Asplenium squamosum* sein, dessen Wedel bis zu 2 m lang werden können. Baumartige Sippen treten in dieser Familie jedoch nicht auf. Die Streifenfarne sind über die ganze Erde verbreitet. Ihr Entfaltungsschwerpunkt liegt zwar – wie bei allen Farnfamilien – in den Tropen, jedoch gibt es verhältnismäßig viele Sippen, die auch die temperierten und kühleren Klimagebiete besiedeln. In Europa treten 22, davon in Deutschland allein 12 Arten auf. Die Asple-

Die Mauerraute, *Asplenium ruta-muraria*, gedeiht an kalkhaltigen Felsspalten oder an Kalkfugen von Mauern.

Brauner Streifenfarn, Asplenium trichomanes. Die Art kommt meist an Felsen vor.

Der Nördliche Streifenfarn, *Asplenium septentrionale*, wächst nur auf kalkfreien Substraten.

niaceen sind damit die mit weitem Abstand artenreichste Farnfamilie in diesen Bereichen.

Einer der häufigsten Streifenfarne der mitteleuropäischen Flora ist die Mauerraute, *Asplenium ruta-muraria*. Sie tritt in den Mittel- und Hochgebirgen als Felsfarn überall auf, und zwar sowohl auf kalkhaltigen wie auch sauren Gesteinen und hat eine weite sekundäre Verbreitung in Mauerfugen. Das gilt auch für andere *Asplenium*-Arten, wie den Braunen Streifenfarn, *Asplenium trichomanes*, und den Grünen Streifenfarn, *Asplenium viride*, die beide einfach gefiederte Blätter haben. Während letzterer kalkhaltige Gesteine bevorzugt, meidet der gleichfalls in Mitteleuropa heimische Nördliche Streifenfarn, *Asplenium septentrionale*, derartige Substrate und kommt vor allem auf sauren Silikatgesteinen vor. Andere Asplenien sind z. T. ausgesprochene Spezialisten: So tritt der mit *Asplenium viride* nahe verwandte Braungrüne Streifenfarn, *Asplenium adulterinum*, nur auf Serpentingestein auf, desgleichen *Asplenium cuneïfolium*, der geradezu als Serpentin-Streifenfarn bezeichnet wird.

Der Grüne Streifenfarn, *Asplenium viride*, kommt besonders an feuchten, schattigen Kalkfelsen vor.

Der Formenreichtum der europäischen *Asplenium*-Sippen ist jedoch viel größer als die genannte Zahl von 22 Arten erwarten läßt, da viele Arten leicht zu Kreuzungen neigen. Den Hybridenschwarm zu deuten und zu bestimmen, ist vielfach nicht leicht und Sache von Spezialisten. Außerdem sind genaue zytologische Untersuchungen erforderlich, um gesicherte Aussagen über die Eltern-Arten machen zu können. Etliche Hybriden konnten daraufhin sogar experimentell erzeugt werden.

Auf heißen, sonnenexponierten Felsen und Mauern ist weiter der xerophile Schriftfarn, *Ceterach officinarum*, zu finden. Seine buchtig geschweiften, auf der Oberseite graugrünen und derbledrigen Blätter sind unterseits mit einem dichten Filz rostbrauner Spreuschuppen bedeckt, so daß man die Sori nicht sieht. Während der Schriftfarn in Mitteleuropa nur in den südlichen Gegenden selten anzutreffen ist, gehört er im Mittelmeergebiet zu den gemeinen Fels- und Mauerfarnen.

Die größte und schönste Aspleniacee dürfte der Hirschzungenfarn, *Phyllitis scolopendrium* sein, der vor allem in den höheren Mittelgebirgen und Gebirgsvorländern in der Buchen-Tannenstufe auftritt. Er kommt vorwiegend auf sickerfeuchten und kalkreichen Standorten vor und ist besonders in Schluchtwäldern, aber auch an schattigen Mauern, in Brunnenschächten usw. anzutreffen. Seine hellgrünen, zungenförmigen und

Der Schriftfarn, *Ceterach officinarum*, ist an warmen, sonnigen Felsstandorten anzutreffen. Die mit einem hellrötlichen bis rostbraunen Filz von Spreuschuppen bedeckten Unterseiten der Wedel sind gut zu erkennen.

ganzrandigen Blätter stehen büschelig und sind immergrün. Der Hirschzungenfarn wird gern als schattenfeste Zierpflanze gehalten, wobei besonders die monströsen Formen geschätzt werden, die bei der Kultur nicht sel-

Der Braungrüne Streifenfarn, *Asplenium adulterinum*, ist als eine der wenigen höheren Pflanzen in der Lage, solche extreme Schwermetallbiotope zu besiedeln.

Frühjahrsaustrieb des Hirschzungenfarns, *Phyllitis scolopendrium*. Die immergrünen vorjährigen Blätter sind noch erhalten, die jungen noch nicht völlig entfaltet und an den Spitzen noch eingerollt.

ten auftreten. Die Art steht in Deutschland unter Naturschutz.

Ebenfalls große, bis zu einem Meter lange, ganzrandige Blätter besitzt der tropische Vogelnestfarn, *Asplenium nidus*, der dadurch äußerlich an *Phyllitis* erinnert. Er verdankt seinen Namen der trichterartigen Anord-

Hirschzungenfarn, *Phyllitis scolopendrium*. Die streifenförmigen Sori auf der Blattunterseite sind für die Familie kennzeichnend.

Der Vogelnestfarn, *Asplenium nidus*, ein in den Tropen häufiger Epiphyt, hier in einem Küstenwald von Madagaskar

nung der Blätter, die im unteren Teil eine Art »Nest« bilden. Allerdings ist dieses »Nest« im allgemeinen recht naß, da sich in dem Trichter Wasser und Humus ansammeln – eine Einrichtung, wie sie auch bei anderen Epiphyten anzutreffen ist. In diesen Trichter wachsen Adventivwurzeln hinein und können so die darin vorhandenen Nährstoffe und das Wasser ausnutzen. *Asplenium nidus* ist ein häufiger Epiphyt der tropischen Regenwälder von Ostafrika über Indien, Südostasien bis Polynesien, der gelegentlich aber auch an Felsen wachsen kann. Er wird wegen seines dekorativen Aussehens nicht selten als Zierpflanze in Erdkultur gehalten, bedarf aber zum Gedeihen einer verhältnismäßig hohen Luftfeuchtigkeit und viel Wärme. In den mittel- und südamerikanischen Regenwäldern wird der Vogelnestfarn durch das nahe verwandte *Asplenium serratum* vertreten.

Eine ganze Anzahl Asplenien vermehren sich nicht nur auf dem normalen Weg über die Ausbildung von Sporen, die bei dieser Familie stets bohnenförmig sind und ein mehr oder weniger reich skulpturiertes Perispor besitzen, sondern auf vegetative Weise, z. B. durch Brutknospen (etwa *Asplenium bulbiferum*). Einen recht merkwürdigen Modus zeigen dabei z. B. *Asplenium longissimum* (südostasiatisch), *Asplenium rhizophorum* (neotropisch) sowie *Camptosorus rhizophyllus* und *Camptosorus sibiricus*. Bei diesen Arten verlängern sich die Blätter spitzenwärts zu einem peitschenartigen Fortsatz, der bei Erdberührung an der Spitze Adventivwurzeln und eine neue Pflanze ausbildet. Der im atlantischen Nordamerika an schattigen Kalkfelsen wachsende *Camptosorus rhizophyllus* wird wegen dieser Eigenschaft geradezu als »walking fern«, d. h. Wanderfarn oder auch Wanderndes Blatt bezeichnet. Die andere Art kommt in Ostsibirien, Nordchina und Japan vor. Noch extremer ist die Form des »Ausläuferblattes« bei *Asplenium obtusilobum* ausgebildet. Bei dieser Art kommt es zu einer Differenzierung der Blattorgane in aufrechte, gefiederte Laubblätter und horizontal kriechende, stielartig verschmälerte Ausläuferblätter. Diese wachsen an der Spitze lange Zeit fort und bringen in bestimmten Abständen Adventivknospen hervor, die sich bewurzeln und zu neuen Pflanzen entwikkeln.

Familie Davalliaceae

Ebenso wie die Pteridaceen und die Adiantaceen wurde auch diese Familie früher zu der großen Sammelgruppe der Polypodiaceen i. w. S. gerechnet. In der jetzigen Umgrenzung umfaßt die Familie etwa 10 Gattungen mit etwas über 100 Arten. Die Davalliaceen sind durchweg tropische Farne, von denen nur wenige Vertreter bis in die wärmeren gemäßigten Breiten vordringen. Zum größten Teil handelt es sich bei ihnen um Epiphyten, etliche können aber sowohl epiphytisch als auch terrestrisch wachsen. Reine Erd- oder Felsbewohner sind seltener. Wir wollen hier lediglich auf 2 Gattungen eingehen.

Die Gattung *Davallia* ist mit etwa 40 Arten vor allem in Südostasien bis Polynesien verbreitet. Es handelt sich fast ausschließlich um

Nephrolepis cordifolia wächst zumeist epiphytisch. Verwandte Arten gehören zu den häufigen Kultur- und Zimmerfarnen.

Epiphyten, deren lang kriechende, dicht mit Spreuschuppen besetzten Rhizome vielfach im Substrat oder unter Moospolstern verborgen sind. Die zerstreut stehenden Blätter zeichnen sich durch mehrfache Fiederung aus und erscheinen daher recht fein aufgegliedert. Sehr kennzeichnend ist für *Davallia* die Sorus- bzw. Indusienform. Die Sori stehen am Rande der Fiedern und werden von einem an 3 Seiten mit der Blattfläche verwachsenen Indusium bedeckt. Dieses bildet daher schüssel- oder krugartige Behälter.

Einige *Davallia*-Arten werden öfters kultiviert. Das gilt z. B. für *Davallia canariensis*, der einzigen Art der Familie, die in Europa vorkommt. Sie wächst vor allem an Mauern und Felsen, gelegentlich auch epiphytisch auf den atlantischen Inseln und in den atlantischen Küstengebieten von Marokko, Portugal und Spanien. Ihre ledrigen, vierfach fiederspaltigen Wedel haben einen mehr oder weniger dreieckigen Umriß. Die ähnlich aussehende, von Indien über Südostasien bis Japan verbreitete *Davallia bullata* wird gleichfalls nicht selten kultiviert.

Im Gegensatz zur vorigen bilden die Vertreter der Gattung *Nephrolepis* (30 Arten) meist nur kurze, mehr oder weniger aufrechte Rhizome aus, die im oberen Teil eine dichte Wedelkrone tragen. Die einfach gefiederten Blätter erreichen bei manchen Arten – z. B. bei *Nephrolepis biserrata* und *Nephrolepis cordifolia* – Längen von 3 und mehr Metern. Die Sori stehen in der Nähe der Blattränder und werden von nierenförmigen Indusien bedeckt, die vielfach an einer Seite mit dem Blatt verwachsen sind.

Die Gattung kommt in den Tropen der ganzen Welt vor und tritt in manchen Gebieten überaus häufig auf. Die meisten Arten wachsen als Epiphyten, einige können aber auch zum Bodenleben übergehen, wie die oben erwähnten *Nephrolepis biserrata, N. cordifolia* oder *N. exaltata*. Diese und andere *Nephrolepis*-Arten sind gegen trockene Zimmerluft nicht allzu empfindlich und werden häufig als Blattzierpflanzen gehalten, besonders in monströsen Formen. *Neprolepis exaltata*, der Schwert- oder Nierenschuppenfarn, dürfte wohl der am häufigsten anzutreffende Zimmerfarn überhaupt sein.

Familie Rippenfarngewächse, Blechnaceae

Mit der vorigen Familie weisen die Blechnaceen manche Übereinstimmung auf, und man hielt deshalb auch früher schon beide Gruppen für einander nahestehend. Abgesehen von anderen Merkmalen bestehen vor allem Ähnlichkeiten im Bau der Sori. Auch bei den Blechnaceen sind diese langgestreckt, ebenso die seitlich angewachsenen Indusien. Im Gegensatz zu den Aspleniaceen verlaufen hier die Sori jedoch paarweise sowie parallel zu den Hauptnerven der Fiedern und entstehen auf einer Verbindung zwischen den Blattnerven.

Die etwa 230 Arten gehören zu 6 bis 9 Gattungen; die weitaus größte Zahl – etwa 200 – entfällt dabei auf die Gattung *Blech-*

Blattrosette des Rippenfarns, *Blechnum spicant*. Die Sporophylle sind noch nicht ausgebildet.

num, während die anderen durchweg nur wenige Formen umfassen. Die Blechnacoen sind Erdfarne mit meist kräftigen, aufrechten, dicht mit Spreuschuppen besetzten Rhizomen, die bei einer Reihe von Arten sogar stammartig werden können. Einige wenige Sippen sind klimmend. Die Wedel stehen meist büschelig am Ende des Rhizoms und sind in der Regel einfach oder doppelt gefiedert.

Auch diese Familie hat ihre Hauptentfaltung in den Tropen. Besonders reich kommt sie im südostasiatisch-polynesischen Gebiet vor. Auffallend ist die deutliche Bevorzugung der Südhemisphäre, wo nicht wenige Arten selbst in höhere Breiten vordringen. Auf der Nordhalbkugel weist nur eine einzige Art *(Blechnum spicant)* eine größere Verbreitung im temperierten Gebiet auf.

Der Rippenfarn, *Blechnum spicant*, ist der einzige Vertreter der Familie, der auch in Mitteleuropa gedeiht. Die Art kommt in einem merkwürdig aufgesplitterten Areal vor: Sie tritt einmal im westlichen Europa auf und reicht hier von Südspanien bis Nordnorwegen, von der Westküste Portugals bis in die Adrialänder und den Kaukasus. Zum anderen trifft man sie in ganz Japan und durch einige Fundorte auf den Kurilen und im südlichen Alaska verbunden, an der Westseite von Nordamerika an. In Mitteleuropa ist der Rippenfarn vor allem auf sauren, kalkfreien Böden der Mittelgebirge zu finden. Er bevorzugt hier frische Fichten- und Tannenwälder, kommt aber in ärmeren Buchen- und Eichen-Birkenwäldern auch im Flachland vor. In Deutschland zählt er zu den geschützten Pflanzen.

Der Rippenfarn gehört zur Gruppe der heterophyllen *Blechnum*-Arten, die meist zur Sektion oder Untergattung *Lomaria* vereinigt werden. Diese Gruppe umfaßt mehr als die Hälfte aller Arten der Gattung. Während die dunkelgrünen, einfach gefiederten Laubblätter eine dem Boden locker anliegende Rosette bilden, stehen die langgestielten, schmalen Sporophylle aufrecht. Sie sind anfangs grün, bei der Sporenreife schließlich dunkelbraun und sterben am Ende der Vegetationsperiode ab. Die Laubblätter bleiben dagegen grün und überwintern.

Von der großen Zahl der tropisch-subtropischen *Blechnum*-Arten seien nur einige stammbildende genannt. Ebenfalls heterophyll sind das von den Antillen bis zum Feuerland verbreitete *Blechnum tabulare*, dessen kurz-baumartiger Stamm nur einige Dezimeter Höhe erreicht, *Blechnum gibbum* (Südseeinseln) und *Blechnum discolor* (Australien, Neuseeland sowie einige Südseeinseln), deren Stämme bis zu einem Meter hoch werden, sowie *Blechnum fraseri* (Neuseeland, Sumatra, Luzon), dessen dünner Stamm sogar bis zu 1,5 m Höhe erreichen kann. Das in Peru und Brasilien vorkommende *Blechnum brasiliense* gehört dagegen zur Sektion Eu-Blechnum und zeigt keine Differenzierung in Sporo- und Trophophylle. Die Art bildet bis zu 0,5 m hohe, kräftige Stämme aus und wird in Gewächshäusern nicht selten kultiviert.

Auch die Gattungen *Sadleria* und *Brainea* sind kleinere Baumfarne bis 1,5 m Höhe. Erstere (6 oder 7 Arten) ist auf Hawai heimisch, von letzterer ist nur eine Art bekannt *(Brainea insignis)*, die im Habitus einer Cycadee gleicht und in den südchinesischen Bergen sowie auf Sumatra vorkommt. Obwohl eigentlich eine Waldart, tritt sie besonders nach Grasbränden auf.

Im Gegensatz zu den bisher genannten stehen einige wenige klimmende Arten. *Blechnum reptans*, eine heterophylle Art, klimmt in den Wäldern des nördlichen Neuseelands und der Fidschiinseln oft selbst auf hohe Bäume. Einen ähnlichen Lianenwuchs zeigt die von den Antillen und Mittelamerika bis Brasilien verbreitete *Salpichlaena volubilis*. Bei dieser Art entspringen aus kriechenden Rhizomen die unbegrenzt wachsenden, oft meterlang werdenden Blätter, deren Stiele und Rhachis winden und so an Bäumen emporklimmen.

Familie Tüpfelfarngewächse, Polypodiaceae

Wie bereits oben erwähnt, wird die Familie Polypodiaceae neuerdings in einem sehr viel enger gefaßten Umfang verstanden. Aber auch in dieser Umgrenzung enthält sie noch gut 1200 Arten und stellt damit die größte Farnfamilie dar.

Es sind vorwiegend kleinere bis mittelgroße Pflanzen, deren Gestalt überaus mannigfaltig ist. Sie wachsen zum größten Teil epiphytisch und sind mit Ausnahme von weniger als einem halben Dutzend Arten Bewohner der Tropen und Subtropen. In die gemäßigten und kühleren Bereiche stoßen nur ganz vereinzelt Polypodiaceen-Arten vor; so treten in Europa lediglich 3 Arten auf, die einander sehr nahestehen und sämtlich zum Formenkreis um *Polypodium vulgare* gehören.

Der größte Teil der Tüpfelfarne hat kriechende, dicht mit Spreuschuppen besetzte Rhizome, an denen die meist lederigderben Blätter stehen. Die Wedel zeichnen sich im allgemeinen durch eine recht geringe Spreitengliederung aus; bisweilen sind sie einfach gefiedert oder nur fiederteilig, und nicht selten treten sogar ungeteilte Spreiten auf. Die Wedel bzw. Fiedern bilden an der Unterseite zahlreiche große, runde Sori aus, denen Indusien durchweg fehlen. Dadurch erscheinen die Blätter oft »getüpfelt«, und auf dieses Merkmal bezieht sich der deutsche Familienname. Bei einigen Sippen »zerfließen« die Sori jedoch, und die fertilen Blattabschnitte sind dann ganz mit Sporangien bedeckt. Ein solcher Sorus indefinitus kommt unter anderem bei der Gattung *Platycerium* vor.

Die Abgrenzung der Gattungen wird bis jetzt sehr verschieden gehandhabt. Dementsprechend differiert auch die Zahl der unterschiedenen Gattungen, die sich je nach Auffassung zwischen 10 und 50 bis 65 bewegt. Dies zeigt nur, wie wenig geklärt die Taxonomie der Familie zur Zeit noch ist. In der Tat stellen die Polypodiaceen auch in dem jetzigen, wesentlich eingeschränkten Umfang eine der systematisch schwierigsten Farngruppen dar, und man kann keineswegs sagen, daß eine den natürlichen Verwandtschaftsverhältnissen adäquate Klassifikation bereits erreicht worden sei. Weitere Forschungen können jederzeit zu nicht unerheblichen Änderungen der jetzigen systematischen Auffassungen führen. Diese Schwierigkeiten gehen ganz wesentlich auf die Tatsache zurück, daß die Polypodiaceen die – entwicklungsgeschichtlich gesehen – wohl jüngste Farnfamilie sind, die sich in weiten Bereichen noch in voller Entfaltung befindet.

Wegen der großen Formenfülle kann im folgenden nur auf einige wenige Sippen eingegangen werden.

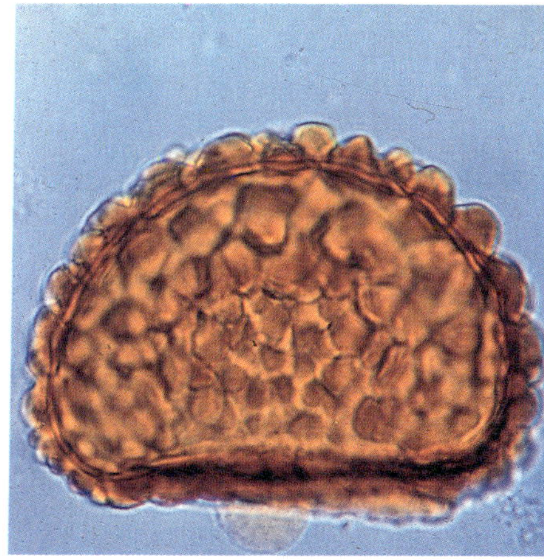

Bohnenförmige monolete Spore im optischen Querschnitt und mit charakteristischen Oberflächenskulpturen des Engelsüßfarns, *Polypodium vulgare*

Die Gattung *Polypodium* gehört mit ihren etwa 100 Arten zu den häufigen Farnen der Tropen. Wie bereits erwähnt, besiedelt eine Artengruppe jedoch auch die gemäßigten Breiten. Es ist der aus der mitteleuropäischen Flora wohlbekannte Engelsüßfarn, *Polypodium vulgare*, dessen Verbreitungsgebiet fast

Habitus des Engelsüßfarns, *Polypodium vulgare*

Engelsüßfarn, *Polypodium vulgare*. Bestandsbild mit den orangeroten Sori auf den Unterseiten der Blätter

ganz Europa sowie erhebliche Teile des temperierten Asiens und Nordamerikas umfaßt und der außerdem auf den Hawaii-Inseln und in Südafrika vorkommt. Die Art wächst vor allem auf sauren, kalkarmen Standorten sowie schattigen Steilabhängen, in Dünenkiefernwäldern, am Felsen und Mauern, kann aber in feuchten Gegenden auch an Stämmen oder in Baumkronen epiphytisch gedeihen. Der Engelsüßfarn zeigt eine für die ganze Familie recht kennzeichnende Wuchsform. Das ziemlich kräftige und mit Spreuschuppen dicht besetzte Rhizom erstreckt sich nur wenig unter der Erdoberfläche und ist gelegentlich sogar über der Erde in Moospolstern verborgen. Die einfach gefiederten Blätter, die je nach dem Standort Längen von 10 bis 50 cm erreichen, sind derb, dunkelgrün und halten sich fast den ganzen Winter über. Die eigentliche Blattspreite ist stets länger als der Stiel und verschmälert sich basalwärts nicht wesentlich. Ab August erscheinen an der Unterseite der Blätter die auffallend großen, orangegelben Sori. Sie stehen in 2 Reihen an den Fiedern und sind vor allem auf die Spitzenregion des Wedels beschränkt.

Ihren volkstümlichen Namen Engelsüß verdankt die Pflanze dem süßlich schmeckenden Rhizom. Dieses enthält u. a. Zucker, Öl, Gerbstoffe, Harz und vor allem das Steroidsaponin Osladin, das den süßen Geschmack bewirkt. *Polypodium vulgare* war seit dem Altertum als Droge hoch geschätzt. Selbst in der Heilkunde der Germanen scheint die Pflanze eine Rolle gespielt zu haben. Gegenwärtig wird *Polypodium* nur in der Volksmedizin als Heilmittel gegen Husten gebraucht. Sehr viel mehr verwendet man den Tüpfelfarn bei der Herstellung diverser bitterer Kräuterliköre, z. B. beim Boonekamp.

Außer *Polypodium vulgare* kommt in der west- und mitteleuropäischen Flora noch das sehr ähnliche *Polypodium interjectum* vor. Diese Art reicht von Portugal bis Schottland und an die südliche Ostseeküste und geht nach Süden bis Süditalien und Ungarn. Die dritte europäische *Polypodium*-Art, *Polypodium australe*, ist mediterran-atlantisch verbreitet. Alle 3 Arten stellen einen nahe verwandten Polyploidkomplex dar, wie aus den Chromosomenzahlen hervorgeht. *Polypodium vulgare* besitzt 2n = 148 Chromosomen, *Polypodium interjectum* 2n = 222 und *Polypodium australe* 2n = 74. *Polypodium vulgare* hat also gegenüber *Polypodium australe* die doppelte Chromosomenzahl, während bei *Polypodium interjectum* die Chromosomenzahlen von *Polypodium australe* und *Polypodium vulgare* summiert sind.

Die europäischen *Polypodium*-Arten und auch viele tropische weisen zwischen sterilen und fertilen Wedeln keine Formunterschiede auf. Abweichend von dieser Regel verhält sich die auf den Philippinen lebende Art *Polypodium meyenianum*, bei der die oberen sporangientragenden Fiedern eine starke Reduktion der Blattspreite aufweisen und daher ganz schmal sind. Die Blätter erscheinen dadurch in einen sterilen und einen fertilen Abschnitt geteilt. Die Art wird oft in Gewächshäusern kultiviert.

Eine gestaltliche Differenzierung in Laub- und Sporenblätter ist bei verschiedenen Polypodiaceen-Gattungen anzutreffen, z. B. bei der 13 Arten umfassenden Gattung *Microgramma*, die mit Ausnahme von einer afrikanischen Art im tropischen Amerika verbreitet ist und epiphytisch als Rhizomranker wächst. Wie die Abbildung zeigt, sind die Sporophylle ungleich schmaler als die länglich-ovalen Laubblätter. Ähnlich einfache Blattformen mit ungeteilten Spreiten haben auch die meisten Arten der Gattung *Microsorum*, deren etwa 40 Arten in den ganzen Tropen verbreitet sind.

Polypodium punctatum. Die Wedelunterseiten zeigen die für die Gattung *Polypodium* i. e. S. typischen runden Sori.

Die epiphytische Lebensweise, die, wie gesagt, die meisten Polypodiaceen auszeichnet, hat bei etlichen zu morphologisch und ökologisch sehr interessanten Anpassungserscheinungen geführt. Epiphyten sind hinsichtlich der Wasserversorgung ja vornehmlich auf Niederschlagswasser in der verschiedensten Form angewiesen, da ihre Wurzeln im allgemeinen nur zur Befestigung

Microgramma owariensis, ein heterophyller tropischer Tüpfelfarn

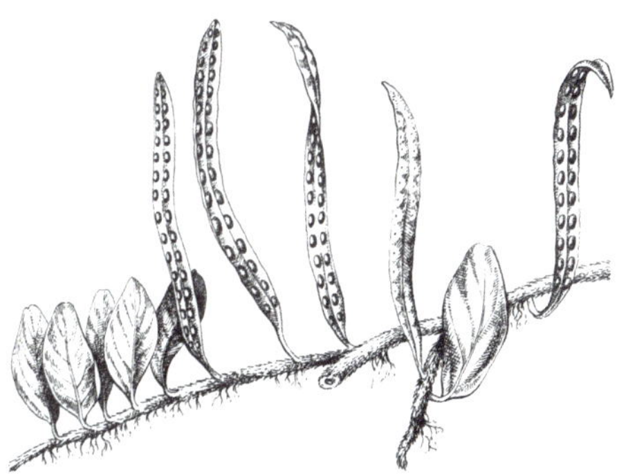

an der Unterlage dienen und kaum zur Wasserversorgung beitragen. Es ist daher naheliegend, daß solche Pflanzen Einrichtungen zur sparsamen Wasserabgabe oder zur Wasserspeicherung ausbilden. Unter diesem Aspekt ist z. B. das so häufige Vorkommen von lederigen oder mehr oder weniger fleischigen Blättern bei Epiphyten zu verstehen. Zum anderen sind epiphytische Standorte sehr nährstoffarm. Als Nährstoffspender dienen in erster Linie das Niederschlagswasser oder kleinere Humusansammlungen, die sich in Astgabeln oder Moosrasen bilden. Manche Epiphyten sind in der Lage, selbst eine gewisse Humusanreicherung vorzunehmen. Dieser Aufgabe können sowohl umgebildete und spezialisierte Blätter oder Blattteile als auch Rhizome dienen.

Eine recht merkwürdige derartige Anpassung zeigt *Polypodium imbricatum*, eine Art, die auf den Molukken-Inseln beheimatet ist. Bei ihr ist das Rhizom extrem abgeplattet – es kann 10 bis 20 cm in der Breite messen – und außerdem nicht flach, sondern ziemlich stark gewölbt. Man hat eine solche Rhizomform daher treffend auch als Krustenstamm bezeichnet und schreibt ihm eine ähnliche Funktion zu wie den Mantelblättern der Platycerien.

Eine andere Ausbildung eines Krustenstammes zeigt *Lecanopteris*. Diese in etwa 15 Arten von Malaya bis Neuguinea verbreitete Gattung zeichnet sich durch recht stark verzweigte Rhizome aus, deren auffallend dicke Haupt- und Seitenachsen bucklig-krustig ausgebildet sind und sehr eng beieinanderliegen. Dadurch macht das Rhizomsystem den Eindruck einer krustenförmigen Masse. Das Innere der etwas älteren Rhizome ist von Kammern labyrinthisch durchsetzt, die Ameisen als Wohnung dienen. Für das Leben der Pflanze haben diese Tiere aber offenbar keine Bedeutung.

Ganz anders geartete Anpassungserscheinungen zeigen die Gattungen *Drynaria* und *Platycerium*. Bei ihnen hat sich eine gewisse »Arbeitsteilung« der Blätter herausgebildet, mit der eine morphologische Differenzierung verbunden ist. Der Blattdimorphismus bzw. die Heterophyllie ist bei diesen Gattungen in anderer Weise ausgeprägt als sonst üblich. Die Verschiedenblättrigkeit bezieht sich hier nicht auf den Gegensatz zwischen Tropho- und Sporophyllen, sondern liegt im vegetativen Bereich. Die Blätter sind nämlich in Laubblätter differenziert – die auch die Sporen hervorbringen – und in solche, die sich mantelartig dem Substrat anschmiegen (Mantelblätter) oder die nach oben offene Nischen bilden (Nischenblätter). Die biologische Bedeutung dieser Blattformen besteht darin, daß durch sie die Pflanzen in die Lage versetzt werden, sich auf den von ihnen besiedelten Bäumen selbst einen »Boden« zu schaffen. Unter den Mantelblättern und in den Nischen entsteht durch Verwitterung von Blattresten und anderem bald Humus, der von den Wurzeln des Epiphyten durchzogen wird. Manche Beobachtungen, vor al-

Drynaria quercifolia, ein epiphytischer Farn mit verschiedengestaltigen Blättern (Nischenblätter und Laubblätter)

Platycerium alcicorne, ein Hirschgeweihfarn, der eine Differenzierung in Mantelblätter und Laubblätter aufweist

lem an *Drynaria*-Arten, zeigen, daß die Mantel- und Nischenblätter nicht unbedingt lebenswichtige Organe darstellen. Wohl aber dürfte die Üppigkeit des Wuchses in engem Zusammenhang mit deren Ausbildung stehen.

Nischenblätter sind für alle Arten der Gattung *Drynaria* kennzeichnend. Die Blätter verlieren bald nach Abschluß ihres Wachstums das Chlorophyll und fallen dann durch ihre braune Färbung auf. Die etwa 20 Arten sind durchweg sehr stattliche Epiphyten. 3 Arten kommen in Afrika, die anderen im Bereich von Südasien bis Nordaustralien vor. *Drynaria quercifolia*, benannt nach der angenähert eichenblattartigen Form der Nischenblätter, ist eine der häufigsten südostasiatischen Arten. Sie überzieht zuweilen die Bäume, auf denen sie sich angesiedelt hat, so vollständig, daß deren Stammoberfläche ganz zugewachsen und kaum noch etwas von ihr zu sehen ist.

Auch einige der 15 bis 17 Arten umfassenden Gattung *Platycerium* bilden Nischenblätter aus. Diese sind allerdings meist viel größer als bei der vorigen Gattung und stehen nur im oberen Teil nischenartig von der Unterlage ab. Ihr unterer Teil liegt dem Substrat an, so daß es sich eigentlich um eine Kombinationsform zwischen Nischen- und Mantelblättern handelt, die dementsprechend auch als Mantelnischenblätter bezeichnet werden. Vertreter dieses Typs sind z. B. *Platycerium grande, Pl. willinckii, Pl. stemmaria* und *Pl. elephantotis*. Reine Mantelblätter bilden dagegen *Platycerium alcicorne, Pl. andinum* usw. aus, während *Platycerium coronarium* mehr eine Übergangsform zeigt. Die Mantelblätter haben einen rundlich-nierenförmigen Umriß, sind ungestielt und sterben wie die Nischenblätter von *Drynaria* bald nach Abschluß ihrer Entwicklung ab. Die Pflanze bildet indes neue Mantelblätter aus, die sich über die alten legen, so daß im Laufe der Zeit viele Lagen von Mantelblättern entstehen. Die Substanz der früher gebildeten vermodert allmählich und wird von Adventivwurzeln durchzogen. Die Pflanze schafft sich dadurch einen recht wirkungsvollen Schutz gegen eine Austrocknung, und außerdem wirken die Mantelblätter selbst auch als Wasserspeicher, da sie in ihrem unteren Teil ein ziemlich umfangreiches Wassergewebe enthalten.

Die Laubblätter der *Platycerium*-Arten sind oft sehr bizarr und mehrfach gabelteilig, bei den einzelnen Arten aber unterschiedlich tief gespaltet. Bei vielen gliedern sie sich in lange, riemenförmige Abschnitte und sehen mehr oder weniger geweihartig aus. Auf diese Erscheinung geht der Name *Platycerium* (wörtlich: Flach-Horn) wie auch die deutsche Bezeichnung Geweihfarn zurück. Während die jungen Laubblätter meist mehr oder weniger schräg aufrecht stehen, hängen die älteren vielfach herab. Sie können recht beträchtliche Längen erreichen; so wurden schon ab und zu solche bis zu 5 m beobachtet.

Die Gattung ist ausschließlich auf tropische Regenwälder beschränkt, wo die Geweihfarne oft in 30 und mehr Meter Höhe in den Astgabeln der Urwaldriesen leben. Einige Arten sind jedoch auch Felsbewohner, wie *Platycerium quadridichotomum*, das stets auf Sandstein, und *Platycerium bifurcatum* subsp. *veitchii*, das gelegentlich auf Sandstein oder Basalt vorkommt. Die meisten Arten kommen in den Regenwäldern Südostasiens vor. Nur *Platycerium stemmaria* und *Pl. elephantotis* sind Bewohner der afrikanischen Tropen; 3 weitere Arten beschränken sich auf Madagaskar. Amerika weist nur 2 Arten auf: *Platycerium andinum*, das an den östlichen Abhängen der Anden vorkommt, und *Pl. willinckii*, das die Karibik zur Heimat hat.

Einige *Platycerium*-Arten werden nicht zuletzt wegen ihres dekorativen Aussehens oft in Gewächshäusern kultiviert; so vor allem *Platycerium grande, Pl. willinckii* und andere. *Platycerium willinckii* (*bifurcatum* z. T.) hat sogar Eingang in viele Handelsgärtnereien gefunden und wird in Blumengeschäften fast überall als dekorativer Zimmerfarn angeboten.

Platycerium andinum, ein epiphytischer Farn mit Mantelblättern und Laubblättern, der an den östlichen Abhängen der Anden vorkommt

Unterklasse Kleeblatt-Wasserfarne, Marsileidae

Wie bereits erwähnt, wurden diese und die folgende Unterklasse früher vielfach unter der Bezeichnung »Hydropteridae« (Wasserfarne) zusammengefaßt. Die Angehörigen beider Gruppen sind Sumpf- oder Wasserpflanzen und zeigen entsprechend ihrem extremen Lebensmilieu viele diesbezügliche Anpassungen. Die Abwandlungen gegenüber den meisten anderen Farnen sind sogar so weitgehend, daß es so gut wie keine Anhaltspunkte für einen eventuellen systematischen Anschluß gibt.

Von den Polypodiales weichen die Wasserfarne auch bezüglich der Sporenbildung erheblich ab. So sind alle »Hydropteridae« heterospor; sie weisen sogar eine sehr hochentwickelte Form der Heterosporie auf, wie u. a. die weitgehende Gametophytenreduktion zeigt. In dieser Hinsicht haben sie eine ähnliche Organisationshöhe erreicht wie *Selaginella* oder *Isoëtes.* Da die Ausbildung der Heterosporie nicht in einem ursächlichen Zusammenhang mit ihrer Lebensweise steht, muß es sich bei ihnen um bereits sehr lange von den anderen Farnen isolierte, selbständige Entwicklungslinien handeln.

Es zeigte sich in letzter Zeit immer deutlicher, daß beide Gruppen – die Marsileales und die Salviniales – trotz der Heterosporie und mancher Übereinstimmungen im Entwicklungzyklus doch so stark voneinander geschieden sind, daß sie als verschiedene Ordnungen gelten können, wenn man ihnen nicht gar den Rang von Unterklassen zubilligt. Mit dieser »Rangerhöhung« wird ihre starke Trennung untereinander und gegenüber den anderen Farnen dokumentiert.

Ordnung Kleeblatt-Wasserfarnartige, Marsileales

Die Unterklasse der Marsileidae besteht nur aus einer Ordnung. In neuerer Zeit werden von den meisten Bearbeitern die hierzu gehörigen 3 Gattungen zu einer Familie gestellt, während früher vielfach 2 Familien, die Marsileaceae und die Pilulariaceae, unterschieden wurden.

Familie Kleefarngewächse, Marsileaceae

Zu dieser Familie gehören 3 Gattungen: *Marsilea* mit etwas mehr als 70 Arten, *Pilularia* mit 6 Arten und *Regnellidium* mit nur einer Art.

Die Arten der Gattung Kleefarn, *Marsilea,* wachsen vor allem auf nassen, zeitweilig überschwemmten Schlammböden. Sie bilden langgestreckte Rhizome aus, die sich gabelig verzweigen und an denen die aufrechten Blätter in gewissen Abständen entstehen. Die mit Adventivwurzeln im Substrat befestigten Rhizome haben ein praktisch unbegrenztes Wachstum. Ein einzelnes Exemplar vermag so im Laufe der Zeit eine beträchtliche Fläche, manchmal sogar 25 m und mehr im Durchmesser, einzunehmen.

Der deutsche Name Kleefarn gibt treffend das Wesentliche der Blattform und des Habitus wieder. Die langgestielten Wedel tragen am oberen Ende eine vierteilige, kleeblattförmige Spreite. Dieses »Kleeblatt« geht aus 2 Fiederpaaren hervor, zwischen denen das Internodium so stark verkürzt ist, daß ein scheinbar vierblättriger Quirl entsteht.

Von besonderem Interesse ist die Art der Fortpflanzung, in der *Marsilea* von den bisher besprochenen Farnen erheblich abweicht. Gegen Ende der Vegetationsperiode bilden sich an der Basis der Blätter die Fruktifikationsorgane. Diese stellen derbwandige, bohnen- bis kugelförmige Gebilde dar, die als Sporokarpien (»Sporenfrüchte«) bezeichnet werden. Es handelt sich dabei um den extremen Fall der Umgestaltung eines Wedelteiles, da ein solches Sporokarp einer sehr stark modifizierten Blattfieder entspricht. Die Anzahl der Sporokarpien ist je nach Art verschieden. Während z. B. der in Mitteleuropa vorkommende Vierblättrige Kleefarn, *Marsilea quadrifolia,* an der Basis der Blätter allenfalls 2 bis 3 Sporokarpien ausbildet, hat die in Mittel- und Südamerika heimische *Marsilea polycarpa* eine sehr viel größere Zahl – oft bis 25 –, desgleichen die ebenfalls mittelamerikanische *Marsilea subangulata.* Bei der in Zentralafrika vor einigen Jahren entdeckten *Marsilea botryocarpa* stehen die Sporokarpien sogar gebüschelt. Andere Arten wiederum bilden pro Blatt nur ein einziges Sporokarpium aus.

In den Sporokarpien befinden sich zahlreiche, in 2 Reihen nebeneinanderstehende, säckchenartige Fächer, die jeweils einen Sorus darstellen. Die hautartige Soruswand, d. h. das Indusium, das die einzelnen Säckchen umgibt, ist stark modifiziert und mehr oder weniger gallertartig. Die Sori sind an einer Seite mit einem ebenfalls gallertig-knorpeligen Strang verbunden (Rezeptakulum), der sich ringförmig an der Innenseite des Sporokarps herumzieht. Wie eine nähere Betrachtung zeigt, enthalten die Sori sowohl Mikro- als auch Makrosporangien. In ersteren bilden sich viele Mikrosporen, in letzteren jeweils nur eine, sehr viel größere Makrospore.

Mit den Sporokarpien überdauern die *Marsilea*-Arten die ungünstige Jahreszeit oder Trockenperioden. Sie dienen auch der Verbreitung, da sie, von Wasservögeln aufgenommen, den Verdauungstrakt unverletzt überstehen und so auch über größere Entfernungen vertragen werden können. Die Sporenfrüchte behalten überaus lange, z. T. mehrere Jahrzehnte, ihre Lebensfähigkeit. Bei *Marsilea polycarpa* konnte sogar eine Überdauerung von nahezu 70 Jahren nachgewiesen werden. Bei Benetzung erfolgt die weitere Entwicklung dagegen sehr schnell. Schon nach 15 bis 20 Minuten platzen die Sporokarpien, der Gallertring quillt auf, entfaltet sich und zieht damit die Sori heraus. Wenige Stunden später beginnen sich die Indusien und auch die Sporangienwände in eine gallertartige Masse umzuwandeln, in der die Sporen eingebettet sind. Die Entwicklung des Gametophyten verläuft innerhalb der Sporen und erfolgt gleichfalls sehr rasch in weniger als einem Tag.

Der sich in den Mikrosporen ausbildende männliche Gametophyt ist extrem reduziert und besteht lediglich aus 9 Zellen, die das Mikroprothallium und die 2 Antheridien repräsentieren. Aus jedem Antheridium gehen schließlich 16 Spermatozoiden hervor. Eine ähnlich weitgehende Reduktion ist auch beim weiblichen Gametophyten festzustellen. Hier wird nicht einmal mehr ein zelluläres Makroprothallium ausgebildet, sondern nur im oberen Teil ein einziges, ebenfalls vereinfachtes Archegonium, das etwas aus der Makrospore heraustritt. Nach der Befruchtung der Eizelle durch ein Spermatozoid entwickelt sich sofort der junge Sporophyt. Bemerkenswert an dieser ganzen Entwicklung ist vor allem, daß der Gametophyt nicht mehr als selbständig lebende Generation in Erscheinung tritt.

In morphologischer Hinsicht ist die Gattung *Marsilea* ziemlich einförmig. Die Unterschiede beruhen vor allem auf Anzahl, Form und Ausbildung der Sporokarpien. Etwa die Hälfte der rund 70 Arten kommen in den Tropen vor, wobei in Afrika, dem tropischen Amerika und Südasien jeweils etwa 10 Arten beheimatet sind. Verhältnismäßig reich ist die Gattung in Australien entwickelt. Die anderen Arten besiedeln die wärmer temperierten Gebiete. In Europa kommen 3 Arten vor, von denen *Marsilea quadrifolia* die häufigste und bekannteste ist. Sie tritt vor allem in West- und Südeuropa auf und reicht nach Osten bis zur Wolgamündung. In Nordamerika wurde sie eingeschleppt. Wie alle Kleefarne ist auch diese Art recht wärmeliebend. In Mitteleuropa lagen ihre Vorkommen im mittleren Rheingebiet, wo sie allerdings seit längerem stark zurückging und inzwischen zu den erloschenen Arten gerechnet werden muß. Der Kleefarn wuchs dort auf nähstoffreichen, schlammigen Böden an den Ufern von Tümpeln und Kiesgruben, die zeitweise überschwemmt werden. Südlich der Alpen, z. B. in den Reisanbaugebieten der Po-Ebene, ist die Art aber noch verhältnismäßig häufig. *Marsilea quadrifolia* kann, wie auch andere *Marsilea*-Arten, auf überschwemmten Standorten Schwimmblätter ausbilden, deren Stiele dann stark verlängert sind und bis zu 70 cm messen können. Die Landblätter erheben sich dagegen meist nur 10 bis 15 cm in die Höhe.

Die beiden anderen in Europa vorkommenden Arten *Marsilea aegyptica* und *Marsilea strigosa*, sind nur auf die südlichsten, wärmsten Teile beschränkt. In Nordamerika wird der Vierblättrige Kleefarn von der recht ähnlich aussehenden *Marsilea vestita* vertreten. Erwähnt sei schließlich noch *Marsilea nardu*, eine in Ostaustralien heimische Art, deren stärkereiche Sporokarpien ein wichtiges Nahrungsmittel für die Einheimischen darstellen.

Eine andere Gattung der Familien ist – wie

Bestand des Vierblättrigen Kleefarns, *Marsilea quadrifolia*, mit Schwimmblättern

bereits erwähnt – nur in einer Art bekannt. *Regnellidium diphyllum* kommt lediglich in Südbrasilien und Argentinien vor und ist, wie der Name besagt, dadurch gekennzeichnet, daß die Blätter an der Spitze nur 2 nierenförmige Fiedern ausbilden.

Die nur aus 6 Arten bestehende Gattung *Pilularia* weicht von *Marsilea* zwar nicht grundsätzlich, aber doch in einigen Merkmalen deutlich ab. Vor allem bilden die »Wedel« keine Spreiten, d. h. Fiedern aus und sind daher mehr oder weniger fadenförmig. Sie sehen wie manche Binsen im Jugendzustand oder wie junge Schnittlauchblätter aus. Die dunkelbraunen, kugelförmigen Sporokarpien sind kurz gestielt und bilden nur 2 bis 4 Sori aus, die ebenfalls Mikro- und Makrosporangien enthalten. Bei der Reife öffnet sich das Sporokarp an der Oberseite mit einer der Soruszahl entsprechenden Anzahl von Klappen, und sein Inhalt tritt in Form eines gallertartigen Tropfens etwas hervor. In diesem Gallerttropfen befinden sich die losgelösten Sporangien, und hier finden auch die Gametophytenbildung und die Befruchtung statt, die ähnlich wie bei *Marsilea*

Bestand des Pillenfarns, *Pilularia globuligera*

vor sich gehen. Der sich in den Makrosporen entwickelnde weibliche Gametophyt ist jedoch nicht so stark reduziert wie bei *Marsilea*; er bildet noch ein vielzelliges Makroprothallium aus, das sogar ergrünt.

Durch vierfächrige Sporokarpien zeichnet sich der einzige in Mitteleuropa vorkommende Vertreter aus. Der Pillenfarn, *Pilularia globulifera*, kommt vor allem im atlantischen Mittel- und Westeuropa vor und findet sich ab und zu auf sumpfigen, nährstoffarmen Böden, meist am Grunde von abgelassenen Teichen. Die Art gilt in Deutschland als vom Aussterben bedroht. In Nordamerika wird sie durch die nahe verwandte *Pilularia americana* vertreten. Die andere europäische Art, *Pilularia minuta*, ist auf das Mittelmeergebiet beschränkt und besitzt zweifächrige Sporokarpien. Dasselbe gilt für eine neuseeländische Art *(Pilularia novae-zealandiae)*. Von den beiden restlichen Arten tritt die eine in Australien und die anderen *(Pilularia mandonii)* in der alpinen Region der bolivianischen Anden in 5 000 m Höhe auf.

Fossil konnte *Marsilea* erst in jüngster Zeit aus dem Tertiär der Sowjetunion in 4 Arten nachgewiesen werden.

Unterklasse Schwimm-Wasserfarne, Salviniidae

Ordnung Schwimm-Wasserfarnartige, Salviniales

Auch diese Unterklasse enthält nur eine Ordnung, deren Angehörige noch viel weniger »farnartig« aussehen als die Klee- und Pillenfarne, und der Laie ist immer wieder überrascht, daß selbst diese Gewächse zu den Farnen gehören. Es handelt sich um recht kleine, geradezu zierliche Pflänzchen, die auf dem Wasser schwimmen.

Familie Schwimmfarngewächse, Salviniaceae

Die 10 Arten der Gattung *Salvinia* – der einzigen dieser Familie – haben horizontal wachsende Achsen, an denen die Blätter in Dreierwirteln stehen. 2 davon sind als Schwimmblätter ausgebildet, während das dritte in viele feine Zipfel aufgeteilt ist und als Wasserblatt fungiert (siehe in der Abbildung Nr. 1). Die Schwimmblätter haben eine ovale oder rundliche Form, sind im Knospenstadium an der Mittelrippe klappig nach oben gefaltet und breiten sich erst im ausgewachsenen Zustand flach auf dem Wasser aus. Die Schwimmfähigkeit geht auf den besonderen inneren Bau der Blätter zurück und wird durch die Unbenetzbarkeit der Blattoberfläche noch unterstützt. Während die Schwimmblätter die Assimilationsorgane darstellen, dürften die chlorophyllosen Wasserblätter die Funktion der Wurzeln übernommen haben, da solche den Salvinien durchweg fehlen. Außerdem entstehen an den Wasserblättern die Fortpflanzungsorgane, die in Gestalt kugeliger, brauner Sporangienbehälter ausgebildet werden. Da diese eine gewisse Ähnlichkeit mit den Sporokarpien der Marsileales haben, wurden sie nicht selten gleichfalls als Sporokarpien bezeichnet. Dieser Ausdruck ist hier jedoch irreführend und sollte vermieden werden. Bei den Salviniales entspricht die Hülle des Sporangienbehälters nicht einer modifizierten Blattfieder, sondern einem Indusium. Das ganz kugelige Gebilde stellt demnach nur einen Sorus dar und sollte als Sorokarp bezeichnet werden. Die Sori sind verschiedengeschlechtig; einige enthalten nur Mikro-, andere nur Makrosporangien (siehe in der Abbildung Nr. 2). Erstere sind kleiner und entwickeln sich in viel größerer Zahl als die letztgenannten. In den Mikrosporangien entstehen stets 64 Mikrosporen, die in einer schaumigen Substanz eingebettet sind, die aus dem degenerierten Plasma der Tapetenzellen des Sporangiums hervorgeht (siehe in der Abbildung Nr. 3). Die Makrosporangien bilden dagegen nur eine einzige große Makrospore aus, die ebenfalls von einer dicken, schaumigen Plasmahülle umgeben ist (siehe in der Abbildung Nr. 4).

Schwimmfarn, *Salvinia:* 1 *Salvinia auriculata*, ein Blattwirtel mit Sori (S) an den Zipfeln des Wasserblattes, 2–4 *Salvinia natans*, 2 Mikrosorus mit Mikrosporangien (oben) und Makrosorus mit Makrosporangien (unten), 3 Mikrosporangien, 4 Makrosporangium mit einer Makrospore (M), die von Tapetenplasma (P) umgeben ist

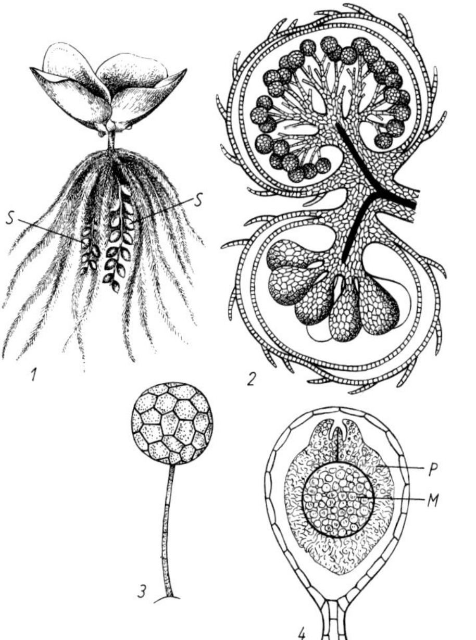

Gemeiner Schwimmfarn, *Salvinia natans*. Die Schwimmblattpaare sind auf der Oberseite mit haarartigen Auswüchsen besetzt.

Die Sori fallen im Herbst ab, sinken zu Boden und überwintern am Grunde des Gewässers. Dort zersetzt sich die Wand des Sporangienbehälters, d. h. das Indusium, und im Frühjahr steigen die Sporangienknäuel wieder zur Wasseroberfläche empor. Jetzt entwickeln sich auch die Mikro- und Makrosporen weiter und bilden die Gametophyten aus. In den Mikrosporen entsteht durch einige Teilungen ein stark reduziertes Prothallium, das nur aus wenigen Zellen besteht und 2 Antheridien enthält, die schließlich je 4 Spermatozoiden ausbilden. Diese Entwicklung verläuft – wie bei den Marsileales – innerhalb der Sporen und auch der Sporangien. Erst zum Schluß durchbohren die Prothallien lokal die Sporangienwand, und die Spermatozoiden gelangen ins Freie. Auch die Keimung der Makrospore erfolgt zunächst im Innern des schützenden Sporangiums. Es entsteht ein kleines Prothallium im oberen Teil der Spore, während der untere Teil nicht zellulär gegliedert wird und eine große Zelle darstellt, deren reichliche Nährstoffe für die Ausbildung des oberen Teiles verwendet werden. Das Prothallium sprengt schließlich im oberen Teil die Membran der Makrospore wie auch die Sporangienwand und ragt als kleines, ergrünendes Gebilde etwas hervor. In diesem Teil entwickeln sich dann einige Archegonien. Der weibliche Gametophyt ist demnach längst nicht so stark reduziert wie der männliche, eine Erscheinung, die auch für etliche andere heterospore Pteridophyten zutrifft. Eine selbständig lebende Generation stellt jedoch auch bei den Salvinales weder der männliche noch der weibliche Gametophyt dar.

Nach der Befruchtung entwickelt sich ein zunächst schildförmiges Keimpflänzchen, das bald zu einer neuen *Salvinia*-Pflanze heranwächst.

In Europa ist nur eine *Salvinia*-Art heimisch. Der Gemeine Schwimmfarn, *Salvinia natans*, kommt vor allem in den wärmeren Teilen von Süd-, Mittel- und Osteuropa vor und reicht über Kleinasien und das südliche Sibirien bis Ostasien. Die Art tritt in Mitteleuropa vor allen in ruhigen, windgeschützten, warmen und nährstoffreichen Altwässern der großen Ströme, wie Elbe, Oder usw., auf. In Deutschland ist sie stark rückgängig und gilt als eine vom Aussterben bedrohte Art; sie gehört zu den gesetzlich geschützten Pflanzen. Unter günstigen Bedingungen kann sie richtige Schwimmdecken ausbilden, was auf das rasche Wachstum, aber auch auf das starke vegetative Vermehrungsvermögen zurückgeht. Die Sprosse zerfallen leicht in Teilstücke und wachsen schnell wieder zu ganzen Pflanzen heran.

In tropischen Gebieten und auch bei anderen Arten, wie der in Mittel- und Südamerika verbreiteten *Salvinia auriculata* oder der als besonders gefährlich bezeichneten *Salvinia molesta* können dadurch Teiche und kleinere Seen vollständig überzogen und sogar Kanäle verstopft werden. Aus Südafrika wird berichtet, daß diese Art Seen und andere Stillwassergebiete z. T. in solcher Dicke überzieht, daß die Gewässer dadurch passierbar werden und selbst Sträucher und Bäume auf diesen *Salvinia*-Decken wachsen können. Die übrigen *Salvinia*-Arten sind ebenfalls zum größten Teil Bewohner der afrikanischen und südamerikanischen Tropen.

Erst in letzter Zeit wurden *Salvinia*-Arten auch fossil bekannt. Man kennt inzwischen etwa 20 Arten aus der oberen Kreide und dem Tertiär. Sie zeigen, daß die Salviniaceen und die Azollaceen schon in der Kreide gut entwickelt und weit verbreitet waren.

Familie Algenfarngewächse, Azollaceae

Zu der Familie Azollaceae gehört nur die 6 Arten umfassende Gattung *Azolla*, die auch als Algenfarn, Wasserlinsenfarn oder Moos-Wasserfarn bezeichnet wird. Besonders der letzte Name weist treffend auf das Aussehen dieser Pflanzen hin. In der Tat machen diese durchweg sehr kleinen, zierlichen Pflänzchen den Eindruck von Lebermoosen. Ihre mehrfach in einer Ebene verzweigten Achsen sind dicht mit zweizeilig angeordneten Blättchen bedeckt, die sich überlappen – ganz so, wie dies auch bei vielen Lebermoosen der Fall ist. Die Pflanzen werden meist kaum viel mehr als 1 bis 2 cm groß; unter besonders günstigen Wachstumsbedingungen können sie aber selbst 10 cm Länge erreichen. Durch wiederholte Teilungen und Selbständigwerden der Seitenäste bilden sie jedoch oft dicke Massen und überziehen vollständig die Oberfläche eines Gewässers. Auf der Unterseite der Stämmchen entspringen – im Gegensatz zu *Salvinia* – lange Adventivwurzeln. Die Blättchen erreichen oft nur einen halben bis einen Millimeter Länge und haben daher auch durchaus moosartige Dimensionen. Sie sind tief in 2 Lappen gespalten. Die größeren, kräftigeren, dunkelgrünen Oberlappen sind durch Papillen unbenetzbar und ragen als eigentliches Schwimmorgan über die Wasseroberfläche. Sehr kennzeichnend ist weiter eine tiefe Grube an ihrer Basis, die regelmäßig von einer Blaualge *(Anabaena azollae)* bewohnt wird, und die in der Lage ist, atmosphärischen Stickstoff zu binden. Die kleineren, ins Wasser tauchenden Unterlappen weisen dagegen einen sehr viel zarteren Bau auf und sind bleicher. An ihnen entstehen die Sori, die wie bei *Salvinia* ein zweischichtiges Indusium besitzen und in Mikro- und Makrosori differenziert sind.

Azolla ist durch ihre komplizierten Einrichtungen zur Sicherung der Fortpflanzung besonders interessant. Im Gegensatz zu *Salvi-*

nia kann man das Geschlecht der Sori schon äußerlich an ihrer verschiedenen Größe erkennen. Die Mikrosori sind (trotz ihres Namens!) relativ groß, spitzkugelig und gelblich (siehe in der Abbildung Nr. 1). Sie enthalten eine große Zahl langgestielter, kugeliger Mikrosporangien, die im wesentlichen so wie bei *Salvinia* gebaut sind, nur mit dem Unterschied, daß das schaumige Tapetenplasma nicht das ganze Mikrosporangium ausfüllt, sondern in 4 bis 8 runde Portionen aufgeteilt ist (siehe in der Abbildung Nr. 2). In diese Massulae sind die Mikrosporen eingebettet. Die Soruswand zersetzt sich schließlich, auch die Wand des Mikrosporangiums wird gesprengt, und die Massulae gelangen ins Freie. Jetzt bilden sie an ihrer Außenseite mit Widerhäkchen versehene Ausstülpungen, die Glochidien (siehe in der Abbildung Nr. 4). Obwohl es sich hierbei um reichlich komplizierte Gebilde handelt, stellen sie jedoch keine zellulären Bildungen, sondern nur Strukturen des Eiweißschaumes der Tapete dar.

Die wesentlich kleineren, dunkelbraunen Makrosori enthalten jeweils nur ein Makrosporangium, in dem wiederum nur eine Makrospore ausgebildet wird. Auch sie ist von Tapetenplasma umgeben, das nicht minder komplizierte Strukturierungen zeigt (siehe in der Abbildung Nr. 3). Während der untere Teil, der die Makrospore umgibt, grubige Vertiefungen aufweist, bilden sich im oberen Teil mehrere (je nach Art 3 bis 9) säckchenartige Körper, die später als Schwimmkörper fungieren. Die Wandungen des Makrosorus wie des Makrosporangiums reißen schließlich auf, so daß auch die Makrospore mit ihren kunstvollen Tapetenplasma-Strukturen frei wird. Der obere Teil des Sorus bleibt dabei als kapuzenartiges Gebildet erhalten und krönt das Ganze (siehe in der Abbildung Nr. 4). Die auf dem Wasser umhertreibenden Massulae verfangen sich nun mit ihren Glochidien in den Vertiefungen des Periplasmodiums der Makrospore. Auf diese komplizierte Weise wird erreicht, daß die später gebildeten Spermatozoiden in unmittelbarer Nähe der Archegonien entlassen werden können und so eine Befruchtung weitgehend gesichert wird.

In diesem Stadium der Verankerung der Massulae mit der Makrosporen – »Boje« hat die Entwicklung der Gametophyten noch nicht eingesetzt. Diese erfolgt erst, nachdem das ganze Gebilde auf den Grund des Gewässers abgesunken ist. Im Verlaufe von etwa 8 Tagen bilden die Mikrosporen – ohne die Massulae zu verlassen – einen stark reduzierten Gametophyten aus, der nur ein Antheridium enthält, aus dem 8 Spermatozoiden entlassen werden. Die Makrospore keimt in der gleichen Zeit im oberen Teil zu einem wenigzelligen Makroprothallium aus, das etwas hervortritt und so die Schwimmkörper auseinanderdrängt, wodurch den Spermatozoiden der Zugang zu dem meist in Einzahl gebildeten Archegonium eröffnet wird. Auch die Befruchtung der Eizelle und die erste Entwicklung des Keimlings finden unter Wasser statt. Sobald aber die junge Keimpflanze das erste Blättchen mit einer Luftkammer ausgebildet hat, steigt sie zur Wasseroberfläche empor.

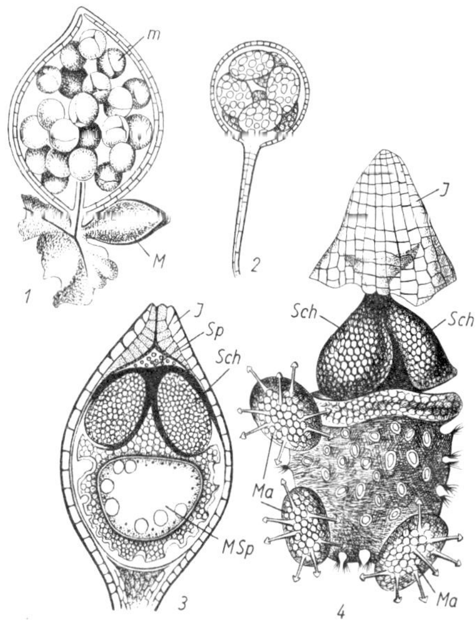

Moos-Wasserfarn, *Azolla:* 1 Mikrosorus (m) und Makrosorus (M), 2 Mikrosporangium mit kugelförmigen Massulae, 3 Makrosorus-Längsschnitt, MSp = Makrospore, umgeben von Tapetenplasma, das oben Schwimmkörper (Sch) ausbildet. Sp = Makrosporangienwand, I = Indusium. 4 Gekeimte Makrospore mit festgehakten Massulae (Ma)

Europa besitzt keine ursprünglich heimische *Azolla*-Art. Jedoch sind 2 bis 3 Arten eingeschleppt worden und haben sich in manchen Gebieten eingebürgert. Das gilt vor allem für den im Westteil des amerikanischen Kontinents von Patagonien bis Kalifornien verbreiteten Großen Algenfarn, *Azolla filiculoides*, der außerdem in Australien, Neuseeland und Tasmanien vorkommt. Die eigentlich tropische Art kann man auch in West-, Süd- und Zentraleuropa finden, wo sie in windgeschützten, nährstoffreichen Altwasserbuchten in sommerwarmen Gebieten, wie in der Rheinebene, dem Neckargebiet und in Franken, seit langen beständig auftritt. *Azolla filiculoides* ist jedoch für Europa keine völlig fremde Pflanze. Wir wissen aus Fossilfunden, daß sie bis zur Mindel-Riß-Zwischeneiszeit auch hier von Natur aus vorkam und damals sogar über die Wolgamündung hinaus weit nach Osten reichte.

Mit Ausnahme der Fossilverbreitung kann fast das gleiche auch von *Azolla caroliniana* gesagt werden, die vor allem im nördlichen Südamerika und in Mittelamerika heimisch ist und bis ins atlantische Nordamerika reicht. In Mitteleuropa tritt sie jedoch sehr viel seltener als die vorgenannte auf. Beide Arten sind beliebte Aquarienpflanzen.

Die übrigen *Azolla*-Arten bewohnen die tropischen Gebiete von Afrika, Süd- und Südostasien sowie Australien. Insgesamt ist die Gattung praktisch weltweit verbreitet.

Azolla pinnata wird seit längerem im Norden von Vietnam als Dünger- und Futterpflanze verwendet. Ihr rasches Wachstum und die Stickstoffbindung der Blaualgensymbionten bewirken bei Reisfeldern eine Stickstoffzufuhr von etwa 25 kg/ha, was zu einer deutlichen Ertragssteigerung führt. Der hohe Proteingehalt, der außerdem alle essentiellen Aminosäuren enthält, machen die Art zu einer wertvollen Tierfutterbeigabe.

Fossilfunde von *Azolla* sind seit der Unterkreide bekannt. Sie beruhen meist auf den charakteristischen Gebilden der Massulae und der Makrosporen-»Bojen«. Etwa 40 fossile Arten weichen von den rezenten so wenig ab, daß sie unbedenklich zur Gattung *Azolla* gestellt werden konnten. Besonders das Tertiär war reich an *Azolla*-Arten. Geologisch frühe Formen bildeten z. T. Makrosporen mit 15 bis 22 Schwimmkörpern aus. *Azolla* nahestehende Fossilformen werden in die Gattungen *Azollopsis* (etwa 14 Arten), *Parazolla* oder *Azollophyllum* eingeordnet. Die Funde zeigen, daß die Gattung *Azolla* jedenfalls schon in der Kreide voll entwickelt war. Sie geben aber keinerlei Hinweise hinsichtlich der Abstammung von anderen Farnen.

Über die Herkunft der Salviniales gibt es heute noch keine gesicherten Anhaltspunkte. Wohl meinte man gelegentlich, daß sie möglicherweise von den Hymenophyllaceen oder den Cyatheaceen abgeleitet seien. Diese These, die sich auf die unterständigen Indusien und die endständige Stellung der Sori stützt, vernachlässigt aber die ungleich größeren Verschiedenheiten und kann kaum als beweiskräftig angesehen werden. Ebenso spekulativ ist die von manchen geäußerte Vermutung, daß die Marsileales Abkömmlinge der Schizaeaceen seien. Solange keine verbindenden fossilen Formen bekannt sind, wird die Herkunft der Wasserfarne schwerlich zu klären sein.

Klasse Aneurophytopsida (Progymnospermen)

Der Ursprung der Nacktsamer (Gymnospermen) war lange Zeit unklar. Nachdem man um die Jahrhundertwende die Samenfarne entdeckt hatte, nahmen viele Botaniker an, daß sich diese aus hochentwickelten eusporangiaten Farnen (etwa den Psaroniaceen der Marattiales) herausgebildet hätten. Hinsichtlich der Beblätterung stimmen die Samenfarne so weitgehend mit »echten« Farnen überein, daß diese Auffassung durchaus verständlich erscheint. Es ist eine seit langem bekannte Erfahrung, daß man bei vielen der besonders im Karbon so überaus häufigen Funde von isolierten, sterilen Wedelresten kaum angeben kann, ob sie von einem Farn oder einem Samenfarn stammen. Da man sich damals die Samenfarne aus Farnen abgeleitet vorstellte, war auch die deutsche Bezeichnung Samenfarn durchaus berechtigt – eben ein Farn, der sich durch die Be-

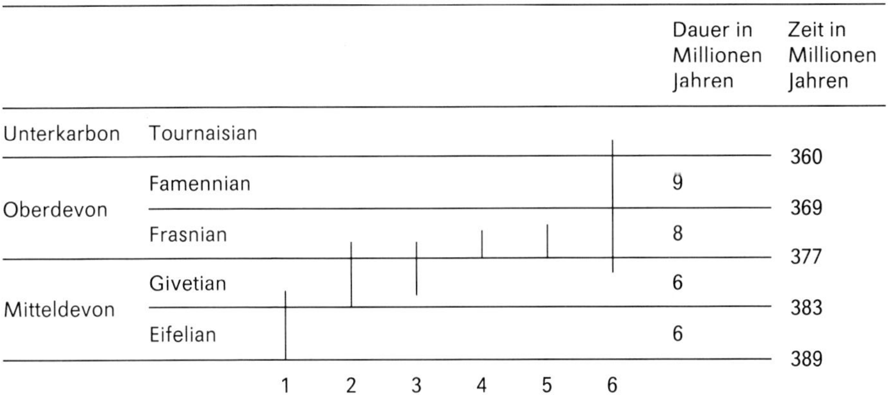

Zeitliches Vorkommen ausgewählter Progymnospermen (nach Scheckler & Banks u.a.). 1 *Protopteridium*, 2 *Aneurophyton*, 3 *Triloboxylon*, 4 *Protokaleon*, 5 *Tetraxylopteris*, 6 *Archaeopteris*. 1 bis 5 Aneurophytales, 6 Archaeopteridales.

sonderheit auszeichnet, Samen auszubilden. Abgesehen von der Samenbildung wichen die Samenfarne aber in einem anderen Merkmalskomplex geradezu diametral von den Farnen ab: Sie besaßen verholzte Stämme, deren Sekundärholz bei vielen völlig gymnospermenartig war und deren Struktur keinerlei Gemeinsamkeiten mit Farnstämmen aufwies.

Später zeigte sich, daß unter der Bezeichnung Gymnospermen wenigstens 2 Entwicklungslinien zusammengefaßt wurden: eine makrophylle Linie, zu der die Samenfarne (die man jetzt besser als Farnsamer bezeichnen sollte), die Cycadeen und die Bennettiteen gehören, und eine mikrophylle, die die Cordaiten und Koniferen (Nadelhölzer) umfaßt. War es schon auf Grund der oben erwähnten Unterschiede recht problematisch, sich die cycadophytische Linie von Farnen abgeleitet vorzustellen, so bestand über die Herkunft der coniferophytischen Linie weiterhin keine Klarheit. Eine Ableitung letzterer von Lycopsiden stellte eine reine Spekulation dar.

Lediglich theoretisch ließ sich feststellen, daß es frühe Vorfahren der Gymnospermen gegeben haben müsse, die bereits einen mehr oder weniger gymnospermenartig entwickelten Achsenbau aufwiesen, in den übrigen vegetativen Teilen (Laub) aber noch so primitiv gewesen sind, daß sich aus ihnen später die beiden erwähnten Hauptrichtungen herausdifferenzieren konnten,

Durch viele Arbeiten von Paläobotanikern in jüngerer Zeit zeichnete sich die Existenz einer derartigen Grundgruppe tatsächlich ab, die dementsprechend intensiv untersucht wurde. Es sind die Aneurophyten oder Progymnospermen.

Ob man dieser Gruppe den Rang einer Klasse gibt, oder ihr einen höheren (Abteilung) oder niedrigeren (Unterklasse) zubilligt, ist Auffassungssache und in erster Linie eine Frage der Definition dieser Einheiten. Auch die systematische Stellung wird unterschiedlich gehandhabt; manche stellen sie zu den Farnen (Polypodiopsida), andere an den Anfang der Gymnospermen. Nach dem gegenwärtigen Stand sind die Progymnospermen zwar von den Polypodiopsida zu trennen, sie verbleiben aber bei den Pteridophyten, da die Vermehrung über normale Sporen erfolgt. Die meisten Progymnospermen sind sogar nur isospor, eine Heterosporie wurde lediglich von recht wenigen Sippen erreicht.

Die Aneurophyten erwiesen sich als entwicklungsgeschichtlich wichtige Übergangsgruppe, die von relativ hoch entwickelten Psilophyten (Psilophytales) abstammt und sowohl zur coniferophytischen Linie als auch sehr wahrscheinlich zur cycadophytischen Linie führte. Sie stellen somit eine Übergangsgruppe in dreierlei Hinsicht dar.

Die Aneurophyten bildeten als erste ein Sekundärholz aus, das innerhalb dieser Klasse eine rapide Entwicklung erfuhr und zunehmend gymnospermenartiger wurde. Schließlich brachten sie Stämme vom Typ des Holzstammes hervor, wie sie für alle baumförmigen Pflanzen der Nackt- und Bedecktsamer der Gegenwart charakteristisch sind. Auf solche Stammstrukturen bezieht sich eigentlich die Bezeichnung Progymnospermen.

Die Entwicklung der Aneurophyten setzte im unteren Mitteldevon (Eifelian) ein und schließt sich damit zeitlich geradezu nahtlos den Psilophytales an; sie erfuhr einen gewissen Höhepunkt im obersten Mitteldevon (Givetian) und im unteren Oberdevon (Frasnian). Zu dieser Zeit erloschen die meisten Aneurophyten. Nur *Archaeopteris* zeigte auch im oberen Oberdevon noch eine Entwicklung neuer Formen und reicht bis ins unterste Unterkarbon (Tournaisian) (siehe Graphik).

Die Progymnospermen können in 2 recht gut differenzierte Ordnungen gegliedert werden.

Ordnung Aneurophytales

Die Vertreter dieser Ordnung bildeten durchweg dreidimensionale, vielfach verzweigte Sproßsystems aus. Auch die letzten Auszweigungen, die als Anhängsel bezeichnet werden und als Blattäquivalente oder -vorläufer fungierten, zeigen noch deutlich die Herkunft von Achsen. Es waren mehrfach dichotom gegabelte, räumliche Gebilde. Nur bei *Triloboxylon* rückten sie in eine Ebene. Im Gegensatz zu den Cladoxyliden bildeten alle Aneurophytales Sekundärholz aus, wenngleich in unterschiedlichem Ausmaß. Das Holz läßt in Form und Ausbildung eine deutliche Höherentwicklung erkennen, die fast wie eine Entwicklungsreihe erscheint. Im Gegensatz zur folgenden Ordnung Archaeopteridales nimmt hier das Holz immer nur einen gewissen Teil der Sproßachsen ein.

Im fertilen Bereich wiesen die Aneurophytales kompliziert gebaute, z. T. stark verzweigte Sporangiophoren auf, an deren Endabschnitten längliche Sporangienpaare – wie bei den Psilophytales – standen. Alle Sippen dieser Ordnung waren isospor.

Die ältesten Aneurophytales gehören der Gattung *Protopteridium* an, von der 4 Arten unterschieden werden. Lange Zeit waren nur Bruchstücke dieser Pflanzen bekannt, und man hielt sie für Übergangsformen zwischen Psilophyten und Farnen – daher auch der Name Protopteridium (Vorfarn). Später gab es bei dieser Gattung scheinbare nomenklatorische Probleme, die dazu führten, sie als »*Milleria*«, »*Relimmia*« oder »*Ptilophyton*« zu benennen. Erst vor wenigen Jahren gelang es dem Bonner Paläobotaniker H.-J.-Schweitzer, die Gesamtpflanze von *Protopteridium thomsonii* zu rekonstruieren. Neue Funde und moderne Präpariertechniken erbrachten ein wesentlich von älteren Rekonstruktionen abweichendes Ergebnis. Diese Art bildete buschige, stark verzweigte, räumliche Achsensysteme; ein solcher Wedel konnte 80 cm und mehr an Länge erreichen. Ebenso kompliziert waren die fertilen Bereiche, die an den obersten Wedelteilen ausgebildet wurden. Ein einziger, etwa 35 mal 20 mm

Protopteridium thomsonii, Rekonstruktion nach Schweitzer und Matten

großer, vielfach gabelig aufgeteilter und an den Spitzen eingekrümmter Sporangienträger bildete 250 bis 400 Sporangien aus!

Protopteridium wurde im westlichen Europa und den östlichen USA, die im Devon ja unmittelbar angrenzten, da es den Atlantik noch nicht gab, sowie in der Sowjetunion nachgewiesen. Die Gattung war aber vermutlich viel weiter verbreitet, als bis jetzt belegt ist.

Verwandt mit *Protopteridium* war die zeitlich etwas jüngere Gattung *Aneurophyton*, die in denselben, eben genannten Gebieten gefunden wurde. Am besten bekannt dürfte dabei *Aneurophyton germanicum* sein. Dies war eine reichlich 2 m hohe, baumfarnartige Pflanze. Die Stämme bildeten ein dreiarmiges Primärxylem aus, das von einem Sekundärholzmantel umgeben wurde. Die »Raumwedel« verzweigten sich zuerst räumlich, die weiteren Verzweigungen rückten aber schon etwas in eine Ebene und endeten in Mikroblättchen. Die fertilen Wedelteile waren weniger stark gegliedert und mit gabelteiligen Sporangiophoren besetzt, an deren gekrümmten Ästen nach innen zu je 4 bis 5 Sporangienpaare saßen (siehe Rekonstruktionen).

Von der Gattung *Triloboxylon* wurden bisher 2 Arten bekannt, bei denen die räumlich verzweigten Achsen Anhangsgebilde trugen,

Aneurophyton germanicum: 1 Rekonstruktion des oberen Teiles der Pflanze, 2 Rekonstruktion eines Sporangiophores mit Sporangien (nach Schweitzer)

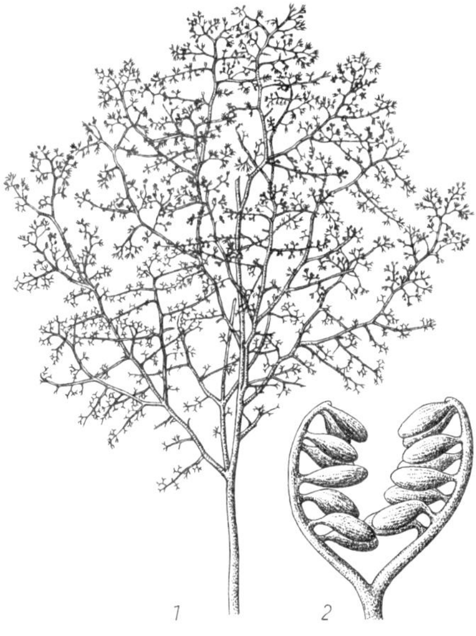

Triloboxylon ashlandicum. Rekonstruktion eines Teiles der Pflanze; oben und unten vegetativer Bereich, in der Mitte fertiler Bereich. Bei den untersten Sporangiophoren sind die Sporangien weggelassen (nach Scheckler).

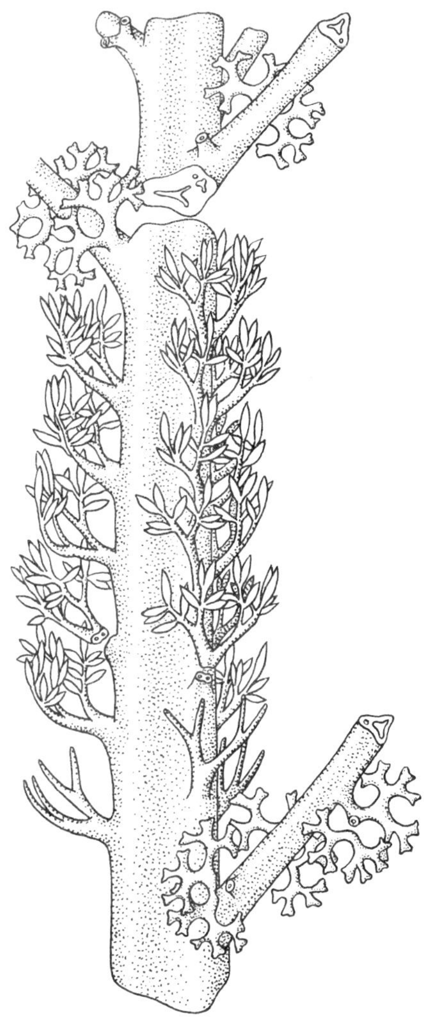

die in Form mehrfach dichotom gegabelter, aber bereits in einer Ebene angeordneter, rosettenartiger Blättchen ausgebildet waren. Die Achsen bildeten ein dreiarmiges Primärholz aus, nach dem die Benennung der Gattung erfolgte (Drei-Lappen-Holz). Auch die fertilen Bereiche mit Sporangiophoren und Sporangien sind bekannt. Im Gegensatz zu *Protopteridium* und *Aneurophyton*, bei denen die Rekonstruktion der ganzen Pflanze gelang, handelt es sich hier aber nur um Teilstücke.

Tetraxylopteris schmidtii: 1 Rekonstruktion eines fertilen Zweigsystemes, 2 Rekonstruktion eines Sporangophores (nach Bonamo & Banks)

Dies gilt auch für die Gattung *Tetraxylopteris*, von der bisher nur eine Art beschrieben wurde. Sie bildete eine vierarmige Aktinostele aus, die von Sekundärholz umgeben war. Eine Vorstellung vom Aussehen eines fertilen Zweigsystems soll die Rekonstruktionszeichnung vermitteln.

Andere Aneurophytales, wie *Proteokalon*, sind bis jetzt nur in vegetativen Bruchstükken bekannt und daher vorerst Formgattungen.

Ordnung Archaeopteridales

Verschiedene isolierte Teile, die, wie man jetzt weiß, zu den Archaeopteridales gehören, waren schon lange bekannt, z. T. seit mehr als 100 Jahren. Aber erst 1962 gelang dem amerikanischen Paläobotaniker Beck der entscheidende Nachweis, daß zu einem bestimmten, bisher als »Farnblatt-Formgattung« *Archaeopteris* bezeichneten Laubrest ein unter einem anderen Formgattungsnamen beschriebenes Gymnospermenholz *(Callixylon)* gehört. Diese in Fachkreisen geradezu als sensationell bezeichnete Entdekkung war der Anlaß für viele weitere Arbeiten, durch die die Kenntnisse über diese Pflanzengruppe rasch anwuchsen. Die Archaeopteridales wurden so in kurzer Zeit zu einer ausgiebig bearbeiteten und gut bekannten fossilen Pflanzengruppe.

Diese Ordnung war in verschiedener Hinsicht deutlich höher entwickelt als die Aneurophytales, aus denen sie sich sehr wahrscheinlich herausentwickelt hat. Ihre Vertreter erreichten ein hochentwickeltes sekundäres Dickenwachstum. Das Sekundärholz bestand aus Tracheïden und Markstrahlen und bildete, abgesehen von der Rinde, den gesamten Stamm. An den Radialwänden der Tracheïden waren sogar schon Hoftüpfel ausgebildet, eine im Pflanzenreich erstmalig auftretende Struktur. Das Sekundärholz und der Bau der Stämme entsprach somit ganz dem einfacher Nadelhölzer (Pinopsida).

Bei den Archaeopteridales ist ein deutliches Fortschreiten zu einer Makrophyllbildung zu bemerken. Viele Vertreter hatten zwar noch räumlich verzweigte Sproßachsen, die jedoch immer mehr flächig und damit wedelartig wurden. Bei einigen Arten entwickelten sich die Endverzweigungen bereits flächig und entsprachen damit Fiederchen von Farnblättern. Solche Formen wurden früher der Blatt-Formgattung *Archaeopteris* zugerechnet, die man zu den Farnlaubigen (Pteridophyllen) stellte.

Im reproduktiven Bereich waren die Archaeopteriden, wie alle Progymnospermen, geradezu primitive Pteridophyten. Eine etwas höhere Entwicklung gegenüber den Aneurophytales zeigt sich nur darin, daß einige *Archaeopteris*-Arten eine Heterosporie erreichten.

Eine Gliederung der Ordnung in Familien wurde bisher kaum durchgeführt. Wahrscheinlich können alle bisher bekannten Sippen zu einer einzigen Familie, den Archaeopteridaceen, gestellt werden.

Die 1968 beschriebene Gattung *Actinoxylon*, eine Formgattung, die sich auf den Holzbau bezieht, weist unter den Archaeopteridales noch den einfachsten Bau und in mancherlei Hinsicht primitive Züge auf. Sie wurde bisher nur im Mitteldevon des östlichen Nordamerika gefunden und zeigt gewisse Anklänge an *Aneurophyton*. Bei ihr waren die Seitenorgane noch völlig räumliche

Archaeopteris, ein Vorläufer der Nacktsamer aus dem Oberdevon. 1 *Archaeopteris fissilis*. Rekonstruktion eines sterilen (oben) und fertilen (unten) Seitenzweiges, 2 *Archaeopteris macilenta*, Rekonstruktion der Pflanze, 3 Rekonstruktion eines Wedelteiles dieser Art; die unteren Fiedern sind zum Teil fertil und tragen Sporangien (nach Beck).

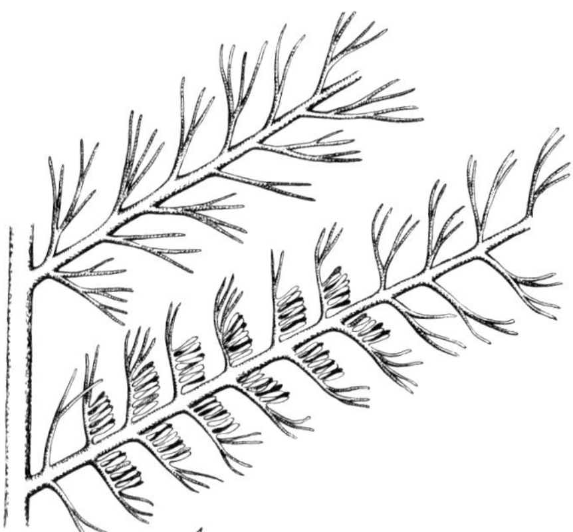
1

2

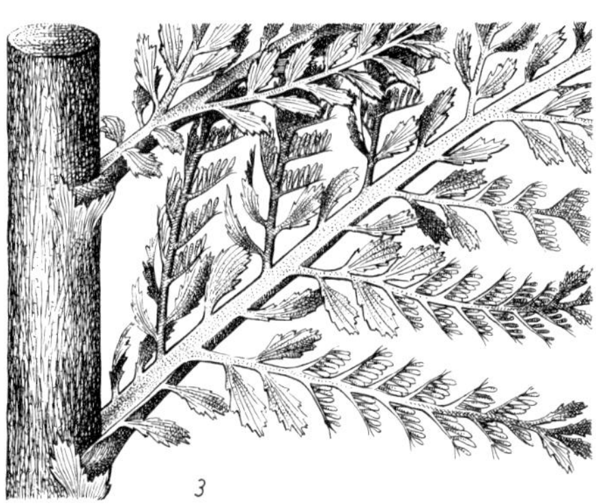
3

Gebilde, so daß keineswegs von einem Makrophyll gesprochen werden kann. Die Seitenäste waren spiralig angeordnet, und an diesen saßen – wiederum in spiraliger Stellung – Anhangsgebilde, bei denen es sich um räumlich verzweigte und zwei- bis dreimal gegabelte, fädige Achsensysteme handelte. Es scheint nicht undenkbar, daß durch Reduktion dieser letzten Auszweigungen einfache, mehr oder weniger »nadelartige« Blätter entstanden. Derartige Formen könnten einen Ausgangspunkt für die Entwicklung zum Nadelblatt der Koniferen darstellen. Fertile Teile von *Actinoxylon* sind bisher noch nicht gefunden worden.

Archaeopteris fissilis weist in der Gestalt der Seitentriebe manche Ähnlichkeit mit *Actinoxylon* auf. Bei dieser, aus dem Oberdevon von Ellesmere Island, einer Insel nordwestlich von Grönland, und aus dem Donezbekken bekannten Art, waren die Seitenäste ebenfalls spiralig gestellt, desgleichen die ein- bis zweimal gegabelten Anhangsgebilde. Auch sie zeigen noch deutlich ihre Herkunft von Achsen, jedoch ordneten sich die letzten Auszweigungen bereits in einer Ebene an. Von dieser Art kennt man auch die fertilen Teile. Wie die Rekonstruktion zeigt, standen die länglichen, etwa 2 mm großen Sporangien in einer Doppelreihe, obwohl sie eigentlich auch spiralig inseriert waren. Die Art war vermutlich isospor. Die Äste 1. und 2. Ordnung bildeten bei der Gattung *Actinoxylon* wie bei *Archaeopteris fissilis* ein kräftiges Sekundärholz aus, das ganz gymnospermenartig war.

Die durch Forschungen in jüngerer Zeit am besten bekannt gewordene Art ist jedoch *Archaeopteris macilenta*, eine der etwa 20 Arten der Gattung, die offenbar im Oberdevon recht häufig vorkam und stellenweise bestandsbildend auftrat. Erstmalig in der Erdgeschichte gab es somit Wälder! Von dieser Art gelang auch eine Gesamtkonstruktion. *Archaeopteris macilenta* war ein wenigstens 20 m hoher Baum, dessen Stammdurchmesser an der Basis etwa 1,5 m erreichen konnte. Es konnten Stammstücke dieser Dimension und bis 10 m Länge nachgewiesen werden. Im Habitus mutet diese *Archaeopteris*-Art schon recht gymnospermenartig – und zwar koniferenartig – an. Wie alle Archaeopteridales wies sie auch noch Raum-Sproß-Systeme auf, d. h. eine spiralige Verzweigung der Achsen verschiedenen Grades. Die spiralige Stellung gilt auch für die letzten Auszweigungen. Ein bedeutender Unterschied zu anderen Arten besteht bei *Archaeopteris macilenta* aber darin, daß eben diese letzten Auszweigungen verwachsen waren und flächige, fächerförmige Blättchen (Fiederchen) bildeten. Hier trat in Gestalt dieser Fiederchen somit zum ersten Mal ein richtiger, ebenflächiger Blatteil auf. Die Fiederchen waren sekundär in eine Ebene gerückt, so daß insgesamt gesehen ein nahezu ebenflächiger Wedel entstand. Lediglich die in die Fiederchen führenden Leitbündel zeigen in ihrer Anordnung die ursprünglich spiralige Stellung an.

Eine derartige Fiederchen- bzw. Wedelbildung weisen auch andere *Archaeopteris*-Arten auf, wie *Archaeopteris hibernica, A. obtusa* oder *A. latifolia*, die zusammen mit *Archaeopteris macilenta* die fortgeschrittensten Arten darstellen. Isolierte Wedelreste von ihnen sehen daher sehr farnartig aus, und man hielt sie auch lange Zeit für das Laub von Farnen.

Stellung und Bau der Sporangien stimmen bei *Archaeopteris macilenta* weitgehend mit denen von *Archaeopteris fissilis* überein. Bemerkenswert ist hierbei, daß die fertilen Fiederchen an ihrer Spitze noch die primitive Form der einfachen, fädigen und gabelteiligen Endabschnitte aufweisen.

Die Art war heterospor. Jedoch erscheint die Verschiedensporigkeit hier noch recht primitiv gewesen zu sein, da sich Mikro- und Makrosporen lediglich in der Größe unterscheiden, im Bau der Sporenwand dagegen noch völlig übereinstimmen. Diese Verhältnisse erwecken den Eindruck, als ob die Isosporie noch nicht lange zurücklag.

Die Gattung *Archaeopteris* hatte ihren Vorkommensschwerpunkt zweifellos im Oberdevon und gilt hierfür geradezu als Charakterpflanze. Sie trat aber bereits im oberen Mitteldevon (Givetian) auf, und einzelne Funde reichen bis ins unterste Unterkarbon. Sie besaß offenbar ein viel größeres Verbreitungsgebiet, als bis vor kurzem angenommen wurde. Lange Zeit war sie nur aus verschiedenen Gebieten des paläobotanisch gut untersuchten westlichen und nördlichen Europa und des im Devon unmittelbar be-

Elektronenmikroskopische Aufnahme eines etwa 370 Millionen Jahre alten Archaeopterisholzes. Die runden Hoftüpfel sind deutlich zu erkennen.

nachbarten östlichen Nordamerika bekannt. 1987 wurden jedoch 2 *Archaeopteris*-Arten auch in China entdeckt. Es ist daher künftig mit weiteren Funden in bislang noch wenig untersuchten Gebieten zu rechnen.

Neuere Forschungen zeigten immer deutlicher, daß *Archaeopteris* als unmittelbarer Vorläufer der coniferophytischen Linie der Gymnospermen betrachtet werden muß. Diese Auffassung wurde auch durch elektronenoptische Untersuchungen bekräftigt. Man verglich den Feinbau des Holzes von *Archaeopteris (Callixylon)* mit dem von Cordaiten, die zu den Koniferen (Pinopsida) gehören. Dabei zeigte sich, daß selbst in einem so subtilen Merkmalsbereich wie dem Bau der Hoftüpfel der Tracheïden praktisch keine Unterschiede zwischen den beiden Pflanzengruppen bestehen. Die Holztüpfel gleichen einander in Form, im Fehlen einer Verdikkung auf der Mittellamelle, eines Torus, usw. Ein solcher Torus, wenn auch erst in einer »Vorform«, wurde inzwischen bei einer geologisch jungen, unterkarbonischen Art, *Callixylon arnoldii*, festgestellt. Ein rasterelektronenoptisches Bild eines *Archaeopteris-(Callixylon-)*-Holzes ist in der Abbildung wiedergegeben. Dieses Bild möge auch zeigen, welche geradezu erstaunlichen Feinheiten mit modernen Untersuchungsmethoden bei Fossilmaterial erhalten werden können, wobei man nicht vergessen darf, daß das abgebildete Material ein Alter von immerhin etwa 360 bis 370 Millionen Jahren besitzt!

Die Progymnospermen zeigen insgesamt eine widersprüchliche Entwicklung. Auf der einen Seite erreichten sie auffallend schnell einen hohen Entwicklungsstand beim Sekundärholz, über deren Ursachen wir noch nichts Konkretes wissen. Sie dürften aber wohl in einem Selektionsdruck zu suchen sein, der auf ein leistungsfähiges Wasserleit- und Festigungssystem hin wirkte. Wenn man bedenkt, daß der älteste sichere Nachweis eines Sekundärholzes der Aneurophyten in das Givetian fällt und die volle Ausbildung des *Archaeopteris.(Callixylon-)*-Holzes bereits im Frasnian erreicht war, sind für diese Entwicklung kaum mehr als 10 Millionen Jahre erforderlich gewesen. Das ist ein sehr rascher Evolutionsprozeß!

Auf der anderen Seite scheint es im reproduktiven Bereich kaum einen sonderlichen Selektionsdruck gegeben zu haben; hier läßt sich nur eine geradezu minimale Entwicklung über einen langen Zeitraum von etwa 30 Millionen Jahren feststellen. Die Entwicklung ging hierbei von der Isosporie nur zu einer ziemlich einfachen Heterosporie, d. h., die Aneurophyten verharrten bei ihrer Vermehrung auf einer primitiven Pteridophytenstufe.

Wenn *Archaeopteris (Callixylon)* ein unmittelbarer Vorläufer der Cordaiten war, mußte die Herausbildung von Samen bei dieser Pflanzengruppe zwischen dem obersten Devon und dem untersten Oberkarbon (Namur) erfolgt sein, denn erst aus dem letztgenannten Abschnitt sind bis jetzt Cordaitensamen bekannt. Für diese Evolution der Samen hätte mit etwa 30 Millionen Jahren eine erheblich längere Zeit zur Verfügung gestanden. Auch dies stützt die These eines geringen Selektions-, und damit zugleich Evolutionsdruckes im Bereich der Fortpflanzung.

Abteilung Nacktsamer, Gymnospermae

Die Nacktsamer bilden zusammen mit den Bedecktsamern (Angiospermae) die Samenpflanzen (Spermatophyta), die die am höchsten entwickelten Pflanzen darstellen. Während bei den Bedecktsamern die Fruchtblätter mit den Samenanlagen zu einem Behälter verwachsen sind, der sich später zur Frucht entwickelt, stehen bei den Nacktsamern die Samenanlagen frei auf den Samenblättern (es entstehen keine Früchte, daher die Bezeichnung Samenblätter) oder endständig oder seitlich an der Achse.

Die heutige Mannigfaltigkeit der Nacktsamer ist gering gegenüber der Vielfalt der Formen, die uns in der Erdgeschichte begegnen. Sind doch die Nacktsamer eine sehr alte Pflanzengruppe, die bereits im Oberdevon, d. h. vor mehr als 360 Millionen Jahren, nachzuweisen ist. Sie hat sich im Devon oder Silur aus einfachen Farnpflanzen (Pteridophyta) entwickelt. Einige ihrer Ordnungen erreichten ihre Hauptentfaltung bereits während der Karbonzeit. Von anderen Gruppen, die im Erdmittelalter (Mesozoikum) besonders stark entwickelt waren, starben einige aus, andere haben sich bis zur Gegenwart erhalten. Die heute wichtigsten Nacktsamer sind die Koniferen oder Zapfenträger (Coniferales), während die Palmfarne (Cycadales), die Ginkgogewächse (Ginkgoales), die Eibenartigen (Taxales) und die Gnetales nur eine untergeordnete Rolle spielen (siehe Abbildung). Die uns in den Gesteinen überlieferten Reste der Nacktsamer sind neben großen Mengen Hölzern meist Blätter, Zweige oder Wurzeln. Diese liegen oft in Form von Abdrücken vor, aber auch Reste mit kohlig erhaltener Substanz sind zahlreich vertreten. Reste der Blütenorgane finden wir dagegen nur selten. Auf jeden Fall trifft man diese Pflanzenteile meist nicht im Zusammenhang an, so daß es sehr schwierig ist, das Gesamtbild der Pflanzen zu rekonstruieren. Dennoch konnten durch sorgfältige Studien an Fossilien unsere Kenntnisse der Nacktsamer bedeutend erweitert werden.

Wir wollen nun Bau und Entwicklungsgang der Nacktsamer eingehender betrachten. Die Nacktsamer sind ausnahmslos holzige Gewächse. Jedenfalls gibt es unter den heutigen Vertretern nur Bäume oder Sträucher. Die heutigen Nacktsamer haben z. T. bedeutende Dimensionen. Zu ihnen gehören die Mammutbäume, die die größten gegenwärtigen Pflanzengestalten sind.

Das Holz der Nacktsamer ist nicht so kompliziert gebaut wie bei den Bedecktsamern, es besteht neben den Markstrahlen nur aus Tracheiden; lediglich bei den Gnetales finden sich auch Gefäße (Tracheen). Ihre Blätter sind von sehr verschiedener Form, in vielen Fällen derb und immergrün.

Die Blüten sind fast immer eingeschlechtig, nur bei den ausgestorbenen Bennettitales kommen auch zwitterige Blüten vor. Allgemein sind Blüten Sprosse oder Sproßabschnitte mit Blättern, die der geschlechtlichen Fortpflanzung dienen. Diese Blätter sind dazu entsprechend umgewandelt. Die männlichen Teile der Blüte bestehen aus den

Staubblättern mit den Pollensäcken, die weiblichen Teile aus den Fruchtblättern mit den Samenanlagen. Bei den Nacktsamern spricht man jedoch von Samenblättern, da es noch nicht wie bei den Bedecktsamern zur Bildung von Früchten kommt. Die Blütenhülle, die wir bei den Angiospermen finden, fehlt jedoch bei den Nacktsamern meist oder ist nur schwach entwickelt. Die häufig sehr zahlreichen Staubblätter sind zu lockeren oder dichten Ständen, den männlichen Blüten oder Zapfen, vereinigt. Die Staubblätter weisen viele bis 2 Pollensäcke auf. Die Samenblätter sind zu lockeren Ständen zusammengefaßt oder bilden meist einfache (weibliche Blüten) oder zusammengesetzte Zapfen (weibliche Blütenstände). Sie schließen sich nicht wie bei den Angiospermen zu einem Fruchtknoten zusammen. Die Samenanlagen stehen an wohlausgebildeten bis mehr oder weniger stark rückgebildeten Samenblättern (phyllospor) oder end- oder seitenständig an der Achse (stachyospor). Sie bestehen aus einem festen Gewebekern, dem Nuzellus, und einer Hülle, dem Integument, das einen Zugang zum Nuzellus, die sogenannte Mikropyle, freiläßt. Die Übertragung der Pollenkörner auf die frei zugänglichen Samenanlagen erfolgt in den allermeisten Fällen durch den Wind.

Wie bei den Moosen und den Farnpflanzen ist auch bei den Nacktsamern ein Gene-

Vorkommen der einzelnen Gruppen der Nacktsamer während der Erdgeschichte (Zahlenangaben in Millionen Jahren). Ch = Cheirolepidaceae, Vol = Voltziaceae, Leb = Lebachiaceae

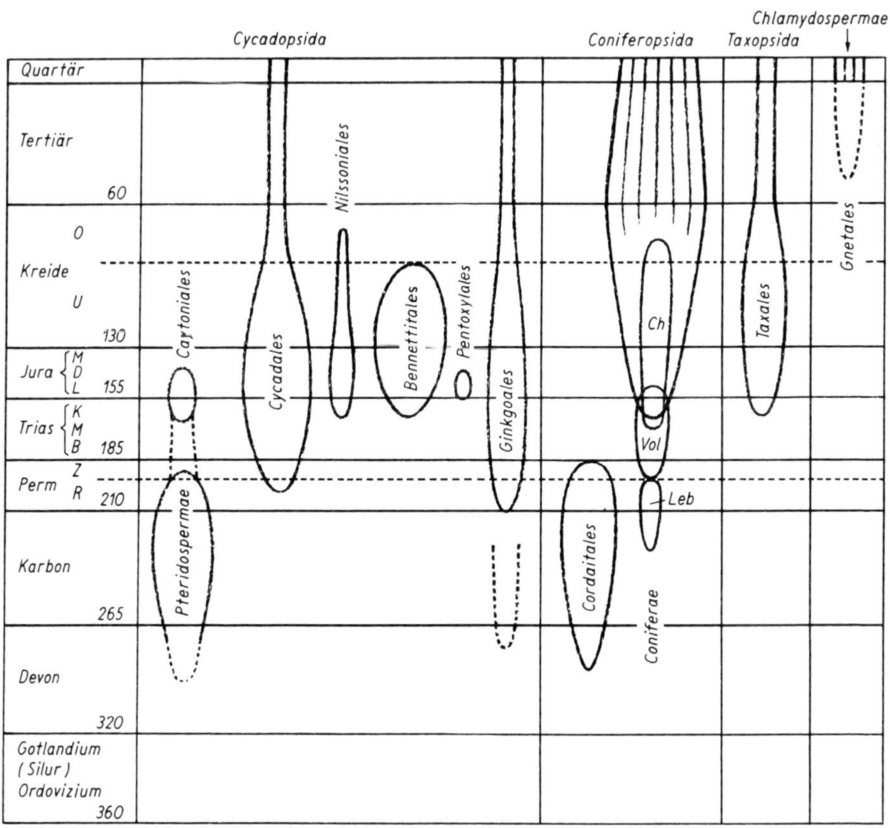

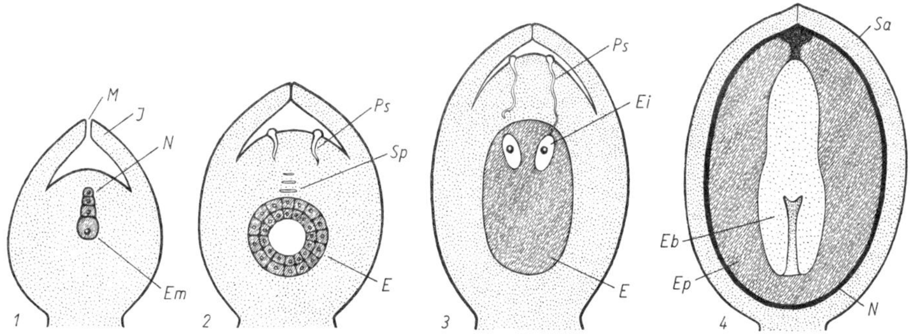

Schema zur Erläuterung des Generationswechsels bei den Nacktsamern (1–4). Schraffiert: haploide Zellen. Punktiert: diploide Zellen. M – Mikropyle. I – Integument. N – Nuzellus. Em – Makrospore (Embryosack), darüber 3 weitere Makrosporenanlagen. Ps – Pollenschlauch. Sp – rückgebildete Makrosporenanlagen. E – Makroprothallium (Embryosack). Ei – Eizelle. Sa – Samenschale, aus dem Integument hervorgegangen. Eb – Embryo. Ep – Nährgewebe (primäres Endosperm, Makroprothallium).

rationswechsel zu verzeichnen, der freilich nicht so deutlich zu erkennen und erst im Jahre 1851 durch W. Hofmeister entdeckt worden ist. Bei den Farnpflanzen ließ sich von den gleichsporigen (isoporen) zu den verschiedensporigen (heterosporen) Formen eine Rückbildung des Gametophyten beobachten. Diese Rückbildung ist bei den Nacktsamern noch stärker fortgeschritten als bei den heterosporen Pteridophyten. Der Gametophyt ist in seiner Ernährung völlig vom Sporophyten abhängig und von außen nicht sichtbar. Die Bildung des weiblichen Gametophyten verläuft folgendermaßen: Im Inneren der Samenanlage, dem Nuzellus, entstehen unter Reduktionsteilung 4 Zellen, von denen sich eine zur Makrospore entwickelt. Diese Makrospore weist eine Membran auf, obwohl sie vom Nuzellusgewebe völlig umschlossen ist. In der Makrospore entsteht ein vielzelliges Makroprothallium, das eine wechselnde Anzahl von Archegonien hervorbringt, die aus einer großen Eizelle, einer Bauchkanalzelle und einer Anzahl von Halswandzellen bestehen. Die Übereinstimmung mit den Verhältnissen bei den heterosporen Farnen ist somit deutlich gegeben.

Die Bildung des männlichen Gametophyten beginnt damit, daß in der zunächst einzelligen Mikrospore (dem Pollenkorn) eine oder zwei, manchmal auch mehr, kleine Zellen abgegliedert werden, die man als Prothalliumzellen deutet. Die übrigbleibende Zelle teilt sich in eine große vegetative (oder Pollenschlauchzelle) und eine kleinere generative (antheridiale) Zelle. Die generative Zelle wird von der vegetativen umschlossen und liegt den Prothalliumzellen an. Nach der Bestäubung wächst die vegetative Zelle zum Pollenschlauch aus, während sich die generative Zelle in eine den Prothalliumzellen anliegende Stielzelle und eine spermatogene Zelle teilt. Aus der letzteren bilden sich 2 Spermazellen, die durch den Pollenschlauch zur Eizelle gelangen. In seltenen Fällen (unter den lebenden Nacktsamern bei den Palmfarnen und beim Ginkgobaum) gehen aus den Spermazellen bewegliche Spermatozoiden hervor. Die Übereinstimmung mit den Farnen ist bei der Bildung des männlichen Gametophyten weniger deutlich. Die generative Zelle dürfte einem Antheridium entsprechen, der Gametophyt besteht somit nur aus wenigen Prothalliumzellen einschließlich der vegetativen Zelle und einem Antheridium. Nach der Vereinigung der Eizelle mit einer Spermazelle bzw. einem Spermatozoid entsteht aus dem Verschmelzungsprodukt zuerst ein sogenannter Proembryo, aus dessen unterem Teil sich der Embryo (Keimling) bildet. Der Keimling ist in das Prothallium eingebettet, das Nährstoffe speichert. Dieses wird meist primäres Endosperm genannt, da es schon vor der Befruchtung entsteht. Der Keimling bleibt in der Samenanlage eingeschlossen, wächst auf der Mutterpflanze bis zu einer gewissen

Größe heran, wobei er von dieser ernährt wird, und tritt danach in einen vorübergehenden Ruhezustand: Die Samenanlage wandelt sich zum Samen um, der sich schließlich von der Mutterpflanze loslöst. Ein Samen ist also ein Verbreitungsorgan, das aus einer Samenanlage hervorgegangen ist. Es besteht aus einem vorübergehend ruhenden Keimling, der von einer Samenschale umschlossen wird. Meist enthält er noch ein besonderes Nährgewebe. Die Befruchtung der Samenanlage findet demnach gewöhnlich auf der Mutterpflanze statt.

Beim Ginkgobaum fallen jedoch die Samenanlagen bisweilen bereits vor der Befruchtung vom Baum, und der Keimling bildet sich in der auf dem Erdboden liegenden Samenanlage. Dies erinnert an die entsprechenden, bei den Wasserfarnen vorkommenden Vorgänge. Der Ginkgobaum ist außerdem durch die Erscheinung bemerkenswert, daß der weibliche Gametophyt noch eine bleichgrüne Färbung zeigt, d. h. Blattgrün (Chlorophyll) ausbildet. Dies ist ebenfalls ein Merkmal, das auf die Farne hinweist, wird hier doch gleichsam an die frühere Selbständigkeit des Gametophyten erinnert.

Unter den Nacktsamern gibt es zahlreiche Arten, die als Kultur- oder Nutzpflanzen eine Rolle spielen. Besonders die Koniferen haben größte Bedeutung, da etwa 200 Arten in forstlicher Kultur stehen. Das ist eine ansehnliche Zahl, wenn man bedenkt, daß es nur etwa 800 heute lebende Nacktsamerarten gibt. Trotz dieser geringen Zahl (die heutigen Bedecktsamer umfassen über 200000 Arten!) spielen Nacktsamer eine hervorragende Rolle im Landschaftsbild besonders der nördlichen gemäßigten Zone. Sie sind aber nicht nur in der Gegenwart als Lieferanten von Holz und Harzprodukten wichtig, sondern auch ihre fossilen Vertreter haben großen wirtschaftlichen Wert, indem sie an der Bildung der Kohlen maßgeblich beteiligt waren. Im Karbon trugen neben Farnsamern (Pteridospermales) besonders die Cordaïtenbäume (Cordaïtales) zur Kohlebildung bei. In der Braunkohle sind die Nacktsamer vornehmlich in Form von Koniferenhölzern so zahlreich vertreten, daß der Eindruck entstehen konnte, diese setzten allein die Kohle zusammen. Dies kommt daher, daß sich die Koniferenhölzer auf Grund ihres anatomischen Baus sowie wegen ihrer Inhaltsstoffe (Harze, Gerbstoffe, Gifte) meistens besser und länger erhalten als Hölzer der Bedecktsamer. Es findet also eine Siebung nach Dauerhaftigkeitseigenschaften statt. Die Rekonstruktion des Florenbildes vergangener Erdzeitalter darf daher nicht nur anhand von Holzfunden vorgenommen werden. Die in den Braunkohlenlagern anzutreffenden Hölzer gehören in erster Linie zu den Sumpfzypressengewächsen (Taxodiaceae) und den Zypressengewächsen (Cupressaceae), die somit zu den widerstandsfähigsten zu rechnen sind.

Hölzer der Nacktsamer sind auch zahlreich als Versteinerungen überliefert. Sie kommen in fast allen geologischen Zeitaltern vor und sind in den älteren Zeiten allein vorhanden, da die Bedecktsamer erst in der Kreidezeit anzutreffen sind. Bisweilen treten die versteinerten Hölzer an einzelnen Stellen so zahlreich auf (z. T. als mehr oder weniger vollständige Stämme), daß man von »Versteinerten Wäldern« spricht. Sie gibt es z. B. im Rotliegenden von Chemnitz, in der Trias von Arizona (USA), im Tertiär von Ägypten (Kairo) und von Südamerika (Patagonien). Auch in Südwestafrika finden sich versteinerte Wälder, die paläozoisch oder altmesozoisch sind. Beim Versteinerungsvorgang von Hölzern dringt Kieselsäure oder Kalk in echter Lösung in die sogenannten intermizellaren Räume der Zellwände ein und wird hier ausgefällt. Das ließ sich dadurch zeigen, daß es gelang, aus paläozoischen Hölzern vorsichtig das Versteinerungsmaterial herauszulösen und durch das zurückbleibende Gerüst der Zellwände noch Schliffe herzustellen. Da Hölzer von Nacktsamern zu den häufigsten pflanzlichen Fossilien gehören, in fast allen geologischen Zeitaltern zahlreich anzutreffen und teilweise allein erhalten sind, bilden sie eine wichtige Erkenntnisquelle. Durch ihr Studium hat man viele Einblicke in die Mannigfaltigkeit der Nacktsamer gewinnen können.

Die Vielfalt der Nacktsamer wollen wir nun in der folgenden Übersicht kurz charakterisieren.

Zu den ältesten Nacktsamern gehören die Farnsamer (Pteridospermales), die ein farnartiges Aussehen besaßen, aber bereits Samen trugen. Die anatomischen Merkmale waren z. T. farnähnlich, z. T. glichen sie denen der

Nacktsamer. Die Gruppe ist nur fossil bekannt, sie trat vom Unterkarbon bis zum Perm auf.

Die Zungenfarne (Glossopteridales) hatten zungenförmige, ganzrandige Blätter und eigenartige Fortpflanzungsorgane; sie waren Charakterpflanzen der Gondwana-Flora.

Auch die Caytoniales sind nur fossil bekannte Pflanzen (Oberer Keuper bis Mittlerer Jura) mit farnartigen Blättern. Die nackten Samenanlagen waren in fruchtknotenähnlichen Organen eingeschlossen, die in lockeren Zapfen zusammenstanden.

Die Palmfarne oder Cycadeen (Cycadales) haben meist einfach gefiederte große Blätter, die am Stammende oft zahlreich gedrängt stehen und so der Pflanze ein palmenähnliches Aussehen geben. Diese Gruppe, die bereits am Ende des Paläozoikums auftrat und stark im Jura und in der Unteren Kreide verbreitet war, hat sich bis heute erhalten.

An die Cycadales schließen sich die Nilssoniales an, die nur als Fossilien bekannt sind (größter Formenreichtum im Jura). Die langgestreckten Blätter waren schopfartig angeordnet.

Auch die Bennettitales haben in ihren vegetativen Teilen eine den Cycadeen ähnliche Gestalt. Ihre Blüten sind zwittrig oder eingeschlechtig. Die Samenanlagen stehen einzeln am Ende von mehr oder weniger langen Stielen. Diese Ordnung ist ebenfalls nur fossil bekannt und war in großer Formenfülle (über 1000 Formen!) besonders vom Jura bis zur Unteren Kreide entwickelt.

Die Pentoxylales aus dem Jura von Indien haben meist 5 ringförmig angeordnete Leitbündel, ungeteilte Blätter und zapfenförmige Blütenstände.

Die Ginkgoales besitzen band- bis keilförmige Blätter. Die Hauptentfaltungszeit der Ginkgoales war im Jura bis zur Unterkreide.

Die Cordaïten (Cordaïtales) – hohe Bäume mit großen lanzettlichen, bis zu einem Meter langen Blättern – sind ausgestorbene Formen des Paläozoikums und hatten im Karbon große Bedeutung.

Die Koniferen oder Zapfenträger (Coniferales) sind mit mehreren Hundert Arten die für die Gegenwart wichtigste Gruppe der Nacktsamer, deren älteste Formen aus dem Oberkarbon stammen. Ihre Blätter sind meist schmal, lineal bis lanzettlich, die Blüten eingeschlechtlich. Die weiblichen Blüten sind zu Zapfen (Blütenständen) vereint.

Bei den Eibenartigen (Taxales) stehen die Samenanlagen einzeln und endständig am Blütensproß. Ihre Samen sind von einem Samenmantel umgeben.

Die Gnetales umfassen 3 sehr verschiedene Familien mit je einer Gattung; obwohl diese einen altertümlichen Eindruck machen, sind nur wenige Fossilien bekannt. Die Blüten weisen eine Blütenhülle auf. Hierin und in einigen anderen Merkmalen (im Sekundärholz Gefäße; netznervige Blätter bei *Gnetum*) nähern sie sich den Bedecktsamern.

Wie wir in der Übersicht sehen, sind bei den Nacktsamern Pflanzen von sehr verschiedenem Bau zusammengefaßt, was bei dem hohen Alter der Abteilung nicht besonders verwunderlich erscheint. Diesen Eindruck der Verschiedenartigkeit erhält man nicht nur bei der Betrachtung der ausgestorbenen Formen, sondern auch beim Vergleich der lebenden Vertreter. Die unter der Bezeichnung Nacktsamer vereinten Pflanzengruppen haben wohl nur die Organisationsstufe der Nacktsamigkeit erreicht, stellen aber verschiedene Entwicklungsreihen dar. Die Farnsamer (Pteridospermales), Zungenfarne (Glossopteridales), Caytoniales, Palmfarne (Cycadales), Nilssoniales, Bennettitales und Ginkgogewächse (Ginkgoales) bilden anscheinend eine Entwicklungsreihe. Weiter gehören die Cordaïten und Koniferen zusammen. Die Taxales und die Gnetales bilden je eine eigene Entwicklungsreihe. Die verwandtschaftlichen Beziehungen der nur fossil bekannten Pentoxylales innerhalb der Nacktsamer sind dagegen noch zweifelhaft. Diese 4 Entwicklungsreihen werden hier als Klassen zusammengefaßt. Ob diese Einheiten aus einer gemeinsamen Wurzel stammen oder ob sie verschiedenen Ursprungs sind, ist noch unklar. Sollte sich letzteres erweisen, wären die Nacktsamer eine künstliche Gruppe und müßten in mehrere Abstammungsgemeinschaften aufgeteilt werden. Hier wollen wir aber die Nacktsamer in herkömmlicher Weise als eine gemeinsame Gruppe behandeln. Wenn auch viele Fragen noch offen sind, muß doch festgestellt werden, daß ohne die Beiträge der Paläobotanik unsere Vorstellungen von den Nacktsamern noch viel unvollständiger wären.

Klasse Cycadopsida

Einleitend wollen wir die Vertreter dieser Klasse kurz charakterisieren. Ihre Blätter sind meist groß, gestielt oder selten sitzend. Sie gleichen einem Farnwedel oder sind ungeteilt, selten haben sie eine lanzettliche oder fächerförmige Gestalt. Die Samenanlagen stehen an farnartig gefiederten oder umgebildeten Samenblättern, die nicht zu Zapfen vereinigt sind oder einfache Zapfen bilden. Die Befruchtung erfolgt durch Spermatozoiden. Die Sporophyllstände sind ohne besondere Hüllblätter, und das Sekundärholz ist ohne Gefäße.

Zur Klasse der Cycadopsida (der Name bedeutet: die den Cycadeen Ähnlichen) werden 8 Ordnungen gerechnet: Pteridospermales (Farnsamer), Glossopteridales (Zungenfarne), Caytoniales, Cycadales (Palmfarne), Nilssoniales, Bennettitales, Pentoxylales und Ginkgoales (Ginkgogewächse). Von diesen Ordnungen kommen heute nur noch die Cycadales und die Ginkgoales vor. Die Cycadales, die erstmalig zum Ende des Paläozoikums auftraten, bestehen gegenwärtig aus etwa 100 Arten. Die Ginkgogewächse haben heute nur noch einen lebenden Vertreter, den Ginkgobaum. Die genannten anderen 6 Ordnungen sind dagegen nur als Fossilien bekannt geworden. Sie geben in eindrucksvoller Weise davon Kunde, wie in früheren Zeiten die Gymnospermen eine ungleich größere Mannigfaltigkeit aufwiesen als heute.

Ordnung Farnsamer, Pteridospermales

Die Farnsamer sind eine Gruppe ausgestorbener Pflanzen, die vom Oberdevon bis zum Lias auftraten und besonders im Oberkarbon und Rotliegenden sehr formenreich waren. Durch ihr farnartiges Aussehen und die Fortpflanzung durch Samen vereinigten sie Merkmale der Farnpflanzen (Filicopsida) und der Samenpflanzen (Spermatophyta). Meist liegen diese Pflanzen nur als Bruchstücke vor (Stämme, Blätter, Samen). Es ist daher eine der größten Leistungen der paläobotanischen Forschung, daß aus getrennten Resten in jahrzehntelanger Arbeit eine Pteridosperme *(Lyginopteris)* rekonstruiert werden konnte. Schon am Ende des vorigen Jahrhunderts war bei der Bearbeitung von Karbonpflanzen aufgefallen, daß unter den zahlreichen Farnen auch solche vorkamen, die in ihren Merkmalen zwischen Farnen und Cycadeen stehen. So hatten die Stiele einiger Blätter einen anatomischen Bau wie die Farne, während die Stämme wie Gymnospermen gebaut waren. Im Jahre 1897 wurde auf solche Formen eine neue Pflanzengruppe begründet, die wegen der Ähnlichkeit zu Farnen und Cycadeen den Namen »Cycadofilices« erhielt. In den ersten Jahren dieses Jahrhunderts gelang es dann nachzuweisen, daß ein Stamm mit dem Namen *Lyginodendron oldhamium,* ein als *Sphenopteris hoeninghausii* bezeichneter Blattwedel, und *Lagenostoma lomaxii* genannte Samen Teile einer Pflanzenart sind. Diese Gruppe samentragender Farne oder Farnsamer bezeichnete man nun als Pteridospermae (Pteridospermales), ein Name, der die ältere Bezeichnung Cycadofilices verdrängt hat und jetzt allgemein verwendet wird.

Welches Aussehen hatte nun der Farnsamer *Lyginopteris?* Wir haben ihn uns als eine Kletterpflanze vorzustellen. Der Stamm war bis 4 cm dick und enthielt ein großes Mark mit Nestern von Steinzellen, darum lagen 5 bis 9 Leitbündel, die Sekundärholz mit breiten Markstrahlen bildeten. Die Tracheiden des Holzes zeigen sogenannte araucarioide Tüpfelung: Die Hoftüpfel stehen in mehreren alternierenden Reihen und platten sich dabei bienenwabenartig ab (wie bei den heutigen Araukariengewächsen und den ausgestorbenen Cordaïten). Die Rinde enthält Baststränge, die netzig verbunden sind. Insgesamt haben wir also einen cycadeenähnlichen Aufbau des Stammes vor uns. Die Wurzeln weisen ähnlich wie die Stämme die Bildung von Sekundärholz auf. Die bis 50 cm langen Blätter waren in der Jungend eingerollt und dreifach gefiedert, wobei die Fiedern letzter Ordnung nochmals in keilförmige Abschnitte zerteilt sind. Außerdem gabelt sich der Blattstiel in einiger Entfernung von der Ansatzstelle. Die Blätter ähneln sehr denen der Farne, doch gleichen die Spaltöffnungen mehr denen der Nacktsamer. Die 0,5 cm langen Samenanlagen sind

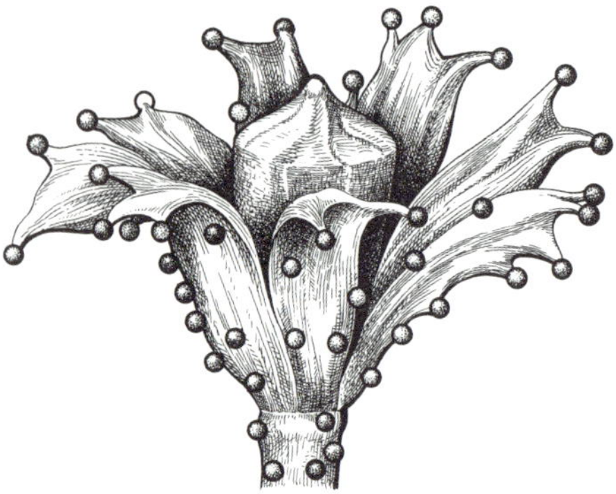

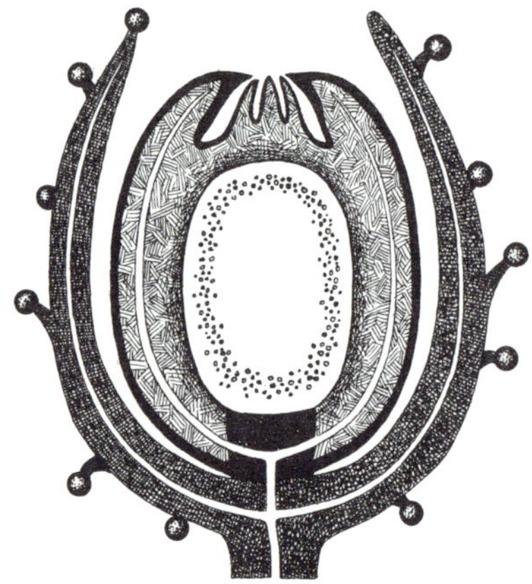

Rekonstruktion der zu *Lygiiopteris* gehörenden Samenanlage *Lagenostoma lomaxii*. Die becherartige Umhüllung (Kupula) weist Drüsen auf. Daneben Längsschnitt durch Kupula und Samenanlage

breit-eiförmig, von einem Integument umgeben und haben wie die Cycadeen-Samenanlage an ihrer Spitze eine Pollenkammer, in der sich in mehreren Fällen Pollenkörner nachweisen ließen. Die Samenanlagen wurden wohl durch Spermatozoiden befruchtet

Wedel des Farnsamers *Sphenopteris larischii* aus dem Namur A (Oberkarbon) von Gorny Slask (Oberschlesien). Die Farnsamer vereinigen Merkmale der Farnpflanzen und der Samenpflanzen.

(wie bei den Cycadeen und *Ginkgo*). Die Samen, in denen man bisher niemals Keimlinge feststellen konnte, sind – wie bei der Haselnuß – von einem becherartigen Gebilde (Kupula) umgeben, aus dem sie später herausfallen. Der Zusammenhang der bisher genannten Teile wurde zum großen Teil durch mehr oder weniger gestielte Drüsen nachgewiesen, die sowohl an der Kupula als auch an den unfruchtbaren Teilen der Pflanze beobachtet werden konnten. Außerdem wurde aber auch der direkte Zusammenhang des Samens mit dem Laub festgestellt. Als männliche Organe sind wahrscheinlich Mikrosporangienstände vom Typ *Crossotheca* zu dem Blatt *Sphenopteris hoeninghausii* zu rechnen, obwohl sie noch nicht in unmittelbarem Zusammenhang nachgewiesen wurden. Jedoch konnte ein solcher zwischen der verwandten Art *Sphenopteris kidstonii* und *Crossotheca* festgestellt werden. Bei dieser *Crossotheca*-Art finden sich glockenförmig angeordnete, am Grunde verwachsene Sporangien (Synangien). Die rundlichen Mikrosporen weisen eine dreistrahlige Scheitelmarke wie viele Farnsporen auf.

Lyginopteris ist also in allen Teilen bekannt. Um die besonderen Schwierigkeiten bei der Erforschung der meist nur in Teilen bekannten fossilen Pflanzen zu zeigen, seien die Einzelteile von *Lyginopteris* und ihre Benennung abschließend zusammengestellt. So haben die zu *Lyginopteris* zu rechnenden Teile folgende Bezeichnungen:

Stämme (ursprünglich Stammabdrücke)
Lyginopteris (Lyginodendron) oldhamium
Stammanatomie
Dadoxylon oldhamium
Rinde (Struktur)
Dictyoxylon oldhamium
Wurzeln (Struktur)
Kaloxylon hookeri
Blattstiele (Struktur)
Rhachiopteris aspera
Blätter (Abdrücke)
Sphenopteris hoeninghausii
Samenanlage (»Same«)
Lagenostoma lomaxii
Kupulastand der Samenanlagen
Calymmatotheca
Staubblätter, Pollensäcke
Crossotheca? Telangium?

Das Verfahren, die einzelnen Teile der Pflanzen mit gesonderten Namen zu bezeichnen, ist zur Verständigung notwendig. Doch muß man sich stets vor Augen halten, daß die auf Einzelorgane begründeten Gattungen und Arten nicht den gleichen Inhalt und die gleiche Bedeutung haben wie die Gattungen und Arten der heute lebenden Pflanzen.

Wedel von *Neuropteris ovata* aus dem Westfal D (Oberkarbon) des Saar-Reviers. *Neuropteris* ist ein Farnlaub, an dem Samen festgestellt werden konnten.

Lyginopteris gehört innerhalb der Pteridospermen zur Familie Lyginopteridaceae. Zu dieser Ordnung sind noch 2 weitere Familien zu rechnen. Die Familie Calamopityaceae ist nur nach den Stämmen bekannt.

Die Arten der Familie Medullosaceae haben einen aufrechten Stamm, der bei *Medullosa anglica* eine Dicke von 7 bis 8 cm erreichen kann, während die Stämme von *Medullosa noëi* aus dem Oberkarbon von Illinois und einer weiteren Art aus Kansas sogar bis etwa 20 cm dick werden. Die Außenrinde hat Baststränge, die – im Gegensatz zu den Lyginopteridaceen – nicht netzig verbunden sind. Die Wedelstiele *(Myeloxylon)* weisen zahlreiche zerstreute Leitbündel auf. An Spindeln mit *Myeloxylon*-Bau wurden sowohl Fiedern vom Typ *Alethopteris* als auch vom *Neuropteris*-Typ festgestellt. *Alethopteris* und *Neuropteris* sind 2 Gattungen von Farnlaub. An der Art *Neuropteris heterophylla* wurden Samen vom Typ *Trigonocarpus* gefunden, die keine Kupula (Unterschied zu den Lyginopteridaceen) besitzen. Auch männliche Organe der Medullosaceen sind bekannt. So gehören zu *Alethopteris* und unpaarig gefiederten *Neuropteris*-Arten (wie auch *Neuropteris heterophylla*) die als *Whittleseya* bezeichneten Formen, während zu den paarig gefiederten *Neuropteris*-Arten *Potoniea* zu rechnen ist. Die langgestreckten Pollensäcke von *Whittleseya* sind zu einem großen, glockenartigen Gebilde (Synangium) verwachsen. Die Gattung *Potoniea* besitzt dagegen lange Sporangien, die frei auf der Innenfläche eines becherförmigen Sporophyllabschnittes stehen.

Vor einigen Jahren konnten an *Neuropteris schlehanii* sowohl männliche Organe vom Typ *Whittleseya* als auch Samenanlagen vom Typ *Pachytesta* in organischem Zusammenhang gefunden werden. In *Neuropteris schlehanii* haben wir die erste Pteridosperme vor uns, deren weibliche und männliche Organe bekannt geworden sind.

Die Samen der Pteridospermen sind im allgemeinen mit einer Länge von 1,5 bis 8,5 cm recht groß. So hat ein *Trigonocarpus* ähnlicher Same aus dem Oberkarbon von Iowa (USA) eine Länge von 6,5 cm und eine Breite von 3,5 cm. Dieser Same gehört somit zu den größten unter den Pteridospermen. Da bei den Farnsamern bisher nur in wenigen Fällen Zusammenhänge festgestellt werden konnten, ist die Vielfalt dieser Pflanzengruppe bis jetzt nur sehr unvollständig bekannt. Kürzlich wurden aus dem Oberkarbon von Belgien mehr als 30 verschiedene Samenformen von Pteridospermen beschrieben, die die Formenfülle dieser Gruppe ahnen lassen.

Wir haben bisher die Verbreitungskörper der Pteridospermen immer »Samen« genannt, obwohl im strengen Sinne diese Bezeichnung nicht zutreffend ist, da man in ihnen noch niemals Keimlinge fand. Diese merkwürdige Erscheinung, die auch bei den später zu besprechenden Cordaïtales auftritt, ist bislang völlig ungeklärt. Möglicherweise fielen die Samenanlagen vor der Befruchtung vom Baum und der Keimling bildete sich erst in der auf der Erde liegenden Samenanlage (vgl. hierzu *Gingko biloba*). Nach dem Bau der Blätter und der männlichen Fortpflanzungsorgane gleichen die Pteridospermen den Farnen, während sie in der Anatomie der Stämme und besonders in ihren weiblichen Fortpflanzungsorganen den Gymnospermen entsprechen. So nehmen sie als Bindeglied zwischen den eusporangiaten

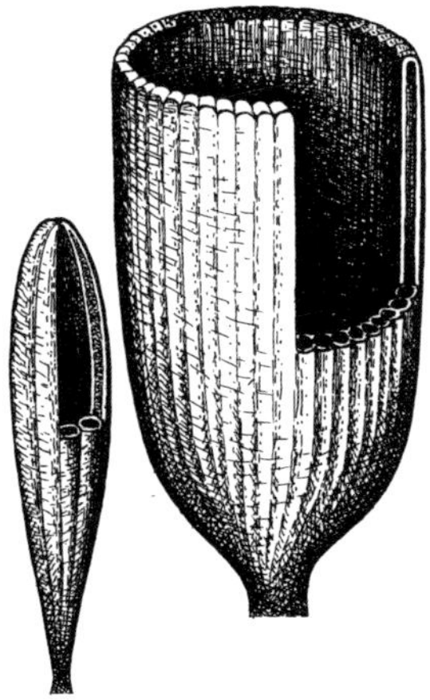

Männliche Organe der Farnsamer. Links *Aulacotheca* (Synangium hohl, zigarrenförmig, an beiden Polen geschlossen), rechts *Whittleseya* (Synangium gestielt, becherförmig)

Dicroidium rhomboidale, zu den Corystospermaceen gehörend, ist eine Charakterpflanze des Rhät der Gondwana-Gebiete.

Farnen und den Cycadeen in der Stammesgeschichte der Pflanzen einen hervorragenden Platz ein.

An dieser Stelle sind noch 2 Familien mesozoischen Alters anzuschließen, die vielleicht Übergangsglieder zu der Ordnung Caytoniales darstellen. Die Familie Peltaspermaceae hat kleine Blätter, die farnartig doppelt gefiedert sind. Die Rhachis ist dicht mit schuppenartigen Papillen besetzt, die Staubblätter *(Antholithus)* sind doppelt gefiedert, und die Fiedern tragen 8 bis 10 Pollensäcke. Die Samenblätter sind schildförmig (*Peltaspermum* = Schildsame) und tragen auf der Unterseite etwa 20 Samenanlagen. Hierher zählt auch die Gattung *Lepidopteris,* ein Leitfossil des Rhät, der oberen Stufe des Keupers.

Zur Familie Corystospermaceae gehören kleine Pflanzen mit farnartig gefiederten Blättern. So ist die Gattung *Dicroidium* eine Charakterpflanze des Rhät der Gondwana-Gebiete. Die *Pteruchus* genannten Staubblätter sind gefiedert, die Fiedern scheibenartig verbreitert und tragen eine große Anzahl hängender Staubbeutel, deren Pollenkörner 2 seitliche Luftsäcke wie die Pinaceen haben. Die Samenblätter sind verzweigt, und jede Verzweigung hat 2 oder mehr gestielte helm- oder glockenförmige Gebilde mit je einer Samenanlage. Die männlichen Fortpflanzungsorgane und die Blätter dieser Gruppe zeigen große Ähnlichkeit mit den Pteridospermen, während die weiblichen Organe mit ihren helm- oder glockenartigen Einkrümmungen auf die Caytoniales hindeuten.

Ordnung Zungenfarne, Glossopteridales

Familie Zungenfarngewächse, Glossopteridaceae

Die Zungenfarne, Glossopteridales, waren hohe Bäume mit reicher Verzweigung, die für die südliche permokarbonische Flora von Indien, Afrika, Australien und Südamerika (Gondwana-Flora) charakteristisch sind. Blätter von *Glossopteris communis* und *Gangamopteris cyclopteroides* wurden auch im zentralen Teil der Antarktis gefunden. Von der wichtigsten Gattung *Glossopteris* waren bis vor kurzer Zeit nur die Blätter bekannt, die einfach, ganzrandig, lang zungenförmig, ziemlich groß, am oberen Ende stumpf und am unteren Ende in einen kurzen Stiel verschmälert sind. Sie haben eine Mittelader, die Seitenadern sind netzig verbunden. Vor einigen Jahren hat man nun eine große Zahl von *Glossopteris*-Blättern mehrerer Arten aufgefunden, denen sehr eigentümliche Fortpflanzungsorgane in verschiedenen Stadien der Entwicklung ansitzen. So konnten mehrere Gattungen dieser Organe unterschieden werden, von denen wir nur die Gattung *Scutum* (*scutum* = Schild) betrachten wollen. Dem unteren Teil der Blattmittelrippe entspringt ein kurzer Stiel, der ein zweiblättriges Organ trägt. Diese beiden Blätter klaffen auseinander. Sie haben einen glatten oder

Blatt des Zungenfarnes *Glossopteris browniana.* Die Zungenfarne sind für die südliche permokarbonische Flora (Gondwana-Flora) charakteristisch.

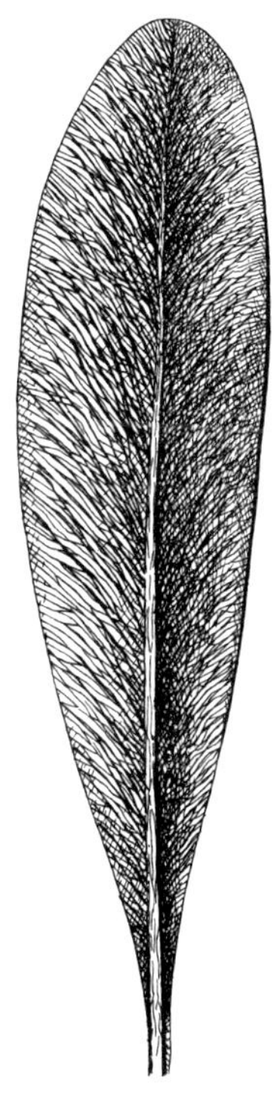

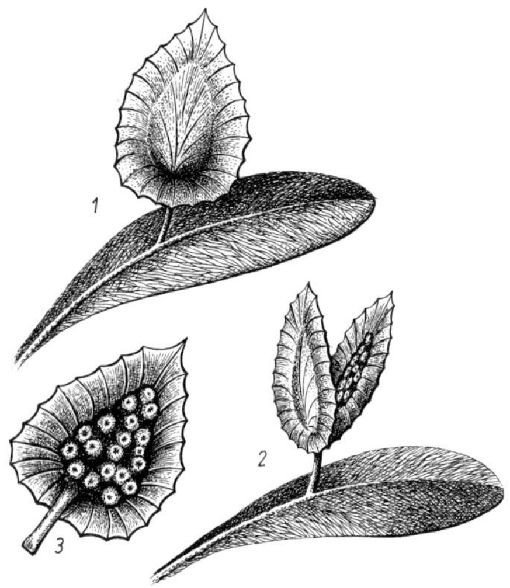

Zungenfarn, *Glossopteris*, mit den eigenartigen Fortpflanzungsorganen (Gattung *Scutum*). 1 Das zweiblättrige Organ von der Seite gesehen; 2 diese Blätter auseinanderklaffend; 3 ein Blatt stärker vergrößert

wellig gezähnten Rand, der breit geflügelt ist. Das der Achse zugewandte (adaxiale) Blatt weist im mittleren Teil zahlreiche eirundliche »Säckchen« mit einer Vertiefung auf, die später anschwellen und dann diese Vertiefung nicht mehr erkennen lassen. Das der Achse abgewandte (abaxiale) Blatt wölbt sich nach außen und hat Rippen, die fächerförmig verlaufen. Diese beiden Blätter legen sich (nach der Befruchtung?) zusammen und bilden so eine Art Becher. Bei gut erhaltenen Stücken läßt sich dieses Organ in seine 2 Blätter zerlegen. Das adaxiale Blatt ist ein Samenblatt mit zahlreichen sehr kleinen Samen. Das andere Blatt, bei dem sich bisher nur in wenigen Fällen Einzelheiten feststellen ließen, trägt auf seiner Innenseite spitze, lanzettliche Gebilde, die zunächst als Pollensäcke gedeutet wurden. Inzwischen hat man festgestellt, daß *Scutum* ein nur samentragendes Organ ist und alle Fortpflanzungsorgane der Glossopteridales eingeschlechtlich sind.

In neuerer Zeit hat man durch entsprechende Funde auch die Kenntnis des Gesamtaufbaus dieser Pflanzen vermehren können. So fanden sich etwa 6 cm dicke Stämme, die eine Länge bis zu 40 cm aufwiesen, denen Blattbüschel vom Glossopteriden-Typ ansaßen, die wohl abfielen. Die Stämme gehören zu der lange bekannten Gattung *Vertebraria*, die früher als ein Wurzelstock angesehen wurde. Der anatomische Bau von *Vertebraria* zeigt Merkmale, die auf Gymnospermen-Verwandtschaft hinweisen.

Glossopteris-Blätter sind auch im Mittleren Jura von Mexiko nachgewiesen worden. Dies wäre wohl das späteste Auftreten dieser Gattung, die sonst nur in älteren Schichten anzutreffen ist. Auffällig ist auch das geographische Vorkommen, da sich *Glossopteris* erst wieder im südlichen Südamerika findet. Vielleicht handelt es sich aber um Vertreter einer Gruppe, deren Blätter lediglich Ähnlichkeit mit Glossopteriden haben. Zur Klärung des Aufbaus und der verwandtschaftlichen Stellung der Glossopteriden bedarf es weiterer Untersuchungen, doch steht schon jetzt fest, daß wir hier eine Pflanzengruppe vor uns haben, die in ihrer Seltsamkeit keinerlei Ähnlichkeit mit heutigen Pflanzenformen zeigt, obwohl versucht worden ist, Beziehungen zu den Angiospermen herauszustellen. Da die Fortpflanzungsorgane von denen der Pteridospermen stark abweichen, stellt man die Glossopteriden als eigene Ordnung zwischen Pteridospermales und Caytoniales.

Ordnung Caytoniales

Familie Caytoniaceae

Die ebenfalls nur fossil bekannt gewordenen Caytoniales tragen ihren Namen nach der Cayton-Bay im südlichen Yorkshire an der Ostküste von England. Hier wurden diese Pflanzenreste erstmalig unter den Jurapflanzen entdeckt. Die Ordnung, die offenbar weitverbreitet und formenreich war, tritt vom Rhät bis zum Mittleren Jura auf. Eine Vorstellung des gesamten Aufbaus der hierher zu rechnenden Pflanzengestalten haben wir freilich nicht, da bisher nur jeweils Bruchstücke gefunden wurden. Die gestielten Blätter, die als *Sagenopteris* bezeichnet werden, waren mehr oder weniger lederig, gefiedert oder aus 3 bis 6 Abschnitten handförmig zusammengesetzt. Sie weisen eine

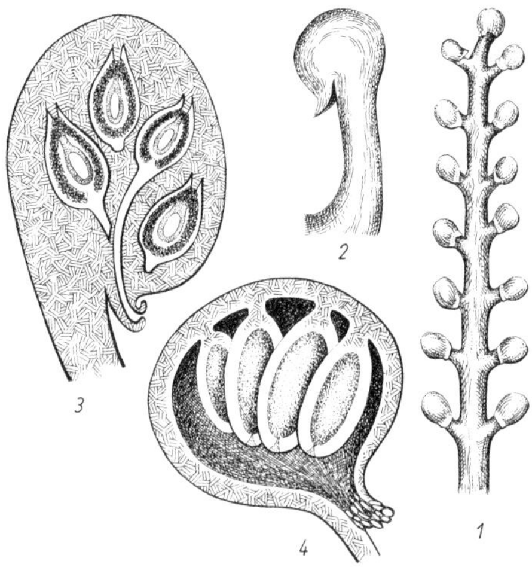

Weibliche Organe der Caytoniales. 1 Samenblatt von *Gristhorpia nathorstii* mit becherartig eingeschlagenen Fiedern; 2 eine becherartige Fieder (»Frucht«) derselben Art; 3 Längsschnitt durch eine »Frucht« von *Caytonia thomasii*; 4 geöffnete »Frucht« von *Caytonia sewardii* mit Samenanlagen und narbenähnlich vorgezogenem Ende

netzige Nervatur auf. Wegen der Ähnlichkeit der Blätter mit denen der Gattung *Marsilea* wurden sie früher als Marsileaceen (Farne) angesehen.

Die Staubblätter *(Caytonanthus)* sind gefiedert, mit kurzen seitlichen gegabelten Fiedern, an jedem Gabelast mit einer Gruppe von vierflügeligen und vierfächerigen Synangien (= verwachsenen Pollensäcken). Die Pollenkörner haben 2 seitliche Luftsäcke. Die Samenblätter sind einfach gefiedert, jede Fieder ist nach einem kurzen Stiel becherartig eingeschlagen und hat eine nach unten gerichtete Öffnung sowie ein narbenähnlich vorgezogenes Ende. Im Innern dieses Bechers sitzen 8 bis 30 Samenanlagen. Die Befruchtung durch Spermatozoiden ist fraglich. Die Samen sind klein und von dem fruchtartigen Gehäuse umschlossen. Wegen der Ähnlichkeit dieses Bechers mit dem Fruchtblatt der Angiospermen wurde die Gattung *Caytonia* zunächst diesen zugerechnet. Später entdeckte man jedoch Pollenkörner innerhalb des Bechers, woraus hervorgeht, daß jede Samenanlage einzeln befruchtet wurde. Die Pollenkörner gelangen somit direkt auf die Mikropyle. Damit war eine Zuordnung zu den Angiospermen ausgeschlossen. Eine Zeitlang nahm man aber an, daß die Caytoniales Vorfahren der Angiospermen (Bedecktsamer) seien, weil sie immerhin eine Entwicklung zeigen, die nahe an »Angiospermie« (Bedecktsamigkeit) heranführt. Nach dem Bau der Staubblätter dürften die Caytoniales jedoch an die Pteridospermen anzuschließen sein, sie stellen einen spezialisierten Zweig dieser Pflanzengruppe dar.

Ordnung Palmfarne, Cycadales

Familie Palmfarngewächse, Cycadaceae

Die Palmfarne sind Holzgewächse, die in ihrem Aussehen an Palmen oder Farne, besonders Baumfarne, erinnern. Sie umfassen 10 lebende Gattungen mit etwa 100 Arten, die in der einzigen Familie Cycadaceae (Cycadeen) vereinigt werden. Allerdings hat man die Gruppe neuerdings auch in 3 Familien aufgeteilt (Cycadaceae mit *Cycas,* Stangeriaceae mit *Stangeria* und Zamiaceae mit den übrigen Gattungen).

Die Cycadaceen sind in den Tropen und Subtropen beider Erdhälften verbreitet. Ihre Stämme sind manchmal sehr kurz und größtenteils unterirdisch, knollig, kugelig oder rübenförmig, wie bei den Gattungen *Stangeria* und *Bowenia.* Die meisten Arten sind baumförmig, haben einen säulenförmigen, unverzweigten Stamm und erreichen selten eine Höhe von über 2 m. Der Stamm der baumförmigen Arten ist von einem Schuppenpanzer bedeckt, der von den Blattfüßen gebildet wird. An der Spitze des Stammes steht eine Krone von großen, einfach gefiederten, farnähnlichen Blättern (Wedeln), und nur bei der Gattung *Bowenia* sind die Blätter doppelt gefiedert. Die Blattkrone ist manchmal stark entwickelt und kann bis 100 Blätter aufweisen, doch ist ihre Zahl meist geringer. Bei einigen Arten der Gattung *Zamia* sind die Blätter relativ klein (bei Zamia *pygmaea* nur 5 bis 6 cm lang), bei *Macrozamia* und *Cycas* können sie dagegen die beträchtliche Länge von 2,5 bis 3 m erreichen, bei einigen Arten von *Encephalartos* sogar 5 oder 6 m! Die Fiederblättchen stehen zweireihig an der Mittelrippe des Wedels. Bei den Fiederblättchen treten 3 Typen von Nervatur auf, die auch systematisch von Bedeutung sind (Fiedern längsnervig oder fiedernervig oder nur ein Mittelnerv).

Die Blattfiedern sind meist ganzrandig, sie haben eine dicke Kutikula und eingesenkte Spaltöffnungen. Diese Merkmale sind als Anpassungen an trockene Standorte zu verstehen.

Die Blüten sind bei allen Palmfarnen zweihäusig verteilt, es gibt jeweils männliche und weibliche Pflanzen.

Bei allen Gattungen, außer *Cycas*, sind die Fortpflanzungsorgane zu Zapfen vereinigt, die einzeln oder zu mehreren an der Stammspitze zwischen den Wedeln stehen. Bei *Cycas* sind die Samenblätter zahlreich um die Spitze des Stammes gedrängt, die später wieder Laub- und Niederblätter bildet, sie stehen bei dieser Gattung zunächst aufrecht und bilden einen lockeren Zapfen, später spreizen sie ab. Die männlichen und weiblichen Zapfen der Cycadeen sind einander ähnlich, doch ist die Zahl der Samenblätter geringer als die der Staubblätter. Die weiblichen Zapfen erreichen bei einigen Arten eine beträchtliche Größe und ein hohes Gewicht, die männlichen bestehen aus zahlreichen, meist sehr dicht stehenden Staubblättern, die auf ihrer Unterseite viele Mikrosporangien (Pollensäcke) tragen. Die Zahl der Pollensäcke je Staubblatt schwankt von 28 bei *Zamia* bis über 1000 bei *Cycas*. Die Staubblätter sind schuppenförmig oder schildförmig, und die Pollensäcke stehen manchmal in Gruppen (Sori) zusammen, was an die Farne erinnert, bei denen die Sporenbehälter auch in Sori vereinigt sind. Die Pollensäcke sind ellipsoidisch oder fast kugelig, sitzend oder kurz gestielt. Bisher nahm man an, daß die Übertragung der Pollenkörner meist durch den Wind, nur selten durch Insekten erfolgt. Nun konnte aber in den Zapfen zahlreicher Arten aller Gattungen der Cycadales eine Wärmeproduktion festgestellt werden. Diese weitverbreitete Erscheinung korreliert nach Dauer und Stärke positiv mit der Größe der Zapfen. Die Zapfen aller geprüften Arten verströmen außerdem einen süßen, harzigen oder muffigen Duft. Die Wärmeproduktion in den Zapfen fördert die Verflüchtigung dieser Duftstoffe, von denen die Insekten angezogen werden. Hiernach ist Insektenbestäubung in dieser Pflanzengruppe offenbar eine weitverbreitete Erscheinung.

Die weiblichen Zapfen bestehen aus zahlreichen, meist dicht gestellten Samenblättern, die einen unfruchtbaren (sterilen) Endteil haben und seitlich 10 bis 2 Samenanlagen tragen. Bei der Gattung *Cycas* ist der sterile Endteil gefiedert oder gezähnt und der Blattcharakter des Samenblattes noch sehr deutlich zu erkennen. Schon bei dieser Gattung läßt sich eine Tendenz zur Rückbildung der sterilen Endteile der Samenblätter und zur Verringerung der Zahl der Samenanlagen feststellen, was in noch stärkerem Maße bei den übrigen Gattungen zu beobachten ist, deren Samenblätter schuppen- oder schildförmig sind und nur je 2 Samenanlagen tragen. Bei letzteren schließen die Samenblätter dicht zusammen und bilden feste Zapfen. Die geradläufigen, sitzenden Samenanlagen haben ein dickes Integument.

Der Same der Cycadeen besitzt eine fleischige Außen- und eine harte Mittelschicht. Das reichliche Nährgewebe ist fleischig-mehlig. Meist sind 2 Keimblätter vorhanden, nur bei der Gattung *Microcycas* 3 bis 6. Die Befruchtungsverhältnisse der Cycadeen sind sehr bemerkenswert. So befindet sich im Nuzellus der Samenanlage unterhalb der Mikropyle eine Höhlung, die sogenannte Pollenkammer. Die Pollenkörner werden von einem Bestäubungstropfen aufgenommen, der an der Mikropyle austritt. Wahrscheinlich durch das Eintrocknen dieses Bestäubungstropfens werden die Pollenkörner in die Pollenkammer eingesogen, die sich daraufhin nach außen schließt. Nun wächst ein Pollenschlauch aus, der aber nur der Befestigung und Ernährung des männlichen Gametophyten dient und nicht wie bei allen übrigen Samenpflanzen zur Übertragung der Geschlechtszellen. Gleichzeitig entwickelt das Pollenkorn aus seiner spermatogenen Zelle 2 Spermazellen, in denen wiederum je ein frei bewegliches Spermatozoid gebildet wird, das ein schraubiges Geißelband besitzt und von beträchtlicher Größe ist, denn der Durchmesser beträgt bis 0,3 mm! Damit sind sie die größten Spermatozoiden des Pflanzen- und Tierreiches. Auch die Eizellen der Cycadeen haben eine auffällige Größe, die bis 6 mm *(Dioon edule)* betragen kann. Die Bildung des Keimes im Samen erfolgt erst nach dessen Abfallen von der Mutterpflanze. Zwischen Bestäubung und Befruchtung kann ein Zeitraum von mehreren Monaten liegen.

Die Cycadeen enthalten in allen ihren Teilen Schleimgänge. Im Gegensatz zu den Koniferen sind die Rinde und das Mark der Stämme stark entwickelt, während das Sekundärholz dagegen nur gering ausgebildet ist und keine Gefäße enthält. Im Parenchym des Markes befindet sich in großer Menge Stärke.

Die Wurzeln der Cycadeen zeigen eine Eigentümlichkeit, die bei anderen Pflanzengruppen nicht beobachtet werden kann. Die Primärwurzel entwickelt sich zu einer starken Pfahlwurzel, an der Seitenwurzeln von gewöhnlicher Form entspringen. Außerdem gibt es aber noch gabelig (dichotom) verzweigte, kurze Seitenwurzeln, die sich dicht unter der Erdoberfläche bilden. Diese sind eigentümlicherweise negativ geotropisch orientiert, d. h., sie wachsen nicht in die Erde hinein, sondern nach der Erdoberfläche zu und ragen teilweise über diese hinaus. Sie haben durch reichliche büschelige Verzweigung ein korallenähnliches Aussehen und bedecken oft rasenförmig den Erdboden rings um den Stammgrund. Die genaue Untersuchung dieser Wurzeln ergab nun, daß sie Algen enthalten, die zunächst als *Anabaena,* später als *Nostoc* bestimmt wurden. Von beiden Gattungen, die zu den Blaualgen (Cyanophyta) in die Familie Nostocaceae gehören, ist in neuerer Zeit nachgewiesen worden, daß sie die Fähigkeit zur Stickstoffassimilation aus der Luft besitzen. So ist auch ein symbiontisches Verhältnis zwischen den Blaualgen und den Cycadeen vermutet worden, doch steht ein sicherer Beweis hierfür noch aus.

Wegen der Größe ihrer Blätter und Zapfen sind die Cycadeen (ähnlich wie die Palmen) selbst in den bedeutenderen Pflanzensammlungen meist nicht in geeigneter Form vorhanden. Die Unvollständigkeit der Herbarbelege hat schon zu vielen widersprüchlichen Angaben in den Beschreibungen geführt. In neuerer Zeit wird daher angestrebt, gleichzeitig mit dem Sammeln bestimmter Teile der Pflanzen auch Angaben über Höhe und Durchmesser des Stammes, über die Länge und Breite der Blätter und Zapfen usw. zu notieren. Wegen der Zweihäusigkeit ist es außerdem wichtig, vom selben Fundort jeweils männliche und weibliche Pflanzen zu sammeln sowie die Pflanzen in ihrer natürlichen Umwelt zu photographieren. Auf diese Weise werden sich unsere Kenntnisse über diese interessante Pflanzengruppe noch erweitern lassen.

Betrachten wir nun die einzelnen Gattungen der Palmfarne. Die Gattung *Cycas* besteht aus etwa 20 Arten, deren Verbreitung von Südjapan und Südchina bis Madagaskar und Afrika (Sambesi-Delta) reicht. Sie kommen weiter auf dem Malaiischen Archipel, in Australien und auf den polynesischen Inseln vor. Die Arten sind stammbildend und haben gefiederte Blätter mit einnervigen Fiedern. Bei dieser Gattung stehen die Samenblätter mehr oder weniger locker, sind im oberen unfruchtbaren Teil gefiedert oder gezähnt und tragen im unteren Teil 8 bis 4 (selten 2) randständige Samenanlagen, während bei allen folgenden Gattungen die Samenblätter dagegen zu einem Zapfen zusammenschließen, schuppen- oder schildförmig sind und je 2 Samenanlagen aufweisen.

Bei den Samenblättern der Cycadales läßt sich eine Reihe erkennen, in der der blattförmige Endteil immer stärker rückgebildet wird. Gleichzeitig verringert sich die Anzahl der Samenanlagen. 1 *Cycas revoluta,* 2 *Cycas circinalis,* 3 *Dioon edule,* 4 *Ceratozamia mexicana,* 5 *Zamia skinneri*

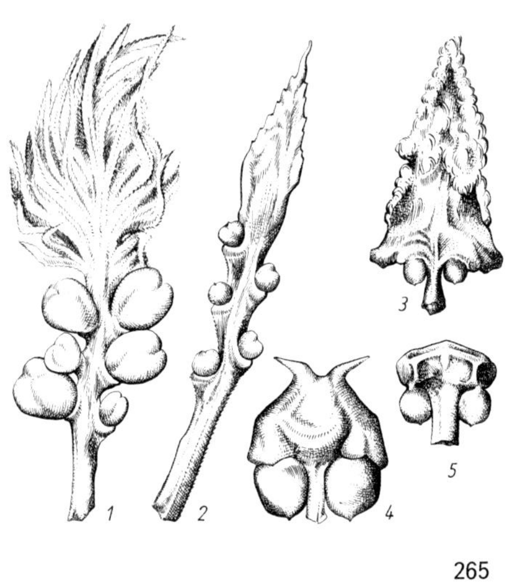

Bei dem Palmfarn *Cycas circinalis* weisen die Samenblätter einen blattförmigen Endteil auf.

Die Gattung *Stangeria* umfaßt nur eine Art *(Stangeria paradoxa)*, die im östlichen Kapland und in Natal vorkommt. Sie hat einen unterirdischen, knolligen Stamm und einfach gefiederte Blätter mit fiedernervigen Fiedern. Die Zapfen befinden sich nur wenig über dem Erdboden. Bei ihrer Entdeckung und Erstbeschreibung wurde die Pflanze für einen Farn der Gattung *Blechnum (Lomaria)* gehalten, ist sie doch im Blattbau, besonders in der Nervatur, die farnähnlichste Art unter den Cycadeen. Bei der Anlage von Zuckerrohrplantagen entlang der Küste von Natal sind viele Exemplare dieser interessanten Pflanzenart vernichtet worden. Auch die Ausbreitung der Ananaskulturen im östlichen Kapland hat zu einer Verkleinerung ihres Verbreitungsgebietes geführt.

Wie *Stangeria* hat auch die Gattung *Bowenia* einen unterirdischen Stamm. Ihre wenigen Blätter sind bis 2 m lang, doppelt gefiedert und die Fiedern längsnervig. Die 2 Arten der Gattung haben ihre Heimat in Nord- und Nordostaustralien. Die Gattung ist auch als eigene Familie (Boweniaceae) herausgestellt worden.

Die Gattung *Dioon* enthält 10 Arten, die in Mexiko und Honduras beheimatet sind. Sie wachsen zerstreut, oft in nur kleinen Gruppen, an steilen felsigen Standorten. Es handelt sich um stammbildende Pflanzen, die eine reiche Blattkrone aufweisen. Die Blätter sind einfach gefiedert, und die Fiedern zeigen Längsnervatur. Die zottigen Samenblätter sind abgeflacht und langkeilförmig verschmälert. Die großen Samen von *Dioon edule* liefern ein ausgezeichnetes Stärkemehl.

Wie bei allen anderen baumförmigen Cycadeen ist der Stamm der *Dioon*-Arten mit einer Schuppenpanzerung versehen, die aus den stehenbleibenden Niederblättern und den Laubblattfüßen besteht. Im Blattstiel entwickelt sich einige Zentimeter über dem Grunde ein Trennungsgewebe, mit dessen Hilfe die Blätter abgeworfen werden. Die Panzerung der Stämme bleibt bei *Dioon edule* und einer Reihe von Arten anderer Gattungen zeitlebens erhalten. Jede Blattbasis läßt sich auch am älteren Stamm bis zum Stammgrund verfolgen. Die Zahl der Blattfüße am Stamm ist daher benutzt worden, um bei einigen Gattungen das Alter der Exemplare zu schätzen. So wird bei *Dioon edule* in jedem zweiten Jahr eine neue Blattkrone gebildet, wobei die durchschnittliche Zahl der Blätter bei einem erwachsenen Exemplar etwa 20 (theoretisch also etwa 10 Blätter pro Jahr) beträgt. Wenn die Pflanze jung ist, werden allerdings weniger Blätter gebildet, ebenso wie die Pflanzen nach der Blüte möglicherweise mehrere Jahre lang nacheinander keine Blätter hervorbringen. So konnte für Exemplare von *Dioon edule* mit rund 10000 Blattfüßen ein Alter von etwa 1000 Jahren geschätzt werden. Derartige Exemplare sind weniger als 2 m hoch. Im Gegensatz dazu haben Pflanzen der verwandten Art *Dioon spinulosum* bei mehr als 10 m Höhe nur ein Alter von knapp 200 Jahren.

Aus der Gattung *Ceratozamia* sind 10 Ar-

Ein Palmfarn, *Cycas media* (rechts), neben einer Palme am natürlichen Standort in Australien

ten bekannt, die im südöstlichen Mexiko vorkommen. Der Stamm ist kurz, die Blätter sind einfach gefiedert, und die Fiedern weisen Längsnervatur auf.

Zwischen dem Standort und der Morphologie der Blätter scheint ein Zusammenhang zu bestehen: je feuchter die Pflanzen stehen, desto größer und schmaler sind Blätter und Blättchen. Der schildförmige Endteil der Sporophylle hat hornartige Fortsätze. Die erst 1979 beschriebene *Ceratozamia hildae*, die in dichten tropischen Regenwäldern vorkommt, unterscheidet sich deutlich von allen anderen Arten der Gattung, da die Blättchen an der Blattrippe gebüschelt stehen. Dieses Merkmal und die papierähnliche Beschaffenheit der Blättchen führte zu dem Namen Bambus-Cycadee (bamboo cycad). Durch gewerbsmäßige Sammler ist eine der beiden bekannten Wildpopulationen dieser Art vernichtet worden.

Von der Gattung *Zamia* sind etwa 40 Arten beschrieben worden, die von Florida bis zum tropischen und subtropischen Südamerika vorkommen. Sie haben einfach gefiederte Blätter und längsnervige Fiedern. Der Endteil der Sporophylle ist schildförmig und dick kantig. Die Gattung besteht durchschnittlich aus kleinen Formen, deren Stämme entweder unterirdisch und rübenfömig oder oberirdisch und niedrig sind. *Zamia pygmaea* ist die kleinste Art der Cycadeen. Der Durchmesser erwachsener Stämme beträgt ein bis zwei, höchstens 3 cm, ihre Länge 25 cm.

Die Gattung *Encephalartos* umfaßt über 30 Arten, die in Afrika südlich der Sahara (mit Ausnahme von Südwestafrika) verbreitet sind. Sie wachsen auf trockenen Standorten, in Steppen, buschigen Gehölzen und an Felsabhängen. Die Gattung ist durch einfach gefiederte Blätter mit längsnervigen Fiedern und Sporophylle gekennzeichnet, deren schildförmiger Endteil abgerundet ist. Die Samenzapfen können eine Länge von 50 cm und ein Gewicht von 45 kg erreichen. Die knollenartigen Stämme liefern Sago (z. B. der Kaffernbrot-Palmfarn, *Encephalartos caffer*). Der in den zentralafrikanischen Steppen beheimatete *Encephalartos laurentianus* hat einen bis 10 m hohen Stamm. Bei einigen südafrikanischen Arten ließ sich Insektenbestäubung nachweisen, die hauptsächlich durch einen Käfer aus der Gattung *Phlaeophagus* erfolgt. Die größte der in Südafrika wachsenden Cycadeen ist die in Transvaal vorkommende Art *Encephalartos transvenosus*. Sie genießt königlichen Schutz in dem Gebiet der Regenkönigin bei Duiwelskloof. Als einzige Cycadeenart in Südafrika tritt sie bestandbildend auf, was sicherlich auf den lokalen Schutz durch die Bantu-Königinnen zurückzuführen ist, während man an anderen Stellen und bei anderen Arten öfter Stämme mit Beschädigungen findet, die häufig durch Bantu-Medizinmänner hervorgerufen wurden. Auf solche Beschädigungen dürfte es wohl auch zurückzuführen sein, daß *Encephalartos woodii* in wildem Zustand wahrscheinlich nicht mehr vorkommt.

Die Gattung *Lepidozamia* umfaßt 2 Arten, die in Ostaustralien beheimatet sind.

Zur Gattung *Macrozamia* gehören 12 bis 15 Arten, die in Australien verbreitet sind. Sie haben einfach gefiederte Blätter und längsnervige Fiedern. Der Endteil der Sporophylle besitzt eine vorgezogene Spitze. Die Stämme sind knollig und mehr oder weniger unterirdisch oder zylindrisch sowie aufrecht. So erreicht *Macrozamia hopei* eine Höhe von 18 m und ist damit die größte Art unter den Cycadeen. Die in Queensland und Neusüdwales beheimatete *Macrozamia peroffskyana* hat einen bis 7 m hohen Stamm und weibliche Zapfen, die bei einem Gewicht von 30 kg eine Länge von 70 cm erreichen können.

Die Gattung *Microcycas* kommt mit einer Art *(Microcycas calocoma)* in den Bergen des westlichen Kuba vor und wird bis 10 m hoch. Ihre einfach gefiederten Blätter haben längsnervige Fiedern, und auch hier ist der Endteil der Sporophylle schildförmig.

Die Palmfarne werden in vielfältiger Weise genutzt, auch wenn sich unter den Arten keine Weltwirtschaftspflanzen befinden. Besonders bemerkenswert ist, daß die Cycadeen trotz ihrer Giftstoffe zu Speisezwecken verwendet werden.

So werden auf der Malaiischen Halbinsel, auf den Philippinen, in Assam und in Indonesien die noch nicht entfalteten saftigen Blät-

Der Palmfarn *Encephalartos villosus* mit Zapfen. Die Art ist im südöstlichen Kapland und Natal beheimatet.

ter mehrerer *Cycas*-Arten (*Cycas circinalis, Cycas pectinata, Cycas rumphii* und *Cycas siamensis*) als Gemüse gegessen.

Hauptsächlich werden die Cycadeen jedoch wegen der Stärke in den Samen und dem Mark der Stämme für Speisezwecke verwendet. Sie sind daher eine wichtige Nahrungsquelle in Gegenden, in denen zeitweilig oder dauernd Hunger herrscht. Das stärkereiche Mark und die Rinde von *Cycas circinalis* und *Cycas rumphii* können nach dem Abkochen gegessen werden. Die Hauptbedeutung liegt jedoch darin, daß die Stärke, der sogenannte *Cycas*-Sago, extrahiert und als Nahrung verwendet werden kann. Dieses Produkt wird in verschiedenen Gegenden von Südostasien und Ozeanien benutzt. Zur Gewinnung des Sagos, der nicht mit dem Sago der *Metroxylon*-Palmen verwechselt werden darf, wählt man Bäume, die noch nicht gefruchtet haben. Sago wird auch aus den Stämmen von *Cycas revoluta* gewonnen, die in Südjapan vorkommt. Bereits aus einem Bericht des Jahres 1696 geht hervor, daß dieser sogenannte Sotetsu-Sago ein wichtiges Nahrungsmittel in den Zeiten einer Hungersnot darstellt. Thunberg berichtete über diese Pflanze im Japan des 18. Jahrhunderts, daß sie als Speise sehr geschätzt wurde, besonders von den begüterten Klassen, und daß eine kleine Menge des Markes ausreichen sollte, das Leben über eine sehr lange Zeit zu erhalten. Die Ausfuhr dieser Pflanze war daher verboten. Auf den Riu-Kiu-Inseln wird sie heute noch als Nahrungsmittel verwendet, besonders wenn nach Taifunen durch Schädigung der landwirtschaftlichen Kulturen eine Nahrungsmittelknappheit eintritt. Auch im zweiten Weltkrieg hat man die Pflanze dort zur Ernährung herangezogen. Der Stärkegehalt der Stämme von *Cycas revoluta* beträgt etwa 45 %, weiter sind etwa 9 % Rohprotein anzutreffen. Dabei sind männliche und weibliche Pflanzen im Stärkegehalt verschieden: männliche enthalten mehr Stärke. Für die industrielle Gewinnung der Stärke (besonders für Brauzwecke) kommen daher nur männliche Bäume in Betracht.

Die knolligen, unterirdischen Stämme von *Bowenia spectabilis* werden von den Ureinwohnern von Queensland gekocht gegessen. Auch das Mark von *Encephalartos*-Arten wurde zu einem Nahrungsmittel verarbeitet, dem sogenannten Kaffern- oder Hottentottenbrot. Das Mark grub man für etwa 2 Monate in die Erde ein, wo ein Fermentationsprozeß ablief, danach wurde die Masse geknetet, zu Kuchen geformt und in glühender Asche leicht gebacken. Mit dem weitverbreiteten Anbau des Mais in Südafrika ist es aber nicht mehr notwendig, auf solche Nahrungsquellen zurückzugreifen. Die Stämme der *Macrozamia*-Arten enthalten außer Stärke noch etwa 20 % Fasern. Von den australischen Arten fand *Macrozamia spiralis* zur Gewinnung der Stärke für die Produktion von Alkohol Verwendung. Das Mark einiger *Macrozamia*-Arten wird nach dem Abkochen in Wasser an Geflügel und Kälber verfüttert.

Die stärkereichen Samen vieler Arten dienen ebenfalls zur menschlichen Ernährung. So zieht man das Nährgewebe der Samen von *Cycas circinalis* und *Cycas rumphii* sowie einiger weiterer *Cycas*-Arten zur Stärkegewinnung heran. Wegen der giftigen Bestandteile müssen verschiedene Behandlungen vorausgehen, um die schädlichen Stoffe zu zerstören. Auf diese Weise gewonnenes Stärkemehl wird besonders in Indien und Sri Lanka (Ceylon) verwendet. Eine *Cycas*-Pflanze kann jährlich über 500 Samen hervorbringen, die in der Form einer Walnuß bis zu 7,5 cm lang sein können. Diese Samen ergeben einen Ertrag an Stärke, wie er von einem etwa ein Meter langen *Cycas*-Stamm erhalten werden kann, nämlich ungefähr 2,5 kg. Daraus läßt sich ersehen, wie unwirtschaftlich es ist, eine Nahrungspflanze von so langsamem Wuchs völlig zu zerstören, nur um die Stärke des Stammes gewinnen zu können. Mitglieder der Cookschen Expedition berichteten als erste Europäer darüber, daß die Ureinwohner Australiens die Samen von *Cycas media* als Speise benutzten. Nach einer anderen Quelle bilden die Samen dieser Art von Oktober bis Dezember das Hauptnahrungsmittel der Einheimischen von Queensland. Bei anderen Stämmen Australiens hingegen haben die Samen nur Bedeutung bei verschiedenen Zeremonien und Ritualen.

Auch medizinisch sind die Cycadeen verwendet worden. In Assam benutzt man die zerstoßenen Stämme von *Cycas pectinata* als ein Haarwaschmittel bei Erkrankungen der Haarwurzeln. In Kambodscha wendet man die schleimigen Endknospen von *Cycas circinalis* zur Behandlung von Wunden und Geschwüren an. Der Pollen von *Cycas rumphii* soll stark narkotisch wirken, ebenso die männlichen Zapfenschuppen dieser Art und die von *Cycas circinalis,* die in Indien allgemein als schmerzstillendes Mittel auf den Märkten gehandelt werden.

Die Cycadeen liefern auch Gummi, der durch Wunden in den Samenblättern, Stämmen und Blättern als zunächst schleimige und durchsichtige, später erhärtende, hellbraune Masse hervortritt. Besonders sind hier eine Reihe von Arten der Gattung *Cycas* zu nennen. Wenn dieser Gummi in Wasser gebracht wird, beginnt er sich fast augenblicklich auszudehnen. Im Verlauf mehrerer Tage vergrößert er sein Volumen um ein Vielfaches und wird dabei völlig farblos. *Cycas*-Gummi wurde medizinisch als ein Mittel zur Behandlung von bösartigen Geschwüren verwendet. Außerdem soll er ein gutes Mittel gegen den Biß von Schlangen und Insekten sein.

Die Blätter von *Cycas revoluta* haben einen hohen Gehalt an Stickstoff. Daher dienen sie auf den Riu-Kiu-Inseln als Düngemittel für Reis, Süßkartoffeln und Zuckerrohr. Auch die unterirdischen Organe von *Zamia* werden, nachdem die Stärke aus den Stämmen extrahiert wurde, als Dünger für *Citrus*-Plantagen verwendet.

Die feinen oberflächlichen Fasern, die am Grunde der Blätter mehrerer Arten von *Macrozamia* und *Cycas* vorkommen (»Palmwolle«) benutzt man zur Füllung von Kissen und Matratzen, während die Blätter einiger *Cycas*- und *Encephalartos*-Arten zu Hüten, Körben, Matten und Zäunen verarbeitet werden und man mit ihnen außerdem Dächer deckt und Besen herstellt.

Auch als Zierpflanzen finden viele Arten der Cycadeen Verwendung, in nördlichen Breiten freilich nur in Gewächshäusern, während sie in den Tropen und Subtropen im Freiland angepflanzt werden. Die Cycadeen sind relativ einfach zu kultivieren, ihre Stämme lassen sich ohne Wurzeln und Blätter über weite Strecken verschicken. Auf diese Weise wurden früher große Mengen von ansehnlichen Stämmen aus den Heimatländern eingeführt. Ein bemerkenswerter Fall der Lebenskraft wurde bei *Encephalartos altensteinii* beobachtet. Stämme dieser Art trieben nach dem Auspflanzen im nächsten Sommer neue Blätter, nachdem sie 4 Jahre lang gelegen hatten.

Unter dem Einfluß des Menschen, nicht zuletzt wegen ihrer Eignung als Zierpflanzen, sind die Palmfarne als »lebende Fossilien« inzwischen stark bedroht, und einige Arten wurden vielleicht schon ausgerottet oder existieren nur noch in botanischen Gärten. Sie stehen deshalb auf der Liste der gefährdeten Pflanzen. Man darf aus endemischen Beständen keine Exemplare für den Export entnehmen. Australien, Mexiko und Südafrika gehören zu den Ländern mit den meisten Palmfarnen. In Südafrika sind strenge Schutzgesetze für die Pflanzen an ihren natürlichen Standorten erlassen worden, während der Handel mit Baumschulexemplaren gestattet ist. Neuerdings sind Palmfarne als Garten- und Parkschmuck in Mode gekommen, vor allem in den USA und in Japan. Besonders für die geschützten Arten werden auf dem internationalen illegalen Markt hohe Preise erzielt. So wurden im Jahre 1988 Hunderte von Palmfarn-Exemplaren von Südafrika nach Madeira exportiert, die nach ihrem Alter und ihrer Größe nicht aus Baumschulen stammen konnten.

Die getrockneten Blätter von *Cycas revoluta* benutzt man vornehmlich als »Palmwedel« zu Sargdekorationen. Auf den südjapanischen Riu-Kiu-Inseln gibt es eine wenig bekannte Industrie, die vielleicht 50 Jahre alt ist und etwa 150 Menschen beschäftigt. Auf mehreren dieser Inseln werden die Blätter von *Cycas revoluta* in großen Mengen gesammelt. Versuche zur Kultivierung der Art für die Blatternte sind bisher noch nicht unternommen worden, da die wildwachsenden Pflanzen so zahlreich vorkommen, daß der Bedarf gegenwärtig gedeckt werden kann. Die Blätter werden zunächst getrocknet und anschließend zu großen Ballen verpackt, die man dann besonders nach den USA und Europa exportiert. Der Wert der jährlich von den USA eingeführten etwa 3 Millionen *Cycas*-Blätter beträgt rund 30000 Dollar. Sie finden hauptsächlich zur Herstellung von Kränzen und anderen Dekorationen Verwendung.

Wie bereits erwähnt wurde, sind die meisten – vielleicht alle – Vertreter der Cycadeen stark giftig. Diese Giftigkeit war den Menschen, die diese Pflanzen als Nahrungsmittel verwendeten, natürlich bekannt. Durch Rösten oder Auslaugen wurden die giftigen Samen genießbar gemacht. Bei der Gewinnung der Stärke aus den Stämmen hat man ebenfalls die Giftstoffe ausgewaschen. Dennoch kommen immer wieder Fälle vor, in denen bei unsachgemäßer Zubereitung schädliche Nachwirkungen zu verzeichnen sind. Das kann auch geschehen, wenn der Gehalt an Giftstoffen in unvorherzusehender Weise schwankt. So ist von der Insel Oshima in der Riu-Kiu-Gruppe bekannt geworden, daß dort gelegentlich stärker giftig wirkende Samen auftreten, deren Genuß zu Todesfällen führt. Japanische Soldaten, die in den Bergen der Insel Guam in der Marianen-Gruppe nach dem Ende des zweiten Weltkrieges bis 1962 lebten, berichteten, daß sie nach dem Genuß ungenügend gewaschener Samen von *Cycas circinalis* sofort erkrankten. In diesem Falle hatte sie der Hunger dazu gebracht, die notwendigen Vorsichtsmaßnahmen außer acht zu lassen. Eine früher in Guam verbreitete Krankheit (amyotrophische Lateralsklerose), die mit der Verwendung der Samen von *Cyas circinalis* als Nahrungsmittel und in der traditionellen Medizin zusammenhängt, ist seit 1955 im Zuge der Amerikanisierung der Bevölkerung zurückgegangen.

Der Giftgehalt der Cycadeen wird aber auch zu verschiedenen Zwecken ausgenutzt. So verwendet man in Kambodscha die zerquetschten Samen von *Cycas circinalis* zum Vergiften von Fischen. Von *Cycas thouarsii*, die auf Madagaskar und den Komoren vorkommt, werden die frischen Samen zu einem Rattengift verarbeitet.

Das Gift der Cycaden wirkt auch auf größere Tiere. In Australien sind z. B. große Verluste unter dem Vieh aufgetreten, das Blätter von *Macrozamia*-Arten gefressen hatte. In den betreffenden Gegenden hat man daher mit verschiedenen Methoden die Cycadeen auszurotten versucht.

Bereits 1903 wurde aus den Samen von *Cycas circinalis* ein Giftstoff, das Pakoëin, isoliert. Im Jahre 1940 hat man ein giftiges Glykosid aus den Samen der australischen *Macrozamia spiralis* gewonnen, das Macrozamin genannt wurde. Die Samen von *Cycas revoluta* lieferten später die verwandten Glykoside Cycasin und Neocycasin A und B, von denen das Cycasin höchstwahrscheinlich mit dem Pakoëin identisch ist. Die giftigen Stoffe von der Art des Macrozamins sind ein charakteristisches chemisches Merkmal der Cycadeen. Allerdings wurden sie bisher erst in 4 Gattungen nachgewiesen, die anderen sind daraufhin noch nicht untersucht. Doch da die meisten Arten giftig sind, ist kaum daran zu zweifeln, daß sich diese Stoffe auch in den anderen Vertretern der Familie nachweisen lassen werden. Eine weitere Untersuchung der Inhaltsstoffe ist um so wünschenswerter, als in neuester Zeit erkannt wurde, daß das Cycasin möglicherweise eine krebshemmende Wirkung hat.

Nach der Besprechung der rezenten wollen wir noch die ausgestorbenen Vertreter sowie die systematische Stellung dieser Pflanzengruppe betrachten.

Die ältesten Fossilien, die den Cycadeen zugerechnet werden können, stammen aus dem Oberkarbon und dem Unterperm. In der Trias der Antarktis wurden verkieselte Stämme mit typischem Palmfarn-Aufbau entdeckt *(Antarcticycas)*. Besonders im Jura und in der Unteren Kreide war die Gruppe verbreitet, wenn auch nicht so zahlreich wie die Bennettitales. Freilich gelang es bisher nur in sehr wenigen Fällen, Rekonstruktionen vollständiger Pflanzen aus den einzeln gefundenen Organen vorzunehmen. Eine solche Rekonstruktion stellt die Gattung *Bjuvia* aus dem Rhät von Schweden dar, deren Samenblätter zur Gattung *Palaeocycas* und Blätter zur Gattung *Taeniopteris* gehören. Die Pflanze hat einen mit Blattfüßen bedeckten Stamm, wobei die Blätter allerdings im Gegensatz zu den heutigen Cycadeen nicht gefiedert, sondern einfach und ganzrandig sind. Die schuppenförmigen Samenblätter tragen 4 Samenanlagen. Bis auf die ungefiederten einfachen Blätter gleicht die Pflanze also einer heutigen Cycadeenart. Samenblätter der Cycadeen sind mehrfach gefunden worden, darunter sowohl *Cycas*-ähnliche als auch solche, die aus Zapfen stammen. Außer Blättern sind auch Stammreste von Cycadeen überliefert. Diese mit Blattfüßen besetzten Stammstücke wurden besonders aus Juraschichten bekannt. Wenn auch ein Teil dieser Stämme sicher zu den Cycadales gehört, so muß doch damit gerechnet werden, daß sich unter diesen Stämmen möglicherweise auch Reste von Bennettitales verbergen. Die heute lebenden Gattungen lassen sich schon im Tertiär nachweisen (z. B. *Cycas, Zamia*). So wurden im Oligozän von Victoria (Australien) Blattreste einer *Macrozamia*-Art gefunden. Im Eozän von Ostaustralien entdeckte man eine Art der Gattung *Lepidozamia* sowie zwei Arten einer ausgestorbenen Gattung *(Pterostoma)*.

Die Cycadales dürften sich während des Oberkarbons aus Farnsamern (Pteridospermen) entwickelt haben, wenn auch bisher keine Zwischenformen aufgefunden werden konnten. Die heutigen Gattungen der Cycadeen kann man nicht in einer phylogenetischen Reihe anordnen, da es sich sämtlich um Endglieder von Entwicklungslinien handeln dürfte. Die Gattung *Cycas*, bei der die Samenblätter noch nicht zu Zapfen zusammengefaßt sind, ist wegen dieses Merkmals als primitiv anzusehen, während andererseits die zapfentragende *Stangeria* eine große Zahl farnartiger Merkmale aufweist. Die isolierte Stellung der heutigen Gattungen kommt auch in ihrem zerrissenen Verbreitungsgebiet zum Ausdruck.

Ordnung Nilssoniales

Familie Nilssoniaceae

Die Nilssoniales sind eine Gruppe von Nacktsamern, die man wiederum ausschließlich fossil kennt und die vom Mittleren Keuper bis zur Oberen Kreide auftraten; ihren größten Formenreichtum hatten sie in der Jurazeit. Stämme sind bisher nicht gefunden worden. Die langgestreckten Blätter stehen schopfartig zusammen und sind im Jugendzustand wie bei den Farnen nach innen eingerollt. Die Blatthälften sind der Mittelrippe oberwärts angeheftet und berühren sich, so daß die Mittelrippe des Blattes von oben nicht zu sehen ist. Die Nerven der ungeteilten oder einfach gefiederten Blätter verlaufen parallel und sind fast immer unverzweigt. Die Spaltöffnungen, die auf der Blattunterseite in Reihen stehen, haben einen charakteristischen Bau, sie sind »haplocheil« (vgl. Bennettitales). Die männlichen Zapfen, die als *Androstrobus* bezeichnet werden, haben spiralig angeordnete, schuppenförmige Mikrosporophylle (Staubblätter), die auf ihrer Unterseite zu Gruppen zusammengefaßte, fingerförmige Mikrosporangien (Staubbeutel) tragen. Der weibliche Zapfen *(Beania)* ist bis 10 cm lang und sehr locker, wobei an seiner Achse in spiraliger Anordnung die Makrosporophylle (Samenblätter) stehen, die an ihren schildförmig verbreiterten Enden je 2 hängende Samenanlagen aufweisen. Die Samen sind etwa ein bis zwei Zentimeter lang und haben eine harte Innen- und eine fleischige Außenschicht. In der Außenschicht finden sich knotige Harzlücken, an denen die Samen leicht kenntlich sind. Die als *Beania* bezeichneten Formen, die man schon lange kennt, wurden zunächst mit den Zapfen der Cycadales verglichen, und erst später erkannte man, daß sie zu *Nilssonia* gehören.

Die Nilssoniales, zu denen nur die Familie Nilssoniaceae zählt, waren weltweit verbreitet. Die Gruppe dürfte am nächsten mit den Cycadales verwandt sein. Es sind aber noch mancherlei Unklarheiten vorhanden, die erst durch entsprechende Neufunde beseitigt werden können.

Ordnung Bennettitales

Auch die Bennettitales sind eine Gruppe ausschließlich fossil bekannter Nacktsamer, die erstmalig im Mittleren Keuper auftraten. Sie waren besonders vom Jura bis zum Ende der Unteren Kreide auf der nördlichen Halbkugel in großer Formenfülle verbreitet. Bisher konnten über 1000 Formen unterschieden werden, während die Zahl der zu dieser Ordnung gehörenden Arten auf 30000 bis 40000 geschätzt wird. Das ist eine bemerkenswerte Zahl, wenn man bedenkt, daß sich die Anzahl aller heute lebenden Nacktsamer nur auf etwa 800 Arten beläuft.

Die Bennettitales haben verschieden gestaltete Stämme, die ein großes Mark aufweisen. Die Blätter sind nach ihrer äußeren Gestalt von denen der Cycadales nicht zu unterscheiden. Doch kann man sie durch den anatomischen Bau der Blattoberhaut, besonders der Spaltöffnungen, von dieser Gruppe trennen. Allgemein lassen sich nach der Entstehungsweise der Spaltöffnungen der Gymnospermen 2 Typen unterscheiden. Bei dem sogenannten haplocheilen (einfachlippigen) Typ fungiert die Urmutterzelle als Spaltöffnungsmutterzelle und teilt sich durch eine Längswand in 2 Schließzellen. Die Nebenzellen entstehen aus Oberhautzellen oder deren Abkömmlingen. Bei dem sogenannten syndetocheilen (zusammengesetztlippigen) Typ teilt sich die Urmutterzelle zuerst zweimal, die mittlere Zelle fungiert als Spaltöffnungsurmutterzelle und liefert die Schließzellen, während die seitlichen Zellen zu Nebenzellen werden. Die Spaltöffnungen der Bennettitales (sowie von *Welwitschia* und *Gnetum*) gehören zum zweiten Typ, die der Cycadales (und der übrigen Gymnospermen) aber zum ersten Typ, wodurch sich die Möglichkeit ergibt, die Blätter der Bennettitales von denen der Cycadales zu unterscheiden.

Die Blüten der Bennettitales sind zwittrig oder eingeschlechtig und meist von zahlreichen, dichtstehenden, unfruchtbaren Hüllschuppen umgeben. Ihre Staubblätter stehen zahlreich in einem Kreis, sie sind frei oder mehr oder weniger verwachsen und tragen viele Synangien. An der kegeligen Blütenachse stehen, spiralig angeordnet, auf mehr oder weniger langen dünnen Stielen die Samenanlagen, dazwischen finden sich unfruchtbare, stielförmige oder keulig verdickte, sogenannte Interseminalschuppen, die umgebildete, unfruchtbar gewordene Samenanlagen sind. Samenanlagen und Interseminalschuppen schließen sich an der Oberfläche zu einem gefelderten »Panzer« zusammen und bilden so einen massiven Zapfen, wobei die Mikropylarröhren meist deutlich über die Oberfläche des Zapfens hinausragen. Die Samen haben 2 Keimblätter. Bei einigen Arten ließ sich Protandrie nachweisen, d. h. die Erscheinung, daß die Staubblätter eher reifen als die Samenblätter.

Zu den Bennettitales gehören 3 Familien. Die Stämme der Williamsoniaceae (mit der Gattung *Williamsonia*) sind schlank, mehrere Meter hoch und durch die Blattbasen gepanzert. Sie tragen einen großen Schopf gefiederter Blätter vom Typ *Otozamites,* in dem eingeschlechtige Blüten saßen. Das äußere Aussehen gleicht also sehr dem der heutigen Cycadales. Die kegelförmige oder halbkugelige weibliche Blüte wird von einer sternförmigen Hülle umgeben. Die männlichen Blüten bestehen aus einem am Grunde verwachsenen Ring von Sporophyllen, eine besondere Umhüllung der Blüte fehlt. Arten der Gattung *Williamsonia* lebten vom Mittleren Keuper an und waren in der Jurazeit weltweit verbreitet.

Die zu der Familie Wielandiellaceae gehörenden Pflanzen sind zierlich, ihre Stämme glatt, und sie haben schlanke dichasial (scheingabelig) verzweigte Sprosse. An den Gabelstellen stehen die zwittrigen oder eingeschlechtigen Blüten. Bei der Gattung *Wielandiella,* die eine Höhe von etwa 50 cm erreicht, sind die in den Gabelstellen der Sprossen stehenden eingeschlechtigen Blüten von schmalen Hochblättern eingehüllt,

Rekonstruktion der Bennettitee *Williamsonia sewardiana.* Auffallend ist die Ähnlichkeit mit den heutigen Palmfarnen.

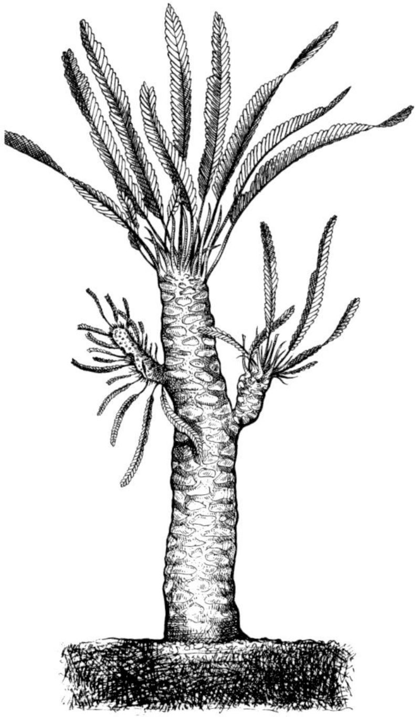

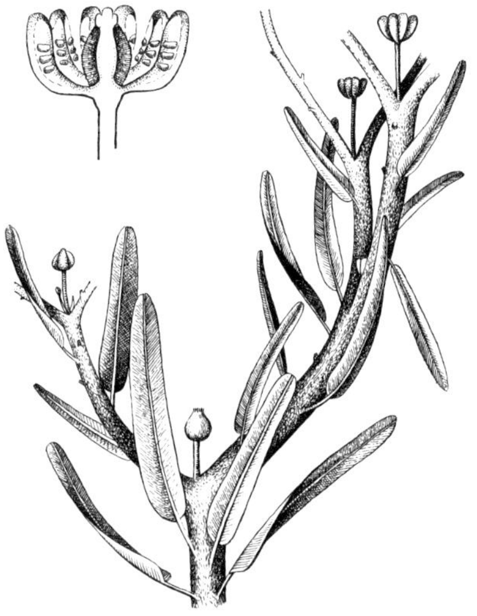

Rekonstruktion eines Teiles von *Williamsoniella coronata* aus dem Mittleren Jura von Yorkshire. In den Zweiggabeln stehen die gestielten Blüten. Die Blätter werden als *Taeniopteris vittata* bezeichnet. Links oben einzelne Blüte

und außerdem ist jede Blüte von einem Blattbündel vom *Anomozamites*-Typ umgeben. Die *Anomozamites*-Blätter sind in kleine, ungleiche Abschnitte zerteilt. Die kleinen weiblichen Blüten haben eine Länge von etwa 3 cm und bestehen aus Samenanlagen und Interseminalschuppen; zwischen den Schuppen ragen die Mikropylen hervor. Bei der Reife fallen die länglichen Samen und auch die Interseminalschuppen außer den untersten rückgebildeten Schuppen ab. Die männlichen Blüten bestehen aus einem Ring von miteinander verwachsenen Staubblättern. Die Gattung *Wielandiella* tritt im Rhät und Jura auf.

Die Gattung *Williamsoniella* ist in der Größe und im Sproßaufbau der Gattung *Wielandiella* ähnlich. Die Blüten stehen auch hier in den Gabelstellen des Sproßsystems, sie sind jedoch nicht von einem Blattbüschel umgeben, sondern die Blätter sitzen zerstreut an den Sprossen und sind ungeteilt und ganzrandig *(Taeniopteris vittata).* Ihre Zugehörigkeit wurde früher nur dadurch erschlossen, daß man sie stets mit den Blüten vergesellschaftet fand und außerdem bemerkt hatte, daß zwischen den Blattnarben auf den Sprossen und den Ansatzstellen der Blätter Übereinstimmung bestand, indem an beiden Stellen 2 Leitbündel zu erkennen waren. Daß die Annahme der Zusammengehörigkeit richtig war, konnte später durch den Fund eines beblätterten, blühenden Sprosses eindeutig erwiesen werden, wobei wie in ähnlichen Fällen der Rekonstruktion der Pflanze eine mühsame Forschungsarbeit vorausging. Die Blüten von *Williamsoniella* stehen auf langen Stielen. Bisher nahm man an, daß sie hüllenlos waren, doch neuerdings wurde festgestellt, daß sie ein Perianth (Blütenhülle) aus behaarten Blättchen trugen, das aber anscheinend bald abfiel. Im Gegensatz zu der Gattung *Wielandiella* sind die Blüten bei *Williamsoniella* zwittrig. Etwa ein Dutzend Staubblätter stehen frei in einem Kreise um den weiblichen Teil der Blüte, wobei jedes Staubblatt auf der Innenseite 2 Reihen von je 3 Pollensäcken trägt, deren Pollenkörner von rundlich-ovaler Form sind. Der weibliche Teil der Blüte ähnelt den weiblichen Blüten von *Wielandiella.* Auch hier ragen die Mikropylarröhren weit aus dem von den Interseminalschuppen gebildeten Schuppenpanzer heraus. Die Samen sind ungestielt. Die Gattung *Williamsoniella* trat im Mittleren Jura von Yorkshire (England) auf.

Die dritte Familie der Bennettitales sind die Bennettitaceae (Cycadeoideaceae), zu der die berühmte Gattung *Cycadeoidea* gehört, die fast nur auf die Untere Kreide beschränkt ist und besonders zahlreich in Nordamerika vorkommt (Maryland, Virginia, Süddakota). Von hier sind allein mehr als 60 Arten beschrieben worden.

Die verkieselten Stämme der *Cycadeoidea* waren bereits den Ureinwohnern des Gebietes bekannt. Später wurde die Forschung auf die auffälligen Fundstücke aufmerksam, und es konnte auch die Lagerstätte festgestellt und ausgebeutet werden. Einen Teil der Fundstellen erklärte man zum Naturdenkmal. Im Naturschutzpark des Fundgebietes in den Black Hills in Dakota hat man mehr als 1000 Stämme gefunden, die zu 29 verschiedenen *Cycadeoidea*-Arten gehören. Eine so große Zahl von Arten einer einzigen Gattung an einer Fundstelle ist auffällig. Vielleicht sind hier verschiedene Stadien mit gesonderten

Namen belegt worden. Doch ist an einer außerordentlichen Vielfalt nicht zu zweifeln.

Verkieselte Stämme der *Cycadeoidea* wurden außer in Nordamerika auch in England, Italien, Frankreich und Polen gefunden. Kohlig erhaltene Formen gibt es auch an anderen Stellen (z. B. England, Südschweden, Nordamerika, Mexiko, Ostindien).

Die knolligen oder dick zylindrischen Stämme sind manchmal stark verzweigt und wie bei den lebenden Cycadeen mit einem durch die Blattbasen gebildeten Panzer bedeckt. Die schopfig gestellten Blätter sind groß und gefiedert. Sie gehören zum *Zamites*-Typ, der durch lang-dreieckige bis parallelrandige, mit abgerundetem Grunde ansitzende Fiederblättchen gekennzeichnet ist. An einem Wedel können bis zu 100 Fiederpaare sitzen. Die Blätter sind also ebenfalls sehr cycadeenähnlich, was sich auch in dem Namen *Zamites* (nach *Zamia,* einer Gattung der Cycadeen) ausdrückt. Die Stämme waren zusammen mit den Blüten verkieselt, so daß deren Bau genau untersucht werden konnte. Die zwittrigen Blüten traten zwischen den Blattpolstern hervor und waren außen von zahlreichen fransig behaarten Hüllblättern umgeben. Nach bisheriger Anschauung waren die dann folgenden Staubblätter wie kleine Farnwedel gefiedert und in jungem Zustand eingerollt, wobei jede Fieder 2 Reihen mehrfächeriger Pollensäcke hat. Nach neueren Untersuchungen ähnelten die Staubblätter aber höchstwahrscheinlich nicht kleinen Farnwedeln, sondern waren vielmehr zu einem zusammengesetzten Synangium verwachsen, das aus einem unteren, fruchtbaren und einem oberen, parenchymatischen, unfruchtbaren Teil bestand. Der obere Teil überwölbt kappenartig den kegelförmigen, weiblichen Teil der Blüte. Der untere, fruchtbare Teil birgt Hunderte von Synangien, die in 20 bis 30 Reihen übereinander liegen, getrennt durch sogenannte Trabeculae (lat. *trabecula* = kleiner Balken). Diese Gewebestränge verbinden Außen- und Innenseite des ganzen Synangiums. Sie wurden früher für die Fiedern farnartig eingerollter Staubblätter gehalten. Die Pollenkörner sollen erst dann frei geworden sein, nachdem das ganze synangiale Gebilde abgefallen und eingetrocknet war. Der mittlere Teil der Blüte ist wie bei der Gattung *Wielandiella* gebaut: Die Samenanlagen und Interseminalschuppen schließen sich zu einem zapfenähnlichen Gebilde zusammen. Auch bei dieser Gattung konnte beobachtet werden, daß die männlichen Organe früher reiften als die weiblichen (Protandrie). In Blüten mit voll entwickelten Samenanlagen finden sich von den männlichen Organen nur noch die Ansatzstellen.

Durch die neue Ansicht vom Aufbau der *Cycadeoidea*-Blüte könnte die alte Vorstellung von dem stark angiospermenähnlichen Aussehen der Blüte, die in allen Rekonstruktionen ihren Niederschlag gefunden hat, nicht mehr aufrechterhalten werden. Danach sollten die Hüllblätter und Staubblätter ausgebreitet gewesen sein, doch bis jetzt hat man trotz zahlreicher Funde noch niemals eine solche ausgebreitete Blüte finden können, was aber vielleicht auf die Vorgänge bei der Verkieselung zurückzuführen ist. Die neuen morphologischen und anatomischen Befunde, die gegen die frühere Anschauung sprächen und unsere Vorstellungen von der

Rekonstruktion von *Cycadeoidea marshiana.* Nach neuesten Untersuchungen sollen die Blüten jedoch nicht so stark geöffnet gewesen sein wie in dieser Rekonstruktion wiedergegeben ist.

Blüte dieser Pflanze grundsätzlich ändern würden, mögen zunächst etwas fraglich erscheinen, doch darf man nicht vergessen, daß unsere Kenntnisse über den Blütenbau aus Schliffserien abgelesen werden müssen, so daß eine schlechte oder unvollständige Erhaltung des Stückes einen Einfluß auf die Befunde haben kann, abgesehen von verschiedenen Ansichten ihrer Interpretierung. So sehen wir wiederum die großen Schwierigkeiten, die bei der Erforschung fossiler Pflanzen auftreten, besonders dann, wenn es sich um Baueigentümlichkeiten handelt, die bei unseren heutigen Pflanzen nicht zu beobachten sind.

Die *Cycadeoidea*-Arten waren in der Unteren Kreide besonders häufig. Sie sind die am höchsten entwickelte Gruppe der Bennettitales, die mit dem Ende der Unteren Kreide ausstarb. In der Oberen Kreide finden sich nur noch einige Nachzügler. Wie bereits erwähnt, zeigen die Bennettitales in ihren vegetativen Organen (Blattform, Blattpolster, Stämme) sowie in der Anatomie ihrer Stämme eine große Ähnlichkeit zu den Cycadales, sind aber außer im Bau der Spaltöffnungen besonders in der Organisation der Blüten von ihnen verschieden. Durch letztere unterscheiden sie sich gleichzeitig von allen anderen Gymnospermen. Die Ausbildung der Blütenhülle, das Auftreten von zwittrigen Blüten, die bei einzelnen Arten nachgewiesene Protandrie sind Merkmale, die sehr auf die Angiospermen hinweisen. Da zwittrige Blüten meist durch Insekten bestäubt werden, darf man hier wohl auch mit Insektenbestäubung rechnen. Dies wäre ebenfalls ein Merkmal, das an die Angiospermen erinnert. So hat es auch nicht an Versuchen gefehlt, die Angiospermen von den Bennettitales stammesgeschichtlich abzuleiten, wobei besonders auf die Ähnlichkeit der Blüte von *Cycadeoidea* mit den Blüten von *Magnolia* hingewiesen wurde. Doch die Samenanlagen sind bei den Bennettitales nicht von Samenblättern umschlossen, und die männlichen Organe stehen in einem Quirl, während bei der Gattung *Magnolia* die Samenanlagen von Samenblättern eingeschlossen sind und die Staubblätter eine spiralige Anordnung zeigen. Aus diesen und weiteren Gründen kann man trotz äußerer Ähnlichkeiten in den Bennettitales keine direkten Vorfahren der Angiospermen sehen. Die Bennettitales stellen vielmehr eine hochspezialisierte Gruppe der Nacktsamer dar, die in der Kreide ausstarb, ohne unmittelbare Nachkommen zu hinterlassen.

Versteinertes Stammstück von *Cycadeoidea reichenbachiana* aus der Kreide von Wieliczka (Polen). Von der ausgestorbenen Gruppe der Bennettitales konnten bisher über 1000 Formen unterschieden werden. Oberer Pfeil: Blattansatz; unterer Pfeil: Blütenknospe

Ordnung Pentoxylales

Familie Pentoxylaceae

Die Pentoxylales sind eine kleine Gruppe ebenfalls ausschließlich fossil vorkommender sehr kleiner Bäume oder Sträucher mit Lang- und Kurztrieben. Ihre wenige Zentimeter dicken Stämme weisen ein gering entwickeltes Mark sowie 5 bis zahlreiche kreisförmig angeordnete Leitbündel auf, die Dickenwachstum zeigen. Die Tracheiden des Sekundärholzes haben auf den Radialwänden Hoftüpfel, die in einer bis wenigen Reihen stehen. Das Holz hat Zuwachszonen und ist koniferenähnlich. Als Blätter gehören hierher die als *Nipaniophyllum* bezeichneten Formen, die bis 7 cm lang, ungeteilt und zungenförmig sind und dicht spiralig an Kurztrieben stehen. Ihre Seitennerven gehen senkrecht von der Mittelrippe ab. Die weiblichen Zapfen, die als *Carnoconites* bezeichnet werden, sind gestielt und stehen in kurzverzweigten Ständen. Bisher sind nur Samen bekannt geworden, andere Stadien wurden noch nicht aufgefunden. Die Samen sitzen spiralig an der Achse und sind so dicht gestellt, daß ein fruchtartiges Gebilde entsteht. Sie weisen bei der Reife eine äußere, fleischige und eine innere, harte Schicht auf. Der Nuzellus enthält keine Pollenkammer. Als männlicher Blütenstand gehört vermutlich *Sahnia nipaniensis* hierher, der aus mit Schuppen besetzten Kurztrieben mit Sporophyllen besteht, die langgestielt und unten scheibenartig verwachsen sind.

Zu den Pentoxylales ist nur die eine Familie Pentoxylaceae zu stellen, die mit wenigen Arten im Unteren und Mittleren Jura von Nordwestindien gefunden wurde. Man unterscheidet 2 Gattungen: *Pentoxylon* mit 5 Leitbündeln und *Nipanioxylon* mit zahlreichen Leitbündeln im Stamm. Weibliche Blüten der Pentoxylales *(Carnoconites)* konnten vor einigen Jahren auch in den Jura-Kreide-Grenzschichten der Nordinsel von Neuseeland nachgewiesen werden. Die Pentoxylales zeigen in ihrem anatomischen Bau Beziehungen zu den Cycadales, Bennettitales und Koniferen, doch bei der geringen Zahl der bisher vorliegenden Reste und ihrer Bruchstückhaftigkeit bleibt die genaue systematische Stellung dieser Gruppe vorläufig unklar.

Ordnung Ginkgoartige, Ginkgoales

Familie Ginkgogewächse, Ginkgoaceae

Zu dieser Ordnung gehört heute nur noch eine Art, *Ginkgo biloba,* der Ginkgobaum, der als Rest einer besonders im Mesozoikum weitverbreiteten, formenreichen Gruppe von Pflanzen zu betrachten ist. Darwin hat *Ginkgo biloba* daher als lebendes Fossil bezeichnet.

Der Ginkgobaum, der eine Höhe von 30 m erreicht, ist zweihäusig, d. h., es gibt männliche und weibliche Exemplare. Nach den Angaben einzelner Autoren sind die männlichen und weiblichen Bäume in der Wuchsform etwas verschieden. Außerdem entfalten die männlichen ihre Knospen 3 bis 4 Wochen früher als die weiblichen und zeigen auch eine abweichende Form, die anatomisch und histologisch bedingt ist. Die Blätter, die insektizide Wirkung haben, werden im Herbst abgeworfen, wobei der Laubfall bei den männlichen Bäumen fast 4 Wochen früher einsetzt als bei den weiblichen. Die Bäume haben Lang- und Kurztriebe mit langgestielten, fächerförmigen Blättern, die durch ihre gegabelten Nerven auffallen. Zwischen den Nerven liegen Sekretgänge. Häufig haben die Blätter in der Mitte einen mehr oder weniger tiefen Einschnitt (daher der Artname *biloba* = zweilappig), manchmal sind sogar 3 Einschnitte vorhanden, so daß das Blatt dann vierlappig ist. Hierin und durch die Gabelnervigkeit erinnern die Blätter an die Fiedern mancher Farnarten (z. B. der Gattung *Adiantum*). Extrakte aus den Blättern des Ginkgobaumes sind ein wirksames Mittel zur Behandlung und Vorbeugung arteriosklerotisch bedingter Durchblutungsstörungen des Gehirns und der Gliedmaßen.

Die Blüten stehen in der Achsel von Nieder- oder Laubblättern an Kurztrieben. Die männlichen Blüten enthalten zahlreiche Staubblätter, die an einer langen Achse stehen, und jedes Staubblatt trägt 2 Pollensäcke. Die Pollenkörner, die durch den Wind übertragen werden, sind im Umriß kreisförmig oder elliptisch und zeigen große Ähnlichkeit mit den Pollenkörnern der Cycadales. Ebenso wie bei diesen werden von den Spermazellen 2 Spermatozoiden gebildet, die ein spiraliges Geißelband besitzen. Die weiblichen Blüten, deren morphologische Deutung umstritten ist, haben 2 Samenanlagen, die auf einem langen Stiel stehen und von denen sich meist nur eine zum Samen entwickelt. Am Grunde des Samens befindet sich ein Ringwulst, der als Rest eines Samen-

Ginkgobaum, *Ginkgo biloba,* in Herbstfärbung. Die Art ist der einzige lebende Vertreter einer im Erdmittelalter weitverbreiteten formenreichen Pflanzengruppe.

Weibliche Blüten des Ginkgobaumes, *Ginkgo biloba*, mit Bestäubungstropfen, in denen die Pollenkörner aufgefangen werden

blattes gedeutet wird. Der reife, pflaumenartige Samen ist gelb, kugelig und hat einen Durchmesser von 2,5 bis 3 cm. Sein holziger Steinkern, der außen von einer harzigen, fleischigen Schicht umgeben wird, ist ellipsoid, zusammengedrückt, zwei- bis dreikantig und hat eine Länge von etwa 2 cm. Der große Keimling besitzt 2 Keimblätter im Unterschied zu den Koniferen. Das Nährgewebe enthält Stärke, derentwegen die Samenkerne in China und Japan in gerösteter Form gegessen werden und in Ostasien ein geschätzter Handelsartikel sind. Allerdings sollen die Kerne, wenn sie, besonders von Kindern, in allzugroßer Menge verzehrt werden, eine leichte Giftwirkung haben können. Die Samenkerne finden auch medizinisch Verwendung. So wurde aus den Samen Ginkgolsäure isoliert, die noch in sehr star-

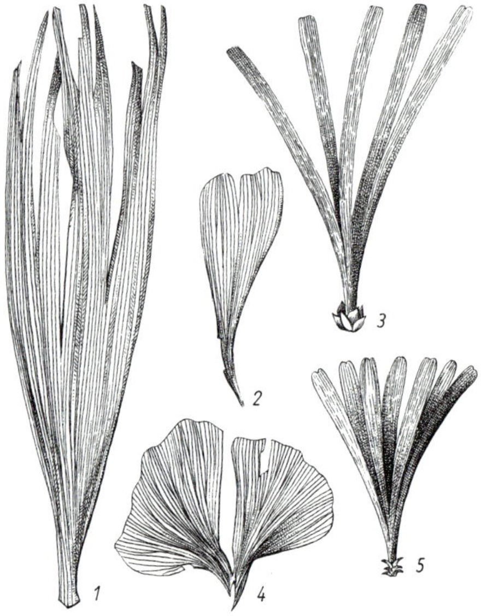

Die Blätter der im Erdmittelalter weitverbreiteten Ginkgogewächse waren meist stärker zerteilt als die des heute lebenden Ginkgobaumes. 1 *Sphenobaiera* sp., 2 *Ginkgodium* sp., 3 *Windwardia crookallii*, Kurztrieb, 4 *Ginkgo adiantoides*, 5 *Arctobaiera flettii*, Kurztrieb

ker Verdünnung das Wachstum von Tuberkulosebakterien zu hemmen vermag. Die Samen werden daher in China in ausgedehntem Maße als Heilmittel gegen Tuberkulose angewendet. Die fleischige Außenschicht der Samen zersetzt sich bei der Reife und verströmt einen höchst unangenehmen Duft von ranziger Butter (Buttersäure, Valeriansäure, Capronsäure).

Die Entwicklung der Samen ist sehr eigentümlich, da manchmal die Samenanlagen bereits vor der Befruchtung vom Baum fallen, so daß sich der Keimling also erst in der auf der Erde liegenden Samenanlage bildet. Bisweilen findet die Befruchtung der Samenanlage aber auch auf dem Baum statt. Die Entwicklung der Embryonen verläuft aber in gleicher Weise, unabhängig davon, wo die Befruchtung erfolgt. Wir haben hier ein Übergangsstadium in der Entwicklung der Samen vor uns, das einmal mehr die besondere Bedeutung dieser Art zeigt.

Über die Heimat und die Kultur des Ginkgobaumes hat lange Zeit Unklarheit geherrscht, die erst in letzter Zeit teilweise be-

Ast mit Blättern und unreifen Samen des Ginkgobaumes, *Ginkgo biloba.* Die Samen werden in China als Heilmittel verwendet.

seitigt werden konnte. Bisher hatte man geglaubt, daß der Ginkgobaum nirgends mehr wild vorkäme und daß er in China seit alters her in Kultur sei, wobei den buddhistischen Mönchen bei der Erhaltung der Art eine bedeutende Rolle zugeschrieben wurde. Aus chinesischen literarischen Quellen der frühen Sung-Dynastie (11. Jahrhundert) geht aber hervor, daß der Ginkgobaum im östlichen China, südlich des Jangtsekiang, wildwachsend anzutreffen sei. In der Hauptstadt Kaifeng galt die »Frucht« als selten und kostbar und wurde jährlich aus dem Heimatgebiet des Baumes in die Hauptstadt als Tribut für den Kaiser geschickt. Der Ginkgobaum wurde zunächst nach der Gestalt der Blätter als Ya Chio (= Entenfuß) benannt. Später pflanzte man ihn in der Hauptstadt an, was der erste Nachweis der Kultur außerhalb des natürlichen Verbreitungsgebietes ist. Von hier aus breitete er sich allmählich weiter über das ganze Land aus. Nachdem die Nuß in der Hauptstadt Kaifeng bekannt geworden war, benutzte man auch einen anderen Namen, nämlich Yin Hsing, was Silberaprikose bedeutet. Während der Sung-Periode wurde der Ginkgobaum aber nicht nur in Kultur gebracht, sondern er begann auch in Dichtkunst und Malerei eine Rolle zu spielen. Die Autoren der Sung-Dynastie erwähnen nicht ausdrücklich, daß er einschließlich des Heimatgebietes nur angepflanzt vorkam. Aus ihren Schriften scheint hervorzugehen, daß das Vorkommen im südlichen Anhui als wild anzusehen ist.

Nun war es immer Sitte der buddhistischen wie der taoistischen Priester, um ihre Tempel herum die natürlichen Wälder zu erhalten. Dadurch sind viele Arten geschont worden, die sonst bei der Anlage landwirtschaftlicher Nutzflächen zugrunde gegangen wären. Deshalb findet man oft sehr alte Exemplare des Ginkgobaumes (und anderer Arten) in der Nähe von Tempelanlagen, aber sie kommen auch an anderen Stellen vor; sehr alte Bäume werden oft verehrt und sind manchmal mit Weihrauchständen oder Schreinen geschmückt. Doch wird der Baum dabei nur wegen seines Alters und nicht als Vertreter einer seltenen Art verehrt. Der Buddhismus hat im Gegensatz zu der weitverbreiteten Ansicht keine besondere Beziehung zu dem Ginkgobaum, und seine Kultivierung hat auch keinen religiösen Ursprung. So kann seine Erhaltung nicht buddhistischen und taoistischen Mönchen zugeschrieben werden.

Die verläßlichsten neueren Berichte über das Wildvorkommen dieser Art stammen aus dem Gebirge im Grenzgebiet der Provinzen Anhui und Zhejiang. Dies ist aber gerade die von den frühen chinesischen Quellen bezeichnete Gegend, in der der Ginkgobaum vorkommen soll. Dabei muß noch festgestellt werden, daß das südöstliche China – besonders das südliche Anhui und Zhejiang – die Heimat vieler seltener Pflanzen ist, von denen die Gymnospermengattungen *Chrysolarix (Pseudolarix)* und *Pseudotaxus* sowie die Art *Torreya grandis* zu nennen wären. So hat auch *Ginkgo biloba* hier ein letztes Rückzugsgebiet gefunden.

Der Ginkgobaum wurde zu einem ziemlich frühen Zeitpunkt von China nach Japan eingeführt. So gibt es auch in Japan Bäume, denen ein beträchtliches Alter zugeschrieben werden muß. In Europa wurde *Ginkgo biloba* bekannt, nachdem der deutsche Arzt Engelbert Kämpfer, der eine holländische Gesandtschaft begleitete, ihn im Jahre 1690 in Japan kennenlernte und 1712 die erste Beschreibung des Baumes gab. In den Jahren zwischen 1727 und 1737 hat man ihn dann hier eingeführt, und zwar zuerst nach Utrecht (Holland). Die Eigenart seines Wuchses und seiner Blätter, die Goethe zu einem Gedicht anregte, ließ ihn allmählich zu einem Parkbaum werden. Auch nach Amerika gelangte er 1784, wo er zuerst in Philadelphia kultiviert wurde. Heute ist *Ginkgo biloba* außer in China auch in vielen anderen Ländern ein beliebter Parkbaum, z. T. auch Straßenbaum, der sich durch große Widerstandsfähigkeit gegen Insektenfraß, Bakterien-, Virus- und Pilzkrankheiten auszeichnet. Allerdings sind die weiblichen Bäume wegen des unangenehmen Duftes der Samen nicht so beliebt.

In China und Japan werden vom Ginkgobaum wie von anderen Gymnospermen durch spezielle gärtnerische Behandlung Zwergexemplare gezogen, die sich großer Beliebtheit erfreuen, aber es gibt hier auch eine Reihe von alten Bäumen, die beträchtliche Dimensionen haben. An sehr alten Exemplaren kann man dabei eine merkwürdige Bildung beobachten, die Tschitschi (japanisch *chi-chi* = Mutterbrust) genannt wird. Am Stamm und an der Unterseite der Hauptäste entstehen Auswüchse, die senkrecht nach unten wachsen und Luftwurzeln ähnlich sehen. Manche sind dünn, andere bis 30 cm dick und mehrere Meter lang. Dem anatomischen Bau nach sind diese Gebilde Sprossen ähnlicher als Wurzeln. Nach Eindringen in den Boden können Wurzeln ausgebildet werden und die Vegetationspunkte sich zu jungen Sprossen entwickeln.

Nachdem wir die einzige lebende Art dieser Ordnung kennengelernt haben, wollen wir nun die zahlreichen fossilen Vertreter dieses Verwandtschaftskreises betrachten. Meist sind uns von diesen Pflanzen Blätter fossil erhalten. Sie waren schon lange bekannt, doch konnte man sie bei den Ginkgogewächsen erst im letzten Viertel des vorigen Jahrhunderts einordnen, als man Beziehungen zwischen den Blättern und männlichen Blüten, die denen von *Ginkgo* ähnlich waren, entdeckte. In neuerer Zeit sind weiterhin anatomische Merkmale der Epidermis (Oberhaut) der Blätter, besonders der Bau der Spaltöffnungen, zur Klassifizierung herangezogen worden.

Allgemein kann festgestellt werden, daß die Zerteilung der Blätter der Ginkgogewächse mit dem geologischen Alter zunimmt. Deshalb wurden die Blätter wegen ihrer stärkeren Teilung früher auch zu Farnen oder Algen gestellt. Bei der Gattung *Baiera*, die vom Perm bis zur Unteren Kreide auftritt, ist das Blatt meist stark zerteilt, bei der Gattung *Ginkgoites*, die vom Rhät bis zum Tertiär vorkommt, ist die Gliederung der Blätter auch noch vorhanden, die einzelnen Blattlappen sind aber schon verhältnismäßig breit. Im europäischen Jungtertiär findet man häufig *Ginkgo adiantoides*, deren Blätter weitgehend denen von *Ginkgo biloba* gleichen. Diese Formenreihe der Blattgestalt ist auch beim Ginkgobaum zu beobachten. An jungen Pflanzen sind die Blätter mehrfach eingeschnitten, an den Langtrieben von älteren Bäumen zweilappig, an den Kurztrieben dagegen ungeteilt.

Neben den erwähnten Gattungen *Baiera*, *Ginkgoites* und *Ginkgo*, deren Laubblätter einen deutlich abgesetzten Stiel haben, gibt es noch eine Anzahl von Formen, deren Blätter am Grunde keilförmig verschmälert sind, die also keinen Blattstiel besitzen. Hierher gehören z. B. die Gattungen *Sphenobaiera* (Unteres Perm bis Untere Kreide) und *Arctobaiera* (Untere Kreide), von denen die letzte nur seicht gelappte oder ungeteilte Blätter besitzt. Daneben gibt es Formen mit kleineren ungeteilten Blättern, z. B. *Eretmophyllum*, bei denen sich wie beim Blatt des Ginkgobaumes zwischen den Blattadern Sekretgänge befinden.

Die meisten männlichen Blüten der fossilen Ginkgogewächse haben mehr als 2 Pollensäcke je Staubblatt, während bei der lebenden *Ginkgo biloba* dagegen jedes Staubblatt nur 2 Pollensäcke trägt. Ähnlich ist es auch mit der Zahl der Samenanlagen. Während bei *Ginkgo biloba* sich von 2 angelegten Samenanlagen im allgemeinen nur eine zum Samen entwickelt und nur in einigen Fällen bis zu 7 gestielte Samenanlagen angelegt werden, ist bei den weiblichen Blüten der fossilen Ginkgogewächse die Zahl der Samenanlagen und damit der zur Reife kommenden Samen größer gewesen. Das ist gut an einer Pflanze aus dem unteren Rotliegenden von Frankreich zu erkennen, die auf den ersten Blick wenig Ähnlichkeit mit einem Ginkgogewächs zeigt. Diese Art, *Trichopitys heterophylla*, trägt an einer Achse Blätter, die gabelig in schmale Abschnitte zerschlitzt sind. In den Achseln einiger Blätter stehen fruchtbare Kurzsprosse, die ebenfalls gabelig verzweigt sind und an ihren Zweigenden je eine Samenanlage tragen. Die Kurzsprosse haben meist 4 bis 6 Samenanlagen; es kommen aber auch solche mit bis zu 20 Samenanlagen vor. Diese Bildung kann gewissermaßen als die Urform der Blüte der Ginkgogewächse angesehen werden.

Unter den Gymnospermen sind uns bisher keine krautigen Formen bekannt geworden, alle Arten sind Bäume oder Sträucher (vgl. aber die Voltziacee *Aethophyllum*). Doch wenn wir dies auch für die Ginkgogewächse annehmen, so fällt auf, daß fossile Hölzer dieses Verwandtschaftskreises fehlen oder nur sehr selten sind. Der Holzbau der lebenden *Ginkgo biloba* ist dem der Koniferen sehr ähnlich. Das Holz ist besonders mit Arten der Gattung *Cupressus* zu vergleichen bzw. zeigt Anklänge an den Bau der Podocarpaceen. Doch kann das der fossilen Vertre-

Bei dem Ginkgogewächs *Trichopitys heterophylla* aus dem unteren Rotliegenden von Lodève (Frankreich) sind die Blätter gabelig zerteilt. Die Samenanlagen stehen an den Zweigenden gegabelter Kurzsprosse.

ter durchaus anders ausgesehen, d. h. eine größere Variationsbreite gezeigt haben. So wie wir aus der Blattform von *Ginkgo biloba* nicht auf die Gestalt der Blätter der zahlreichen anderen Ginkgogewächse schließen könnnen, so ist auch an dem Holzbau des Ginkgobaumes nicht die ganze Variationsbreite der fossilen Vertreter dieser Gruppe zu erkennen. Daher sind auch die Fälle, in denen fossile Hölzer mit den Ginkgogewächsen in Zusammenhang gebracht wurden, mehr oder weniger fraglich. Man hat bisher Hölzer aus dem Oberkarbon von Kansas, aus dem Perm Ungarns, aus dem südwestdeutschen Keuper sowie aus dem Tertiär des westlichen Nordamerikas als zu den Ginkgogewächsen gehörend bestimmt. Doch diese und weitere Bestimmungen sind problematisch, und es ist denkbar, daß sich Ginkgogewächse unter ganz verschiedenen Holztypen verbergen. Vielleicht waren die Hölzer dieser Gruppe aber auch chemisch nicht so widerstandsfähig wie die anderer Gymnospermen, so daß sie uns nicht erhalten geblieben sind.

Ginkgogewächse treten erstmalig im Unteren Perm auf. Die Hauptentfaltung dieser Pflanzengruppe war vom Jura bis zur Unteren Kreide. In dieser Zeit war die Gruppe in zahlreichen Arten weltweit verbreitet. Die Gattung *Ginkgo* selbst ist seit dem Unteren Jura nachgewiesen. Damit ist unser Ginkgobaum vielleicht die älteste lebende Pflanzenart der Erde. Früher wurde *Ginkgo biloba* wegen der fleischigen Außenschicht der Samen zu den Eibengewächsen (Taxaceae) gestellt, von denen er sich aber außer durch die Beblätterung und die gestielten Blüten vor allem durch das Vorkommen von Spermatozoiden unterscheidet. In der Art der Befruchtung gleicht *Ginkgo* am meisten den Cycadales. Aus der Übereinstimmung in diesem einen Merkmal können aber keine Verwandtschaftsverhältnisse hergeleitet werden, denn in anderen Eigenschaften sind zwischen den beiden Gruppen große Unterschiede festzustellen. Aber auch zu den Koniferen bestehen keine Beziehungen. Die selbständige Stellung der Ginkgogewächse geht schon aus ihrem hohen Alter und der ehemals starken Entwicklung hervor.

Der heute lebenden Art stehen fossil etwa 20 Gattungen gegenüber. Da allerdings immer nur Reste dieser Pflanzen gefunden wurden, sind uns der Gesamtaufbau und die Variationsbreite nicht bekannt. Durch das Studium des einzigen übriggebliebenen »lebenden Fossils« dieser Gruppe sind wir aber in der Lage, die Geschichte der einst weit verbreiteten übrigen Ginkgogewächse besser zu übersehen, indem wir Zusammenhänge feststellen können, die an fossilen Resten nicht mehr auszumachen sind. Ohne den lebenden Vertreter wären bei dieser Gruppe viele paläobotanische Probleme ungelöst geblieben. Andererseits hilft uns die Auswertung der zahlreichen fossilen Funde auch, die einzige lebende Art in ihrer isolierten Stellung zu verstehen.

Klasse Coniferopsida

Die Blätter der Vertreter dieser Klasse sind klein, einfach, sitzend, lanzettlich bis nadel- oder schuppenförmig, selten breiter oder groß. Die weiblichen Fortpflanzungsorgane stehen zu zusammengesetzten, meist dichten Zapfen vereint, und die achselständigen Blütenkurztriebe sind oft stark rückgebildet. Zur Klasse der Coniferopsida gehören die ausgestorbenen Cordaïtales und die Coniferales.

Ordnung Cordaïten, Cordaïtales

Familie Cordaïtaceae

Die Cordaïtales (benannt nach dem Botaniker Corda) sind eine Gruppe ausgestorbener Bäume, die vom Karbon bis zum Perm lebten und im Karbon große Bedeutung hatten. Die Cordaïten bildeten z. T. Wälder, die auf der Nordhalbkugel weit verbreitet waren, auf der Südhalbkugel kamen sie im Permokarbon vor. Von den 2 unterschiedenen Familien sollen hier nur die Cordaïten im engeren Sinne (Familie Cordaïtaceae) näher betrachtet werden. Die Cordaïten gehören zu den am besten erforschten fossilen Pflanzen, von denen Wurzeln, Stämme, Blätter und Blüten in ihrem äußeren und inneren Bau bekannt sind. Die Aufklärung der Einzelteile und der Gestalt dieser Bäume gelang besonders durch Untersuchung von strukturzeigendem Material aus dem französischen Zentralplateau. In Autun und Grand-Croix fanden sich ganze Schichten von verkieselten Blättern mit Blütenresten dazwischen.

Die Cordaïten zählten wahrscheinlich zu den höchsten Bäumen des Karbons. So lassen versteinerte Stämme mit einer Länge von über 20 m vermuten, daß die Bäume eine Höhe von wenigstens 30 m erreichten. Sie hatten schlanke Stämme, die nur oben verzweigt waren und ein großes, meist gefächertes Mark enthielten. Das Sekundärholz *(Dadoxylon)* war stark entwickelt. Jahresringe traten nur bei Exemplaren auf, die im Gebiet der Gondwana-Flora wuchsen. Die Tracheïden wiesen Tüpfel auf, die in Form und Anordnung denen der heutigen Araucariaceen entsprechen. Bei dieser sogenannten araucarioiden Tüpfelung berühren sich die Tüpfel der Tracheïden, platten sich gegenseitig mehr oder weniger ab und stehen bei Mehrreihigkeit alternierend, d. h. nicht auf gleicher Höhe. Bei den Hölzern des Paläozoikums ist nur dieser Tüpfeltyp vertreten. Bemerkenswerterweise hatten die Tüpfel wie bei den Cycadeen keinen Torus (Mittelverdickung), eine Eigenschaft, die als ursprünglich angesehen wird. Die spiralig angeordneten Blätter der Cordaïten standen gedrängt an den Enden der Äste, sie waren

Rekonstruktion eines Cordaïtenbaumes. Die Cordaïten erreichten eine Höhe von wenigstens 30 m.

Blatt von *Cordaites principalis* aus dem Oberen Westfal (Oberkarbon) des Saar-Reviers. Die Cordaïten trugen stark zur Kohlebildung bei.

dünn, lineal bis lanzettlich und erreichten eine Länge von über einem Meter bei bis 15 cm Breite. Diese Blattform ließ zunächst die Vermutung aufkommen, daß es sich um Blätter von einkeimblättrigen Pflanzen (Monocotyledonen, z. B. Palmen) handele, zumal auch die Aderung hierauf deutete. Sie sind mit zahlreichen Längsnerven versehen, die zwar parallel zu verlaufen scheinen, in Wirklichkeit aber spitz gegabelt sind.

Die *Cordaitanthus* benannten Blütenstände waren getrenntgeschlechtig, locker und wiesen zweireihig gestellte Tragblätter und achselständige, zapfenartige Kurztriebe (Blüten) auf. Die weiblichen Blütenstände erreichten eine Länge von 30 cm. Die männlichen Blüten hatten spiralig gestellte lanzettliche, unfruchtbare und fruchtbare Schuppen, wobei die letzteren am Ende mit einem Büschel von 4 bis 6 aufrechten Mikrosporangien (Pollensäcken) versehen waren. Die Pollenkörner besaßen einen allseitigen Luftsack. Die weiblichen Blüten trugen an einer Achse zahlreiche spiralig angeordnete, einfache oder gegabelte unfruchtbare Schuppenblätter und an der Spitze mehrere bis eine gestielte Samenanlage. Die Samenanlagen der Cordaïten haben eine Pollenkammer, so daß angenommen werden muß, daß die Befruchtung durch Spermatozoiden erfolgte. Die Samen sind ziemlich groß und stets zweiseitig-symmetrisch (herzförmig) und besaßen einen schmalen oder breiten Flügel, wobei nach ihrem inneren Bau mehrere Gattungen unterschieden worden sind. Doch rätselhafterweise konnten in den Samen noch niemals Keimlinge festgestellt werden. Eine Erklärung für diese Erscheinung, die auch bei den Farnsamern zu beobachten ist, fehlt bislang völlig. Vielleicht fielen die Samenanlagen vor der Befruchtung vom Baum und der Keimling entwickelte sich erst in der auf dem Erdboden liegenden Samenanlage (vgl. hierzu *Ginkgo biloba*).

Nach dem Bau der weiblichen Blüten sind die Cordaïten mit der anschließenden Familie Lebachiaceae vergleichbar.

Ordnung Koniferen, Coniferales

Die Koniferen oder Zapfenträger sind als verzweigte Holzgewächse über die ganze Erde verbreitet. Besonders häufig kommen sie auf der nördlichen Halbkugel vor, wo sie als ausgedehnte Nadelwälder oft das Landschaftsbild bestimmen. Zu den Koniferen zählen 10 Familien, von denen 4 nur ausgestorbene Vertreter aufweisen. Die heutigen Familien zeigen eine charakteristische Verbreitung. Die Kieferngewächse (Pinaceae) und die Sumpfzypressengewächse (Taxodiaceae) kommen vornehmlich auf der nördlichen Halbkugel vor, während die Stieleibengewächse (Podocarpaceae) und die Araukariengewächse (Araucariaceae) fast nur auf der Südhalbkugel anzutreffen sind. In den tropischen Gebieten findet man Koniferen nur verhältnismäßig spärlich. Fossile Vertreter der Koniferen lassen sich bereits im Oberkarbon, also vor mehr als 300 Millionen Jahren, nachweisen. Trotzdem spielen die Koniferen auch in der heutigen Vegetation noch eine bedeutende Rolle.

Die lebenden Koniferen umfassen etwa 600 Arten, die sich auf etwa 60 Gattungen verteilen. Eine Verwandtschaftsanalyse aller Gattungen unter Benutzung von etwa 120 Merkmalen ergab, daß die Koniferen von einheitlicher Abstammung sind.

Der Holzkörper der Ordnung Coniferales ist stark entwickelt. Er besteht aus Längselementen (Tracheïden) und Querelementen (Markstrahlen), wobei die Tracheïden an den Radialwänden durch Tüpfel miteinander verbunden sind. Diese Tüpfel sind entweder rund, berühren sich nicht und stehen bei Mehrreihigkeit auf gleicher Höhe (abietoide Tüpfel) oder sind durch Berührung mehr oder weniger abgeplattet und bei Mehrreihigkeit abwechselnd (nicht auf gleicher Höhe) angeordnet. Die letztere Ausprägung der Tüpfel haben wir als araucarioid nach dem Vorkommen bei den heutigen Araukariengewächsen bereits kennengelernt. Die zwischen Markstrahlen und Tracheïden vorhandenen Tüpfel (Markstrahltüpfel) stellen wichtige Unterscheidungsmerkmale für die Bestimmung der Hölzer dar. Die Koniferen weisen in Blättern und Rinde Harzlücken auf, die auch im Holz vorhanden sein können.

Die meist mehrjährigen Blätter der Koniferen sind auffallend klein, sie werden jedoch in großer Zahl ausgebildet, sind nadelförmig mit einem Mittelnerv oder schuppenförmig, selten breit und mehrnervig, dabei spiralig, gegenständig oder quirlig angeordnet.

Die Blüten sind eingeschlechtig. Die männlichen haben meist zahlreiche schuppenförmige Staubblätter mit mehreren bis 2 Pollensäcken. Der weibliche Zapfen ist ein meist rückgebildeter Blütenstand mit zahlreichen bis wenigen, meist dicht stehenden Deckschuppen, in deren Achseln bei den einfachsten ausgestorbenen Formen je ein Kurztrieb (Blüte) mit freien bis mehr oder weniger verwachsenen unfruchtbaren Schuppenblättern und stielförmiger Samenanlage steht. Bei den heute lebenden Formen sind in den Zapfen die Schuppenblätter des achselständigen Kurztriebes rückgebildet: In der Achsel der Deckschuppe steht eine freie oder mit der Deckschuppe mehr oder weniger verwachsene Samenschuppe mit zahlreichen bis meist 2 (selten nur einer) Samenanlagen. Der reife Samenzapfen ist holzig oder selten fleischig und baut sich aus den allein weiterentwickelten Samenschuppen oder den Deckschuppen auf. Es können aber auch die Deck- und Samenschuppen zu Zapfenschuppen verwachsen und gemeinsam den Zapfen bilden.

Familie Lebachiaceae

Die Vertreter dieser ausgestorbenen Familie waren kleine Bäume mit einem Stammdurchmesser von höchstens 10 cm. Sie traten im Oberkarbon erst selten auf und waren im Unterperm in Europa und Nordamerika zahlreich verbreitet. Ihre Äste hatten eine wirtelige Anordnung, so daß die Bäume daher wohl den Araukarien ähnlich sahen. Das Holz war araucarioid gebaut. Die nadel- bis schuppenförmigen Blätter standen spiralig an den Zweigen, während an der Hauptachse Gabelblätter saßen, die sich schwächer auch an der Achse erster Ordnung finden. Die Blätter der Lebachiaceen zeigen als älteste Koniferenfamilie somit ursprüngliche Merkmale. Dies trifft in noch viel stärkerem Maße auf die Blütenorgane, besonders die weiblichen, zu. Die männlichen Zapfen (Blüten) hatten zahlreiche spiralig angeordnete Staubblätter, die unterseits je 2 Pollensäcke trugen. Die Pollenkörner waren ringsum von einem Luftsack umgeben. Die weiblichen

Zweig von *Lebachia speciosa* aus dem Rotliegenden des Saar-Nahe-Gebietes. Die ausgestorbenen Lebachiaceen sind die älteste Koniferenfamilie.

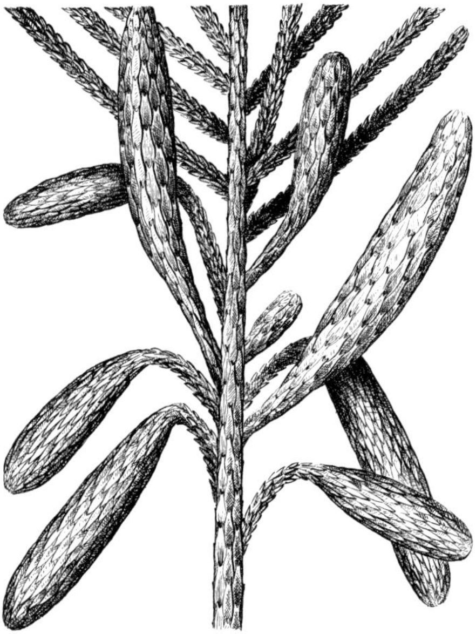

Zweig von *Lebachia piniformis* var. *solmsii* mit hängenden und aufrechten weiblichen Zapfen

Zapfen bestanden aus zahlreichen spiralig angeordneten gabelspaltigen Deckschuppen, in deren Achseln sich Kurztriebe (Blüten) befanden, die an einer Achse mehrere spiralig stehende unfruchtbare Schuppenblätter (z. T. fehlend) und eine bis mehrere gestielte Samenanlagen aufwiesen. Die flachen Samen waren schmal geflügelt.

Bei der Gattung *Lebachia*, zu der 14 Arten zählen, sind die weiblichen Blüten radiär gebaut und haben zahlreiche unfruchtbare Schuppenblätter sowie nur eine Samenanlage. Die weiblichen Blüten der nur eine Art umfassenden Gattung *Ernestiodendron* sind dorsiventral, haben keine unfruchtbaren Schuppenblätter, und Samenanlagen sind 3 bis mehrere vorhanden.

Die Gattung *Moyliostrobus* aus dem Perm von Texas vereinigt Zapfenmerkmale der Gattungen *Lebachia* und *Ernestiodendron*. Die Lebachiaceen können zusammen mit den Voltziaceen als älteste Vorfahren der Kieferngewächse (Pinaceae) angesehen werden. Ihre Erforschung verdanken wir vor allem dem schwedischen Botaniker Rudolf Florin. Der von ihm geführte Nachweis, daß in den Achseln der Deckschuppen der ältesten Koniferen Blüten stehen und somit der Zapfen einen Blütenstand darstellt, ist für das Verständnis des morphologischen Baus der Zapfen der heute lebenden Koniferen von großer Bedeutung.

Hier sei noch eine fossile Gruppe erwähnt, die an die Wurzel einer Reihe von Koniferengruppen (Lebachiaceae und Cordaitales) zu stellen ist: die Dicranophyllales. Diese Gruppe reicht vom Oberkarbon bis zum Oberperm und ist durch ein Mosaik aus altertümlichen (z. B. Gabelblätter mit Spitzenwachstum) und modernen Merkmalen (z. B. Blattpolster) gekennzeichnet.

Familie Voltziaceae

Auch diese Koniferenfamilie enthält nur ausgestorbene Arten und schließt sich sowohl im zeitlichen Vorkommen als auch im morphologischen Bau eng an die Familie Lebachiaceae an. Die Voltziaceen waren Bäume, die vom Oberen Perm bis zum Unteren Jura vorkamen. Ihre spiralig angeordneten Blätter waren schuppenartig bis langnadelig oder lanzettlich. Das Sekundärholz zeigte wie bei den Lebachiaceen einen araucarioiden Bau. In ihren vegetativen Teilen ähnelte die Familie Voltziaceae sehr den heutigen Koniferen. Die weiblichen Zapfen waren grundsätzlich wie bei den Lebachiaceen gebaut. Sie hatten spiralig angeordnete zwei- oder mehrspaltige oder meist ungeteilte Deckschuppen und achselständige dorsiventrale Kurztriebe (Blüten). Diese bestanden aus 5 bis 6 freien oder mehr oder weniger verwachsenen unfruchtbaren Schuppenblättern und 5 bis 1 gestielten endständigen (aufrechten oder meist umgewendeten) Samenanlagen. Es zeigt sich in dieser Familie eine deutliche Entwicklungstendenz in Richtung auf die heutigen Koniferen, z. B. die Kieferngewächse. Die Blätter des Schuppenkomplexes sind nämlich flächig angeordnet, d. h., die 5 bis 6 unfruchtbaren Schuppenblätter verwachsen zu einer fünf- bis siebenzipfeligen »Samenschuppe«. Diese deckt die Samenanlagen, die sich ebenfalls in einer Fläche gruppieren. Bei der im Oberen Perm vorkommenden Gattung *Ullmannia* finden wir sogar eine Verwachsung der unfruchtbaren Schuppenblätter zu einem geschlossenen, nahezu kreisrunden, ganzrandigen Gebilde. Daß hier wahrscheinlich 5 unfruchtbare Schuppenblätter seitlich miteinander verwachsen sind, wird nur manchmal durch Furchen angedeutet. Bei der Reife war nur ein Samen vorhanden, der wie die Deckschuppe selbständig und nicht mit der »Samenschuppe« verwachsen war. Die männlichen Blüten der Voltziaceen weichen in ihrem Bau nur wenig von denen der Lebachiaceen und Kieferngewächse ab. Damit haben diese den für die heutigen Arten typischen Bau früher erreicht als die weiblichen.

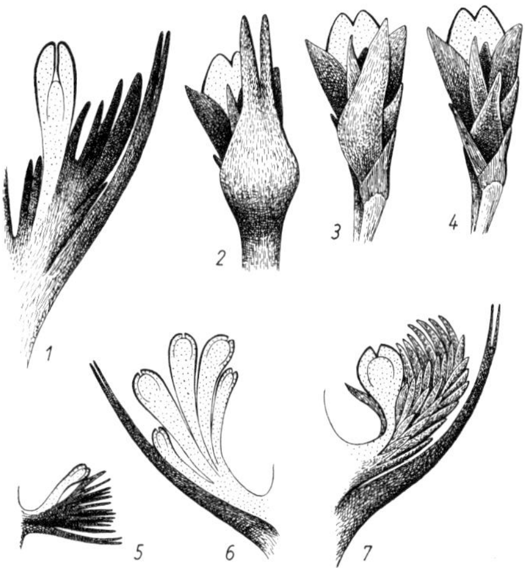

Weibliche Blüten permischer Koniferen. 1–4 *Lebachia piniformis:* 1 Längsschnitt; 2 Ansicht von der gabelspaltigen Deckschuppe her; 3 ebenso, nach Entfernung der Deckschuppe; 4 ebenso, nach Entfernung der Deckschuppe und des äußersten unfruchtbaren Schuppenblattes; 5 *Lebachia goeppertiana;* 6 *Ernestiodendron filiciforme* (ohne unfruchtbare Schuppenblätter); 7 *Walchiostrobus elongatus*

Zweig von *Voltzia coburgensis* aus dem Mittleren Keuper von Haßfurt (Main). Die Art, die in ihrem Aussehen der Gemeinen Fichte ähnelte, zählt zu den Vorläufern der Kieferngewächse.

In paläozoischen Pflanzen hatte man bisher in Samen keine Embryonen feststellen können. Nun konnte in einem Samen aus dem Perm und zwar in einem Koniferenzapfen der Voltziaceen embryonales Gewebe nachgewiesen werden. Die Embryonen in diesen Samen wurden also vor deren Ausfall aus dem Zapfen gebildet (wie bei den meisten lebenden Samenpflanzen das Embryowachstum vor der Samenverbreitung beginnt). Bei den paläozoischen Farnsamern und Cordaiten entwickelten sich die Embryonen sehr wahrscheinlich erst nach der Trennung der »Samen« von der Mutterpflanze, da bisher Embryonen nicht beobachtet werden konnten.

An dieser Stelle muß eine fossile Pflanze, *Aethophyllum stipulare*, erwähnt werden, die zunächst (1828) als Monocotyledone, später (1891) als Schachtelhalmartige (Equisetale aus der Verwandtschaft von *Schizoneura*) angesehen wurde. Nach neueren Untersuchungen handelt es sich bei dieser aus der Unteren Trias der Vogesen stammenden Pflanze aber um eine Konifere. Da der bis 2 m hohe Stamm vorwiegend aus Markparenchym besteht, muß die Pflanze als krautig angesehen werden. Nur in der Wurzel ist Sekundärholz entwickelt. Es wäre die bisher einzige nichtholzige Art der Nacktsamer. Die Samenschuppe ist fünfzipfelig und trägt auf der Oberseite 5 Samen. Die Pflanze gehört zu einer Familie (Aethophyllaceae), die im Übergangsfeld zwischen Voltziaceen und modernen Koniferen einzureihen ist.

Familie Cheirolepidaceae

Die Cheirolepidaceen sind eine Gruppe ausgestorbener Bäume von zypressenähnlichem Aussehen, die im Mesozoikum von der Oberen Trias bis zur Oberen Kreide vorkamen. Die Zweige dieser Bäume waren dicht mit derben, spiralig gestellten Schuppenblättern besetzt. Hierin besteht eine Ähnlichkeit mit den Zypressengewächsen (Cupressaceen), bei denen die Blätter allerdings gegenständig oder wirtelig angeordnet sind. In ihrem Blütenbau zeigen die Cheirolepidaceen dagegen Beziehungen zu den Araukariengewächsen (Araucariaceen) und den Stieleibengewächsen (Podocarpaceen). So finden sich in den männlichen Zapfen (Blüten) auf den Unterseiten der Staubblätter zahlreiche Pollensäcke wie bei den Araukariengewächsen. Die Pollenkörner besitzen keine Luftsäcke. Die weiblichen Zapfen setzen sich aus zahlreichen, meist gelappten Zapfenschuppen zusammen, die ein Verwachsungsprodukt der dreilappigen oder einfachen Deckschuppe mit der achselständige Blüte darstellen. Die Blüte ihrerseits besteht aus einer drei- bis zweilappigen Samenschuppe und den 5 bis 1 umgewendeten Samenanlagen, die vom einwärts gebogenen Teil der Samenschuppe umhüllt werden. Es entsteht so eine Samenhülle (Epimatium), wie sie in ähnlicher Form auch bei den Podocarpaceen anzutreffen ist. Auffälligerweise umgibt die Samenhülle bei mehreren Samenanlagen diese gemeinsam. Da die weiblichen Organe in ihrem Bau Anklänge an die Podocarpaceen zeigen und bei der Beurteilung verwandtschaftlicher Zusammenhänge der Beschaffenheit der weiblichen Fortpflanzungsorgane besonderer Wert beigemessen wird, betrachtet man die Cheirolepidaceen im allgemeinen als Vorläufer der Podocarpaceen. Die einzelnen Gattungen werden besonders durch das Größenverhältnis und den Grad der Verwachsung der Deckschuppe mit der Samenschuppe unterschieden.

Familie Protopinaceae

Auch diese Familie ist nur fossil, und zwar lediglich in Form von Hölzern bekannt, die in ihrem Bau Übergänge von der araucarioiden zur abietoiden Tüpfelung zeigen. Bei der araucarioiden Tüpfelung berühren sich die Tracheidentüpfel und sind gegeneinander abgeplattet, bei Mehrreihigkeit zeigen sie eine bienenwabenartige Anordnung (alternierend). Bei der abietoiden Tüpfelung sind die freistehend und rund, bei Mehrreihigkeit stehen sie auf gleicher Höhe (opponiert). In den Tracheïden der Protopinaceen finden sich alle Übergänge zwischen diesen beiden Tüpfeltypen, indem z. B. auch abgeplattete Tüpfel vorkommen, die auf gleicher Höhe stehen.

Es sind bisher etwa 20 Gattungen unterschieden worden, die jeweils mit den heutigen Bautypen verglichen werden, wobei durch Voranstellung der Vorsilben Proto- zum Ausdruck gebracht wird, daß es sich vielleicht um Vorläufer dieser Gruppen handelt (z. B. *Protopinoxylon, Protopodocarpoxylon, Protocupressinoxylon*). Die Protopinaceen traten erstmalig in der Trias auf und zeigten in der Jura- und Kreidezeit eine besonders starke Entwicklung. So konnten in der Unteren Kreide der Alexanderinsel (Antarktika) Reste von Wäldern nachgewiesen werden. Sie lagen zwischen 65° bis 75° südlicher Breite, also innerhalb des Polarkreises der Kreidezeit. Die gut erhaltenen verkieselten Hölzer zeigen Zuwachszonen, wie sie für einige Arten lebender Bäume in warm-temperierten Gegenden mit langer Wachstumsperiode charakteristisch sind. Die Hölzer gehören nach ihren anatomischen Merkmalen zu der Gruppe der Protopinaceen.

Diese Gruppe ist öfter zu stammesgeschichtlichen Betrachtungen herangezogen worden, doch alle Schlüsse sind natürlich entsprechend unsicher, weil wir nur das Holz dieser Pflanzen kennen. Bei den Protopinaceen dürfte es sich kaum um eine natürliche, sondern um eine Sammelgruppe handeln.

Familie Kieferngewächse, Pinaceae

Die Familie der Kieferngewächse besteht aus etwa 250 Arten, die sich auf 10 Gattungen verteilen. Hierher gehören u. a. die Kiefern, *Pinus*, mit 110 Arten sowie die Fichten, *Picea*, und Tannen, *Abies*, mit etwa je 40 Arten. Die Kieferngewächse sind meist Bäume (nur selten niederliegende oder kriechende Sträucher), die über die ganze nördliche Halbkugel bis in die Subarktis verbreitet sind. Viele Vertreter bilden Wälder und bestimmen in weiten Gebieten das Landschaftsbild. Etwa 130 Arten werden forstlich kultiviert, sie liefern Nutzholz und Harzprodukte. Die Nadeln sind an den Zweigen spiralig angeordnet, wobei entweder nur Langtriebe auftreten oder Lang- und Kurztriebe. Die männlichen Blüten haben zahlreiche spiralig angeordnete Staubblätter mit je 2 Pollensäcken. Die Pollenkörner besitzen – außer bei den Gattungen Lärche, *Larix*, und Douglasie, *Pseudotsuga* – 2 Luftsäcke. Die holzigen Samenzapfen setzen sich aus zahlreichen, spiralig gestellten Deckschuppen zusammen, die auf ihrer Oberseite die nur am Grunde angewachsene Samenschuppe tragen. Die Samenschuppen weisen auf der Oberseite 2 Samen auf, die meist einseitig geflügelt sind. Die Samenzapfen werden aus den stark vergrößerten Samenschuppen gebildet, denn die Deckschuppen sind in der Regel schmaler und dünner und können klein oder fast ganz verkümmert sein. Der Keimling hat mehrere bis zahlreiche Keimblätter.

Fossil sind die Kieferngewächse seit der Jurazeit nachgewiesen und an die Familien Lebachiaceae und Voltziaceae anzuschließen.

Unterfamilie Abietoideae

Die Gattungen dieser Unterfamilie haben nur Langtriebe, und die Samenzapfen reifen im ersten Jahr.

Weißtanne, *Abies alba*, in den Vogesen. Die Art war als erste vom Baumsterben betroffen.

Als erste Gattung ist die Tanne, *Abies*, zu beschreiben, der etwa 40 Arten immergrüner Bäume angehören, die in den Gebirgen der nördlichen Halbkugel beheimatet sind (Mittel- und Südeuropa, Zentralasien, temperiertes Ostasien, Nordamerika, besonders im pazifischen Teil).

Die Tannen haben meist flache Nadeln, die oft zweireihig gescheitelt sind. Ihre Samenzapfen stehen aufrecht und zerfallen bei der Reife. Die Samenflügel sind fest mit dem Samen verwachsen. Zahlreiche Tannen finden als Zierbäume Verwendung, und etwa 20 Arten werden forstlich kultiviert.

In Mitteleuropa kommt nur die Weiß- oder Edeltanne, *Abies alba*, vor, die zugleich die für Europa wichtigste Tannenart darstellt. Sie ist in den Gebirgen von Mittel- und Südeuropa verbreitet und auch im Schwarzwald, in Bayern und im Thüringer Wald anzutreffen. Im Harz und in der Rhön ist sie dagegen nicht ursprünglich. Größere geschlossene

Zweig mit Zapfen der Weißtanne, *Abies alba*. Die Zapfen der Tannenarten stehen aufrecht und zerfallen bei der Reife.

Bestände gibt es in den Pyrenäen, in Südostfrankreich, im Jura, im Schwarzwald und in den Vogesen. Die Weißtanne, meist kurz Tanne genannt, bleibt bis zur Baumgrenze von hohem Wuchs und bildet keine Krüppelformen aus. Sie ist ein Baum mit sehr geradem Stamm und erreicht eine Höhe von 30 bis 50 m, in Ausnahmefällen wird sie sogar 65 m hoch. Ihre Krone ist in der Jugend pyramidenförmig, beim Nachlassen des Höhenwachstums – im 70. bis 90. Jahr – flacht sie sich ab (Storchennestgipfel). Der Wuchs der Tanne ist durch die geraden Stämme und die quirlständigen, fast waagerecht abstehenden Äste sehr ebenmäßig. Tannenstämme haben eine helle, graue bis weißgraue, ziemlich glatte Rinde. Die 15 bis 30 mm langen Nadeln sind flach, linealisch, kammförmig gescheitelt, an der Spitze meist gekerbt und in der Wipfelregion spitzlich. Sie sind oberseits glänzend dunkelgrün, gefurcht, unterseits haben sie zwei bläulichweiße Streifen (je 5 bis 8 Spaltöffnungsreihen neben dem Kiel). Die Nadeln sitzen dem Zweig mit scheibenförmigem Grunde auf, der sich beim Abreißen oder Abfallen der Nadeln mit ablöst. Die zylindrischen Zapfen stehen im Unterschied zur Fichte aufrecht, sind 10 bis 17 (selten bis 30) cm lang und vor der Reife bräunlichgrün, später braun. Die Deckschuppen sind klein und spitz, die Samenschuppen groß, lederig-holzig. Wie bei allen Tannenarten zerfällt der Zapfen bei der Reife, und es bleibt nur die Zapfenachse stehen. Die Samen sind 7 bis 9 mm lang, dreikantig, dunkelbraun, ihre dreieckigen Flügel 15 bis 25 mm lang.

Die Tanne wird vor allem in Deutschland, Frankreich, England, Dänemark, Norwegen, Spanien, Italien, Österreich und der Tschechoslowakei forstlich kultiviert. In der Jugend ist sie frostgefährdet und läßt sich nicht wie Kiefer und Fichte auf freier Fläche anpflanzen. Zum guten Gedeihen braucht sie Bodenfrische sowie Luftfeuchtigkeit.

Das Holz der Tanne ist weich, weiß, harzfrei, dauerhaft; es wird als Bau- und Werkholz, als Möbelholz, im Hoch- und Wasserbau, zur Herstellung von Zündhölzern und Zellulose benutzt. Wegen seiner gleichmäßigen Struktur findet es auch zur Anfertigung von Resonanzböden für Musikinstrumente Verwendung. So wurden die alten italienischen Geigen der berühmten Cremonenser Geigenbauer aus Tannenholz der Alpen gefertigt. In der Rinde der Tanne bilden sich gelegentlich blasenförmige Harzbeulen, aus denen in den Vogesen durch Anstechen das Straßburger Terpentin gewonnen wird.

Die Sibirische Tanne, *Abies sibirica*, ist vom Norden des europäischen Teiles der Sowjetunion bis Kamtschatka verbreitet, südlich kommt sie bis nach Turkestan und Nordostchina vor. Von der Weißtanne unterscheidet sie sich u. a. durch niedrigeren Wuchs, kürzere Nadeln und kleinere Zapfen. In Finnland, Schweden und Grönland wird die Sibirische Tanne versuchsweise forstlich angebaut.

In den Gebirgen im Süden Koreas ist die Koreatanne, *Abies koreana*, beheimatet. Der Baum erreicht eine Höhe bis etwa 15 m. Seine 1 bis 2 cm langen Nadeln verbreitern sich meist nach der Spitze zu. Die Zapfen sind zylindrisch bis auf die kurze verschmälerte Spitze. Schon als junge Pflanze bringt die Art reichlich Zapfen hervor.

Die Große Küstentanne, *Abies grandis*, ist in Nordamerika vom südlichen Britisch-Kolumbien in Kanada bis Nord-Idaho, West-Montana, Oregon und der Nordküste von Kalifornien in den USA verbreitet. Der Baum erreicht auf günstigen Standorten eine Höhe von über 80 m. Die ziemlich raschwüchsige Art wird in den USA, England, an der deutschen Nordseeküste und in Dänemark forstlich angebaut. Das leichte und weiche Holz verwendet man zu Inneneinrichtungen, Kistenbrettern und als Papierrohstoff.

Die Heimat der Balsamtanne, *Abies balsamea*, liegt im nördlichen Nordamerika von Neufundland bis Labrador. Die Art ist sehr klimahart und wächst in der kanadischen Taiga auf sumpfigen und steinigen Böden. In den USA wird sie forstlich angebaut. Das leichte, weiche Holz verwendet man in Kanada hauptsächlich zur Papierherstellung, und aus der Rinde wird Kanadabalsam, der beste Balsam der Kieferngewächse, gewonnen. In frischem Zustand ist er eine farblose bis gelbliche Flüssigkeit mit der Konsistenz von Honig, die auch beim Erstarren klar bleibt. Man verwendet ihn in der mikroskopischen Technik als Einbettungsmittel.

Die Pazifische Edeltanne, *Abies procera*, die in den USA von Washington bis Nordkalifornien beheimatet ist, erreicht eine Höhe von über 60 m. Ihre Nadeln liegen im unteren Drittel dem Zweig dicht an und biegen dann in scharfem Bogen nach oben. Die zylindrischen Zapfen werden 14 bis 25 cm lang und 7 bis 8 cm dick, erreichen also ganz beträchtliche Dimensionen. Die Pazifische Edeltanne ist in allen größeren Parkanlagen von Europa zu finden. In Deutschland und England wird sie auch versuchsweise forstlich kultiviert.

Fossilien der Gattung Tanne sind als Nadeln, in Form von Pollenkörnern und als Samen mit großen Flügeln in der Braunkohle festgestellt worden, während die bei der Reife zerfallenden Zapfen nicht erhaltungsfähig sind. Die Weißtanne, *Abies alba*, war zusammen mit einer weiteren Tannenart in der Unterpliozän-Flora von Frankfurt (Main) vertreten. Im Eozän von Nordamerika (Nevada) fand sich die Art *Abies cuprovallis*.

Mit den Tannen nahe verwandt ist die mit

Junge Zapfen der Koreatanne, *Abies koreana*

4 Arten in China beheimatete Gattung Zedertanne, *Keteleeria*. Die großen Samenzapfen stehen wie bei den Tannen aufrecht, fallen jedoch im ganzen ab. Die Deckschuppen sind halb so lang wie die Samenschuppen. Bei allen *Keteleeria*-Arten handelt es sich um Bäume mit unregelmäßiger Verzweigung und locker stehenden Blättern. Davids Zedertanne, *Keteleeria davidiana*, die eine Höhe von 25 bis 40 m erreicht, ist in Mittel-, West- und Südwestchina in einer Meereshöhe von 300 bis 1 500 m verbreitet und tritt teilweise waldbildend auf. Die Nadeln sind 2 bis 5 cm lang und auf beiden Seiten gekielt. Die Zapfen haben 6 bis 15 (20) cm Länge, die der Samen (mit Flügel) beträgt bis 3,5 cm.

Zwei weitere Arten stehen *Keteleeria davidiana* nahe; eine andere, Fortunes Zedertanne, *Keteleeria fortunei*, ein hoher Gebirgsbaum des südöstlichen Chinas, unterscheidet sich von ihr in der Form der Samenschuppen.

Keteleeria davidiana wird in China (z. B. Yunnan) zur Aufforstung verwendet. Bei ihr konnten neuerdings bemerkenswerterweise Alkaloide festgestellt werden, die auch noch bei einigen *Picea*- und *Pinus*-Arten vorkommen.

Zur Gattung *Keteleeria* zu stellende Fossilien sind mehrfach gefunden worden, so z. B. *Keteleeria bergeri* im Oberoligozän von

Zweig mit Zapfen der Douglasie, *Pseudotsuga menziesii.* Die dreispitzigen Deckschuppen sind länger als die Samenschuppen.

Wiesa bei Kamenz. Auch aus der Oberen Kreide von Japan, aus der Unteren Kreide von Franz-Joseph-Land und aus dem Tertiär von Japan und Nordamerika (Oregon) sind *Keteleeria*-Reste beschrieben worden. Danach war die heute auf China beschränkte Gattung in früheren Erdzeitaltern weit verbreitet.

Zur Gattung *Pseudotsuga*, Douglasie, gehören 7 Arten, die im pazifischen Nordamerika und Ostasien vorkommen. Die Douglasien sind immergrüne, hohe, schnellwachsende Bäume, deren Nadeln ziemlich flach sind und 2 seitliche Harzgänge haben. Im Gegensatz zu den meisten anderen Gattungen der Familie Pinaceae weisen die eiförmig-kugeligen Pollenkörner der Douglasien keine Luftsäcke auf. Die Samenzapfen hängen und fallen im ganzen ab. Die Deckschuppe ist viel schmaler als die Samenschuppe und auch länger als diese; sie ist an der Spitze gespalten und die starke Mittelrippe in eine grannenförmige Spitze ausgezogen, wodurch sie dreispitzig wird. Die Samenschuppe ist breit gerundet. Die geflügelten Samen sind hartschalig.

Spitze der Koreatanne, *Abies koreana*, mit Zapfen

Die wichtigste Art ist *Pseudotsuga menziesii*, deren Nadeln 17 bis 30 (35) mm lang, schmallinealisch, stumpf, oberseits dunkelgrün und unterseits matt sind. Die Zapfen werden bis 10 cm lang. Der Baum tritt vom südlichen Britisch-Kolumbien in Kanada bis Kalifornien waldbildend auf. Nach den Mammutbäumen *(Sequoia* und *Sequoiadendron)* Kaliforniens ist *Pseudotsuga menziesii* der stattlichste Baum der Wälder der Pazifikküste; er erreicht unter besten Wachstumsbedingungen eine Höhe von etwa 55 bis 60 m bei einem Durchmesser von 1 bis 2 m. Bei einem im Staate Washington wachsenden Exemplar wurde sogar eine Höhe von 324 Fuß = 98,75 m gemessen! In den Weststaaten der USA, in Kanada, Europa, Tasmanien und Neuseeland wird die Douglasie forstlich kultiviert. In Deutschland ist sie der wichtigste angebaute ausländische Forstbaum. Das harte, feste Holz wird zu Eisenbahnschwellen, zum Brückenbau, zu Mastbäumen, Telegraphenstangen, für Parkettböden und Wandtäfelungen verwendet.

Neben 2 weiteren nordamerikanischen Arten gibt es noch 4 ostasiatische, von denen *Pseudotsuga japonica* in Japan (Honshu), die übrigen 3 in China beheimatet sind. Fossile Reste der Gattung *Pseudotsuga* wurden u. a. aus dem Oligozän von Oregon, aus dem Miozän von Idaho und aus dem Pliozän von Japan bekannt. Aber auch in Europa ist die Gattung im Tertiär heimisch gewesen.

Die Gattung *Tsuga,* Schierlingstanne oder Hemlockstanne, besteht aus 14 Arten, die vom Himalaja bis Ostasien und in Nordamerika beheimatet sind. Schierlingstannen sind immergrüne, mittelhohe bis hohe Bäume mit meist breitpyramidenförmiger Krone. Ihre kurzgestielten Nadeln sind weich, flach oder abgerundet dreikantig und weisen nur einen Harzgang unter dem Gefäßbündel auf. Die kleinen Samenzapfen hängen und fallen im ganzen ab. Die Deckschuppen sind etwa ein Drittel bis fast halb so lang wie die Samenschuppen.

Mehrere Arten der Gattung werden forstlich kultiviert, so z. B. *Tsuga canadensis* und *Tsuga heterophylla* in den USA und *Tsuga dumosa* im Himalaja-Gebiet. Mehrere *Tsuga*-Arten finden sich auch in europäischen Parkanlagen als Zierbäume. Das Holz ist weich und nur von geringem Wert, es wird u. a. zur Papierherstellung benutzt. Die Rinde von *Tsuga canadensis* verwendet man verbreitet zum Gerben.

Bei der Kanadischen Schierlingstanne, *Tsuga canadensis*, konnte eine bemerkenswerte Erscheinung beobachtet werden. Im nördlichen New Jersey (Nordamerika) stellte man vor einigen Jahren 20 Stümpfe dieser Baumart fest, die innen hohl waren, deren dünne Außenschicht jedoch noch lebendes Gewebe aufwies, was man auch bei 2 soliden Stämmen ohne Zweige und Nadeln von etwa 4 m Höhe beobachtete.

Bei der in Japan beheimateten *Tsuga diversifolia,* der Verschiedenblättrigen Schierlingstanne, sind die Nadeln von sehr verschiedener Länge und oft an der Spitze breiter als am Grunde.

Fossilien der Gattung *Tsuga* sind im Miozän von Nordamerika und im Pliozän Japans festgestellt worden. Arten der Schierlingstanne waren im jüngeren Tertiär aber auch in Europa verbreitet, z. B. *Tsuga europaea* und *Tsuga moenana.* Die Funde von Nadeln und Pollen lassen erkennen, daß die Gattung im Miozän und besonders im Pliozän weitverbreitet war; sie läßt sich bis zum Präglazial verfolgen.

Die Gattung Fichte, *Picea,* umfaßt etwa 40 Arten, die in der nördlichen gemäßigten Zone beheimatet sind. Die größte Artenzahl finden wir in Ostasien (China, Japan), weitere Vertreter kommen in Nordamerika, Nord- und Zentralsien (südlich bis zum Himalaja) sowie in Europa vor. Die Fichten erreichen oft eine beträchtliche Höhe; ihre Zapfen sind – im Gegensatz zur Tanne – herabgebogen oder hängend und fallen im ganzen ab. Die Fichten haben meist vierkantige, rings um den Zweig stehende oder nur unvollkommenen gescheitelte Nadeln.

Zahlreiche Fichtenarten werden als Zierbäume in Gärten und Parks angebaut, und 20 Arten finden als Forstbäume Verwendung.

Zur Sektion *Picea* gehören Arten, deren Nadeln 4 Flächen und 4 Kanten aufweisen,

Douglasie, *Pseudotsuga menziesii,* im Freistand. Die Art ist ein Waldbaum der Pazifikküste Nordamerikas und der wichtigste ausländische Baum in der deutschen Forstwirtschaft.

Die Gemeine Fichte, *Picea abies*, ist die einzige in Mitteleuropa wild vorkommende Fichtenart.

wobei auf allen Flächen Spaltöffnungsreihen zu finden sind.

Hierher gehört die einzige in Mitteleuropa wild vorkommende Fichtenart, die Gemeine Fichte, *Picea abies*, die im Nadelwaldgürtel Nordeuropas und in Bergländern und Hochebenen des östlichen Mittel- und Südeuropas verbreitet ist. Ursprünglich kommt sie nur in den Gebirgen vor, ist aber durch forstliche Kultur überall anzutreffen. Neben der Kiefer ist sie der verbreitetste mitteleuropäische Nadelbaum. In vielen Teilen ihres natürlichen Verbreitungsgebietes bildet sie reine Bestände, wie im Harz, im Isergebirge und Riesengebirge. Die Höhengrenze der Fichte liegt im Harz bei 1000 m, in den Alpen bei etwa 2000 m. An der Baumgrenze bilden sich Kümmer- oder Krüppelformen aus. Die Fichte ist ein schlanker Baum von 30 bis 50 m Höhe, mit geradem und säulenförmigem Stamm, der bis 2 m im Durchmesser erreicht. Die Rinde der Fichten hat im oberen Stammteil rotbraune, im unteren dunkelbraune bis graue Farbe und blättert in dünnen Schuppen ab. Die Krone ist spitz und pyramidenförmig (im Gegensatz zur Tanne).

Die jungen Zapfen der Gemeinen Fichte, *Picea abies*, stehen aufrecht.

Die reifen Zapfen der Gemeinen Fichte, *Picea abies*, hängen und fallen, im Gegensatz zur Tanne, im ganzen ab.

Die Äste stehen entweder waagerecht ab oder sind abwärts gebogen und tragen dunkelgrüne, 1 bis 2,5 cm lange, vierkantige, kurz stachelspitzige, starre Nadeln, die an waagerechten Zweigen nach der Seite oder schräg nach oben, an aufrechten oder hängenden Zweigen mehr oder weniger allseitig abstehen. Sie sitzen einem rhombischen Polster auf (im Gegensatz zur Tanne), das beim Nadelabfall als Höcker zurückbleibt, beim Abreißen der Nadeln jedoch zusammen mit der daran haftenden Rinde abgerissen wird. Die zylindrischen Zapfen hängen und fallen im Gegensatz zur Tanne im ganzen ab, sie sind 10 bis 18 (25) cm lang und haben einen Durchmesser von 2 bis 2,5 cm. Die unreifen Zapfen sind grün oder rötlich, die reifen braun. Die Deckschuppen sind am Samenzapfen kaum noch zu erkennen. Die schwarzbraunen, 4 bis 5 mm langen Samen haben hellbraune Flügel von 15 mm Länge.

Die Fichte wird vor allem in Deutschland, Österreich, der Schweiz, Tschechoslowakei, Polen, Ungarn, Rumänien, Bulgarien, Italien, Jugoslawien, den Niederlanden, Belgien, England, Irland, Schweden, Norwegen und den nordöstlichen USA forstlich kultiviert. Versuchsanbau wurde auch in Kanada und Grönland durchgeführt. Der Baum stellt an den Boden nur geringe Ansprüche und läßt sich nach Kahlschlag anpflanzen. Er ist raschwüchsig und geradschaftig und hat eine große Holzmassenleistung. Sein Holz ist ziemlich weich und leicht zu bearbeiten; es findet als Bauholz, Grubenholz, zu Telegraphenstangen, als Kistenholz und zu Resonanzböden im Klavier- und Orgelbau Verwendung. Weiter liefert die Fichte den Rohstoff für die Papier- und Zellulosewerke Europas. Auch Holzkohle wird aus ihrem Holz hergestellt, und die Rinde benutzt man zum Ledergerben. Das Harz der Fichte (und auch der Kiefer) stellt einen wertvollen Rohstoff für die chemische Industrie dar, der in der Papier- und Elektroindustrie, zur Herstellung von Lacken und Farben, in der Kunstgummi- sowie in der pharmazeutischen Industrie verwendet wird.

Schließlich muß die Verwendung der Fichte als Weihnachtsbaum erwähnt werden, eine Sitte, die in Deutschland seit etwa 300 Jahren bekannt ist, aber erst im vorigen Jahrhundert allgemeine Verbreitung gefunden hat. In vielen Ländern verwendet man auch andere Fichtenarten bzw. Vertreter weiterer Gattungen der Kieferngewächse (z. B. Douglasie) als Weihnachtsbäume.

Im nördlichen Nordamerika ist die Weiß- und Schimmelfichte, *Picea glauca*, beheimatet, eine frostharte und windfeste Art, die unter günstigen Bedingungen eine Höhe von 50 m erreicht. Sie wird in den USA und in Kanada forstlich kultiviert und ist die wichtigste Papierholzfichte Nordamerikas.

Zur Sektion *Omorika* gehören Arten, deren Nadeln zusammengedrückt und mehr oder weniger abgeflacht sind, wobei sich Spaltöffnungsreihen nur auf der morphologischen Oberseite befinden.

Die Omorikafichte, *Picea omorika*, ist durch ihr begrenztes Vorkommen bemerkenswert. Die Art wurde 1875 in Südwestserbien entdeckt und noch in Bosnien, Montenegro und Westbulgarien angetroffen. Der bis 40 m hohe Baum hat sich nur in spärlichen Resten in schattigen, feuchten Schluchten der Gebirge erhalten. Die Nadeln sind ziemlich breit und Tannennadeln ähnlich, jedoch kurz zugespitzt. Sie hat einen sehr geraden Stamm und eine schmalpyramidale Krone. Die Art wächst sehr schnell und ist weniger empfindlich gegen Ruß und Rauch

Zweig mit Zapfen der Omorikafichte, *Picea omorika*. Die Art kommt nur in Jugoslawien und Westbulgarien vor.

Zweig mit Zapfen der Sitkafichte, *Picea sitchensis*, die an der nordamerikanischen Pazifikküste beheimatet ist

als die anderen Fichtenarten. Deshalb wird sie in Deutschland, Österreich und Finnland versuchsweise forstlich angebaut.

In Nordamerika ist die Sitkafichte, *Picea sitchensis*, an der Pazifikküste von Alaska bis Nordkalifornien verbreitet. Der Baum kann eine Höhe bis zu 55 m und ein Alter von 400 bis 750 (850) Jahren erreichen. Er ist durch sehr steife und stechende Nadeln gekennzeichnet. Die Art wird in den USA und in Europa, besonders in Dänemark und an der deutschen Nordseeküste forstlich kultiviert. Auch auf Island und Grönland hat man sie versuchsweise angebaut. Die Sitkafichte leidet nicht so stark unter dem Seewind und dem Salzgehalt der Luft wie die Gemeine Fichte. Das leichte, geradfaserige Holz wird zu Inneneinrichtungen, zur Papierfabrikation und im Flugzeugbau verwendet.

Fossilien der Gattung Fichte sind wahrscheinlich schon aus der Unteren Kreide bekannt. Aus dem Tertiär sind Holzreste, Nadeln, Pollenkörner und Zapfen erhalten, die z. T. *Picea abies* recht ähnlich sehen. Im Unterpliozän von Frankfurt (Main) wurden *Picea abies* und eine ähnliche Art gefunden. Schließlich konnte eine mit der Omorikafichte verwandte Art, *Picea omoricoides*, im Präglazial von Sachsen festgestellt werden.

Anzuschließen wäre hier noch die Gattung *Cathaya*, die erst 1955 entdeckt und 1958 beschrieben wurde. Während einer Sammelreise fanden chinesische Botaniker in der Provinz Guangxi (Kwangsi) einen Nadelbaum, der mit keinem der bisher bekannten Kieferngewächse zu identifizieren war. Der Baum erhielt den Namen *Cathaya argyrophylla* (Cathay ist ein alter Name für China). Er ist bis 20 m hoch, und der Stamm kann einen Durchmesser von 40 cm erreichen. Seine unteren Äste spreizen waagerecht vom Stamm ab. Im Äußeren ähnelt er den Gattungen *Picea* und *Pseudotsuga*. Die im ganzen abfallenden Zapfen sind hängend, eiförmig oder verlängert-eiförmig, etwa 3 bis 5 cm lang, 1,5 bis 2 cm im Durchmesser und haben deltaförmige Deckschuppen. Die Samenflügel bedecken die Samenoberseite und lösen sich leicht ab. Die 4 bis 5 cm langen und 2,5 bis 3 mm breiten Nadeln enthalten je 2 Harzgänge. Das Holz weist Harzgänge mit dickwandigen Harzzellen auf, und sämtliche Tracheïden haben Spiralverdikkungen. Eine weitere bisher allerdings nur unvollständig bekannte Art, *Cathaya nanchuanensis*, stammt aus der Provinz Sichuan.

Außer den beiden lebenden Arten gehört zur Gattung *Cathaya* noch eine fossile Art,

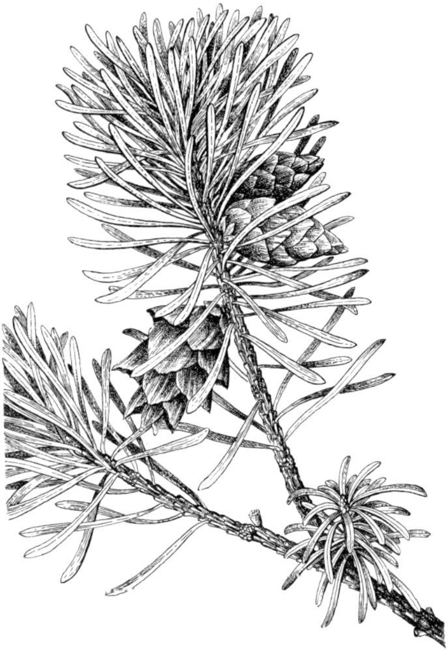

Zweig mit Zapfen von *Cathaya argyrophylla.* Die Gattung *Cathaya* wurde erst 1955 in China entdeckt.

Cathaya loehri, die ursprünglich aus der tertiären (oberpliozänen) Flora von Frankfurt (Main) als eine Art der Gattung *Keteleeria* beschrieben worden war. In der Zwischenzeit sind auch noch eine Reihe weiterer fossiler Reste zur Gattung *Cathaya* gestellt worden, wie *Cathaya europaea* und *Cathaya abchasica* aus dem Tertiär (Pliozän) von Abchasien sowie *Cathaya jacutica* aus dem Tertiär von Zentral-Jakutien. Diese Funde zeigen, daß *Cathaya* in früheren Zeiten eine wesentlich weitere Verbreitung hatte als heute. Das gegenwärtige Verbreitungsgebiet in China ist als Rückzugsgebiet aufzufassen, wie dies in ähnlicher Weise auch für eine ganze Reihe anderer Gymnospermengattungen zutrifft.

Unterfamilie Laricoideae

Diese Unterfamilie ist durch Lang- und Kurztriebe mit Nadelblättern gekennzeichnet, wobei die Kurztriebe mehrere Jahre lang weiterwachsen und ihre Nadelblätter gebüschelt stehen.

Bei der Gattung *Chrysolarix* (bisher meist als *Pseudolarix* bezeichnet) zerfallen die Samenzapfen bei der Reife. Zu dieser Gattung gehört nur eine Art, die Chinesische Goldlärche, *Chrysolarix amabilis,* die in Ostchina vorkommt. Die Goldlärche ist ein bis 40 m hoher Baum, der seine Nadeln im Herbst abwirft, nachdem sie sich goldgelb (Name!) gefärbt haben. Im nichtblühenden Zustand ist der Baum der Lärche sehr ähnlich und nur durch die Knospenschuppen der Kurztriebe von ihr zu unterscheiden, die bei *Chrysolarix* pfriemlich zugespitzt, bei *Larix* dagegen abgerundet sind. Die Goldlärche wird in den Gebirgen Ostchinas zur Aufforstung verwendet. Ihr Holz ist sehr hart und dauerhaft.

Eine Reihe von fossilen Resten ist mit der Gattung *Chrysolarix* in Verbindung gebracht worden, so eine Art aus Unterkreideschichten vom Unterlauf des Aldan-Flusses in Sibirien, eine andere aus der Kreide des Anadyrlandes in Nordostsibirien sowie weitere aus dem Alttertiär von Spitzbergen und dem Oligozän von Kasachstan. Aber auch aus dem Pliozän der Westkarpaten und dem Unterpliozän von Frankfurt (Main) wurden entsprechende Reste beschrieben, die mit der lebenden Art identisch sind. Die Fossilien lassen erkennen, daß die Goldlärche in früheren geologischen Zeiten eine wesentlich weitere Verbreitung hatte als heute.

Die für die Unterfamilie namengebende Gattung Lärche, *Larix,* umfaßt 12 Arten in den Gebirgen und subarktischen Gebieten der nördlichen Halbkugel. 3 Lärchen kommen in Nordamerika vor, eine in Europa und die restlichen 8 in Asien. Die Gattung *Larix* besteht aus Bäumen mit meist kegeliger Krone, rissiger Borke und oft überhängenden Ästen. Ihre Nadeln sind einjährig (sommergrün), stehen an den Langtrieben zerstreut und an den Kurztrieben gebüschelt. Die Zapfen sind eiförmig bis fast kugelig und meist ziemlich klein, sie reifen im Jahre des Blühens, zerfallen nicht und bleiben 2 bis 3 Jahre am Zweig. Die Samenschuppen sind lederig-holzig, fast kreisrund oder eiförmig bis verkehrt-eiförmig. Der Mittelnerv der Deckschuppe läuft in eine Spitze aus. Sie hat geflügelte Samen, und die Pollenkörner weisen keine Luftsäcke auf.

Die Europäische Lärche, *Larix decidua*, ist vornehmlich ein Hochgebirgsbaum Europas, deren sommergrüne Nadeln sich im Herbst gelb färben und abfallen.

Die Europäische Lärche, *Larix decidua*, erreicht eine Höhe bis zu 50 m und einen Stammdurchmesser von 1,5 m. Der Stamm ist gerade und die Krone von regelmäßig kegeliger Form. Die hellgrünen Nadeln sind weich, die der Kurztriebe etwa 2, die der Langtriebe etwa 3 cm lang. Im Kurztrieb stehen etwa 30 bis 40 Nadeln zusammen. Die Zapfen haben eine Länge von 3 bis 4 cm. Die Europäische Lärche ist in Mittel- und Nordeuropa beheimatet und besonders in den Alpen und Karpaten sowie den kontinentalen Gebirgen verbreitet. Sie ist vornehmlich ein Hochgebirgsbaum, der bis an die Baumgrenze reicht. Ihr Kernholz ist rötlich, harzreich und sehr dauerhaft, weshalb es mannigfache Verwendung auch zu Wasserbauten (Röhrenleitungen) fand. Man schätzt es auch als Bau- und Grubenholz sowie zur Herstellung von Möbeln. Außerdem liefert die Lärche Terpentin (Venezianisches Terpentin, so genannt nach dem früheren Hauptverschiffungsplatz), das durch Anbohren der Bäume gewonnen wird und vornehmlich im Kernholz entsteht.

Nahe verwandt mit der Europäischen Lärche ist die Sibirische Lärche, *Larix sibirica*, die vom Nordosten des europäischen Teils der Sowjetunion bis nach Sibirien verbreitet

Zur Zeit der Bestäubung sind die Zapfen der Europäischen Lärche, *Larix decidua*, dunkelrot, später werden sie hellbraun.

ist. Sie bildet riesige Wälder, die sowohl im hohen Norden als auch in den Gebirgen oft bis zur Waldgrenze reichen. Das Holz der Sibirischen Lärche ist außergewöhnlich fest und dauerhaft.

Die im westlichen Nordamerika beheimatete Westamerikanische Lärche, *Larix occidentalis*, ist die größte Lärchenart. In bester Lage soll sie eine Höhe von 80 m erreichen,

Reife Zapfen der Europäischen Lärche, *Larix decidua*

sonst wird sie 30 bis 40 m hoch. Das harte, schwere, dauerhafte Holz ist als bestes Koniferenholz Nordamerikas bekannt und wird als Konstruktionsholz, zu Eisenbahnschwellen, zum Innenausbau und in der Möbeltischlerei verwendet.

Fast alle Lärchenarten werden in verschiedenem Umfange forstlich kultiviert, besonders die Europäische und die Sibirische Lärche. Hervorzuheben ist noch die sogenannte Hybridlärche, *Larix × eurolepis*, die eine natürliche Kreuzung zwischen der Europäischen und der Japanischen Lärche, *Larix kaempferi*, darstellt. Sie entstand in Dunkeld in Schottland, wo um 1900 der erste Samen gesammelt wurde. Die Kreuzung ist seitdem an vielen Stellen wiederholt worden. Die Hybridlärche, die durch eine Reihe guter Eigenschaften, wie Widerstandsfähigkeit gegen Krankheiten und geraden Stamm, gekennzeichnet ist, wird in Schottland, Deutschland und auf Neuseeland forstlich angebaut.

Fossilien der Gattung *Larix* sind aus dem Tertiär bekannt geworden. Die Europäische Lärche wurde im Pliozän von Frankfurt (Main) festgestellt. Mit der Sibirischen Lärche verwandte Formen waren im Miozän vorhanden. Auch in Nordamerika konnten *Larix*-Reste nachgewiesen werden, so *Larix cassiana* im Miozän von Idaho und *Larix nevadensis* im Eozän von Nevada. Bei den Fossilfunden der Lärche ist zu bedenken, daß die zarten Nadeln der Kurztriebe sehr vergänglich und daher nur schwierig nachzuweisen sind.

Die Gattung Zeder, *Cedrus*, umfaßt 4 Arten, die in den Gebirgen des Mittelmeergebietes und im westlichen Himalajagebirge beheimatet sind. Die Zedern sind der Lärche ähnlich, unterscheiden sich aber unter anderem durch dunklere Färbung der Nadeln, die im Winter nicht abfallen. Sie sind große, unregelmäßig verzweigte Bäume mit dicker Borke. Ihre Langtriebe sind mit spiralig zerstreuten Nadeln besetzt, in deren Achseln Kurztriebe mit mehrjährigen Nadelbüscheln entstehen. Diese Kurztriebe sind oft stärker verlängert als bei der Lärche und können häufig zu Langtrieben auswachsen. Die Nadeln sind spitz, starr, zusammengedrückt drei- bis vierkantig und besitzen auf allen Seiten Spaltöffnungen. Die Pollenkörner haben Luftsäcke, die bei der Lärche fehlen.

Ast mit Zapfen der Libanon-Zeder, *Cedrus libani*. Der Baum ist nur noch vereinzelt anzutreffen.

Die großen Samenzapfen stehen aufrecht auf dicken Stielen und reifen im zweiten bis dritten Jahr. Sie setzen sich aus eng aneinanderschließenden Schuppen zusammen; die sehr kleinen Deckschuppen sind zwischen den Samenschuppen versteckt, die holzig, groß und breiter als lang sind. Die Samen haben besonders breite Flügel, die die Samen außen decken und nicht auf die Unterseite herumgreifen.

Die 4 Arten der Zedern sind sehr nahe verwandt und werden daher bisweilen auch nur als Unterarten einer einzigen Art betrachtet. Ihre Verbreitungsgebiete sind weit voneinander getrennt. Am bekanntesten ist die Libanon-Zeder, *Cedrus libani*, die im Taurus und Antitaurus in einer Höhenlage zwischen 1 300 bis 2 000 m anzutreffen ist und ferner im Libanon-Gebirge vorkommt. Durch das letztgenannte Vorkommen ist der Baum seit alter Zeit berühmt. In früheren Zeiten gab es hier ausgedehnte Wälder; jetzt sind es nur

Die Atlas-Zeder, *Cedrus atlantica*, ist in den Gebirgen von Algerien und Marokko beheimatet.

Ast mit Zapfen der Atlas-Zeder, *Cedrus atlantica*

noch einige kleine Haine, die von den Angehörigen einer christlichen Sekte, den Maroniten, geschützt werden. Die Libanon-Zeder ist ein bis 40 m hoher Baum, dessen Stamm einen Umfang von 5,60 bis 6,90 m erreichen kann. Ihre Krone ist in der Jugend zunächst pyramidenförmig, später wird sie unregelmäßig schirmförmig. Die dunkelgrünen, 15 bis 35 mm langen Nadeln stehen zu 30 bis 40 im Büschel. Die Zapfen sind eiförmig, harzig, reif graubraun und erreichen eine Länge von 6,5 bis 12 cm. Das Holz dieses Baumes ist wohlriechend, ziemlich dauerhaft, widerstandsfähig gegen Insektenbefall und Fäulnis. Es hat bereits im Altertum Bedeutung gehabt. So wurde es von den Ägyptern bei der Mumifizierung sowie für Särge benutzt. Der Tempel des Königs Salomo soll aus Zedernholz erbaut worden sein, ebenso soll es zum Schiffbau Verwendung gefunden haben. Freilich ist nicht eindeutig festzustellen, wie weit immer echtes Zedernholz oder das Holz anderer Koniferen verarbeitet wurde, denn mit der Bezeichnung Zeder hat man auch die Hölzer anderer Koniferen belegt. Das für die Anfertigung von Zigarrenkisten benutzte sogenannte Zedernholz stammt nicht von *Cedrus*, sondern von der Meliacee *Cedrela odorata*.

Die Atlas-Zeder, *Cedrus atlantica*, kommt in den Gebirgen von Algerien und Marokko vor. Sie hat eine pyramidenförmige Krone und horizontal abstehende Äste. Ihre Nadeln sind 13 bis 15 mm lang, die Zapfen zylindrisch-eiförmig und 5 bis 8 cm lang.

Die Himalaja-Zeder, *Cedrus deodara*, ist im westlichen Himalajagebiet beheimatet. Sie ist ein bis 50 m hoher Baum mit pyramidaler Krone, der in 1300 bis 3900 m Meereshöhe ausgedehnte Wälder bildet. Der auch Deodar-Zeder genannte Baum – deodar

Die Himalaja-Zeder, *Cedrus deodara*, bildet im westlichen Himalajagebiet ausgedehnte Wälder.

Zweig mit männlichen Blüten der Himalaja-Zeder, *Cedrus deodara*

oder devadara bedeutet Gottesbaum – ist den Hindus heilig und wird daher häufig in der Umgebung von Tempeln angepflanzt. Die Nadeln sind 2 bis 5 cm, die Zapfen 8 bis 12 cm lang. Das außerordentlich dauerhafte Holz stellt in Indien ein wichtiges Bauholz für Erd- und Wasserbauten dar.

Die vierte Zedernart, *Cedrus brevifolia*, schließlich ist in den Bergen der Insel Zypern beheimatet. Mit Ausnahme dieser Art werden alle Zedern in beschränktem Umfang forstlich kultiviert. Gelegentlich hat man sie auch in Parks als Zierbäume angepflanzt.

Mit der Gattung *Cedrus* in Zusammenhang gebrachte Fossilien sind schon in der Unteren Kreide gefunden worden. Es handelt sich um zedernähnliche Zapfen aus Belgien und Frankreich, die als *Cedrostrobus* bezeichnet werden. Ihre Zugehörigkeit zur Gattung *Cedrus* ist jedoch nicht vollkommen sicher. In der Arktis sind Hölzer mit der Struktur von *Cedrus* gefunden worden. Aus dem Tertiär (Oligozän) des Gebietes nördlich vom Aralsee wurde ein Fossil unter dem Namen *Cedrus kasachstanica* beschrieben. Nach Pollenfunden scheint die Zeder auch im Tertiär von Europa vorhanden gewesen zu sein.

Unterfamilie Pinoideae

Die Langtriebe dieser Unterfamilie haben nur häutige Schuppenblätter. Die achselständigen Kurztriebe, mit Ausnahme der Keimlingspflanzen, besitzen einige Schuppenblätter und meist 2 bis 5 (selten 1 bis 8) ausdauernde Nadeln und schließen schon im ersten Jahr ihre Entwicklung ab. Die Deckschuppe ist am Samenzapfen völlig verkümmert. Die dicke Samenschuppe hat einen schildförmigen Endteil (Apophyse). Die Zapfen reifen in 2 bis 3 Jahren.

Hierher gehört nur die Gattung Kiefer, *Pinus*, die aus etwa 110 Arten besteht. Diese bewohnen die nördliche Halbkugel, überschreiten den Äquator nur auf Sumatra *(Pinus merkusii)* und kommen in den Tropen lediglich in Gebirgen vor. Alle Arten der Kiefer wachsen gesellig und bedecken als Waldbäume große Flächen. So werden weite Gebiete in der gemäßigten Zone von Europa, Asien und Nordamerika von Kiefern besiedelt. Vielleicht nehmen diese nicht nur unter den Nadelbäumen, sondern auch unter allen Holzgewächsen die größte Bodenfläche ein. Sie stellen daher unter den Nadelhölzern die wirtschaftlich wichtigste Gattung dar. Ihre Arten liefern Bau- und Werkholz sowie Harzprodukte. Kiefernharz und Terpentinöl sind wertvolle Rohstoffe. Die Weltproduktion von Harz beträgt etwas mehr als 1 Million Tonnen pro Jahr, die von Terpentinöl liegt bei etwa 250 000 Tonnen. Das meiste Harz wird in den USA, China, der Sowjetunion, in Portugal, Mexiko und Indien gewonnen.

Etwa 60 Kiefernarten werden forstlich kultiviert, und zwar nicht nur auf der nördlichen, sondern auch auf der südlichen Halbkugel, sie gedeihen vom Meeresstrand bis

Die Zirbelkiefer oder Arve, *Pinus cembra*, ein in den Hochgebirgen Mitteleuropas beheimateter Baum. Die Art ist überall im Rückgang begriffen.

zu den Hochgebirgen, doch etwa die Hälfte der Arten kommt in mittleren Höhenlagen vor. Bei einigen Kiefernarten wurden in neuerer Zeit auch Alkaloide nachgewiesen, die bisher bei Vertretern der Kieferngewächse unbekannt waren.

Nach der Zahl der Gefäßbündel im Zentralstrang der Nadeln teilt man die Gattung *Pinus* in 2 Untergattungen. Die Untergattung *Haploxylon* ist durch Nadeln mit einfachem Gefäßbündel im Zentralstrang gekennzeichnet. In ihrer ersten Sektion *Cembra* haben die Kurztriebe 5 Nadeln, die Apophyse ist abgeflacht, und die Samen sind dick und ungeflügelt.

Die Zirbelkiefer, Zirbe oder Arve, *Pinus cembra*, ist in den Hochgebirgen von Mitteleuropa (Alpen, Karpaten) beheimatet. Der eine Höhe von etwa 20 m erreichende Baum wächst nur in höheren Lagen (zwischen 1500 und 2500 m). Die überall im Rückgang begriffene Art kommt oft zusammen mit der Lärche vor, mit der sie die Baumgrenze bilden kann. Die eßbaren, wohlschmeckenden Samen (Zirbelnüsse) sind groß (bis 12 mm lang) und schwer, sie enthalten fettes Öl und Stärke. Das wohlriechende, leichte Holz ist sehr dauerhaft und wird zur Herstellung von Möbeln sowie wegen seiner feinen, gleichmäßigen Struktur in der Schnitzerei und Bildhauerei verwendet. Heute kultiviert man die Zirbelkiefer forstlich in der Schweiz, in Österreich (Tirol), in der Tschechoslowakei und in Jugoslawien. Die Art steht unter Naturschutz.

Nahe verwandt mit diesem Baum ist die Sibirische Zirbelkiefer, *Pinus sibirica*, die im Nordosten des europäischen Teiles der Sowjetunion bis Sibirien und der Mongolei vorkommt. Die Samen der Sibirischen Zirbelkiefer werden ebenso geschätzt wie die der Zirbelkiefer, und die Art wird in der Sowjetunion forstlich kultiviert.

Bei der zweiten Sektion *Strobus* sind die Kurztriebe fünfnadelig und die Zapfen dünnschuppig.

Die Zuckerkiefer, *Pinus lambertiana*, ist im westlichen Nordamerika (West-Oregon, Kalifornien, Mexiko: Niederkalifornien) beheimatet. Sie ist die höchste Kiefernart der Erde, die gewöhnlich 50 bis 55 m hoch wird, bisweilen aber bei einem Stammdurchmesser von fast 4 m die Höhe von 66 m erreicht. Unter den Kiefern wurde nur bei *Pinus ponderosa* eine ähnliche Höhe beobachtet. Auch die fast zylindrischen Zapfen haben beträchtliche Ausmaße: Ihre Länge beträgt 30 bis 50 cm! Die Samen sind groß und werden in Kalifornien und Oregon gegessen. Ihren Namen hat die Zuckerkiefer nach der zuckerähnlichen Balsammasse (Kalifornisches Manna oder Pinit), die bei Verwundung ausgeschwitzt wird und früher von den Indianern wie Zucker verwendet wurde. Das Holz der Zuckerkiefer, die man in Neuseeland versuchsweise forstlich kultiviert, findet zum Hausbau, zu Kisten und zum Schiffbau Verwendung.

Die Weymouthskiefer oder Strobe, *Pinus strobus*, ist im östlichen Nordamerika weit verbreitet und bildet besonders in der Region der großen Seen oft reine Bestände. Der Baum wird 30 bis 40 m hoch mit säulenförmigem Stamm und liefert ein wertvolles Holz, das zu Masten, als Schnittware, zu Fenstern, Türen, als Blindholz für Möbel und zur Zellulosefabrikation Verwendung findet. Die Weymouthskiefer, die auch Terpentin liefert, hat man in den USA, Europa und Neuseeland forstlich kultiviert. Sie wurde durch Weymouth 1705 in Europa eingeführt, wird aber öfters vom Blasenrost – einer Pilzkrankheit – befallen, so daß sie nicht im Reinbestand oder in der Nähe von Ortschaften angebaut werden kann, da hier *Grossularia*- und *Ribes*-Arten (Stachel- und Johannisbeeren) als Zwischenwirte des Blasenrostes vorhanden sind.

Die Kurztriebe der dritten Sektion *Paracembra* haben (1) bis 2 bis 5 Nadeln, und der oberste Teil der Samenschuppe (Apophyse) ist dick.

Die hierher gehörende, in Südkalifornien bis Nevada und Arizona beheimatete Einblättrige Kiefer, *Pinus monophylla*, hat meist nur eine Nadel im Kurztrieb. Ihre Samen sind eßbar wie die der Mexikanischen Nußkiefer, *Pinus cembroides*, die von Südarizona bis Mexiko vorkommt.

Als letzte Art dieser Untergattung muß noch *Pinus aristata*, die Borsten-, Grannen- oder Fuchsschwanzkiefer, erwähnt werden, die in den USA an der Baumgrenze von Colorado bis Nevada, Nordarizona und Südwestkalifornien anzutreffen ist. Von dieser Kiefer wurden 1954 in den im Regenschatten der Sierra Nevada gelegenen White Mountains in Kalifornien (etwa 100 km östlich des Yosemite-Nationalparkes) in über 3 000 m Höhe Exemplare einer besonderen Form (var. *longaeva*, der Name bedeutet »langlebig«) entdeckt, die bis 4 200 Jahre alt sind. Bis zum Jahre 1954 galten die Mammutbäume *(Sequoiadendron giganteum)* als die ältesten lebenden Bäume der Erde, von denen das älteste Exemplar etwa 3 200 Jahresringe aufwies. Dieser älteste Mammutbaum wird nun von den Borstenkiefern noch um 1 000 Jahre übertroffen.

Diese Kiefer hat jedoch kein so imposantes Aussehen wie der Mammutbaum. Die an der Baumgrenze wachsenden Exemplare sind nur etwa 10 m hoch, die ältesten wipfeldürr und am größten Teil des Stammumfanges seit langer Zeit abgestorben. Manchmal setzt nur ein einziger Ast das Leben des Baumes fort. Dabei stellte man fest, daß nicht die höchsten Exemplare die ältesten waren, sondern diejenigen, die an trockenen Steilhängen langsam aufwuchsen. Die Bäume wurden nicht zufällig entdeckt. Vielmehr suchte Professor Schulman bei seinen jahresringchronologischen Untersuchungen jahrelang planmäßig nach alten Bäumen und stieß dabei auch auf diese bemerkenswerten Exemplare der Borstenkiefer. Inzwischen sind am Wheeler Peak im östlichen Nevada in unmittelbarer Nähe eines Gletschers zwischen 3 200 und 3 700 m Höhe weitere lebende Exemplare dieser Art entdeckt worden, von denen eines sogar 4 900 Jahre alt ist. Wir haben hier die ältesten lebenden Pflanzen der Erde vor uns und gleichzeitig die ältesten Lebewesen überhaupt, da Tiere ein derartig hohes Alter nicht erreichen.

Da das Holz der Borstenkiefer noch Tausende von Jahren nach dem Tode des Baumes dem Verfall widersteht, ließen sich die Jahresringfolgen solcher Baumreste zu den an lebenden Bäumen gewonnenen hinzufügen und auf diese Weise eine zusammenhängende Chronologie von 7 100 Jahresringen aufstellen. Das Studium solcher Jahresringfolgen hat Bedeutung für die Beurteilung des Klimas vergangener Zeiten, für die Radiokarbonanalyse sowie für die Datierung früherer Ereignisse.

Obgleich die Bäume an wenigen schwer zugänglichen Stellen wachsen, entgeht kaum einer der Aufmerksamkeit von Anden-

Zweig der Weymouthskiefer, *Pinus strobus*, mit harzigen Zapfen. Die im östlichen Nordamerika verbreitete Art liefert ein wertvolles Holz.

Zweig mit Zapfen der Borstenkiefer, *Pinus aristata* var. *longaeva* (White Mountains, Kalifornien)

Eine großenteils abgestorbene Borstenkiefer, *Pinus aristata* var. *longaeva*, in den White Mountains in Kalifornien. Derartige Bäume werden zum Aufbau einer Jahresringchronologie herangezogen, die Auskunft über das Klima vergangener Zeiten gibt.

kenjägern, die ihnen in blanker Zerstörungswut unbarmherzig nachstellen. Mit Messern, Äxten und Sägen, selbst Motorsägen, geht man den Bäumen zuleibe, so daß buchstäblich kein Baum ohne Beschädigungen von Menschenhand ist.

Die zweite Untergattung *Pinus (Diploxylon)* ist durch Nadeln mit doppeltem Gefäßbündel im Zentralstrang gekennzeichnet. Bei der vierten Sektion *Sula* stehen die Nadeln zu 3 im Kurztrieb, und die Samenflügelhaut ist dem Samen angewachsen.

Die auf den Kanarischen Inseln heimische Kanarische Kiefer, *Pinus canariensis* ist ein bis 30 m hoher Baum mit ausgebreiteter Krone. Ihre Nadeln sind dünn und 20 bis 30 cm lang; die Zapfen erreichen eine Länge von 10 bis 17 cm. Der Baum kann bei guter Luftfeuchtigkeit viele Monate Trockenheit ertragen und hat außerdem die bei Koniferen

Wipfeldürres Exemplar und lichter Bestand der Borstenkiefer, *Pinus aristata* var. *longaeva*, in den White Mountains in Kalifornien in 3500 m Höhe. Einzelne Bäume erreichen ein Alter von 4600–4900 Jahren.

Lichter Bestand der Kanarischen Kiefer, *Pinus canariensis*, auf den Kanarischen Inseln. Die Art hat die bei Koniferen seltene Eigenschaft zu Stockausschlag.

seltene Eigenschaft zu Stockausschlag, d. h., es können sich neue Triebe aus dem Baumstumpf bilden. Er hat Bedeutung in der Forstwirtschaft erlangt und wird auf den Kanarischen Inseln, im Mittelmeergebiet, in Südafrika, Australien, Neuseeland und Kalifornien bei Aufforstungen angepflanzt. Das feste, dauerhafte Holz ist ein wertvolles Nutzholz, eines der besten Kiefernhölzer überhaupt. Man verwendet es als Bauholz, für Möbel und verarbeitet es in der Tischlerei. Der Baum kann aber auch auf Harz genutzt werden; seine Nadeln werden zum Verpacken von Bananen benutzt.

Die fünfte Sektion *Pinus (Eupitys)* weist zweinadelige Kurztriebe und eingliederigen Jahreszuwachs auf.

Zu ihr gehört die Kiefer oder Föhre, *Pinus sylvestris,* die von allen Kiefernarten das größte Verbreitungsgebiet aufweist, das von Schottland bis zur pazifischen Küste von Sibirien, von Nordwestnorwegen (hier bis 70°) bis Südspanien und vom arktischen Sibirien bis zur Nordmongolei reicht. Der bis 30 m hohe Baum bildet in Mitteleuropa besonders im nördlichen Flachland ausgedehnte, oft reine Bestände, die das Landschaftsbild bestimmen. Sein Holz ist weich, doch wegen

Wald der Kiefer oder Föhre, *Pinus sylvestris*, mit Heidelbeeren als Unterwuchs. Diese Kiefer hat von allen Arten der Gattung das größte Verbreitungsgebiet.

seines Harzgehaltes sehr dauerhaft und wird zu Balken, Latten, Eisenbahnschwellen, als Gruben-, Bau- und Zelluloseholz usw. verwendet. Der Baum, der viele Klimarassen bildet, wird wegen seiner geringen Ansprüche an Klima und Boden auch in vielen Ländern forstlich kultiviert, so in europäischen Staaten, in den USA und Kanada, in Nordostchina und Neuseeland. Sogar in Grönland ist er versuchsweise angebaut worden. Auch wegen ihres Harzreichtums wird die Kiefer genutzt.

Kiefernnadeln sind ein empfindlicher Anzeiger für Luftverschmutzung. So wurde in den Jahren 1983 bis 1984 in Teilen Schwedens in Kiefernnadeln ein hoher Prozentsatz von DDT festgestellt, obwohl diese Substanz wegen ihrer Gefährlichkeit in weiten Teilen Europas seit den siebziger Jahren verboten oder sehr stark in der Anwendung reduziert war. Es konnte ermittelt werden, daß im Süden der damaligen DDR in den Wäldern ein starkes Verstäuben von DDT durchgeführt worden war, Ausdruck eines kriminellen Umgangs in diesem Staat mit der Umwelt.

Bei einigen Arten der Gattung *Pinus* kann eine Verwachsung der Wurzeln verschiedener Bäume miteinander auftreten. Man beobachtete sie häufig bei *Pinus resinosa* und *Pinus strobus*, und sie erfolgt bei *Pinus strobus* in einem solchen Maße, daß mehrere Bäume geradezu eine organische Einheit bilden. Bei *Pinus sylvestris* sind in älteren Beständen etwa ein Viertel der Bäume durch Wurzelverwachsungen mit anderen in organischer Verbindung. Die Zahl der so verbundenen Bäume ist besonders groß in Beständen, die aus dichter Saat hervorgegangen sind. Aber auch bei älteren Bäumen können bis zu 10 Stück miteinander verbunden sein, wobei Nährsalze und Wasser dann von einem Baum auf den anderen übergehen. So erklärt es sich auch, daß Stubben von gefällten Bäu-

Zweig der Kiefer, *Pinus sylvestris*, mit unreifen Zapfen

Zweig mit männlichen Blüten der Kiefer, *Pinus sylvestris*

men noch nach Jahrzehnten leben und ein gewisses Wachstum zeigen. Bäume, deren Kronen seit langer Zeit abgestorben sind, können an der Basis noch ein lange andauerndes, sekundäres Dickenwachstum aufweisen.

In Gebirgen und Mooren von Mittel- und Südeuropa wächst die Bergkiefer, *Pinus mugo*, die in verschiedenen Formen auftritt. Sie ist baumförmig oder niedrig strauchartig (Krummholz oder Knieholz). In mehreren Ländern Europas wird *Pinus mugo* forstlich kultiviert, und an der Nord- und Ostseeküste findet sie bei Dünenaufforstungen Verwendung.

Die Schwarzkiefer, *Pinus nigra*, ist in Südeuropa sowie Kleinasien heimisch und tritt in

Strauchartiger Bestand der Bergkiefer, *Pinus mugo*, in etwa 2000 m Höhe an der Silvretta-Hochstraße in den Alpen

mehreren Unterarten auf, die u. a. nach anatomischen Merkmalen der Nadeln unterschieden werden. Die Stämme der Schwarzkiefer sind sehr gerade und erreichen manchmal außerordentliche Dimensionen. Auf Korsika wurde ein Baum von 45 m Höhe gefällt, der einen Meter über dem Grund 8 m Stammumfang aufwies und noch in 14 m Höhe einen Stammumfang von 6,6 m hatte. Die Schwarzkiefer eignet sich wegen ihrer geringen Ansprüche an die Bodenfeuchtigkeit besonders zur Aufforstung von Karstfelsen der Mittelmeerländer. Die Art findet in vielen Ländern Europas, in der Türkei, den USA, Australien und Neuseeland bei der Aufforstung trockener, kalkhaltiger Standorte Verwendung. Ihr Holz ist weich, sehr harzreich und daher sehr dauerhaft und wird zu Erd- und Wasserbauten, als Grubenholz und zur Papierherstellung benutzt. Die Schwarzkiefer liefert von allen europäischen Holzarten das meiste und terpentinreichste Harz.

Die sechste Sektion *Banksia* hat zweinadelige Kurztriebe und mehrgliedrigen Jahreszuwachs.

Die Bankskiefer, auch Strauchkiefer oder Zwergkiefer genannt, *Pinus banksiana*, ist die nördlichste amerikanische Kiefernart, die im Mackenzie-Tal bis 65° nördlicher Breite vorkommt. Sie erreicht eine Höhe von 25 m, an der arktischen Verbreitungsgrenze ist sie aber nur strauchförmig ausgebildet. Die Bankskiefer wächst auf den schlechtesten Böden (Flugsand, Dünen, Ödland) und zeichnet sich durch sehr große Frosthärte aus. In den USA und Kanada wird sie forstlich kultiviert, und das leichte und weiche Holz verwendet man zur Herstellung von Kisten und besonders von Papier. Die reifen Zapfen öffnen sich erst bei sehr hohen Temperaturen, in der Natur besonders nach Bränden, da die Zapfenschuppen durch Harz zusammengehalten werden. Sogar bei sehr hohen Temperaturen (480 °C für 30 Sekunden) bleibt die Keimfähigkeit der Samen fast unvermindert erhalten, sofern nur die Zapfen nicht zu brennen anfangen, und auch die Samen selbst können sehr starke Hitze ohne großen Schaden ertragen, eine Eigenschaft, die für die Nachfolgeentwicklung der Wälder und für forstliche Belange von großer Bedeutung ist. Eine weitere Art dieser Sektion, die Drehkiefer, *Pinus contorta*, kommt im westlichen Nordamerika von Alaska bis Kalifornien (östlich bis Montana und Colorado) vor. Sie wird in Kanada, Neuseeland und Europa forstlich kultiviert und das Holz u.a. zur Papierherstellung verwendet.

Bergkiefer, *Pinus mugo*, mit Zapfen. Die Art ist in den Gebirgen von Mittel- und Südeuropa beheimatet.

Die im Mittelmeergebiet weitverbreitete Aleppo-Kiefer, *Pinus halepensis*, auch Strandkiefer genannt, erreicht eine Höhe von 25 m. Die Art, die meist eine schlechte Stammform aufweist, ist ein wichtiger Pionier auf trockenheißen Karsthängen, weshalb man sie im Mittelmeergebiet bei Aufforstungen verwendet. Das Holz ist sehr harzreich, hart und schwer und wird zu Telegraphenmasten, als Gruben- und Bauholz sowie im Schiffbau benutzt. Der Baum ist auch für die Harzgewinnung geeignet.

Die siebente Sektion *Pinea* ist durch zweinadelige Kurztriebe und unvollkommene Samenflügel charakterisiert.

Hierher gehört als einzige Art die Pinie, *Pi-*

Zweig mit Zapfen der Schwarzkiefer, *Pinus nigra*, in verschiedenen Entwicklungsstufen. Die Art ist in Südeuropa und Kleinasien heimisch.

nus pinea, die im Mittelmeergebiet von Kleinasien bis zu den Kanarischen Inseln anzutreffen ist. Da der Baum besonders wegen der großen, eßbaren Samen seit der Römerzeit kultiviert wird, kann man sein natürliches Verbreitungsgebiet nicht mehr feststellen. Die Pinie ist ein 15 bis 20 m hoher Baum mit im Alter sehr charakteristischer schirmförmiger Krone. Seine hellgrünen, steifen Nadeln sind 10 bis 20 cm lang. Die 8 bis 15 cm langen, bis 15 cm dicken und sehr harzreichen Zapfen haben eiförmig-kugelige Gestalt. Die Samen sind groß, dick- und hartschalig und erreichen eine Länge von 2 cm, ihre Flügel sind schmal und abfällig. Die zimtbraunen Samen haben einen mandelähnlichen Geschmack. Neben der dickschaligen Form gibt es auch eine Varietät mit dünner, leicht zerbrechlicher Samenschale (var. *fragilis*).

Die Samen der Pinie, in Italien Pinoli genannt, wurden zur Zeit des Plinius in Honig aufbewahrt, man fand sie unter Haushaltsvorräten in den Ruinen von Pompeji. Ihr Vorkommen in Abfallhaufen römischer Heerla-

Bestand der im Mittelmeergebiet beheimateten Aleppo-Kiefer, *Pinus halepensis*, einem wichtigen Pionier in Karstgebieten

Die Pinie, *Pinus pinea*, ein Baum der Mittelmeerländer (hier bei Fréjus an der Côte d'Azur in Frankreich), ist durch seine im Alter schirmförmige Krone gekennzeichnet.

Zapfen der Pinie, *Pinus pinea*. Die Samen (Pinoli) des im Mittelmeergebiet kultivierten Baumes sind eßbar.

ger in England läßt vermuten, daß sie einen Teil der Rationen der römischen Legionen ausmachten. Aber auch die dünnschalige Form scheint schon sehr alt zu sein, wie aus einer entsprechenden Beschreibung von Plinius hervorgeht. In Italien werden die Pinoli heute hauptsächlich zur Herstellung von Süßigkeiten verwendet, außerdem ißt man sie wie Erdnüsse roh oder geröstet. Die meisten Piniensamen werden in Italien und Spanien gesammelt. Obwohl die Pinie in Italien weitverbreitet ist, findet ein kommerzielles Sammeln aber nur in einigen Gegenden von Mittelitalien statt. Die Ernte der Zapfen erfolgt vom Oktober bis Ende März, indem man sie mit Hilfe einer langen Stange mit einem Eisenhaken am Ende sammelt. Nur Samen der besten Qualität werden ausgeführt. Die besten Samen können auch zur Herstellung eines Öls für pharmazeutische Zwecke benutzt werden. Die Samenschalen und Zapfenschuppen ergeben außerdem ein gutes

Die Sumpfkiefer, *Pinus palustris*, liefert eines der besten Hölzer Nordamerikas (pitch pine).

Bestand der Gelbkiefer, *Pinus ponderosa*, in der Sierra Nevada (Kalifornien). Die Art liefert ein wichtiges Nutzholz.

Brennmaterial. Erstere werden aber auch als Farbstoffe für Fischnetze und als Gerbstoffe benutzt, da sie bis zu 25 % Tannine enthalten. Schließlich wird die Pinie im gesamten Mittelmeergebiet und in Südafrika forstlich kultiviert und das grobfaserige Holz als Bau-, Gruben- und Tischlerholz verwendet.

Die Kurztriebe der achten Sektion *Australes* haben 3 (2 bis 5) Nadeln, die Harzgänge der Nadeln finden sich an der Endodermis.

Aus dieser Sektion sei nur eine Art erwähnt, die Sumpfkiefer, Parkettkiefer oder Echte Pitch-Pine, *Pinus palustris*. Der bis über 30 m hohe Baum ist in den südöstlichen USA auf Sandebenen am Atlantischen Ozean und am Golf von Mexiko beheimatet. Die Art liefert eines der wertvollsten Hölzer Nordamerikas und ist auch als Terpentinbaum von Bedeutung. Das Pitch-Pine-Holz ist ziemlich hart, schwer, harzreich und sehr dauerhaft, es ist wohl das beste Kiefernholz der Welt, das als Bauholz, in der Möbeltischlerei, zu Fußböden, Eisenbahnschwellen, Eisenbahnwagen, im Schiffbau und als Grubenholz verwendet wird. *Pinus palustris* wird in den USA und in Südafrika forstlich kultiviert. Ihre Nadeln erreichen eine Länge von 20 bis 45 cm, daher auch die amerikanische Bezeichnung longleaf pine.

Die Kurztriebe der neunten Sektion *Khasia* sind dreinadelig und die Harzgänge der Nadeln liegen dem Hautgewebe an.

Die Philippinen-Kiefer, *Pinus insularis*, ist auf den Philippinen heimisch, eine andere Art, die Khasia-Kiefer, *Pinus khasya*, kommt im Himalajagebiet, Burma und Hinterindien vor. Beide Arten werden forstlich kultiviert und liefern Bauholz.

Bei der zehnten Sektion *Pseudostrobus* haben die Kurztriebe 3 bis 5 (oder auch mehr) Nadeln, deren Harzgänge sich im Parenchym befinden.

Hier ist die Gelbkiefer, *Pinus ponderosa*, zu erwähnen, die im pazifischen Nordamerika vom südlichen Britisch-Kolumbien in Kanada bis Nordmexiko verbreitet ist. Sie erreicht eine Höhe von etwa 60 m und wird unter den Kiefernarten nur von der Zuckerkiefer übertroffen. Der Stammdurchmesser beträgt etwa 1 bis 1,20 m, in seltenen Fällen

Männliche Blüten der Gelbkiefer, *Pinus ponderosa*, des im Pazifischen Nordamerika beheimateten Baumes

bis etwa 2,40 m. Die Stämme der Gelbkiefer, die ihren Namen nach den dunkelgelbgrünen Nadeln hat, sind etwa 12 bis 18 m astfrei. Sie liefert ein wichtiges Nutzholz, das man für Eisenbahnbauten, als Grubenholz und für Telegraphenstangen verwendet. Die Gelbkiefer wird in den USA, Mexiko, Südamerika, Australien und Neuseeland forstlich kultiviert.

Die Kurztriebe der elften Sektion *Taeda* sind dreinadelig, und die Harzgänge der Nadeln befinden sich im Parenchym.

Zu erwähnen ist hier die Weihrauchkiefer, *Pinus taeda*, die in den südöstlichen USA große Wälder bildet. Der Baum liefert ein weihrauchartiges Harz, Terpentin und Nutzholz, das zu Kistenbrettern und als Grubenholz verwendet wird. Die Weihrauchkiefer wird in den USA, Argentinien, Süd- und Ostafrika, Neuseeland und Australien forstlich kultiviert.

Aus Südkalifornien stammt die Monterey-Kiefer, *Pinus radiata*, die bis 45 m hoch wird und durch sehr ungleichseitige Zapfen gekennzeichnet ist. Als Forstbaum hat diese Kiefer Berühmtheit erlangt, da sie außerordentlich raschwüchsig ist und nur geringe Ansprüche an Boden und Sommerfeuchtigkeit stellt. In dem Heimatgebiet Südkaliforniens wächst der Baum nur auf einer Fläche von 6500 ha, während die forstlichen Kulturflächen dagegen etwa eine Million ha betragen. Allein in Chile sind 300000 ha mit ihr bepflanzt. Diese Aufforstungen ergeben je Hektar und Jahr etwa das Vier- bis Fünffache des Holzertrages, der sich in den deutschen Wäldern erwirtschaften läßt. In Neuseeland stellt diese Art die wichtigste Holzart dar. Außer auf der Südhalbkugel wird die Monterey-Kiefer auch im Mittelmeergebiet forstlich angebaut. Die Baumart liefert mittelgutes Nutzholz sowie gutes Zellstoff- und Papierholz. So hat die in ihrer kalifornischen Heimat auf armen Sandböden wachsende unbeachtete Monterey-Kiefer in wenigen Jahrzehnten große Bedeutung für die Ödlandaufforstung in der Hartlaubzone der Erde erlangt.

Die Coulters-Kiefer, *Pinus coulteri*, ist in Kalifornien und Nieder-Kalifornien in Mexiko beheimatet und durch sehr große und schwere Zapfen gekennzeichnet, die 25 bis 40 cm lang sind und ein Gewicht von 2 kg erreichen. Die etwa 2 cm langen Samen sind eßbar. Die Art wird u. a. in Kalifornien versuchsweise forstlich kultiviert.

Den zahlreichen Kiefernarten der Gegenwart stehen eine große Menge fossiler Reste gegenüber, deren älteste aus der Jurazeit stammen. Es lassen sich hier bereits Vertreter der beiden heute unterschiedenen Untergattungen feststellen. Alle diese Reste fand man auf der nördlichen Halbkugel, während auf der Südhalbkugel bisher keine solchen von Kiefern oder anderen Vertretern der Kieferngewächse gefunden wurden. Aus dem Mesozoikum und dem Tertiär liegen Reste von Kiefern aus der Arktis vor. In Europa sind Kiefernfunde aus der Kreide häufig, aber auch in Tertiärschichten finden sich zahlreiche Kiefernreste. So konnten im Unterpliozän von Frankfurt (Main) unter fast 30 Koniferen (heute kommen in ganz Mitteleuropa nur 9 verschiedene Nadelhölzer wild vor!) allein 8 Kiefernarten aus 4 Sektionen festgestellt werden, darunter die Waldkiefer, *Pinus sylvestris*, die Schwarzkiefer, *Pinus nigra*, eine der Bergkiefer nahestehende Art sowie die heute im östlichen Nordamerika vorkommende Weymouthskiefer, *Pinus strobus*.

Die bisher im europäischen Tertiär nach Zapfen festgestellten *Pinus*-Arten gehören zu 21 Formenkreisen und können mindestens 40 abgrenzbaren Arten zugewiesen werden. Die meisten Formen stimmen in ihren Zapfen nicht mit lebenden Arten überein, sondern stellen eigene, gut definierbare Arten dar. Daran ist eine artenreiche, endemische Entwicklung der Gattung in Europa abzulesen.

Kiefernarten waren von großer Bedeutung als alleinige Lieferanten des Bernsteins, der in Klumpen bis zu mehreren Kilogramm anzutreffen ist. Bereits in der Steinzeit wurde der Bernstein zu verschiedenen Kultfiguren und anderem verarbeitet.

Familie Sumpfzypressengewächse, Taxodiaceae

Zu den Sumpfzypressengewächsen gehören 10 heute lebende Gattungen mit 15 Arten, die in ihrer geographischen Verbreitung Besonderheiten zeigen. Sie sind Reliktformen einer Gruppe, die im Tertiär und in der Kreidezeit eine wesentlich weitere Ausdehnung hatte. Die heutigen Gattungen haben nur noch eine beschränkte Verbreitung, sie enthalten lediglich je eine oder wenige Arten. 3 Gattungen sind in Nordamerika beheimatet, 6 in Ostasien, und eine Gattung kommt nur in Tasmanien vor. Die Hauptverbreitung der Familie liegt auf der Nordhalbkugel. Zu der Familie zählen auch die Mammutbäume, die Riesen des Pflanzenreiches.

Die Arten der Sumpfzypressengewächse sind Bäume mit spiralig angeordneten pfriemlichen, schuppen-, nadel- oder sichelförmigen Blättern. Die Pollenkörner besitzen keine Luftsäcke. Die 2 bis 9 Samenanlagen sind aufrecht oder umgewendet und nur am Grunde angeheftet. Die Zapfenschuppen verholzen meist bei der Reife und setzen sich aus dem Samenwulst und der Deckschuppe zusammen.

Als erste müssen die beiden Mammutbäume, *Sequoia sempervirens*, Immergrüner Mammutbaum oder Küstensequoie, und *Sequoiadendron giganteum*, Riesenmammutbaum, besprochen werden, die zu den eindrucksvollsten und berühmtesten Pflanzengestalten der Erde gehören.

Beide Mammutbäume sind immergrün. Der Immergrüne Mammutbaum war ursprünglich als eine Art der Gattung *Taxodium*, Sumpfzypresse, beschrieben worden, bei der die Kurztriebe jährlich abfallen. Der Artname (*sempervirens* = immergrün) sollte den Gegensatz zu den anderen *Taxodium*-Arten ausdrücken. Bei der Überführung der Art in die Gattung *Sequoia* blieb der Artname bestehen. Die Blätter des Riesenmammutbaums sind pfriemlich bis schuppenförmig, allseitswendig, die des Immergrünen Mammutbaums linealisch, nadelförmig und zweizeilig angeordnet. Die Rinde ist bei beiden Arten rötlich, beim Immergrünen Mammutbaum hat sie eine faserige, beim Riesenmammutbaum eine schwammige Struktur. Die beim Riesenmammutbaum bis zu 60 cm dicke Rinde, die fast unverbrennbar ist, bietet einen wirksamen Schutz gegen Brände. Als Besonderheit des Immergrünen Mammutbaumes ist noch zu vermerken, daß die Art ein großes Ausschlagsvermögen besitzt. Aus der breiten Übergangszone von den flach wachsenden Seitenwurzeln zum Stamm treten Stockausschläge hervor. Ein alter Baumstumpf kann daher von einem weiten Ring von Stämmen der zweiten Generation umgeben sein.

Der erste Bericht über diese in Kalifornien beheimateten Bäume stammt von dem Pater Juan Crespi, der im Jahre 1769 als Mitglied einer Expedition des Don Caspar de Portola diese Bäume sah. Er schreibt darüber: »In dieser Gegend ist ein großer Reichtum an diesen Bäumen, und da niemand der Expedition sie kannte, wurden sie wegen ihrer Farbe Redwood (Rotholz) genannt.« Es ist anzunehmen, daß es sich hierbei um den Immergrünen Mammutbaum gehandelt hat, dessen Wuchsorte vom Stillen Ozean aus am leichtesten zu erreichen waren. Auch Teilnehmer späterer Expeditionen beschrieben nur das Ungewöhnliche dieser gigantischen Bäume, ohne Material davon mitzubringen. Erst viel später versuchte man, Samen der Bäume zu erhalten. Die wissenschaftliche Beschreibung der Arten ließ noch länger auf sich warten: Sie erfolgte für den Immergrünen Mammutbaum im Jahre 1824, für den Riesenmammutbaum 1853. Die wissenschaftlichen Namen haben oft gewechselt, da mit diesen eindrucksvollen Bäumen die Namen verschiedener berühmter Männer der Geschichte verknüpft wurden *(Washingtonia, Wellingtonia)*. Die heute verwendete wissenschaftliche Bezeichnung für die Mammutbäume leitet sich von dem Namen des Indianers Se-Quo-Yah (1770 bis 1843) aus dem Stamme der Irokesen ab, der das erste indianische Alphabet entwickelte und bei den nordamerikanischen Indianern die Schrift einführte.

Die höchsten und gewaltigsten Riesenmammutbäume haben Namen erhalten. So trug der größte bisher gemessene, heute aber nicht mehr vorhandene Mammutbaum den Namen »Vater des Waldes«. Er hatte eine Höhe von 135 m, und sein Stammdurchmesser betrug, am Wurzelansatz gemessen, 12 m. Ein bereits gefällter Baum mit dem Namen »Herkules« war 114 m hoch bei einem Stammdurchmesser von 9,5 m. Die unteren

Riesenmammutbaum, *Sequoiadendron giganteum*, im Sequoia-Nationalpark in Kalifornien. Die Art wird in der Höhe nur vom Immergrünen Mammutbaum übertroffen.

45 m des Stammes waren vollständig astfrei. Der Riesenmammutbaum, der im Augenblick die größte Stärke aufweist, ist der 89 m hohe »General Grant«, dessen Stammdurchmesser 12,3 m beträgt (am Wurzelansatz gemessen). Sehr bekannt ist auch der »Tunnelbaum«, durch den eine Straße führt, der aber »nur« 70 m hoch ist, bei 7,8 m Durchmesser (am Wurzelansatz). Im 92 m hohen und 8 m dicken »Hausbaum« ist eine Sommerwohnung eingerichtet. Der im Sequoia National Park wachsende »General Sherman« ist 83 m hoch, und der Durchmesser des Stammes beträgt am Wurzelansatz 11 m, in 3 m Höhe noch über 8 m, damit enthält dieser Baum 1 400 m^3 Holz.

Der Immergrüne Mammutbaum erreicht zwar nicht die Dicke des Riesenmammutbaumes, doch kann er sich in der Höhe mit ihm messen. Der im Humboldt Redwoods State Park wachsende »Founder's Tree« hat z. B. eine Höhe von 107 m und galt lange Zeit als der höchste Baum der Erde. Neuerdings wurde im Redwood Creek Grove (Humboldt County) in Kalifornien ein Exemplar entdeckt, das mit 112 m nunmehr als der höchste Baum der Erde anzusehen ist. Wohl wird den Eukalypten, und zwar der Art *Eucalyptus salicifolia (= Eucalyptus amygdalina),* Sumpfgummibaum, noch eine größere Höhe von 150 bis 155 m zugeschrieben, doch sind in letzter Zeit keine Exemplare solchen Ausmaßes genau angegeben worden.

Angesichts der bedeutenden Dimensionen der Mammutbäume erhebt sich die Frage nach ihrem Alter. Bei der Dicke der Stämme läßt sich die Methode der Entnahme eines Bohrspanes zur Jahresringzählung nicht durchführen. Man kann sie daher nur an gefällten Exemplaren vornehmen. Auf diese Weise wurden an einem Riesenmammutbaum 3 148 Jahresringe gezählt, während sich andere Angaben auf 4 000 oder sogar 5 000 Jahre belaufen, doch ist zumindest die letzte Zahl nur als Schätzung zu betrachten. Der Immergrüne Mammutbaum erreicht nicht ein derartig hohes Alter. Diese Bäume sind selten über 1 400 Jahre alt, und nur als Ausnahme wurde ein Baum gefunden, der ein Alter von 2 200 Jahren aufwies.

In neuerer Zeit konnte durch Anwendung der Radiokarbon (C^{14})-Methode ermittelt werden, daß das Holz im Zentrum starker Mammutbäume wirklich 3 000 Jahre alt ist. Außerdem wurde ein durchgehendes radiales Stück eines sehr alten Stammes des Riesenmammutbaumes benutzt, um zu prüfen, ob der Gehalt der Luft an Kohlendioxid (CO_2) während der Zeit des Lebens dieses Baumes Schwankungen unterlag oder konstant war. Dazu hat man im Abstand von ungefähr 50 Jahresringen Proben entnommen und untersucht. Der innerste Jahresring stammte nach Zählung aus dem Jahre 1115 v. u. Z., der äußerste aus dem Jahre 1883, wobei allerdings der innerste Teil des Stammes und die äußeren Ringe etwa vom Jahre 1650 ab wegen Verfalls nicht ausgewertet werden konnten. Die verbleibende Spanne von immerhin 2 700 Jahren ließ keine Unterschiede in der durchschnittlichen Isotopenzusammensetzung des Kohlenstoffgehaltes der Luft erkennen. Bei der Langlebigkeit der Mammutbäume ist es nicht verwunderlich, daß sie auch zu dendrochronologischen Untersuchungen herangezogen wurden (vgl. dazu die Ausführungen bei *Pinus aristata*).

Daß beide Mammutbäume im westlichen Nordamerika beheimatet sind, wurde bereits erwähnt. Der Immergrüne Mammutbaum kommt in einem schmalen Streifen in der Küstenregion von Nordkalifornien vor, nördlich reicht das Verbreitungsgebiet bis in die Südwestecke des Staates Oregon. Er wächst an Abhängen des Küstengebirges bis zu einer Meereshöhe von 1 000 m und ist für die Zone der Küstennebel charakteristisch. Der Baum bildet meist zusammenhängende große Reinbestände. Das von ihm bestockte Gebiet ist ungefähr 810 000 ha groß, und der Holzvorrat beträgt etwa 118 Millionen m^3.

Der Riesenmammutbaum hat dagegen ein viel kleineres Verbreitungsgebiet in Kalifornien, das zwischen dem 36. und dem 38. Breitengrad liegt. Er wächst an den westlichen Abhängen der Sierra Nevada (Schneegebirge) in einer Meereshöhe von 1 500 bis 2 650 m. Die vom Riesenmammutbaum bestockte Fläche wurde im Jahre 1958 auf 7 000 ha geschätzt, sie ist außerdem stärker als die des Immergrünen Mammutbaumes mit anderen Holzarten untermischt. Fast sämtliche Bestände dieser Art werden in Nationalparks geschützt, deren bedeutendste der Yosemite-Nationalpark und der Sequoia-Nationalpark sind. Zum erstgenannten Park gehört auch der Mariposa-Forst, der besonders imposante Bäume aufzuweisen hat.

Der anderen Mammutbaumart wird ebenfalls ein umfangreicher Schutz, besonders in den Staatsparks, zuteil. So hatte man bis zum Jahre 1957 19 Staatsparks geschaffen, in denen der Immergrüne Mammutbaum unter Naturschutz steht. Diese Parks umfassen insgesamt 27500 ha. Weiterhin wird durch eine Reihe forstlicher Maßnahmen dafür gesorgt, daß die Bestände erhalten bleiben bzw. sinnvoll genutzt werden. Im Staate Oregon hat man mit beiden Arten auch forstliche Anpflanzungen vorgenommen.

Mit der Besiedlung des amerikanischen Westens erfolgte eine starke Dezimierung der Mammutbäume durch die Goldsucher und die Brüder der Missionsstationen. Das in großen Mengen und Dimensionen vorhandene wertvolle Holz ließ sich sehr vielseitig verwenden, so daß die Bestände im Laufe der Zeit zusammenzuschmelzen begannen. Besonders das Rotholz des Immergrünen Mammutbaumes hat ganz hervorragende Eigenschaften, z. B. ist es sehr widerstandsfähig gegen Witterungseinflüsse. So sind aus Rotholz errichtete Bauten der ersten Einwanderer und der Goldgräber noch heute erhalten. Daß trotzdem eine große Menge starker Exemplare übriggeblieben ist, beruht nicht so sehr auf der Einsicht, diese Bäume zu schützen, sondern ist dem Umstand zu verdanken, daß die Werkzeuge in früherer Zeit zum Fällen und Aufarbeiten dieser Baumriesen ungeeignet waren. Durch die heutigen umfangreichen Schutzmaßnahmen hat der Raubbau an diesen Bäumen ein Ende gefunden, obgleich längst nicht alle Probleme der Regeneration und Wiederaufforstung gelöst sind.

Da die Bestände des Riesenmammutbaumes fast gänzlich geschützt sind, spielt das Holz dieser Art keine nennenswerte wirtschaftliche Rolle, während das des Immergrünen Mammutbaumes dagegen im letzten Jahrhundert in den USA zu einem sehr wichtigen Wirtschaftsfaktor geworden ist. Es läßt sich in sehr vielfältiger Weise, z. B. zu Eisenbahnschwellen, Eisenbahnwagen, Telegrafenstangen, zum Hausbau, zu Möbeln, zur Papierherstellung usw., verwenden. Das Holz ist sehr dauerhaft und termitenfest, so daß es auch in die Tropen (Mittelamerika) exportiert wird. Die Produktion von Bauholz hat einen jährlichen Wert von über 150 Millionen Dollar, dazu kommen noch 50 bis 75 Millionen Dollar für Furnier- und Papierholz. Vielfach treten am Holz knotenförmige Auswüchse auf, die einen Durchmesser von mehreren Metern erreichen können. Diese »burls« genannten Holzknoten, die abnorme Auswüchse schlafender Knospen darstellen und am Stamm oder Stammgrund auftreten, zeichnen sich durch eine besonders schöne Maserung aus und sind daher für wertvolle Holzarbeiten sehr gesucht. Solche tumorartigen Knollen werden durch die Infektion mit *Agrobacterium tumefaciens* hervorgerufen. Auch die Rinde des Baumes findet Verwendung. Sie wird zerschnitzelt und u. a. als Isoliermaterial und Polster für Fruchtkisten verwendet. In einigen Ländern der Erde führt man mit Mammutbäumen forstlichen Versuchsanbau durch; ebenso sind sie als Zierbäume in vielen Ländern anzutreffen.

Mit den Mammutbäumen zu vergleichende Fossilien liegen in den Arten *Sequoia reichenbachii* und *Sequoia langsdorfii* vor. Dabei entspricht die erste Art morphologisch *Sequoiadendron giganteum*, die zweite *Sequoia sempervirens*. Die fossilen Arten sind in der Kreide und besonders im Tertiär der nördlichen Halbkugel gefunden worden. Nach den Hölzern ist *Sequoia langsdorfii* in den Braunkohlenvorkommen wesentlich häufiger als *Sequoia reichenbachii* und als die Gattung *Taxodium*, Sumpfzypresse, sie stellt den Hauptbestandteil der Braunkohlen dar. Äußerlich lassen sich die Blätter von *Sequoia langsdorfii* und *Taxodium* nur schwierig unterscheiden, doch ist mit Hilfe anatomischer Merkmale (Orientierung der Spaltöffnungen) eine Trennung möglich. Insgesamt sind Reste von *Sequoia* aus Kreide und Tertiär von Europa, Asien und Nordamerika bekannt geworden. Der bisher älteste Fund eines zur Gattung *Sequoia* zu stellenden Fossils ist *Sequoia jeholensis* aus dem Jura des südlichen Nordostchina. Die Gattung *Sequoia* ist daher als eine der ältesten Gattungen der Sumpfzypressengewächse anzusehen.

Daß die Mammutbäume auch in früheren Zeiten ein hohes individuelles Alter erreichten, beweist der Fund eines verkieselten Stammes im Unteren Miozän von Malliß (Mecklenburg), für den ein ungefähres Alter

Zweig und Zapfen des Urwelt-Mammutbaumes, *Metasequoia glyptostroboides*. Die Kurztriebe mit den gegenständigen Nadeln werden jährlich abgeworfen.

von 1500 Jahren ermittelt werden konnte.

Die Gattung *Metasequoia* ist der Gattung *Sequoia* ähnlich, doch sind die zweizeilig angeordneten Blätter stets sommergrün. Die Entdeckungsgeschichte dieser Gattung ist so bemerkenswert, daß sie hier etwas ausführlicher geschildert werden soll. Beim Studium von Pflanzen aus dem Jungtertiär von Honshu (Japan) bemerkte der Botaniker Miki Nadelholzzweige, die mit Zweigen von *Taxodium* Ähnlichkeit hatten, doch anstelle von wechselständigen Blättern gegenständige aufwiesen. In Verbindung damit fanden sich Zapfen, die oberflächlich betrachtet den Zapfen der Gattung *Sequoia* glichen, doch anstatt wechselständiger Schuppen gegenständig angeordnete besaßen. Zapfen vom Typ der Gattung *Taxodium* fehlten dagegen vollständig. Bei der Suche nach weiteren besser erhaltenen Fundstücken fand Miki auch Reste von Langtrieben mit den Narben abgefallener Kurztriebe. Weiter ließ sich feststellen, daß die Blätter der Kurztriebe Bänder mit in Längsreihen angeordneten Spaltöffnungen zeigten. Diese Kombination von Merkmalen schloß die Zurechnung des Zweigmaterials zu den Gattungen *Sequoia* oder *Taxodium* aus. So kam Miki zu dem Schluß, daß die *Sequoia*-ähnlichen Zapfen und die mit ihnen zusammen vorkommenden *Taxodium*-ähnlichen Zweige zu einer Pflanzenart gehören, die einer bis dahin unbekannten Gattung der Sumpfzypressengewächse zugerechnet werden muß. Diese Gattung beschrieb er im Jahre 1941 unter dem Namen *Metasequoia*, um damit die Ähnlichkeit zur Gattung *Sequoia* zum Ausdruck zu bringen. Einen Teil seines Materials identifizierte Miki mit der von Heer im Jahre 1876 aus dem Tertiär der Arktis beschriebenen *Sequoia disticha* und bezeichnete es als *Metasequoia disticha.*

Die Entdeckung einer Pflanzengattung auf Grund paläobotanischen Materials ist nun allerdings nichts Außergewöhnliches, auch muß noch herausgestellt werden, daß zapfentragende Zweige niemals in direkter Verbindung mit Langtrieben, die gleichzeitig Kurztriebe zeigten, gefunden wurden. Auch ein Vergleich der Blattoberhäute der zapfentragenden und der unfruchtbaren Zweige zur Bestätigung der Zusammengehörigkeit ließ sich nicht anstellen. Die Zusammengehörigkeit dieser Zweige konnte daher nur aus ihrer Vergesellschaftung in den Ablagerungen (was allein natürlich nicht ausreichte) und aus der Tatsache gefolgert werden, daß die Blattstellung der Zweige übereinstimmte. Die auf Grund des reichen Materials vorgenommene Beschreibung des Baumes durch Miki war aber dennoch so vollständig, daß die 7 Jahre später beschriebene lebende Art von *Metasequoia* damit identifiziert werden konnte.

Im Jahre 1941 fand T. Kan von der Universität Nanking bei einer Reise im Grenzgebiet des östlichen Sichuan und des westlichen Hubei (Hupeh) in Zentralchina einen Nadelbaum mit abfallenden Blättern, der von den Einheimischen »shui-hsa« – Wassertanne oder Wasserlärche – genannt wurde. Der Fundort, ein Dorf namens Mo-tao-chi, liegt etwa 50 km südöstlich von Wansien, einer großen Stadt am Jangtsekiang. Wegen der ungünstigen Jahreszeit konnte damals kein Material gesammelt werden. Im Sommer des Jahres 1944 reiste T. Wang vom Zentralbüro für Forstliche Forschung Nanking in dieselbe Gegend, wo er in Mo-tao-chi Zweige und

Zapfen dieses Baumes sammelte. Wang hielt ihn zunächst für eine Art der Gattung *Glyptostrobus*. Ein Jahr später erkannte Ch. Wu, daß der Baum zu einer in China bisher nicht bekannten Gattung gehört, eine Meinung, die bald von H. H. Hu und W. C. Cheng bestätigt wurde. Im Jahre 1946 sandte Cheng 2 Expeditionen aus, bei denen 25 Exemplare der neuen Konifere festgestellt und umfangreiches Material gesammelt werden konnte. Ein Teil davon wurde E. D. Merrill, dem damaligen Direktor des Arnold Arboretums in den USA, übersandt, der auf einer von dieser Institution und der Universität von California finanzierten und von Cheng geleiteten Expedition im Jahre 1947 auch Samen sammeln ließ. Auf dieser Expedition konnten im Grenzgebiet der Provinzen Sichuan und Hubei (Hupeh) auf einer Fläche von etwa 800 Quadratkilometern zahlreiche Bäume festgestellt werden. Im Zentrum der Verbreitung, dem Shui-hsa-Tal in Hubei (Hupeh), wurden wenigstens 1000 Exemplare in verschiedenen Altersstufen angetroffen. Der 30 bis 35 Meter hohe Baum, dessen Stamm über 2 m dick werden kann, wächst in einer Meereshöhe von 700 bis 1500 m an Hängen, in Schluchten sowie an Bächen und Reisfeldern. Noch 2 weitere Expeditionen dienten der Erforschung des bemerkenswerten Baumes, der 1948 von Hu und Cheng als *Metasequoia glyptostroboides* beschrieben wurde.

Es handelt sich also um einen Vertreter der zuerst fossil entdeckten Gattung. Der Artname *glyptostroboides* soll die Ähnlichkeit zur Gattung *Glyptostrobus* kennzeichnen, die wie die Sumpfzypresse *(Taxodium)* durch abfallende Blätter charakterisiert ist. Im deutschen Sprachgebiet wird der Baum von den Dendrologen Urwelt-Mammutbaum genannt. Besonders das Arnold Arboretum hat viele Samen versandt, so daß der Baum bald in zahlreichen botanischen Gärten zu finden war. Dabei fielen seine große Winterhärte und Schnellwüchsigkeit auf, so daß man in mehreren Ländern auch mit forstlichen Anbauversuchen begonnen hat. In Parks ist der Urwelt-Mammutbaum heute ebenfalls gelegentlich anzutreffen.

Daß die zunächst als ausgestorben angesehene Gattung *Metasequoia* in Zentralchina erst vor kurzem von den Wissenschaftlern aufgespürt wurde, liegt an der schwer zugänglichen Gegend, der es wohl auch zu verdanken ist, daß die Art noch lebend angetroffen werden konnte; sind doch in China wegen der starken Übervölkerung viele Waldgebiete vernichtet und in Kulturland umgewandelt worden. Erst in neuerer Zeit hat man mit umfangreichen Aufforstungen begonnen, bei denen in Zentralchina auch *Metasequoia* Verwendung findet. Einige der Wälder, in denen *Metasequoia* zusammen mit 3 Nadelbäumen und etwa 30 Laubbäumen oder Sträuchern in einem nahezu natürlichen Zustand vorkommt, sollen als Nationalparks unter Schutz gestellt werden, um das Aussterben dieser Baumart zu verhindern.

Die Gattung *Metasequoia* wurde fossil außer an zahlreichen Stellen in Japan noch an weiteren Fundorten Ostasiens sowie in der Arktis und in Nordamerika nachgewiesen. Auch aus Europa sind einige Funde, z. B. aus Polen und Bulgarien, bekannt geworden. Die genaue fossile Verbreitung der Gattung, die seit der Oberen Kreide nachgewiesen ist, kann aber erst festgestellt werden, wenn die Blattfunde vom Typ *Sequoia* und *Taxodium* auf *Metasequoia*-Reste durchgesehen sind.

Daß eine Pflanzengattung erst fossil und später lebend entdeckt wurde, kommt im Pflanzenreich außer bei *Metasequoia* nur noch bei einigen niederen Algen und bei der zu den Mikroorganismen gehörenden Gattung *Kakabekia* vor, deren Entdeckung freilich nicht das Interesse erwecken kann wie die eines großen Nadelbaumes.

Die bereits mehrfach erwähnte Gattung *Taxodium* besteht aus 3 Arten, die im südöstlichen Nordamerika und in Mexiko beheimatet sind. Die bekannteste Art ist *Taxodium distichum*, die Sumpfzypresse, ein Charakterbaum der Flußniederungen und Sümpfe in den südlichen atlantischen und Golfstaaten der USA. Der bis 50 m hohe Baum wächst an Stellen, die teilweise oder dauernd unter Wasser stehen. Sein Stammgrund ist dick kegelig angeschwollen. Weiter sind die sogenannten Wurzelknie oder Atemknie bemerkenswert. Aus den waagerecht laufenden Wurzeln wachsen zahlreiche aufrechte Auswüchse hervor, die aus dem Wasser herausragen. Diese Auswüchse sind oben abgerundet, haben einen Durchmesser bis zu 30 cm und dienen der Durchlüftung der Wurzeln.

Die Sumpfzypresse, *Taxodium distichum*, bildet Atemknie, die der Durchlüftung der Wurzeln dienen.

Auf Boden, der nicht vom Wasser bedeckt ist, sind sie niedriger. Der Baum ist sommergrün, d. h., die 5 bis 10 cm langen Kurzzweige, die die hellgrünen Blätter tragen, fallen jährlich ab. Seine Zapfen sind kugelig oder verkehrt-eiförmig und haben einen Durchmesser von 2 bis 3 cm.

In Europa wird die Sumpfzypresse in Parks an feuchten Stellen angepflanzt, während man sie in Argentinien im Delta des Paraná auch forstlich anbaut. Das Holz ist weich und von großer Dauerhaftigkeit, es findet als Bauholz und zu Eisenbahnschwellen Verwendung. Das sehr leichte Holz der Wurzeln und der Atemknie wird in geringem Maße auch als Korkersatz (Fischnetzschwimmer) benutzt.

Der Umwelt-Mammutbaum, *Metasequoia glyptostroboides*, wurde zunächst aus dem Tertiär von Japan beschrieben, später konnte er lebend in China entdeckt werden.

Die mit der Sumpfzypresse verwandte Art *Taxodium ascendens* wächst im gleichen Verbreitungsgebiet, während die dritte Art, *Taxodium mucronatum*, die Mexikanische Sumpfzypresse, auf dem Mexikanischen Tafelland in 1400 bis 2300 Meter Höhe sowie in Guatemala und Texas vorkommt. Von dieser Art gibt es einzelne riesige Exemplare, die Berühmtheit erlangt haben. So wächst im Dorfe Santa Maria del Tule bei der Stadt Oaxaca in Mexiko ein Baum, der bis 36 Meter Höhe einen Durchmesser von etwa 14 Metern hat. Der Querschnitt ist jedoch so unregelmäßig, daß der genaue Durchmesser und der Umfang, der mit etwa 45 Metern angegeben wird, nur schwierig festzustellen sind. Aus diesem Grunde schwanken auch die Schätzungen für das Alter von 2500 bis zu 6000 Jahren. Einige Botaniker meinen, daß das Exemplar aus 3 Bäumen zusammengewachsen sei.

Fossilien der Gattung *Taxodium* sind seit dem Eozän nachgewiesen, sie kommen häufig im Tertiär der nördlichen Halbkugel in

Zweig mit Zapfen der Mexikanischen Sumpfzypresse, *Taxodium mucronatum*. Von dieser Art gibt es einzelne Riesenexemplare, die Berühmtheit erlangt haben.

Europa, Ostasien und Nordamerika vor. *Taxodium* ist auch an der Bildung der Braunkohlen beteiligt gewesen. Die zahlreichen Braunkohlen-Hölzer vom Typ *Taxodioxylon* betrachtete man früher alle als zur Gattung *Taxodium* gehörig. Doch hat sich erwiesen, daß nur ein kleiner Teil davon hierher gehört, während der größte Teil der Gattung *Sequoia* zuzurechnen ist. Selbst an aufrechtstehenden Stämmen in den Baunkohlenvorkommen hat man niemals Reste von Atemwurzeln feststellen können. Sie sind nur in seltenen Ausnahmefällen im Nebengestein von Braunkohlenflözen gefunden worden. Dies könnte damit zu erklären sein, daß die zu *Taxodium* zu stellenden Fossilien nicht mit *Taxodium distichum* identisch, sondern eher mit der Mexikanischen Sumpfzypresse, *Taxodium mucronatum*, zu vergleichen sind, die keine derartigen Atemwurzeln ausbildet.

In den Braunkohlenflözen anzutreffende Zweige von *Taxodium* sind wegen ihrer Derbheit ebenfalls eher mit *Taxodium mucronatum* zu vergleichen. Im übrigen sind aber fossile Zweige von *Taxodium* oftmals auch nur sehr schwierig von *Sequoia* zu unterscheiden.

Mit der Gattung *Taxodium* nahe verwandt und manchmal in diese eingeschlossen ist die Gattung *Glyptostrobus*, deren einzige Art *Glyptostrobus lineatus*, die Chinesische Sumpfzypresse oder Wasserfichte, in Südostchina beheimatet ist. Es handelt sich um einen Strauch oder kleinen Baum, der besonders an Ufern wächst und in Südostchina auch häufig angepflanzt wird. Fossile Arten der Gattung *Glyptostrobus* waren im Tertiär von Europa und Nordamerika verbreitet.

Die Gattung *Cryptomeria* besteht ebenfalls nur aus einer Art, *Cryptomeria japonica*, der Japanischen Zeder. Sie ist ein 20 bis 40 m (manchmal bis 60 m) hoher Baum mit pyramidenförmiger Krone. Die spiralig angeordneten linealisch-pfriemlichen Blätter sind gekielt, etwa 1 bis 2 cm lang und mehr oder weniger sichelförmig gebogen, weshalb die

Art meist Japanische Sicheltanne genannt wird. Die Zapfen sind kugelig oder kugelig-eiförmig und 1,5 bis 2 cm lang. Der Baum hat die Fähigkeit zu Stockausschlag.

Die Japanische Sicheltanne ist in Japan von Südkyushu (Südkiuschu) bis Nordhonshu (Nordhondo) verbreitet. Sie tritt waldbildend auf, doch ist wegen der umfangreichen Kultur schwer festzustellen, welches die natürlichen Grenzen des Wildvorkommens der Art sind. In Süd- und Mittelchina ist der Baum durch Anpflanzungen ebenfalls weit verbreitet, doch weiß man nicht genau, ob er hier wild vorkommt. Er wird in Japan als wichtiger Forstbaum in vielen Formen kultiviert und außer in China auch in Neuseeland bei Aufforstungen gepflanzt. Forstliche Anbauversuche wurden in England und in der Sowjetunion (Südwest-Transkaukasien) durchgeführt, und die Art wird außerdem im Kaukasus zu Schutzpflanzungen für Tee- und *Citrus*-Plantagen verwendet. In Japan ist der Baum sehr volkstümlich, man pflanzt ihn in Tempelhainen und Alleen überall seit langer Zeit an. Auch in Europa ist die Sicheltanne in Parks in einer Reihe von Gartenformen zu finden. Das Holz ist leicht, weich und widerstandsfähig gegen Nässe und hat als Bau- und Nutzholz Bedeutung.

Fossilien der Gattung *Cryptomeria* sind schwierig zu erkennen, da die äußere Gestalt der spiralig angeordneten Blätter nur wenig Anhaltspunkte zur sicheren Bestimmung liefert. Immerhin deuten einige Zweige, die anatomisch genauer untersucht werden konnten, darauf hin, daß die Gattung in früheren Zeiten ähnlich wie andere Vertreter der Sumpfzypressengewächse eine wesentlich weitere Verbreitung hatte als heute. So kommt eine *Cryptomeria*-Art im Tertiär des Rheinlandes vor.

Zur Gattung *Cunninghamia* gehören 2 in China beheimatete Arten. Es sind Bäume mit fast quirlig gestellten Ästen und linealisch-sichelförmigen Blättern. Die eine Art, *Cunninghamia lanceolata*, Spießtanne, ist in den gemäßigten Teilen von Süd- und Westchina weit verbreitet und bildet ausgedehnte Wälder, die z. T. natürlich und z. T. angepflanzt sind. Die Spießtanne ist meist ein kleinerer Baum mit schmal pyramidenförmiger Krone und lederigen, starren, spitzen, fein gesägten, 3 bis 7 cm langen, dicht spiralig gestellten, aber mehr oder weniger gescheitelten Blättern. Die Zapfen haben eine Länge von 3 bis 4 cm. Der Baum wird in China und Südamerika (Brasilien, Argentinien) forstlich kultiviert. Sein Holz ist außerordentlich leicht, und man verwendet es zu Inneneinrichtungen, Kisten und Zündhölzern. Die andere Art, *Cunninghamia konishii*, wächst als großer Baum auf der Insel Taiwan in 1300 bis 1900 m Höhe in Gesellschaft mit der ebenfalls zu dieser Familie gehörenden Gattung *Taiwania*. Zapfen und Blätter dieser Art sind kleiner als die der vorigen.

Zweig mit Zapfen der Japanischen Sicheltanne, *Cryptomeria japonica*. Der Baum wird in seiner Heimat Japan als wichtiger Forstbaum kultiviert.

Fossilien der Gattung wurden unter dem Namen *Cunninghamiostrobus* aus der Kreide von Japan beschrieben. Bei den als *Cunninghamites* bezeichneten Zweigen aus der Kreide ist die Zugehörigkeit zur Gattung *Cunninghamia* fraglich. Dagegen konnte z. B. ein Zweig aus dem Tertiär des Kaliningradgebietes auf Grund des anatomischen Baus

Zweig mit Zapfen der Spießtanne, *Cunninghamia lanceolata*. Die Art wird in ihrer Heimat China sowie in Südamerika forstlich kultiviert.

als zur Gattung *Cunninghamia* gehörig erkannt werden. *Cunninghamia* kommt auch im Tertiär des Rheinlandes vor.

Die Gattung *Sciadopitys* besteht nur aus einer Art: *Sciadopitys verticillata*, der Schirmtanne. Sie ist ein mittelgroßer bis großer (bis 40 m hoher) Baum mit schmaler, pyramidaler Krone, der in Japan beheimatet ist. Die Zweige sind mit kleinen Schuppenblättern zerstreut besetzt. An den Enden der Triebe stehen diese Schuppenblätter wirtelartig gedrängt und tragen in ihren Achseln Kladodien (Flachsprosse), die auch als »Doppelnadeln« gedeutet werden. Sie stehen bis zu 40 wirtelartig zusammen und sind das Charakteristikum der Art, die nach diesen schirmartig angeordneten »Doppelnadeln« ihren Namen erhalten hat. Die bis 10 cm langen »Doppelnadeln« sind schmal-linealisch, in der Mitte gefurcht und von lederartiger Beschaffenheit. In jeder Nadelhälfte befindet sich ein Leitbündel. Trotz vieler eingehender morphologisch-anatomischer Untersuchungen konnte bisher aber nicht eindeutig geklärt werden, ob die »Doppelnadeln« morphologisch einem Sproß entsprechen oder aus 2 Blättern entstanden sind. Die eiförmigen Zapfen sind 5 bis 10 cm lang und brauchen 2 Jahre bis zur Reife.

Die Schirmtanne kommt heute nur im südlichen Japan (besonders in Zentral-Honshu) vor. Der Baum wächst hier in temperierten Gebieten in Höhenlagen zwischen 300 und 1500 m. Durch Funde von Blättern, Samen, Zapfenschuppen und Pollen konnte man erkennen, daß die Art früher in Japan wesentlich weiter verbreitet war. Der starke Rückgang ist auf den Einfluß des Menschen zurückzuführen, der das Holz der Schirmtanne besonders zum Bau von Häusern verwendete. Er wird aber auch für viele andere Zwecke benutzt, so z. B. zur Herstellung der japanischen Badezuber. Wenn auch die Art in Japan in Tempelhainen und Parks kultiviert wird, so erscheint es doch angebracht, Maßnahmen zu ergreifen, um den interessanten Baum vor dem Aussterben zu bewahren.

In früheren geologischen Zeiten war die Gattung *Sciadopitys* aber nicht auf Japan beschränkt, sondern hatte eine weltweite Verbreitung. Die »Doppelnadeln« von *Sciadopitys* kommen in miozänen Braunkohlenlagern am Rhein, in der Lausitz und an der Oder vor. In der Kohle sehen sie wie Grasblätter aus, die Kohle wird daher auch »Graskohle« genannt. Eine genaue Untersuchung läßt aber bald den überaus charakteristischen Bau der *Sciadopitys*-Nadeln erkennen. Obwohl die Schirmtanne in der Braunkohle zeitweise eine große Rolle gespielt hat, sind Funde des eigenartig gebauten und daher leicht kenntlichen Holzes nur ganz vereinzelt gemacht worden. Aber auch in mesozoischen Ablagerungen treten die Nadeln der Schirmtanne bisweilen in so großen Mengen auf, daß sie eine Rolle bei der Kohlebildung gespielt haben müssen, so z. B. in Schichten des Oberen Juras (oder Wealden) der spanischen Ostpyrenäen. Die Funde in älteren Schichten werden allerdings meist als *Sciadopitytes* bezeichnet, da man nicht sicher weiß, ob sie noch zu *Sciadopitys* gehö-

Zweig der Schirmtanne, *Sciadopitys verticillata*, mit den wirtelartig angeordneten »Doppelnadeln«

ren oder einer damit nahe verwandten Gattung zuzurechnen sind. Der Schirmtanne ähnliche Reste sind im Mesozoikum und im Tertiär in Grönland, Spitzbergen, Nord-, West- und Mitteleuropa bis Ostasien sowie in der Arktis von Kanada gefunden worden. Die ältesten Funde stammen aus dem Unteren Jura. Fossile Reste, die zur Schirmtanne oder deren nächsten Verwandten gehören, waren auf der nördlichen Halbkugel weit verbreitet. Hierin kann man die Gattung mit *Ginkgo* vergleichen und *Sciadopitys* ebenfalls als »lebendes Fossil« bezeichnen. Die fossilen Reste (derzeit etwa 20 Arten) verteilen sich auf 4 bis 5 Gattungen.

Im Bau des Holzes (Tüpfel der Markstrahlen) unterscheidet sich *Sciadopitys* von allen anderen Gattungen der Taxodiaceen sehr. Auch der Pollen ist anders gebaut als bei den übrigen Vertretern der Familie, ebenso wie die Chromosomenzahl mit n = 10 von der der anderen Taxodiaceen abweicht. Diese Merkmale sind unter anderem von manchen Botanikern herangezogen worden, um die Gattung als eigene Familie (Sciadopityaceae) abzutrennen.

Die Gattung *Athrotaxis* umfaßt 3 in den Berggebieten des westlichen Tasmanien beheimatete Arten. Es sind kleine bis mittelgroße Bäume mit spiralig angeordneten Schuppenblättern, die dicht dachziegelartig stehen. Die Zapfen haben einen Durchmesser bis zu 2 cm. Ältere Bestände sind nur noch in den vom Forstdienst Tasmaniens geschützten Bezirken anzutreffen. Die 3 heute lebenden Arten von *Athrotaxis* stellen die Reste einer früher weitverbreiteten Gruppe dar. Fossile Vertreter dieser Gattung wurden im Tertiär von Tasmanien und Queensland (Australien) sowie auch in der Unteren Kreide von Süd-Patagonien und von Montana gefunden.

Als letzte Gattung der Taxodiaceen ist *Taiwania* zu erwähnen, deren einzige Art, *Taiwania cryptomerioides*, in Bergwäldern von Taiwan und Yunnan wächst. *Taiwania cryptomerioides* ist ein bis 50 m hoher Baum, der auf Taiwan bei Aufforstungen verwendet wird. Auch diese Gattung hatte in früheren Zeiten eine wesentlich weitere Verbreitung als heute. So fand man fossile Reste im Jungpliozän von Japan, im Tertiär Spitzbergens, der Sowjetunion (Eozän der südwestlichen Ukraine) und des Rheinlandes.

Zu den Sumpfzypressengewächsen gehören außerdem noch eine Reihe ausgestorbener Gattungen, von denen nur 2 genannt seien. In Schichten der Oberen Kreide kommt die Gattung *Geinitzia* vor, die durch langgestreckte Zapfen und sichelförmige Blätter gekennzeichnet ist. Einige Formen gehen morphologisch fast in die Gattung *Sequoia* über. Aus der Kreide von Nordalaska wurde eine Art der Gattung *Parataxodium* beschrieben, die anscheinend wie *Taxodium* und *Metasequoia* jährlich abfallende Kurztriebe hatte. Die meisten Blätter zeigen eine alternierende Anordnung und nur an den Langtrieben sind sie gelegentlich gegenständig. Die Samenzapfen fallen ebenfalls ab und erreichen eine Länge von 13 mm und eine Breite von 10 mm. Auch männliche Blütenstände sind gefunden worden, die in ihrer Verzweigung sehr denen von *Taxodium mucronatum* ähneln. Eine weitere Art konnte im

Mesozoikum von Jakutien festgestellt werden. Die Gattung *Parataxodium* vereinigt Merkmale der Gattungen *Taxodium* und *Metasequoia* und ist daher wohl als Vorläufer dieser Gruppen anzusehen. Im übrigen sind die verwandtschaftlichen Beziehungen der Gattungen der Sumpfzypressengewächse zueinander noch recht unklar. Wenn man chemische Merkmale für die Beurteilung der Verwandtschaftsverhältnisse verwendete, würden sich vielleicht Hinweise zu einer besseren Gliederung der Familie ergeben, doch stehen entsprechende Untersuchungen bisher noch aus. Es ist vorgeschlagen worden, die Taxodiaceen mit der folgenden Familie zu vereinen.

Familie Zypressengewächse, Cupressaceae

Zu den Zypressengewächsen gehören reichverzweigte Sträucher oder Bäume. Dabei ist die Stellung und Gestaltung der Blätter bemerkenswert, die kreuzgegenständig oder in Wirteln zu 3, selten zu 4 stehen. Die Jugendblätter sind nadelförmig und abfallend, die Folgeblätter selten kurz nadelförmig, meist aber klein schuppenförmig. Die Kantenblätter an den abgeflachten Zweigen haben eine von den Flächenblättern oft verschiedene Gestalt. Die männlichen Blüten sind klein und stehen meist einzeln endständig an kurzen Zweigen. Die Anordnung der Staubblätter ist kreuzgegenständig oder wirtelig. Die weiblichen Zapfen bestehen aus wenigen kreuzgegenständigen Paaren oder Wirteln von fruchtbaren, z. T. auch unfruchtbaren Deckschuppen, wobei die Verwachsung von Deckschuppe und Samenschuppe (Zapfenschuppe) bei den Zypressengewächsen noch wesentlich weiter fortgeschritten ist als bei den Sumpfzypressengewächsen. Die Doppelnatur der scheinbar einheitlichen Zapfenschuppe zeigt sich nur in der Anatomie durch die vorhandenen 2 Leitbündelsysteme. Die Samenzapfen haben holzige, lederige oder derbfleischige Zapfenschuppen. Die am Grunde angehefteten Samenanlagen stehen einzeln oder zu vielen. Die Samen sind ungeflügelt oder weisen einen Flügelrand auf.

Zu den Zypressengewächsen werden 20 Gattungen mit etwa 130 Arten gezählt, die sich über die ganze Erde verteilen. Dabei kann man feststellen, daß einige Gattungen auf der Südhalbkugel, die anderen auf der Nordhalbkugel beheimatet sind. Die Gattungen der Nordhalbkugel kommen besonders in Nordamerika und Ostasien bis zum Mittelmeergebiet vor. Früher gliederte man die Zypressengewächse in 3 Unterfamilien, doch neuerdings hat Li unter gleichzeitiger Auftrennung der Gattung *Libocedrus* eine Einteilung der Familie in 2 deutlich geschiedene Unterfamilien vorgenommen. Die eine Unterfamilie umfaßt mit einer Ausnahme die Gattungen der Nordhalbkugel, die andere die der Südhalbkugel sowie die isolierte Gattung *Tetraclinis* in Nordafrika. Vielleicht sind diese Unterfamilien von nur entfernter Verwandtschaft und müßten möglicherweise die Rangstufe von Familien erhalten.

Von den 20 Gattungen der Zypressengewächse sind 10 monotypisch, d. h., sie enthalten nur je eine Art. Diese Gattungen haben gleichzeitig meist eine nur sehr beschränkte Verbreitung, sind also Endemiten. Etwa 40 Arten der Zypressengewächse werden forstlich kultiviert, einige finden auch als Zierbäume Verwendung (Lebensbaum, Wacholder, Zypresse). Wir wollen hier der von Li vorgenommenen Einteilung der Familie in 2 Unterfamilien folgen.

Unterfamilie Callitroideae

In die erste Unterfamilie gehören 11 Gattungen, die mit Ausnahme von *Tetraclinis* auf der Südhalbkugel beheimatet sind. Die Gattungen zeichnen sich durch klappige Zapfenschuppen aus.

Die Gattung *Actinostrobus* umfaßt 2 Arten reich verzweigter Sträucher, deren Heimat Westaustralien ist. Zur Gattung *Callitris* zählen etwa 20 Arten, die in Australien, Tasmanien und Neukaledonien vorkommen. Bei dieser Gattung stehen die Blätter und Zapfenschuppen in Dreierwirteln. Ihre Arten sind in Australien von wirtschaftlicher Bedeutung, da das Holz gegen Termiten sehr widerstandsfähig ist. Außerdem wird die Rinde zum Gerben verwendet, und mehrere Arten liefern eine Art Sandarakharz (vgl. bei *Tetraclinis*).

Die einzige Art der Gattung *Fitzroya, Fitz-*

roya cupressoides, ist in Südchile heimisch. Der Alerce genannte Baum kann eine Höhe von 50 bis 60 m bei einem Durchmesser bis zu 3 m erreichen. Das Lebensalter derartiger Riesen wird mit mehr als 2000 Jahren angegeben. Die Art gehört zu den eindrucksvollsten Pflanzengestalten der Erde und wurde oft mit dem nordamerikanischen Mammutbaum *(Sequoiadendron giganteum)* verglichen. Das sehr wertvolle Holz ist von fast unbegrenzter Dauerhaftigkeit. So hat man in der chilenischen Außenkordillere einen 2000jährigen, 2 m dicken Alercebaum gefällt, dessen Wurzelteller auf einem im Boden liegenden anderen Alercestamm gestanden hatte. Dieser Stamm, der von gleicher Stärke war und dessen Alter ebenfalls auf 2000 Jahre geschätzt wurde, wies ein noch sägefähiges Holz auf. Durch rücksichtslose Abholzungen ist die Art inzwischen ziemlich selten geworden.

Ebenfalls nur eine Art gehört zur Gattung *Neocallitropsis,* die in Neukaledonien beheimatet ist. Die Blätter und Zapfenschuppen des bis 10 m hohen Baumes sind in Viererwirteln angeordnet. Auch zur Gattung *Octoclinis* zählt nur eine Art, die im südöstlichen Australien vorkommt. 5 Arten umfaßt die in Südafrika und im südöstlichen tropischen Afrika beheimatete Gattung *Widdringtonia.* Die Zapfen dieser Bäume haben 4 weitklaffende Schuppen. Ihr Holz ist besonders widerstandsfähig und termitenfest, es enthält wasserlösliche Giftstoffe und wasserabstoßende Öle. 3 Arten der Gattung *Widdringtonia* werden forstlich kultiviert.

Die einzige Art der Gattung *Diselma* ist ein auf Tasmanien vorkommender 2 bis 5 m hoher Strauch, der durch seine sehr kleinen weiblichen Zapfen gekennzeichnet ist, die nur etwas mehr als 2 mm im Durchmesser erreichen.

Die Gattung *Papuacedrus* besteht aus 3 Arten in Neuguinea und auf den Molukken. Diese von der Gattung *Libocedrus* abgetrennte Gruppe ist die einzige Koniferengattung, die ausschließlich in den Tropen vorkommt. Von den anderen Gattungen der Zypressengewächse unterscheidet sich *Papuacedrus* durch die spiralige Anordnung der Schuppen in den männlichen Blüten. Dieses Merkmal kann von phylogenetischer Bedeutung sein, da es eine Verwandtschaft zu den Sumpfzypressengewächsen (Taxodiaceen) anzeigt.

Die einzige Art der Gattung *Pilgerodendron* ist in Südchile beheimatet. *Pilgerodendron uviferum* ist ein hoher Baum mit vierkantigen Zweigen, der meist mit *Fitzroya* vergesellschaftet vorkommt.

Zur Gattung *Libocedrus* gehören 6 Arten, von denen eine Art in Südchile und Argentinien, 2 Arten in Neuseeland und 3 Arten in Neukaledonien anzutreffen sind. Die Chilenische Flußzeder, *Libocedrus chilensis,* erreicht im geschlossenen Bestand bei 80 bis 100 cm starken Stämmen eine Höhe von über 30 m. Das leichte Holz ist für sämtliche Tischlerarbeiten sehr gesucht, doch sind die Bretter immer voller Astmarken, da sich der Baum nur schlecht von den abgestorbenen Ästen reinigt. Weil es wasserlösliche Giftstoffe und wasserabstoßende Öle enthält, ist das Holz besonders widerstandsfähig. Die Chilenische Flußzeder wird in Chile und Argentinien forstlich kultiviert.

Zur Gattung *Tetraclinis* gehört nur eine Art, *Tetraclinis articulata,* Atlas-Zypresse, auch Sandarakbaum genannt. Der kleine Baum von 6 bis 12 m Höhe kommt in Nordwestafrika von Marokko über Algerien und Tunesien bis Malta sowie in Südostspanien vor. Seine Zapfen sind auffällig durch ihre fast würfelförmige Gestalt. Die Atlas-Zypresse liefert das Sandarakharz, das von selbst oder nach Einschneiden der Rinde hervortritt und in Körnern von verschiedener Form erhärtet. Es wird zur Herstellung von Firnis, zur Glättung von Papier und als Grundlage für Pflaster benutzt. Man verwendet die Art in Marokko auch bei Aufforstungen.

Unterfamilie Cupressoideae

Die zweite Unterfamilie der Zypressengewächse ist durch dachige Zapfenschuppen gekennzeichnet. Zu ihr gehören 9 Gattungen, die sämtlich auf der Nordhalbkugel beheimatet sind.

Die Gattung Zypresse, *Cupressus,* besteht aus etwa 15 Arten, die im westlichen Nordamerika und von Ostasien bis zum östlichen Mittelmeergebiet vorkommen. Die Gattung ist durch nur wenige Paare von Deckschup-

Zweig mit Zapfen der Zypresse, *Cupressus sempervirens*

Zypresse, *Cupressus sempervirens*, hier in der bekannten Pyramidenform. Im östlichen Mittelmeergebiet beheimatet, ist die Art durch Kultur weit verbreitet.

pen mit zahlreichen Samenanlagen gekennzeichnet. Die Samenreife erfolgt im zweiten Jahr. Die Zypresse, *Cypressus sempervirens,* ist in den Gebirgen des östlichen Mittelmeergebietes heimisch, aber durch Kultur weit verbreitet. Der Baum kommt in der bekannten Pyramidenform und in einer breitkronigen Form vor. Die Pyramidenform findet man in den südeuropäischen Ländern häufig als Alleebaum und auf Kirchhöfen. Wegen ihrer Trockenresistenz und des wertvollen Holzes wird die Zypresse im Mittelmeergebiet auch forstlich kultiviert. Das Holz ist fest,

Bestand der Großfrüchtigen Zypresse, *Cupressus macrocarpa*. Die Art stammt aus Kalifornien.

Zweige mit Zapfen der Großfrüchtigen Zypresse, *Cupressus macrocarpa*

schwer und dauerhaft, mit starkem aromatischem Duft; es wird als Werkholz sowie zu Tischler- und Drechslerarbeiten verwendet. Wegen seiner Dauerhaftigkeit benutzte man es bereits im alten Ägypten zur Anfertigung von Särgen. Mehrere andere Arten – z. B. *Cupressus macrocarpa* aus Kalifornien und *Cupressus torulosa* aus dem Himalajagebiet – haben Bedeutung als Forstbäume.

Die Tarout-Zypresse, *Cupressus dupreziana,* kommt in Algerien vor. Die Art ist besonders an trockene Gebiete angepaßt. Manche Exemplare sind vielleicht bis 2000 Jahre alt und könnten durch die Holzanatomie Auskunft über das frühere Klima geben. In ihrem letzten Rückzugsgebiet gibt es mehr tote als lebende Bäume. Durch Überweidung und Holzsammeln ist die Art in ihrem Bestand aufs äußerste gefährdet.

Die Gattung *Chamaecyparis,* Lebensbaumzypresse, ist mit 6 Arten in Ostasien und Nordamerika beheimatet. Sie wird durch nur 2 bis 4 Samenanlagen je Deckschuppe charakterisiert. Die Samenreife erfolgt im ersten Jahr. Die in Nordamerika (Kalifornien und Oregon) heimische Lebensbaumzypresse, *Chamaecyparis lawsoniana,* ist ein wichtiger Waldbaum, dessen sehr dauerhaftes Holz zu Brettwaren, zum Innenausbau von Häusern und zu Bahnschwellen verwendet wird. Die Art steht in den USA, Neuseeland und Italien auch in forstlicher Kultur. In Mitteleuropa findet man sie als Zierbaum in Parks und Gärten in zahlreichen Spielarten. Die Feuerzypresse, *Chamaecyparis obtusa,* wird in ihrer Heimat Japan in großem Maßstabe forstlich angebaut. Sie liefert ein sehr zähes, gegen Nässe außerordentlich beständiges Holz, das im Schiffbau, für Hoch- und Erdbauten und zu Bahnschwellen Verwendung findet.

Die Gattung *Fokienia* besteht nur aus einer Art, die ihre Heimat im südöstlichen China und Vietnam hat. Auch die Gattung *Thujop-*

Zweig mit männlichen Blüten der Lebensbaumzypresse, *Chamaecyparis lawsoniana.* Die aus Kalifornien und Oregon stammende Art wird in Mitteleuropa als Zierbaum kultiviert.

Zweigoberseite des Hiba-Lebensbaumes, *Thujopsis dolabrata*, der in seiner Heimat Japan forstlich kultiviert wird

sis enthält nur eine Art, *Thujopsis dolabrata*, den Hiba-Lebensbaum, der in Japan vorkommt, wo er im nördlichen Teil seines Verbreitungsgebietes Wälder bildet. Die Art wird in Japan wegen ihres sehr dauerhaften Holzes forstlich kultiviert, in Mitteleuropa findet man sie gelegentlich in Parkanlagen. Die flachgedrückten Zweige mit ihrer hellsilberigen Unterseite machen den Hiba-Lebensbaum leicht kenntlich.

5 Arten gehören zur Gattung *Thuja*, Lebensbaum, von denen 2 in Nordamerika, je eine in Japan, Korea und in Westchina heimisch sind. Die weiblichen Zapfen haben nur wenige, z. T. unfruchtbare Paare oder Wirtel von Zapfenschuppen. Der im nordwestlichen Nordamerika von Alaska bis Nordkalifornien vorkommende Riesenlebensbaum, *Thuja plicata*, ist ein stattlicher Baum, der eine Höhe von 45 bis 55 m, in Ausnahmefällen von 60 m erreichen kann. Das leichte, sehr geradfaserige Holz hat unter den verschiedensten Bedingungen eine hohe Dauerhaftigkeit. Die Art wird in den USA, England und Neuseeland forstlich kultiviert. In Mitteleuropa findet man den Riesenlebensbaum ebenso wie den im östlichen Nordamerika heimischen Amerikanischen oder Abendländischen Lebensbaum, *Thuja occidentalis*, als Zierbaum angepflanzt.

Zweige mit Zapfen des Morgenländischen Lebensbaumes, *Biota orientalis*, der in Mitteleuropa als Zierstrauch angepflanzt wird

Die einzige Art der Gattung *Biota*, *Biota orientalis*, Morgenländischer Lebensbaum, kommt in Nordchina, Turkestan, im armenischen Hochland und in Transkaukasien vor. Man pflanzt sie in Mitteleuropa als Zierstrauch, in Nordchina findet sie auch bei Aufforstungen Verwendung.

Zur Gattung *Heyderia* zählen 3 Arten, von denen 2 im subtropischen Südostasien vorkommen, während die dritte im pazifischen

Zweige des Gemeinen Wacholders, *Juniperus communis*, mit unreifen und reifen Beerenzapfen. Die »Wacholderbeeren« werden zu alkoholischen Getränken und als Gewürz verwendet.

Nordamerika heimisch ist. Die Gattung *Arceuthos* besteht nur aus einer Art, die im Peloponnes und den Gebirgen des südlichen Kleinasiens wächst. Der steinfruchtartige Samenzapfen, der bei der Reife dunkelviolett ist, liefert eine Art Marmelade oder Mus.

Die letzte Gattung der Zypressengewächse, *Juniperus*, Wacholder, ist die umfangreichste dieser Familie. Ihre etwa 60 Arten haben auf der nördlichen Halbkugel eine weite Verbreitung. Die Samenzapfen sind mehr oder weniger fleischig (Beerenzapfen). Man teilt die Gattung in 2 Sektionen. Zur ersten, *Oxycedrus* (die Beerenzapfen werden meist aus 3 Schuppen gebildet, die Blätter sind nadelförmig und stehen in Dreierwirteln), gehört der bekannte Gemeine Wacholder, *Juniperus communis*. Er ist ein Strauch, der von Europa bis zum Westhimalaja und Nordostasien, in Nordafrika und Nordamerika verbreitet ist und dessen »Beeren« zu alkoholischen Getränken (Gin) verwendet werden.

Bei der zweiten Sektion, *Sabina*, sind die Beerenzapfen meist aus 6 Schuppen gebildet, und die nadelförmigen Jugendblätter stehen in Dreierwirteln, während die Folgeblätter meist schuppenförmig und kreuzgegenständig sind. Ein wichtiger Vertreter ist der Sadebaum, *Juniperus sabina*, der in den Alpen sowie in den Gebirgen Südeuropas bis Zentralasien vorkommt und stark giftige Zweige hat. Seine getrockneten beblätterten Zweigspitzen werden in der Veterinärmedizin verwendet.

Die in Ostafrika heimische und hier auch forstlich kultivierte Afrikanische Bleistiftzeder, *Juniperus procera*, liefert ein gut polierbares Holz, das als Möbelholz und für Bleistifte Verwendung findet. Die Art wurde neuerdings auch in Rhodesien festgestellt und ist somit die einzige Art der auf der Nordhalbkugel verbreiteten Gattungen der Zypressengewächse, die den Äquator nach Süden überschreitet und in das Verbreitungsgebiet einer der Gattungen der Südhalbkugel, *Widdringtonia*, hineinreicht. Die im atlantischen Nordamerika verbreitete Virginische Zeder oder Bleistiftzeder, *Juniperus virginiana*, liefert ebenfalls ein wertvolles aromatisches Holz (»Rotes Zedernholz«), aus dem Bleistifte hergestellt werden. Die Art befindet sich in den USA in forstlicher Kultur.

Die Richtigkeit der von Li vorgenommenen Aufteilung der Zypressengewächse in die 2 Unterfamilien der Calitroideen und Cupressoideen konnte durch blattanatomische und holzanatomische Untersuchungen bestätigt werden. Lediglich die chilenische Gattung *Fitzroya*, die Li zu der ersten Unterfamilie rechnet, steht in ihren anatomischen Merkmalen zwischen den beiden Unterfamilien.

Fossilien der Zypressengewächse sind seit der Jurazeit bekannt. Die ältesten Reste stammen aus dem Unteren Jura von Israel. Grundsätzlich muß aber gesagt werden, daß

Zur Gattung Wacholder (hier der Gemeine Wacholder, *Juniperus communis*), gehören etwa 60 Arten, die auf der Nordhalbkugel verbreitet sind.

die einzelnen Gattungen der Zypressengewächse nach Laubzweigen nur schwierig zu erkennen sind. Im Bernstein hat man zahlreiche Reste von Zypressengewächsen (Zweige und Blüten), insgesamt 23 Arten, festgestellt. Im Unterpliozän von Frankfurt (Main) konnten die Gattungen *Thuja* und *Libocedrus* nachgewiesen werden. Die Gattung *Fokienia* fand man im Paläozän von Nordamerika, die Gattung *Tetraclinis* im Pliozän der Westkarpaten. Aus diesen Funden zeigt sich, daß die Zypressengewächse früher eine weitere Verbreitung hatten als heute. Im Tertiär von Europa dürften die meisten der gegenwärtig in Nordamerika und Ostasien beheimateten Gattungen vorgekommen sein, worauf auch 2 Samenreste *(Cupressospermum)* aus dem Tertiär der Oberlausitz hinweisen.

Von Vertretern der Zypressen- wie auch der Kieferngewächse werden in Japan mit großer Geduld Zwergformen gezogen. Diese Kunst, die wohl einige Tausend Jahre alt ist und in ihren Anfängen aus China stammt, nennt man »Bonsai«, was »Landschaft im Topf« bedeutet. Diese Miniaturbäumchen werden auch im hohen Alter nur bis zu höchstens einem Meter hoch. Dies erreicht man u. a. durch Kultur in kleinen Gefäßen bei möglichst geringer Zufuhr von Nahrung. Bonsai-Kultur wird inzwischen auch in anderen Ländern durchgeführt.

Zweig von *Podocarpus amarus* mit älteren weiblichen Blüten. Die Podocarpaceen bilden keine Holzzapfen.

Familie Stieleibengewächse, Podocarpaceae

Zu dieser Familie werden je nach Auffassung 8 bis 14 Gattungen mit 160 Arten gezählt. Es handelt sich meist um Bäume, seltener Sträucher, die in Gebirgsgegenden tropischer und subtropischer Gebiete anzutreffen sind. Viele Arten haben ihre Heimat auf der Südhalbkugel.

Die baumförmigen Arten der Podocarpaceen erreichen bisweilen eine große Höhe. Für die auf Java wachsende Art *Podocarpus amarus* werden 60 m angegeben. Der mächtig entwickelte, säulenförmige Stamm trägt eine breitausladende Krone, deren Äste wirtelartig gestellt sind. Eine ähnliche Höhe soll *Podocarpus usambarensis* erreichen. Mit Ausnahme der Gattung *Phyllocladus* ist ein Unterschied zwischen Langtrieben und Kurztrieben nicht zu beobachten. Die Blätter der Podocarpaceen sind meist spiralig angeordnet und haben schuppenförmige, nadelförmige oder lang linealische, lanzettliche oder eiförmige Gestalt. Bei der Gattung *Phyllocladus* kommen blattähnliche Kurztriebe vor.

Die Blüten der Podocarpaceen sind meist zweihäusig verteilt. Die endständigen oder achselständigen männlichen Blüten enthalten in der Regel viele Staubblätter mit je 2 Pollensäcken. Die Pollenkörner haben meist Luftsäcke. Die weiblichen Blütenstände bestehen aus einer bis zahlreichen Deckschuppen, die spiralig, kreuzgegenständig oder quirlig angeordnet sind. Auf der oft sehr kleinen Deckschuppe befindet sich ein Samenwulst (auch Epimatium genannt, das der Samenschuppe entspricht), der die einzige Samenanlage allseitig oder einseitig umhüllt. Selten kann dieser Samenwulst fehlen. Die Podocarpaceen entwickeln also keine Holzzapfen. Der Keimling hat 2 Keimblätter.

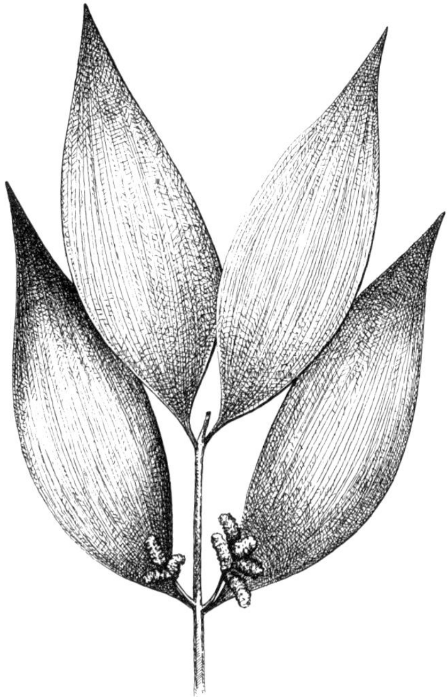

Zweig von *Podocarpus wallichianus.* Auffällig sind die großen, breiten Blätter.

Die einzelnen Gattungen der Podocarpaceen weisen sowohl in ihrer Verbreitung als auch in den morphologischen Merkmalen einige Besonderheiten auf. Die Gattung *Microstrobos* enthält 2 Arten, die in Tasmanien und Australien (Neusüdwales) beheimatet sind. Es handelt sich um Sträucher mit schuppenförmigen Blättern. Die weiblichen Blütenstände haben nur wenige locker gestellte Deckschuppen, denen ein Samenwulst fehlt.

Zur Gattung *Phyllocladus* gehören 5 Arten, die auf Neuseeland, Tasmanien, Neuguinea, den Molukken, Borneo und den Philippinen vorkommen. Es sind Bäume oder Sträucher, die Langtriebe mit kleinen Schuppenblättern tragen. In den Achseln dieser Schuppenblätter stehen blattartige, verbreiterte Kurztriebe, sogenannte Phyllokladien (griech. *phyllon* = Blatt, *klados* = Zweig), die im oberen Teil in verschiedenartiger Weise gelappt sind. Sie weisen an den Rändern stark rückgebildete Blätter in Form kleiner Zähnchen auf. Auf der Unterseite oder beiderseits befinden sich Spaltöffnungen, die auf die Blattfunktion dieser Gebilde hindeuten, die auch durch eine fast fächerförmige Nervatur auffallen. Die weiblichen Blütenstände haben nur wenige Deckschuppen ohne Samenwulst. Die Samenanlagen sind am Grunde von einem Diskus umgeben, der zu einem gelappten Arillus auswächst und so lang wie oder kürzer als der Same ist.

Wegen der morphologischen Besonderheiten des vegetativen Bereiches ist die Gattung *Phyllocladus* auch als eigene Familie herausgestellt worden. Diese Gruppe zeigt Anklänge an das dichotome Verzweigungssystem einiger devonischer Aneurophytales (Progymnospermen).

Die einzige Art der Gattung *Saxegothaea* ist im südlichen Chile beheimatet. Sie bildet einen vollkommenen Zapfen aus, der fleischig, unregelmäßig rundlich, etwa einen Zentimeter lang ist, sich aus den verwachsenen Deckschuppen zusammensetzt und nur 5 bis 6 Samen enthält, während die restlichen Samenanlagen unentwickelt bleiben.

Ebenfalls aus nur einer Art besteht die Gattung *Microcachrys,* die als niedriger, dem Boden anliegender Strauch in den Gebirgen von Tasmanien wächst. Ihre weiblichen Blütenstände setzen sich aus zahlreichen wirtelig gestellten Deckschuppen zusammen.

Die Gattung *Dacrydium* umfaßt 23 Arten immergrüner Bäume und Sträucher, die auf Neuseeland, Tasmanien, Neukaledonien, weiter nördlich in der Monsunregion von Neuguinea, den Philippinen, Celebes, Borneo und Sumatra bis zur Malaiischen Halbinsel, Vietnam und Hainan verbreitet sind. Eine Art kommt im südlichen Chile vor. Die *Dacrydium*-Arten wachsen meist in einer Meereshöhe von 600 bis 2400 m. Die Blätter sind in der Regel schuppenförmig, seltener ziemlich lang und oval-lanzettlich. Bisweilen sind diese in jungen Stadien oder an unteren Ästen linealisch, um allmählich in die Schuppenform überzugehen. Bei *Dacrydium kirkii,* einem hohen Baum, der in Neuseeland vorkommt, finden wir an den unteren Ästen bis 3,5 cm lange, an den oberen kleine und schuppenförmige Blätter. Bei der im Monsungebiet weitverbreiteten *Dacrydium elatum* sind sie von verschiedenartiger Gestalt,

Bei den *Phyllocladus*-Arten übernehmen die abgeflachten, verbreiterten Zweige die Funktion der Blätter.

schmal, pfriemlich, spitz, bis 18 mm lang und sparrig abstehend oder – besonders an blühenden Zweigen – klein und schuppenförmig. Zwischen diesen Extremen treten alle Übergangsformen auf.

Von der Gattung *Dacrydium* wurde neuerdings die Gattung *Falcatifolium* abgetrennt, die mit 5 Arten von Malaya bis Neukaledonien in feuchten Bergwäldern vorkommt. Sehr auffällig sind die abgeflachten, zweireihig angeordneten und sichelförmig gebogenen Blätter.

Die Gattung *Acmopyle* umfaßt nur 2 Arten, von denen eine auf Neukaledonien, die andere auf den Fidschi-Inseln beheimatet ist. Der weibliche Blütenstand enthält meist nur eine fruchtbare Deckschuppe. Die Art *Acmopyle pancheri,* ein 15 bis 20 m hoher Baum der Gebirgswälder Neukaledoniens, hat verschieden gestaltete Blätter, die an den verlängerten Zweigen dick schuppenförmig, angedrückt, spitz, dreieckig, an kurzen, achselständigen Zweigen zweizeilig ausgebreitet, lineal-lanzettlich, etwas sichelförmig gebogen, bis 16 mm lang sind. Zwischen beiden Formen können Übergänge beobachtet werden.

Die umfangreichste Gattung der Podocarpaceen ist *Podocarpus,* zu der etwa 100 Arten zählen. Sie ist damit gleichzeitig die größte Koniferengattung der südlichen Halbkugel. Ihrem Umfang entsprechend hat sie auch eine sehr weite Verbreitung. So kommt sie in Australien, Neuseeland, Neuguinea, Indonesien, Indien, Burma, Japan, im tropischen Afrika, in Südafrika, Zentral- und Südamerika vor. Die *Podocarpus*-Arten sind Sträucher oder kleine bis sehr hohe Bäume mit meist linealen oder lanzettlichen bis eiförmigen, großen, seltener schuppenförmigen Blättern. Bei der systematischen Gliederung der umfangreichen und schwierigen Gattung sind anatomische Merkmale der Blätter mit Erfolg verwendet worden. Unter dem Nerv weisen diese stets einen, selten mehrere Ölgänge auf. Diese kommen außerdem bei einigen Arten auch in der Nähe des Blattrandes vor. Wichtig für die Untergliederung ist auch die Verteilung des Festigungsgewebes in den Blättern. Der weibliche Blütenstand von *Podocarpus* ist ährenförmig oder auf 2 oder eine Blüte rückgebildet. Die meist kleine Deckschuppe wird vom Samenwulst weit überragt, das den Samen einschließt. Die Samenschale der meist großen Samen hat eine äußere fleischige und eine innere verhärtete oder verholzte Schicht. Die Samen des auf Neuseeland heimischen Baumes *Podocarpus dacrydioides* werden von den Maoris gegessen.

Eine Art der Gattung *Podocarpus, Podocarpus ustus,* muß besonders beschrieben werden. Sie wächst in entlegenen dichtbewaldeten Hochländern von Neukaledonien und war bis jetzt nur sehr selten gesammelt und im Gelände niemals genau untersucht worden. Dennoch konnte man die Art schon als einmalig bezeichnen, denn ihre mit kleinen schuppenförmigen Blättern besetzten Zweige sind fleischig und tiefrot bis purpurn gefärbt. Die Pflanze zerfällt in kleine Teile, wenn man versucht, sie als Herbarexemplar zu präparieren, sie ist reichverzweigt und strauchförmig. Bei spezieller Suche nach ihr wurde nun im Jahre 1957 ein Exemplar entdeckt, das aus dem Grunde eines auch zu den Podocarpaceen gehörenden Baumes, *Falcatifolium taxoides,* hervorwuchs, also auf diesem parasitierte. Doch ob *Podocarpus ustus,* die schon durch ihre Fleischigkeit und die rote Farbe auf Parasitismus hindeutet, nur gelegentlich oder immer als Parasit lebt, bleibt noch genauer zu klären. Ebenso ist nicht sicher, ob *Falcatifolium taxoides* die alleinige oder bevorzugte Wirtspflanze ist. Der parasitische Charakter von *Podocarpus ustus* wird aber auch durch die Untersuchung der anatomischen Verhältnisse bestätigt. *Podocarpus ustus* nimmt durch den Parasitismus nicht nur innerhalb der Gattung oder der Familie eine Sonderstellung ein, sondern ist gleichzeitig die einzige parasitisch lebende Art unter den Gymnospermen. Wegen ihrer vielen Besonderheiten ist die Art als eigene Gattung *(Parasitaxus)* herausgestellt worden.

Mehrere Podocarpaceen sind wichtig als Nutzpflanzen wegen der Qualität des Holzes. In Neuseeland sind der Rimu-Baum, *Dacrydium cupressinum,* sowie *Podocarpus totara* und *Podocarpus spicatus,* der Matai-Baum, von Bedeutung, die neben anderen ein Holz von guter Beschaffenheit liefern, das für vielerlei Zwecke verwendet wird. Das Holz der ebenfalls in Neuseeland beheimateten *Podocarpus hallii* wird für Wasserbauten und zum Schiffbau benutzt, es ist, ebenso wie das von *Podocarpus totara,* resistent gegen *Teredo,* den Schiffsbohrwurm. Auch die tasmanische *Dacrydium franklinii,* die javanische *Podocarpus cupressinus* sowie die südafrikanischen *Podocarpus latifolius* und *Podocarpus elongatus* liefern wertvolles Nutzholz. Einige Vertreter der Podocarpaceen werden auch forstlich kultiviert, z. B. *Dacrydium cupressinum* auf Neuseeland sowie mehrere *Podocarpus*-Arten an verschiedenen Stellen der Erde.

In ihren chemischen Merkmalen weisen sich die Podocarpaceen als typische Koniferen aus. Besonders die ätherischen Öle und die Harze sind sehr charakteristisch für diese Familie. Zwar wurden die Podocarpaceen in der letzten Zeit mehrfach chemisch untersucht, doch reichen die bisherigen Ergebnisse noch nicht aus, um die Verwandtschaftsbeziehungen der einzelnen Gruppen aufklären zu helfen. Bei *Podocarpus nakaii* konnten Stoffe nachgewiesen werden, die in Bau und Wirkungsweise den bei den Insekten anzutreffenden Häutungshormonen Ecdyson und Ecdysteron ähnlich sind. Ecdysteron konnte auch aus *Podocarpus elatus* isoliert werden. Diese Häutungshormone fand man ebenso bei weiteren 5 *Podocarpus*-Arten sowie in größerer Menge bei der Eibe, *Taxus baccata.* Über die Bedeutung des Vor-

Zweig mit männlichen Blüten des in Australien vorkommenden *Podocarpus elatus*

Zweig mit Samen von *Podocarpus elatus*. Mit etwa 100 Arten ist *Podocarpus* die größte Koniferengattung der Südhalbkugel.

kommens dieser Stoffe ist noch nichts bekannt.

Die Podocarpaceen sind eine alte Pflanzengruppe. Fossile Funde aus dem Verwandtschaftskreis lassen sich seit dem Rhät nachweisen, und seit dem Unteren Jura nehmen sie eine vorherrschende Stellung in der Koniferenflora der Südhalbkugel ein.

Besonders sind es Blattreste aus der Kreide und dem Tertiär, die mit der Gattung *Podocarpus* in Verbindung gebracht werden. Auch Hölzer mit dem Bau der Podocarpaceen sind mehrfach gefunden worden. Diese mit den Sammelnamen *Podocarpoxylon* und *Phyllocladoxylon* bezeichneten Reste lassen aber nicht in allen Fällen eine genauere Gattungsbestimmung zu, da auf Grund des Holzbaus zum Bautyp *Phyllocladoxylon* auch Arten der Gattungen *Podocarpus* und *Dacrydium* gehören. Trotz dieser Einschränkung sind die Hölzer zur Feststellung der früheren Verbreitung dieser Familie wichtig.

Auf Grund von Pollenfunden läßt sich nachweisen, daß Vertreter der Familie früher in Asien, Europa und Nordamerika ebenso wie auf der Südhalbkugel weit verbreitet waren. Der Rückzug auf das jetzige Verbreitungsgebiet scheint zum Ende des Tertiärs vor sich gegangen zu sein. So ist nicht ohne weiteres sicher, ob die Familie auf der Südhalbkugel ihr Ursprungsgebiet hatte, wie dies im allgemeinen angenommen wird.

In neuester Zeit wurden aus dem unteren Tertiär von Tasmanien 5 neue Arten von *Podocarpus* beschrieben. Außerdem konnte eine Art der Gattung *Microstrobos* festgestellt werden, die der erste fossile Nachweis dieser Gattung ist. Weiter fand man im unteren Mesozoikum der südlichen Länder 2 neue Gattungen der Podocarpaceen (*Rissikia* und *Mataia*). Schließlich konnte eine weitere neue Gattung *(Nothodacrium)* dieses Verwandtschaftskreises beschrieben werden, die aus Juraschichten der östlichen Antarktis stammt und in ihren Merkmalen Beziehungen sowohl zu *Rissikia* als auch zu Arten der Gattung *Dacrydium* erkennen läßt.

Aus allen diesen Funden geht hervor, daß die Formenvielfalt der Podocarpaceen in früherer Zeit noch größer war als heute. Diese große Formenmannigfaltigkeit hat den Gedanken aufkommen lassen, die Gruppe in kleinere Einheiten zu zergliedern. So hat man beispielsweise die durch ihre blattartigen Kurztriebe besonders auffällige Gattung *Phyllocladus* als eigene Familie (Phyllocladaceae) von den Podocarpaceen abgetrennt. Zu einer weiteren Aufteilung müßten aber noch entsprechende Untersuchungen vorgenommen werden, um die zahlreichen morphologischen Probleme in diesem Verwandtschaftskreis zu klären.

Familie Kopfeibengewächse, Cephalotaxaceae

Zu der kleinen Familie der Kopfeibengewächse gehört nur die Kopfeibe, *Cephalotaxus.* Die 6 Arten dieser Gattung sind immergrüne Bäume oder Sträucher, die im tropischen Himalaja, im südlichen und mittleren China sowie im südlichen und mittleren Japan beheimatet sind. Die äußerlich der Eibe *(Taxus)* ähnelnden Pflanzen haben gegenständige, dichtbeblätterte Zweige. Ihre schmal-linealischen Blätter sind zwar spiralig angelegt, doch in einer Ebene fast zweizeilig ausgebreitet. Die Blüten sind zweihäusig verteilt. Die männlichen Blüten stehen zu achselständigen, kugeligen Ständen vereint und enthalten wenige, kurzgestielte Staubblätter. Die gestielten, kleinen weiblichen Zapfen weisen wenige kreuzgegenständige Paare von kurzen, fleischigen Deckschuppen auf, in deren Achseln je 2 aufrechte Samenanlagen stehen, zwischen denen die etwas verdickte Sekundärachse vorgewölbt ist. Einen Samenwulst finden wir nicht. Der Same ist groß, freistehend, aufrecht, hat eine dickfleischige, harzige Außen- und eine dünne, holzige Innenschicht. Der große Keimling besitzt 2 Keimblätter.

Die wirtschaftliche Bedeutung der Kopfeibe ist nur gering. Die Samen von *Cephalotaxus drupacea* liefern ein Öl, das für Beleuchtungszwecke Verwendung findet. Auch das Holz dieser japanischen Art wird für kleinere Gegenstände benutzt. Einige Arten werden auch in geschützten Lagen Mitteleuropas gelegentlich als Zierpflanzen kultiviert, so z. B. *Cephalotaxus fortunei,* ein in Zentral- und Südwestchina beheimateter Baum, der in Mitteleuropa aber nur als Strauch gedeiht.

Wie die Eibengewächse (Gattung *Taxus*) zeichnen sich auch die Kopfeibengewächse durch das Vorkommen von Alkaloiden aus. Doch ist ein genauer Vergleich dieser Stoffe mit denen der Gattung *Taxus* noch nicht vorgenommen worden.

Fossilien der Gattung *Cephalotaxus* oder ihr nahestehende Reste *(Cephalotaxites, Cephalotaxopsis)* sind seit der Unteren Kreide bekannt. Über die systematische Stellung der Kopfeibengewächse ist man sich noch nicht ganz sicher. Früher wurde die Gattung *Cephalotaxus* häufig zu den Eibengewächsen gestellt, von denen sie sich aber besonders im Bau der weiblichen Organe unterscheidet.

Familie Araukariengewächse, Araucariaceae

Zu dieser Familie gehören 2 lebende Gattungen (*Araucaria* und *Agathis*), deren jede etwa 20 Arten umfaßt. Sie sind vornehmlich auf der Südhalbkugel verbreitet, und zwar besonders in Ostaustralien, auf der Norfolk-Insel und Neukaledonien. Bemerkenswert ist die Zahl der endemischen Arten auf Neukaledonien, wo 8 *Araucaria*-Arten und mehrere *Agathis*-Arten vorkommen. Von der Gattung *Araucaria* sind 2 Arten in Südamerika (Chile, Argentinien, Brasilien) beheimatet, 3 in Australien, 4 auf Neuguinea, 8 auf Neukaledonien und die restlichen auf den Inseln des Südpazifiks. Die Gattung *Agathis* finden wir in Südostasien, Indonesien, auf den Philippinen, Neukaledonien, den Fidschi-Inseln, in Australien und auf Neuseeland. In Südamerika kommt die Gattung nicht vor.

Die Araukariengewächse sind immergrüne, oft hoch hinauf astfreie Bäume mit mächtigen Stämmen. Die Krone hat vielfach einen auffallend regelmäßigen Aufbau, da die Äste mehr oder weniger symmetrisch angeordnet sind und wirtelartig stehen. Ein solcher Aufbau der Pflanze ist an den kleinen

Exemplaren der als Zimmerschmuck kultivierten »Zimmertanne«, *Araucaria excelsa*, von der Norfolk-Insel gut zu beobachten. Die Blätter der Familie sind spiralig angeordnet, schmal nadelförmig bis pfriemlich, einnervig oder breit und flach, lanzettlich bis eiförmig mit vielen, parallelen Nerven. Besonders die Formen mit den breitlanzettlichen Blättern haben daher kein nadelbaumartiges Aussehen. Bei einigen Arten der Gattung *Araucaria* tritt eine Zweigestaltigkeit der Blätter auf. So sind bei *Araucaria cunninghamii* die Blätter der Zweige älterer Äste und vor allem die blühender Zweige nur wenige Millimeter lang, eingebogen, dicht gesellt, spitz, auf dem Rücken gekielt, während sie an jungen Pflanzen bis 2 cm lang, spreizend, zusammengedrückt kantig, lanzettlich, breit ansitzend und etwas herablaufend sind. Diese beiden Blattformen finden wir auch durch Übergänge miteinander verbunden.

Die Blüten der Araukariengewächse sind meist zweihäusig verteilt. Die männlichen Zapfen (Blüten) tragen die zahlreichen Staubblätter in spiraliger Anordnung, die einen schmalen Stiel und eine verbreiterte Antherenschuppe haben, an deren Grund 5 bis 20 schmale, freie Pollensäcke angeheftet sind. Bei der Gattung *Araucaria* sind die männlichen Zapfen durch ihre Größe bemerkenswert. So ist der Zapfen von *Araucaria angustifolia* 15 cm lang bei einem Durchmesser von 3 cm, bei *Araucaria bidwillii* erreicht er eine Länge von 15 bis 20 und bei *Araucaria rulei* sogar bis 24 cm. Bei diesen Arten ist der Unterschied der männlichen zu den weiblichen Zapfen weniger stark ausgeprägt als bei anderen Koniferen. Die Pollenkörner haben keine Luftsäcke, sie gelangen nicht unmittelbar auf die Mikropyle, sondern fallen zunächst auf die Deckschuppen, wo sie zu verästelten Pollenschläuchen auswachsen. Der Pollen der Araukarien hat die höchste Zahl von Prothalliumzellen in der Ordnung der Coniferales.

Die weiblichen Zapfen (Blütenstände) sind groß und holzig und erreichen beispielsweise bei *Araucaria bidwillii* einen Durchmesser bis zu 30 cm. Im Gegensatz zu den übrigen Koniferen sind die Samenzapfen der Araukariengewächse aus den vergrößerten Deckschuppen aufgebaut, die eine dicht spiralige Anordnung haben. Jede Deckschuppe trägt eine Samenanlage. Ein Samenwulst (Samenschuppe) ist nicht entwickelt oder auf der Oberseite der Deckschuppe als schmale oder breite »Ligularschuppe« ausgebildet. Bei der Reife zerfallen die Zapfen. Die Samen sind stark verdickt *(Araucaria)* oder einseitig geflügelt *(Agathis)*. Die Keimung erfolgt oberirdisch oder unterirdisch, wobei der Keimling 2, seltener 4 Keimblätter hat.

Die Zweige in dieser Pflanzenfamilie haben ein ziemlich großes Mark. Harzgänge findet man nur in der Rinde. Das Sekundärholz des Stammes ist stark entwickelt. Die Tracheïden haben Hoftüpfel, die sich gegenseitig berühren und dabei mehr oder weniger abplatten. Bei Mehrreihigkeit stehen diese nicht auf gleicher Höhe nebeneinander, sondern auf Lücke (alternierend), so daß sich ein bienenwabenartiges Aussehen ergibt. Dieser sogenannte araucarioide Typ der Hoftüpfelverteilung kommt innerhalb der lebenden Koniferen nur bei dieser Familie vor, findet sich aber auch bei den Cycadeen sowie den Cordaïten und einigen anderen ausgestorbenen Gruppen der Nacktsamer, was man bei der Bestimmung fossiler Gymnospermenhölzer berücksichtigen muß.

Mehrere Vertreter der Araukariengewächse liefern ein ausgezeichnetes Nutzholz. Hier sind besonders die Chilenische Araukarie, *Araucaria araucana*, und die Brasilianische Araukarie, *Araucaria angustifolia*, zu nennen. Das Verbreitungsgebiet der erstgenannten Art liegt in Chile und Südwestargentinien, wo sie Wälder, die Pinares, bildet. Ihr gelblichweißes Holz, das keinen Unterschied zwischen Kern und Splint erkennen läßt, hat eine feine, sehr gleichmäßige Struktur. Die besondere wirtschaftliche Bedeutung der Art liegt in dem sehr geraden, säulenförmigen Wuchs der Stämme, die sich zu ungewöhnlich langen Balken und Brettern verarbeiten lassen. Der Baum stößt im zweiten Jahrhundert seines Lebens die unteren Äste ab, so daß sich die geraden Stämme herausbilden, um derentwillen die Chilenische Araukarie im Holzhandel so begehrt ist. Das durchschnittliche Alter der genutzten Stämme beträgt 300 bis 700 Jahre.

Kopfeibe, *Cephalotaxus fortunei* (hier die Form *fastigiata*), die in Mitteleuropa als Zierpflanze angepflanzt wird

Die Chilenische Araukarie, *Araucaria araucana*, tritt in Chile und Südwestargentinien waldbildend auf.

Bestand der Brasilianischen Araukarie, *Araucaria angustifolia*, in Brasilien. Die Art ist von großer wirtschaftlicher Bedeutung.

Die Araukarienwälder wurden in Chile seit Jahrzehnten rücksichtslos ausgebeutet und fast vernichtet. Im argentinischen Teil des Verbreitungsgebietes dagegen konnten die Wälder wegen großer Entfernung zu den Hauptgebieten des Verbrauchs und den damit verbundenen Transportschwierigkeiten nur wenig und in sehr unregelmäßiger Weise genutzt werden. Seit etwa 1950 wurden aber an Holzhandelsfirmen mehrfach Konzessionen zum Einschlag riesiger Holzmengen vergeben, so daß die argentinischen Araukarienwälder nunmehr großindustriell genutzt werden und in kurzer Zeit Kahlschläge von riesigen Ausmaßen entstanden sind. Dazu kommen Waldbrände als weitere schädigende Einflüsse. Auf argentinischem Gebiet gibt es in der Nähe der Grenze zu Chile ungewöhnliche Araukarienwälder mit Bestandshöhen von über 35 m bei Stammdurchmessern von über 1,75 m. Die Forstleute schätzen die Holzmasse dieser Bestände auf über 600 m^3/ha.

Noch größere wirtschaftliche Bedeutung kommt der Brasilianischen Araukarie zu. Die Bäume haben im Alter einen schirmförmigen Wuchs, und alte Bestände erreichen 25 bis 30 m Höhe. Die Art ist im südbrasilianischen Bergland (besonders in den Staaten Rio Grande do Sul, Santa Catarina, Paraná und São Paulo) sowie im angrenzenden Argentinien (Misiones) verbreitet. In den letzten Jahren hat Brasilien in jedem Jahr etwa eine Million m^3 Holz ausgeführt. Der Anteil der Araukarie an der Gesamtausfuhr lag dabei zwischen 85 und 90 %. Daraus können wir die große Bedeutung des südbrasilianischen Araukarienwaldes für die Forst- und Holzwirtschaft Brasiliens ersehen.

Den genannten Werten entpricht eine große Verwüstung der Wälder, denn eine derartig große Holzmenge kann nur durch

Zapfen der Brasilianischen Araukarie, *Araucaria angustifolia*

Raubbau gewonnen werden. So steht im Staate Paraná beispielsweise dem Holzhandel nur noch weniger als die Hälfte des ursprünglichen Waldes zur Verfügung. Die Verhältnisse in den Staaten Rio Grande do Sul und Santa Catarina liegen ähnlich, wobei besonders erschreckend ist, daß diese Verwüstungen in der kurzen Zeit seit 1930 stattgefunden haben. Zu den Kahlschlägen kommen weitere große Zerstörungen durch riesige Waldbrände, die meist erst ein Regen löscht. So wurden 1962 bei einem riesigen Waldbrand im Staate Paraná 20 000 ha Aufforstungen von Araukarien und *Pinus elliottii,* weiterhin 500 000 ha Naturwald mit Araukarien, *Phoebe porosa, Nectandra* spec. und *Cedrela fissilis* sowie 1 500 000 ha degradiertes Sekundärgebüsch zerstört. Die in dem Schadengebiet liegende Papierfabrik in Monte Alegre konnte gerettet werden. Das Unternehmen – der größte Zellstoff- und Papierhersteller in Südamerika – führt in Paraná die umfangreichsten Aufforstungen, besonders mit Araukarien, als Ausgleich für die riesigen Holzmengen durch, die zur täglichen Erzeugung von rund 250 Tonnen Zellstoff, Zeitungspapier und anderen Papiersorten benötigt werden. Wenn auch eine Reihe von Instituten und Versuchsstationen gegründet wurden, die die forstlichen Arbeitsmethoden verbessern helfen sollen, und wenn auch Aufforstungen vorgenommen werden, so bleiben doch alle diese Maßnahmen weit hinter den Zerstörungen des Waldes zurück.

Als dritte nutzholzliefernde Art der Araukariengewächse ist die Kauri-Fichte, *Agathis australis,* zu nennen, deren Vorkommen auf die Nordinsel von Neuseeland beschränkt ist. Der Baum erreicht Höhen von etwa 60 m und einen Durchmesser von 9 m. Daher gehört er zu den größten Nutzholz liefernden Bäumen der Erde; sie sollen ein Alter von über 2 000 Jahren erreichen. Die natürlichen Bestände diese Art sind ebenfalls duch starke Nutzung und Waldbrände sehr zurückgegangen, so daß die Kauri-Fichte heute keine größere wirtschaftliche Bedeutung als Holzliefe-

Zweig von *Agathis robusta*, die in Australien (Queensland) heimisch ist

rant mehr besitzt. Das Holz dieses wertvollsten Baumes von Neuseeland ist äußerst fest, elastisch und dauerhaft und wird im Schiffbau sowie im Häuserbau verwendet.

Neben den 3 eben beschriebenen Arten, die auch forstlich kultiviert werden, sind noch weitere Vertreter der Araukariengewächse als Holzlieferanten von einiger Bedeutung. Insgesamt befinden sich 6 *Agathis*-Arten und 5 *Araucaria*-Arten im forstlichen Anbau, darunter die an der Küste von Queensland (Australien) beheimatete *Agathis robusta*.

Eine Reihe von *Agathis*-Arten sind außerdem als Lieferanten von Kopal wichtig. Mit diesem Namen bezeichnet man alle natürlichen, harten Harze, die erst bei hoher Temperatur schmelzen und äußerlich dem Bernstein ähnlich sind. Kopale stellen wichtige Ausgangsmaterialien für die Herstellung von Lacken und Firnissen dar, sie stammen von Pflanzen verschiedener Familienzugehörigkeit. Von der eben erwähnten Kauri-Fichte wird der Kauri-Kopal gewonnen, der aus der kleinsten Wunde des außerordentlich harzreichen Baumes hervortritt. Bei seinem Austritt ist dieser Kopal zunächst farblos und flüssig, er erhärtet aber bald, wobei er eine trübweiße Farbe annimmt. In den Astgabeln befinden sich oft dichte Massen des Kopals. Der Kauri-Kopal wird jedoch fast ausschließlich in subfossilem oder fossilem Zustand gewonnen, d. h. aus der Erde von jetzigen oder früheren Kauri-Fichtenwäldern. Er findet sich im Boden bis zu einer Tiefe von 2 m in Stükken von unregelmäßiger Form und verschiedener Größe, die oft viele Pfund schwer und weißlich, gelblich bis hell- und dunkelbraun gefärbt sind, wobei durchsichtige Stücke am meisten geschätzt werden. Der Geruch des Kauri-Kopals ist stark balsamisch.

Befürchtungen, daß diese Lager fossilen oder subfossilen Harzes bald erschöpft sein könnten, haben sich bis jetzt nicht bewahrheitet, doch ist das gegenwärtig gesammelte Material von sehr viel kleineren Dimensionen als früher. Man ist auch schon dazu übergegangen, das Harz durch flüssige Lösungsmittel aus subfossilen Stämmen herauszulösen, die sich bis zu einer Tiefe von 10 m in der Erde finden.

Eine andere Art Kopal, der Manila-Kopal, wird hauptsächlich von der Dammar-Tanne, *Agathis dammara,* gewonnen. Das Verbreitungsgebiet diese Baumes reicht vom östlichen Teil Hinterindiens über die Malaiische Halbinsel, Sumatra, die Molukken, Philippinen bis nach Neuguinea. Der Kopal gelangt von den Sunda-Inseln, den Molukken und Philippinen in den Handel, er ist mittelhart, seine Farbskala reicht von weißlichgelb bis braun, und der Duft ist wie beim Kauri-Kopal angenehm balsamisch. Die Gewinnung des Manila-Kopals erfolgt hauptsächlich durch Anzapfen der Bäume, wobei das Harz aus den Zapfstellen wie aus gelegentlichen Wunden in großen Mengen austritt. Die durchschnittliche Jahresproduktion eines Baumes liegt bei etwa 12 kg. In Indonesien (besonders Celebes) wird durch Ausgraben aber auch fossiler Manila-Kopal gewonnen, dessen von Flüssen ausgeschwemmte Stücke sich außerdem oft am Ufer in großen Massen sammeln. Mit dem Manila-Kopal darf nicht das Dammar-Harz oder Dammar verwechselt werden, das nicht von *Agathis dammara,* sondern von einem Vertreter der Flügelfruchtgewächse (Dipterocarpaceae), und zwar einer Art der Gattung *Shorea,* stammt.

Die Samen der Chilenischen Araukarie und der Brasilianischen Araukarie sind eßbar. Der kugelige, kopfgroße Zapfen der Chilenischen Araukarie erreicht ein Gewicht von 1,6 kg und enthält bis zu 200 Samen. Die 4 cm langen und 2 cm breiten Samen werden besonders von Papageien verbreitet. Wegen des mehligen Nährgewebes stellten sie die Hauptnahrung der Pehuenchen-Indianer Chiles dar, die bei der Ernte religiöse Feste feierten. Auch heute werden die Samen noch unter der Bezeichnung Piñones auf vielen Märkten von Chile gehandelt. Die Zapfen der Brasilianischen Araukarie haben bei der Reife einen Durchmesser von 15 bis 18 cm und enthalten etwa 100 bis 120 Samen, die eine Länge von 4,5 bis 5 und eine Breite von 2 cm erreichen. Ihr Durchschnittsgewicht beträgt 4,5 g, und sie enthalten ein fleischiges Nährgewebe, das reich an Öl und Eiweiß ist. Daher bildeten die Samen für die Ureinwohner und die ersten Siedler lange Zeit ein wichtiges Nahrungsmittel. Im brasilianischen Staat São Paulo sammelt man sie heute noch zum Verkauf auf den Märkten.

Zweig mit Zapfen der Dammar-Tanne, *Agathis dammara.* Der Baum liefert Manila-Kopal.

Die Araukariengewächse sind eine alte Pflanzengruppe und fossile Reste sicher seit dem Jura bekannt. Es handelt sich dabei um einsamige Zapfenschuppen, die man als *Araucaria* oder *Araucarites* bezeichnet und die z. B. in England und der südamerikanischen Antarktis nachgewiesen wurden. Die Funde derartiger isolierter Zapfenschuppen, die auch in der Kreidezeit vorkamen, lassen erkennen, daß die Zapfen dieser alten Araukarien wie die der heutigen bei der Reife zerfielen. Andererseits hat man im Tertiär Patagoniens in einem versteinerten Wald (Rio Deseado) neben Hölzern auch verkieselte Zapfen gefunden, die nicht zerfallen, sondern als Ganzes erhalten waren *(Araucaria mirabilis).* Sie ähneln sehr denen der heutigen Brasilianischen Araukarie.

Seit dem Mesozoikum gibt es eine Reihe von Koniferenzweigen, deren Blätter spiralig angeordnet sind. Ein Teil davon gehört sicherlich zur Gattung *Araucaria,* so die aus dem Tertiär der Seymourinsel (64° südlicher Breite) stammende *Araucaria imponens.* Tertiäre Araukarien wurden auch in Südaustralien und Tasmanien durch Blätter, Reste männlicher und weiblicher Zapfen sowie Pollen nachgewiesen. Sie waren an der Bildung der Braunkohle von Victoria (Australien) beteiligt. Auch die Gattung *Agathis* konnte in dieser Braunkohle gefunden werden. Fossile Reste, die mit *Agathis* verglichen werden können, sind im allgemeinen seltener. Neben den Fossilien, die man mit den heute lebenden Gattungen *Araucaria* und *Agathis* in Verbindung bringen kann, gibt es einige Reste, die mit besonderen Gattungsnamen belegt worden sind. Hier seien nur die 3 Arten umfassende Gattung *Araucariodendron* aus der Unteren Kreide des Fernen Ostens der Sowjetunion und die Gattung *Primaraucaria* genannt, die in der Trias von Nordamerika (Virginia) gefunden wurde.

Schließlich müssen noch die zahlreichen Nadelhölzer mit araucarioidem Bau *(Dadoxylon = Araucarioxylon)* erwähnt werden, die vom Paläozoikum an in allen geologischen Formationen mehr oder weniger zahlreich auftreten. Da der araucarioide Bau jedoch nicht nur bei den Araukariengewächsen, sondern auch bei anderen Familien der Koniferen (Voltziaceae, Lebachiaceae) sowie bei weiteren Nacktsamern (z. B. Cycadales, Cordaïtales) vorkommt, kann ein solches Holz nicht ohne weiteres als zu den Araukariengewächsen gehörig betrachtet werden. Lediglich die entsprechenden Reste aus dem Tertiär der Südhalbkugel gehören mit einiger Sicherheit hierher.

Wie unsere kurze Betrachtung der fossilen Reste der Araukariengewächse gezeigt hat, war diese Pflanzengruppe in früheren Erdzeitaltern nicht auf die Südhalbkugel beschränkt. Sie war im Mesozoikum auch auf der Nordhalbkugel anzutreffen, erst seit dem Alttertiär ist sie nur noch auf der Südhalbkugel verbreitet. Aber auch hier hatten die Araukariengewächse in früheren Erdzeitaltern eine wesentlich weitere Verbreitung als heute. So spielten Araucariaceen in der Flora der Oberen Kreide Südafrikas eine bedeutende Rolle, was aus dem Fund zahlreicher Reste der Holzgattung *Dammaroxylon* hervorgeht, während sie in diesem Gebiet heute fehlen. Auch Funde tertiärer Hölzer auf den Kerguelen-Inseln weisen darauf hin, daß die heute getrennten Verbreitungsgebiete in Südamerika einerseits und in Australien und Südostasien andererseits Teile eines früher zusammenhängenden Vorkommens sind.

Klasse Taxopsida

Ordnung Eibenartige, Taxales

Familie Eibengewächse, Taxaceae

Zu dieser Klasse gehört nur die Ordnung Taxales mit der einzigen Familie Taxaceae, Eibengewächse. Es sind kleine Bäume oder Sträucher mit nadelförmigen Blättern, deren Samenanlagen einzeln am Ende der Blütensprosse stehen. Die Samen werden von einem Samenmantel (Arillus) umgeben. Die Familie umfaßt 5 lebende Gattungen mit etwa 18 Arten, die besonders auf der nördlichen Halbkugel verbreitet sind.

Zur Einführung in diesen Verwandtschaftskreis soll die Eibe, *Taxus baccata,* näher betrachtet werden. Sie ist ein immergrüner Strauch oder Baum, der 10 bis 15 m hoch wird. Die linealischen Nadeln sind oberseits dunkelgrün und glänzend, unterseits hellgrün und matt und enden in einer Stachelspitze. Die sich im Frühjahr öffnenden Blüten werden schon im Herbst angelegt. Die Eibe beginnt etwa mit 20 Jahren zu blühen. Männliche und weibliche Blüten befinden sich auf verschiedenen Bäumen, wobei männliche Bäume meist etwas höher sind als weibliche. Die männlichen Blüten stehen einzeln in den Achseln der Nadeln und sind am Grunde von mehreren trockenen Schuppen umgeben. Die Blütenachse trägt 6 bis 15 schildförmige Staubblätter mit je 5 bis 8 Pollensäcken, wobei der Pollen durch den Wind übertragen wird. Die weiblichen Blütensprosse stehen ebenfalls einzeln in den Achseln der Nadeln und sind mit spiralig angeordneten Schuppenblättern besetzt. In der Achsel des obersten Schuppenblattes dieses Sprosses befindet sich eine Blüte. Sie besteht aus einer aufrechten, endständigen Samenanlage, die unten von 3 Paar kreuzgegenständigen Schuppen eingehüllt wird. Die Samenanlage

Männliche Blüten der Eibe, *Taxus baccata*, mit den schildförmigen Staubblättern

selbst ist am Grunde von einem Ringwulst umgeben, der sich nach der Befruchtung zu einem Samenmantel (Arillus) entwickelt. Dieser Arillus, der den Samen becherförmig, also nicht vollständig, umschließt, ist lebhaft rot. Durch seine auffallende Färbung werden größere Vögel (Amseln, Drosseln) angelockt, die ihn mit dem Samen verzehren. Nach Passieren des Vogeldarmes gelangt der Samen mit dem Kot auf den Erdboden und keimt sofort. Seltsamerweise erfolgt aber die Keimung der Samen bei Frühjahrsaussaat oft erst nach 3 bis 4 Jahren. Der rote Farbstoff des Samenmantels hat seinen Sitz in den inneren Zellen des »Fleisches«, die zahlreiche rote Körnchen enthalten. Das süßlich schmeckende »Fleisch« wurde in einigen Gegenden der Alpen zur Herstellung von Mus benutzt.

Die Eibe wächst sehr langsam. Ihr Dickenwachstum beträgt nur 0,6 bis 1,2 mm pro Jahr. Größeren Bäumen wird oft ein sehr hohes Alter zugeschrieben (»Tausendjährige Eiben«). Die genaue Feststellung des Alters ist jedoch erschwert oder unmöglich, da ältere Bäume oft innen ausgehölt sind. Weiter muß man berücksichtigen, daß die dicken Stämme älterer Exemplare durch Verwachsungen mehrerer oder vieler Stämme entstanden sein können. Eine einigermaßen genaue Schätzung des Alters solcher Scheinstämme ist also selbst bei Kenntnis der jährlichen Zuwachsrate nicht möglich.

Die Verbreitung der Eibe erstreckt sich über Nord- und Mitteleuropa sowie das Mittelmeergebiet bis Indien. Sie war früher in Mitteleuropa viel häufiger als heute. So wurden im Stellinger Moos bei Hannover unter einer einen Meter dicken Schicht von Torfmoos neben Resten anderer Bäume auch einige hundert Stämme der Eibe entdeckt. Ihr Holz ist durch das Vorkommen von Spiralverdickungen in den Holzzellen (Tracheïden) unter den mitteleuropäischen Nadelhölzern leicht und sicher kenntlich. Reste von Eibenwäldern wurden auch in anderen Gegenden gefunden, z. B. in Schleswig-Holstein und Oldenburg.

Weibliche Blüten der Eibe, *Taxus baccata*, mit Bestäubungstropfen, die die Pollenkörner auffangen

Das dauerhafte, feste Holz verarbeitete man schon in vorgeschichtlicher Zeit zu allerlei Gebrauchsgegenständen. In den Pfahlbauten der Schweiz und Österreichs fanden sich u. a. Schüsseln, Löffel und Kämme, die aus Eibenholz hergestellt waren. In steinzeitlichen Siedlungen am Federsee (Württemberg) wurde als Bauholz für die Hütten neben zahlreichen Laubhölzern auch die Eibe verwendet. Im Mittelalter hat man das Holz wegen seiner großen Elastizität besonders zur Herstellung von Waffen (Pfeilbogen und Bügel zu Armbrüsten) benutzt. So ist möglicherweise das Vorkommen der Eibe in der Nähe von alten Burgen zu verstehen. Das Holz verwendete man auch zu feinen Tischlerarbeiten. Aus den Geschäftsbüchern der Nürnberger Großhandlung von Christoph Fürer und Leonhard Stockhamer geht hervor, daß Eibenholz noch im 16. Jahrhundert ein wichtiger Handelsartikel war, der auch nach England und den Niederlanden verkauft wurde.

Die Hölzer kamen meist aus Süddeutschland, wo man jährlich durchschnittlich 10000 Eiben fällte. Außer durch diesen Raubbau wurde die Eibe aber auch durch die moderne Forstwirtschaft zurückgedrängt. Die früher weitere Verbreitung und Bedeutung der Eibe ist an einer Reihe von Ortsnamen zu erkennen, z. B. Eibenberg, Eibenstock, Eibenthal, Eibiswald, Ibenhain und Ibenhorst. Die Zahl der heute in Deutschland wild vorkommenden Eiben wird auf höchstens 30000 geschätzt. Der Baum steht daher hier auch unter Naturschutz. Im Süden Deutschlands gibt es noch mehrere größere Vorkommen; das größte bei Paterzell westlich Weilheim in Oberbayern umfaßt rund 2500 Stämme, andere befinden sich z. B. in Thüringen und Sachsen. Auch im Harz wachsen noch etwa 600 Eiben, der größte Teil davon (etwa 400) im Bodetal oberhalb von Thale.

Das Holz der Eibe zählt wegen des langsamen Wachstums zu den dichtesten und schwersten Hölzern Europas, es ist sehr ela-

Durch den roten Samenmantel der Eibe, *Taxus baccata*, werden Vögel zum Verzehr der Samen angelockt. Der Samenmantel ist als einziger Teil des Baumes nicht giftig.

stisch, zäh und biegsam, von großer Dauerhaftigkeit und gut polierbar (»Deutsches Ebenholz«). Durch diese hervorragenden Eigenschaften wird seine frühere Wertschätzung, die zu dem erwähnten starken Rückgang der Bestände führte, hinreichend deutlich. Heute wird Eibenholz besonders zur Herstellung von kunstgewerblichen Gegenständen verwendet.

Die Eibe enthält einen Giftstoff, das Alkaloid Taxin, das in allen Teilen der Pflanze, außer dem roten Samenmantel, vorkommt. Die Giftigkeit der Eibe war schon den Schriftstellern der Antike bekannt, wobei freilich die Giftwirkung überschätzt wurde. So meinte Dioskurides, daß schon ein Aufenthalt unter einer Eibe gesundheitsschädlich, ja sogar todbringend sein könnte. Bei Kelten und Römern war die Eibe ein den Todesgöttern geweihter Baum. Heute wurde das Taxin als ein Stoffgemisch erkannt. Von den 3 isolierten Substanzen ist nur eine giftig, die bei Warmblütlern die Tätigkeit des Herzens und des Atemzentrums lähmt. Besonders stark reagieren Pferde auf das Gift, während Wiederkäuer weniger empfindlich sind. Daß die Eibe in der Sagenwelt, im Aberglauben und in der Volkskunde unter den mitteleuropäischen Nadelbäumen eine so hervorragende Rolle spielt, ist wohl in erster Linie ihrer Giftigkeit zuzuschreiben.

Im Garhwal Himalaja (Uttar Pradesh, Indien) werden die zerstoßenen Blätter oral zur Behandlung von Asthma und anderen Bronchien-Erkrankungen sowie gegen Verdauungsstörungen verabreicht. Die getrocknete und pulverisierte Rinde wird mit Salz und Butter gekocht. Die Mischung, die wie Tee aussieht und schmeckt, findet als Stärkungsmittel Verwendung.

In der freien Natur zeigt die Eibe eine erstaunlich geringe Variabilität. Dagegen gibt es in den Gärten zahlreiche Abarten, darunter auch Zwergformen. Wegen ihres sehr großen Ausschlagvermögens wird die Eibe auch zu Heckenpflanzungen verwendet.

Außer der Eibe gehören zur Gattung *Taxus* noch einige weitere Arten, z. B. *Taxus wallichiana* (Himalaja bis Celebes (Sulawesi) und Philippinen), *Taxus cuspidata* (Japan), *Taxus chinensis* (Mittelchina) sowie *Taxus canadensis* (atlantisches Nordamerika) und *Taxus brevifolia* (westliches Nordamerika). Die Blätter von *Taxus cuspidata* werden in Japan als Mittel gegen die Zuckerkrankheit verwendet.

Die Rinde der Pazifischen Eibe, *Taxus brevifolia,* liefert einen Taxol genannten Stoff, aus dem ein Medikament gegen Krebs gewonnen wird. Die Art wächst im Schatten höherer Bäume und wird vor deren Fällen als Hindernis entfernt. Doch auch wenn man die Eiben stehen ließe: sie könnten bei stärkerer Sonneneinstrahlung nicht gedeihen. Deshalb haben Krebsforscher und Umweltorganisationen die US-Regierung aufgefordert, die Pazifische Eibe auf die Liste der gefährdeten Arten zu setzen.

Von den weiteren 4 zu den Eibengewächsen gehörenden, heute lebenden Gattungen umfassen 2 nur je eine Art. So besteht die Gattung *Austrotaxus* nur aus einer Art, die in feuchten Wäldern Neukaledoniens beheimatet ist. Monotypisch ist auch die Gattung *Pseudotaxus,* die in der chinesischen Provinz Zhejiang wächst. Bei *Amentotaxus,* deren 3 Arten in Mittel- und Südchina sowie in Assam vorkommen, stehen die männlichen Blüten in kätzchenförmigen Ähren (lat. amentum = Kätzchen). Die Gattung ist im Tertiär von Europa nachgewiesen worden.

Die Gattung *Torreya* umfaßt 5 Arten, die in Nordamerika und Ostasien verbreitet sind. Bei ihren Arten (wie auch bei *Amentotaxus*) umhüllt der Arillus den Samen vollständig und verwächst mit der Samenschale. Die in Südost- und Mittelchina heimische *Torreya grandis* wird in den Provinzen Zhejiang und Anhui wegen ihrer Samen, die wie Nüsse gegessen werden, angepflanzt. Hier gibt es mehrere großsamige Sorten.

Die Art *Torreya nucifera* ist in Japan verbreitet und wird dort Kaya genannt. Man benutzt die Samen in China – wie wahrscheinlich auch die von *Torreya grandis* – als Wurmmittel. Die nur lokal im nördlichen Florida und südlichen Georgia vorkommende

Zweig mit männlichen Blüten der Kalifornischen Nußeibe, *Torreya californica*

Torreya taxifolia, ein kleiner Baum mit bis 3 cm langen Nadeln, ist neuerdings durch eine bisher unbekannte Krankheit stark im Rückgang begriffen, so daß Anstrengungen unternommen werden müssen, um diese Art vor dem Aussterben zu bewahren.

Die in kühlen, schattigen Tälern Kaliforniens beheimatete Kalifornische Nußeibe, *Torreya californica,* ist ein zerstreut vorkommender Baum mit pyramidaler Krone, der etwa 20 m Höhe erreicht. Die Samen zeigen im Querschnitt einen Aufbau, der an die Muskatnuß erinnert (daher der amerikanische Name California nutmeg).

Werfen wir abschließend noch einen Blick auf die fossilen Vertreter dieses Verwandtschaftskreises. Die fleischigen Samen der Eibengewächse eignen sich nicht für eine fossile Erhaltung, es liegen daher meist nur Blattreste vor. Eine sichere Zuordnung zu einer der lebenden Gattungen ist deshalb auch nur bei den Resten möglich, deren Blätter anatomisch untersucht werden können. Sicher ist, daß die Gattungen *Taxus* und *Torreya* bereits in der Juraformation vorkamen. Die Gattung *Amentotaxus* wurde kürzlich im Tertiär von Seifhennersdorf (Sachsen) nachgewiesen. Obwohl die Hölzer der Eibengewächse durch Spiralverdickungen in den Holzzellen (Tracheïden) leicht zu erkennen sind, konnten sie bisher nur im Diluvium und in der Nacheiszeit, nicht aber im Tertiär festgestellt werden. Wichtiger als alle diese Funde ist aber ein Fossil aus dem Rhät von Schonen (Südschweden). Dieser Pflanzenrest, *Palaeotaxus rediviva,* hat Blüten mit unfruchtbaren, spiralig angeordneten Schuppenblättern und einem einzelnen endständigen Samen. Man kann also annehmen, daß sich die Taxales bereits mit dem ausgehenden Paläozoikum von den übrigen Gruppen der Koniferen abgetrennt haben. Die Taxaceen wurden früher mit den Podocarpaceen in Verbindung gebracht, also zu den Koniferen gestellt. Der morphologische Aufbau der männlichen Blüte, das Vorhandensein eines Samenmantels und das Fehlen von weiblichen Zapfen unterscheidet sie aber stark von den Koniferen und weist ihnen eine Sonderstellung zu.

Klasse Chlamydospermopsida

Ordnung Gnetales

Diese letzte Klasse der Gymnospermen umfaßt nur die Ordnung Gnetales, in der 3 stark verschiedene Familien (Weltwitschiaceae, Ephedraceae, Gnetaceae) vereinigt sind, die jeweils nur eine Gattung enthalten. Die starke Verschiedenheit dieser Familien wird manchmal auch dadurch betont, daß man sie zu Ordnungen oder sogar Klassen erhebt. Die Gnetales sind kleinere Holzgewächse oder Lianen mit einfachen oder verzweigten Stämmen. Das Sekundärholz enthält im Gegensatz zu den übrigen Gymnospermen Gefäße. Die Blätter sind gegenständig, ungeteilt, schuppenartig *(Ephedra),* breitelliptisch *(Gnetum)* oder lang-riemenförmig *(Welwitschia).* Die zu Blütenständen vereinten Blüten sind eingeschlechtig, haben eine Blütenhülle und werden außerdem oft von Hochblättern umgeben. Die männlichen Blüten enthalten 8 bis 1 Synangien, die weiblichen Blüten haben je eine aufrechte Samenlage. Ihre Samen besitzen 2 Keimblätter.

Fossilien der Gnetales fanden sich schon in Jura-Schichten Ostsibiriens. Es handelt sich um Tragblätter, scheidige Schuppenblätter, Pollenorgane und geflügelte Samen. Die Blätter sind der Gattung *Ephedra* ähnlich, während die Tragblätter und Samen an die von *Welwitschia* erinnern. Obwohl diese Teile nicht in unmittelbarem Zusammenhang gefunden wurden, scheint hier eine ausgestorbene Gattung vorzuliegen, die sich von den lebenden Gattungen stark unterscheidet, aber manche Merkmale von *Welwitschia* und *Ephedra* vereint (vgl. die Gattung *Drewria* bei den Welwitschiaceen).

Familie Welwitschiaceae

Diese Familie besteht nur aus der einzigen Art *Welwitschia mirabilis.* Der Stamm dieser Pflanze ist dick und rübenförmig und erhebt sich meist nur wenige Dezimeter über den Erdboden, oben ist er abgeflacht und kann bei alten Exemplaren bis einen Meter breit werden. Insgesamt erreicht *Welwitschia* eine Höhe bis zu einem Meter oder sogar 1,5 m. Der oberirdische, holzige Teil ähnelt einem großen Trichter, dessen Rand in 2 Teile gespalten ist. Dieser obere, zweilappige Teil der Pflanze wird »Krone« genannt und hat bei alten Exemplaren das Aussehen eines offenen Rachens. Nach unten geht der Stamm in eine mehrere Meter lange Pfahlwurzel über, die sich erst in großer Tiefe verzweigt. Am Rande des oberirdischen Pflanzenteils treten aus einem Schlitz 2 blaugrüne, ledrige Blätter hervor, die lang-riemenförmig sind und während des ganzen Lebens der Pflanze erhalten bleiben. Durch ein sogenanntes interkalares Meristem (zwischengeschaltetes Teilungsgewebe) wachsen sie in die Länge und in die Breite. Dieses Teilungsgewebe liegt am Grunde der Blätter und ist dadurch, daß es sich in dem erwähnten Schlitz befindet, gegen Austrocknung geschützt. Die Blätter können eine Länge von mehreren Metern erreichen und werden bis über 20 cm breit. Sie liegen an den Spitzen dem Erdboden auf und sind hier mehr oder weniger zerfetzt und zerschlitzt, so daß es den Anschein haben kann, als wären mehr als 2 Blätter vorhanden. Oft werden sie auch zu einem großen Teil ihrer Länge mit Sand überweht. Die Periodizität

Weibliches Exemplar von *Welwitschia mirabilis* in der Namib-Wüste bei Swakopmund, Namibia

Weibliche Pflanze von *Welwitschia mirabilis* vom Brandberg in der Namib-Wüste (Namibia). Die Art bringt nur zwei Blätter hervor, die aber meist stark zerschlitzt sind.

des Wachstums läßt sich manchmal an einer leichten Querstreifung auf der Oberfläche der Blätter erkennen. Außer diesen 2 Blättern hat die Pflanze noch 2 Keimblätter, die jedoch bald vergehen.

Bisher war man nun allgemein der Ansicht, daß die Pflanze nur die 2 Keim- und die 2 Laubblätter entwickelt. Aus neueren Untersuchungen geht jedoch hervor, daß noch ein drittes Blattpaar gebildet wird, dessen Blätter ebenso wie die Laubblätter am Grunde ein interkalares Teilungsgewebe aufweisen. Nach der Anlage dieser Blätter stellt der Sproßscheitel sein Wachstum völlig ein, seine Wachstumsaktivität geht gewissermaßen auf die Meristeme am Grunde der Blätter des zweiten und dritten Blattpaares über. Die 2 Blätter des dritten Blattpaares entwikkeln sich zu sogenannten Schuppenkörpern, die später zwischen den Laubblättern zu erkennen sind. Nach allgemeiner Ansicht bilden sich aus diesen Körpern, die früher für Achselknospen der Keimblätter gehalten wurden, die 2 Lappen der »Krone«. Doch ist dies nach neueren Forschungen zweifelhaft. Eine endgültige Klärung der Verhältnisse gelang bisher noch nicht, da sich nicht alle entsprechenden Altersstadien der Pflanzen beobachten ließen.

Die Blüten der *Welwitschia* sind zweihäusig verteilt, es gibt also männliche und weibliche Pflanzen, die sich am Standort die Waage halten. Die dichasial (scheingabelig) verzweigten Blütenstände stehen am Rande der »Krone«, zwischen dieser und den Blättern, und entspringen sehr wahrscheinlich aus den Achseln der bleibenden Laubblätter. An den Enden der Blütenstandsäste stehen zapfenartige Gebilde, die ihrerseits Blütenstände darstellen. Diese »Zapfen« sind vierkantig, da die dachigen Deckschuppen kreuzgegenständig stehen.

Die reifen weiblichen Zapfen sind 6 bis 8 cm lang und etwa 2,5 cm breit, die männlichen Zapfen haben eine Länge von 2 bis 3 cm und eine Breite von 8 mm. Somit sind die weiblichen Zapfen etwa so groß wie ein kleiner Fichtenzapfen und die männlichen wie ein Fruchtkätzchen der Birke.

In der männlichen Blüte, die in der Achsel einer Deckschuppe steht, folgen auf 2 schmale Vorblätter 2 breite, verwachsene Hüllblätter und 6 Synangien, die unten zu einer Röhre verwachsen sind. Jedes Synangium besitzt 3 Pollensäcke. In der Mitte der Blüte befindet sich eine rückgebildete Samenanlage, deren Integument eine lang vorgezogene Mikropyle mit tellerförmigem Ende aufweist. Die weibliche Blüte steht ebenfalls in der Achsel einer Deckschuppe. Die untersten Blüten im Blütenstand weisen fast stets 2 sehr kleine Vorblätter auf (wie die männliche Blüte). Es folgt eine flache, breite Hülle, die aus 2 verwachsenen Hüllblättern besteht. Die von der Hülle umschlossene Samenanlage hat eine lange, röhrenförmige Mikropyle. In manchen Fällen sind die »Zapfen« zweiachsig, die Deckschuppen tragen im unteren Teil des »Zapfens« dann nicht Blüten, sondern Seitenzapfen mit rückgebildeten Blüten. In der Ausbildung des Gametophyten können wir einige Besonderheiten verzeichnen. Der Embryosack ist viersporig

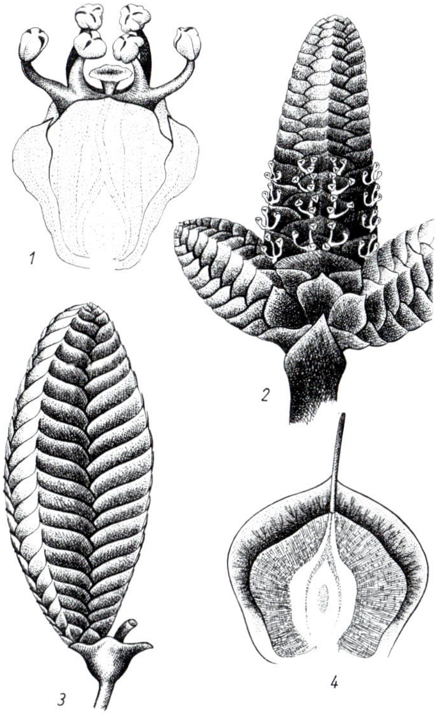

Welwitschia mirabilis. 1 Männliche Blüte mit Hüllblättern, 6 Synangien mit zentraler, rückgebildeter Samenanlage; 2 männlicher Zapfen (mit Seitenzapfen); 3 weiblicher Zapfen; 4 weibliche Blüte mit Hüllblättern, Samenanlage und langer röhrenförmiger Mikropyle

Blühende männliche Zapfen von *Welwitschia mirabilis* (Namib-Wüste bei Swakopmund, Namibia)

wie der von *Gnetum,* und in ihm werden oben zweikernige, unten vielkernige Zellen gebildet. Eine Bildung von Archegonien findet nicht statt. Die zweikernigen Zellen wachsen als Eischläuche in das Nuzellusgewebe, und die Befruchtung erfolgt mit Pollenschlauch.

Bei einer morphologisch so von anderen Arten abweichenden Pflanze ist es nicht verwunderlich, daß auch im anatomischen Baum eine Reihe von erwähnenswerten Merkmalen zu verzeichnen sind. So treten im Parenchym des Stammes und älterer Blatteile sogenannte Hakenzellen (Spikularzellen) auf, Festigungselemente, die für die lederartige Beschaffenheit der Blätter verantwortlich sind. Es handelt sich um Parenchymzellen, die sich nachträglich gestreckt und verzweigt haben, so daß sie eine sehr unregelmäßige Gestalt aufweisen. Ihre Wände sind verholzt und verdickt, und außerdem sind Kristalle von Kalziumoxalat auf ihnen abgelagert. Derartige Kristalle auf den Wänden kommen auch in der Oberhaut und in den Parenchymzellen von Wurzel, Stamm und Blättern vor. Die Pflanze enthält in fast allen Teilen, besonders aber in der Rinde von Stamm und Wurzel, Schleimkanäle. Bei Verletzung der Rinde tritt dieser Schleim aus, der in Wasser vollständig löslich ist. Seltsamerweise liefern weibliche Pflanzen zehnmal mehr Schleim als männliche Exemplare. Im Holz kommen ebenso wie bei *Gnetum* und *Ephedra* neben Tracheïden auch Tracheen vor, die den übrigen Gymnospermen fehlen. Die Gefäßelemente (Tracheïden und Tracheen) liegen ungeregelt nebeneinander. Da der Durchmesser der Gefäße stark schwankt, ist aus einem Querschnitt des Holzes nicht zu entnehmen, welche Elemente Tracheïden sind.

Bei Betrachtung eines Längsschnittes des Holzes kann man erkennen, daß die Gefäße ein einfaches Loch in der Querwand aufweisen (im Unterschied zur Gattung *Ephedra*). Die Hoftüpfel befinden sich in allen Wänden. In weiten Zellen sind sie wie bei den Araucariaceen alternierend (abwechselnd) gestellt, doch berühren sich die Tüpfel nur selten.

Weiter ist bemerkenswert, daß die Schließhäute der Hoftüpfel keine Verdikkung (Torus) aufweisen. Auch bei der Gattung *Gnetum* fehlt ein Torus, während bei *Ephedra* – wie bei den Kieferngewächsen – ein solcher vorhanden ist.

Auch in den zytologischen Merkmalen sind Besonderheiten anzutreffen. Die Chromosomen zeigen bedeutende Unterschiede in der Größe. Das längste Chromosomenpaar ist 3,25mal länger als das kürzeste Paar. Nach diesen Merkmalen läßt sich keine Beziehung zu den Gattungen *Gnetum* und *Ephedra* feststellen. Die Chromosomenzahl in den Körperzellen der Pflanze beträgt 42, in einem Falle war eine Pflanze mit 84 Chromosomen tetraploid.

Leider gibt es bisher keine eingehenden chemischen Analysen von *Welwitschia.* Eine Abkochung der Blätter wird von den Einheimischen Angolas als blutstillendes Mittel (Hämostyptikum) und zur Behandlung von bestimmten Tumoren verwendet. Die Rinde des Stammes und der Wurzel, die viel Schleim enthält, dient als Abführmittel.

Die seltsame Pflanze stellt nicht nur unter den Nacktsamern, sondern auch unter allen anderen Pflanzengestalten eine Besonderheit dar. Sie wurde im Jahre 1859 von dem österreichischen Naturforscher Friedrich Welwitsch in der Nähe von Mossamedes in Angola entdeckt. In einer Lebensbeschreibung dieses Forschers heißt es zu dieser Entdekkung: »In der trostlosen Wüste, in der Welwitsch diese außerordentliche Pflanze fand, deren besonderen Charakter er sogleich erkannte, war der Eindruck, den sie auf ihn machte, derart überwältigend, daß er, wie er berichtete, auf dem heißen Sandboden niederkniete und nach ihr hinstarrte, halb in Furcht, sie könnte sich als ein Trugbild seiner Sinne erweisen.«

Kurz danach hat auch der Engländer Thomas Baines die *Welwitschia* gesammelt, und zwar am Swakop-Fluß (1861). Der erste, der diese Pflanze sammelte, scheint jedoch Charles John Anderson gewesen zu sein, der bereits im Jahre 1857 ebenfalls am Swakop-Fluß auf die Art stieß. Durch ein Mißverständnis waren aber seine Sammelexemplare, die er nach London schicken wollte, in Kapstadt geblieben. Diese sehr weit auseinanderliegenden Fundpunkte (Mossamedes in Angola und Swakop-Fluß in Namibia) befinden sich in der Nähe der Haupthäfen, was die Entdeckung der Pflanze gerade an diesen Stellen verständlich macht. Die zwischen diesen beiden klassischen Fundorten klaffende »Verbreitungslücke« wurde durch die spätere botanische Erforschung geschlossen. Die Pflanze ist also auf die nördliche Namib, die Küstenwüste des südwestlichen Afrikas, und ihre östlichen Grenzgebiete beschränkt. Das nördlichste Vorkommen liegt bei San Nicolau in Angola im nördlichsten Teil der Namib, das südlichste an der Grenze der Nordnamib am Fluß Kuiseb unmittelbar südlich des Wendekreises des Steinbockes. Die Entfernung dieser und der dazwischenliegenden Fundstellen von der Küste beträgt im Durchschnitt etwa 50 km, und ihre Höhenlage variiert zwischen 100 und 900 m.

Früher hat man angenommen, daß *Welwitschia* nur in der Zone der Küstennebel vorkommt, wobei die Pflanze in der Lage sein sollte, Tau und Nebelniederschläge auszunutzen. Doch konnte festgestellt werden, daß die Art nicht nur hier anzutreffen ist, sondern auf verschiedenen Standorten ihr Fortkommen findet. Eine Aufnahme von Nebelfeuchtigkeit und Tau durch die Blätter kommt nicht in Betracht, da deren Oberfläche unbenetzbar ist. Allerdings saugt die mit Kork bedeckte Stammscheibe (»Krone«) das Wasser wie ein Schwamm auf. Der Bau der Blätter zeigt Anpassungen an den trockenen Standort: Die Kutikula ist sehr dick, und die zahlreichen Spaltöffnungen sind eingesenkt. Dadurch ist eine hohe Verdunstung bei offenen Spaltöffnungen möglich, während sie bei Wassermangel stark eingeschränkt werden kann, was auch erreicht wird, indem die Blätter bis zum Grunde hin abtrocknen. Die Meristemschicht bleibt dabei erhalten und ist in der Lage, bei günstigen Wasserverhältnissen neues Blattgewebe hervorzubringen. In einem Versuch, bei dem ein Blatt markiert wurde, konnte gezeigt werden, daß es 3 Wochen, nachdem 16,5 l/m^2 Niederschlag gefallen waren, einen Zuwachs von 10 cm aufwies, der insgesamt in einem Jahr etwa 30 bis 40 cm betragen dürfte. Die Aufnahme des Regenwassers wird durch Seitenwurzeln erleichtert, die in 7 bis 10 cm Tiefe vom Wurzelhals abgehen und sich unter der Erdoberfläche stark verzweigen. Diese oberflächlichen Wurzeln können so das Wasser geringer Niederschläge aufnehmen. Die Pfahlwurzel entnimmt Wasser dagegen aus tieferen, feuchten Bodenschichten.

Das Vorkommen von *Welwitschia* ist nicht an Grundwasser gebunden. Sie siedelt besonders auf Standorten am Rande von Hochflächen, und zwar in den hier beginnenden breiten, flachen Rivieren, in denen nach starken Regenfällen das Wasser von den Hochflächen herabströmt und den Boden bis zu einer Tiefe von 1,5 m durchfeuchtet. Diese Feuchtigkeit in den Rinnen, die sich jahrelang halten kann, wird von *Welwitschia* ausgenutzt, die hier mit Vorliebe wächst, wobei die Entfernung zwischen den einzelnen Pflanzen meist weit über 20 m beträgt.

Die Bestäubung der Pflanze wird durch ein Insekt, die Hemiptere *Odontopus sexpunctatus,* vermittelt. Die Art verjüngt sich aber nur schwach, oft sind die Samen taub.

Die Pflanze zeigt mancherlei weitere Anpassungen, die ihre Existenz in den Wüstengebieten ermöglichen. Auch die Fähigkeit, ein hohes Alter zu erreichen, hat dazu beigetragen, daß die *Welwitschia* noch nicht ausgestorben ist. So ließ sich für ein Exemplar aus der Gegend von Swakopmund mit Hilfe der Radiokarbon (C^{14})-Methode ein Alter von 500 bis 600 Jahren ermitteln.

Bei der Seltenheit und Seltsamkeit der Pflanze ist es verständlich, daß sich der Naturschutz ihrer angenommen hat. So steht die Art in Südwestafrika seit dem Jahre 1916 unter gesetzlichem Schutz. Die Strafe für das Ausgraben einer Pflanze beträgt 50 £ (damals = 1 000 M). Im Jahre 1933 ist in London zwischen 9 Regierungen ein Abkommen über den Schutz der Tier- und Pflanzenwelt Afrikas getroffen worden. Danach steht ab 1. 1. 1936 die *Welwitschia mirabilis* als einzige Pflanze unter völligem Schutz. In diesem Zusammenhang soll nicht unerwähnt bleiben, daß nach ihr auch ein Ort in Namibia den Namen Welwitschia trägt und sie auf einer südafrikanischen Briefmarke dargestellt wurde.

Hier sei ein Auszug aus einer Reisebeschreibung des Botanikers Dinter wiedergegeben, der im Jahre 1913 im damaligen Deutsch-Südwestafrika zusammen mit dem Direktor des Botanischen Museums Berlin-Dahlem, Professor Engler, in einem Sonderzug eine botanische Exkursion unternahm, die auch über den Ort Welwitschia führte: »Mit sinkender Sonne ließen wir weiterfahren. In stockfinstrer Nacht hielt der Maschinist, indem er erklärte, hier auf km 72 hundert Schritte südlich wüßte er viele Welwitschien. Er, ich und Englers Bambuse Hans zogen los und fanden, unseren Weg ununterbrochen mit Streichhölzern beleuchtend, die versprochenen Welwitschien zwar nicht auf hundert Schritt, aber doch nach 2,5 km und zwar eine gute Anzahl männlich wie weiblich blühender Exemplare. Geh. Rat Engler war entzückt, als wir mit einigen Dutzend Blütenständen beiderlei Geschlechts wieder im Zuge ankamen ...«

Die *Welwitschia* ist in ihrem kargen Lebensraum in der Namib-Wüste starken Umweltbelastungen ausgesetzt. So wurden im Jahre 1981 *Welwitschia*-Pflanzen bei Swakopmund von Oryx-Antilopen angefressen, die wegen Dürre ihre Weidegründe verlassen hatten. Die Blätter wurden bis auf einen 5 bis 10 cm breiten Streifen am Stamm abgefressen. Fünf Jahre später hatten sie aber, da das Wachstumsgewebe nicht zerstört worden war, wieder eine Länge von 96 cm erreicht. Auch Sandstürmen vermögen die Pflanzen aufgrund ihrer großen Widerstandskraft zu überstehen, wenn sie danach auch wie »sandgestrahlt« erscheinen. Der Einfluß des Menschen richtet den größten Schaden an. So sind von 1981–1986 in der Umgebung von Swakopmund 8 von 215 kartierten Pflanzen durch menschlichen Einfluß (Straßenbau, Überfahren durch Fahrzeuge) vernichtet worden. Einerseits ist die Zufahrt zu der berühmten »Groot Welwitschia«, deren Alter auf etwa 1 500 Jahre geschätzt wird, nur mit Sondererlaubnis möglich, andererseits wurden bei der Verbreiterung dieser Straße für die Touristen einige Pflanzen zerstört.

Fossile Reste von *Welwitschia* sind bisher nicht bekannt geworden. Allerdings konnten vor einigen Jahren in der Unteren Kreide von Virginia (USA) Reste einer Pflanze entdeckt werden, die eindeutig den Gnetales zugeordnet werden kann *(Drewria potomacensis)*. Es handelt sich um eine krautige (oder strauchartige?) Pflanze mit gegenständigen und kreuzgegenständigen Blättern, die an verdickten Knoten stehen. Die deutliche Blattaderung ist ein Merkmal, wie es sehr ähnlich in den Keimblättern der heutigen *Welwitschia* vorkommt. Die Fortpflanzungsorgane sind in scheingabeligen Ähren angeordnet. Außerdem wurden in denselben Sedimenten auch Pollenkörner gefunden, die mit *Welwitschia* vergleichbar sind.

Welwitschia zeigt zwar besonders durch ihre Blütenhülle und den Bau des Holzes Anklänge an die Angiospermen, doch ist sie durch die freien Samenanlagen eindeutig als Gymnosperme gekennzeichnet und kommt als Vorläufer der Angiospermen nicht in Betracht. Aber auch ihre Abstammung ist nicht klar. Die Spaltöffnungen der *Welwitschia* sind syndetocheil, ein Merkmal, das bei den Bennettitales vorkommt, mit denen die Art denn auch in Verbindung gebracht wurde. *Welwitschia* nimmt also innerhalb der Gymnospermen eine sehr isolierte Stellung ein. Ihre eigentümlichen morphologischen Merkmale wie auch die sehr isolierte geographische Verbreitung deuten auf ein sehr hohes geologisches Alter hin.

Familie Meerträubelgewächse, Ephedraceae

Zu dieser Familie gehört nur die Gattung *Ephedra,* Meerträubel, deren etwa 40 Arten z. T. schwierig voneinander zu unterscheiden sind. Es handelt sich um kleine bis mittelgroße, stark verzweigte Sträucher mit rutenförmigen, grünen Zweigen und kleinen gegenständigen schuppigen Blättern, die am Grunde miteinander verwachsen sind. Bei manchen Arten stehen die Blätter quirlig zu 3 oder 4. Die Pflanzen haben oft große Ähnlichkeit mit Schachtelhalmen. Ihre Blätter sind reduziert und erreichen nur bei der chilenischen Art *Ephedra gracilis* eine Länge von 10 bis 20 mm, sonst sind sie viel kürzer. Die Photosynthese findet daher zum größten Teil in den Zweigen statt.

Die Arten von *Ephedra* sind meist zweihäusig und nur selten einhäusig. Männliche und weibliche Blüten sind zu kleinen zäpfchenförmigen Blütenständen zusammengefaßt. Die männlichen Zäpfchen stehen auf Stielchen, die an den Knoten der Stengel entspringen. Jedes Zäpfchen hat 2 bis 8 gegenständige Paare von Deckblättern an einer zentralen Achse. Jedes Deckblatt, mit Ausnahme der beiden untersten, trägt in der Achsel eine Blüte. Diese besteht aus 2 Hüllblättern und einem zentralen Stiel mit 2 bis 8 endständigen Synangien, die je 2 bis 3 Pollensäcke enthalten. Die Pollenkörner sind spindelförmig und weisen mehrere sich von Pol zu Pol erstreckende Längsfurchen auf. Die weiblichen Zäpfchen stehen ebenfalls an den Knoten auf Stielen. Jedes weibliche Zäpfchen setzt sich aus 4 bis 7 Paaren gegenständiger Deckblätter an einer zentralen Achse zusammen. In den Achseln des obersten Deckblattpaares sitzt je eine Blüte, die weiblichen Blütenzäpfchen haben also nur je 2 Blüten, deren jede aus einer geschlossenen, aus 2 verwachsenen Hüllblättern gebildeten Hülle besteht, die eine aufrechte Samenanlage mit röhrenförmig verlängerter Mikropyle umschließt. Im Embryosack bildet sich ein Prothallium mit meist 2 Archegonien, die neben einer Bauchkanalzelle bis zu 40 oder mehr Halszellen haben. Dies ist die höchste bei den Gymnospermen vorkommende Zahl. Die Bestäubung wird bei *Ephedra fragilis* var. *campylopoda* durch Insekten besorgt, andere Arten sind windblütig. Nach der Befruchtung verhärtet sich die Blütenhülle, während die Deckblätter trockenhäutig bis holzig (geflügelt oder ungeflügelt) oder fleischig werden. Im letzteren Falle entstehen Scheinbeeren, die manchmal lebhaft rot gefärbt sind und z. B. bei *Ephedra distachya* von Droseln verbreitet werden.

Zweige des Meerträubels, *Ephedra distachya*, mit Scheinbeeren, die sich aus den fleischig werdenden Deckblättern der Zäpfchen entwickeln

Ephedra. 1 Weibliches Zäpfchen; 2 weibliches Zäpfchen im Längsschnitt, die 2 Samenanlagen mit röhrenförmig verlängerten Mikropylen; 3 männliches Zäpfchen; 4 Zweige mit männlichen Zäpfchen; 5 Zweige mit weiblichen Zäpfchen

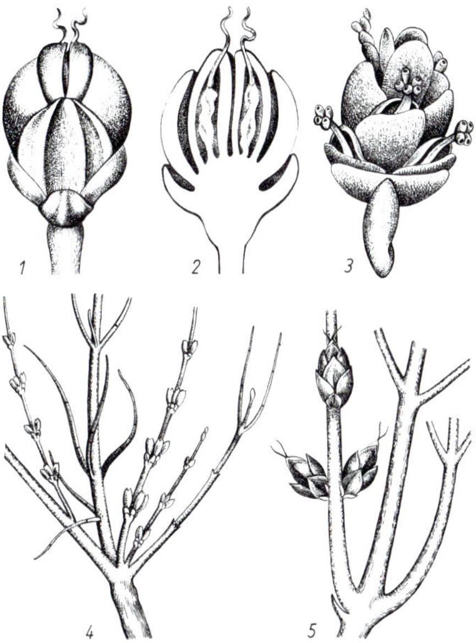

Die Arten der Gattung *Ephedra* kommen in warmtemperierten Breiten vor, so von Innerasien bis zum Mittelmeergebiet (einzelne Funde auch in Mitteleuropa), vom westlichen Nordamerika bis Mexiko sowie in den südlichen Anden. Sie bewohnen meist sandige oder felsige Standorte wie Wüsten, Steppen und Gebirge und zeigen daher in ihrem morphologischen und anatomischen Bau Anpassungen an das Leben in trockenen Gebieten: Ihre Blätter sind stark zurückgebildet, die Spaltöffnungen auf den Zweigen eingesenkt und die Zweige selbst von einer dicken Kutikula überzogen. Das Wurzelsystem der Pflanze ist stark entwickelt, so daß das

Grundwasser erreicht wird. Die Angehörigen der Gattung insgesamt bewohnen recht große Gebiete, aber auch einzelne Arten haben ein großes Areal. Dies deutet darauf hin, daß die Gattung eine lange phylogenetische Entwicklung hinter sich hat.

Wie bei den beiden anderen Gattungen der Chlamydospermen treten auch bei *Ephedra* einige anatomische Besonderheiten auf, die Erwähnung verdienen. In dem nur in geringem Maße entwickelten Sekundärholz, das überwiegend aus Tracheïden besteht, kommen auch Tracheen vor. Im Gegensatz zu den Gattungen *Gnetum* und *Welwitschia* sind in den Tracheen von *Ephedra* die Querwände aber noch erhalten, sie enthalten Löcher von der Größe der Hoftüpfel. Die Spaltöffnungen sind – im Gegensatz zu den anderen Vertretern der Chlamydospermen – nach dem haplocheilen Typ gebaut (vgl. aber die Einschränkungen bei *Gnetum*).

Die Gattung *Ephedra* ist durch ihre Inhaltsstoffe berühmt geworden. Ein Teil der Arten enthält das Alkaloid Ephedrin sowie eine Anzahl verwandter Stoffe (z. B. Pseudoephedrin). Dieses Alkaloid, das in seiner physiologischen Wirkung wie auch im chemischen Aufbau dem Adrenalin nahesteht, steigert den Blutdruck und regt das sympathische Nervensystem an. Es wird medizinisch als wirksames Heilmittel bei Husten, Asthma, Kreislaufschwäche und ähnlichen Erkrankungen angewandt. Die genannten Stoffe bilden sich vor allem in den grünen Stengeln. Dabei ist auffallend, daß der Gehalt an Ephedrin und ephedrinähnlichen Stoffen bei vielen Arten sehr stark schwankt, wobei das Klima starken Einfluß auf den Alkaloidgehalt hat, der außerdem vom Entwicklungszustand der Pflanzen abhängt. Ein Teil der Unterschiede in den Angaben über den Alkaloidgehalt ist aber sicherlich auch darauf zurückzuführen, daß den chemischen Untersuchungen unsicheres oder nicht richtig bestimmtes Pflanzenmaterial zugrunde lag. Bei den Schwierigkeiten, die bei der botanischen Bestimmung der Arten der Gattung *Ephedra* auftreten, ist dies nicht verwunderlich. Hier zeigt sich wieder, daß die genaue botanische Bearbeitung einer Pflanzengattung große praktische Bedeutung haben kann. Die Schwankungen im Ephedringehalt können schließlich teilweise auch dadurch bedingt sein, daß sich innerhalb einer Art verschiedene chemische Rassen herausgebildet haben, die an äußeren Merkmalen nicht erkennbar sind.

Vor 1925 war China die einzige Quelle für Ephedrin in der Welt. Die chinesische Droge Herba Ephedrae wurde zum Ende des 19. Jahrhunderts unter dem Namen Ma-Huang in Europa bekannt und stammte von mehreren Arten der Gattung *Ephedra.* Heute ist die wichtigste natürliche Quelle für die Gewinnung von Ephedrin die Art *Ephedra gerardiana,* die in weiten Gebieten Pakistans in so großen Mengen wächst, daß dieses Land den gesamten Weltbedarf an natürlich gewonnenem Ephedrin decken kann. Die Pflanzen werden von Oktober bis Mitte Dezember gesammelt, da in dieser Zeit der Alkaloidgehalt am größten ist (1,0 bis 2,5 %). Allerdings ging man in neuerer Zeit dazu über, das Ephedrin in zunehmendem Maße synthetisch herzustellen, doch hat die Gewinnung dieses Stoffes aus den billigen natürlichen Vorräten Pakistans immer noch Bedeutung. Andererseits hat man in verschiedenen Ländern der Welt erfolgreiche Anbauversuche mit mehreren *Ephedra*-Arten durchgeführt, so in England, Kenia, Indien, Japan, Australien und den USA.

Ephedra soll in China seit mehreren Tausend Jahren verwendet worden sein. Trotz des häufigen Vorkommens wurde die Pflanze dagegen in Pakistan nicht in der einheimischen Medizin benutzt, wenn man davon absieht, daß die Asche von *Ephedra*-Zweigen, zusammen mit Tabak gekaut, lokal als Heilmittel gegen Kopfschmerzen Anwendung findet.

Arten der Gattung *Ephedra* haben in der über hundertjährigen Diskussion über die Identität der Soma-Pflanze eine Rolle gespielt. In dem wahrscheinlich ältesten literarischen Dokument der Welt, dem Rigweda, das vor etwa 5000 Jahren von den Ariern niedergeschrieben wurde, wird an vielen Stellen eine Pflanze sowie ein daraus hergestelltes Getränk verherrlicht, die beide den Namen Soma tragen. Hiernach benutzte man den Saft der Pflanze, um ein süßes berauschendes Getränk herzustellen, das als Stimulans (anregendes Mittel) und Aphrodisiakum (den Geschlechtstrieb anregendes Arzneimittel) gebraucht wurde. Dieses Getränk, das imstande sein sollte, selbst die Götter zum Tanz anzuregen, wurde bei allen religiösen und zeremoniellen Gelegenheiten verwendet und sollte ewige Jugend verleihen. Man hat über 100 Pflanzenarten aus verschiedenen Familien mit der Soma-Pflanze identifizieren wollen (z. B. *Periploca, Sarcostemma; Dioscorea, Cannabis sativa,* der Hanf, und *Amanita muscaria,* der Fliegenpilz).

Neuerdings wird wieder verstärkt die Meinung vertreten, daß die rätselhafte Soma-Pflanze *Ephedra pachyclada* und *Ephedra intermedia* sei. Für diese Annahme gibt es u. a. auch Hinweise auf archäologischen Skulpturen.

Eine in Oklahoma, Texas und Mexiko vorkommende Art, *Ephedra antisyphilitica,* verwendeten die Indianer wie andere nordamerikanische Arten vor allem gegen venerische Krankheiten.

Neben den Alkaloiden sind in den *Ephedra*-Arten auch Gerbstoffe enthalten, die jedoch noch nicht näher untersucht wurden. Die Gerbstoffe von *Ephedra alata* benutzt man im Sinaigebiet zum Gerben.

Fossilien sind von der Gattung *Ephedra* nur wenige erhalten. Früher als *Ephedrites* bezeichnete Sprosse haben sich sämtlich als unsicher oder falsch gedeutet herausgestellt. In neuerer Zeit hat man die Gattung aber durch Pollen in tertiären Schichten der oberrheinischen Salzlager, der Sowjetunion, Japans und Australiens nachweisen können. Auch in späteiszeitlichen Schichten im Bodenseegebiet, in der Schwäbischen Alb und im Alleröd Dänemarks wurde *Ephedra*-Pollen gefunden. Allerdings können bei *Ephedra* 2 Formen von Pollenkörnern vorkommen, von denen die eine den Pollenkörnern der Gattung *Welwitschia* ähnelt, was bei der Bestimmung berücksichtigt werden muß. Bei der Feststellung der Herkunft des fossilen Pollens muß man sich weiterhin vor Augen halten, daß dieser über weite Strecken fliegen kann. So ließ sich nachweisen, daß rezenter Pollen von *Ephedra,* der auf der Insel Tristan da Cunha im Südatlantik gefunden wurde, in nicht geringer Zahl etwa 5000 km über das Meer geflogen war.

Alle diese Fossilfunde von *Ephedra* vermögen uns aber keine Hinweise auf die systematische Stellung und die Abstammung der Gattung zu geben. Nach dem Habitus ist die Gattung *Ephedra* anderen Gymnospermen nicht ähnlich. Die Übereinstimmungen in Einzelmerkmalen mit den anderen Chlamydospermen sind nur relativ gering und beziehen sich teilweise auf solche Merkmale, die auf mehreren Wegen herausgebildet wurden (z. B. das Vorhandensein von Gefäßen). Nach dem Blüten-(Zapfen-)bau hat man die Gattung an *Cordaites* anschließen wollen, doch ist dies ebensowenig überzeugend wie der Versuch, einige gelegentlich vorkommende zweigeschlechtige Zäpfchen mit den Blüten der Angiospermen gleichzusetzen.

In neuester Zeit ist eine bemerkenswerte Beobachtung bezüglich der Verwandtschaft der Gnetales und der Angiospermen gemacht worden. Die doppelte Befruchtung, eine Besonderheit der Angiospermen, wurde auch bei *Ephedra nevadensis* festgestellt. Ein zweiter Spermakern verschmilzt hier mit dem Kern der Bauchkanalzelle des Archegoniums. Zum Zeitpunkt der Befruchtung liegt dieser Kern an der Peripherie der Eizelle. Ein triploides Nährgewebe entsteht freilich nicht.

Familie Gnetaceae

Die Vertreter dieser Familie, die nur aus der Gattung *Gnetum* besteht, sind meist Lianen, seltener Sträucher oder bis 20 m hohe Bäume. Angaben, nach denen einige Arten als Schmarotzer leben, haben sich bisher nicht bestätigen lassen. Die Stämme der Lianen enthalten mehrere Kreise von Leitbündeln und Kambiumringen, von denen mehrere konzentrische Holzzylinder gebildet werden. Die gegenständigen Blätter sind mehr oder weniger elliptisch, ganzrandig, oft lederig und können eine Länge bis zu 26 cm erreichen. Die Aderung ist netzartig. Die Blattmerkmale sind für Gymnospermen vollkommen abweichend; die Blätter gleichen somit völlig denen der zweikeimblättrigen Pflanzen unter den Bedecktsamern.

Die Blüten sind zweihäusig verteilt und stehen quirlig in Scheinähren. Die Blütenstände sind meist in den Achseln von Laubblättern angeordnet, seltener sind sie endständig. Bei einigen Arten wurde auch Kauliflorie (Stengelblütigkeit) beobachtet. Die männlichen

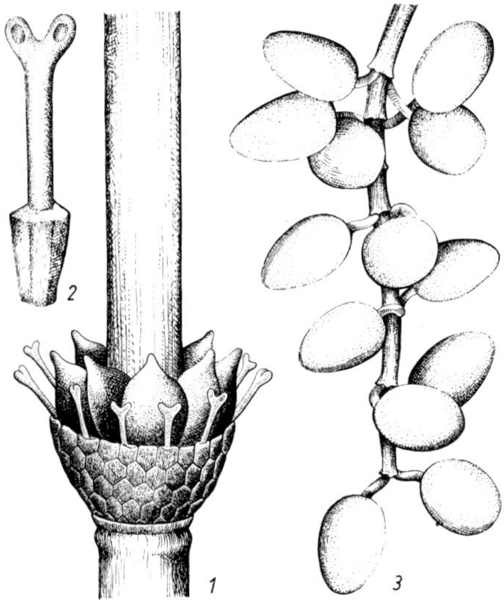

Gnetum. 1 Männlicher Blütenquirl, darüber unvollständig ausgebildete weibliche Blüten; 2 männliche Blüte, aus Hülle, Stiel und 2 Synangien bestehend; 3 Zweig mit Samen

Blütenstände sind meist verzweigt, die weiblichen unverzweigt. Die männlichen Blütenquirle werden am Grunde von ringförmig verwachsenen kleinen Deckblättern umgeben, die gewissermaßen einen »Kragen« bilden. Innerhalb dieses »Kragens« sitzen die männlichen Blüten in 3 bis 6 Ringen. Sie bestehen aus einer röhrenförmigen, oben gelappten, von 2 Hüllblättern gebildeten Hülle, die einen Stiel mit ein oder 2 Synangien umschließt. Der Stiel wächst zur Blütezeit sehr schnell aus der Hülle hervor, und die Synangien öffnen sich mit je einem Scheitelriß. Über den männlichen Blüten findet sich oft ein Ring von unvollständig ausgebildeten weiblichen Blüten oder Samenanlagen. Die weiblichen Blüten stehen ebenfalls in Quirlen oberhalb von ringförmig verwachsenen Deckblättern. Allerdings ist nur je ein Ring von weiblichen Blüten vorhanden, der sich aus 4 bis 10 Blüten zusammensetzt. Die Blüten bestehen aus 2 schlauchförmigen Hüllen und einer Samenanlage, deren Integument röhrenförmig ausgezogen ist. Manche Forscher betrachten die innere der schlauchförmigen Hüllen als ein zweites (äußeres) Integument. Diese Deutung wird dadurch gestützt, daß gelegentlich die innere Hülle wie das Integument röhrenförmig verlängert ist. Von den weiblichen Blüten eines Ringes entwickeln sich nur einige wenige zu reifen Samen, wobei die äußere Hülle fleischig wird und meist rosa, bei einigen Arten gelb gefärbt ist. Die innere Hülle zeigt eine starke Verholzung. Das Integument bleibt häutig und parenchymatisch. So hat der reife Same das Aussehen einer steinfruchtartigen Scheinfrucht. Die Samen werden durch Vögel verbreitet, einige wohl auch durch Wasser, so z. B. bei *Gnetum gnemonoides,* deren etwa 7 cm lange und 3 cm breite Samen korkig sind. Auch in den Exkrementen von Zibetkatzen fanden sich *Gnetum*-Samen.

Die Gattung *Gnetum* umfaßt mehr als 30 Arten, die in den Tropen verbreitet sind. Davon kommen 7 im nördlichen Südamerika und in Zentralamerika (Brasilien, Venezuela, Guayana, Kolumbien, Ekuador, Peru, Panama) vor. 2 Arten sind im tropischen Westafrika beheimatet. Der größte Teil ist aber im tropischen Asien von Indien bis China, durch den Malaiischen Archipel bis zu den Fidschi-Inseln heimisch. Keine Art kommt in beiden Erdhälften vor, und keine der asiatischen Arten reicht in ihrer Verbreitung bis Afrika oder Amerika. Das Zentrum der heutigen Verbreitung liegt im östlichen Teil des Malaiischen Archipels. Alle Arten bewohnen den tropischen Regenwald bis zu einer Meereshöhe von 1500 m.

Wie die beiden anderen Familien der Chlamydospermen haben die Gnetaceen eine Reihe von anatomischen Eigenheiten. Das Sekundärholz enthält neben Tracheiden und Holzparenchym auch Tracheen, die an ihren Enden einfache Poren aufweisen und sehr denen der Angiospermen ähneln. Auch in der Ausbildung der Hoftüpfel finden sich einige Besonderheiten. So fehlt, wie bei *Welwitschia,* den Schließhäuten der Hoftüpfel eine Verdickung (Torus). Weiterhin ist der Porus mit einem Gitterwerk überdeckt, was sich freilich nur mit Hilfe des Elektronenmikroskops nachweisen läßt. An weiteren anatomischen Merkmalen sind mehrkernige Schleimgänge und dickwandige Hakenzellen (Spikularzellen) zu nennen, die sich in den Blättern besonders im Schwammparenchym in der Nähe der unteren Oberhaut als Festigungselement befinden. Diese Festigungszellen sind meist als durchsichtige feine Linien (parallel zu den Sekundärnerven) sichtbar.

Die Spikularzellen kommen aber auch in anderen Teilen der Pflanze vor (»Kragen« der Blütenstände, Perianth der männlichen Blüte, äußere 2 Hüllen der weiblichen Blüte), sie sind in ihrer Form und Größe sehr vielgestaltig. So wurde neuerdings eine besondere Form dieser Spikularzellen bei der südamerikanischen Art *Gnetum schwackeanum* beschrieben. Es handelt sich um sehr große Zellen, die selbst mit unbewaffnetem Auge sichtbar sind, da sie eine Länge bis 4,5 mm haben. Damit stellen sie die größten derartigen Zellen in der Gattung *Gnetum,* vielleicht sogar unter allen höheren Pflanzen, dar.

Für die Spaltöffnungen der Gnetaceen wurde bisher stets angegeben, daß sie wie bei den Bennettitales und bei der Gattung *Welwitschia* syndetocheil entstehen (vgl. die Ausführungen bei den Bennettitales). Durch neuere Untersuchungen hat sich aber ergeben, daß bei *Gnetum gnemon* und *Gnetum ula* die Entwicklung die Spaltöffnungen in den »Kragen«, auf den Achsen der männlichen und weiblichen Blütenstände sowie auf den 2 äußeren Hüllen der weiblichen Blüten nach dem haplocheilen Typ verläuft. Auch auf den Blättern selbst kommen haplocheile Spaltöffnungen vor. Somit entstehen die Spaltöffnungen bei den Arten der Gattung *Gnetum* nicht einheitlich nach dem syndetocheilen Typ, sondern es ist auch der haplocheile Typ vertreten. Diese Feststellung ist aber nicht für die Gnetaceen wichtig, sondern hat auch große Bedeutung für die Beurteilung vieler fossiler Gymnospermenblätter, bei deren systematischer Einordnung die Entstehungsweise der Spaltöffnungen eine hervorragende Rolle spielt.

Die Chromosomenzahl beträgt bei *Gnetum gnemon* und *Gnetum ula* n = 22, womit also keine Beziehung zu den anderen Familien der Chlamydospermen besteht.

Die Entwicklung des weiblichen Gametophyten zeigt einige Besonderheiten. Im Nuzellus werden mehrere Embryosäcke mit zahlreichen freien Kernen gebildet, von denen sich einige zu Eikernen entwickeln und mit den Spermakernen verschmelzen. Die restlichen Kerne bilden das Nährgewebe. Nach der Befruchtung entwickelt die Eizelle lange schlauchförmige Suspensoren, die am Ende je einen Keimling bilden, wobei sich jedoch schließlich nur ein Keimling weiterentwickelt.

Weiblicher Blütenstand von *Gnetum gnemon.* Die Blätter gleichen denen der zweikeimblättrigen Pflanzen unter den Bedecktsamern.

Von der Gattung *Gnetum* wird nur eine Art kultiviert, und zwar die baumförmige *Gnetum gnemon,* die vom Malaiischen Archipel bis zu den Fidschi-Inseln vorkommt. In Indonesien, Indien und auf den Philippinen viel gepflanzt, liefert sie eßbare Samen. Weiter werden die jungen Blätter und Blütenstände als Gemüse gegessen. Aus den Bastfasern der Rinde einer anderen Varietät dieser Art stellt man Netze und Taue her. Ebenso verwendet man die Bastfasern anderer Arten zur Herstellung von Schnüren, Netzen, Lendenschurzen usw. Die Samen weiterer Arten werden ebenfalls gegessen, doch verursachen einige durch die spitzen

Zweig von *Gnetum gnemon* mit Samen in verschiedenen Entwicklungsstufen. Junge Blätter, Blütenstände und Samen sind eßbar.

Hakenzellen ein unangenehmes Jucken oder starkes Brennen im Mund. Die Blätter der im Süden von Indien beheimateten *Gnetum ula* dienen als Fischgift. Aus den Samenkernen von *Gnetum contractum,* die im südwestlichen Indien vorkommt, gewinnt man Öl, das als Einreibung gegen Rheuma dient, aber auch als Brennöl und zu Speisezwecken verwendet wird.

Was die Inhaltsstoffe anbetrifft, so konnte kürzlich festgestellt werden, daß die Gattungen *Gnetum* und *Welwitschia* durch das gemeinsame Vorkommen von bemerkenswerten sekundären Stoffwechselprodukten, den sogenannten Gnetinen, verbunden sind. Trotz ihrer großen äußeren Unterschiede sind also *Gnetum* und *Welwitschia* wohl gemeinsamen Ursprungs. Andere Befunde (z. B. Vorkommen von Saponinen, Chemismus des Lignins) scheinen aber darauf hinzudeuten, daß die Gattung *Gnetum* chemisch größere Ähnlichkeit mit den Angiospermen als mit den anderen Gymnospermen hat.

Sichere fossile Reste der Gnetaceen kennt man bisher nicht. Ihre Erkennung in Form von Abdrücken wäre zudem sehr schwierig, da die Blätter denen der zweikeimblättrigen Pflanzen sehr ähnlich sind. Eine Beurteilung der verwandtschaftlichen Verhältnisse der Gnetaceen auf Grund von Fossilien läßt sich also nicht vornehmen.

Für eine solche Beurteilung kommt daher nur ein Vergleich mit lebenden Formen in Frage. Das Vorkommen einer Blütenhülle und von Tracheen im Sekundärholz sowie die breit-elliptischen Blätter stellen eine sehr auffällige Kombination von Merkmalen dar, die bei allen übrigen lebenden wie ausgestorbenen Nacktsamern nicht anzutreffen ist. Die Beziehungen zu den Gattungen *Ephedra* und *Welwitschia* sind vor allem durch den Besitz einer Blütenhülle gegeben. Man hat besonders wegen dieses Merkmals und der Ausbildung der Blätter in *Gnetum* eine Pflanze sehen wollen, die in ihrer Ähnlichkeit zu den Angiospermen als Vorläufer dieser Gruppe in Frage kommt. Manche Forscher gingen sogar so weit, die Gattung *Gnetum* zu den Angiospermen zu stellen, indem sie sie als einen stark reduzierten Vertreter dieser Gruppe ansahen. Trotz vieler Versuche ist aber der Anschluß an eine lebende Angiospermenfamilie bisher nicht gelungen.

Wenn wir abschließend noch einmal die Chlamydospermen überblicken, so müssen wir feststellen, daß in dieser Klasse 3 Gattungen vereinigt sind, die nach ihrem Aussehen voneinander sehr verschieden sind, die aber auch innerhalb der Nacktsamer eine isolierte Stellung einnehmen. Ihre Verwandtschaft mit den anderen Gruppen der Nacktsamer und daher auch die phylogenetische Stellung sind unklar. Da sich außerdem trotz mancher Anklänge an die Angiospermen (Blütenhülle, Gefäße) keine direkten Beziehungen zu diesen feststellen ließen, hat man die Gruppe unter Einschluß der Ordnung Verticillatae den Angiospermen gegenübergestellt (Protangiospermae). Die Chlamydospermen sind wahrscheinlich Pflanzen, deren Entwicklung parallel zu der der Angiospermen verlaufen ist. Die Ähnlichkeiten zu den Angiospermen (sogenannte angiospermoide Merkmale) stellen also nur Konvergenzen dar und beruhen nicht auf näherer Verwandtschaft.

Literatur

Banks, H. P.: Time of appearance of some plant biocharacters during Silurio-Devonian time. Canad. Journ. of Bot. 59, 1981

Baxter, R. W. and Leisman, G.: A pennsylvanian Calamitean cone with Elaterites triferans spores. Amer. Journ. Bot. 54 (6), 1967

Beck, C. B.: Reconstruction of Archaeopteris and further consideration of its phylogenetic position. Amer. Journ. Bot. 49, 1962

Beck, C. B., Coy, K. and Schmidt, R.: Observations on the fine structure of Callixylon woods. Amer. Journ. Bot. 69 (1), 1982

Bornman, C. H.: Welwitschia. C. Struik, Cape Town 1978

Boureau, E.: Sphenophyta. In: Traité de paléobotanique. Bd. III. Paris 1964

Bower, F. O.: The Ferns. 3 vols. Cambridge 1923–1928

Chaloner, W. G.: Lycophyta. In: Traité de paléobotanique, Bd. II. Paris 1967

Christ, H.: Geographie der Farne, Jena 1910

Copeland, D. B.: Genera Filicum. Waltham, Mass. 1947

Corley, M. F. V., Crundwell, A. C., Düll, R., Hill, M. O. and Smith, A. J. E.: Mosses of Europe and the Azores; an annotated list of species, with synonyms from the recent literature. J. Bryol. 11, 1981, 609–689

Correns, C.: Untersuchungen über die Vermehrung der Laubmoose durch Brutorgane und Stecklinge. Jena 1989

Darrah, W. C.: Principles of Paleobotany. 2. Aufl. New York 1960

Doran, J.: A new Species of Psilophyton from the Lower Devonian of northern New Brunswick, Canada. Canad. Journ. Bot. 58 (21), 1980

Doyle, W. T.: The Biology of the Higher Cryptogams. London 1970

Edwards, D. and Feehan, J.: Records of Cooksonia-type sporangia from late Wenlock strata in Ireland. Nature (London) 287, 1980

Eggert, D.: The Sporangium of Horneophyton lignieri (Rhyniophytina). Amer. Journ. Bot. 61 (4), 1974

Engler, A. und Prantl, K.: Die natürlichen Pflanzenfamilien. Bd. I (4. Abt.), II, III. Leipzig 1889–1902

Engler's Syllabus der Pflanzenfamilien. 13. Aufl. Bearbeitet von K. Walther. Berlin – Stuttgart 1983

Fukarek, F.: Die Farne. Neue Brehm-Bücherei, H. 156. Wittenberg 1955

Fulling, E. H.: Metasequoia – fossil and living. The Botanical Review 42, 1976, 215–315

Goebel, K.: Organographie der Pflanzen. 3. Aufl. 3 Bde. Jena 1928–1933

Gothan, W. und Weyland, H.: Lehrbuch der Paläobotanik. 3. Aufl. Berlin 1973

Grierson, J. D. and Bonamo, P. M.: Leclercqia complexa: earliest ligulate lycopod (Middle Devonian). Amer. Journ. Bot. 66, 1979

Grolle, R.: Hepatics of Europe including the Azores: an annotated list of species, with synonyms from the recent literature. J. Bryol. 12, 1983, 403–459

Hart, J. A.: A cladistic analysis of Conifers:

Preliminary results. J. Arnold Arbor. 68, 1987, 269–307
Haubold, H. und Daber, R.: Lexikon der Fossilien, Minerale und geologischen Begriffe. Leipzig 1988
Hauke, R.: A Taxonomic Monograph of the Genus Equisetum, Subgenus Hippochaete. Suppl. Nova Hedwigia 8, 1963
Hauke, R.: A Taxonomic Monograph of Equisetum subgenus Equisetum. Nova Hedwigia 30, 1978
Hendrych, R.: Quantitative Übersicht rezenter Cormobionta. Preslia (Praha) 57, 1985
Hennipman, E.: A Monograph of the fern genus Platycerium. Verhandl. Konigl. Akad. v. Wetenschappen, Afd. Natuurkunde (Amsterdam) 2, 80, 1982
Herzog, Th.: Geographie der Moose. Jena 1926
Hirmer, M.: Handbuch der Paläobotanik. München und Berlin 1927
Höeg, O. A.: Psilophyta. In: Traité de paléobotanique, Ed. E. Boureau, Bd. II. Paris 1967
Hueck, K.: Die Wälder Südamerikas. Ökologie, Zusammensetzung und wirtschaftliche Bedeutung. Stuttgart 1966
Hyde, P., and Leydet, F.: The last redwoods. San Francisco 1963
Kammeyer, H. F.: Mammutbäume. Neue Brehm-Bücherei, Heft 256. Wittenberg Lutherstadt 1960
Kasper, A. E., Andrews, N. and H.: Pertica, a new Genus of Devonian plant from Northern Maine. Amer. Journ. Bot. 59, 1972
Kasper, A. E., Andrews, N. and Forbes, W. H.: New fertile Species of Psilophyton from the Devonian of Maine. Amer. Journ. Bot. 61 (4), 1974
Knoll, A. H., Niklas, K. J., Gensel, P. G. and Tiffney, B. H.: Character diversications and pattern of evolution in early vascular plants. Paleobiology 10 (1), 1984
Leisman, G. and Phillips, T.: Megasporangiate and microsporangiate cones of Achlamydocarpon varius from the Middle Pennsylvanian. Palaeontographica B 168, 1979
Lloyd, R. M.: Systematics of the genus Ceratopteris Brongn. (Parkeriaceae) II. Brittonia 26, 1974
Mägdefrau, K.: Paläobiologie der Pflanzen. 4. Aufl. Jena 1968
Mahdi-Hassan, S.: The history and natural history of Ephedra as Soma. Pakistan Science Foundation, Islamabad 1987
Maheshwari, P., and Vasil, V.: Gnetum. CSIR Botanical Monograph No. 1. New Delhi 1961
Melchior, H., und Werdermann, E. (Hrsg.): A. Engler's Syllabus der Pflanzenfamilien. 12. Aufl., I. Band. Allgemeiner Teil, Bakterien bis Gymnospermen. Berlin-Nikolassee 1954
Menning, M.: Vergleich numerischer Zeitskalen des Phanerozoikums. Zentralinst. f. Physik d. Erde, Potsdam 1987 (verfielf. Msk.)
Meusel, H., Jäger, E. und Weinert, E.: Vergleichende Chorologie der zentraleuropäischen Flora. Bd. I Jena 1965
Meyen, S. V.: Basic features of gymnosperm systematics and phylogeny as evidenced by the fossil record. The Botanical Review 50, 1984, 1–111
Meyen, S. V.: Fundamentals of Palaeobotany. London, New York 1987
Mirov, N. T.: The genus Pinus. New York 1967
Müller, K.: Die Lebermoose Europas. 3. Aufl. Leipzig 1954
Øllgaard, B.: A revised classification of the Lycopodiaceae s. lat. Opera Botanica 92, 1987
Parihar, N. S.: An introduction to Embryophyta. Vol. I. Bryophyta. 5. Aufl. Allahabad 1965
Pichi-Sermolli, R.: Tentamen Pteridophytorum genera in taxonomicum ordinem redigendi. Webbia 31 (2), 1977
Rauh, W. und Falk, H.: Stylites E. Amstutz, eine neue Isoëtacee aus den Hochanden Perus. Sitzungsber. Heidelberger Akad. Wiss., Math.-Nat. Klasse 1959
Richardson, D. H. S.: The Biology of Mosses. Oxford, London, Edinburgh, Boston, Melbourne 1981
Rothwell, G. W.: Complex paleozoic Filicales in the evolutionary radiation of ferns. Amer. Journ. Bot. 74 (3), 1987
Rothwell, G. W. and Erwin, D. M.: Origin of seed plants. An aneurophyt seed-fern link elaborated. Amer. Journ. Bot. 74, 1987
Scheckler, S. E. and Banks, H. P.: Anatomy and Relationship of some Devonian Progymnosperms from New York. Amer. Journ. Bot. 58 (8), 1971

Scheckler, S. E.: A fertil axis of Triloboxylon ashlandicum, a Progymnosperm from the Upper Devonian of New York. Amer. Journ. Bot. 62 (9), 1975
Schofield, W. B.: Introduction to Bryology. New York, London 1985
Schultze-Motel, J.: Verzeichnis forstlich kultivierter Pflanzenarten. Die Kulturpflanze, Beiheft 4. Berlin 1966
Schweitzer, H.-J.: Die Oberdevon-Flora der Bärseninsel. 1. Pseudobornia ursina Nathorst. Palaeontographica B 120, 1967
Schweitzer, H.-J.: Die Mitteldevonflora von Lindler, 3. Filicinae – Hyenia elegans. Palaeontographica B 137, 1972
Schweitzer, H.-J.: Die Mitteldevonflora von Lindler, 4. Filicinae, Calamophyton primaevum. Palaeontographica B 140, 1973
Schweitzer, H.-J.: Die Räto-Jurassischen Floren des Iran und Afghanistans. 5. Todites princeps, Thaumatopteris brauneana und Phlebopteris polypodioides. Palaeotographica B 168, 1978
Schweitzer, H.-J.: Die Zosterophyllaceae des rheinischen Unterdevons. Bonner paläobotan. Mitt. 3, 1979
Schweitzer, H.-J.: Die Gattungen Taeniocrada White und Sciadophyton Steinmann im Unterdevon des Rheinlandes. Bonner paläobotan. Mitt. 5, 1980
Schweitzer, H.-J.: Über Drepanophycus spinaeformis Göppert. Bonner paläobotan. Mitt. 7, 1980
Schweitzer, H.-J. and Matten, L.: Aneurophyton germanicum and Protopteridium thomsonii from the Middle Devonian of Germany. Palaeontographica B 184, 1982
Schweitzer, H.-J.: Der Generationswechsel der Psilophyten. Ber. Dt. Bot. Ges. 96, 1983
Schweitzer, H.-J.: Die Unterdevonflora des Rheinlandes. 1. Teil. Palaeontographica B 189, 1983
Silba, J.: An International Census of the Coniferae, I. Phytologia Memoirs 7, 1984
Silba, J.: Encyclopaedia Coniferae. Phytologia Memoirs 8, 1986, 1–217
Skog, J. E. and Banks, H. P.: Ibyka amphikoma Gen. et Sp. N., a new Protoarticulate Precursor from the late middle Devonian of New York State. Americ. Journ. Bot. 60 (4), 1973
Sporne, K. R.: The Morphology of Pteridophytes. 2. Aufl. London 1966
Stevenson, D. W. (ed.): The biology, structure, and systematics of the Cycadales. Memoirs of the New York Botanical Garden 57, 1990, I–IX, 1–210
Taylor, T.: Palaeobotany. New York 1981
Tryon, R. et A.: Ferns and Allied Plants. New York, Heidelberg, Berlin 1982
Verdoorn, F. (Ed.): Manual of Pteridology. The Hague, 1938
Vogellehner, D.: Phylogenie des sekundären Wasserleitungssystems. Ber. Dt. Bot. Ges. 96, 1983
Warburg, O.: Die Pflanzenwelt. 1. Bd. Leipzig 1923
Watson, E. V.: British Mosses and Liverworts. 2. Aufl. London 1968
Watson, E. V.: The Structure and Life of Bryophytes. 3. Aufl. London 1971
Wettsein, R. v.: Handbuch der Systematischen Botanik. 4. Aufl. Leipzig, Wien 1935
Zimmermann, W.: Die Phylogenie der Pflanzen. 2. Aufl. Stuttgart 1959

Bildquellen

Die Zahlen weisen auf die Seite der Abbildung hin.

A. Bärtels, Waake 312, 313
Berger, Dresden 277
O. Birnbaum, Halle 269
J. P. Frahm, Duisburg 23, 24 rechts, 25, 27, 48, 52, 53 links, 68 rechts, 70, 77 oben
S. Fröhner, Nossen 36, 43, 62, 63, 65, 68 links, 69, 75
F. Fukarek, Greifswald 124 unten, 129 rechts, 130 unten, 136 rechts, 154 (2), 160 unten, 183, 210 oben, 217 unten, 229 oben
K. H. Haupt, Berlin 110, 111, 143, 149, 180, 258, 259, 286, 287
G. Hermann, Freital 292, 301 links, 360
E. Hoyer, Galenbeck 128 unten, 213, 221 rechts
K. Jakusz, Kornik 280, 293, 322 unten, 357, 358
H. Lange, Leipzig 203, 211, 223 oben, 267, 307
Bildarchiv H. Lange 24 links, 30, 44, 45, 50, 56, 57, 72, 127, 128 oben, 156, 158 oben, 159, 160 oben, 161, 177, 189, 214, 215, 216 oben, 217 oben, 218 links, 219, 221 links, 224 (2), 227, 230, 238, 239, 241, 279, 281, 294, 295, 297, 299, 300, 301 rechts, 303, 304 (2), 305, 306 rechts, 308, 311 oben, 314, 315 unten, 316 oben, 318, 319, 321, 329, 330, 340 oben, 342, 343, 350, 359
K. Mägdefrau, Tübingen 289
Chr. Needon, Leipzig 331
W. Rauh, Heidelberg 16, 53 rechts, 64, 66, 77 unten, 118 (2), 124 oben, 130 oben, 136 links, 157, 163, 181, 194, 200, 201, 206, 207, 208, 209 oben, 222 unten, 225, 226, 232, 233, 234, 291, 306 links, 309, 311 unten, 315 oben, 316 unten, 320, 322 oben, 325, 332, 333, 335, 338 (2), 340 unten, 341 (2), 346, 348 (2), 352 (2), 353, 354, 362 (2), 363, 367, 371, 372
J. Röth, Halle 137, 190 (2), 216 unten, 218 rechts, 220
H. Schröder, Stralsund 158 unten, 176, 210 unten, 229 unten
R. Schuster, Greifswald 178, 193, 209 unten, 222 oben, 223 unten, 231, 266
J. Steinmann, Berlin 89, 90, 109
A. u. I. Tölke, Neuenhagen 49, 298, 317
K. H. Trippmacher, Radebeul 129 links

Register

Die halbfetten Zahlen weisen auf Abbildungen hin.